JN494169

안전공학개론

신창섭 · 박재학 · 임현교 · 김두현
원정훈 · 최영보 · 정국삼 · 이병곤

도서출판 동화기술

Preface

10년이면 강산도 변한다는 말이 있습니다. 하물며 우리나라에 안전공학이 뿌리를 내린 지 벌써 30여 년이 지났으니, 아마 '발전'과 '속도'만을 자랑하던 지난 7, 80년대의 모습은 이미 없어졌어야 당연할 것입니다. 그러나 우리의 현실은 어떻습니까? 벌써 20년 전에 발생한 성수대교 붕괴, 삼풍백화점 붕괴, 서해페리호 침몰 등 일련의 사고를 통하여 배울 만큼 배웠다고 해야 할 마당에, 최근 꼬리를 물고 이어지는 사건, 사고는 얼마나 우리를 실망시키고 있습니까?

말할 것도 없이 '안전제일'입니다. 하지만, 우리는 평소 눈앞의 편안함에만 익숙했지, 안전을 위하여 우리가 지불해야 하는 많은 노력과 비용들을 외면해 왔습니다. 그 결과가 오늘 우리 사회가 겪고 있는 아픔이요, 고통일 것입니다. 비행기는 날기 위해 만든 것이지만, 수 백 수 천 번도 더 떨어져 가며 배운 노하우(know-how)가 있었기에 오늘날과 같은 대형 여객기가 가능했을 겁니다. 자동차는 달리기 위해 만든 것이지만, 자동차 사고로부터 운전자와 보행자를 보호하기 위한 노하우는 나날이 추가되고 있습니다. 그러니, 아직도 우리의 갈 길은 멀다고 할 수밖에 없습니다.

저자들은 이미 10여 년 전, 안전에 관심 있는 젊은이들을 위해 안전공학이라는 학문분야의 모습을 어렴풋이나마 알리기 위하여 한 권의 책을 저술했던 바 있습니다. 이제 다시 이 책을 내는 것은 그 때와 달라진 우리 사회를 반영하고, 한편으로는 발전을 거듭하고 있는 안전공학분야를 소개하기 위해서 입니다. 부분적으로는 과거와 크게 다르지 않아 보일지도 모릅니다. 사고를 예방하는 원칙은 예나 지금이나 기본적으로 같기 때문입니다. 그러나 다른 한편으로는 과거와 많은 내용이 바뀌었을 것입니다. 시대가, 사회가 그만큼 달라졌기 때문입니다.

우리는 항상 위험에 노출되어 있습니다. 생산기술이 발달하는 만큼 새로운 위험이 생겨나고, 과거의 우수한 기술도 노후화되고 쇠락하며, 불완전한 인간은 언제든 과오를 저지를 수 있기 때문에, 100% 완벽한 세상은 어디에도 존재하지 않습니다. 그러니, 안팎의 위험으로부터 우리의 생명과 재산을 지키려면, 낮이나 밤이나 위험요인을 주시하는 자세를 확고히 유지하지 않으면 안 되는 것입니다.

더욱이 여러분들은 앞으로 지금보다 더 급변하는 사회에서, 지금보다 더 발달된 기술을 당면해 나가야 할 것입니다. 그런 여러분들에게 선험자들이 엮어서 주고 싶은 교훈을 모은 것이 이 책입니다. 헤아릴 수 없을 만큼 종류도 다양하고, 감당할 수 없을 만큼 범위도 넓고, 가늠할 수 없을 만큼 내용도 깊어 보이겠지만, 열심히 공부하고 깨닫고 나면, 의외로 사고예방의 진리는 단순해 보일 것입니다. 그 때쯤 우리 사회에 사고는 더 이상 발생하지 않겠지요.

이 책이 그런 사회를 만드는 데 있어서 여러분들에게 기억될 만한 지식과 기술의 모음이 되기를 기대합니다.

2015년 여름, 안전한 세상을 기대하며

저자 대표

Contents

Part 01 안전관리개론 15

Part 06 건설안전 465

Part 1

안전관리개론

Chapter 1

안전관리의 기본이념

산업안전관리론과 시스템안전공학

1.1 사고의 의미

갑자기 뛰어든 아이를 보고 자동차가 급정거했다고 치자. 아슬아슬한 간격을 두고 자동차가 정지하여 다행히 직접적인 피해는 없다고 하면, 이것을 '사고가 발생하였다'고 해야 하는 건가, 아니면 '사고는 발생하지 않았다'고 표현해야 하는 걸까? 통상적으로 사람들은 '큰 일 날 뻔 했다'라던가 '사고 당할 뻔 했네'라고 말하기 십상이다.

안전관리의 목적이 사고 예방에 있다면, 이런 경우는 사고의 범주 속에 포함시켜야 하는 거 아닐까? 다시 말하면, 이미 사고는 발생했다는 의미로 이해하여야 하지 않을까? 이미 오래 전에 이런 의문을 가진 사람이 있었다.

1930년대 초 하인리히(H.W.Heinrich)는, '물체, 물질, 사람 또는 복사(radiation)의 작용 혹은 반작용으로 인하여 사람에게 상해를 초래하거나 초래할 가능성(the probability thereof)이 있는, 계획되지도 않고 제어되지도 않은 사상'을 사고(accident)라고 정의하여, 당장 눈앞의 피해는 발생하지 않았다 하더라도, 같은 사건이 되풀이되면 언제든 피해가 발생할 여지가 있는 사건을 모두 사고라고 인식하였다. 이 개념은 현대적 안전관리의 출발점이라고 평가된다. 왜냐하면 피해의 가능성, 다시 말해 위험성까지를 사고의 개념에 포함시킴으로써, 안전관리의 지향점을 단순히 사고예방이 아니라 한 걸음 더 나아가 위험성의 배제까지로 파악하였기 때문이다.

그럼 '큰 일'이란 무엇일까? 대체로 세간에서 말하는 '큰 일'이란 사고로 인하여 신체상의 상해나 재산상의 손실을 입은 경우를 말하는 것이 보통이다. 하지만 신체상의 상해는 물론, 재산상의 손실이 없더라도 시간상의 손실은 불가피하다. 특히 1 초, 1 분을 다투는 현대인들에게 있어 시간은 어떤 재산과도 바꿀 수 없는 재산으로서의 가치를 가진다. 이런 의미에서 블레이크(R.P.Blake)는 '관심 대상이 되는 활동의 순조로운 진행을 방해하는 모든 사건'을 사고라고 정의하였다.

한편, 사건(incident)이란 하인리히가 말하듯 '불안전한 행동이나 조건이 선행되어 작업능률을 저하시켜, 직접 또는 간접적으로 인명이나 재산상의 손실을 가져올 수 있는 바람직하지 않은 사상(event)'이라고 정의될 수 있다. 이 사고방식은 문제를 일으키고, 시간, 노력, 금전 등에 관하여 손실을 초래하지만, 사람에게 실질적인 상해를 미치는 일 없는 사건까지를 포함한다. 다시 말해, 세간의 사람들은 피해가 있느냐, 없느냐, 혹은 얼마나 큰 피해를 가져왔느냐에 초점을 맞춰 사고 여부를 구분하지만, 전문가들은 눈앞의 피해와는 관계없이 언제든 피해를 초래할 가능성이 있다면 사고로 인식한다는 점에서 큰 차이가 있다. 그러므로 결론적으로 말하자면, 사고는 사건이라는 개념과 명확히 의미를 구별할 수는 없으나, 순조로운 인간활동을 방해하여 상해를 초래하거나, 재사상의 손실을 가져올 수 있는 바람직하지 않은 사상을 말한다.

그러나 현실적으로 우리 사회에서는 사건이 괄목할 만한 피해가 없는 사상을 말하는 반면, 사고란 괄목할 만한 피해가 있는 사상을 가리키는 용도로 사용되고 있다. 따라서, 사건을 예방할 것인가? 사고를 예방할 것인가? 여러분의 답이 사고예방이라고 한다면, 명백히 의미를 혼동하고 있는 것이다. 사건과 사고는 다른 것이 아니라 같은 개념이기 때문이다. 따라서, 우리 사회에서 통용되는 의미로 볼 때, 사건예방이라고 해야 옳다. 다만, 독자 여러분의 이해를 돕기 위하여 이 책에서는 하인리히를 비롯, 많은 학자들의 개념을 그대로 이용하여 '사고예방'이라는 용어를 사용하기로 한다.

1.2 사고발생의 메커니즘

사고는 왜 발생할까? 그 원인과 발생과정을 이해한다면 사고는 예방할 수 있을 것이다. 사고에는 많은 요인들이 관련되어 있으며, 많은 학자들은 그 인과관계를 설명하고자 노력해 왔다.

가장 선구자적인 노력은 하인리히에 의한 것으로, 그는 일련의 사고요인들이 차례차례 발생함으로써 사고가 발생한다고 생각하였다(이 경우에도 '사고'는 '사건'과 다르지 않다). 즉, 그는 사고의 근본원인을 사회적 환경이나 가풍 때문이라고 생각하여 발생과정을 그림 1.1과 같이 5 단계로 나누어 정리하였는데, 이러한 이론을 '사고연쇄이론'이라고 한다.

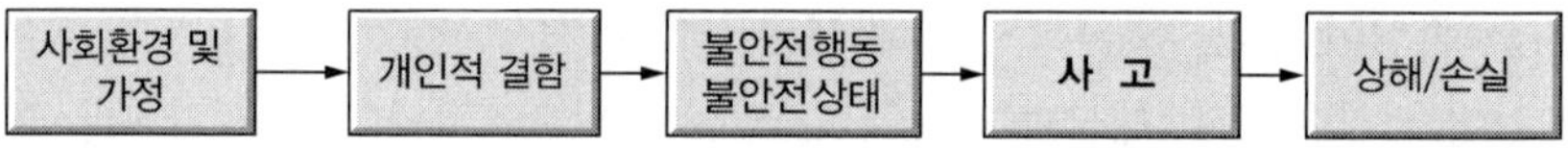

(a) 하인리히의 전통적 사고연쇄이론

(b) 버드의 수정된 사고연쇄이론

그림 1.1 사고연쇄이론

일명 '도미노(Domino) 이론'이라 부르는 이 이론에 따르면, 이 연쇄들 중 어느 한 단계라도 제거하면 사고는 예방될 수 있는데, 효과적으로 산업재해를 예방하려면 특히 3 단계인 불안전행동과 불안전상태를 중점적으로 집중 관리하여야 한다고 하였다.

이후 버드(F.Bird Jr.)는 사고의 근본원인은 관리조직의 관리적 결함에 있다고 생각하여 수정된 사고연쇄이론을 주장하였는데, 이와 같은 사상은 많은 사람들에 의해 계승되었으며, 현대적 안전관리에서도 사고의 근본원인은 관리 실패로 인식하는 경향이 짙다.

이와는 달리, 재해발생에 관계된 여러 요인들이 각각 독립적으로 작용하여 재해가 발생한다고 보는 견해도 있다. 이러한 주장을 '집중론'이라고 하는데, 특히 단 페터슨(Dan Petersen)은 모든 사고 뒤에 수많은 요인들이 존재하며, 이러한 요인들이 상황에 따라 무작위로 결합하여 재해를 일으킨다고 주장하였다.

한편, '혼합형'이란 집중형과 연쇄형이 복합된 것을 말하는데, 현대사회의 산업재해는 일반적으로 단순히 집중형이라든가, 연쇄형의 재해란 아주 드물기 때문에, 대부분은 혼합형에 속한다고 볼 수 있다.

이와는 대조적으로, 최근의 안전공학자들은 위해성이 있는 에너지 원이나 에너지의 이동경로에 노출되었기 때문에 산업재해가 발생한다고 분석하는 경향이 있다.

이에 따르면, 사고란

① 폭발, 파열, 붕괴, 낙반, 낙하, 비래 등 작업자 주위에 에너지가 폭주하거나

② 동력운전기계에 의한 재해, 감전, 화상 등 작업자가 에너지 피폭 환경에 침입하거나

③ 작업자의 추락이나 충돌 등 작업자 스스로가 에너지 원으로서 다른 물체나 물질과 접촉했기 때문에, 또는

④ 유해, 유독물질이 작업환경 중에 노출되어 발생한다.

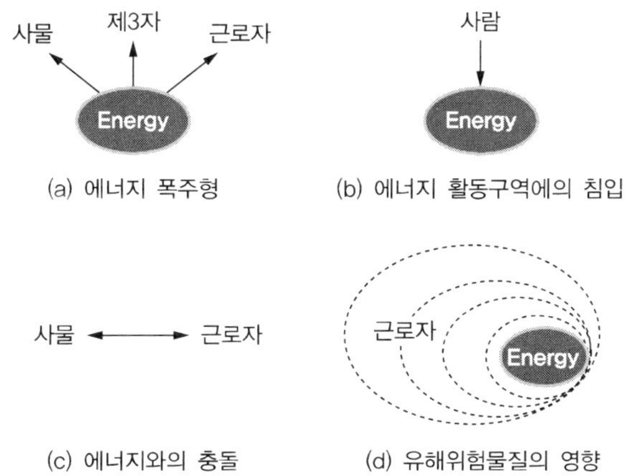

그림 1.2 에너지 접촉형태로 분류한 사고유형

결과적으로 이 주장에 따르면, 에너지의 효율적 관리가 안전보건관리 업무의 주류를 이루게 되며, 현대적인 시스템의 안전관리도 이러한 성격을 띠고 있다.

1.3 안전관리의 주요 범위

사고를 유발시키는 많은 요인들 중에는 관리할 수 있는 요인이 있고, 관리할 수 없는 요인이 있다. 따라서, 안전관리의 범위를 결정하는 데 있어서 사고발생 비율은 매우 중요하다. 하인리히는 1920 년대의 사고 약 5,000 건을 대상으로 조사한 결과 중상, 경상, 무상해 사고의 비율이 약 1 : 29 : 300 이었으며, 이를 근거로 유추해 볼 때 불안전행동이나 불안전상태의 비율은 훨씬 더 많을 것이라고 주장하였다.

또한, 버드는 1960 년대 북미에서 발생한 170여만 건의 재해를 대상으로 조사한 결과, 중상, 경상, 재산상손실만 있는 사고, 가시적인 상해나 손실이 없는 사고의 비율이 약 1 : 10 : 30 : 600 이라고 주장하였다. 이와 같이 안전학자들이 주장하는 재해발생비율의 상대적 수치는 상징적인 의미를 가질 뿐 일관성이 없으며, 또 현대에 적용할 수도 없다.

그러나 여기에서 중요한 것은 관리대상이 우연적 요인에 좌우되는 재해피해강도 즉, 상해나 재해가 아니라, 그러한 결과를 초래하는 나수의 불인전상대 혹은 불안전행동이 관리대상이 되어야 한다는 점이다.

종래의 사고방지 대책은 중대재해, 즉 많은 사상자가 나고, 큰 손실이 발생한 사고의 원인분석에 지나치게 치우쳐 있었는데, 이것은 사고원인의 일반성을 이해하는 데에는 한계가 있다. 원래 사고로 인한 피해는 상황에 따라 불확실하고 조정 불가능한 우연요인-예를 들어 피해자의 육체적·정신적 상태, 기인물의 종류·중량·형상·재질, 상해부위 등-에 좌우되기 때문에, 사고로 인한 상해는 사고 발생시의 우연요인에 의해 초래된 결과에 지나지 않는다.

따라서 중대재해, 경미재해라는 표현은 잘못된 것으로, 사고에는 무겁다거나 가볍다는 것이 없다. 있는 것은 중상해, 경상해 뿐이다. 주목해야 할 대상은 사고결과로 나타나는 상해가 아니라, 사고발생 그 자체이어야 한다.

더욱이 사고발생 자체가 확률론적 현상이라는 개념을 받아들이기 위해서는 될 수 있는 대로 많은 사고사례를 수집하여, 공통적인 발생경향을 찾아내지 않으면 안 된다. 이 때 수집된 사고사례 건수가 많을수록 분석결과의 신뢰성이 높다는 것은 당연한데, 이런 점에서도 중상사고의 건수는 전체건수에 비해 상대적으로 너무 적어, 사고발생의 경향을 파악하는 데 적절하지 않다.

결과적으로, 가장 많은 건수의 상해그룹, 즉 사고가 발생하기 이전의 불안전행동이나 불안전상태 그리고 무상해 사고에 재해발생과 관련된 주요 인과관계의 단서가 숨겨져 있고, 이것들은 경우에 따라 언제든지 중상, 경상, 혹은 중대재해로 발전할 수도 있으므로, 그 일반적 속성을 파악하여 관리하지 않으면 안 되는 것이다.

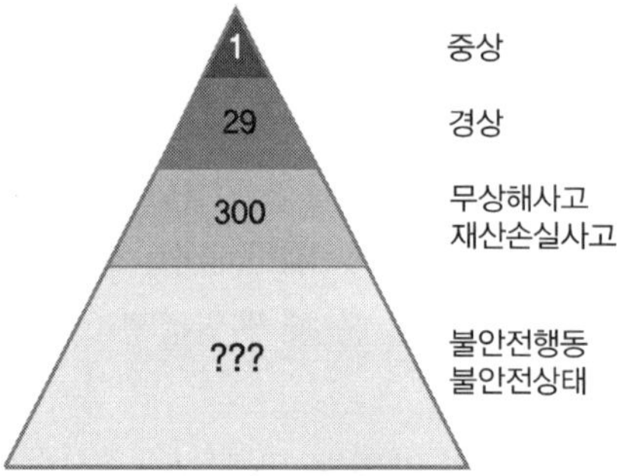

(a) 하인리히의 사고발생비율

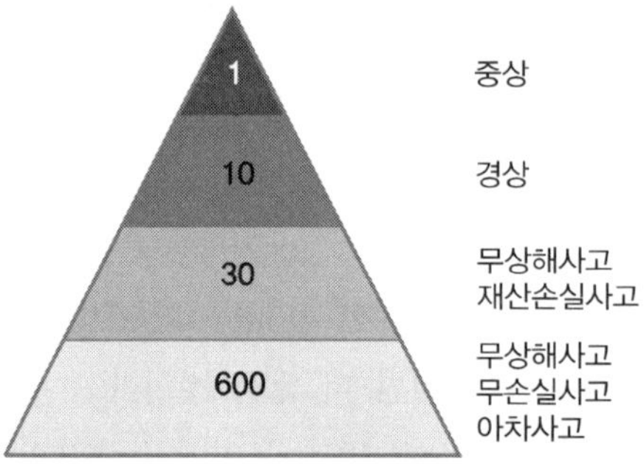

(b) 버드의 사고발생비율

그림 1.3 사고발생비율

1.4 안전관리의 기본적 방법론 - 시스템안전공학

사고를 예방하는 데에는 여러 가지 방법이 있을 수 있다. 그러나 사고예방활동의 효과를 높이기 위해서는 사고예방조치의 선후가 조정되어야 한다. 사고에 관련된 여러 가지 요소들의 집합체를 시스템이라고 이해할 때, 시스템의 안전 측면에서의 융통성 또는 가능성은 시스템 개발과정이 진행되어 감에 따라 점차 감소되어 간다. 즉, 시간이 지남에 따라 이미 결정되어 버린 다른 사항들이 시스템 구성의 융통성을 점차 훼손하여 가는 것이다. 때문에, 안전을 확보하기 위한 노력도 가장 많은 가능성을 지니고 있을 때부터 고려되고 검토되어야 한다.

그 과정을 시스템 안전 우선순위(System Safety Precedence) 또는 위험성 저감 우선순위(Hazard Reduction Precedence)라고 하며, 그림 1.4와 같이 표현할 수 있다.

우선 이 시도의 최초단계는 최소 위험성 설계(design for minimum hazard)이다. 시스템의 설계사항이나 구조 자체가 위험성을 지니지 않도록 구상단계에서부터 신중히 고려하여야 된다는 것이다. 즉, 관리 대상이 되는 시스템은 모든 측면에서 납득할 만한 합리적인 안전성을 확보한 것이어야 한다는 의미이다.

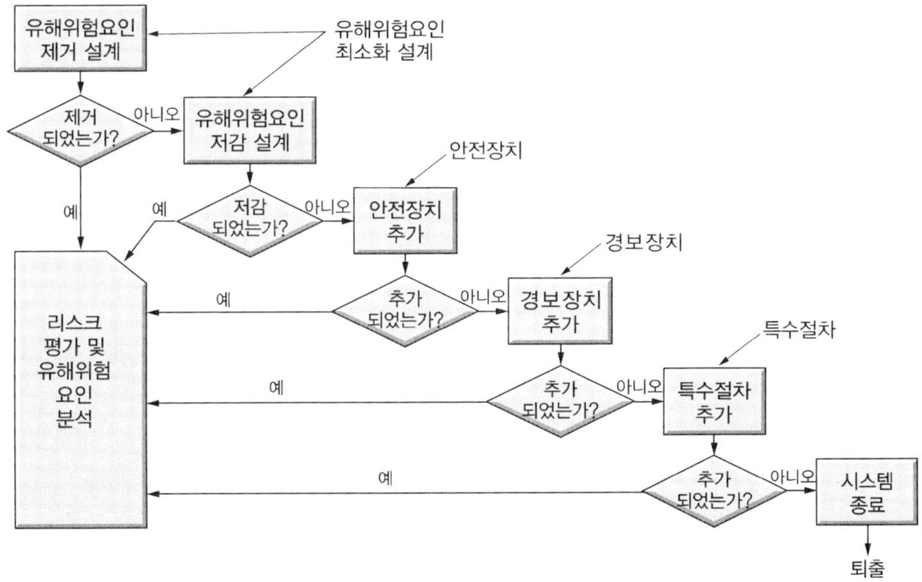

그림 1.4 시스템 안전 우선순위(Roland, 1983)

이와 유사한 개념에 '근원적 안전' 이라는 개념이 있다. 이것은 근원적 안전 방폭 전기기기(intrinsic safety explosion-protected electrical equipments)에서 유래된 말로서, 원래는 폭발성의 분위기에서 사용되는 통신・계측용 전기기기가 그의 내부 또는 배선 사이에 단선이 일어나더라도 외부의 분위기에 의해 착화되지 않도록 설계된 구조를 가리키는 말이었다. 그러나 이 개념은 더욱 넓은 개념으로 확장되어, 현재 일반적으로 우리가 사용하는 '근원적 안전화'는, 작업자나 사용자가 의도적으로 혹은 실수로 위험기기나 설비를 작동시키더라도 꼭 필요한 경우가 아니면 오동작이나 오조작으로 인한 재해사고를 사전에 방지할 수 있는 능력을 갖춘 기기・설비가 되도록 설계하는 기법을 말한다.

최소위험성을 위한 설계 후의 다음, 둘째 단계는 안전장치(safety devices)를 채용하는 일이다. 시스템의 구조나 기능상 위험부위나 위험성이 불가피하다면, 작업자나 사용자에게 직접 위해를 가하지 않도록 안전장치가 추가되어야 한다.

셋째 단계는 경보장치(warning devices)의 채용이다. 위험성이 최소가 되도록 설계에 최선을 다하고 안전장치까지 설치하고도 수용될 수 없을 만한 위험성이 남는다면, 위험에 노출되는 사람들의 신속한 대응조치나 대피가 가능하도록 경보장치가 제공되어야 한다. 비상등이나 경보신호, 사용설명서나 매뉴얼, 기계나 설비에 부착된 안전표지 등은 모두 여기에 해당된다.

넷째 단계는 특수한 절차(specific procedures)로서, 사용자로 하여금 유사시의 대응조치 능력을 육성하여야 한다. 통상적인 교육과 훈련은 바로 이 마지막 단계에 해당하며, 표지 등을 규격화하는 것도 여기에 해당한다. 이런 면에서, 교육과 훈련만을 강조해 오던 종래의 재해예방 노력은 그 방향을 잘못 잡고 있었던 것이다.

이와 같은 여러 단계의 마지막으로 활용되는 현실적인 방법이 관리적 통제(administrative control)에 의한 위험요인에 대한 노출 영향의 최소화이다. 여기에는 개인용 보호구, 작업시간 및 방법의 관리, 작업 교대 및 순환 등의 방법이 해당되는데, 작업 자체를 변경하지 못하는 경우에 활용되는 불가피한 조치라고 생각할 수 있다.

1.5 안전관리의 효과

안전관리는 사고나 재해로부터 인간의 생명과 재산을 보호하기 위한 계획적이고 체계적인 제반 활동을 말한다. 특히, 기업에게 있어 안전관리는 작업 중에 발생할 수 있는 사고를 예방하는 한편, 장시간 노동을 통하여 발생할 수 있는 질환이나 질병을 예방하기 위한 활동이다. 그 근본적인 이유는 무엇일가? 무슨 효과를 얻고자 함인가?

기업은 근본적으로 이윤을 추구하는 집단이다. 기업은 원가절감을 위하여 꾸준히 생산기술을 개발해 와서, 생산기술은 복잡해지고 동력도 거대화되었으며 규모도 대형화되었다. 유감스럽지만 이에 따른 부작용도 적지 않아, 중대재해의 발생 위험성도 더욱 가중되었으며, 공장 주변의 환경오염으로 인해 지역 주민들에게 줄 수 있는 피해는 점차 더욱 더 큰 사회적 문제로 확대되었다.

따라서, 안전관리는 생산기술의 발전에 따른 부정적인 영향을 최소화하기 위한 노력이라고 이해될 수 있다. 즉, 안전관리는 기본적으로 인간의 활동, 예를 들면 생산활동에 종사하는 사람들의 안전을 보장하기 위한 인간존중의 이념으로부터 출발한다.

인도주의를 바탕으로 하는 인간존중의 이념은 근로자는 물론 일반 소비자에게 인본주의로 인식되어 기업제품의 가치를 높이며, 사고로 인한 인적 상해, 재산상 손실의 예방은 결과적으로 기업의 경제적 손실을 최소화하는 효과를 얻을 수 있다. 동시에, 생산성 및 품질 향상은 제품 클레임으로 인한 손실을 최소화하는 효과를 얻을 수 있고, 사고로부터 보호되는 노동력은 숙련된 기술인력의 육성이라는 간접적 효과를 얻을 수 있다. 따라서, 기업의 이미지 개선은 물론, 사회적 복지를 향상시키는 데에도 기여할 수 있다.

표 1.1 안전관리의 효과

- 인도주의가 바탕이 된 인간존중인본주의의 이념
- 사고로 인한 인적, 재산손실의 예방기업의 경제적 손실 최소화
- 생산성 및 품질의 향상, 제품 클레임으로 인한 손실의 최소화
- 기술인력의 고정적 확보 숙련된 기술인력의 육성
- 기업 이미지 개선 노사협력의 경영자세 인식
- 사회복지의 증진사회적 만족도의 향상

따라서, 이상의 여러 가지 논의들을 종합하여 생각한다면 기업의 입장에서는 기계의 고장이든, 인간의 불안전행동으로 인한 사건이든 사고임에는 틀림없다.

우리나라의 산업안전보건법에서는 산업재해를 '근로자가 업무에 관계되는 건설물・설비・원재료・가스・증기・분진 등에 의하거나 작업 또는 그 밖의 업무로 인하여 사망 또는 부상하거나 질병에 걸리는 것'이라고 다소 어렵게 정의하고 있는데, 생산과정 중에 발생하는 사고를 산업재해라고 인식한다는 의미이다.

어느 주장에 따르든지 산업재해란 '생산설비의 결함이나 생산방법의 잘못으로 말미암아 산업활동의 정상적인 흐름에 장애를 주거나, 생산현장의 근로자를 포함하는 사람들에세 위해를 가하거나, 그럴 가능성이 있는 사건'을 말한다. 따라서, 산업안전관리란 산업재해를 예방하고, 또 만약 발생한다 하더라도 그 피해가 최소화되도록, 과학적이고 공학적인 지식과 기술을 응용하는 종합적인 노력을 총칭한다.

Chapter 2

작업설계 및 평가

2.1 인간공학의 의의

만약 인간이 행하는 작업이나, 작업을 수행하는 환경이 인간의 여러 가지 기능과 적합지 않다고 하면, 그런 작업은 인간에게 무리를 강요하게 되고, 피로나 질병, 과오나 상해 등의 현상이 나타나 작업수행 성능에도 영향을 미치며, 끝내는 작업수행의 목적과 기능을 만족시킬 수 없게 될 것이다. 이를 방지하기 위해, 인간과 작업 그리고 이들을 둘러싼 환경을 하나의 시스템으로 파악하여 '인간이 사용하는 도구나 시스템으로부터의 부작용 없이 의도하는 작업이나 생활을 할 수 있도록 하기 위한 연구'를 인간공학이라 한다.

이 때 시스템과 인간 특성과의 적합성을 얻는 방법에는 두 가지 다른 방법이 있을 수 있다. 한 가지 방법은 인간을 작업에 맞추는 방법이다. 이것은 작업방법이나 기계설비 등은 주어진 대로 놓아 두고 그에 적합한 작업자를 선발, 배치하고 효과적인 작업수행에 필요한 지식, 기능 등을 교육, 훈련시키는 방법이다.

그러나 이와 같은 방법으로는 모든 사람들의 욕구를 충족시킬 수는 없으므로, 인간공학은 기본적으로 정반대의 방법, 즉 누구나 해당작업을 수행하거나 생활을 영위할 수 있도록 시스템이나 작업을 인간에게 맞추는 방법을 지향한다. 이러한 인간중심의 사고방식을 한마디로 표현하자면 작업을 인간의 가치 기준에 맞추는 것(Fitting the Task to the Man) 이라고 할 수 있다.

2.2 작업공간과 작업자세

작업공간(work envelope)이란 감시계기, 표시장치, 조종장치 등 작업자가 작업을 수행하는 데 있어서 필요한 계기들과 인간의 작업 행동이 이루는 물리적 공간을 말하는데, 조작기구와 표시장치로 구성되는 인간과 기계의 대화의 장(場)이라고 할 수 있다. 따라서 인체에 적합한 작업, 또한 무리 없는 작업을 하기 위해 관련계기들과 작업부품 및 치공구가 이 범위 내에, 특히 다루기 쉬운 위치에 놓여 있어야 함은 물론이다.

2.2.1 인체계측

인간이 활동하기 위한 공간을 설계하기 위하여 인간의 신체에 관한 자료가 필요한 것은 당연한 일이다. 이 때 인체에 관한 자료를 얻는 방법에는 여러 가지가 있다.

이 중 인체측정기를 이용하는 마틴(Martin)식 계측법이나 사진촬영법은 표준자세에서 움직이지 않는 사람을 대상으로 신체치수를 측정하는 정적인 형태측정 방법이고, 이렇게 정지된 인체를 대상으로 계측한 결과를 구조적 치수(structural dimension)라 한다.

물론 이러한 구조적 치수에 근거하여 작업공간을 설계하는 경우도 있을 수 있다. 그러나 실제로는 오히려 동작에 따라 변화하는 기능적 자료를 필요로 하는 경우가 오히려 더 많다. 왜냐하면 실제 작업에서의 작업역은 작업내용이나 작업에 수반하는 작업자의 활동상태의 변화 등에 따라 변화하기 때문이다.

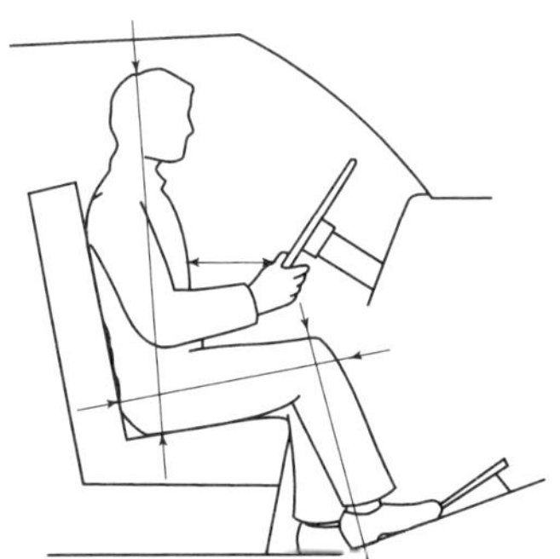

(a)

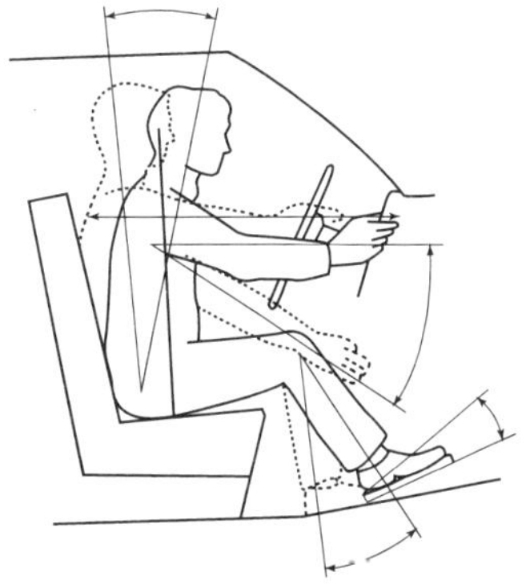

(b)

그림 1.5 구조적 치수와 기능적 치수

그러므로 경우에 따라서는 움직이는 신체로부터 관절의 가동범위나 손끝의 접촉범위 등을 측정하는 일이 필요한데, 이렇게 움직이는 인체의 범위를 대상으로 측정하는 방법을 동적 인체계측이라고 한다. 신체의 궤적을 필름에 담거나 다탐침(multiple probes)을 이용하여 접촉범위를 계측하는 방법이 이용되는 것이 보통인데, 기능적 치수(functional dimension)란 이렇게 움직이는 몸의 자세로부터 측정한 동적 인체계측의 결과를 말한다. 물론 실제로는 기능적 인체치수가 더 널리 사용된다.

2.2.2 인체치수활용의 원칙

측정된 인체치수를 활용하여 작업공간을 설계할 때에는 몇 가지 기본적인 원칙이 활용된다. 첫째는 조절범위의 원칙이다. 예를 들어, 고속버스나 항공기 의자를 앞뒤로 얼마만큼 변화할 수 있도록 함으로써 사용자의 편의를 도모하고자 하는 것이다. 가장 바람직한 적용원칙이지만, 측정치의 통계분포에 대한 지식이 요구되며, 또한 가장 많은 비용이 드는 원칙이기도 하다.

둘째는 최대・최소 등 극단치의 원칙으로, 예를 들어 해상선박의 탈출구를 설계한다든지, 자동차 계기판의 비상스위치의 위치를 결정할 때에는 각각 신체의 크기가 가장 크거나, 팔 길이가 가장 짧은 운전자를 기준으로 설계하는 것이다. 이 방법은 측정치의 최대값이나 최소값 또는 그에 대응하는 추정치를 활용하는 것이 특징이다.

셋째는 평균치의 원칙이다. 사용자 집단을 특정할 수 없는 경우, 예를 들어 버스터미널이나 공항과 같이 신체특성을 예측할 수 없는 많은 사람들이 사용하는 경우에는 특성치를 대표할 수 있는 평균치를 이용하는 것이 일반적이다. 가장 쉬운 방법이기는 하지만, 사용자 집단의 특성치를 충분히 이해하는 데에는 주의를 요한다.

2.2.3 작업공간의 설계

인간이 한 곳에 서서, 혹은 앉은 경우 작업을 수행하는 자세에서 손이나 발을 휘저으면 일정한 범위의 궤적 혹은 영역이 생기는데, 이를 작업범위 혹은 작업역(work area)이라 부르며 작업면이나 작업패널 설계에 필수적인 요소이다. 특히, 2차원적인 작업영역을 평면작업범위, 3차원적인 영역을 입체작업범위라 하는데, 어떤 경우든 작업범위를 결정하는 데에 관절의 운동범위가 필수적인 요소임은 두 말할 나위가 없다.

평면작업영역은 두 종류로 나뉘는데, 정상작업역(normal work area)이란 상완(上腕, upper arm)을 자연스럽게 수직으로 늘어뜨린 채 전완(前腕, forearm)만으로 편하게 뻗어 파악할 수 있는 구역을 말하며, 최대작업역(maximal work area)이란 전완과 상완을 곧게 펴서 파악할 수 있는 구역을 말한다.

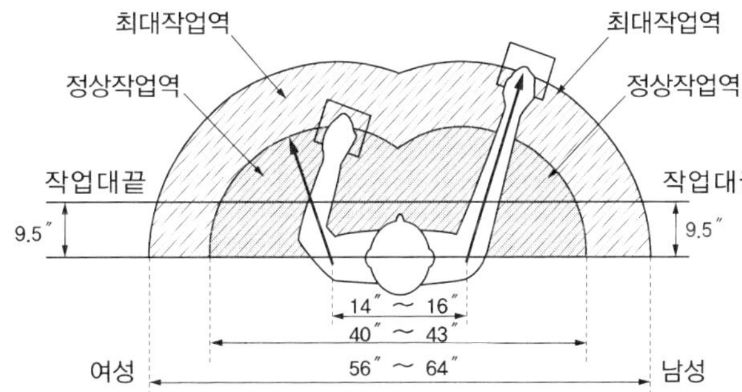

그림 1.6 정상작업역과 최대작업역(Farley, 단위 : inch)

일상적인 업무중 자주 사용하는 모든 작업기기는 정상작업역 내에 배치시키고, 자주 사용치 않는 기기들만을 최대작업역 내에 배치시키는 것이 인간공학적 설계 원칙이다.

입식작업의 경우 작업범위는 작업대와 작업의자에 의해 주로 좌우된다. 일반적으로 작업대의 높이는 팔꿈치의 높이보다 5∼10 cm 낮은 것이 경조립 작업에 적합한데, 정밀작업일수록 이보다 약간 높고, 거친 작업일수록 이보다 약간 낮은 것이 바람직하다.

한편, 좌식작업에서와 같이 한 장소에 앉아서 수행하는 작업활동에서 작업자가 사용하는 공간을 작업공간포락면(作業空間包絡面, work-space envelope)이라 하는데, 특히 자리에서 일어나지 않고 손을 뻗어 잡을 수 있는 공간의 외곽한계를 파악한계(grasping reach)라고 한다. 제어장치나 사용기기들이 파악한계 내에 배치되어야 함은 물론이다.

평면작업면의 설계 원칙이나 입식작업대의 작업면 높이 결정은 좌식작업에도 그대로 적용된다. 특별히 고려해야 할 사항은 작업대의 밑면이 작업자의 대퇴부 높이보다 충분히 높아 앉은 자세를 변화하는 데에 불편이 없어야 한다는 점으로, 불필요한 작업대의 서랍은 없애는 것이 좋다.

작업의자는 작업자의 체중부담을 줄일 목적으로 이용된다. 이 때, 좌판 위의 체중분포는 좌골결절(坐骨結節, ischial tubersity)을 중심으로 등압선을 이루도록 하여야 한다. 또한 좌판의 재질이 필요이상으로 부드러운 것은 작업자세의 불안정을 가져오고, 안락함에 의한 태만을 초래하기 쉬우므로 오히려 좋지 않다. 좌판의 앞쪽은 둥글게 만곡을 이루어 대퇴를 압박하지 않아야 하고, 오금높이보다 높아서는 안 된다.

그러나 아무리 좋은 자세를 지향하여 설계한다 하더라도 심리적, 생리적 부담 때문에 어떤 자세로 장시간 유지한다는 것은 어렵다. 예를 들어 인체의 혈액분포는 중력 방향으로 크게 영향을 받으므로, 특히 정적(static)인 작업자세가 장시간 지속되면 혈행장애 등의 문제로 말미암아 심장 등 순환계의 생체 부담이 급격히 증가하는 경우도 있다. 그래서 근골격계 질환의 중요한 요인 중의 하나가 부적절한 자세라는 점에 주의할 필요가 있다.

2.3 기계 설비의 배치

2.3.1 인간-기계의 대화

인간-기계 시스템은 원래 인간의 능력을 연장 또는 확대시키기 위하여 지속적으로, 큰 출력으로 또는 좀 더 정확하게 인간의 기능을 모사(模寫)해 내기 위하여 설계·제작되었다.

인간의 기능을 정보처리 측면에서 분석하면, 1) 외부로부터 혹은 시스템내부로부터 자극이나 정보를 입수·인지하는 감지, 2) 입력된 정보를 가지고 여러 종류의 조작을 가하는 정보처리 및 의사결정, 3) 인간이 학습과정을 통해 축적한 기억에 해당하는 정보보관, 4) 의사결정의 결과에 따라 수행되는 행동의 4 단계로 나뉜다.

이 때 정보를 전달하는 쪽과 받아들이는 쪽의 올바른 전달과 올바른 이해가 전제되어야 작업이 제대로 수행될 수 있음은 물론이다. 따라서 인간과 기계가 서로 적절한 정보를 주고받을 수 있도록, 그 방법들을 개선하면 시스템의 효능을 높일 수 있다.

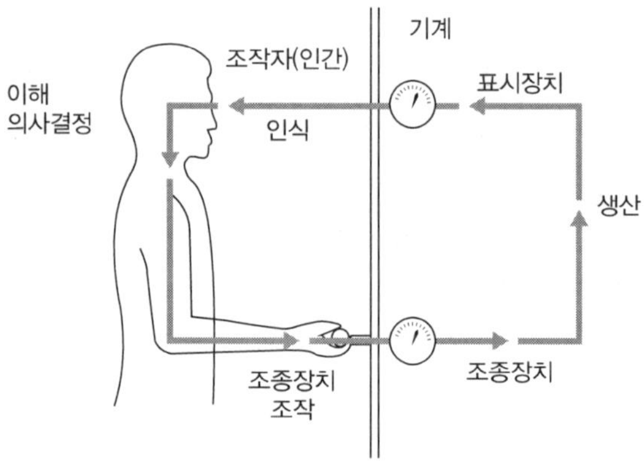

그림 1.7 인간과 기계의 의사소통

2.3.2 통제 표시기기

(1) 통제 표시기기의 선택

통제 표시기기는 일견 단순해 보이지만 인간-기계 시스템 중에서 매우 중요한 부분이다. 왜냐하면 통제기기의 양·불량은 인간의 과오나 작업의 지체를 유발하여 곧바로 시스템 운용에 영향을 미치기 때문이다. 원칙적으로 통제 및 조종기기의 조작은 여러 형태의 심리-운동(psychomotor)기능을 요하므로, 조작부위의 형상이나 크기 혹은 기기의 특성이 인간의 감각, 심리-운동 능력과 사용자의 신체치수 등에 맞추어 사용자가 그 기능을 효과적으로 수행할 수 있어야 한다. 그러기 위해서는 기본적으로 다음과 같은 사항들이 고려된다.

① 사용 목적에 가장 적합한 기기를 선택해야 한다.
② 기기의 표시, 운동방향 및 위치는 인간의 기대와 일치하여야 한다.
③ 통제기기는 손발의 자연스러운 운동과 조화되어야 한다.
④ 기능적으로 관련이 있는 기기는 서로 연관성있게 구성하여야 한다.
⑤ 쉽게 변별이 가능하여야 한다.

이 중 특히, 기기의 형태, 위치, 반응방향 등이 인간의 기대와 얼마나 잘 일치하는가 하는 성질을 양립성(兩立性, 整合性, compatibility)이라고 하는데, 작업자의 과오를 예방하기 위하여 시스템이나 기기의 설계시 필수적으로 검토되어야 하는 사항이다.

또한 각 기기 간의 변별(辨別; discrimination)이 쉽게 이루어지면 시선의 이동이 불필요하여 시신을 다른 곳에 활용할 수 있으므로 변별의 용이성은 작업자의 과오를 줄이는 데에도 중요하다. 따라서 기계설비를 설계할 때에는 전형적인 사용자들의 기내나 생각(Human Stereotypes)을 올바로 이해하고 전제로 하는 것이 중요하다.

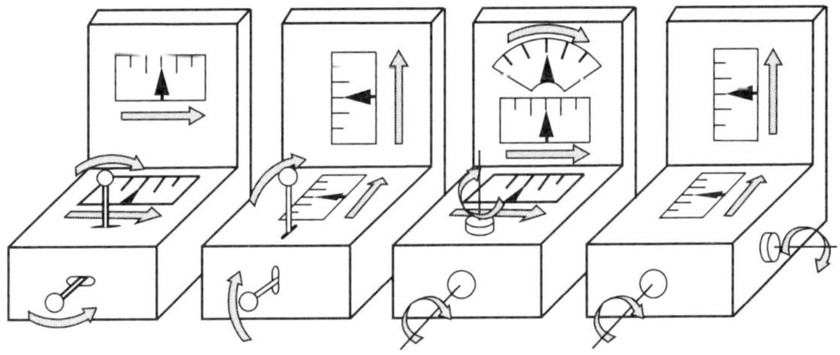

그림 1.8 운동적 양립성에 따른 설계 예

(2) 통제 표시기기의 배치원칙

작업장의 기계, 통제기기, 표시기기, 부품 등 작업자가 사용하는 모든 요소는 작업이 능률적이고도 원활하게 수행될 수 있도록 다음과 같은 원칙에 따라 배치되어야 한다.

① 중요도의 원칙
중요한 기기부터 잘 보이는 중앙에 우선 배치한다.
② 사용 빈도의 원칙
자주 사용하는 기기들을 중앙에 우선 배치한다.

③ 기능별 배치의 원칙
기능적으로 관련된 부품들은 가급적 한 곳에 모아 집중 배치한다.
④ 사용 순서의 원칙
순서적으로 사용되는 부품들은 가급적 차례대로 인접시켜 배치한다.

특히, 인간은 입력정보의 80% 정도를 시각(視覺, visual sense)을 통해 받아들이는 시각적 동물이기 때문에 표시기기의 배치는 매우 중요하다. 시각정보가 원칙적으로 작업자의 시야 내에 제시되어야 함은 물론인데, 이 때 인간의 시계(視界, visual field)는 상하보다 좌우가 긴 타원 형태를 이루며, 그 범위도 물체의 색깔에 따라 다르다는 사실을 잊어서는 안 된다. 그 중에서도 대상물체를 신속하고 올바르게 파악할 수 있는 범위는 정상시선(normal line of sight) 부근에 한하므로 주의하여야 한다.

2.4 작업방법과 표준작업

2.4.1 작업방법

생산작업이 생산 제품에 대한 개별적인 성격이 강하기 때문에 모든 작업에 적용할 수 있는 원칙을 말할 수는 없으나, 인간공학이 전문용어로 'ergo(작업)+nomics(경제학)'이라고 할 만큼 작업의 경제성을 주요 연구과제로 하기 때문에, 작업의 생산성을 높이려는 작업연구는 일찍부터 시도되어 왔다.

최초 길브레스(Gilbreth) 부부가 경제성과 능률제고를 위한 원칙을 제안한 이후, 바안스(R.P.Barnes)는 이것을 '동작경제의 원칙(The Principles of Motion Economy)'이라는 이름의 원칙으로 확충시켰다. 이 원칙은 인간공학적 근거에 입각한 과학적인 이론이라기보다 오랜 경험에 바탕을 둔 것이지만, 인간공학적 작업설계의 대강을 효율적으로 제시하고 있다는 점에서 작업방법을 설계하거나 개선하는 데 매우 유용하여 널리 사용되고 있다.

(1) 신체의 사용에 관한 원칙(Use of the human body)

① 두 손의 동작은 같이 시작하고 같이 끝나도록 한다.
② 휴식시간을 제외하고는 양손이 동시에 쉬지 않도록 한다.
③ 두 팔의 동작은 동시에 서로 반대방향으로 대칭적으로 움직이도록 한다.
④ 손과 신체의 동작은 작업을 원만하게 처리할 수 있는 범위 내에서 가장 낮은 동작 등급

을 사용하도록 한다.

즉 몸통 전체를 사용하기보다는 어깨 관절을 활용한다든지, 혹은 팔꿈치 관절을 사용하기보다는 손목 관절을 사용하는 등이다.

⑤ 가능한 한 관성(momentum)을 이용하여 작업을 하도록 하되, 작업자가 관성을 억제하여야 하는 경우에는 발생되는 관성을 최소화하도록 한다.

⑥ 손의 동작은 원활하고 연속적인 동작이 되도록 하며, 방향이 급작스럽게 크게 변화하는 모양의 직선동작은 피하도록 한다.

⑦ 탄도(彈道, ballistic) 동작은, 제한되거나 통제된 동작보다 더 신속하고 용이하며 정확하다.

⑧ 가능하다면 쉽고도 자연스러운 리듬이 작업동작에 생기도록 작업을 배치한다.

⑨ 눈의 초점을 모아야 작업을 할 수 있는 경우는 가능하면 없애고, 불가피한 경우에는 눈의 초점이 모아져야 하는 두 작업 지점간의 거리를 최소화한다.

(2) 작업장의 배치에 관한 원칙(Arrangement of the workplace)

① 모든 공구나 재료는 제 위치에 있도록 한다.

② 공구, 재료 및 제어기기는 사용위치에 가까이 두도록 한다.

③ 중력 이송원리를 이용한 부품상자(gravity feed bin)나 용기를 이용하여 부품을 부품사용장소에 가까이 보낼 수 있도록 한다.

④ 가능하다면 낙하식 운반(drop delivery) 방법을 사용한다.

⑤ 공구나 재료는 작업조작이 원활하게 수행되도록 그 위치를 정한다.

⑥ 작업자가 잘 보면서 작업을 할 수 있도록 한다. 이를 위해서는 적절하게 조명을 해 주는 것이 첫 번째 요건이다.

⑦ 작업자가 작업 중 자세의 변경, 즉 앉거나 서는 것을 임의로 할 수 있도록 작업대와 의자높이가 조정되도록 한다.

⑧ 작업자가 좋은 자세를 취할 수 있도록 의자는 높이뿐만 아니라 디자인도 좋아야 한다.

(3) 공구 및 설비 디자인에 관한 원칙(Design of tools and equipments)

① 치구(治具, jig)나 발로 작동시키는 기기를 사용할 수 있는 작업에서는, 이러한 기기를 활용하여 양 손이 다른 일을 할 수 있도록 한다.

② 공구의 기능은 결합하여서 사용하도록 한다.

③ 공구와 자재는 가능한 한 사용하기 쉽도록 미리 위치를 잡아준다.

④ 각 손가락이 서로 다른 작업을 할 때에는 작업량을 각 손가락의 능력에 맞도록 분배해

야 한다.

⑤ 레버, 핸들 및 통제기기는 작업자가 몸의 자세를 크게 바꾸지 않더라도 조작하기 쉽도록 배열한다.

2.4.2 작업방법 및 작업자세

작업공간이 아무리 잘 구성되고 작업기기들이 아무리 이상적으로 배치되어 있다고 하더라도 그것을 사용하는 작업자의 작업방법이 올바르지 못하면 작업자세가 적절치 못하게 되며, 결과적으로 예상치 못한 결과를 초래하기 쉽다.

예를 들어 그림 1.9에서 보듯, 같은 무게의 물건이라도 그것을 운반하는 방법에 따라 인간이 소비하는 칼로리, 다시 말해 작업자가 부담하여야 하는 생리적, 신체적 부담이 증대될 수도 있다.

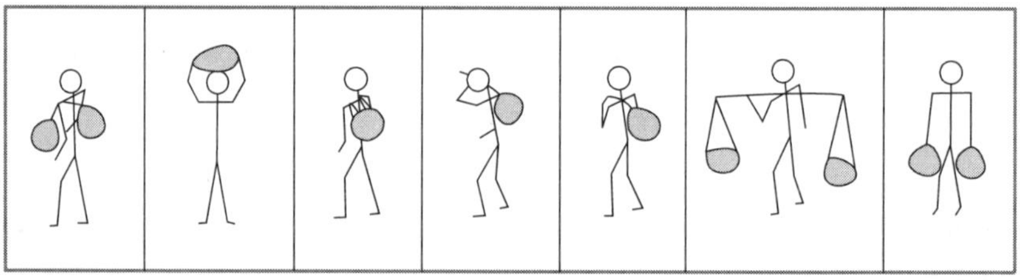

	1. 더블팩	2. 머리에 임	3. 배낭	4. 셰르파	5. 쌀자루	6. 물지게	7. 양손
상대적 산소비율	100	103	109	114	123	129	144

그림 1.9 중량물 운반방법과 에너지소모량과의 관계

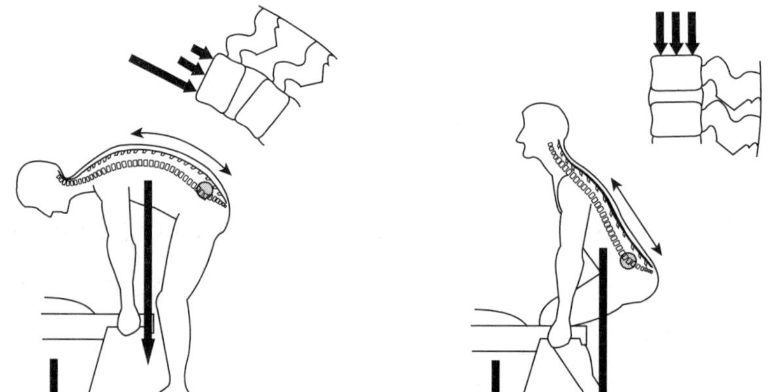

그림 1.10 물건을 들어 올리는 자세의 비교

원래 좋은 작업방법이란 작업자에게 생리적이거나 신체적인 부담을 최소화하면서도 쉽게 작업목적을 달성할 수 있는 작업자세들의 집합체라고 할 수 있다. 따라서 자세란 단순히 인간의 신체를 어떤 형상으로 유지하는 것뿐만 아니라 작업의 성능을 최고로 확보하기 위한 전제 조건이다.

통계적으로 볼 때, 자세의 부적합으로 인해 발생하는 커다란 문제 중의 하나는 직업성 요통이다. 특히 물건을 들어 올리는 작업은, 다루어야 하는 중량물뿐만 아니라 작업자의 체중이 부가적으로 작용하여 척추에 무리가 가서 손상을 주기가 쉽기 때문에 특별히 주의하지 않으면 안 되는 작업이다.

그러므로 물건을 들어 올릴 때에는 등을 굽혀서도 안 되고, 상체를 앞으로 기울여서도 안 되며, 절대로 짐을 충격적으로 들어 올려서는 안 된다. 또한 대퇴부와 둔부 근육에 부하를 주는 상태에서 무릎을 구부려 들어 올리되, 중량으로 인한 부하는 신체에 대칭적으로 걸리게 하고, 방향전환 시에는 몸을 뒤틀지 않도록 하는 것이 중요하다.

2.4.3 작업표준

작업과정을 몇 단계의 요소작업 등으로 분석하고, 다시 각 요소작업을 몇 가지 직무와 동작으로 분해해서 배제시킬 수 있는 동작은 없을 것인가, 동작의 순서는 어떻게 하는 것이 좋을 것인가를 검토하여 무리가 없고 안전한 표준적 작업방법과 동작이라고 결정된 것을 작업표준이라 한다.

이것은 원래 일본의 품질관리 분야에서 사용된 용어로 생산에 필요한 사람, 사물, 방법, 관리에 관한 규정이라는 뜻이며, 좀 더 넓은 의미에서는 기술표준, 작업순서, 동작표준, 작업지도서, 작업지시서, 작업영역, 작업방법, 관리방법, 사용재료, 사용설비 및 그 밖의 주의사항 등에 관한 기준 규정이라고 할 수 있다. 특히 안전작업표준이란 작업자의 안전한 행동요령을 중점으로 품질・능률・원가관리 등의 측면에서 표준화한 것을 말한다.

작업표준이 안전수칙이라든가 안전규정과 다른 점은 단위작업마다 혹은 요소작업마다의 동작순서와 필요사항을 명시하는 데 있다.

2.5 작업부하의 평가

2.5.1 작업부하의 의미

인간이 수행하는 모든 작업은 인간에게 많건 적건 부담을 준다. 이와 같이, 작업수행에 따라 작업자에게 요구되는 육체적, 정신적 기능정도를 작업부하(workload)라고 하고, 작업부하가 걸린 상황하에서 개인의 능력 등에 따라 각기 다른 인체의 반응을 작업부담(strain)이라고 한다. 작업 부하는 어떠한 형태로든 인간에게 압박을 가하게 되는데, 속도압박(speed stress)은 작업 성능을 저하시키는 반면, 부하압박(load stress)은 작업 특성을 변화시키는 것이 일반적이다.

만약 작업부하, 즉 작업의 속도나 난이도, 지속시간 및 휴식방법 등이 인체의 심리적, 생리적 능력과 조화를 이루지 못하면 작업자에게 작업에 대한 불쾌감이나, 과도한 작업부담이나 단조로움을 초래하게 되어 작업자의 능력이 충분히 발휘될 수 없게 되며, 그 결과 작업능률이 저하한다거나 중대한 휴먼에러가 발생하게 된다.

한편 작업부담이 계속되었을 때 생기는 신체상의 변화가 바로 피로(fatigue)이다. 일반적으로는 작업강도가 강할수록 또는 작업내용이 단순할수록 피로의 진행이 빨라서 급속히 기진한다. 이 때 주의하지 않으면 안 되는 것은 작업자의 자세부담이다. 작업을 수행하는 인간에게는 항상 두 가지 임무가 주어지는데, 하나는 작업이 요구하는 육체적, 정신적 기능을 수행하는 일이고, 또 다른 하나는 작업을 수행하기 위한 작업 자세를 유지하는 일이다. 특히 후자는 물리학 등에서는 일이라고 생각하지 않으나 에너지를 지속적으로 소비한다는 점에서 인간공학적 측면에서는 매우 중요한 작업 그 자체이다.

2.5.2 작업부하의 평가

작업부하는 작업의 특성에 따라 달라지는데, 크게는 주로 신체적 운동을 요구하는 작업과 정신적 기능을 요구하는 작업으로 나눌 수 있으며, 이 이외에 심리적 스트레스가 격심한 작업이 있다. 그러므로 작업부하를 평가하는 방법도 해당 작업의 특성에 따라 달라진다.

작업부하의 평가방법은 크게 주관적 평가방법과 객관적 평가방법으로 나눌 수 있다. 주관적 방법은 주로 작업자 스스로의 자각적 판단에 의존하는 방법으로서 심리물리학적(psychophysical) 기법을 이용하는데, 시스템의 안락함(comfort)이나, 작업 중량의 적절함, 작업에 의한 심리적 부담 등 개개인의 심리적 요인과 관련된 작업부담을 평가하는 데 이용된다.

객관적인 방법은 다시 작업자의 정보처리 용량이나 작업기억(working memory) 등 가시적인 측정이 곤란한 작업기능을 평가하는 데 이용되는 심리운동학적 (psychomotor) 방법과, 신체의 육체적 작업부담과 정신적 작업부담을 평가하는 데 주로 이용되는 생리학적 방법으로 나눌 수 있다.

표 1.2 작업부하의 평가방법

분 류	측 정 사 항	
주관적 방법	심리물리학적 방법	• 자각증상 • 자각피로도
객관적 방법	심리운동학적 방법	• 2차 직무 능력평가
	생리학적 방법	• 산소 소비량(VO_2) • 에너지 대사율(RMR ; relative metabolic rate) • 근전도(EMG ; electromyogram) • 심전도(ECG ; electrocardiogram) • 뇌전도(EEG ; electroencephalogram) • 안전도(EOG ; electrooculogram) • 융합점멸 주파수(flicker fusion frequency) • 피부 전기 반사(GSR : galvanic skin reflex)
	생화학적 방법	• 소변 중의 스테로이드 량 • 아드레날린 배설량

2.6 인간과 작업환경

인간의 작업성능은 여러 가지 요인에 의해 영향을 받으므로, 대부분의 작업환경요인들이 수행도 형성요인에 해당된다고 하는 것은 이미 앞에서 살펴 본 바와 같다. 그러므로 작업환경의 관리는 작업자의 작업성능을 안정적으로 유지하고, 작업자의 휴먼에러를 예방한다는 의미에서 매우 중요하다.

2.6.1 열냉압박

기후, 특히 대기의 온습도가 인간의 건강상태, 정신상태 및 작업능률에 커다란 영향을 미친다는 것은 누구라도 경험적으로 알고 있는 일이다. 열교환에 영향을 끼치는 요소로는 기온, 습도, 공기 유동, 벽이나 천정의 복사 등을 들 수 있다.

인체 내에서 물질대사의 결과 발생하는 에너지 중 25~35%는 기계적, 전기적 혹은 화학적 에너지로 소비되고 나머지 대부분의 에너지는 끊임없이 체열로 발산되는데, 이러한 체열발산기능은 인간으로 하여금 환경 변화에 상당한 적응력을 갖게 한다고는 하지만, 그 범위에는 한계가 있다.

(1) 온열압박

고온 하에서는 심박수와 호흡량이 증가하고, 혈액의 피부 순환량이 증가하여 발한이 계속되며, 피부 온도가 올라가는 한편, 반대로 직장(直腸) 온도는 내려간다.

이와 관련하여 인간의 체심온도(core temperature)는 매우 우수한 피로지수로서 체심온도가 38.8℃를 넘으면 기진하므로 열압박은 주로 육체활동에 영향을 미치게 되며, 정신활동에도 악영향을 미친다. 그러나 국부적인 근수축이나 손가락끝 동작의 교치성(巧緻性, dexterity)은 별 문제가 되지 않는다고 한다.

(2) 한냉압박

반대로, 한냉환경에서 인체는 체온을 유지하기 위하여 혈액의 피부 순환량이 감소하고 많은 양이 체심을 순환하게 되기 때문에, 피부온도는 내려가고 직장 온도는 약간 상승하며, 몸이 떨리고 소름이 돋는 것이 일반적 현상이다.

한냉환경의 영향은 손가락 끝에서 가장 민감하게 나타나는데, 13.5～15℃ 이하가 되면 손가락의 교치성을 현저히 상실되지만, 형태인식이나 시각적 성능은 추위에 별 영향을 받지 않는다고 한다.

2.6.2 소음

(1) 소음의 영향

소음은 불쾌감을 주며, 회화방해 등의 악영향을 미치고, 생산현장에서는 작업능률의 저하나 피로를 초래하기도 하며, 심한 경우에는 신경성 위장병이나 청력기능의 저하 등 부정적 효과를 초래한다.

(2) 소음 방지대책

소음수준이 비교적 낮은 경우에는 가벼운 음악이나 라디오를 틀어 놓는 등 은폐음(masking sound) 정도로 해결될 수 있다. 은폐 정도로 해결되지 않는 보다 심각한 작업장의 소음은 여러 단계에서 대책을 세울 수 있다.

가장 바람직한 방법은 해당 기기의 재배치, 적절한 설계, 정비 및 주유, 소음기 부착, 작업방법의 변경 등을 통해 소음 발생 기계자체를 가능한 한 밀폐・격리시키는 것으로, 소음수준이 120 dB 이상이 되면 이 방법이 필수적이다.

간접적인 방법으로는 흡음・차음 및 음향처리제 등을 사용하여 중간경로를 차단하는 것이다.

개인 보호구의 사용은 가장 소극적인 방법으로서, 위와 같은 대책에 의해서도 소음이 허용수준 이상일 때 이용한다.

2.6.3 조명

(1) 시식별과 조명

물체의 유무 및 상태를 파악하거나, 자극이나 신호를 받아들이는 데 있어 인간은 입력정보의 80% 이상을 눈에 의존한다. 그러므로 작업하기 쉽고 안전하며 쾌적한 환경을 작업자에게 만들어 주기 위해, 또 작업의 시각적 피로를 줄이고 시각기능의 장해를 예방하기 위하여 조명은 매우 중요한 환경요인이다.

시각적 물체식별에 영향을 미치는 요인으로는 대상물체의 밝기, 대상 물체나 표면에 도달하는 빛의 밀도, 대상물체의 단위 면적당 표면에서 반사 또는 방사되는 빛의 양 그리고 대비, 반사율, 노출시간, 물체의 이동 여부, 휘광 등의 여러 가지 요인들을 들 수 있다.

(2) 소요조명수준

작업장의 조명을 어느 수준으로 할 것인가는 수행하고자 하는 작업의 성격과 작업자의 특성에 크게 좌우된다. 작업장의 바닥은 작업자에게 안정감을 주는 것이 좋으므로 천정보다 어두운 색으로 하는 것이 일반적이며, 실내의 빛을 배분하는 것도 이에 준하는 것이 보통이다. 따라서 바닥에서부터 천정으로 갈수록 반사율이 증가하는 것이 좋다.

한편 시성능은 연령에 따라 가장 먼저 감퇴되는 특성을 갖고 있기 때문에 젊은이에게 충분한 조명 수준이라도 노인에게는 부족할 수가 있으므로, 20～25세의 시각적 성능을 1.0이라 할 때 40세는 1.17배, 50세는 1.58배, 65세는 2.66배의 조명이 필요하다.

(3) 휘광

눈이 적응된 휘도보다 훨씬 밝은 광원 혹은 반사광이 시야 내에 있음으로 인해 생기는 불쾌감을 동반한 시성능의 저하현상을 휘광이라 하는데, 그림 1.11에서 보듯 작업자의 시각적 성능은 휘광에 의하여 현저하게 저하한다. 휘광이 발생하는 원인으로는 주로 광원이 지나치게 밝거나, 시선부근에 광원이 있을 때, 혹은 광원과 배경사이의 휘도 대비가 클 때 등이 지적될 수 있기 때문에, 휘광의 대책으로는, 광원의 휘노를 줄이고 수를 늘리는 한편, 광원을 시선에서 멀리 위치시키고, 휘광원 주위를 밝게 하거나, 가리개 · 갓 · 차양 등을 사용하는 방법 등이 이용된다.

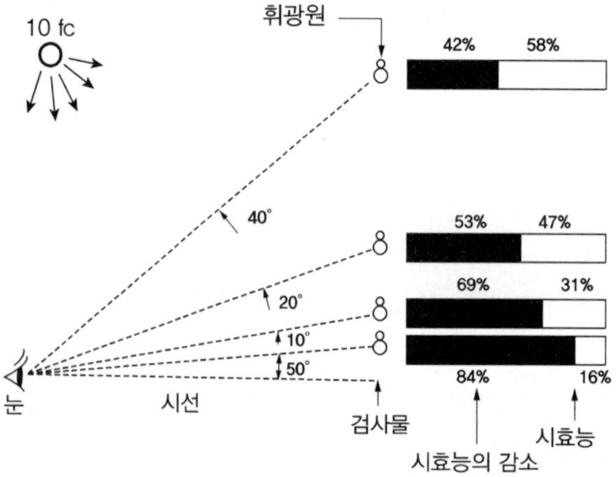

그림 1.11 휘광의 영향

2.7 휴먼에러1)

인간은 과오를 저지르는 동물이다. 산업현장에서 발생하는 산업재해를 비롯한 각종 사고도 설계, 설치, 조작 등의 각 작업단계에서 휴먼에러에 의한 것이 많다. 그러나 휴먼에러의 발생 그 자체를 막을 수는 없지만, 휴먼에러의 발생 정도를 통제할 수는 있다. 따라서 천재(天災)와는 달리 일부 사고의 예방도 가능하며, 불행히 사고가 발생한다고 해도 사고에 의한 피해규모를 최소화하는 것도 어느 정도 가능하다.

2.7.1 휴먼에러의 개요

휴먼에러(human error)는 매우 다양하고 개별적인 성격이 강하기 때문에 보편적인 성질이라든가 경향이라고 하는 것을 발견하기는 어렵다. 그러므로 무엇인가 공통적이고 일반적인 성격을 찾기가 쉽지는 않지만, 대체로 '시스템의 임무를 수행하는 도중 미리 정해진 인간의 기능을 완수하지 못하기 때문에 발생하는, 시스템의 기능을 열화시킬 가능성이 있는 작업요소'를 말한다.

작업을 수행하는 도중에 발생하는 휴먼에러는 특히 부과된 기능을 완수하지 못하는 내용에 따라 1) 생략 에러(omission error), 2) 수행 에러(commission error), 3) 시간적 에러

1) 휴먼에러에는 여러 가지 종류가 있어서, 한자를 이용한 한글표현 예를 들어 '인적과오', '인간과오', '인적오류', '인간실수' 등으로는 그 뜻을 올바로 전달할 수 없어, 부득이 외래어 '휴먼에러' 또는 '에러'로 표현하기로 한다. 졸저 "휴먼에러의 예방과 관리", 한솔아카데미, 2012, p.111 참조.

(timing error), 4) 순서적 에러(sequential error) 그리고 5) 불필요 에러(extraneous error)로 분류하는 것이 일반적이다.

그러나 인간 개개인의 정보처리 절차에 따라 좀 더 자세히 살펴보면 1) 감지 및 인식 에러(input error), 2) 정보처리 에러(information processing error), 3) 의사결정 에러(decision making error), 4) 행동 에러(output error), 5) 정보교환 에러(feedback error)로 나누어진다. 또 학자에 따라서는 1) 인지 · 확인 에러, 2) 판단 · 기억 에러, 3) 동작 · 조작 에러의 3 단계로 나누기도 한다.

2.7.2 휴먼에러의 발생요인

'휴먼에러는 왜 발생하는가' 하는 휴먼에러의 메커니즘은 휴먼에러가 다양한 만큼 단순히 규정할 수는 없다. 쉽게는 부주의에 의한 것이라고 하지만, 부주의는 사고의 진정한 원인이 아니며, 오히려 인간공학이나 심리학 등 과학적 측면에서 보자면, 여러 가지 요인들에 의해 야기된 결과에 지나지 않는다. 그러므로 휴먼에러의 진정한 원인은 부주의를 야기시키는 요인들이다.

인간의 행동에 직간접으로 영향을 미치는 요인들을 행동형성요인 혹은 수행도형성요인(Performance Shaping Factors; PSF)이라고 하며, 휴먼에러를 예방하기 위한 인간공학적 노력은 대체로 이 요인들을 관리하고 통제함으로써, 휴먼에러의 가능성을 최소화하는 것을 말한다.

일반적으로 행동형성요인은 외적요인과 내적요인으로 크게 나누어지며, 외적요인으로서는 환경적인 특성, 작업시간 및 휴식주기, 인원배치 및 관리, 보수 및 복지지원, 작업 및 직무의 특성, 관련설비 및 작업도구 등의 요인들을 들 수 있고, 내적요인으로서는 경험 및 훈련, 능력 및 기술, 개성 및 지능, 작업의욕 및 태도, 감정적 상태, 스트레스 수준, 지식, 성차(性差), 건강상태 등을 들 수 있다.

따라서 외적 행동형성요인에 의해 야기되는 실패는 상황유발에러(Situation Induced Error)라고 하고, 상황의 적부에 관계없이 인간의 내적 행동형성요인에 의해 야기되는 에러는 인간유발에러(Human Induced Error)라고 부른다.

2.7.3 휴먼에러발생의 메커니즘

결과적으로 아무리 기계가 우수하다 하더라도 내적 PSF를 관리할 수 없다면, 휴먼에러는 피할 수 없을 것이라는 것은 쉽게 예상할 수 있다. 이와 같이, 인간공학적으로 말하자면, 인간과 기계의 부적합으로부터 재해나 사고가 발생한다고 할 수 있다.

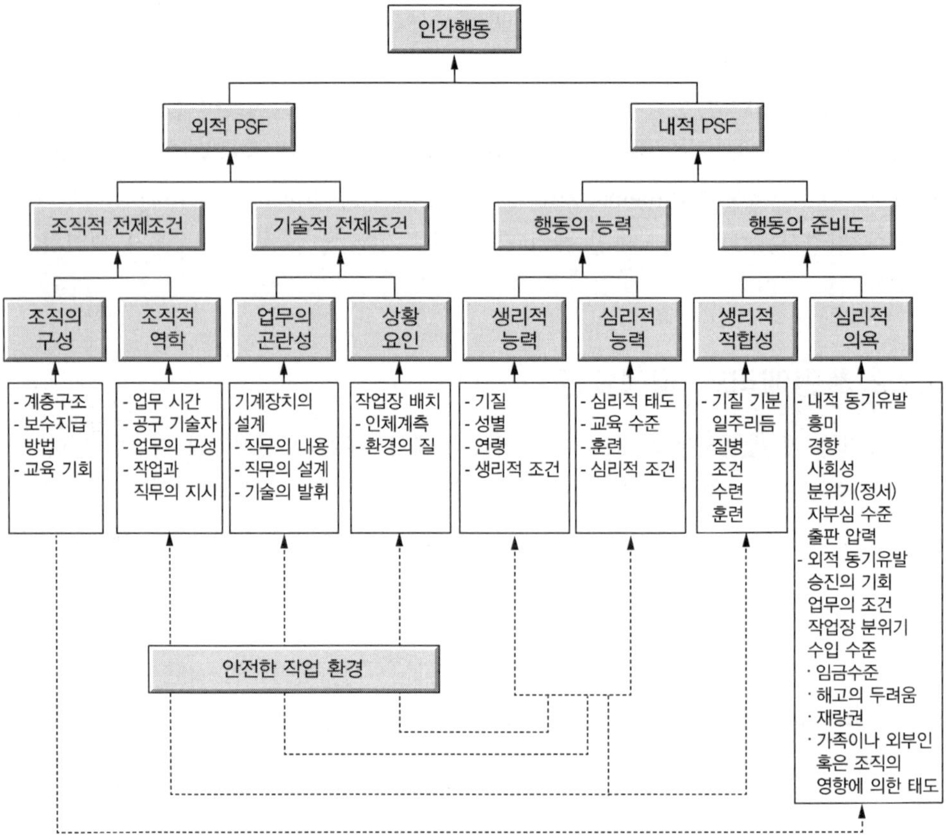

그림 1.12 인간행동에의 영향요인

(1) 감각 기능

인간은 외부로부터 입력되는 모든 자극에 대해 반응하는 것 같아 보이지만, 실제로는 각 개인이 반응할 수 있는 범위의 자극에 대해서만 반응한다. 예를 들어 청각적 자극의 경우 인간이 들을 수 있는 주파수 범위는 불과 20 Hz 로부터 20,000 Hz까지에 불과하며, 시각적 자극의 경우에도 가시광선은 400 nm 내외부터 700 nm 내외까지에 불과하다. 따라서 인간은 감각기능에 관한 한 근본적으로 문제를 안고 있는 셈이다.

(2) 정보처리 능력

인간의 기본기능의 한계는 우선 정보처리기능에 있다. 그 이유는 인간이 1초에 감지할 수 있는 정보의 양은 10^9 bits/sec, 출력할 수 있는 정보량은 10^7 bits/sec이며, 기억을 통해 영구보관할 수 있는 기억률은 0.7 bit/sec이고, 영구보관할 수 있는 총 정보량은 약 $10^8 \sim 10^{15}$ bits

라고 추산된다. 그런데 정작 중요한 정보처리능력은 50 bits/sec로서, 정보처리과정 중 최소이어서 시스템의 능력을 좌우하는 한계용량(channel capacity)으로 작용하기 때문이다.

더욱이 제대로 처리한다고 하여도 자극이 요하는 식별형태에 따라 그 능력도 다르다. 어떤 부류에 속하는 특정한 신호가 단독으로 제시되었을 때 이를 식별하는 능력, 즉 절대식별(absolute judgement) 능력은 일반적으로 상대식별능력에 비해 훨씬 떨어져서, 감각기관에 따라 다르기는 하지만 대체로 7±2개의 자극만을 구별할 수 있다.

그러나 더욱 문제가 되는 것은 이러한 한계를 지닌 인간의 기능조차 심리적인 스트레스가 극심하다든지, 상황적 정보가 부족하다든지 하는 경우에는 훨씬 더 급감할 위험성이 있다는 것이다.

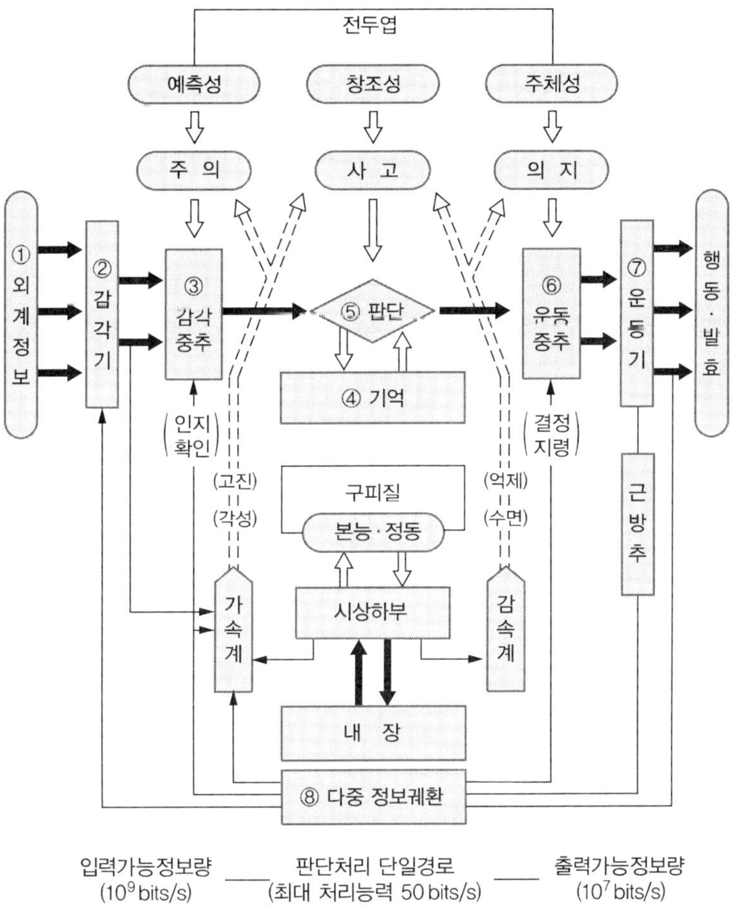

그림 1.13 인간의 정보처리 능력

(3) 대뇌기능의 저하

생체는 다양한 리듬을 지니고 있다. 인간의 대뇌 기능은 항상 일정 수준에 머물러 있는 것이 아니라 주간과 야간이 다르다. 더욱이 상황이나 시간에 따라서도 변화하는데, 야간과 새벽녘에는 대뇌의 활동수준이 낮고, 날이 밝으면 증가하여 12시 전후에 최고조에 이른다. 소위 일주성 리듬(日週性 리듬, circadian rhythm) 이라고 한다. 따라서 새벽녘의 야간작업 반에서 각성수준이 낮아져 안전사고가 다발하는 것은 당연한 일이다.

또한, 작업 상황에 따라서는 작업자의 각성수준이 쉽게 저하하는 상태를 만들어 내는 경우가 있는데, 입력정보는 많아도 작업자에게 필요한 정보는 별로 없다거나, 몇 가지 정보가 반복적이고도 규칙적으로 주어지는 경우 등이다. 이렇게 지나치게 자극이 적으면 오히려 대뇌피질의 각성수준을 저하시켜 판단을 둔감하게 하거나 졸음이 발생한다. 따라서 지나치게 자극이 적어도 바람직하지 않은 것이다.

(4) 심리적 압박

작업자 자신의 행동에 의해 시스템 전체의 존폐는 물론, 본인이나 수많은 사람들의 생명에까지 영향을 미칠 가능성이 있는 급박한 상황에서 신속히 의사결정을 하지 않으면 안 되는 경우, 직무수행으로 인한 심리적 압박은 극심해지고 갑작스러운 공포나 극도의 불안에 휩싸이게 된다. 이 때 인간은 지나치게 흥분하여 주의가 한 점에 고착되는 등 주의의 범위가 협소해져서, 올바른 판단에 필요한 광범위한 정보를 획득하거나 처리하는 데 실패하기 쉬워진다. 이러한 심리학적 상태를 경악(驚愕, panic) 이라고 한다.

(5) 운동기능

외부자극에 대한 인간의 반응은 결국 신체의 움직임이나 동작에 의해 나타나는데, 여기에는 짧든 길든 시간이 걸리게 마련이다. 더욱이 외부로 반응이 나타나기까지는 정보처리시간과 신체의 운동시간까지 소요되므로, 신속한 반응을 요구하는 자극에 대해 제대로 반응하기 어렵게 되기 때문이다.

2.7.4 휴먼에러의 방지대책

휴먼에러를 예방하는 방법으로 어떤 사람들은 자동화를 들지만, 이것은 문제의 본질을 제대로 파악하지 못한 결과이다. 이제까지 보고된 바에 따르면, 각 시스템에서 발생하는 전체 트러블 중 휴먼에러에 의해 발생하는 트러블이 차지하는 비율은 적게는 20%에서 많게는 70%에 이른다고 알려져 있다. 따라서 자동화는 휴먼에러에 대한 대책이 될 수 없으며,

결과적으로 휴먼에러의 예방은, 휴먼에러 이면에 숨겨져 있는 인적 요인의 파악으로부터 출발하지 않으면 안 된다는 것을 알 수 있다.

일반적인 휴먼에러 방지대책에는 표 1.3과 같은 것들이 있다.

표 1.3 휴먼에러 방지대책

요인	방 법
설비 · 작업환경적 요인	위험요인의 제거 궤환정보 및 경보시스템의 활용 fool-proof, fail-safe 등 안전장치의 설계 양립성, 시인성(visibility) 등 인간공학적 설계원칙의 준수
인적 요인	적성배치 교육, 훈련, 작업전 협의 등 위험예지능력배양 작업 모의실험 (simulation)
관리감독적 요인	안전 분위기 조성 설비, 환경의 자발적인 개선 소집단 활동의 활용 지적확인제도 등의 관리기법의 적용

Chapter 3

작업자 선발 및 관리

안전심리

3.1 안전심리학의 개요

3.1.1 심리학의 필요성

인간은 물리적으로는 신체를 가진 하나의 개체로서 존재하지만, 실제로 외형적으로 나타나는 작업행동은 인간의 내면적인 심리적 동인에 의한 결과에 불과하다.

이런 점에서 행동과학자 레빈(K. Lewin)은 일찍이, 인간의 행위(behaviour)는 인간이 지니고 있는 조건, 즉 개체인 사람(person)과 주변의 심리적 환경(environment)과의 함수라고 주장한 바 있다.

$$B = f(P, E)$$

여기에서 B는 행위, P는 연령, 경험, 심신상태, 지능 등의 인간의 개성적 요인을 말하며, E는 인간관계, 작업환경 등 인간이 주관적으로 받아들이는 심리적 주변환경을 뜻한다.

그러므로 인간의 내면적인 특성, 다시 말해 심리적 특성을 파악하지 않고는 인간의 행동을 이해한다는 것은 피상적 추론에 불과하다.

3.1.2 호오소온(Hawthorne) 실험

미국 하버드 대학의 교수 메이요(E. Mayo)를 중심으로 한 경영학자들은, 시카고 교외에 있던 서부전기회사(Western Electric Co.)의 호오소온(Hawthorne) 공장에서 1924년부터

1932년에 걸쳐, 생산능률에 대한 여러 가지 요인의 효과를 규명하기 위한 실험을 수행하였다.

이 일련의 실험 결과, 작업시간・작업방법・임금・작업장의 환경 등 작업의 물리적 제조건을 개선하면 작업능률이 올라간다고 생각되었던 종래의 관리이론이 근본적으로 부정되고, 물리적인 조건여하에 관계없이 인간본성의 깊숙한 곳에 숨겨져 있는 무엇인가에 의하여 생산성을 증대시킬 수 있다는 사실이 발견되었다.

3.1.3 안전심리학의 의의

이와 같은 사건들을 계기로 해서, 생산성 향상을 위해서는 인간의 심리적인 요인이 다른 어떤 요인들보다 영향력이 크다는 사실이 확인되었으며, 심리학적인 접근방법의 중요성이 인식되었던 것이다. 그러므로 안전사고의 경우에도, 작업자의 행동이면에 숨겨져 있는 작업자의 심리적 특성, 예컨대 욕구, 동기, 행동특성을 잘 이해하지 않고서는 예방할 수 없다.

원래 심리학(psychology)이란 본래 정신(psyche)과 학문(logos)이라는 단어의 합성어로, 생명이 있는 유기체가 주어진 환경과 상황에 어떻게 대처하며, 동시에 서로가 어떠한 상호작용을 하는가를 광범위하게 다루는 학문이다. 특히 그 중에서도 산업심리학(industrial psychology)은 '심리학적인 방법과 식견을 가지고 산업현장에 있어서의 인간행동을 연구하는 응용 과학'이라고 정의할 수 있나.

심리학의 연구분야에는 여러 가지가 있는데, 작업자의 안전과 관련된 분야를 정리하면, 산업심리학 중에서도 작업심리학, 노동심리학, 조직심리학 등이 이에 해당된다. 이 분야들의 공통점은 생산현장의 작업자에 관련된 문제를 대상으로 기업의 생산성 향상에 기여하고 있다는 점이다.

이 중에서 특히 사고발생 및 예방에 관련된 심리학 분야를 안전심리학이라고 불러도 크게 잘못된 일은 아닐 것이다.

3.2 직무분석과 적성배치

3.2.1 직무분석과 적성배치의 의의

인간은 자기가 지닌 능력이나 성격에 알맞은 작업에 임했을 때, 일할 의욕이 고조되며 자신의 모든 에너지를 그 곳에 집중시킬 수 있다. 그러므로 해당작업이 요구하는 작업능력에 적합한 작업자를 선발하여 배치함으로써, 1) 자신의 생산능력을 최대한 발휘하게 하여 근무의욕을 고취시키고, 자기실현의 기회를 부여하는 동시에, 2) 재해사고의 예방에 기여하는 효과를 가져오게 하고, 아울러 3) 기업의 생산성을 높이기 위한 것이 적성배치의 목적이다.

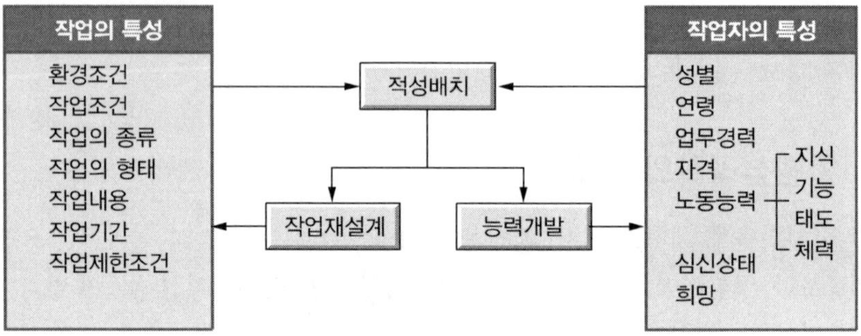

그림 1.14 적성배치의 의의

따라서, 적성배치는 개인의 능력과 작업의 요구조건을 조화롭게 일치시키는 과정이라 할 수 있으며, 다음과 같은 과정을 따르는 것이 일반적이다.

① 직무에 영향을 줄 수 있는 제반 요인들을 검토하고,

② 직무평가를 통하여 작업이 요구하는 작업자의 특성을 파악한 후,

③ 적성검사를 통하여 작업자의 개별적 특성을 파악하여

④ 해당 작업이 요구하는 특성에 적합한 작업자를 선발 · 배치한다.

3.2.2 직무분석(Task Analysis)

해당 작업에 대하여 작업내용, 작업요구, 그리고 작업이 수행되는 조건의 세 가지 기본적인 측면에 대하여 정보를 수집하고 분석하는 체계적인 절차를 직무분석(Task Analysis)이라고 하는데, 이를 근거로 작업수행상 요구되는 숙련도, 지식, 능력, 책임 등과 같은 여러 가지 조건을 결정하는 과정을 직무연구라 한다.

먼저 작업이 요구하는 바가 무엇인지를 파악한다. 작업의 특성을 파악하기 위해서는 작업환경, 작업조건 등을 비롯하여 작업의 종류, 내용 및 형태가 작업자에게 미치는 영향, 그리고 법적 자격요건 등의 여부를 파악하여야 한다.

일반적인 배경조사 이후 직무분석의 진행 방법에는 직접관찰법, 개인 및 집단면접법, 근로일지관찰법, 질문지법 등과, 이들의 혼합방식이 이용된다.

표 1.4 직무분석시의 검토사항

요 인		검 토 내 용
직무내용	작업내용	작업빈도, 작업시간, 작업방법, 작업강도, 치밀성, 정확성, 복잡성 등
	작업형태	정상작업 및 비정상작업, 단독작업 및 공동작업, 중근(重筋)작업 및 경근(輕筋)작업, 지속적 작업 및 단속적 작업, 일반작업, 감시작업 등
직무요구	작업능력	필요능력, 기초지식, 기능, 경험정도 등
	법적자격 및 요건	관계법규에서 규정된 면허 및 자격의 필요여부, 성별 · 연령 · 시간적 제한의 여부 등
직무조건	고용 및 관리감독	권한 및 책임, 감독정도, 급료, 승진 등
	작업환경	소음, 진동, 분진, 온열, 한냉, 방사선, 고소, 감압, 잠수 등

3.2.3 인사선발과 심리검사

안전관리측면에서 지원자를 선발하는 데에도 심리학적인 특성은 큰 영향을 미친다. 직업적성검사(vocational aptitude test)란 이름으로 수행되는 지능검사, 적성검사, 흥미검사, 성격검사, 운동능력검사 등의 심리검사들은 특정직업과 관련된 심리적 단면을 과학적으로 측정하기 위해서 만들어진 표준화된 검사기법이다. 실제 활용되고 있는 검사법은 많은 임상경험과 지식축적을 통해 표준화되어 있기는 하지만, 각 적용분야의 사용목적, 피험자의 연령, 경력 등에 따라서는 다소의 변형이 필요하다.

산업심리학자들은 동기, 기질, 감정, 습성, 습관이 안전과 직접 관련되어 있고, 안전사고를 막는 방법은 이 5대 요소를 통제하는 것이라고 보고 있다. 일부기업에서는 이 같은 성격의 심리검사들을 안전심리검사라 부르고 있는데, 이것은 기업 내에서 안전관리의 일환으로 심리검사를 이용하여 사고와 재해를 예방하기 위하여 만든 검사방법이다.

3.3 사고빈발성향이론

통상 우리 주위에는 언제든 사고를 유발할 만한 위험성을 지니고 있는 것처럼 보이는 사람들이 있다. 이와 같은 점에 착안하여, 사고를 유발하기 쉬운 성향의 사람들이 있는가 확인하고자 하였던 그린우드(Greenwood)는, 영국의 기업체에서 일어난 사고의 대부분이 소수의 근로자에 의해서 반복적으로 발생되었다고 보고하였다. 즉 사고를 겪어 본 사람들이 몇 차례 반복적으로 사고를 경험했었다는 것이다.

이와 같이 사고를 일으키기 쉽고, 또는 몇 번인가 사고를 일으킨 특성을 사고빈발성향(accident proneness)이라고 하며, 이러한 사람들을 사고빈발자 또는 사고빈발성향자라고 부른다.

3.3.1 고전적 이론 - 소질론

연구초기에는 이들 사고빈발자를 사전에 발견하여 작업으로부터 배제하는 것이 유효한 사고예방수단이라고 간주되었다. 즉, 개별적 재해발생성향을 인정하고, 이러한 성격을 가진 사람을 소질성 빈발자라고 하였으며, 주의력 산만 및 지속불능, 주의력 범위의 협소 및 편중, 낮은 지능, 흐리멍텅함, 경솔함, 부정직, 침착성의 결여, 비협조성, 도덕성의 결여, 소심함, 도전적 성격, 감각운동의 부적합 등이 이러한 소질에 해당한다고 지적되었다.

그러므로 이러한 원인에 의한 사고빈발자를 예방하기 위해서는 선발과정에서의 능력파악과 적절한 직무분석 및 적성배치, 작업방법의 개선, 교육훈련을 통하여 안전한 직무수행을 도모할 수 있다고 주장하였다.

그러나 현대에 들어서는 과거에 사고를 경험한 사람들과 비슷한 성격적 성향을 나타낸다고 해서 불확실한 기준으로 사고빈발자라고 하는 낙인을 찍는 것은 경솔한 일이며, 작업자의 내적 특성에서 원인을 찾기보다는 외적 요인에서 원인을 찾아야 한다고 주장하는 새로운 이론들이 많은 연구자들에 의해 제시되었다.

3.3.2 수정된 이론

(1) 기회설

사고가 다발하는 것은 개인의 성격적 특성 때문이 아니라 그 사람이 종사하는 작업이 다른 사람들의 작업에 비해 위험하기 때문이라는 주장이다.

(2) 암시설

한 번 사고를 경험한 사람은 유사한 상황에 직면하게 되면 신경과민이 되거나, 심리적 압박감이 심해져서 자신이 가지고 있는 대응능력조차 발휘하기 곤란해지는 경우가 많다.

(3) 사고빈발성향자설

과거의 사고빈발성향이론이 작업자 개인적 요인에서 그 원인을 추구한 반면, 수정된 사고빈발성향론에서는 그러한 작업자가 존재하게 된 보다 외적 요인에서 사고원인을 추구하는 것이 일반적이다.

① 미숙성 빈발자
기능이 미숙하거나 환경에 익숙하지 못하기 때문에 사고를 빈발시키는 사람이다.

② 상황성 빈발자
작업이 어렵기 때문에, 기계설비에 결함이 있기 때문에, 환경상 주의집중이 혼란스럽기 때문에, 또는 작업수행도중 근심 등으로 인해 다른 생각을 하기 때문에 사고를 일으키는 사람이다.

③ 습관성 빈발자
일종의 슬럼프(slump) 상태에 빠져있기 때문에 또는 재해의 경험에 의해 겁쟁이가 되거나 신경과민이 되기 때문에 사고를 일으키는 사람을 지칭한다.

결과적으로 이와 같이 수정된 이론들은 작업환경적 요인과 관리적 요인들에서 재해빈발성향의 근본적 원인을 찾고 있다. 다시 말해 누구라도 그 상황에 직면하면 사고를 피하기 곤란하기 때문에 사고를 모면하기 위해서는 사고회피능력의 육성, 즉 작업환경을 개선하고, 교육훈련이나 작업관리에 의해 작업방법이나 위험대처 방법을 숙지시켜 이상발생에 대한 심리적 압박감에 대한 내성을 기르도록 권장하고 있다.

3.4 사고발생과 행동과학적 특성

3.4.1 사고발생시점에서의 인간심리

어느 누구라도 사고를 스스로 원하는 사람은 없을 것이지만, 막상 사고에 직면하게 되었을 때 인간의 반응은 결코 객관적인 것이 못 된다.

표 1.5는 사고발생시점에서 인간이 느끼는 주관적 심리를 정리한 것인데, 보는 바와 같이 스스로 잘못을 저지르고 있다는 생각은 거의 없고, 자기 자신은 올바로 행동하고 있다고 하는 잘못된 인식이 대부분이다.

표 1.5 재해발생 시점에서의 인간심리

대분류	소분류
자기는 경험이 있기 때문에 절대로 안전하다고 생각하며 작업을 하였다.	• 점검이 불충분하여 기계설비의 돌발사태에 대처할 수 없었다. • 작업방법에 잘못이 있다고 느끼지 못했다. • 이상한 상태에 정신을 차리지 못했다. • 이상한 상태를 느꼈으나 적절한 방법을 취하지 않았다.

다소 위험을 느꼈으나 염려없다고 생각하며 작업을 하였다.	• (규정대로 하게 되면) 작업이 까다롭다. • (규정대로 하게 되면) 작업이 귀찮다. • 자기의 기능을 믿고
실제는 위험하였으나 그 때는 위험하다고 느끼지 못했다.	• 경험이 없으므로 위험을 느끼지 못했다. • 언제나 하던 작업으로 익숙하기 때문에 그다지 위험하다고 느끼지 못했다. • 이제까지 몇 번이나 작업을 하였으나 아무 일도 없었으므로
위험을 의식하지 않는다. 또는 예상하지 않고 작업을 하였다.	• 특히 즐거운 일이나 고민이 있었기 때문에 • 외적 조건에 이목을 빼앗겼기 때문에 • 작업을 서둘러 하였기 때문에
너무나 단순한 작업이므로 반사적으로 작업을 하였다.	• 무의식적으로 작업일정에 쫓겨서 하였기 때문에 • 바른 방법이었으나 무의식적으로 작업하다가 실수하였다.
자기의 작업방법은 옳았으나 제 3자의 과오 때문에 일어났다.	• 공동작업 중의 동료에 의해서 • 단순작업 등에 제 3자에 의해서 • 자기의 작업과 관계없는 기계, 설비에 의해서

3.4.2 소질적 사고요인

(1) 지능

적성의 기본요소는 지능이다. 따라서 지능의 높고 낮음은 개인의 업무에 직접적인 연관을 가지고 있다.

이를테면 누구나 할 수 있는 단순 업무에 너무 지능이 높은 사람을 배치시킨다거나, 고도의 연구를 필요로 하는 복잡한 업무에 너무 지능이 낮은 사람을 배치시킨다면 일의 능률면에서나 사고예방의 측면에서도 적절한 조치가 아니며, 기업에게 있어서나 근로자 개개인에게 있어서나 모두 결코 바람직하지 않다.

따라서 개개의 직무가 요구되는 지적 수준이 어느 정도인가를 파악하고 거기에 적합한 사람을 배치하거나 부단한 지속적 반복훈련을 통하여 적응력을 키워야 한다.

(2) 성격

사람은 각종 자극에 대하여 반복적으로 반응함에 따라, 각 조건에 따른 습관적인 행동패턴이나 반응 양식을 만들어 간다. 이와 같은 습관적 행동패턴의 종합체가 그 사람의 성격을 구성하는 것이다. 따라서 각 사람의 성격은 제각기 다르기 때문에 그 성격을 알면 그의 행동을 기대하고, 또한 어느 정도 예측할 수 있다. 그러므로 만약 해당 작업자의 성격이 작업과 조화를 이루지 못할 경우, 작업자의 행동은 작업요구와 일치하지 못할 것이며, 따라서 재해사고의 발생 가능성이 높아진다.

(3) 정신상태 및 의식수준

인간의 의식수준은 항상 일정한 것이 아니라, 그 사람의 주의집중, 각성수준, 피로, 심리적 흥분 등 여러 가지 요인에 영향을 받아 끊임없이 변화한다.

돌발적이면서도 전혀 예측하지 못한 긴급사태에 직면하게 되면, 미경험자의 대부분은 당황하여 표시조차 제대로 읽지 못하게 되기도 한다. 특히, 긴급사태의 원인을 알 수 없는 경우라든가 자신에게 직접적인 위험이 들이 닥칠 때에는 일정한 부분에만 주의가 집중되어서 판단을 그르치기 쉽다.

이 외에도 의식수준이나 정신기능의 저하를 가져오는 선천적인 정신질환이나 신경쇠약, 또는 약물이나 음주에 의한 의식수준의 저하, 그리고 극도의 피로도 작업안전을 위해 관리하여야 하는 중요한 영향요인의 하나이다.

(4) 동기유발 및 안전의식

작업동기가 유발되지 않은 사람은 작업의욕이 없으며 이것은 곧 근무태만이나 부주의로 이어져 사고요인으로 작용한다.

특히 안전에 대한 동기유발(safety motivation)은 작업행동의 불안전요소를 스스로 점검하고, 그것들을 제거함으로써 안전한 작업수행을 달성하는 데 필수적인 것으로서, 자신의 안전뿐만 아니라, 동료 작업자는 물론, 생산 시스템 전체의 안전에 영향을 미칠 수 있는 중요한 요소이다.

3.4.3 정보처리과정 중의 에러

(1) 감각기능

인간은 입력정보의 80% 이상을 시각에 의존하는 만큼, 시각기능의 이상은 작업수행에 중대한 영향을 미친다. 더욱이 인간의 감각기능은 나이가 듦에 따라 기능이 급격히 저하되기 때문에, 고령자의 선발에 있어서는 더욱 주의하여야 할 요인이다.

한편, 인간은 이러한 시각적 판단기능의 결함에도 불구하고, 시각적 정보와 청각적 정보의 판단이 일치하지 않을 때조차 시각적 정보에 의존하는 경향이 매우 강하여 상황판단을 잘못하는 경우가 많다.

게다가 아무리 정상적인 시각기능을 가진 사람이라 하여도, 인간인 이상 어쩔 수 없이 경험하게 되는 착각이나 착시현상은 불안전행동을 야기할 수 있는 중요한 요인이다. 통상

이러한 현상은 신경계통의 이상으로 발생하기도 하지만, 대부분은 입력정보의 종합과정에서의 판단오류로부터 발생한다.

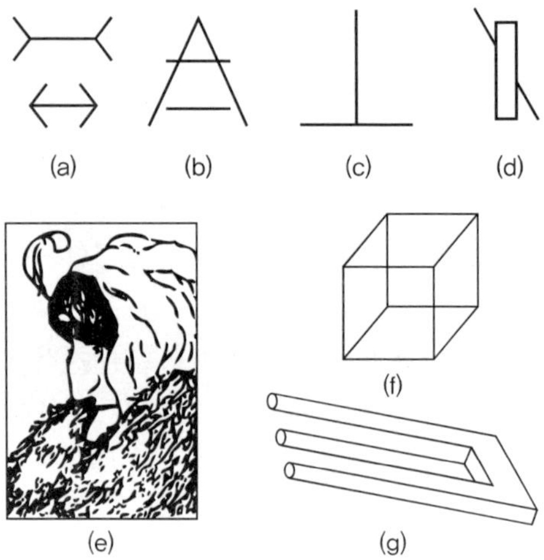

그림 1.15 착각 및 착시현상의 예

(2) 정보의 통합 및 처리

인간의 정보처리기능은 앞에서 살펴 본 바와 같이 한계가 있기 때문에, 인간은 그 어려움을 극복하기 위하여 많은 입력정보들 중 특별히 주의하여야 할 사항들만을 선별 처리하는 데 익숙하며, 이러한 정보처리기능을 정보의 여과(filtration)라고 한다.

그러나 문제는 이러한 여과기능 중 수많은 입력정보들 중 어느 것을 취하고 어느 것을 바릴 것이냐에 대해서는 경험, 지식, 기능, 그리고 순간적인 판단에 의존하지 않을 수 없어 작업상황을 종합적으로 판단하는 데 과오를 범할 수 있다.

더욱이 자신이 필요로 하는 정보보다 입력정보가 적거나 심리적으로 흥분되어 있을 경우에는 자기 멋대로 하는 주관적인 판단이나 희망적 관찰에 의거, 객관적 사실의 확인없이 행동을 자행하는 억측판단을 쉽게 발견할 수 있다. 이러한 심리적 현상은 스트레스가 심한 경우, 특히 시간적 스트레스가 심할수록 그 정도도 심해진다.

(3) 운동기능

개개인의 신체능력은 개성만큼이나 각기 다르다는 사실을 잊어서는 안 된다. 인간의 신체운동은 해당근육을 통제하는 운동신경과 운동종판으로 이루어지는 운동단위(motor unit)를 근간으로 이루어지기 때문에, 둘 중 어느 쪽에 이상이 있어도 원하는 동작을 얻을 수 없다. 더욱이 눈과 손의 조화를 요하는 협응동작의 경우에는 더욱 과오를 범하기 쉽다. 숙달된 작업자의 일련의 행동이 기계처럼 정확하고 반복적으로 보이는 까닭은 신체를 통제하는 기능과 운동하는 기능이 절묘한 조화를 이루고 있기 때문이다.

3.4.4 인간의 불안전행동 특성

작업 중인 인간에게 나타나는 행동특성에는 여러 가지가 있지만, 대표적인 불합리한 행동특성을 몇 가지만 예를 들면 다음과 같다.

(1) 본능적 행동

위험물이 날아왔을 때 순간적으로 피하는 방향 등은 이유나 논리를 가지고 설명할 수 없는 행동이다. 그러나 이에 대해서는 최근, 뇌과학의 진보로 몇 가지 가설들이 제시되고 있기는 하다.

(2) 동조 행동

인간은 일반적으로 소속한 집단의 행동기준을 지키고 행동을 하는 경향이 있는데, 이를 '군중 심리'라는 말로 표현하기도 한다.

(3) 습관적 행동

인간은 습관의 동물이어서 한 번 몸에 익혀지면 아무리 주의를 해도 자연스레 그 행동이 반복된다. 특히 안전에 관한 습관은 어릴 때부터 익혀 온 가풍이나 성장 환경 등에 의해 좌우되는 경우가 많으며, 과거의 그릇된 경험이나 습관에 의한 그릇된 판단력은 작업자에게 주어지는 상황이나 정보를 오판하게 한다.

(4) 위험감수(Risk-taking)

객관적인 위험을 자기 나름대로 판정해서 의지결정을 하고, 행동에 옮기는 것을 말하는데, 안전동기가 유발되어 있지 않거나, 주관적 판단에 의존하여 행동하는 것이 객관적 정보에 판단하여 행동하는 것보다 이익이라고 생각하는 경우 또한, 심리적 흥분이 도를 넘어 주의가 한 곳에 집중되는 자신과잉(自信過剩)의 경우에 자주 발생한다.

(5) 지름길 반응과 생략행위

지름길 반응이란 글자 그대로 지나갈 길이 있는데도 불구하고, 가능하면 지름길을 통하여 빨리 목적장소에 도달하려고 하는 것을 말하는데, 여기에서 말하는 길이란 물리적인 길일 수도 있고, 어떤 일을 수행해 가는 과정일 수도 있다.

그 결과 외형적으로는 몇 가지 과정이나 절차를 빠뜨리고 지나가는 것처럼 보이게 되므로 경우에 따라서는 특별히 '생략행위'라고 분류하는 경우도 있다.

(6) 의식수준의 전철

라스뮈센(Rasmussen)은 인간의 의식 행동수준을 3 수준으로 나누어 모형화하였다. 그에 따르면 인간에게는 의식행동을 수행하는 수준이 정해져 있어 외부 자극의 중요도에 따라 처리 궤도를 변경(轉轍)함으로써 적절히 대응한다는 것이다.

만약 외부의 자극이 반사조작 수준의 행동을 요구하는 데 반해 인간의 반응 행동수준이 지식수준이라든가, 외부의 자극이 규칙 수준의 행동을 요구하는 데 비해 인간의 반응이 반사조작 수준이라면 과오나 실패발생의 소지가 높다. 자극과 반응의 대응 수준이 합치할 때에만 정상적인 작업 수행이 가능하며, 그 대응 수준이 서로 맞지 않거나 의식 수준의 전철이 지연될 경우에는 휴먼에러가 발생한다.

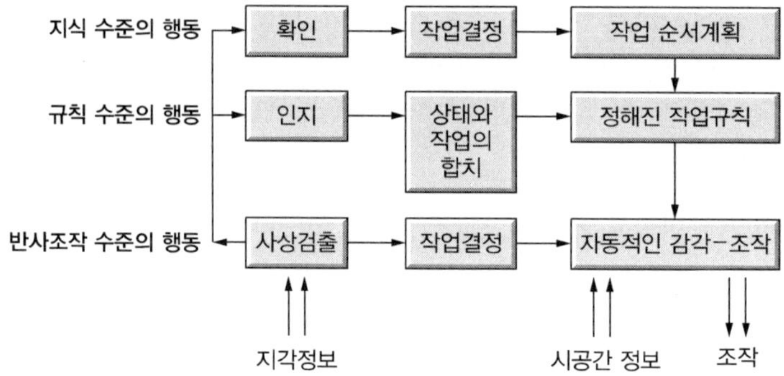

그림 1.16 Rasmussen의 인간행동 3수준 모형

(7) 회복행위와 경악

인간이 기계와 다른 점은 시간의 경과나 작업진행에 따라 스스로의 과오를 깨닫고 그것을 회복시키는 능력을 가지고 있다는 점이다. 이러한 요인을 완화요인 또는 경감요인(mitigating factor)이라 하며, 이러한 인간의 행위를 회복행위(recovery activities)라고 한다.

그러나 반대로, 심리적 흥분으로 말미암아 공포와 경악이 극도에 달하여 객관적인 상황판단이 전혀 불가능해지는 경우도 있어, 인간의 기능발휘 자체가 시스템의 안전에 결정적인 위협이 되는 수도 있는데, 이 경우를 경악(panic)이라 한다.

3.5 주의 및 부주의

흔히들 재해사고의 원인이 작업자 부주의라고 말하는 것을 듣기 쉬우나, 이것은 부주의 현상에 대한 이해가 충분하지 못하기 때문이다. 부주의란 주의의 단속상태를 말하는 것이므로, 주의 현상에 대한 이해없이 부주의를 논하기란 불가능한 일이다.

3.5.1 주의의 특성

주의란 행동의 목적에 의식수준이 집중하는 심리상태를 말하며, 다음과 같은 속성을 지니고 있다.

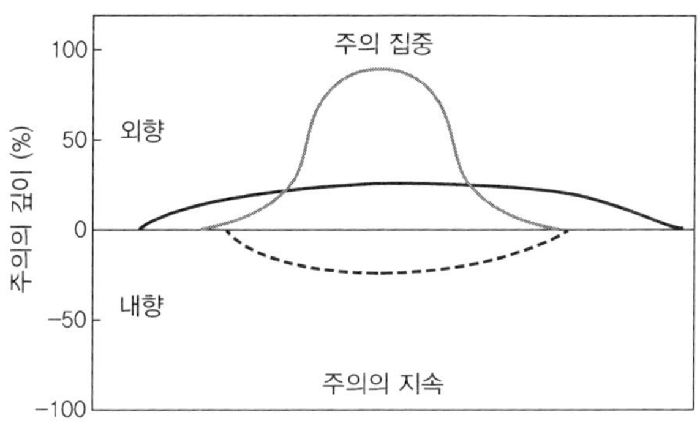

그림 1.17 주의의 특성

(1) 주의의 선택성

동시에 2개 이상의 대상에 중복하여 주의집중할 수 없다. 인간은 한 번에 여러 종류의 자극을 지각하거나 여러 가지 사실들을 머리 속에 상상할 수는 없기 때문에 한 쪽에 주의를 집중하면 다른 쪽은 반드시 부주의 상태가 된다. 이 때문에 여러 가지 감시대상중 어떤 대상에 집중하였는가를 가리킬 때, 선택적 주의(selective attention)라는 말을 사용하며, 여러 개의 정보 입력경로를 순차적으로 감시하여 특정한 이상이 없는가를 결정하는 경우, 어떤 한 시점에 있어서 주의가 고정된 상태를 말한다.

(2) 주의의 단속성

인간은 한 점에 계속하여 주의를 집중할 수는 없다. 주의를 계속하는 사이에 언제인가 자신도 모르게 다른 일을 생각하게 된다. 따라서 주의를 집중시키고 있는 상황에서도 실제로는 눈앞의 대상에 대해 의식하지 않는 순간이 반드시 존재한다. 이것을 다른 말로 의식의 우회(迂回)라고 표현하기도 한다.

대체적으로 변화가 없는 한 가지 자극에 명료하게 의식을 집중할 수 있는 시간은 불과 수 초에 지나지 않으며, 단조로운 감시작업이나 각성수준을 요하는 작업은 30분을 넘어서면 작업성능이 현저하게 저하하며, 2시간이 경과하면 작업성능은 50% 이하로 감소한다.

(3) 주의의 방향성

위와 같은 주의의 선택성 이면에는, 한 대상에 주의를 집중하면 다른 대상에의 주의는 약해질 수 밖에 없다는 특성이 존재하게 된다. 주의의 집중도에 따라 다르지만, 주의의 초점에 합치된 것은 쉽게 인식되지만, 초점으로부터 벗어난 부분은 무시되는 것이 보통이다.

(4) 주의의 범위(span of attention)

주의집중시 주어진 짧은 시간 내에 처리할 수 있는 시공간적 자극의 범위를 말하는데, 주의를 집중할수록 주의대상에 대한 명료함은 증가하지만 주의의 범위는 협소해진다. 반대로 주의의 범위를 넓히면 개개의 대상에 대한 명료함은 희박해진다. 따라서 주어진 상황이나 작업에 맞추어 경우에 따라서는 좁은 범위에 집중적으로 또는 넓은 범위에 걸쳐 대체적으로 주의를 기울이는 것이 휴먼에러를 없애는 데 매우 중요하다.

(5) 주의의 변동성

주의의 단속성과 주의의 범위로 인하여 어떤 대상물이 되었든 인간은 같은 정도의 주의를 계속 기울일 수는 없다. 또 주의를 계속 기울인다고 하더라도 그 집중도는 변화하게 마련이다. 이렇게 시공간적으로 주의의 대상과 그 집중도가 변화하는 현상을 주의의 변동성이라고 한다.

이상과 같은 주의의 특성 때문에, 주의를 기울여야 할 대상이 두 개 이상이어서 어쩔 수 없이 번갈아 가며 주의를 기울여야 하는 작업 상황은 휴먼에러를 유발하기 매우 쉬운 작업 상황 중의 하나로서, 특별한 관리를 요한다. 이러한 작업상황을 시배분 혹은 시분할(time sharing)이라 하며, 분할 주의(divided attention)란 바로 이런 상황에서 나뉘어진 주의집중의 형태를 가리키는 말이다.

3.5.2 부주의의 원인

부주의란 목적 수행을 위한 행동 전개 과정 중 여러 가지 심리적 원인에 의해 의도한 주의집중 기능에서 벗어나는 심리적·신체적 변화의 현상을 말하며, 그 원인으로는 다음과 같은 4가지를 꼽을 수 있는데, 주의소홀로 인하여 작업대상물이 피해를 입게 되면 불량품, 작업중인 기계나 시스템이 손상을 입게 되면 이상발생이나 고장, 그리고 작업자 스스로를 비롯한 시스템의 안전성에 영향을 미치게 되면 재해사고라 하기 때문에 생산성 관리를 위한 어느 관리활동에서도 소홀히 할 수 없는 중요한 관리 대상이다.

(1) 의식수준의 저하

작업을 둘러싼 물리적 환경조건, 예를 들면 온습도, 조명, 소음, 진동 등이 허용수준을 넘는 경우에는 불쾌감이나 신체기능의 저하를 불러오고, 끝내는 주의를 지속하는 것이 곤란하게 되어 착각을 일으키기 쉬워진다. 또한, 이러한 상황은 심신의 피로나 단조로움 등에 의해서도 야기되기 쉽다.

(2) 의식의 혼란

기기류의 표시방법이나 조작의 방향이 심리적 양립성에 부합되지 않아 판단에 혼란이 발생하는 경우이다. 다시 말해 인간공학적 디자인이나 설계가 불량하면 이와 같은 판단의 잘못이나 혼란이 발생하기 쉽다.

(3) 의식의 중단

앉아서 꾸벅꾸벅 졸거나, 각성제 상용자나 기면발작증 간질환자(narcolepsy) 등 주로 작업자의 개인적 소질에 문제가 있는 사람에게 주로 발생하는데, 지속적인 의식의 흐름에 단절이 생기고, 공백의 상태가 나타나기 때문에 발생하는 부주의 현상이다.

(4) 의식의 우회

작업에 집중하지 못하고 잠시 다른 생각을 하는 것으로, 백일몽과 같이 멍 하니 있는 작업자세가 의식의 우회를 나타내는 대표적인 행동특징이다. 수로 걱성, 근심, 번민, 불안, 불만 등이 원인이지만, 때로는 기쁨이 지나친 경우도 해당된다. 특히 이 경우, 정신적 긴장이나 감정동요의 근원이 되는 자극이 강하거나 큰 만큼, 우회의 발생횟수도 많고 얕은 우회도 깊어진다.

(5) 의식의 과잉

한편, 일반적인 부주의의 원인들이 모두 주의집중 소홀임에 반해, 이 원인은 반대로 지나친 의욕의 결과, 주의가 한 곳에 집중됨으로 인해 발생하는 부주의를 말한다. 다른 부주의 원인에 비해 작업자의 행동에의 확신이 강하며, 행동도 신속하기 때문에, 작업의 수행을 도중에 저지하거나 회복시키기 어려운 특성이 있다.

3.5.3 부주의의 예방대책

의식수준의 저하를 예방하기 위해서는 온습도, 소음, 조명, 진동 등의 물리적 환경조건을 적합한 범위로 유지하도록 하고, 작업의 지속시간이나 휴식제도를 작업에 적합하도록 재설계하여 작업으로 인한 피로가 축적되지 않게 노력하여야 한다.

작업자가 조작하는 기계나 설비를, 인간의 능력이나 특성에 합치되도록 설계・제작하는 인간공학적 검토를 행하고, 만약 작업자가 잘못이나 과오를 저지르더라도 안전하도록 fail-safe나 fool-proof 등의 설계기법들을 도입하는 것이 의식의 혼란을 예방하는 방법의 하나이다.

의식의 중단을 예방하기 위해서는 전간(癲癎), 기면발작증 간질환자, 중증의 당뇨병 환자, 고혈압 환자, 심장질환자 등 작업자의 신체적 질환이나 정신적 질환을 파악하고 그 특성에 적합한 직무에 배치하는 직무분석과 적성배치의 노력이 필요하다.

의식의 우회를 예방하려면, 작업자의 생리적 변화와 심리적 변화를 예의주시하고 안전카운셀링을 계속해 나가는 것이 중요하다.

또 의식의 과잉을 예방하기 위해서는, 주어진 자극에 반응하기 전에 한 박자 숨을 돌리고, 기계의 지시나 주변정보에 근거하여 객관적으로 판단하는 습관을 갖도록 하여야 한다. 이를 위해서는 시뮬레이터 등을 이용, 심리적 압박이나 의식의 과잉을 초래하는 긴급상황이나 이상상황을 몇 번이고 경험하게 함으로써, 심리적 내성을 기르게 하는 것이 중요하다.

3.6 안전동기유발

3.6.1 동기유발의 의의

인간의 행동은 어떤 욕구를 충족시키려는 의지, 즉 동인(動因, motive)으로부터 시작된다. 원하는 욕구를 만족시키려는 목표를 향하여, 어떤 행동을 유발시키는 것을 동기부여 혹은 동기유발(motivation)이라고 하며, 그 크기는 대상행동이 원하는 욕구를 어느 정도 충족시킬 수 있느냐에 따라 결정된다.

특히, 안전동기유발(safety motivation)은 재해사고를 예방하기 위하여 불안전 행동이나 불안전 상태를 제거하는 방향으로 나타나기 때문에 안전관리 업무를 추진함에 있어 작업자 개개인 수준의 안전동기유발은 매우 중요하다.

3.6.2 안전동기 유발방법

동기유발의 방법은 내적 동기유발방법과 외적 동기유발방법으로 나눌 수 있는데, 내적 동기유발이란 작업자 자신이 스스로 일을 하면서 자발적 욕구를 일으키는 것을 말하고, 외적 동기유발이란 밖으로부터의 자극에 의하여 욕구가 부여되는 것을 말한다.

생산현장에서는 이와 같은 심리학적 이론에 근거하여 작업자들의 안전동기를 유발시키기 위해 여러 가지 방법들이 시도되고 있는데 조직에서 제공하는 자극에 의하여 안전동기를 유발시키는 방법으로는 표 1.6과 같은 것을 들 수 있다.

표 1.6 안전동기 유발방법

1. 개인의 능력에 적합한 작업에 배치한다.
2. 작업자가 필요로 하거나, 관심이 있는 정보 및 자료를 제공한다.
3. 자신의 성취한 일의 결과나 진보의 정도를 알려준다.
4. 일정기간에 달성할 수 있는 활동목표를 세워, 그것을 달성하도록 한다.
5. 자신의 묘안을 살릴 수 있는 기회를 제공한다.
6. 경쟁과 협력을 유도한다.
7. 상벌을 준다.
8. 금전적으로 임금을 올려준다.

Chapter 4

기계설비의 관리

신뢰성공학

4.1 시스템의 효능

작업 중 인간이 사용하는 여러 가지 기계 및 설비들의 고장은 안전한 작업을 수행하는 데 있어서 필수적이라고 할 수 있다. 그런 점에서 기계 및 설비의 고장 발생 현상과 과정을 분석하는 신뢰성공학은 안전분야의 주요 연구과제이다.

인간이든 기계든 목적을 달성하기 위하여 구성된 시스템이 주어진 기능을 완수할 수 있는 전반적인 능력을 시스템 효능(system effectiveness)이라고 하는데, 복잡한 시스템의 효능, 더욱이 기능열화나 기능 불안정 등 보다 미묘한 형태의 고장까지를 분석하기 위해서는 시스템의 효능을 표현하는 척도를 정량적으로 정의할 필요가 있다. 여기에는 주로 확률론이 이용되며, 시스템의 효능 척도는 크게 나누어 세 가지를 들 수 있다.

우선, 가장 많이 사용되는 척도는 신뢰성(reliability)으로, 관심 대상인 시스템이 고장없이 얼마나 오랫동안 사용될 수 있는가 하는 성질을 나타내며, 좀 더 구체적으로는 '시스템, 제품 또는 부품이 주어진 조건 하에서 일정기간 동안 고장없이 정해진 기능을 발휘할 성질'을 말한다.

두 번째는 시스템이 고장이 났을 경우 얼마나 빨리 회복되는가 하는 회복능력을 나타내는 보전성(maintainability)을 들 수 있다. 시스템이나 제품이 복잡해질수록 예기치 못한 고장을 없앤다는 것은 불가능하므로, 경우에 따라서는 고장이 나더라도 더 이상 확대되기 전에 빨리 발견하여 신속하게 원상태로 회복시켜 주는 것이 중요하기 때문이다.

세 번째로 사용되는 효능 척도로는 가용성(availability)으로, 이것은 이상의 두 가지 척도 즉 신뢰성과 보전성을 종합한 개념으로, 설비의 가동률에 해당하는 확률값이다. 다시 말하면 '수리할 수 있는 시스템이나 제품이 제시된 사용 조건하에서 규정시간 동안 의도하는 기능을 유지할 성질'을 말한다.

신뢰도공학은 이와 같은 시스템의 특성들을 확보하고, 향상시키고, 또한 유지하기 위한 일련의 종합적 과학기술을 가리킨다.

4.2 신뢰성시험과 신뢰도자료

시스템 수명과 관련된 신뢰도 자료는 정보원(情報源)에 따라 크게 신뢰도 시험자료와 현장 조사자료의 두 가지로 나뉜다. 여기에서 현장조사 자료란 사용현장에서 제품이 제작자의 의도대로 기능하고 있는가, 어떤 문제점이 발생하고 있는가, 사용자의 신뢰도 요구는 무엇이며 그 동향은 어떠한가 등 현장조사를 통해 얻어지는 자료를 말한다. 이들 현장조사자료는 신뢰도 시험에 비해 다양한 자료가 얻어지는 장점은 있으나 사용자들의 사용조건이나 환경조건이 제각기 달라 일관성있는 정보를 정확히 파악할 수 없다는 단점이 있어 자료분석 및 응용에 주의를 요한다.

반면, 보다 다양한 사용조건에서 시스템이나 구성부품들이 어떻게 기능하는가, 시스템이나 부품의 수명이 얼마나 신뢰할 수 있는가, 일정 시점에 있어서 신뢰도 특성은 어떠하며 시간이 지남에 따라 그것이 어떻게 변화하는가 등을 체계적으로 파악하기 위해 수행되는 시험을 총칭하여 신뢰성 시험(reliability testing)이라 하고, 이러한 신뢰도 시험과정을 통해 획득된 자료를 신뢰도 시험자료라 한다.

신뢰성 시험은 실시하는 단계와 그 대상에 따라 방법과 규모가 달라지는데, 시험의 실시 장소, 목적, 또 가하는 스트레스(stress) 유형에 따라 그림 1.18과 같이 분류할 수 있다.

그러나 관측시간에는 시험기기, 설비상의 문제, 시간상의 제약 등이 많고 표본 크기에도 제약을 받는 경우가 많다. 또 일정 수의 샘플에 대한 정상수명시험을 실시하는 경우에도 예정된 시험시간 내에 모두 고장난다면 좋겠지만, 만일 예정된 시험시간 내에 모두 고장나지 않는다면 자료의 수가 적어지고, 그렇다고 시험시간을 연장하면 이에 비례하여 시험비용이 증가하게 되므로 비경제적이다. 이런 경우 이와 관련된 문제점을 극복하기 위하여 수명시험 도중에 시험을 중단하거나 사용조건을 정상 조건보다 강화시켜 시험을 하는 경우가 많다.

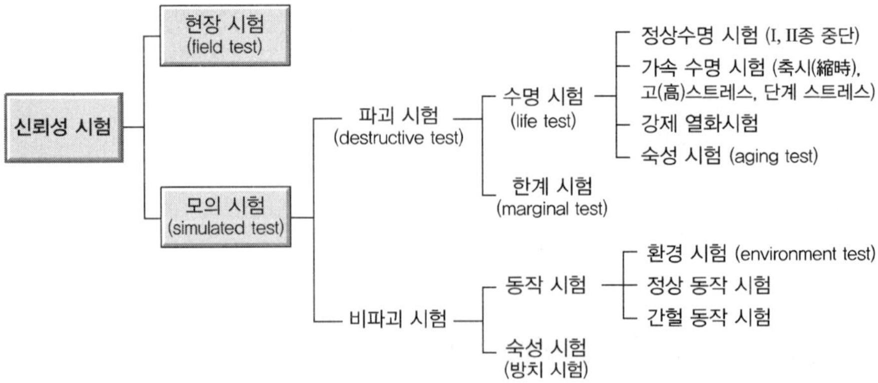

그림 1.18 신뢰성 시험의 분류

결과적으로 이와 같이 증가된 부하나 가혹한 환경조건에 의해 고장률이 증가하면 스트레스 수준 증가와 신뢰도 저하현상과의 물리적·통계적 관계로부터 정상적 운용조건하에서의 신뢰도를 유추한다.

이 때, 관심대상이 되는 시스템 전부를 대상으로 각각의 신뢰도 자료를 측정하는 것을 전수검사(全數檢査)라 하고, 그 중 몇 개만을 추출하여 자료를 획득하는 것을 샘플링(sampling) 검사라고 하는데, 경제적인 면에서 볼 때 전수시험 쪽이 검사비용이 많이 들고, 또 통계적 특성을 이용하는 샘플링 검사 쪽이 품질관리 효과가 높기 때문에, 샘플링 검사를 하는 것이 일반적이다. 이 때 표본크기는 대상 기기나 부품의 수명 분포를 파악할 수 있을 만큼 충분한 수효를 확보하여야 한다.

4.3 신뢰도 성장

전형적인 기술개발이나 제품개발 방식에 따르면, 한두 개의 원형(原型 ; prototype)을 만들고 이를 대상으로 고장날 때까지 시험하다가, 고장나면 수정하고 다시 시험이 계속된다. 이렇게 시험과 수정을 거듭하면서 시스템 설계안은 세련되어 가는 것이 보통이다.

이와 같은 원형 시험방식은 설계 진척 과정에서 빼 놓을 수 없는 부분이지만, 그 결과를 수명시험의 표준분석에 사용할 수는 없다. 설계 수정으로 원형이 고쳐질 때마다 시스템의 구성이 조금씩 변화하고, 어떤 의미에서는 새로운 시스템이 생겨나기 때문에 일련의 신뢰성자료를 동일한 체계의 반복적 고장으로 취급할 수 없기 때문이다. 이 때 고장간격이 점차 길어지고 고장이 점차 줄어들어 신뢰도 특성이 개선되어 가는 것을 시스템의 신뢰도 성장

(Reliability Growth)이라고 한다.

이 과정에서 필요한 것은 원형의 신뢰도 자료를 이용하여 최종 설계안에 대한 평균고장간격 (MTBF) 등을 비롯한 신뢰도 특성치들을 추정하는 것인데, 고장발생간격의 밀도함수나 고장률 함수 등을 이용하는 것이 일반적이며, 이러한 신뢰도 특성치들을 표현하는 통계적 추정함수들을 신뢰도 함수라 한다.

4.4 신뢰도 함수

4.4.1 고장밀도 함수

수명분포의 형태는 표본들이 수명자료를 근거로 도수분포표(histogram)를 작성해 보면 알 수 있다. 일반적으로는 수명을 일정한 구간으로 나누어 각 구간에서의 발생빈도, 즉 도수를 타점(plot)하는 것이 보통인데, 수명이라는 것이 원래 연속적인 변량이므로 표본의 수를 점점 늘리고 구간의 폭은 점점 좁혀 가 본다고 하자. 이 때 도수분포표가 차지하는 전체 면적이 1이 되도록 표준화된 도수분포표가 바로 대상 시스템의 고장밀도함수이다.

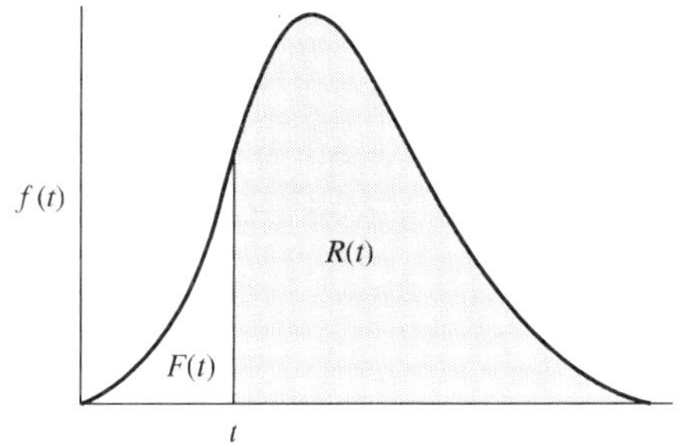

그림 1.19 고장밀도함수와 신뢰도

따라서 고장밀도란 단위시간당 최초 표본들 중의 몇 %가 그 구간 내에 고장나는가를 나타낸다. 그러므로 t 시점에서 작동가능한 표본들의 수를 $n(t)$라고 하면

$$f(t) = \frac{\text{시간간격}\, t \text{ 와 } (t+\Delta t) \text{ 간의 고장갯수}}{\text{표본수}} \cdot \frac{1}{\Delta t}$$

$$= \frac{n(t) - n(t+\Delta t)}{N} \cdot \frac{1}{\Delta t}$$

로 표시될 수 있는데, 주의할 점은 t 시점에서의 $f(t)$는 단순히 확률밀도일 뿐, 고장확률이 아니라는 점이다. 실제로, 구간 $[t, t + \Delta t)$에서 고장날 확률은 $f(t)\Delta t$이므로, 고장밀도함수(failure density function) $f(t)$를 시스템 수명을 나타내는 확률변수 T를 사용하여 나타내면

$$f(t) = \lim_{\Delta t \to 0} \frac{P\{t \leq T < t + \Delta t\}}{\Delta t}$$

으로 정의될 수도 있다.

그러므로 구간 $t_1 \leq T < t_2$ 내에 고장나는 확률은 이 구간에 둘러싸인 부분의 면적에 해당하고, 고장밀도함수를 이용하여 표현하면

$$P\{t_1 \leqq T < t_2\} = \int_{t_1}^{t_2} f(t)\,dt$$

가 된다.

4.4.2 신뢰도와 불신뢰도

신뢰도란 앞에서 이미 언급한 바와 같이, 시스템 혹은 부품이 주어진 운용조건하에서 의도하는 사용기간 중에 의도한 목적에 만족스럽게 작동할 확률이다. 이것은 다시 말해 대상기기나 부품 혹은 시스템이 임무시간 이내에 고장이 없을 확률, 즉 시스템의 수명이 임무시간보다 클 확률을 말한다.

우선, 시점 t에 있어서의 잔존확률을 사용시간 t의 함수로 나타내 보자. 시험이 시작되던 최초시점에서의 표본 시스템의 총 갯수를 N, 시점 t에 있어서 잔존 갯수를 $n(t)$라 하면 시점 t에서의 잔존확률, 즉 신뢰도 $R(t)$는

$$R(t) = \frac{n(t)}{N}$$

이고, 이 시점까지의 누적고장확률 $F(t)$는

$$F(t) = 1 - \frac{n(t)}{N}$$

가 된다. 이 때 가로축을 임무시간 t, 세로축을 (잔존 갯수/전체 갯수) $n(t)/N$를 세로축으로 하는 도수분포표를 그리되, 자료수는 점점 늘리고 구간폭은 점차 줄이면 앞의 그림 1.19와 같은 결과를 얻게 되는 것이다.

이것을 확률밀도함수 $f(t)$와 임무시간 t로 표시하면

$$R(t) = P\{T \geq t\} = \int_{t}^{\infty} f(t)\,dt$$

가 되고 앞 그림 1.19의 빗금친 부분의 면적에 해당한다.

여기에서 알 수 있는 바와 같이 어떤 시스템의 신뢰도란 시간 t=0에서 사용하기 시작한 시스템의 몇 %가 임의의 시점 t에서 고장나지 않고 남아 있는가를 나타내는 잔존확률이다.

한편 t 시점까지의 고장확률이란 시점 t가 되기 전에 시스템이 고장난다는 의미로서, 다시 말해 시스템 수명이 t 이하일 확률이다.

$$F(t) = P\{T \leq t\} = \int_{0}^{t} f(t)\,dt$$

이것을 고장분포함수(failure distribution function) 혹은 불신뢰도(비신뢰도, unreliability)라 하며 앞의 그림 1.19의 빗금치지 않은 부분, 즉 t 시점보다 왼쪽 부분에 해당한다.

반대로, 만약 단위 시간당 어떤 비율로 고장이 발생하는가를 알려면 누적고장분포함수(cumulativc failure density function)의 순간 변화율을 조사하면, 즉 미분하면 된다.

$$f(t) = \frac{dF(t)}{dt} = \frac{d\,[1 - R(t)]}{dt} = -\frac{dR(t)}{dt}$$

4.4.3 고장간 평균시간 (평균고장시간)

평균수명 혹은 평균고장간격이란 기대시간(expected time)이기 때문에 확률의 기대값 공식을 사용하여 얻는 것이 보통이다.

특히, 평균고장시간(Mean Time To Failure ; MTTF)이란 수명을 나타내는 확률변수 T의 기대값으로서, 시스템이 작동하기 시작한 후 고장이 발생하기까지의 평균시간을 말하므로

$$E(T) = \int_{0}^{\infty} t\ f(t)\,dt$$

로 구할 수 있고, 또 신뢰도 함수 $R(t)$를 아는 경우에는 다음의 식을 이용해서도 구할 수 있다.

$$E(T) = \int_{0}^{\infty} R(t)\,dt$$

수리가능 시스템에서는 수리에 의해 재생(renewal)되는 경우에도 위 식과 마찬가지 형태로 평균고장간격을 얻을 수 있다.

결과적으로, 이와 같이 정의되는 정규수명 $E(T)$는 시스템을 수리해 가면서 사용하는 경우 '시스템의 고장발생 순간부터 수리가 완료되어 정상 작동하다가 다시 고장이 발생하기까지의 평균시간'이라는 의미에서 평균고장간격 혹은 고장간 평균시간(mean time between failures; MTBF)이라 부르고, 수리하여 사용할 수 없는 경우에는 평균고장시간(mean time to failure; MTTF)이라 부른다.

4.4.4 고장률

고장률(failure rate) 혹은 위험률(hazard rate)이란 '단위시간당 시간 구간 초에 정상작동하던 시스템이 그 시간 구간 내에 고장나는 비율', 다시 말해 '어떤 시점까지 동작해 온 시스템·기기·부품 등이, 계속되는 단위시간 내에서 고장을 일으키는 비율'을 말하며 통상 $\lambda(t)$ 또는 $h(t)$로 표시한다. 따라서 고장률은 조건부확률의 개념으로, t 시점까지 잔존하던 기기나 부품이 그 직후의 구간 $[t,\ t+\Delta t)$ 내에서 고장나는 조건부확률은 $\lambda(t)\Delta t$ 이며, $\lambda(t)$는 그 확률밀도에 해당한다.

이것을 고장밀도함수와 같은 방식으로 표현하자면 '단위시간당 구간초에 남아 있던 표본의 몇 %가 그 구간 내에 고장나는가 하는 비율'이다. 그러므로

$$\lambda(t) = \frac{\text{시간 } t \text{ 와 } (t+\Delta t) \text{ 간의 고장갯수}}{t \text{ 시점의 생존갯수}} \cdot \frac{1}{\Delta t}$$

$$= \frac{n(t) - n(t+\Delta t)}{n(t)} \cdot \frac{1}{\Delta t}$$

로 표현될 수 있다.

한편

$$f(t) = \frac{dF(t)}{dt} = -\frac{dR(t)}{dt}$$

의 관계로부터

$$\lambda(t) = \frac{f(t)}{R(t)} = -\frac{dR(t)/dt}{R(t)} = -\frac{d\ln R(t)}{dt}$$

이므로

$$R(t) = e^{-\int_0^t \lambda(t)\, dt}$$

가 되는데, 이것은 고장률함수로부터 신뢰도함수가 유일하게 결정될 수 있음을 나타내는 중요한 식이다. 따라서 고장 형태의 유형을 결정하는 데에는 고장 밀도함수보다 고장률 함수가 훨씬 유용함을 알 수 있으며, 이 때

$$H(t) = \int_0^t \lambda(t)dt$$

는 누적 고장률 함수라고 부른다.

4.5 욕조곡선과 고장률 함수

시스템의 고장률은 항상 일정한 것이 아니라, 시간이 지남에 따라 증가하거나 감소하는 등 변화한다. 일반적인 시스템의 고장률을 그림으로 나타내면 그림 1.20과 같은데, 이 그래프의 형태가 욕조를 닮았다 하여 욕조곡선(bathtub curve)이라고 한다.

이 곡선 중 고장률이 감소하는 기간을 초기고장기간, 고장률이 비교적 일정한 기간을 우발고장기간, 고장률이 증가하는 기간은 마모고장기간이라 하며, 각 기간의 신뢰도 및 고장률 특성을 살펴보면 다음과 같다.

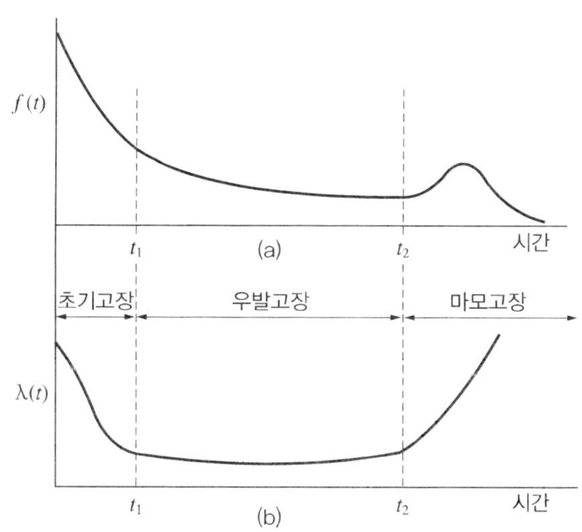

그림 1.20 전형적인 고장률 곡선

4.5.1 초기고장기간

제품의 초기단계에서는 부품결함, 부품 및 재료 자체의 결함, 제조공정기술상의 오차산포에 의해 고장률이 높지만, 시간이 경과함에 따라 좋지 못한 부분이 모두 노출되고 수정되어 감에 따라, 차차 고장률이 감소해 간다. 따라서 고장률함수는 시간이 갈수록 고장이 감소하는 감소고장률(decreasing failure rate ; DFR) 형태를 나타내는데, 이 기간 중의 고장을 초기고장이라고 한다.

기기나 부품 등의 초기고장기간의 문제는 제품・재료결함을 포함한 제조상의 하자나, 좋은 로트(lot)와 나쁜 로트가 혼재되어 있는 경우에 나타나기 쉬우므로, 가동 시간이 증가함에 따라 고장률이 감소하는 특성을 활용하여, 시스템을 사용하기 전에 실제의 사용조건보다 혹심한 조건에서 가동을 시킨다거나 공회전 등의 순응운전을 실시하여 고장률을 낮춘 후 사용하는 것이 효과적이다. 이 기간을 소진기간(消盡期間, burn-in period)이라 하며, 이와 같은 과정을 거쳐 시스템의 불량부분을 개선해 가는 과정을 디버깅(debugging)이라 한다.

4.5.2 우발고장기간

초기고장기간이 지나면 일반적인 시스템은 얼마 후 안정상태가 되어 꽤 오랫동안 고장률이 비교적 일정한 값(constant failure rate ; CFR)을 유지하고 고장은 우발적으로 발생하는 것이 보통인데, 이 기간 중의 고장을 우발고장이라고 한다.

수리가능한 복잡한 시스템이 이러한 유형을 띄는 경우가 많은데, 이러한 경우 고장밀도함수는 지수분포를 따르게 된다. 즉,

$$\lambda(t) = \lambda$$

$$f(t) = \lambda e^{-\lambda t}$$

$$R(t) = 1 - F(t) = e^{-\lambda t}$$

이고, 평균고장간격(MTBF)은 고장률의 역수와 같다.

4.5.3 마모고장기간

제품의 수명말기에는 부품이나 기기 등의 마모・열화 등에 의해 시간이 경과함에 따라 고장률이 증가하며 (increasing failure rate ; IFR), 이 기간 중의 고장을 마모고장이라고 한다. 이 고장은 대부분의 기계부품, 전기전자에서 볼 수 있는 기능열화형의 고장으로서, 베어링(ball bearing)의 마모나, 텅스텐 선의 단락에 의한 백열전구 고장처럼 단순한 메커니즘

에 의해 고장나는 경우에 많이 볼 수 있다.

이 유형의 시스템은 고장률의 증가 정도로부터 마모 등을 사전에 예측할 수 있어, 열화가 진행되기 전에 교체나 분해수리(overhaul)를 실시하면 미연의 고장을 방지할 수 있으므로, 예방보전(Preventive Maintenance)이 효과적이다.

이와 같은 여러 유형의 고장률 곡선을 일반적으로 설명할 수 있도록 근사시킬 수 있는 모형이 바로 와이블(Weibull) 분포인데, 이 분포의 일반적 형태는 다음과 같다.

그림 1.21은 모수(parameter) 값의 변화에 따른 와이블 분포의 신뢰도 특성함수들의 변화를 나타낸 것으로서, m = 1이면 선형 증가형, m = 0이면 일정형, 그리고 $-1 < m < 0$이면 선형 감소형을 표현할 수 있다.

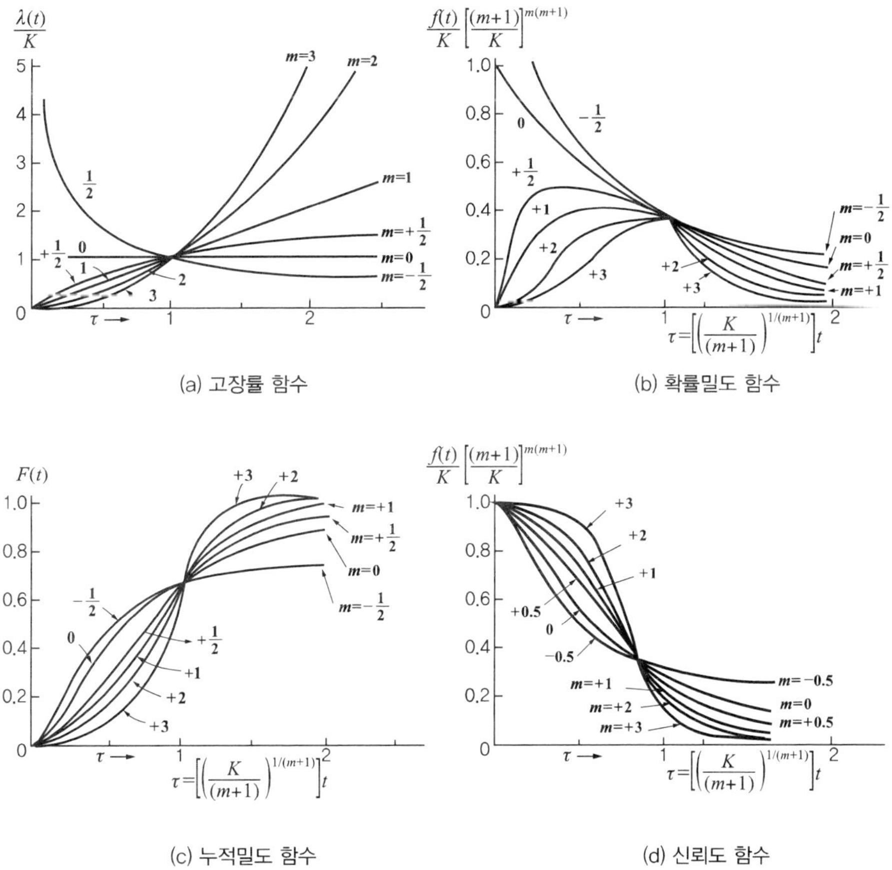

그림 1.21 와이블 분포의 예

4.6 시스템 신뢰도의 추정 및 평가

시스템 신뢰도를 계산하는 가장 단순한 방법은 신뢰도 블록 다이어그램(reliability block diagram)을 이용하는 방법이다. 시스템의 입력과 출력을 화살표 방향을 따라 연결시켜 주는 경로들 중, 신호가 통과하여 시스템의 정상적 작동을 보장하는 부품들의 집합을 연결집합(tie set) 또는 경로집합(path set)이라고 하고, 반대로 동시에 고장나는 경우 입력과 출력사이의 경로를 차단하여 시스템의 정상작동을 불가능하게 하는 부품들의 집합을 절단집합(cut set)이라고 한다. 따라서 시스템의 신뢰도란 최소한 하나의 경로집합이 보장될 확률과 같다.

4.6.1 가략구조

여러 개의 부품으로 이루어진 시스템 구조 중 가장 단순한 형태는 직렬이나 병렬구조이다. 이 중, 직렬구조는 구성부품들 중 어느 하나라도 고장이 나면 시스템 전체가 작동불능이 되는 시스템이므로 이 구조는 비중복(non-redundant) 시스템에 해당한다. 직렬구조의 신뢰도는 동일한 갯수의 독립부품으로 구성된 시스템들 중 신뢰도가 가장 낮다.

가장 단순한 중복구조는 병렬 시스템으로서, 이 구조는 시스템 구성부품이 모두 고장인 경우에만 시스템의 고장이 발생한다. 따라서 구성부품들 중 어느 하나라도 작동하면 시스템이 작동하므로 동일한 갯수의 부품으로 구성된 일관(coherent) 시스템들 중에서 신뢰도가 가장 높다.

한편, 부품갯수가 적고 직렬구조와 병렬구조의 복합형태로 구성된 시스템 구조는 순차적으로 직렬 또는 병렬구조로 간략화시켜 가면서 직병렬구조의 분석을 하면 되므로 다른 말로 가략구조(reducible structure)라고도 한다.

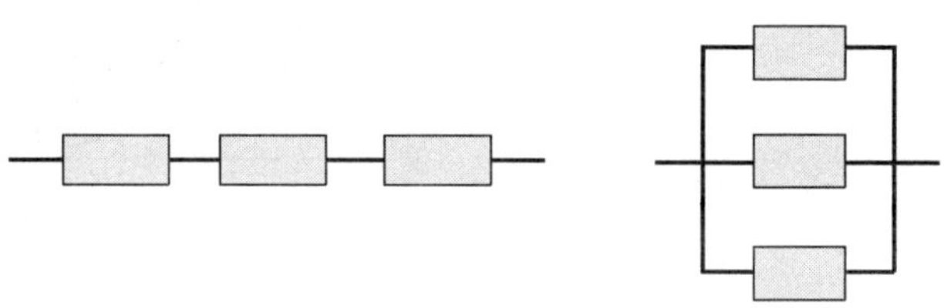

(a) 직렬구조 (b) 병렬구조

그림 1.22 단순구조의 예

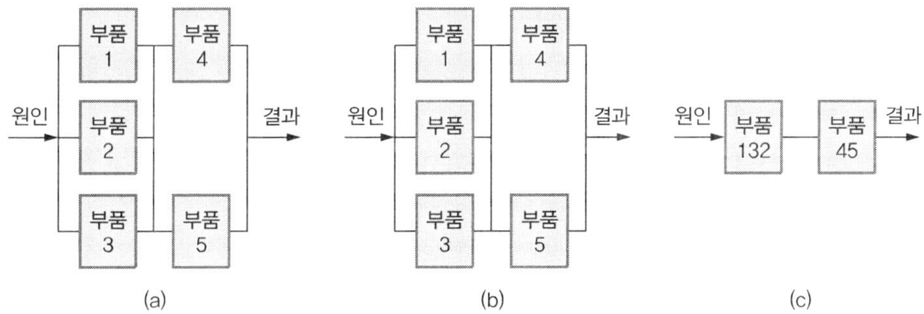

그림 1.23 가략구조의 분석예

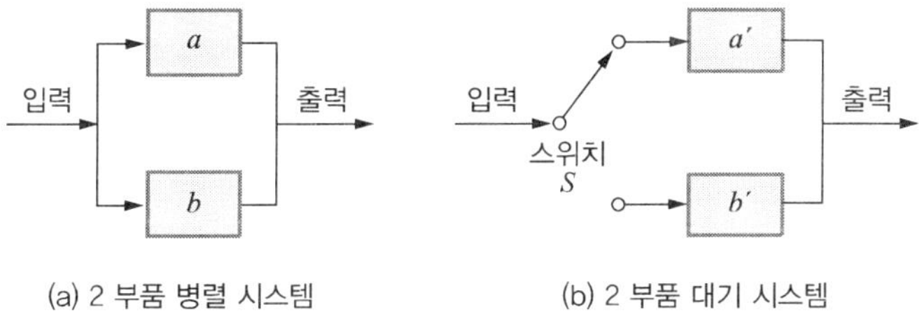

그림 1.24 병렬구조와 대기구조의 비교

n 중 k 구조란 동일한 n개의 구성부품들 중 k개 이상만 작동하면 시스템 전체가 정상적으로 작동하는 시스템을 말하는데, 엘리베이터의 와이어로프(wire rope)가 그 대표적 예이다. 이 구조는 이외에도 안전판, 펌프, 모터 등에 널리 쓰이고 있으며, 위험한 공정의 자동폐쇄장치에도 매우 긴요하게 이용되고 있다.

만약 시간적 경과를 고려한다면 대기구조(standby system)라는 독특한 구조를 고려할 수 있다. 이 구조는 두 개 이상의 동일한 부품으로 구성된 시스템으로서 한 개의 부품이 고장나면 또 다른 부품으로 대체하여 계속 작동시키는 시스템이다.

여기에서 두 개의 부품이 서로 동일하다면, 병렬구조의 신뢰성이 같을 것 같지만, 실제로는 첫 번째 부품이 고장난 시점부터 두 번째 부품이 작동을 시작하기 때문에 두 시스템의 신뢰도 특성은 전혀 다르다.

4.6.2 비가략구조

실제 생활 속에는 순수한 직렬도 아니고 순수한 병렬도 아닌 복잡한 시스템이 많이 이용된다. 이러한 구조를 비가략구조(irreducible structure)라 하며 이 경우에는 직병렬구조로 분석할 수 없다.

이러한 시스템의 신뢰도를 정확히 분석하는 분석기법에는 대표적으로 다음과 같은 것들이 있다.

(1) 사상공간법(event space method)

시스템의 발생가능한 모든 경우의 상태를 나열하고 이 중에서 시스템이 작동가능한 경우와 작동 불가능한 경우를 나누어 신뢰도를 계산하는 방법이다. 이 경우에 모든 사상들은 상호 배타적이어야 하며, 따라서 시스템 신뢰도는 작동할 수 있는 각 사상들의 발생확률을 단순히 합산함으로써 구할 수 있다.

(2) 경로추적법(path tracing method)

시스템의 정상작동 경로를 사전에 알고 있는 경우 각 경로의 발생확률을 근거로 집합사상들의 합을 구함으로써 시스템의 신뢰도를 구하는 방법이다.

그림 1.25와 같은 예에서는 집합 $\{a, d\}$, $\{b, d\}$, $\{b, e\}$, $\{c, e\}$ 들이 각각 하나의 경로집합을 형성하므로 다음과 같은 식을 이용하여 시스템의 신뢰도를 계산한다.

$$R = P\{ad + bd + be + ce\}$$

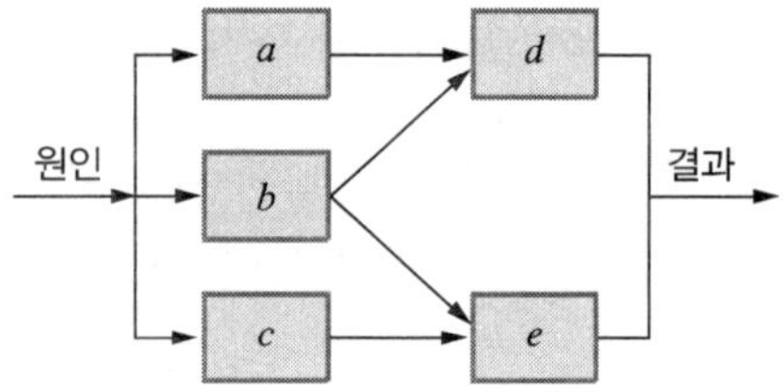

그림 1.25 비가략구조의 예

(3) 분해법(pivotal decomposition method)

핵심부품의 작동상태 여부를 근거로 복잡한 시스템의 신뢰도구조를 간단한 하부구조(subsystem)로 분해하여 각각의 신뢰도를 구하고, 조건부 확률이론을 이용하여 다시 통합함으로써 시스템의 신뢰도를 구하는 방법이다.

이 방법의 효율성은 신뢰도 분석상황을 분류하는 기준이 되는 중추부품(keystone component) 혹은 축부품(pivot component)의 선택에 크게 좌우된다. 만약 중추부품이 작동하는 경우를 X, 작동하지 않는 경우를 $\overline{X}$로 나누어 생각한다면 시스템 전체의 신뢰도는 다음 식과 같이 표현될 수 있다.

$$R = P\{X\}P\{\text{시스템작동} \mid X\} + P\{\overline{X}\}P\{\text{시스템작동} \mid \overline{X}\}$$

더 복잡한 경우에는 마르코브 그래프(Markov graph)를 이용하거나, 컴퓨터 시뮬레이션 등을 이용하여 분석한다.

4.7 신뢰도 향상

어떤 시스템이든지 그 시스템의 특성은 생산단계에 이를수록 점차 구체화된다. 반면, 시스템이 갖는 가능성과 융통성은 초기단계에 가까울수록 더 크다. 바꿔 말하자면 시스템의 신뢰성이나 안전성은, 이미 구상단계에서 결정되는 일이 많다는 것을 의미한다. 그러므로 설계단계에서부터 고려해야 하는 신뢰성 제고방안으로서는 다음과 것들을 지적할 수 있다.

표 1.7 시스템 설계단계시의 신뢰성 제고방안

신뢰도 향상 기법	실 시 내 용
고품질 자재 사용	자재 표준의 설정 및 준수 감률(derating) 설계
고신뢰도 구조	고신뢰도 부품의 사용 고장영향을 감소시키는 구조적 설계방안의 강구 중복 설계방법의 활용
보전용이성	제품의 단순화 부품과 조립품의 단순화 및 표준화 신뢰성 시험의 단순화

4.7.1 고품질 자재의 사용

어떤 시스템이든지 고장이란 외부로부터 가해지는 부하(負荷)나 스트레스가 시스템의 내구강도 한계를 초과하는 경우에 발생한다. 따라서 시스템에 요구되는 부하강도를 예상하고, 그 부하보다 몇 배쯤 큰 내구성능을 갖도록 시스템을 설계하여, 시스템 용량에 대한 부하강도의 비율을 고의적으로 낮추어 시스템의 신뢰도를 높이는 방법을 감률(derating) 설계라고 한다.

이 때 예상되는 스트레스에 대한 시스템 내구강도의 비를 안전계수(safety factor)라고 하는데, 자재의 선정에서부터 충분한 성능을 확보할 수 있는 표준적인 기준을 설정하고, 이에 적합한 자재를 이용한 부품을 사용하면 시스템의 신뢰도를 향상시킬 수 있다.

4.7.2 고신뢰도 구조

시스템은 복잡해짐에 따라 별도의 보상조치가 취해지지 않는 한 시스템 신뢰도는 감소한다. 그러므로 시스템을 설계하는 데 있어서의 주요 관건은 시스템의 구조가 가급적 효율적이고도 단순하여야 한다는 것이다.

상식적으로, 시스템의 기본적 기능을 유지하면서 시스템의 신뢰도를 향상시키기 위해서는 시스템에 부가적인 회로를 추가하거나 회로를 중복시키면 된다. 이러한 구조를 중복구조 혹은 용장구조라고 하며, 여기에는 병렬, 대기, 다수결, *n* 중 *k* 구조 등 여러 가지가 있다.

4.7.3 보전용이성

시스템 내에 이상(異常)이 발견하였거나, 시스템의 기능이 열화되면 보전업무와 점검은 어쩔 수 없이 인간에게 맡겨지지만, 인간은 과오를 저지르기 쉬운 특성을 지니고 있으므로, 결과적으로 얼마만큼 쉽고 정확하게 수리할 수 있는가는, 시스템의 신뢰도 특성을 향상시키는 중요한 요인이다.

최근 모듈화(modulization) 혹은 단위화(unitization)의 경향은 이러한 내용을 반영한 설계 개념으로서, 쉽게 고장부위에 접근할 수 있고, 부품교체나 점검도 용이하게 한 제조기법이다.

4.8 신뢰도 관리

신뢰도 관리란, 성능과 신뢰성은 물론, 보전성과 가용성 등 사용자의 요구를 충족시킬 수 있는 우수한 제품을 경제적으로 제조·판매하기 위하여, 제품의 개발단계에서부터 설계, 제조 및 사용에 이르는 제품의 전 수명주기(whole life cycle)에 걸쳐서 신뢰성을 확보하고 유지하기 위한 종합적인 관리활동이다.

그러므로 신뢰도 관리를 효과적으로 실시하려면 미리 설정된 신뢰도 목표를 달성하기 위하여 어떤 절차로 어느 시점에서 어떻게 확인할 것인가 하는 신뢰도 계획(reliability program)을 세우고, 이 계획에 따라 목표를 달성하도록 조직적으로 노력하여야 한다.

4.8.1 설비의 기능열화

시스템이 의도된 기능을 수행하지 못하는 것을 고장이라고 한다. 그러나 최근에는 시스템의 기능이 날로 복잡해지고 정교해져서 기능열화나 불안정같은 보다 미묘한 기능 저하현상까지를 고장으로 간주하지 않으면 안 되게 되었다.

어떤 시스템이든 시간이 지남에 따라 그 기능은 점차 열화되어 간다. 신뢰성이 기능열화에 의해 저하되는 이유는 사용시간이나 또는 사용횟수에 따른 열화, 자연열화, 재해열화 등으로 나누어지며, 그 결과 마모나 충격 등 기능열화 현상은 점차 축적되어 간다.

4.8.2 보전

정상적인 운전, 일상적인 보전, 규칙적인 주유와 정상적인 운용조건의 제공 등을 적절히 활용하면 열화를 아주 없앨 수는 없지만 적어도 열화의 진행속도를 늦출 수는 있다. 검사, 수리, 정비, 보전 등 이렇게 시스템의 열화진행속도를 늦추고 고장이나 결함을 회복시키기 위한 제반조치 및 활동을 보전(maintenance)이라고 한다.

그러나 예방보전의 효율성을 평가하는 척도는 신뢰도인 반면, 사후보전의 효율성을 평가하는 척도는 가용도라는 점에 주의하여야 한다.

(1) 예방보전의 의의

예방보전(Preventive Maintenance)이란 설비의 성능과 속성에 따라 대상설비나 시스템이 고장나기 이전에 미리미리 고장나지 않도록 효율적인 보전체계를 확립하자는 것이다. 따라서 상시 또는 정기적으로 동작상태를 감시함으로써 불안전한 결함을 사전에 검출하여, 마모, 부식, 피로 등의 열화 관련현상을 예방하거나 지연시킴으로써 장기적으로 체계의 신뢰도를 높이는 보선활동을 말한다. 이 보진업무의 취지는 고장나기 전에 수리하는 것이 고장난 후에 수리하는 것보다 경제적이라는 논리에 근거를 두고 있다.

(2) 교체

만약 어떤 부품이 사용 시간이 증가함에 따라 고장률이 증가한다면, 이 부품은 고장나기 전에 자주 점검하고 종국에는 교체하는 것이 더 현명할 것이다.

많이 사용되는 교체방식으로는 수명교체와 일괄교체가 있다. 수명교체(Age Replacement)란 부품이 고장나면 즉시 교체하고, 일정시간 고장이 없으면 교체주기 T에 이르러 대상부품을 교체하는 방식의 보전업무를 말한다. 이 방법은 부품의 수명이력을 모두 확보하고 있어야 한다는 점에서 번거롭다는 단점이 지적될 수 있다.

반면, 일괄교체(Block Replacement)란 교체주기 T가 되면 부품에 고장이 없더라도 새로운 부품으로 일괄적으로 교체하고, 고장이 나면 언제든지 개별 교체한다. 이 교체정책 하에서는 개별적 부품의 경과 수명에 대한 기록이 필요없어 간편하기는 하지만, 수명 교체에 비해 교체 비용이 증가한다는 점에서 비교적 저렴한 다수의 부품을 보전할 때 주로 사용되는 정책이다.

(3) 사후보전과 수리

한편 일단 고장이 발생한 후에는 신속하게 체계를 가동상태로 회복하기 위해 예비부품 등을 이용하여 수리(repair)나 사후보전(corrective maintenance)을 실시한다. 이 경우의 효율을 평가하는 기준은 시스템 가용도로서, 시스템 작동 요구시 시스템이 정상적으로 가동될 확률을 향상시키는 것이 그 목표이다.

이 때, 일단 고장난 시스템이 얼마나 신속하게 수리 완료될 수 있는가를 나타내는 척도가 보전도 혹은 정비도(maintainability)이다. 이것은 '수리 가능한 시스템에 일단 고장이 발생하였을 경우, 주어진 조건하에서 특정한 시간 내에 보전 완료될 수 있는 성질'을 확률을 이용해 정량적으로 표현한 것이다.

만약 시스템 정지시간 t가 수리확률밀도함수 $m(t)$를 따른다면 고장난 시스템이 T 시간 이내에 다시 작동할 확률은 수학적으로 다음과 같이 정의된다.

$$M(t) = \int_0^t m(t)\,dt$$

그리고 이 때 체계의 고장발생 순간부터 수리가 완료되어 정상 작동하기까지의 평균시간 즉, 평균 수리시간(Mean Time To Repair ; MTTR)은

$$MTTR = E(T) = \int_0^\infty t\,m(t)dt$$

가 된다.

만약 몇 번이고 고장과 반복이 허용된다면 일반적으로 $R(t) \leq A(t)$의 관계가 성립된다. 그러나 수리가 허용되지 않는다면 물론 $R(t) = A(t)$이다.

(4) 보전활동의 효율성

이상과 같이 시스템의 고장이나 기능이상을 가능한 한 신속히 발견하여 수리를 하게 되면, 예상하지 않았던 고장에 의해 시스템이 정지하는 상황은 절대적으로 감소한다. 이런 경우 수리 가능한 시스템이 얼마나 가동가능한 상태를 유지하는가, 또 보전활동이 얼마나 효과적으로 수행되었는가를 나타내는 척도로는 여러 가지가 활용되고 있다.

먼저, 가장 단순한 척도로는 작동준비성(operational readiness)을 들 수 있는데, 이것은 시스템이 언제라도 작동할 준비가 되어 있음을 나타내는 척도이다.

한편 수리에 의해 시스템이 다시 작동가능상태가 된다면 전체 시스템 운용시간 중의 작동시간 비율은 증가할 것이다. 이것을 가용도(availability)라고 하며, 시스템이 어떤 기간 중

에 기능을 발휘하고 있을 시간의 비율을 말한다.

더욱이 고장시간 중 실제로 시스템의 고장을 탐지하고 수리하는 시간은 시스템 고유의 보전성 설계에 기인하는 것이기 때문에, 고장시간을 고장탐지 및 수리시간(mean active repair time)만으로 구분하여 가용성을 생각하는 경우에는, 특별히 이것을 고유가용도(inherent availability)라 하고, 이에 반하여 위에서 정의한 가용도는 운용가용도(operational availability)라고 부르기도 한다.

Chapter 5 안전관리활동

5.1 안전보건관리규정

안전보건관리규정이란 사업장의 안전보건을 유지하기 위하여 실시하여야 할 안전보건관리에 관한 기본적인 사항을 정한 것으로, 쉽게 말하면 해당 사업장에서 지켜야 하는 안전보건에 관한 사항을 정리해 놓은 법이라고 할 수 있다. 따라서, 사업장 내의 모든 안전보건관리규정, 즉 안전수칙 · 안전위원회의 규칙 등의 각종 규정과, 안전작업기준, 설비검사기준 등의 안전기준이 이 규정을 근거로 해서 마련되기 때문에, 사업장의 안전관리에 대한 기본 성격을 정한다는 점에서 매우 중요하다.

이 규정에는 대체로 다음과 같은 사항들이 포함되어야 한다.

① 안전보건관리조직과 책임, 그리고 직무에 관한 사항
② 안전보건교육에 관한 사항
③ 작업장 안전관리에 관한 사항
④ 작업장 보건관리에 관한 사항
⑤ 사고조사 및 대책수립에 관한 사항
⑥ 기타 안전보건에 관한 사항

이렇게 정해진 안전보건관리규정을 전사적(全社的)으로 실행에 옮기고 준수하도록 하기 위해서는 안전보건관리규정의 내용을 사내 전사원들에게 철저히 주지시킬 필요가 있으며, 그 이전에 안전에의 관심을 고조시키는 등 분위기 조성이 선행되어야 한다.

5.2 안전보건관리 조직

5.2.1 조직 구성의 의의

재해를 예방하기 위해서는 끊임없는 노력과 활동이 중요하지만, 이 노력과 활동이 효율적이지 못하다면 재해예방효과는 오르지 않는다. 그러므로 재해예방 효과를 올리기 위해서는 필요한 노동이나 활동을 체계화하여 목적달성에 집중될 수 있는 체제를 구축하여야 한다.

기업이 안전보건관리조직을 구성하는 이유는 크게 세 가지로 나눌 수 있다. 즉,

첫째, 조직 계층간의 신속한 정보처리와 유대를 강화하고

둘째, 조직적인 사고예방활동이 가능하도록 하여

셋째, 기업의 손실을 궁극적으로 방지하고자 하는 것이다.

따라서, 안전보건관리조직에는 조직 구성원 모두가 참여하여야 하며, 각 계층과 부서간에 종적, 횡적, 그리고 기능적으로 유대가 이루어져서, 조직이 갖고 있는 안전보건기능이 충분히 활용될 수 있어야 한다.

결과적으로 기업이 갖고 있는 안전관리조직의 형태는 사업장의 종류, 규모, 특성, 안전수준의 정도에 따라 다소 차이가 있지만, 조직 구성원들의 책임과 권한이 분명해야 하고, 생산라인과 직결된 조직을 만들려고 하는 것이 일반적이다.

일반적으로는 라인형(line type), 스탭형(staff type), 라인 스탭형(line-staff type) 등이 있다.

5.2.2 안전보건관리 조직의 기본형태

직계식 조직은 안전관리에 관한 계획에서부터 실시에 이르기까지의 모든 것을 생산조직을 통하여 행하는 관리방식으로 라인형 안전관리라고도 하는데, 모든 권한이 포괄적이고 직선적으로 행사되며, 조직에 안전을 전문으로 분담하는 부문이 없으므로 고도의 관리를 기대할 수는 없다는 특성을 지닌다. 따라서 이 조직은 소규모의 사업장에 적합하다.

참모식 조직은 안전관리를 관장하는 참모진들을 두고 안전관리에 관한 계획, 조사, 검토, 권고, 보고 등을 행하도록 하는 조직으로, 스태프(staff) 형 안전관리라고도 한다. 그런데 이 참모진들은 성격상 어디까지나 계획안의 작성, 조사, 점검결과에 따른 조언, 보고 등에 머무르는 것이며 스스로 생산 라인의 안전업무를 행하는 것은 아니다. 이것은 주로 테일러(F.W.Taylor)가 제창한 분업의 원칙을 고도로 활용한 조직으로서, 책임 및 권한이 직능적으로 분담되어 있다.

직계참모식 조직은 직계식 조직과 참모식 조직의 장점을 취한 절충식 조직으로, 많은 사업장에서 채용하고 있으며, 안전업무를 전문으로 관장하는 참모부문을 두는 한편, 생산라인의 각 층에도 겸임 또는 전임의 안전담당자를 두어 안전 대책의 기획은 참모 부문에서, 실행은 직계 부문에서 행하도록 하는 것이다.

5.2.3 산업안전보건법상의 안전보건관리체제

산업안전보건관리는 생산계통 속에서 생산과 일체의 형태로 추진될 때 비로소 재해 또는 사고 예방효과를 기대할 수 있다. 따라서, 개별 사업장의 안전보건관리체제는 개개 사업장의 업종, 규모, 경영방침, 과거의 안전보건활동의 실적 등에 따라 다르기 때문에 그 형태에 대해 일률적으로 말할 수는 없으나, 산업안전보건법은 안전보건관리조직의 정점과 생산계통의 정점과를 일치시킬 수 있도록 최소한 그림 1.26과 같은 관리체제를 구성하도록 규정하고 있다.

법정 안전보건관리조직은 개별기업에 있어서의 일반적인 안전보건관리조직과, 도급・수급 관계 기업에 있어서의 안전보건관리조직으로 구분할 수가 있는데, 이들의 업무활동은 어느 것이나 사업장내 안전보건에 관한 교육・지도・감독, 재해의 예방, 재해발생시의 긴급조치, 기타 안전보건에 관한 제반조치 등을 강구하는 데 있다.

이 중 특히 안전관리자는 안전보건관리책임자가 총괄 관리하는 산업재해 방지업무 중 안전에 관한 기술적인 사항에 대하여 사업주 또는 관리책임자를 보좌하고, 관리감독자 및 안

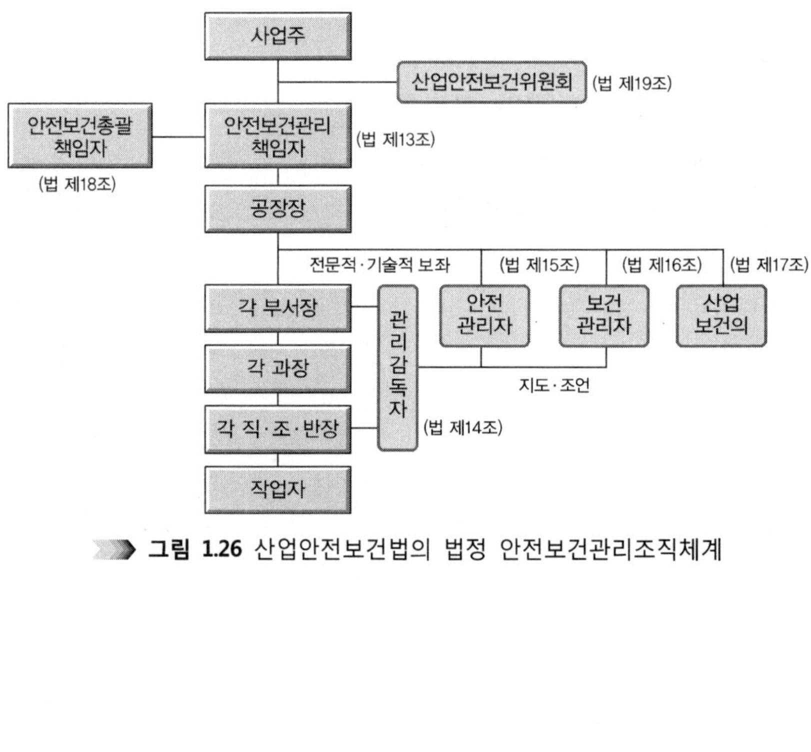

그림 1.26 산업안전보건법의 법정 안전보건관리조직체계

전담당자에게 안전업무에 관하여 지도 및 조언을 하는 자를 말하며, 주요 법정 직무는 다음과 같다.

① 당해 사업장의 안전보건관리규정에서 정하고 있는 직무
② 유해・위험 기계・기구 등의 방호장치나, 보호구의 구입시 적격품의 선정
③ 당해 사업장의 안전교육계획의 수립 및 실시
④ 사업장 순회점검, 지도 및 조치의 건의
⑤ 산업재해발생의 원인조사 및 대책수립
⑥ 법정 명령이나 안전보건관리규정 중 안전관련사항을 위반한 근로자에 대한 조치의 건의
⑦ 기타 안전에 관한 사항으로서 고용노동부장관이 정하는 사항

이와는 대조적으로 안전보건관리책임자의 관리업무 중 보건에 관한 기술적인 사항에 대하여 사업주 또는 관리책임자를 보좌하고, 관리감독자에게 보건업무에 관하여 지도 및 조언을 하는 보건관리자도 있다.

한편, 기업 내의 모든 관리업무를 추진한다는 것은 어느 것이나 생산활동에 종사하는 근로자의 이해와 협력이 없이는 완벽할 수가 없으므로, 사업장의 안전보건대책의 추진에 대한 근로자의 의견을 충분히 청취하여 안전보건관리시책에 반영시키기 위해 설치・운영하는 것이 산업안전보건위원회이다.

도급관계에 있는 여러 업체의 근로자가 동일한 장소에서 혼재하여 취업하고 있는 건설업, 조선업 등과 같은 경우에는 안전관리책임의 한계가 모호해지거나 산업재해가 발생할 가능성이 매우 크므로, 따라서 산업안전보건법에서는 안전보건 총괄책임자를 두어, 도급주가 산재예방 업무를 총괄관리하도록 하고 있다. 이 밖에도 도급・수급관계 기업은 안전보건에 관한 사업주간의 협의체를 구성・운영하도록 별도로 규정하여, 도급・수급인이 사용하는 근로자가 혼재하여 작업을 함으로써 발생할 수 있는 산업재해를 예방하도록 하고 있다.

5.3 안전보건교육

5.3.1 안전보건교육의 의의

생산기술의 발달이 급속하게 진행될수록 재해사고의 유형도 신속하게 첨단화되어, 생산기술의 원리와 작업대상물의 변환과정을 제대로 파악하고 있지 못하면 재해예방은 물론 재

해에 대한 신속한 사후조치조차 어려워진다. 따라서 기업은 사업장 내의 인명과 재산을 보호한다는 차원에서, 작업자들에게 사업장에서 활용하고 있는 생산기술 전반에 대하여 폭넓은 지식과 기술을 제공하고, 정확한 예측능력과 분석능력을 육성하게 함으로써, 재해를 예방하도록 하는 조치를 취하지 않으면 안 되게 되었다.

안전교육은 바로 이와 같은 필요성에서, 작업자들의 위험예지능력과 재해예방조치 능력을 향상시킴으로써 재해를 감소시키며, 일단 재해사고가 발생하였을 경우 그 피해를 최소화할 수 있는 능력을 육성시켜, 궁극적으로는 기업의 생산성을 향상시키기 위하여 실시하는 것이다.

5.3.2 안전보건교육의 종류

안전교육은 앞에서 본 바와 같이 작업자의 소중한 생명과 신체, 그리고 사업장의 재산을 보호하기 위한 노력이므로 작업자가 입사할 때부터 시작되어야 함은 당연한 일이다. 또한 조업 중간 중간에도 작업공정과 작업방법에 대한 지식과 기능을 제공하여야 하며, 특히 재해가 발생하였거나 생산공정이 변경된 다음에는 변경사항과 유의사항에 대해 집중교육할 필요가 있다.

(1) 법정 사내교육

산업안전보건법은 이런 취지에서 사내 안전보건교육의 종류와 교육내용을 규정하고 있는데, 주요 교육으로는 근로자 정기교육, 채용/작업내용변경시의 교육, 유해위험작업 근로자의 특별교육, 그리고 관리감독자 정기교육을 들 수 있다.

특히, 유해·위험업무에 근로자를 사용할 때에는 미리 당해업무와 관계되는 안전보건에 관한 특별교육을 하되, 해당 교육을 받지 아니한 자는 당해 작업에 종사하지 못하도록 하고 있으며, 또 교육내용은 노동부령으로 정하도록 함으로써 안전보건교육의 철저를 기하도록 하고 있다.

그리고 고압가스의 압력용기 등을 취급하는 작업, 보일러를 취급하는 작업, 터널에서의 발파작업 등 특별히 위험한 작업에 대해서는 반드시 자격이나 면허가 있는 자만 작업할 수 있도록 하고 있으며, 또, 특정작업에 대해서는 관련 업무에 일정 기간 이상의 경험을 가져야만 취업이 가능하도록 규정하고 있다.

(2) 법정 직무교육

한편, 산업안전보건법은 안전보건관리책임자를 위시하여 안전관리자, 보건관리자, 산업보건의, 안전보건관리대행기관 종사자, 자체검사원 등의 안전보건 관리업무를 수행하는 자도 신규교육 및 보수교육을 받도록 하고 있다.

특히, 재해발생비율이 높은 사업장이나, 중대재해가 발생한 사업장을 비롯한 사업장, 안전보건개선계획의 수립·시행명령을 받은 사업장, 기타 노동부장관이 정하는 재해가 발생한 사업장의 경우에는 당해 작업을 직접 지휘감독하는 관리감독자는 물론, 사업주에게까지 안전보건교육을 받도록 함으로써, 안전보건관리의 필요성과 중요성을 해당작업의 관계자가 인식하도록 조치하고 있다.

표 1.8 법정 직무교육 및 교육내용

교육대상자	교육내용	
	신규과정	보수과정
사업주	• 사업장의 안전보건예방책무에 관한 사항 • 산업안전보건법령 및 정책에 관한 사항	
관리감독자	• 산업안전보건법령 및 관리감독자의 직무에 관한 사항 • 안전점검 및 작업환경 개선에 관한 사항	

5.3.3 교육기법

안전보건교육은 단순한 안전에 관한 지식(knowledge)만을 가르치는 데 끝나는 것이 아니라, 습득한 지식이 기능적으로 적용될 수 있게 할 뿐 아니라 언제든지 안전지식에 입각해서 행동할 수 있도록 동기유발수준을 유지할 수 있게 하는 일이 중요하다. 그러므로 안전보건관리자는 안전교육의 기법에 대해서도 깊은 이해와 연구가 선행되어야 한다.

널리 이용되고 있는 교육방법에는 표 1.9와 같은 것들이 있는데, 교육방법은 목적, 대상자, 훈련자, 훈련기간 및 장소 등에 따라서 알맞게 적용되어야 한다. 이 때, 아무리 좋은 교육이나 훈련이라 하더라도 작업현장의 생산과정과 밀착된 교육이 이루어지지 않으면 효과를 제대로 올릴 수가 없으므로, 생산과 밀접한 교육내용이 되도록 주의하지 않으면 안 된다. 따라서, 일반적으로는, 훈시보다는 이론적 설명이 우수하며, 다시 이론적 설명보다는 토의나 관찰이 더 우수하고, 또 다시 보편적인 안전교육보다는 실무에 관련된 안전교육으로 전개하는 것이 좋다고 할 수 있다.

표 1.9 주요 교육기법 및 장단점

교 육 기 법	장점	단점
강의	• 시간의 계획과 통제가 용이하다. • 많은 것을 동시에 하기가 쉽다.	• 하향식이며 권위주의적이다.
실습	• 흥미를 일으킨다. • 요점파악이 쉽고 습득이 빠르다.	• 장소선정이 어렵다. • 학습과 작업과의 구별이 문제된다. • 과오, 위험성이 있다.
시청각 교육	• 흥미가 있고 학습동기가 유발된다. • 학습의 속도가 빠르다. • 인상적으로 잘 기억할 수 있다.	• 작성에 잔일과 경비가 든다. • 이동에 불편하다. • 적절한 교재의 확보가 어렵다.
토 의 법	• 민주적, 협력적 • 적극적인 사고유발 • 주제 테마에 의해 동기가 유발된다. • 지식 경험을 자유롭게 교환할 수 있다.	• 참가자의 질에 좌우된다. • 지도자로서 적재 경험자를 구하기 힘들다. • 많은 사람을 동시에 상대할 수 없다.
사례연구	• 학습동기를 유발할 수 있다. • 현실적인 문제의 학습이 가능하다. • 생각하는 학습교류가 가능하다.	• 적절한 사례의 확보가 곤란하다. • 원칙과 규칙의 체계적 습득이 힘들다.

5.3.4 안전교육진행요령

안전교육의 진행은 기본적으로 지식교육, 기능교육, 태도교육의 순으로 진행되며, 각 단계별 교육목표와 주요 교육내용은 표 1.10과 같다.

표 1.10 안전보건교육의 단계별 중점교육내용

단 계	과 정	교 육 목 표	내용
1 단계	지식교육	1. 안전의식 제고 2. 기능지식의 주입 3. 안전의 감수성 향상	강의, 시청각 교육을 통한 지식의 전달과 이해 1. 안전의식을 고취 2. 안전의 책임감을 주입 3. 기능, 태도교육에 필요한 기초지식 주입 4. 안전규정 숙지
2 단계	기능교육	1. 안전작업 기능부여 2. 표준작업 기능부여 3. 위험예측 및 응급처치 기능부여	시범, 견학, 실습, 현장 교육 실습을 경험 체득과 이해 1. 전문적 기술 기능 2. 안전기술 기능 3. 방호장치 관리 기능 4. 점검검사 정비 기능
3 단계	태도교육	1. 작업동작의 정확화 2. 공구, 보호구 취급태도의 안전화 3. 점검태도의 정확화 4. 언어태도의 안전화	생활지도, 작업동작지도 등을 통한 안전의 습관화 1. 표준작업방법의 습관화 2. 공구보호구 취급과 관리자세의 확립 3. 작업전후의 점검검사 요령의 습관화 4. 작업지시 전달확인 등 언어태도의 습관화 및 정확화

이 중에서도 특히, 위험예지훈련은 직장이나 작업 상황을 묘사한 그림을 사용하거나 직장의 현물로 작업을 시켜 가면서, 작업 상황 속에 숨겨진 위험요인과 그것이 초래할 수 있는 재해를 직장 소집단에서 다 함께 대화하고 생각하며 합의한 뒤, 위험 포인트를 예방하기 위한 중점 행동요령을 결정하는 기법으로서, 작업자들로 하여금 위험에의 순발력을 향상시킨다는 점에서 생산현장에서 많이 활용되고 있는 기법이다.

5.4 안전보건표지 및 안전라벨

앞에서 설명한 위험성감축우선순위에 따르면 사고를 예방하는 관리활동은 최소위험성설계, 안전장치, 경보장치의 순으로 실행되는 것이 효과적이라고 하였다. 이 중 세 번째 단계, 경보장치는 단순히 사고의 발생을 알리는 장치를 의미하는 데 그치는 것이 아니라, 작업상황이나 기계설비가 갖고 있는 위험정보를 이해관계자에게 적시에 올바로 전달하는 마지막 도구라는 점에서 중요한 의미를 갖는다.

근로자의 판단이나 행동의 착오로 인하여 사고나 재해를 일으킬 우려가 있는 작업장에 있어서, 위험장소 또는 위험물질에 대한 경고, 비상시에 대처하기 위한 지시 또는 안내, 기타 근로자의 안전보건의식을 고취하기 위한 사항들을 그림, 기호 및 글자 등으로 표시하여, 설치 또는 부착하는 표지, 라벨, 경고문 등을 통틀어 안전보건표지라 한다.

표 1.11 안전보건표지의 기본 형태

기본형태	표지의 의미	사용 예
	금지표지는 어떤 특정한 행위가 허용되지 않음을 나타낸다. 이 표지는 흰색바탕에 빨간원색과 45° 각도의 빗선으로 이루어진다. 금지할 내용은 원의 중앙에 검정색으로 표현하며, 둥근태와 빗선의 굵기는 원외경의 10%이다.	
	경고표지는 일정한 위험에 따라 경고를 나타낸다. 이 표지는 노랑색 바탕에 검정색 삼각태로 이루어지며, 경고할 내용은 삼각형 중앙에 검정색으로 표현하고 노랑색의 면적이 전체의 50% 이상을 차지하도록 하여야 한다.	
	지시표지는 일정한 행동을 취할 것을 지시하는 것으로 파랑색의 원형이며, 지시 내용은 흰색으로 표현한다. 원의 직경은 부착된 거리의 40분의 1 이상이어야 하며, 파랑색 전체 면적의 50% 이상이어야 한다.	
	안내표지는 안전에 관한 정보를 제공한다. 이 표지는 녹색바탕의 정방형 또는 장방형이며, 표현하고자 하는 내용은 흰색이고, 녹색은 전체 면적의 50% 이상이 되어야 한다 (예외 : 안전제일 표지).	

언어나 문화가 다른 작업자 또는 이해관계자에게도 충분히 위험정보를 전달하기 위해서 표지는 국제적으로 표준화된 기준과 의미를 따르는 것이 중요하다. 산업안전보건법에 의거하여 활용되는 안전보건표지의 종류에는 기본적으로 금지표지, 경고표지, 지시표지, 안내표지의 4 가지가 있으며, 기본적인 형태는 표 1.11과 같다. 또, 구체적인 사례를 나열하면 그림 1.27과 같다.

그림 1.27 산업안전보건표지의 예

5.5 개인보호구

5.5.1 개인보호구의 기능

개인보호구란 근로자가 신체의 일부로 직접 착용하여 인체에 미치는 각종 물리적, 화학적 위험 요소로부터 신체를 보호하기 위한 보조기구로서, 착용자의 안전을 확보하기 위한 마지막 수단을 말한다.

재해사고의 원인이 되는 에너지로부터 생산현장의 작업자를 보호하는 데에는 통상 3 가지 방법을 상정할 수 있다. 첫째 위험·유해 요인을 위해성이 적은 물질 또는 아예 위해성이 없는 물질로 대체한다든지, 해당공정을 변경·밀폐·격리시키는 등 발생원을 관리하는 방법, 둘째 정리정돈 및 청소, 전체환기, 희석식 환기, 발생원과 근로자 간의 거리 확대, 지속적인 감시, 기타 적절한 유지관리 계획 등 발생원과 근로자간의 통과경로를 통제하는 방법, 그리고 셋째 근로자를 직접 보호하는 방법이 그것이다.

이 중 첫 번째가 가장 적극적인 방법이라 한다면, 세 번째 방법은 가장 소극적인 방법이라 할 수 있다. 개인 보호구는 이 세 번째 방법에 해당되기 때문에, 가장 소극적이며 가장 최종적인 방법임에 유의하여 보다 적극적인 대책을 강구하고 이 대책이 불가능한 경우에만 보호구를 사용하도록 주의하여야 한다.

보호구를 선택할 때에는 유해·위험 요인에 대한 방호성능이 충분할 것은 물론, 착용이 간편하고, 착용감이 편안하여야 하며, 작업에 방해가 되지 않는 것을 선택하여야 한다. 또, 재료의 품질이 양호하며, 변화가 심한 작업장 주변상황에 철저히 대비할 수 있는 성능을 유지할 수 있는 것이 바람직하며, 특히 필요하면 어느 때라도 착용할 수 있도록 각종 재료의 부식과 변질이 발생되지 않게 청결하고 성능이 유지된 상태로 보관하여야 한다.

한편 개인 보호구의 착용의무에 대해서는, 철저한 안전보건교육을 통해 산업안전보건법에 의무사항으로 규정되어 있다는 것을 충분히 인식시켜, 스스로의 건강과 신체보호를 위해 필히 착용하도록 해야 한다.

5.5.2 보호구의 종류 및 성능

개인보호구는 유해·위험물질에 대한 최종적인 방호방법이라는 의미에서 매우 중요한 기능을 담당하게 되는데, 다음과 같이 그 목적에 따라 여러 가지 종류가 있다.

두부(頭部) 보호구는 인체의 머리 특히 뇌를 보호하기 위한 보호구로서 안전모가 대표적이다. 그 형태는, 물체의 낙하 및 비래에 의한 위험의 방지기능, 추락위험의 방지기능, 감전방지 기능 유무에 따라 여러 가지가 있다.

그림 1.28 개인보호구의 예

눈 및 안면 보호구는 인체의 눈과 얼굴, 그리고 목 부분을 보호하기 위한 것으로서, 보안경과 보안면이 대표적이며, 보안경에는 1) 눈에 대하여 해로운 자외선 및 적외선, 또는 강렬한 가시광선으로부터 눈을 보호하기 위한 차광안경, 2) 미분(微粉), 칩(chip), 기타 비산물로부터 눈을 보호하기 위한 유리 및 플라스틱 보호안경, 3) 시력교정을 요하는 근로자에 대하여 빛이나 비산물 및 기타 유해물질로부터 눈을 보호함과 동시에 시력을 교정하기 위한 도수렌즈 보호안경 등이 있다.

한편 보안면에는 1) 용접 및 절단 작업시에 발생하는 유해한 광선, 열, 그리고 파편으로부터 작업자를 보호하기 위한 용접용 보안면, 2) 일반작업 및 점 용접(spot welding) 작업시 발생하는 각종 비산물과 유해한 액체로부터 작업자를 보호하기 위한 일반 보안면이 있다.

보통 방음 보호구라고도 하는 귀 보호구는 귓바퀴를 완전히 덮어 차음능력이 우수한 귀덮개(ear muff)와, 단순히 외이도(外耳道)를 차단하는 귀마개(ear plug)가 있다.

호흡기 보호구는 호흡이 어려운 작업상황에서 작업자의 호흡능력을 보조하기 위한 기구로서, 잘못 선택 사용할 경우 그 피해가 커서 대형 사고를 유발시키는 경우가 있으므로 각 상황에 맞는 보호구를 선택하는 것이 매우 중요하다.

손은 산업재해로 인한 신체손상부위 중 가장 많이 상해를 입는 신체부위중의 하나로서, 보호구의 종류도 그에 따라 여러 가지가 있다. 따라서 손을 보호하기 위한 안전장갑의 종류에는 일반작업용, 용접용 보호장갑, 내열장갑, 내화학약품용 산업위생 보호장갑, 전기용 고무장갑, 진동공구에 의한 진동장해로부터 신체를 보호하기 위하여 착용하는 방진장갑, 절상방지용 장갑 등이 있다.

발 보호구는 원칙적으로 작업자의 발을 보호하기 위한 것이지만, 물체의 낙하 및 충격요인, 날카로운 물체에 찔림에 의한 위험, 정전기의 인체대전에 의한 위험, 감전위험 등의 보호기능 여부에 의해 여러 가지로 분류된다.

한편, 높은 위치에서 작업하는 경우 추락의 위험을 덜기 위해 사용되는 안전대는, 안전대 로프의 길이는 가능한 한 짧게 하는 것이 좋은데 원칙적으로 1.5 m 이내에서 사용하는 것이 좋다.

5.6 안전점검 및 안전진단

아무리 훌륭한 시스템이나 기기・설비라 하더라도 최초 설계되고 제작될 당시의 안전성이나 기능이 항구적으로 유지되는 것은 아니다. 모든 기기・설비는 일정한 시간이 지나게 되면 그 효능이 끝나거나, 마모・부식・변질 등에 의해서 지속적으로 잠재적 위험성이 증대해 가기 때문에, 시설의 유효기능을 연장시키고 기능장애를 제거하기 위해서는 주의를 게을리 하지 않으면 안 된다.

5.6.1 안전점검

안전점검이란 이와 같은 목적에서, 사업장 내의 건설물 및 설비, 기계, 기구 등의 안전확보 상태가 구조, 규격, 기준, 및 규칙 등 여러 가지 관계측면에서 정해신 안선기준에 적합한가 아닌가를 확인하는 안전활동을 말한다.

안전점검방법은 대상 기기와 설비의 특성에 따라 다르지만,

① 기기의 배치, 상태, 손상, 부식, 누유(漏油) 등의 유무를 육안이나 촉수(觸手)에 의해 조사하고 그 설비의 점검기준에 따라 해당기기의 양부를 확인하는 외관 점검

② 점검 대상 기기를 정해진 순서에 따라 작동시켜 작동상황의 양부를 확인하는 작동 점검

③ 간단한 조작을 행함으로써 기능의 양부를 확인하는 기능 점검, 그리고

④ 정해진 기준에 따라 측정검사를 행하고 또 정해진 조건에 따라 운전시험도 행하여 그 기기의 종합적인 성능의 양부를 확인하는 종합 점검

등으로 나눌 수 있다.

그러나 여기에시 주의히어야 할 것은, 기기설비의 불안전한 부분을 발견해 내는 것 그 자체가 안전점검의 목적이 아니라, 발견된 불안전요소에 대해 신속하게 조치를 취하여 재해를 예방하는 것이 안전점검의 목적이라는 점이다.

5.6.2 법정 안전검사와 자율검사프로그램

산업안전보건법에서는 기계설비의 근본적인 안전성을 확보하고 유지하도록 하기 위하여 여러 가지 제도를 운영하고 있다.

표 1.12 법정 안전인증 및 안전검사 대상 기계 기구 등

안전인증대상 기계·기구 및 설비 (시행령 제28조)	자율안전확인대상 기계·기구 및 설비 (시행령 제28조의 5)	안전검사 대상 유해·위험기계 등 (시행령 제28조의 6)	
		대상	안전검사주기
가. 프레스 나. 전단기 및 절곡기 다. 크레인 라. 리프트 마. 압력용기 바. 롤러기 사. 사출성형기 아. 고소 작업대 자. 곤돌라 차. 기계톱 (이동식)	가. 연삭기 또는 연마기 나. 산업용 로봇 다. 혼합기 라. 파쇄기 또는 분쇄기 마. 식품가공용기계 (파쇄·절단·혼합·제면기) 바. 컨베이어 사. 자동차정비용 리프트 아. 공작기계 (선반, 드릴기, 평삭·형삭기, 밀링) 자. 고정형 목재가공용기계 (둥근톱, 대패, 루타기, 띠톱, 모떼기 기계) 차. 인쇄기 카. 기압조절실	크레인 리프트 곤돌라	건설현장 : 6개월 기타 사업장 : 2년
		압력용기	2년 (공정안전보고서 제출·확인설비 4년)
		프레스 전단기 원심기 국소배기장치 롤러기 사출성형기 화학설비 건조설비	2년

먼저, 유해하거나 위험한 기계·기구·설비 및 방호장치·보호구("유해·위험한 기계·기구·설비 등"이라 한다) 등을 제조하거나 수입하는 자는 고용노동부장관이 고시한 안전기준을 충족하는지 인증을 받도록 하고 있다(법 제34조, 안전인증). 또한, 안전인증대상 기계·기구 등이 아니라 하더라도 유해·위험한 기계·기구·설비 등으로서 대통령령으로 정하는 기계·기구 등을 제조하거나 수입하는 자는 안전에 관한 성능이 고용노동부장관이 정하여 고시하는 안전기준에 맞는지 확인하여 고용노동부장관에게 신고하도록 하고 있다(법 제35조, 자율안전확인의 신고). 이것은 모두 기기 설비의 안전성을 근본적으로 확보하고자 하는 취지이다.

더욱이, 위험한 기기·설비에 대해서는 안전점검의 취지를 적극 반영하여 특별히 위험이 예상되는 기계류는 자율적으로 안전점검을 정기적으로 시행하도록 규정하고 있다. 즉, 유해

하거나 위험한 기계・기구・설비로서 대통령령으로 정하는 유해・위험기계 등을 사용하는 사업주는 유해・위험기계 등의 안전에 관한 성능이 고용노동부장관이 정하여 고시하는 검사기준에 맞는지에 대하여 고용노동부장관이 실시하는 검사를 받아야 한다(법 제36조, 안전검사).

단, 사업장의 자체적 능력으로도 충분히 안전검사의 목적을 달성할 수 있다고 판단되는 경우에는 법정 기준을 충족하는 검사 기준, 검사 주기 및 검사합격 표시방법 등을 충족하는 검사프로그램을 정하여 고용노동부장관의 인정을 받아 자율적으로 실시할 수 있다(법 제36조의 2, 자율검사프로그램에 따른 안전검사). 이 때, 자율검사프로그램의 최대검사주기는 법정 기간의 1/2 이하로 하여야 하며, 검사방법도 일반적인 외관검사나 기능검사 외에 검사기기에 의한 검사, 시험에 의한 검사 등이 추가되는 것이 보통이며, 특히 초음파검사, 자기(磁氣) 검사, 방사선 투과검사, 내압검사, 비파괴검사 등 전문적인 자격과 기술이 요구되기도 한다.

이와 같은 제도는 모두 생산현장에서 활용되는 기계 설비 등을 정기적으로 검사하고 확인하도록 하여 안전성을 보장하기 위한 법적제도라 할 수 있다.

5.6.3 안전진단

안전점검이 사업장 자체인력에 의한 정기적인 안전상태 평가활동이라면, 안전진단은 전문가나 외부인력에 의한 비정기적, 수시적 안전상태평가활동이라 할 수 있다. 안전진단의 주요내용은 표 1.13과 같은데, 전문가나 외부인력에 의한 안전확보상태의 평가인 만큼, 점검 및 검사의 기술적 수준은 안전점검에 비해 한층 더 전문적이라고 할 수 있다.
그러므로 일반적으로 안전진단은 다음과 같은 시기에 수행된다.

① 안전성적이 좋지 않을 때
② 새로운 안전대책을 찾으려고 할 때
③ 자기사업장의 안전성적을 동종 업종 혹은 타 사업장과 비교하고자 할 때
④ 안전관리자나 경영관리층이 구상하는 시책에 대해 자신을 얻고자 할 때 등

이 외에도 산업안전보건법은 해당 사업장의 안전확보수준을 좀 더 전문적으로 평가하고 향시킬 목적으로, 고용노동부장관이 정하는 사업주로 하여금 고용노동부장관이 지정하는 자가 실시하는 안전보건진단을 받을 것을 명할 수 있도록 규정하고 있다(법 제49조 안전・보건진단 등).

표 1.13 안전진단의 주요내용

분류항목	특 성	진 단 내 용
물적 사항	• 기계설비 및 위험물질의 위험성	• 방호장치의 부착상태, 사용목적에의 적합성여부, 성능확보여부, 점검보수 등의 관리 현황
인적 사항	• 불안전 행동/작업방법 • 안전보호구의 사용	• 보호구의 확보, 보관상태, 착용상태, 성능확인 및 사용방법의 숙지 여부 등
관리적 사항	• 안전관리체제 및 활동상태에 대한 진단 • 안전활동상태 • 안전교육실시 • 기타사항	• 안전관리조직의 체제 및 관리의 실태, 생산부서와 관리부서와의 연계성, 산업안전보건위원회 또는 노사협의회의 구성 및 운영상태 등 • 안전관리규정과 안전수칙의 제정 및 이행상태, 안전보건개선계획 수립 및 시행상태, 산업재해조사 및 통계분석, 재해의 사후처리상태 등 • 법정교육 또는 일반교육의 실시여부, 불안전한 행동의 시정을 위한 교육의 실시여부 등 • 작업장의 정리정돈상태, 보조설비 및 공구의 보관상태, 안전관리상태, 안전표지의 부착상태, 위험물 관리상태, 시설물 관리상태, 위험예지훈련, 무재해운동 추진실태 등 전반적인 사항
환경적 사항	• 작업환경상태	• 온도, 습도, 소음, 진동, 분진, 환기, 유해광선, 유해물질의 사용여부 및 관리실태

5.7 위험성평가

5.7.1 리스크의 개념

현실적으로 여러 가지 조직이나 시스템을 운영하는 데 있어서 안전을 확보하려면, 항상 시간이라든가 비용, 자원, 그리고 기술적 제약 등의 한계에 부딪치게 마련이다. 이렇듯 중요한 관계 자원들이 제한된 상황 하에서 소기의 목적을 달성하려면, 가지고 있는 투자비용이나 시간, 자원, 그리고 기술력을 중요한 부분에 집중시키지 않으면 안 될 것이다. 여기에서 중요한 부분이란 물론 가장 위험한 곳으로, 사고가 발생하는 경우 피해액이 가장 많은 곳일 것이다. 이러한 재해예방 노력을 안전의 최적화(optimization)라고 하며, 안전의 최적화를 지향하기 위한 체계적인 기술을 시스템안전공학(System Safety Engineering)이라고 한다.

여기에서 안전한가, 안전하지 못한가를 평가하는 기준은 '만약 사고가 발생하는 경우, 피해액'이다. 이 값은 사고가 갖는 양면성, 즉 발생빈도와 강도를 종합적으로 고려하는 값으로, 확률론적으로는 피해액의 기대값(expected cost)을 의미한다. 즉,

$$\text{리스크(risk)} = \text{발생빈도} \times \text{발생강도}$$
$$= \text{발생률} \times \text{피해 크기}$$
$$= \left(\frac{\text{사고건수}}{\text{단위시간}}\right) \times \left(\frac{\text{피해액}}{\text{사고건수}}\right)$$

이라고 표현되는데, 이 결과값을 리스크(risk)라고 한다. 이 때 사고발생빈도란 통상 사고발생률을 이용하며, 피해크기는 화폐액으로 표현되는 사고손실비용이므로, 개념적으로 볼 때 리스크는 '화폐가치로 표현된 단위시간당 사고피해액'이라고 이해되는 것이 마땅하다. 좀 더 공식적인 의미에서 ISO는 다음과 같이 정의하고 있다. 즉, 리스크란 '위험의 발생확률과 발생강도의 곱으로 표현된 위해의 기대손실. 목표에 영향을 줄 수 있는 일이 발생할 기회, 결과와 발생가능성의 조합(ISO Guide 73, IEC 61511-1: 2000)'을 말한다.

5.7.2 리스크의 범주화

앞에서 설명한 리스크를 계산하는 데에는 단위시간의 기준도, 피해액의 기준도 분석자에 따라 얼마든지 달라질 수 있다. 그러나 현장에서 위험요인을 관리하는 사람은 리스크의 본질도, 학문적 의미도 이해할 수 있다고 장담할 수는 없기 때문에 좀 더 단순화시킬 필요가 있다. 그러나 인간의 언어는 매우 모호해 보이지만, 연구결과에 따르면 과학적으로 일관성을 가진다고 한다. 이런 측면에서, 일찍이 MIL-STD-882는 리스크의 개념을 단순화하는 방법을 다음과 같이 소개했다. 이 기준에서는 사고발생빈도와 사고피해강도를 이용하되, 발생빈도는 6개 범주로, 피해강도는 4개 범주로 구분할 것을 권장하였다.

(1) 사고발생빈도의 범주화

사고발생빈도는 6등급으로 분류할 것을 권장한다.

표 1.14 사고발생빈도의 범주

범주	사고발생빈도		발생빈도수준
A	불가능	impossible	물리적으로 발생하는 것이 불가능
B	극히 어려운	extremely improbable	발생확률이 0과 구별할 수 없음
C	드물게	remote	발생하기 어렵기 때문에 실제로 이런 일을 경험하는 일은 없으리라 예상됨
D	가끔	occasional	시스템 수명 내에 발생할 수 있음
E	상당히	reasonably probable	시스템 수명 내에 수 회 발생할 것임
F	종종	frequent	자주 발생할 것 같음

(2) 사고피해강도의 범주화

사고발생강도는 4등급으로 분류할 것을 권장한다.

표 1.15 사고피해강도의 범주

범주	피해강도	피해강도수준
Ⅰ	무시 negligible	사람의 상해나 시스템의 손상에 이르지 않음
Ⅱ	한계적 marginal	사람의 상해나 주요 시스템의 손상을 일으키는 일없이 배제 또는 제어가능
Ⅲ	위기적 critical	사람의 상해나 주요 시스템의 손상을 일으키거나, 사람이나 시스템의 생존을 위해 곧 시정조치를 필요로 함
Ⅳ	파국적 catastrophic	사람의 사망이나 중상, 또는 시스템의 상실을 일으킨다.

5.7.3 위험성지표와 리스크 평가지수

사고가 발생하는 경우 피해강도범주에 각각 1, 2, 3, 4의 가중치를 부여하고, 빈도 범주에 각각 1부터 6까지의 가중치를 부여하여 곱하면, 표 1.16과 같은 결과를 얻는다(이 가중치는 업종이나 사업장에 따라 얼마든지 다를 수 있다). 이렇게 얻은 표는 위험요인의 상대적 심각성을 나타내는 표이다.

표 1.16 위험도 지수(hazard index)

빈도＼강도	Ⅰ	Ⅱ	Ⅲ	Ⅳ
A	1	2	3	4
B	2	4	6	8
C	3	6	9	12
D	4	8	12	16
E	5	10	15	20
F	6	12	18	24

이와 같은 위험성지표(hazard index) 분석기법은 위험성을 정량적으로 평가하는 데 실마리를 제공한다. 예를 들어 위험성 지표값이 15 이상인 경우는 용인할 수 없고, 10～14는 바람직하지 않으며, 6～9 정도는 검토 후 용인가능하고, 5 이하는 검토없이도 용인가능하다는 등의 관리지침을 설정하는 것이다. 이와 같이 높은 수치를 나타내는 재해사고를 예방하는 데에 관리능력을 집중함으로써 재해예방 노력의 효율성을 꾀하자는 것이다.

이 기법은 이후 위험요인의 검출성 등, 여러 가지 다른 요인들을 고려함으로써 위험성평가지수(Risk Assessment Code, RAC)를 비롯한 더 세련된 형태로 발전되어 오고 있다.

5.7.4 리스크평가와 리스크관리

100% 완벽한 안전이란 없다. 다만, 당면한 상황에서 발생할 수 있는 사고발생률이, 또는 발생한다 하더라도 예상되는 피해액이 수용가능하다(acceptable)고 판단된다면 통상 안전하다고 말한다.

경우에 따라서는 전후 상황이나 기술수준, 시간적 여유 등 여러 가지 측면에서 볼 때, 당면상황에서의 위험수준을 다소 만족스럽지 못하다 하더라도 받아들이지 않을 수 없는 경우가 있다. 이런 경우의 리스크 수준을 용인가능(tolerable)하다고 한다. 이 기준은 자발적 위험이냐, 자발적 위험이 아니냐에 따라 확률론적으로 약 1,000배의 차이가 있다고 알려져 있다. 다시 말해, 자발적 경우 수용될 수 있는 리스크 기준이 비자발적 위험의 리스크에 비하여 약 1,000배나 크다는 것이다.

따라서, 관심 대상이 되는 시스템의 위험요인을 찾아내 확인하고(Risk Identification), 그 요인으로 인한 리스크의 발생빈도 및 피해크기의 추정을 통하여 리스크의 위중함을 분석해내고(Risk Analysis), 그것이 수용할 만큼 낮은 수준인가 아닌가를 사정하는(Risk Evaluation) 일련의 활동을 리스크평가(Risk Assessment)라고 한다. 따라서, 리스크평가는 언어가 주는 뉘앙스와는 달리 정적인 활동이 아니라, 시간을 두고 전개되는 동적인 관리활동을 가리킨다. 다만 이 용어 자체가 부정적 이미지를 주고 있다는 문제를 극복하기 위하여 학자들에 따라서는 안전성평가(Safety Assessment)라고 부르기도 한다.

그런데 시스템의 성능이 시간이 경과함에 따라 저하된다는 점을 인식한다면 리스크평가도 1회로 끝날 수 있는 활동이 아님을 깨닫는 일은 별로 어렵지 않다. 그러므로 관심대상인 리스크의 범위와 수준을 정의하고 관리조직을 꾸려 리스크를 평가하고 대응해 나가는 일, 즉 관심대상 리스크의 범위를 정하고, 평가된 리스크에 대하여 대응조치를 함으로써 리스크를 저감시키고, 다시 그 결과를 평가하여 허용수준 이하로 유지, 관리되고 있는가를 확인하는 일련의 활동은 리스크관리(Risk Management)라고 한다. 결과적으로 리스크관리 절차를 그림으로 나타내면 그림 1.29와 같다. 이 흐름은 기본적으로 관리활동 Plan-Do-Check-Act의 흐름과 같다. 다시 말하면, 리스크관리활동도 통상적인 관리활동의 일부인 것이다.

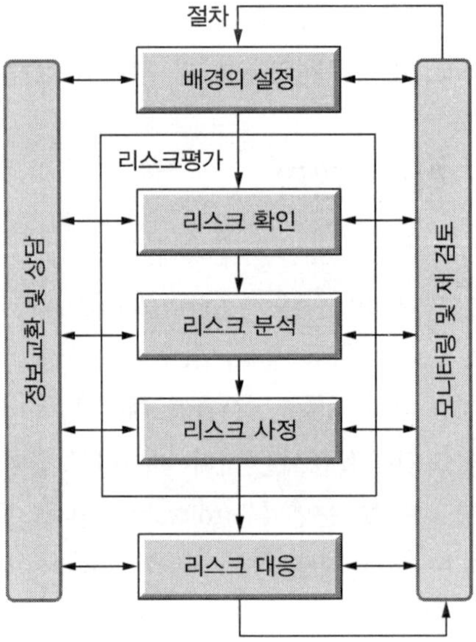

그림 1.29 리스크관리의 기본절차

이러한 기본 개념을 시스템 설계단계에서부터 검토하고 관리하자는 취지의 연구 분야가 있다. 즉, 시스템의 설계, 계획단계에서부터 안전측면에서 사고예방을 검토하고, 사용 중에는 위험요인의 관리수준을 평가하고, 위험요소에 대한 수단과 대책을 강구하여 감으로써 시스템의 위험수준을 허용수준 이하로 관리해 나가려는 체계적이고 과학적인 연구분야를 시스템안전공학이라고 한다 하였는데, 그 기본은 이와 같은 리스크관리에 있다. 따라서, 시스템안전이란 바로 시스템의 위험수준이 수용수준 이하임을 보장하기 위한 체계적 노력이라 할 수 있다.

5.7.5 리스크관리의 기본절차

리스크관리의 기본절차는 대체로 그림 1.29를 따른다. 리스크관리를 효과적으로 시행해 나가기 위해서는 준비가 필요하다. 가장 우선되어야 하는 일은 리스크관리의 기본 방침을 천명하는 일이다. 최고 관리책임자의 확고한 의지 표명은 어떤 관리활동에서든지 성패를 좌우하는 중요한 요인의 하나이기 때문이다. 이에 따라 리스크관리를 위한 조직을 구성하고, 어떤 범위까지 어떤 리스크를 관리대상으로 삼을 것인지, 어느 정도의 수준까지 분석하고 평가할 것인지 사전에 결정한다.

필요한 사전 준비가 종료되면, 리스크관리를 실시한다. 리스크관리는 다음과 같이 5단계로 나누어 실시하는 것이 효과적이다.

제1단계 : 리스크 확인 (Risk Identification)

위험요인이란 원재료, 장비, 작업방법 및 실행결과물 등 무엇이든 작업자로 하여금 인적 오류를 유발시킬 수 있는 요인을 말한다. 위험요인을 확인하는 데에는 다음과 같은 방법들이 이용될 수 있다.

- 작업장을 직접 둘러보고 무엇이 위해를 초래할 수 있는지 확인한다.
- 작업자들이나 그 대표들과의 면담을 통하여 그들이 당면하는 위험요인에 대하여 확인한다.
- 작업장 내 사고를 분석한다.
- 다른 기관으로부터 정보를 입수한다.

제2단계 : 리스크 분석 (Risk Analysis).

각 위험요인으로부터 야기되는 리스크에 대하여 다음 세 가지 측면을 분석한다.

- 위험요인이 어떻게 인적오류를 초래하는가
- 그 인적오류가 얼마나 심각할 수 있는가
- 작업자들이 얼마나 자주 그 위험요인에 노출되는가

제3단계 : 리스크 사정 (Risk Evaluation).

분석된 사항들을 근거로 당면한 위험요인에 대하여 개선대책이 필요한지 아닌지 판단한다. 이 판단에는 다음과 같은 사항들이 반영되어야 한다.

- 국제수준의 객관적 안전보건지침
- 해당분야 전문가들의 자문
- 해당업무 유경험자의 조언
- 조직운영의 기본방침

제4단계 : 리스크 대책의 결정 및 실시 (Risk Treatment).

해당 리스크를 어떻게 제거하거나 제어할 것인가 결정한다. 이때에는 다음과 같은 사항들을 검토하여야 한다.

- 가능하면 위험요인 자체를 제거한다.
- 그렇지 못하면 해당 리스크가 어떻게 제어될 수 있는지 검토한다.

리스크를 예방하거나 제어할 때에는 다음과 같은 일반원칙을 고려하여야 한다.

- 리스크를 회피한다.
- 위험요인을 위험하지 않거나 덜 위험한 요인이 되도록 대체한다.
- 리스크 근원(risk source)에 대하여 조치한다.

- 개인 방호 대책보다는 집단적 방호 대책을 우선한다.
- 최신 기술이나 변화에 관한 정보를 활용한다.
- 방호 수준의 개선을 도모한다.

대책을 실시할 때에는 해당 작업자나 작업자 대표를 대책 실시과정에 참여하도록 하는 것이 바람직하다.

효과적인 시행을 위해서는 다음과 같은 사항들이 구체적으로 포함되어야 한다.

- 시행되어야 하는 대책
- 누가 언제 무엇을 시행할 것인가
- 언제까지 종료되어야 하는가

리스크를 제거하거나 예방하기 위해서는 모든 업무들의 우선순위가 사전에 결정되어야 한다.

제5단계 : 모니터링과 재검토 (Risk Monitoring and Review)

모든 분석자료 및 개선대책을 기록한다. 또한, 예방대책이나 방호대책이 올바로 작동하거나 시행되고 있는지, 또한 새로운 문제점은 없는지 확인하기 위하여 정기적 점검에 소홀하지 않도록 한다.

리스크 평가는 리스크의 성질이나 작업장에서 발생할 수 있는 변화 가능성에 따라, 또는 사고나 앗차사고 조사를 통하여 획득된 새로운 사실에 따라 정기적으로 재검토되어야 한다. 리스크 평가는 한 번 하면 영원히 사용할 수 있는 1회성 활동이 아니다. 상황이 바뀌면 리스크평가도 다시 수정되어야 하며, 리스크관리정책이나 방향도 수정되어야 한다.

5.7.6 위험성분석기법

리스크를 평가하는 데에는 리스크분석이 중요한 위치를 차지한다. 왜냐하면, 어떤 경우에든 리스크에 대한 자료가 충분치 않기 때문이다. 원래 사고란 드물고 희귀한 사건이기 때문에 리스크를 구성하는 요인, 사고 발생빈도와 피해강도 중 어느 쪽도 추정하기는 쉽지 않다. 또한, 위험요인의 특성에 따라 리스크의 규모가 크게 변화한다.

따라서, 현대적인 분석기법들은 리스크평가 중에서도 사고발생 메커니즘을 중심으로 위험요인의 발생빈도와 발생강도를 추정하는 것이 일반적이다. 그런 의미에서 위험성분석(Hazard Analysis)이라는 용어가 빈번히 사용되고 있다. 그러나 실제로 그 의미는 리스크평가와 크게 다르지 않다. 여기에서는 대표적인 위험성분석기법 몇 가지를 살펴보기로 한다.

분석 방법에는 도표와 점검표 등을 활용하는 정성적인 평가법과 컴퓨터와 수치들을 이용하는 정량적인 평가방법이 있다. 이들을 세분하면 다음과 같이 기본적인 몇 가지 기법들로 나눌 수 있으나, 정형화된 양식보다는 그 때 그 때의 대상 시스템이나 작업상황에 맞게 변형시켜 사용하는 것이 일반적이다.

(1) 예비위험성분석 (Preliminary Hazard Analysis ; PHA)

이 분석은 모든 시스템안전활동의 최초 단계에서 수행되는 분석으로서, 시스템 내 어디에 어떠한 위험 요소가 존재하는가, 어떤 위험 상태에 있는가, 안전기준 및 시설의 수준은 어떠한가를 정성적으로 평가하는 방법이다. 따라서, PHA의 목적은 시스템의 구상단계에서, 예상되는 시스템 고유의 위험 상태를 평가하고 재해의 위험수준을 결정하는 일이다.

표 1.17 예비위험성분석의 예

예비위험성분석표

프로젝트 : LPG 저장탑 #21　　시스템 : 고압시스템　　계약번호 : 2000-5-2

부품/하부 시스템명칭	운용양식	고장양식	추정확률	위험설명	위험효과	강도범주	추천대안	비고
고압 탱크 하부시스템	고압	최대 실세압력 이하에서 탱크 고장	희박	급격한 탱크 고장	충격파와 금속파편에 의한 근처 작업자 및 장치에 대규모 피해	I (작업자에게 파국적), II (위기적)	탱크 격리	위험한지를 판단하기 위하여 탱크의 강도 분석할 것
		과압에 의한 탱크 고장	수시	급격한 탱크 고장	충격파와 금속파편에 의한 근처 작업자 및 장치에 대규모 피해	I (작업자에게 파국적), II (위기적)	탱크 격리, 추가적인 안전장치	위험 가능성에 대하여 분석할 것

이 분석결과는 결함수분석(FTA)이나 다른 위험성분석을 위한 기본자료, 다른 부서와의 절충연구를 위한 촉진자료, 안전현황을 조기결정하기 위한 자료로 활용된다.

(2) 고장양식 및 영향 분석 (Failure Modes and Effects Analysis ; FMEA)

전형적인 귀납적 분석방법으로, 시스템에 영향을 미치는 모든 요소를 대상으로, 하나의 부품이 고장났을 경우 그 고장을 모드별로 분류하고, 전체 시스템이나 사용 작업자, 혹은 임무완수에 어떠한 영향을 미치는가를 도표화하여 분석하는 기법이다.

그러므로 분석을 하기 전에 시스템의 설계사양, 설계도면, 구성부품들의 신뢰도 자료 등에 대한 분석이 선행되어야 하며, 분석수준의 결정, 고장의 구분 설정, 블록 다이어그램의 작성 등의 작업이 필수적이다.

이 기법은 부품의 수가 증가함에 따라 많은 노력이 든다는 단점은 있으나, 특별한 교육을 받지 않고도 시스템을 분석할 수 있다는 장점 또한 무시할 수 없으므로, 서브시스템위험성분석(Subsystem Hazard Analysis; SSHA)이나 시스템위험성분석(System Hazard Analysis; SHA)에 많이 이용된다.

표 1.18 고장양식 및 영향 분석의 예

고장 양식 및 영향 분석표

프르젝트 : 가스용접용 로봇시스템 : 전원공급 케이블계약번호 : 98-35-27

번호	구성요소	기능	고장양식	추정원인	부품에의 영향	치명도 평점		고장 등급	대책
						강도	빈도		
#1	금속피막	저항체로 전류를 제어	단선	-절단기 정비불량 -자기표면 오염	개방고장	3.0	1.0	I	설비 및 공정 관리 재검토
			피막 흠	-피막두께 불균일 -절단불량	잡음발생	1.0	1.5	II	
#2	캡리드	외부회로와 접속되어 통전	캡맞춤 불량	캡과 자기의 봉합도 변화	개방고장	3.0	1.0	I	봉합도 관리 방법 재검토
			리드용접 불량	용접조건 부적합	저항값 변화	3.0	0.7	II	
#3	보호도료	피막저항체의 보호	절단홈 사이에 채워짐	도료 중에 이물질 혼입	쇼트 및 저항 감소	3.0	1.0	I	재질, 검사방법 재검토

(3) 치명도분석 (Criticality Analysis ; CA)

위험성이 높은 요소, 특히 부품의 고장이 직접 시스템의 손상이나 사람의 사상(死傷)으로 발전할 우려가 있는 요소에 대해서는 특별한 주의와 분석이 필요하다. 이러한 높은 위험성을 갖는 요소를 대상으로 그 부품의 고장이 시스템의 치명적 고장에 미치는 영향도를 분석하는 것을 말하며, 분석단위로는 100만 시간당의 고장발생 또는 100만 회 사용당의 고장건수가 사용된다.

표 1.19 치명도분석의 예

치명도분석표

프로젝트 : 로켓트 자세제어 시스템시스템 : 추진시스템 계약번호 : 32A4-08

부품식별				치명적 고장				치명도 평가								
명칭	번호	도면번호	논리도번호/기능번호	기능	고장양식	운용단계	고장영향	신뢰도자료코드	고장파급확률 β	고장양식비 α	환경계수 K_E	운용계수 K_A	기본고장률 f/h or f/c λ_G	총운용시간 t	치명고장형태기여 $\beta\alpha K_E K_A \lambda_G t\times10^6$	치명도지수 Σ(16) Cr
(1)	(2)	(3)	(4)	(5)	(6)	(7)	(8)	(9)	(10)	(11)	(12)	(13)	(14)	(15)	(16)	(17)
파이롯트밸브	#10	S31	G23-1	압력유지	닫히지 않음	추력비행	실제 임무실패	MIL-HDBK-217	1.0	0.1	50	100	0.05×10^{-4}	10	250	400
					개상태 유지 실패	상동	임무실패 확률있음	〃	0.6	〃	〃	〃	〃	〃	150	
릴리프밸브	#20	S32	G25-1	과압해소 및 압력유지	폐상태 유지 실패	상동	상동	〃	0.5	〃	〃	〃	〃	〃	25	34
					외부 누출	상동	임무실패 가능	〃	0.03	0.6	〃	〃	〃	〃	9	

(4) 결함수분석 (Fault Tree Analysis)

결함수분석은 전형적인 연역적 추론 방법으로, 미사일 시스템의 개발과 아울러 1962년 미국 벨 전화 연구소의 와트슨(Watson)에 의해 개발되었다. 결함수목분석, 결함수분석, 고장수목분석 (Fault Tree Analysis; FTA) 등으로 불리는 이 방법은, 인간－기계 시스템의 고장이나 재해의 발생 요인간의 상호관계를 나무모양의 도표를 통해 표현하고, 부울 대수(Boolean Algabra)라는 수학적 이론으로 분석하여, 시스템의 안전이 확보되기 위한 최소한의 집합이라든가, 시스템 내에서의 각 부품의 상대적 중요도 등 매우 유용한 결과 등을 얻을 수 있다.

따라서 기존의 기법들과 같이 고장이나 재해요인의 정성적인 분석도 가능할 뿐만 아니라, 개개의 요인이 발생하는 확률이나 고장률 등을 얻는 등 정량적인 분석도 가능하다는 이점 때문에, 컴퓨터의 발달에 따라 더욱 활발하게 사용되고 있다.

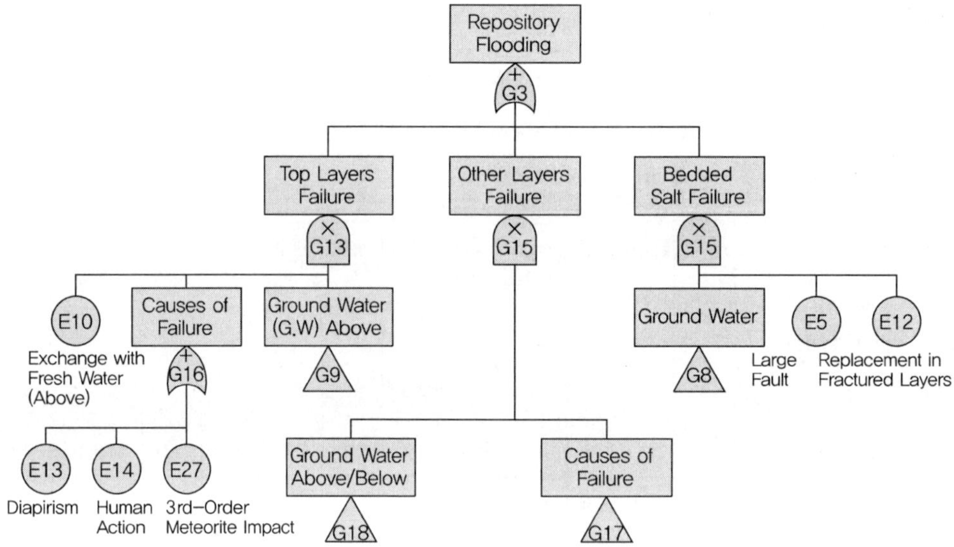

그림 1.30 결함수분석의 예

이 분석의 핵심은 절단집합(cut set)의 규명인데, 이것은 정상사상을 일으키는 기본사상들의 집합으로, 특히 이들 중 최소한의 집합을 최소절단집합(Minimal Cut Set)이라 한다. 이 최소절단집합을 모두 예방할 수 있다면 정상사상, 즉 재해사고는 얼마든지 예방할 수 있는 셈이다. 이 때, 각 사상들의 발생확률만 알고 있다면 중간사상들이나 정상사상의 발생확률도 얼마든지 계산할 수 있다.

또 수리가능 시스템에 대해서는 하위수준의 기본사상이나 중간사상들의 평균고장률과 평균수리시간으로부터 정상사상인 시스템의 평균고장률이나 평균수리시간도 쉽게 구할 수 있다.

더욱이, 이 기법은 각 재해발생 요인의 상대적인 중요도를 평가하는 데에도 이용될 수 있다. 어떤 기본사상의 발생이 정상사상의 발생에 어느 정도의 영향을 미치는가를 정량적으로 나타낸 것을 그 기본사상의 중요도라고 하며 재해예방대책 선정의 주안점이 된다. 중요도에는 시스템의 구조에 따라 시스템 고장에의 영향을 평가하는 구조중요도, 시스템 고장확률에 미치는 부품고장확률의 기여도를 나타내는 확률중요도, 그리고 부품 개선의 난이도를 반영하여 시스템 고장확률에 미치는 부품고장확률의 기여도를 평가하는 치명중요도 등 여러 가지가 있어, 다양한 분석이나 평가의 목적에 따라 각기 활용도가 높다.

5.8 안전관리활동과 안전관리계획

5.8.1 안전관리활동

안전관리활동을 추진하는 데에는 여러 가지 기법들이 활용되고 있다. 어느 것이나 작업자들의 안전동기유발을 도모하고, 그 유발된 안전동기수준을 유지시키며, 작업자의 불안전 행동과 휴먼에러를 예방하는 것을 지향하고 있다.

표 1.20 안전활동추진기법의 예

기 법	내 용
One Point 위험예지훈련	위험예지훈련 4라운드 중 2R, 3R, 4R를 모두 한 장의 일러스트레이션 종이에 요약하여 실시하는 TBM 위험예지훈련으로, 선 채로 2~3분간이면 누구나, 언제든지, 어디서나 할 수 있다.
TBM 위험예지훈련	Tool Box Meeting으로 실시하는 위험예지훈련을 말하는데, 현장에서 매일 매일 그 날의 상황이나 공정과 맞게 실시하는 위험예지활동으로서 즉시 즉응법이라고 한다.
앗차사고 사례기법	Brain Storming 방법을 응용, 앗차사고의 경험에 대해 문제해결 방법을 결정하는 기법이다.
위험요소 신고서 활용	작업장 내에 발생할 수 있는 위험요소를 전 사원이 발견하여 위험신고서를 작성 제출토록 함으로써 안전의식을 고취시키는 사율적인 안전관리 추진 기법이다.
지적확인	작업을 오조작 없이 안전하게 수행하기 위하여 작업공정의 요소 요소에서 자신의 행동 중 확인해야 하는 부분을 확인하고 "○○ 좋아!" 하고 대상을 손가락으로 가리키면서 큰 소리로 목청을 돋구어 확인하는 기법이다.
재해사례 연구	과거의 재해사례를 4 라운드 기법으로 재해원인을 분석하여 앞으로의 대책을 강구함으로써 동종재해를 막기 위한 기법이다.
안전의 날 선정	매월 4일을 안전의 날로 설정하고, 현장소장은 전직원 및 근로자 조회를 실시, 안전의 중요성, 작업시 주요사항 등을 주지시키고 안전수칙을 재차 확인함으로써 안전의식을 고취시킨다.

5.8.2 안전보건관리계획

안전보건관리의 조직과 체제가 확립되어도 그것을 일사불란하게 활용하지 못하면 원하는 결과를 얻을 수는 없다. 따라서 중요한 것은 안전보건관리계획을 올바로 작성하고, 이에 따라 지속적으로 관리활동을 추진해 가는 것으로, 모든 안전보건관리활동은 이것을 근거로 전개된다.

표 1.21은 대표적인 안전관리계획표의 예를 보여 주고 있는데, 보는 바와 같이 계획작성의 주된 내용항목으로 실시사항(중점사항과 세부항목), 실시시기, 실시부문 및 실시 담당자, 실시상의 유의점, 실시 결과의 보고 및 확인 등이 명시되어야 한다.

표 1.21 안전관리계획표의 예

항목	중점실천사항	월별일정												비고
		1	2	3	4	5	6	7	8	9	10	11	12	
화재폭발중독 재해방지	• 가스호스 위험물 점검 확인	←	—	—	—	—	—	—	—	—	—	—	→	
	• 화기사용 방화대책 확인 및 교육	←	→									←	→	
전기재해방지	• S/W류 정비 점검			←	—	—	—	—	—	→				
	• 캡타이어 설비상황 점검			←	—	—	—	—	—	→				
	• 접지선의 접지상황 점검 확인			←	—	—	—	—	—	→				
추락, 낙하, 전도 재해방지	• 안전장치, 안전망 사용 확인			←	—	→				←	—	→		
	• 개구부 낙하방지 출입금지 표지 철저			←	—	→				←	—	→		
	• 안전보호구 착용 철저						←	—	→					

5.8.3 안전보건개선계획

안전보건관리계획이 설정되었음에도 불구하고 안전보건관리가 제대로 수행되지 못하면, 재해사고는 언제든지 발생할 수 있다. 다시 말해 명목뿐인 계획이라면, 계획수립의 의미는 없다고 해도 과언이 아니다.

그러므로 안전보건관리계획이 충실하지 않거나 안전보건관리활동이 활성화되지 않못하여 다음과 같이 사고가 빈발하거나 사회적 물의를 빚어 산업재해예방을 위하여 종합적인 개선조치가 필요하다고 인정될 때에는, 고용노동부장관이 사업주에게 당해 사업장, 시설, 기타 사항에 관한 안전보건개선계획의 수립 및 시행을 명할 수 있도록 산업안전보건법에 규정되어 있다.

- 산업재해율이 같은 업종의 규모별 평균 산업재해율보다 높은 사업장
- 사업주가 안전보건조치의무를 이행하지 아니하여 중대재해가 발생한 사업장
- 유해인자의 허용기준(법 제39조 제2항 참조)을 초과한 사업장

이 계획서에는 최근 3년간의 재해발생현황, 중대재해의 원인분석, 작업부서별 유해위험요인 및 작업실태, 작업장의 유해위험분포도, 해당사항의 개선계획, 안전보건관리예산, 기타 산재예방 및 작업환경 개선을 위해 필요한 사항 등이 포함되어야 하며, 산업안전보건위원회의 심의를 거쳐 작성하여야 한다.

Chapter 6

사고발생 후 조치

6.1 사고발생시의 조치

사고나 재해가 발생하지 않도록 안전보건관리업무가 수행되기는 하지만, 그렇다고 사고나 재해가 절대로 일어나지 않는다고는 할 수 없다. 만일 사고가 일어났을 경우에는 우선 당황하지 말고 침착하게 ① 긴급조치를 하도록 한다. 긴급조치에는 운전정지, 2차재해방지, 피해자 구조, 응급처치가 해당된다. 이때에는 경솔한 행동을 취하지 않도록 자제하여 2차 사고를 막아야 하며, 순간적으로 조치를 취할 때는 그 조치의 결과 일어날 수 있는 상황을 예상하여 미리 다음에 취해야 할 조치를 강구하여야 한다.

만약, 발생한 사고의 피해를 기준으로 볼 때 산업재해에 해당한다면, 산업안전보건법(제10조)에 의거, 지방고용노동관서에 보고하거나 산업재해조사표를 제출하여야 한다.

이후 대응순서는 ② 사고조사, ③ 사고원인의 규명, ④ 대책수립, ⑤ 대책실시계획, ⑥ 실시 및 평가의 6 단계로 진행된다.

6.2 사고원인 조사 및 분석

6.2.1 사고원인조사

사고는 안전보건관리활동의 취약점을 이해하는 데 중요한 역할을 한다. 그러므로 재해조사는, 기업 내에서 발생한 사고나 재해를 대상으로 그 원인과 구성요소를 파악하고, 이 결과를 통해서 대책을 수립함으로써 유사 사고 및 동종재해가 발생되지 않도록 예방하는 데 목적이 있다. 따라서 산업현장에서 일단 발생한 사고는 피해의 경중에 관계없이 재해원인을 철저히 규명하여 대책을 수립하여야 한다.

표 1.22 사고조사요령

진행단계	진 행 순 서	조 사 내 용
제1단계	사실 확인	현장조사를 통해 작업의 개시부터 재해가 발생할 때까지의 과정과 관련요인들, 그리고 재해발생 후에 취한 조치 및 2차 재해 여부를 조사한다.
제2단계	직접원인 및 문제점 확인	파악된 사실에 근거하여, 기준으로부터 벗어난 사실을 문제점으로 적출하여 재해의 직접원인을 밝히며, 확인된 문제점은 인적, 물적, 또는 그 배경이 되는 관리면에까지 분석 및 검토하여 재해에 관한 영향의 정도를 평가한다.
제3단계	기본원인 및 근본 문제점의 결정	불안전 상태 및 불안전 행동의 배후에 있는 기본원인을 4M에 따라 분석, 결정하여 근본적인 문제점을 분명히 한다.
제4단계	대책 수립	확인된 재해원인 및 근본 문제점을 중심으로 동종 및 유사재해 예방대책을 수립하고 실시계획을 수립한다.

일반적으로 사고원인을 조사할 때에는, 사고의 직접적인 원인뿐만 아니라, 그 이면에 숨어있는 기본적 원인요소를 발견하는 데 중점을 두고 조사하여야 한다.

불안전 상태에 대해서는 그 배경이 되는 관리적인 결함에 대해서 조사한다. 불안전 행동에 대해서는 재해 발생시의 작업순서나 내용, 동작방법에 대하여 조사하고, 관리적인 문제로서 작업표준, 안전지도, 교육, 감독, 지시 등에 대하여 조사하며, 작업자의 인적결함에 대해서까지 조사하여야 한다.

또한 사고발생시의 조치에 대해서도 조사하고, 피해자의 상해특성, 상해부위 정도에 대해서 조사하며, 사고에 의한 시설의 파손 정도에 대해서도 조사하도록 한다.

이 때 주의하여야 할 점으로는, 사고조사는 어디까지나 사고발생 상황의 진실을 알고 그것을 사후에 활용하기 위한 근거자료를 조사하기 위한 것이므로, 관련자들의 책임을 추궁하거나 책임을 전가하는 등 처벌을 위한 책임소재분석이 되지 않도록 주의하여야 한다.

6.2.2 사고원인분석

산업재해는 여러 가지 발생원인들이 복잡하게 뒤얽혀 있을 뿐만 아니라, 그 요소들의 결합방식에 따라 나타나는 결과도 달라지기 때문에, 그 실체를 포착하기가 어렵다. 따라서,

분석의 목적에 따라 분석방법도 달리 해야 한다.

(1) 개별적 원인분석

개별적인 재해를 대상으로, 하나하나 상세하게 그 원인을 규명하는 것으로서 원인분석 중에 생각지도 않았던 사항 등을 발견하게 되거나 이제까지 실시하고 있는 안전대책의 결함을 발견하는 유력한 자료가 될 수 있다. 따라서, 특별한 재해나 중대한 재해의 원인분석에 적합하며, 재해발생 건수가 적은 중소규모의 기업에 적합한 원인분석법이라고 할 수 있다.

이 분석의 대표적 분석기법으로는 재해요인들간의 시간적 영향을 행렬표로 나타내는 재해사고행렬법(Accident Dynamics Matrix), 재해원인요소간의 상호 인과관계를 화살표로 결부시켜 표현하는 특성요인도, 재해원인요소간의 시간적 경과를 나무모양으로 표현하는 사상수목분석(Event Tree Analysis), 재해원인들간의 논리적 결합구조를 이용하여 수학적으로 분석하는 결함수목분석(Fault Tree Analysis), 구조화된 질문을 따라 재해원인을 추적해 가는 문답법 등이 있다. 이 개별적 원인분석 결과들은 통계적 원인분석의 기초자료로도 활용된다.

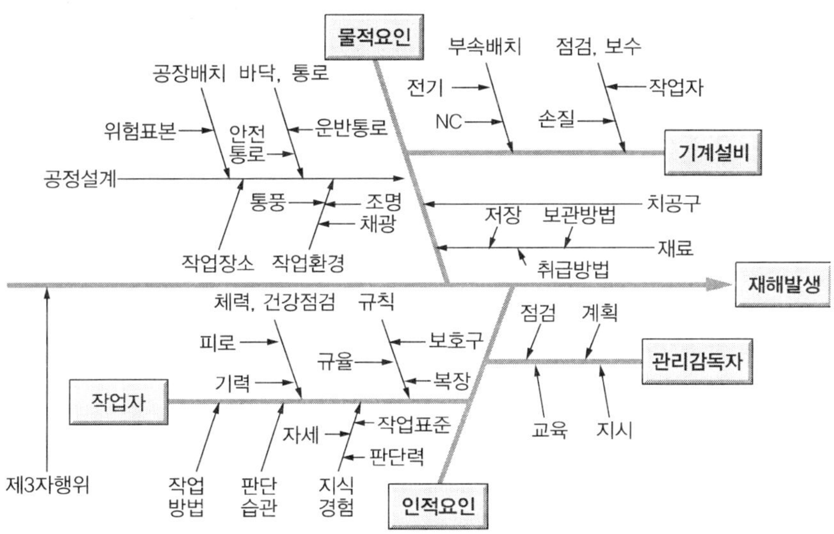

그림 1.31 특성요인도의 예

(2) 통계적 원인분석

재해통계는 사업장에서 이미 발생한 산업재해의 구성요소들을 통계기법을 활용・분석하고, 재해의 발생경향이나 요인 또는 공통적인 유형을 파악하여 효과적인 재해 예방대책을 강구함으로써, 공통적인 재해발생요인을 갖는 많은 동종재해를 예방하고자 하는 것이 그 목적이다.

일반적으로 이용하고 있는 산업재해 통계는 연도별, 월별, 요일별, 직장별, 직종별, 시간별, 근속년수별, 연령별, 부상부위별 통계 등이 있으며 이외에도 분석목적에 따라 성별 통계, 상해유형별 통계 등 얼마든지 다른 양식이 활용될 수 있다. 이 때 통계적 분석결과를 도표에 의해서 표현하면 이해가 용이한데, 도표에 의한 표현방식으로는 분류항목을 크기 순으로 나열하여 항목간의 경중을 비교하는 파레토 도(Pareto chart), 2개 항목 이상의 발생빈도를 분석하는 크로스 도(cross chart), 시간경과에 따른 재해발생건수나 불안전행동률 등의 변화추이를 나타내는 관리도(control chart) 등이 있다.

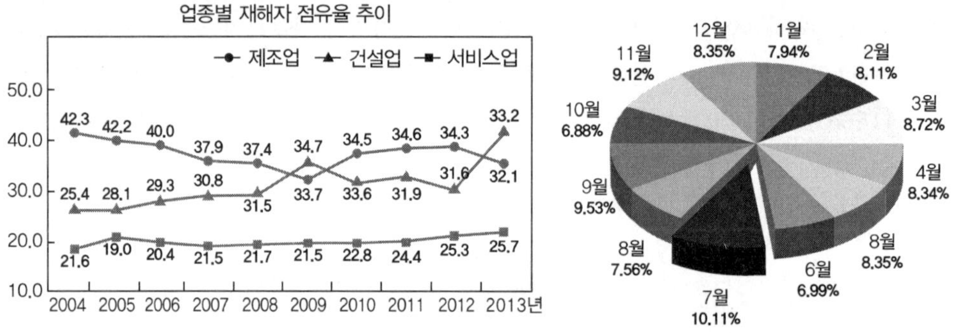

(a) 연도별 산재통계　　(b) 월별 산재 통계

그림 1.32 산재 통계의 예

또한, 분석목적에 따라서는, 단순한 재해특성요인의 정리 및 집계로부터 모수(parameter)의 추정 및 검증, 신뢰구간의 추정, 재해발생현상의 시계열 분석, 요인분석법, 다변량 분석 등에 이르기까지 전문적인 통계지식이 활용되어 보다 과학적이고 효과적인 결론을 얻을 수 있다.

6.3 재해예방대책의 선정 및 실시

산업재해에 대한 예방조치는 어떤 형태로 인식하든, 눈에 보이는 직접원인의 제거만으로는 결코 충분하지 않다. 그들 배후에 있는 보다 근본적인 요인들을 제거하지 않고서는 실질적인 재해예방조치를 취했다고 볼 수 없기 때문이다. 이런 점에서 3E(Engineering, Education, Enforcement)나 4M(Man, Machine, Media, Management)의 사고방식은 재해사고의 배후요인, 다시 말해 보다 근원적인 요인을 이해하기 위한 효과적인 틀을 제시한다고 할 수 있다.

더욱이 재해예방의 대책이 선정되었을 때 최종적으로 중요한 것은 그 대책을 신속하게 실행에 옮기는 일이다. 대책은 선정만으로 끝나는 것이 아니라, 그것이 실시되어야 비로소 재해분석의 효과를 나타낼 수 있기 때문이다.

이 대책들의 실행조치는 재해와 관련있는 관리감독자 및 작업자가 중심이 되어 관계자의 협력을 얻어 실시하는 데 누가, 무엇을, 어떻게 해야 하는가에 대해 교육, 훈련을 실시해 두는 것이 중요하며, 특히, 재해사고란 것이 빈발하는 것이 아니므로, 평소 반복적인 훈련에 의해 신속한 대처능력을 육성해 놓는 것을 잊어서는 안 된다.

6.4 사고통계

6.4.1 사고발생형태

상해나 질병이 발생하게 된 근본적 원인이 어떻게 피재해자에게 작용하였는가 설명하는 현상을 말하며, 통상 표 1.23과 같이 떨어짐, 넘어짐 등 14개 항목으로 분류하고 있다.

표 1.23 발생형태

분 류	세부항목
1. 떨어짐	사람이 건축물, 비계, 사다리, 계단, 경사면, 나무 등에서 떨어짐
2. 넘어짐	사람이 평면상으로 넘어졌을 때를 말함 (과속, 미끄러짐 포함)
3. 부딪힘	사람이 정지물에 부딪힌 경우
4. 맞음	물건이 주체가 되어 사람이 맞은 경우
5. 무너짐	적재물, 비계, 건축물 등이 무너진 경우
6. 끼임	물건에 끼워진 상태, 말려든 상태
7. 감전	전기접촉이나 방전에 의해 사람이 충격을 받은 경우
8. 폭발	압력의 급격한 발생 또는 개방으로 폭음을 수반한 팽창이 일어남
9. 파열	용기 또는 장치가 물리적인 압력에 의해 파열한 경우
10. 화재	화재로 인한 경우를 말하며 관련물체는 발화물을 기재
11. 불균형 및 무리한 동작	무거운 물건을 들다 허리를 삐거나 부자연스러운 자세 또는 동작의 반동으로 상해를 입은 경우
12. 이상온도·물체 접촉	고온이나 저온에 접촉한 경우
13. 유해물 접촉	유해물 접촉으로 중독이나 질식된 경우
14. 기타	1~13 항목으로 구분 불능시의 발생형태를 기재

6.4.2 상해종류

사람이 업무수행 중에 입은 상해로서 부상이나 질병의 의학적 성질 또는 그 종류를 말하며, 일반적으로 골절, 동상, 부종, 타박상 등으로 분류하고 있다.

표 1.24 상해종류

분 류	세부항목
1. 골절	뼈가 부러진 상태
2. 동상	저온물 접촉으로 생긴 동상 상해
3. 부종	국부 혈액순환의 이상으로 몸이 퉁퉁 부어오르는 상해
4. 찔림	칼날 등 날카로운 물건에 찔린 상해
5. 타박상	타박, 충돌, 추락 등으로 피하조직 또는 근육부를 다친 상해
6. 절상	신체부위가 절단된 상해
7. 중독, 질식	음식, 약물, 가스 등에 의한 중독이나 질식된 상해
8. 찰과상	스치거나 문질러서 벗겨진 상해
9. 베임	창, 칼 등에 베인 상해
10. 화상	화재 또는 고온물 접촉으로 인한 상해
11. 뇌진탕	머리를 부딪혀서 뇌의 기능장애를 일으킨 상해
12. 익사	물에 빠져 죽은 상태
13. 피부병	살갗병
14. 청력장해	청력이 감퇴 또는 난청이 된 상해
15. 시력장해	시력이 감퇴 또는 실명이 된 상해
16. 기타	1～15번 항목으로 분류 불능시 해당 명칭을 기재

6.4.3 불안전행동

사고 발생의 직접 원인이 된 작업자의 행동을 말하며, 대체로 감독 및 연락 불충분, 위험장소 접근, 운전 중인 기계장치의 손질, 복장·보호구의 잘못 사용 등으로 분류한다.

6.4.4 불안전상태

사고 발생의 직접 원인이 된 불량 작업환경을 가리키며, 대체로 작업환경이나 설비 자체의 결함, 안전방호장치의 결함, 작업환경의 결함 등으로 분류한다.

6.4.5 기인물

작업자 상해나 재산상의 손실을 초래하게 된 근원적 기계, 장치, 도구 등 하드웨어 요인이나 환경을 말한다.

6.4.6 가해물

직접적으로 작업자에게 상해를 가한 물체나 물질을 말하며, 상해를 가한 에너지 종류에 따라 기계적 에너지, 전기적 에너지, 화학적 에너지, 열 에너지, 방사 에너지에 의한 것으로 나눌 수 있다.

6.5 재해율 평가지수

6.5.1 재해율 평가지수 산정의 의의

재해의 발생현상을 몇 년에 걸쳐서 누적해 간다면 당해 사업장에서 발생하고 있는, 또는 발생될 수 있는 재해의 발생경향을 파악하고 장차 발생할 재해의 형태를 미리 예측할 수도 있다.

한편 기업규모가 다른 두 개 이상의 사업장의 안전성적을 비교한다든지, 다른 업종 또는 다른 국가의 안전성적과 비교하는 데에는 무엇인가 통일된 비교방안이 필요하게 된다.

이러한 목적에 이용되는 것이 정량화된 재해지수들이다. 이러한 방법은 수치에 의해 재해발생현상을 평가하기 때문에 다른 업종이나 다른 사업장의 안전성적과 비교하는 데 용이하며, 계산과정을 잘 모르는 사람이라도 지수들의 단순비교를 통해 안전성적의 우열을 쉽게 파악할 수 있다는 편리함 때문에 현재 널리 사용되고 있다.

6.5.2 재해율 평가지수

해당 사업장의 재해발생수준을 표현하는 재해지수로는 여러 가지가 있을 수 있다. 해당 사업장의 재해의 발생 건수도 하나의 방법이며, 재해발생빈도 및 재해발생으로 인한 손실액 등도 또 다른 방법이 될 수 있다. 그러나 물론 비교 목적에 따라, 분석 목적에 따라 다양한 지수가 이용되고 있다.

(1) 재해율

전체 근로자 수 중에 어느 정도 비율의 근로자가 사고를 당하는가를 나타내는 지수로서, 임금근로자 100 명당 발생하는 재해자수의 비율을 말한다.

$$재해율(\%) = \frac{재해근로자수}{총임금근로자수} \times 100$$

(2) 도수율 (Frequency Rate)

사업장에서 발생하는 재해의 빈도를 표시하는 단위로서 근로시간 100만 시간당 발생하는 재해건수를 나타낸다.

$$도수율(건) = \frac{재해발생건수}{연근로시간수} \times 1,000,000$$

도수율을 산정하는 데 있어서 가장 어려운 것은 연근로시간을 정확히 계산하고, 재해 발생건수를 산출하는 일이다. 재해발생건수를 계산하는 데에는 응급처치 이상의 치료를 받은 상해사고까지 포함하는 것이 바람직하나, 다른 사업장과의 비교 혹은 동종업종 평균과의 비교를 하기 위한 경우에는 산업안전보건법에 의거, 3일 이상의 휴업을 요하는 상해사고를 기준으로 삼는 것이 보통이다.

(3) 강도율 (Severity Rate)

근로시간 1,000 시간당 재해에 의하여 손실된 근로손실일수를 말하므로, 사고의 정도를 나타내는 지수라 할 수 있다.

$$강도율(일) = \frac{근로손실일수}{연근로시간수} \times 1,000$$

근로손실일수의 산정에 있어서는 산업재해보상보험법에 의거, 장애등급에 따라 50일부터 7,500일까지의 등급별 근로손실일수 규정을 적용한다.

(4) 종합재해지수 (Frequency Severity Index)

재해빈도의 다소와 상해정도의 강약을 종합하여 나타내는 것으로서 강도율과 도수율을 동시에 고려한 재해지수이며, 두 재해지수의 기하평균이다.

$$종합재해지수 = \sqrt{도수율 \times 강도율}$$

이 종합재해지수는 어떤 집단의 안전성적을 비교하는 수단으로 사용되는데 이것은 재해율만으로 평가할 때의 불합리한 점을 보완할 수 있는 방법이기도 하다.

6.5.3 재해율 평가지수의 문제점

이러한 재해율 평가지수들은 근본적으로 몇 가지 간과할 수 없는 중대한 결점을 지니고 있다. 무엇보다 재해가 발생한 후에만 집계가 가능하다는 결정적인 단점을 가지고 있다. 안전보건관리 업무에 종사하는 많은 사람들의 업무활동의 효과를, 확률변수인 재해사고 건수를 기준으로, 그것도 사후에 집계한다는 것은 '소 잃고 외양간 고치는 식'의 검토방안에 불과한 것이다.

또한 위와 같은 종래의 재해평가지수는 기준이 오로지 재해에 근거하고 있으므로 외형적으로 집계되지 않는 심리적이거나 행동과학적인 변화는 반영할 방법이 없다.

더욱이 근로손실일수를 결정하거나 산업재해라고 하는 기준에 있어서도 주관적인 측면이 없지 않아 사업장의 규모와 자료의 양, 그리고 해당 사업장의 안전의식 수준에 따라 유효성과 실제성이 결정되며, 흔히 사업장에서 말하는 재해율 이외의 지수들은 일부 관계자들을 제외하고는 그 지수의 의미를 좀처럼 이해하기가 쉽지 않다는 것도 문제점 중의 하나이다.

Chapter 7 안전관리활동의 가치와 전망

7.1 기업경영과 관리활동

7.1.1 리스크의 양면성

리스크에는 양면성이 존재한다. 하나는 순수리스크(Pure Risk)로서, 아무리 예방활동을 잘 하더라도 이익을 창출하지는 못하는 리스크를 말한다. 이 순수리스크에는 제품 생산과정 중 발생하는 업무상 재해, 결함제품으로 인하여 발생할 수 있는 소비자의 안전사고 등이 해당되고, 한편으로는 기업 경영 중에 발생하는 화재, 지진, 태풍 등의 재난재해, 불순한 외부인의 침입 및 정보유출 등이 해당된다. 이런 분야의 관리활동은 소기의 성과를 달성한다 하더라도, 손실을 예방할 수는 있으나 괄목할 만한 이익을 창출하지는 못하기 때문에 경영상에서 자칫 소홀해지기 쉽다. 그러나 일단 사고나 불상사가 발생하면, 그 활동의 중요성이 얼마나 소중한가 하는 것을 깨닫게 된다.

다른 하나인 투기리스크(Speculative risk)는 경영자의 의사결정이나 노력에 의해서 상황에 따라서는 막대한 이익을 얻을 수도 있는 반면, 주변상황이 변하거나 경영노력이 원만히 진행되지 못하는 경우 손실을 가져올 수도 있는 리스크이다. 이 투기리스크에는 불확실한 경영상황을 이해하고 극복하기 위한 노력, 즉 기업의 수요예측 오류로 인한 리스크, 투자금액을 회수하지 못하는 리스크, 신제품을 제 때 개발하지 못하여 초래되는 리스크, 새로운 수요를 창출하지 못해 얻게 되는 리스크 등이 포함된다. 그러나 투기리스크는 기업의 이윤을 창출하기 위한 근본적 활동에 포함되어 있기 때문에, 언제나 소홀히 할 수 없는 리스크이다.

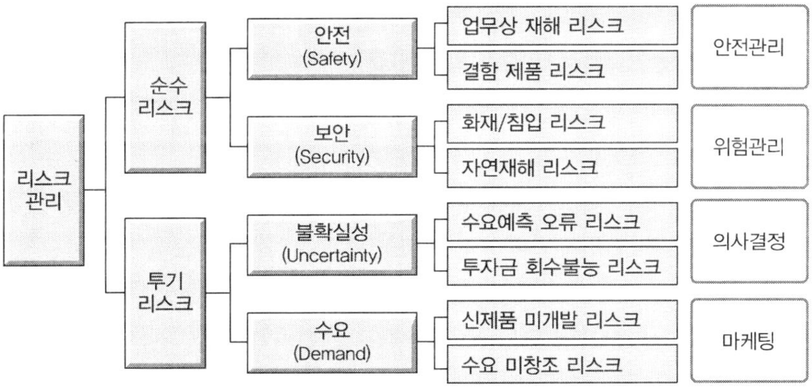

그림 1.33 경영리스크의 분류와 대응활동

7.1.2 기업경영과 안전관리의 효과

기업경영의 목적에서 볼 때, 모든 관리업무는 기업의 이윤추구를 위한 생산성향상, 품질의 개선, 비용의 절감의 세 가지를 공통적으로 지향한다. 그것은 다음과 같은 사항들을 검토해 보면 쉽게 알 수 있다.

① 불량품을 발생하게 하는 원인과 재해발생원인과는 공통적인 성질을 갖는다.

② 불량품을 없애는 수단과 재해를 없애는 수단과는 동일하다.

③ 불량품 예방과 재해발생 방지에 대한 직접적인 관리는 동일 인물 즉, 생산 일선의 관리감독자에 의해 크게 좌우된다.

재해예방을 목적으로 하는 안전관리조직도 이런 점에서 다른 어떤 관리활동이나 경영조직과도 지향하는 바가 꼭 같다는 것을 확인할 수 있으며, 다만 재해예방을 위한 안전관리라는 분야 특성 때문에 모든 위험의 제거, 재해방지기술의 수준향상, 재해예방률의 향상, 단위당 재해예방비용의 절감을 목표로 한다는 차이가 있을 뿐이다. 바꾸어 말하자면, 안전관리활동에 의해 기업의 생산성이 향상될 수 있다는 의미이기도 하다.

여기에서 생산성이란 다음 식과 같이 표현될 수 있는데, 이 생산성을 향상시키기 위해서는 출력되는 생산량을 최대로 하는 것도 하나의 방법이지만, 반대로 입력되어야 하는 시간이나 비용을 최소로 하는 것도 한 가지 방법이라는 사실을 알 수 있다

$$\text{생산성} = \frac{\text{생산된 제품 혹은 서비스}}{\text{투입된 시간, 비용, 노력, 기술 등}}$$

투입된 시간이나 비용을 감소시키는 데 기여하는 활동으로는 산업공학, 작업관리, 안전관리 등의 제반활동이 포함된다. 이 중 특히 안전관리란 주로 생산현장에서 발생하는 재해의

원인 및 발생과정을 규명하여, 장차 발생할 재해를 방지하는 데 필요한 과학적 · 공학적 기술과 지식을 체계적으로 관리하는 활동을 말한다.

이 활동들의 직접적인 효과는 산업재해 예방이지만, 결과적으로 산업재해를 예방함으로써 얻을 수 있는 효과는 표 1.25와 같이 요약될 수 있는데, 반대로 실패하는 경우의 손실은 이와 비교할 수 없을 정도이다. 다른 관리업무는 실패하는 경우 재산상의 금전적 손실을 가져오는 것이 대부분이지만, 안전관리는 실패하는 경우 재산상의 손실은 물론, 귀중한 인명 피해까지 가져오기 십상이라는 점에서, 안전관리 업무의 중요성은 아무리 강조해도 지나치지 않다.

표 1.25 재해예방의 가치

구 분	피재자 분류	예방 · 감소 가능한 재해 손실
사업장내	근로자	인명상해손실, 경제적 손실, 정신적 · 육체적 고통
	관리감독자	인명상해손실, 기술적 손실, 인사고과손실
	경영자	인명상해손실, 기술적 손실, 경제적 손실, 신용저하
사업장외	제3자	인명상해손실, 경제적 손실
	지역주민	인명상해손실, 경제적 손실, 건강장애, 정신적 고통

7.2 사고손실비용

7.2.1 사고손실비용의 의의

현대의 경영 이론에 따르면, 이해가 쉽다는 점에서 모든 경영 활동의 성과를 화폐적 가치로 표현하는 경향이 있다. 만약 산재예방 업무의 경제적 활동효과를 화폐적 가치로 표현하면 얼마나 될까? 이런 목적으로 곧잘 이용되는 것이, 재해 1건당 평균 피해액이 얼마나 되는가를 평가하는 방법이다. 이런 목적에서 평가되는 것이 재해손실비용으로, 업무상의 사고나 재해로 인하여 직접 또는 간접으로 지출된 모든 비용의 합을 말한다.

7.2.2 사고손실비용의 추정

(1) 하인리히의 방식

하인리히(H.W. Heinrich)는 보험회사 및 기업의 사고기록 등과 당해 사업장의 근로자들을 통하여 사고로 인한 손실비용을 추정하였다. 그의 주장에 따르면, 사고손실비용은 직접 손실비와 간접손실비로 나눌 수 있는데, 직접손실비(direct cost)는 발생한 사고에 대하여 보험회사가 지급하는 가시적인 비용으로서 법령에 의해 피해자에게 지급되는 치료비와 보상금 등을 말하며, 간접손실비(indirect cost)는 산재보험에 가입하였더라도 보험회사가 지급하지 않는 눈에 보이지 않는 비용인데, 표 1.26에 보는 바와 같이 매우 다양한 항목들이 해당된다.

하인리히는 미국 전 산업의 재해사고 통계를 바탕으로 직접 손실비와 간접 손실비의 비율은 평균해서 약 1 : 4라고 주장하였다. 그러나 버드(F.Bird Jr.)는 가시적이지만 보험이 보상하지 않는 손실비용에 비해 비가시적인 동시에 비보험 손실비용이 5배 내지 50배에 이른다고 하고, 이것은 흡사 빙산의 눈에 보이는 부분보다 물속에 잠겨 보이지 않는 부분이 더 많은 것과 같은 이치라고 하여 '숨겨진 비용의 빙산 법칙(The Iceberg Principle of Hidden Costs)'를 주장하였다.

이와 같이 연구자에 따라 수치는 다르지만, 재해사고로 인한 손실은 직접적이고 가시적인 것보다 간접적이고 비가시적인 부분이 몇 배나 더 크다고 널리 알려져 있다.

표 1.26 간접손실비 항목

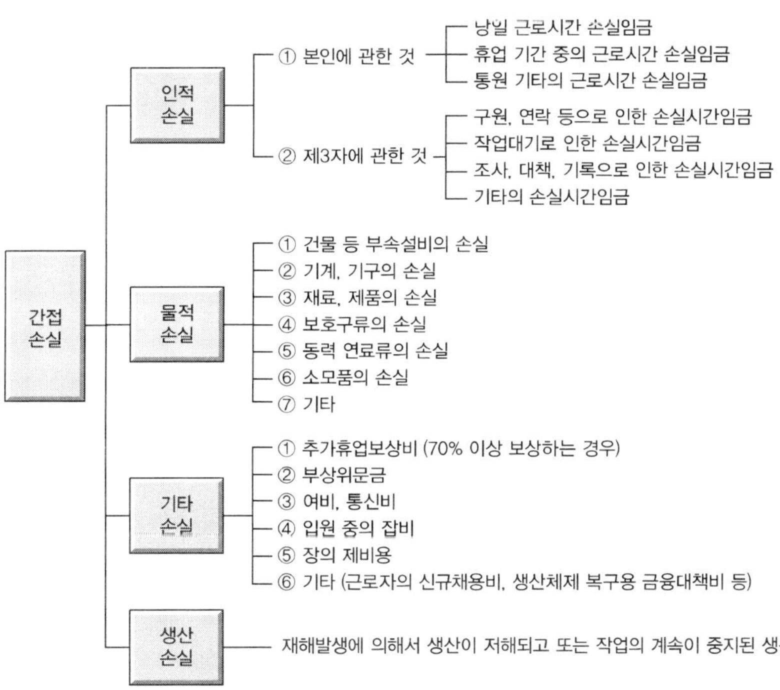

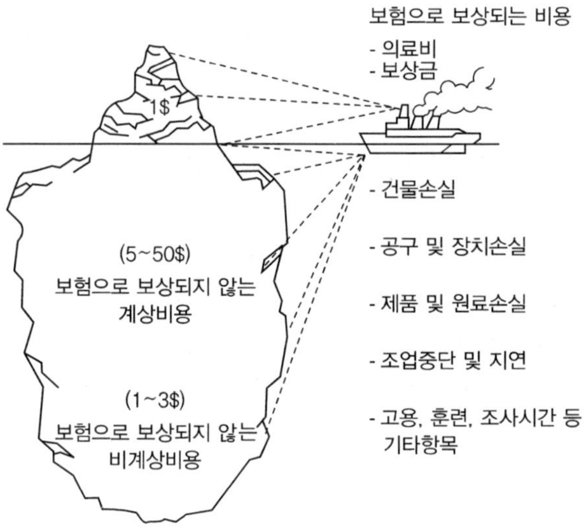

그림 1.34 빙산의 법칙

(2) 시몽의 방식

시몽(Simonds)은 직간접 손실비 방식 대신 평균치 계산법을 발표하였다. 즉, 그는 재해의 종류를 휴업상해, 통원상해, 응급처치상해, 무상해 사고로 나누고, 그에 따른 평균비용에 의한 계산방식을 주장하여 안전사고로 인한 손실비용을 가능한 한 정확하고 현실적인 수치에 가깝도록 산출하려는 노력을 보였다.

> 재해 손실액 = 보험비용 + 비보험비용
> = 보험비용 + {(휴업 상해건수 × A) + (통원 상해건수 × B)
> + (응급 조치건수 × C) + (무상해 사고건수 × D)}

여기에서 A, B, C, D 란 각각 상해에 의한 보험 이외의 사고손실 평균액을 말하며, 휴업상해건수는 영구 일부노동의 불능 또는 일시 전 노동의 불능의 상해건수, 통원상해건수는 일시 일부노동 불능 및 의사의 치료가 필요한 상해건수, 응급조치건수는 응급조치 상해 또는 8시간 미만 휴업의료조치 상해건수, 무상해 사고건수는 의료조치를 필요로 하지 않은 정도의 상해를 나타낸 사고 및 무상해 사고로 $20 이상의 재산손실 또는 8시간 이상 손실을 발생한 사고를 말한다.

7.3 안전관리활동의 가치

1993년 영국의 보건환경청(Health and Safety Executive; HSE)는 사고손실비용에 관한 보고서를 발간했다. 이 보고서에 따르면 현대사회에서 사고손실비용 중 직접비 대비 간접비의 비중은 점점 커지고 있다고 한다. 즉, 건설현장의 경우에는 11 : 1, 낙농분야의 경우 36 : 1, 운송업의 경우 8 : 1, 석유시추현장의 경우에는 11 : 1에 이른다고 한다. 업종에 따라서는 100 : 1이 넘는다는 연구결과도 보고되고 있다.

과거에 비하여 간접비의 비중이 이와 같이 커진 이유는 사고가 발생하는 경우 사고수습을 위하여 허비되는 시간의 가치가 급증했기 때문이다. 즉, 생산기술과 설비의 발달로 짧은 시간에도 대량생산이 가능해졌기 때문에, 사고수습에 소비되는 짧은 시간이라도 생산이 정지되면 많은 손실을 초래하기 때문이다. 예를 들어, 제품생산을 컨베이어 벨트에 크게 의존하는 자동화 공장의 경우에는, 한 공정이 사고로 정지하게 되면 다른 공정도 정지하지 않을 수 없기 때문에, 손실금액은 기하급수적으로 늘어날 수 있다.

또 한 가지는 매스컴과 통신기기의 발달로 정보의 공유가 쉬워지고 파급효과도 커져서, 사고발생시 기업이 감당해야 하는 기업이미지 실추가 기업매출에 막대한 영향을 끼치게 되었기 때문이다. 현대의 기업들은 대부분 자사의 제품을 홍보하기 위하여 막대한 금액을 투자하고 있다. 기업의 사회적 책임(Corporate Social Responsibility; CSR) 활동이라는 것도, 기업이 축적한 이익을 일정 부분 사회에 환원함으로써 기업의 이미지를 쇄신함과 동시에, 자사 브랜드를 홍보하는 효과를 얻을 수 있기 때문이다. 따라서, 매스컴에 의한 사고발생 사실의 공지는 어렵게 쌓아올린 기업과 브랜드 이미지를 실추시키는 일이므로, 막대한 양의 손실이 불가피하다.

이런 점을 인식한다면, 사고발생으로 인한 간접비는 앞으로도 계속 증가할 것이며, 직접비 대비 비율도 더욱 증가할 것이라는 것은 쉽게 유추할 수 있다.

7.4 안전관리활동의 미래

7.4.1 사회적 관심의 증대 - 안전분야의 확장

안전에 대한 관심은 기술이 발전할수록 증대한다. 원시시대의 안전이라는 개념이 본인을 비롯한 소수의 안전이었다면, 현대사회의 안전은 본인은 물론, 주변이나 이해관계자 여러 사람들의 안전을 위협하게 된 것이다. 이것은 여러 가지 이유에 기인하지만, 무엇보다도 기술의 발달에 있다. 인간이 만든 집에, 인간이 만들어 내는 동력을 이용하여, 인간이 만든 승용물을 이용하는 환경에서는 어디든 위험이 존재한다. 그 결과, 불과 100년 전만 하더라도 상상할 수 없었던 곳에 위험요인이 존재하게 되었으며, 성숙된 안전의식과 체계적인 사고예방노력이 없이는 어디서든 사고가 발생할 수 있다. 더욱이 우리 사회에는 아직까지 사고나 안전분야에 대하여 상호인정된 분류체계도 없다.

사고를 분류한다고 해 보자. 어떤 기준에서 분류할 것인가? 다음 예를 보자.

① 발생장소에 따라 : 공장, 광산, 교통, 해난(海難), 도시재해, 학교, 군중, 레저, 가정 등

② 발생형태에 따라 : 추락, 전도, 충돌, 낙하, 비래(飛來), 붕괴, 도괴, 협착, 감전, 폭발, 파열, 화재, 무리한 동작, 이상온도접촉, 유해물 접촉, 중독 등

③ 기인물에 따라

- 기계, 설비, 도구
- 교통수단 : 자전거, 자동차, 선박, 항공기 등
- 건축물, 구조물 : 도로, 교량, 축대, 옹벽 등
- 재료
- 화학물질 및 화학제품
- 사람
- 자연현상 : 태풍, 폭우, 폭설, 지진, 혹서, 혹한 등

④ 유해위험물질의 섭취경로에 따라 : 식품, 의약품, 약물 등

⑤ 인체에 대한 유해위험물질의 위해정도에 따라 ... A급, B급, C급 등

⑥ 대상물에 대한 지식 및 정보에 따라 ... 1급, 2급, 3급 등

⑦ 오염물질에 따라 ... 토질, 수질, 대기

이 밖에도 분류기준은 얼마든지 있을 수 있다. 관심과 분류목적에 따라 그만큼 많은 사고가 존재한다는 의미이며, 그만큼 다양한 위험요인이 존재한다는 의미이다. 더욱이, 앞으로도 지금보다 더 많은 인공기기가, 인공재료가 개발될 것이기 때문에 예기치 못한 크고 작은 사고의 발생은 그치지 않을 것이다.

7.4.2 사회적 용인수준과 위험성

일찍이 하버드(Harvard) 대학 교수인 로렌스(Lawrence)는 '안전'이란 허용한도를 넘지 않는다고 판단된 '위험'이라고 설명하였다. 또한, 미국의 9.11 테러 이후, 안전분야에서는 '입증되지 않은 "안전"은 "안전"이 아니다' 라는 말이 설득력있게 회자되고 있다. 다시 말

해, 안전과 위험은 전혀 다른 것이 아니라, 받아들이는 사람에 따라 차이가 있을 뿐이라는 의미이다.

현재의 상황이 안전한가 혹은 위험한가를 판단하는 기준은, 그것이 사회적으로 볼 때 수용될만한 것인가 아닌가에 따르는 것이다. 물론 사회적으로 실제로 '허용되는 위험성' 이라든가 '어느 정도면 안전한가 ' 등에 관한 논의는 계속되고 있지만, 현재까지 아직 구체적인 결론은 없다. 이와 관련하여 Rowe는 '현실적으로 위험성의 허용한계가 존재한다는 것은 확실하지만, 다음과 같이 서로 다른 종류의 위험성 허용한계가 혼재하고 있으므로 막연하다' 고 설명하고 있다.

① 발생하더라도 경미한 손실이어서 무시할 수 있는 위험성
② 현상의 생활양식을 바꾸지 않는 한 제어할 수 없는 위험성
③ 권위있는 기관, 혹은 법규에 의해 허용되는 위험성
④ 옛날부터 계속되어 현재에도 허용되는 기정사실의 위험성
⑤ 유형, 무형의 이익을 위해 자발적으로 일어나는 위험성.

다만 현재의 상황이 과학적으로 안전한가 안전하지 않은가를 판단하거나, 안전대책을 합리적으로 추진해 나가려면 사회적으로 허용되는 위험성을 정해놓고 평가된 안전수준과 비교해 볼 필요가 있다.

물론, 화하 플랜트와 같은 특수한 업종의 사업장에서는 별도의 지수, 예를 들어 FAFR (Fatal Accident Frequency Rate)과 같은 지수를 사용하고 있기는 하지만, 일반적인 위험수준과 사회 구성원들의 행동특성을 이제까지 알려진 대로 정리하면 표 1.27과 같다.

그러나 사회가 발달하여 자연재해나 질병으로 인하여 사망하거나 상해를 입는 리스크가 낮아질수록 위험성에 대한 일반인들의 판단기준은 점점 더 엄격해져 간다. 그러므로 선진국이 되어간다는 것은 안전에 대한 일반인들의 기대치가 점점 더 높아져 간다는 의미이기도 하다.

표 1.27 위험성에 대한 일반인들의 반응

위 험 성	반 응
10^{-3} 사망/인 · 년 이상	사회적 용인 불가
10^{-3} 사망/인 · 년	용인불가. 즉시 위험성 감소 대책 강구
10^{-4} 사망/인 · 년	공동대책을 강구하지는 않지만, 손실요인을 제거하기 위한 자금투자
10^{-5} 사망/인 · 년	대책강구필요를 느끼지 않음. 불편하지만 감내함
10^{-6} 사망/인 · 년	보통사람은 무관심. 신경은 쓰이지만, 자신에게는 발생하지 않는다고 판단
10^{-6} 사망/인 · 년 이하	사회적 무시

7.4.3 안전관리활동의 체계적 계획 - 시스템안전프로그램

앞으로 개발하거나 사용할 기계, 설비, 시스템이나 물질 등을 안전하게 개발하고 사용하려면 어떻게 해야 할까? 그 문제를 체계적으로, 과학적으로 검토하여 개발, 포장, 운반, 적재, 사용, 그리고 폐기에 이르기까지 사전에 계획을 세워서 대응해 나가자는 취지의 안전보건계획이 바로 시스템안전프로그램(System Safety Program)이다. 이 기법은 2차대전 직후 미군에 의하여 개발되었는데, 미사일 개발에 활용되어 그 효과를 입증하였고, 지금은 항공기와 우주선, 그리고 원자력발전소 개발에 널리 활용되고 있다.

어떤 계획이든 언제 무엇을 어떻게 수행할 것이냐가 관건인데, 마찬가지로 시스템안전프로그램은 시스템과 시스템사용자의 안전을 보증하기 위해, 적재적소에 필요한 안전활동들과 직무들을 서술한 공식계획이라 생각하면 이해하기 쉽다. 다시 말하면 시스템의 안전확보에 필요한 조치가, 시스템의 전 수명주기(life cycle)에 걸쳐 어떤 시기에 어떻게 수행되어야 하는가를 계획해 놓는 것이다. 그러므로 시스템안전프로그램의 내용은 조직구성과 안전관계자의 책임, 시스템개발 및 사용과정 중에 필요한 주요 안전업무, 안전성 분석이나 사고예방활동 수준의 평가 기준 및 방법, 관련부서 및 관리부서, 그리고 이해관계자들과의 정보교환과 상관관계 등에 대하여 구체적인 윤곽을 제시하는 것이다.

<table>
<tr><th rowspan="2">관리포인트 / 안전활동</th><th></th><th>CDR$_1$</th><th></th><th>PDR</th><th></th><th>CDR$_2$</th><th></th><th>FAR</th><th></th><th></th></tr>
<tr><th>구상</th><th></th><th>정의</th><th></th><th>개발</th><th></th><th>생산</th><th></th><th>배치</th><th>폐기</th></tr>
<tr><td>1 시스템 안전 프로그램 작성</td><td></td><td></td><td></td><td></td><td></td><td></td><td></td><td></td><td></td><td></td></tr>
<tr><td>2 안전 설계기준 개발</td><td></td><td></td><td></td><td></td><td></td><td></td><td></td><td></td><td></td><td></td></tr>
<tr><td>3 위험분석 실행</td><td>PHA</td><td colspan="4">PHA/FHA/FTA FHA/OHA</td><td></td><td>OHA</td><td></td><td></td><td></td></tr>
<tr><td>4 안전설계사양 결정</td><td>초기</td><td></td><td colspan="3">최종</td><td></td><td></td><td></td><td></td><td></td></tr>
<tr><td>5 설계검토 실시</td><td colspan="8"></td><td></td><td></td></tr>
<tr><td>6 매뉴얼에 안전관련 사항 제공</td><td></td><td></td><td></td><td colspan="2">제출 및 검토</td><td></td><td></td><td></td><td></td><td></td></tr>
<tr><td>7 고장분석에 참여</td><td colspan="3">기록 자료 심사</td><td colspan="2">검사 결과</td><td></td><td></td><td></td><td></td><td></td></tr>
<tr><td>8 위험성 분석 실시</td><td></td><td colspan="4">필요시</td><td></td><td></td><td></td><td></td><td></td></tr>
<tr><td>9 서류심사</td><td></td><td colspan="8"></td><td></td></tr>
<tr><td>10 안전장치 확인 및 정의</td><td>초기</td><td></td><td colspan="3">예비 설계</td><td></td><td></td><td></td><td></td><td></td></tr>
<tr><td>11 안전검사 계획 및 준비</td><td colspan="3">초기</td><td colspan="5">수정 및 증명</td><td></td><td></td></tr>
<tr><td>12 안전검사 실시</td><td></td><td></td><td colspan="6">모형 증명 수용</td><td></td><td></td></tr>
<tr><td>13 안전훈련 실시</td><td></td><td></td><td></td><td></td><td colspan="5">지원 감시</td><td></td></tr>
<tr><td>14 사고조사에 참여</td><td></td><td></td><td></td><td colspan="7"></td></tr>
</table>

PHA : 예비위험성분석, FHA : 결함위험성분석, OHA : 운용위험성분석, FTA : 결함수목분석
CDR$_1$: 구상설계 심사, PDR : 예비설계 심사, CDR$_2$: 중요설계 심사, FAR : 최종 수용여부 심사

그림 1.35 시스템 안전 프로그램의 운용

그러므로 이 업무계획에는 그림 1.35에서 보는 바와 같이 안전기준의 설정, 위험성 분석, 안전 수준의 측정과 평가, 산업안전의 추진업무, 검사절차, 시스템 운용절차 및 지침의 개발, 재해사고의 조사, 그리고 구매 및 판매 연구까지가 총 망라되는 것이 보통이다.

앞에서 설명한 리스크평가가 이 시스템안전프로그램에서 도입된 평가방법이라는 점을 생각한다면, 시스템안전은 앞으로 생산현장은 물론, 우리 사회 전반에 보급되어야 하는 중요한 안전기술이 아닐 수 없다.

7.4.4 제조물책임과 제품안전

20세기 중반 이후 전세계적으로 널리 보급된 것이 엄격책임의 법리를 반영한 제조물책임법이다. 이 법은 민법의 특별법으로, 제조물에 안전상의 결함이 있어 그로 인하여 제품의 사용자가 신체상에 상해를 입었을 경우, 제조자가 그 피해를 보상하여야 한다는 것을 주요 내용으로 하고 있다.

이 법으로부터 제조자가 보호를 받기 위해서는 안전한 제품을 만들기 위하여 스스로 지난(至難)한 노력을 기울였다는 점을 입증하여야 한다. 다시 말해, 안전측면에서 최선의 제품을 만들기 위하여 상식적으로 할 만한 노력은 다하였다는 점을 입증하여야 하는 것이다.

여기서 가장 문제가 되는 것은 제조자가 염두에 두어야 하는 사용자의 불안전행동, 즉 제품 오용이나 남용이 어디까지인가 하는 것인데, 결론부터 말하자면 합리적으로 예견가능한 오사용(reasonably forseeable misuse)까지가 제조업자의 책임범위이다. 다시 말하면, 상식적으로 볼 때 예견할 수 있는 소비자의 행동이라면, 이로 인한 사고를 예방하는 것은 제조자의 책임이며, 이를 예방하기 위하여 설계를 변경한다든지, 제품의 안전품질을 높이고, 경고표시나 위험정보를 제시하는 등 제조자로서의 안전의무를 다하여야 한다는 것이다. 현대의 제조기업들은 이 기준을 충족시키기 위하여 끊임없이 연구개발을 통하여 안전품질을 향상시킬 의무가 있다고 해도 과언이 아니다.

이렇게 소비자의 안전을 책임지기 위하여 시스템안전기법을 충실히 활용하고 있는 분야가 제품안전(product safety)분야이다. 더욱이 제품안전이 대상으로 하는 일반소비자들은 학력이나 연령이 천차만별이어서, 산업안전분야와 같이 체계적이고 주기적인 안전교육은 상상할 수도 없다. 그러므로 제품안전은 안전분야의 꽃이라고 할 수 있으며, 그 기반은 시스템안전에 두고 있는 것이다.

최근, 식품분야에서 각광을 받고 있는 위해요소 중점관리기준(Hazard Analysis and Critical Control Point; HACCP) 기법은 원래 우주비행사가 이용할 식품의 절대안전을 확보하기 위하여 개발된 시스템으로, 이 기법 역시 시스템안전기법을 기반으로 하고 있다. 일반 시민들의 높아지는 안전의식이 기업들로 하여금 시스템안전관 같은 고급 안전기술을 도입하지 않으면 안 되는 사회를 만들어 가고 있는 것이다.

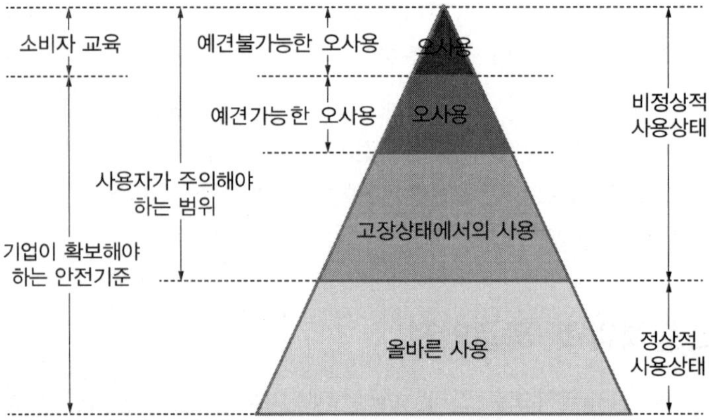

그림 1.36 제조물책임법에서의 제조자 책임범위

7.4.5 휴먼에러의 대응

인간은 매우 창의적인 동물이다. 다른 동물들은 부모로부터 물려받아 태어난 뇌의 구피질에 의존하여 생활하지만, 인간과 침팬지는 성장과 함께 급속히 발달하는 뇌의 신피질, 특히 전두엽에 의존하여 생활한다. 이 부분은 창의력과 판단력, 이성 등의 고급 기능을 담당하는 것으로 알려져 있다. 인간이 휴먼에러를 저지른다는 것은, 이제까지 당면해 보지 못했던 낯선 상황에서 문제를 해결하기 위한 창의적인 시도라고 할 수 있다. 즉, 인간이기 때문에 휴먼에러를 저지르는 것이다.

그러나 인간이 다루는 기계, 설비, 건물이 대규모화되고, 또한 동력이 거대해지면, 인간의 휴먼에러는 예상치 못한 대형사고, 나아가 재난을 초래할 수 있다. 일상적인 일이라면 기계나 로봇이 대신할 수 있을지 모른다. 그러나 기계를 만드는 것도, 그것을 움직이는 컴퓨터를 프로그래밍하는 것도 사람이다. 또한, 만능기계라 할지라도 언젠가는 고장이 난다. 따라서, 생산시스템이든, 주거시스템이든 인간을 완전히 배제하는 것은 불가능하다. 최근 빈발하고 있는 화학물질 누출사고가 그 사실을 입증하고 있는 것이다.

생산기술이 아무리 발전하더라도, 인간의 개입이 언젠가는 불가피하다는 것을 염두에 둔다면, 인간친화적인 시스템이 개발되어야 한다. 그것은 사용자만을 위한 것이 아니라 정비, 수리, 보수, 프로그램의 수정 및 보완 등 인간이 개입하리라 예상되는 적재적소에 휴먼에러를 염두에 두고 설계, 제조된 시스템이어야 하며, 혹시나 미흡한 부분에 대해서는 충분한 안전정보를 관계자들에게 제공하여, 만약에 발생할지도 모르는 불상사에 대비하도록 하여야 한다. 100% 완벽한 시스템을 인간의 지혜로는 결코 만들 수 없기 때문이다.

Exercise

Chapter 1 안전관리의 기본이념

1. 관리업무와 생산성의 관계를 설명하시오.

2. 품질관리, 생산관리, 안전보건관리 업무의 공통점에 관하여 설명하시오.

3. 산업재해의 속성을 설명하시오.

4. 하인리히가 산업재해를 정의함에 있어 확률(… and the probability thereof)을 언급한 의미를 설명하시오.

5. 재해사고의 연쇄이론을 설명하시오.

6. 하인리히의 1 : 29 : 300 법칙이 의미하는 바를 설명하시오.

7. 산업재해의 피해를 화폐가치로 표현하는 이유를 설명하시오.

8. 산업재해비용을 추정하는 하인리히 방식의 특징을 간단히 설명하시오.

9. 재해사고비용 중 보험으로 보상되지 않는 비용들을 예를 들어 설명하시오.

10. 생산기술과 관리기술의 차이를 비교 설명하시오.

Chapter 2 작업설계 및 평가

1. 안전보건관리조직의 기본형태를 3 가지로 나누고, 그 특성을 간단히 설명하시오.

2. 산업안전보건법상의 안전보건관리조직을 간단히 설명하시오.

3. 산업안전보건법이 정하고 있는 안전관리자의 직무를 설명하시오.

4. 안전보건총괄책임자란 어떤 상황에서 지정해야 하는지 설명하시오.

5. 안전보건개선계획에 관하여 설명하시오.

6. 안전보건관리규정이란 무엇이며, 어떤 내용들이 포함되는지 설명하시오.

7. 안전점검과 안전진단의 차이점을 설명하시오.

8. 안전진단이 필요한 시기를 나열하시오.

9. 재해사고의 원인인 에너지로부터 작업자를 보호하기 위하여 장벽(barrier)을 설정하는 방법을 3 가지로 나누어 분류하고, 장단점을 비교하시오.

10. 개인 보호구의 선택 요령을 간단히 설명하시오.

11. 안전보건표지의 기능과 의의를 설명하시오.

12. 안전보건표지를 크게 4 가지로 나누고, 각각의 용도를 간단히 설명하시오.

13. 재해발생후 조치순서를 간단히 설명하시오.

14. 재해사고의 발생형태란 무엇인가 몇 가지 예를 들어 설명하시오.

15. 상해종류중 부종(浮腫)에 관하여 간단히 설명하시오.

16. 기인물과 가해물을 비교, 설명하시오.

17. 산업재해에 대하여 통계적 원인분석을 하는 이유를 설명하시오.

18. 재해율 평가지수중 천인율의 특성을 설명하시오.

19. 기존의 재해율 평가지수들이 지닌 문제점들을 지적하시오.

20. 우리나라 산업현장의 안전보건분야의 법체계를 간략히 설명하시오.

Chapter 3 작업자 선발 및 관리

1. 시스템이란 무엇인지 설명하시오.

2. 시스템 안전공학의 근본이념을 간단히 설명하시오.

3. 시스템 안전과 신뢰도 공학의 차이점을 간단히 설명하시오.

4. 시스템 안전 우선순위의 취지를 설명하시오.

5. 시스템 안전 우선순위를 분류하고 간단히 설명하시오.

6. 근원적 안전에 관하여 설명하시오.

7. 안전보건교육만 강조하였던 과거의 사고예방활동의 문제점을 시스템 안전측면에서 설명하시오.

8. 시스템 안전 프로그램(SSP)의 중요성에 관하여 나열하시오.

9. 위험성 분석기법들 중 정성적 기법과 정량적 기법의 가장 큰 차이점은 무엇인가 설명하시오.

10. 예비 위험성 분석(PHA)의 기능을 설명하시오.

11. 고장 모드 및 영향분석(FMEA)의 특성을 간단히 설명하시오.

12. 치명도 분석(CA)의 치명도가 의미하는 바를 설명하시오.

13. 사상수목분석(ETA) 중 확률계산에 있어서 가장 중요한 가정사항에 대하여 설명하시오.

14. 결함수목분석(FTA) 중 최소절단집합(minimal cutset)이란 무엇인가 그 의미를 설명하시오.

15. 결함수목분석(FTA) 중 사상발생의 확률 중요도란 무엇인지 설명하시오.

16. 리스크(risk)란 무엇인지 정의하시오.

17. 사고발생빈도와 강도를 가지고 리스크를 추정(estimation)할 때, 통상적인 관계식을 제시하시오.

18. 리스크 평가(risk assessment)는 리스크 추정(risk estimation)과 리스크 사정(risk evaluation)으로 구성된다. 이때, 리스크 사정이란 무엇인가 설명하시오.

19. 리스크는 어느 정도 수준까지 낮추는 것이 합리적인가, 그 수준을 나타내는 영어 표현을 제시하시오.

20. 제조물책임(Product Liability)이 시스템안전과 밀접한 관계를 유지하지 않을 수 없는 이유를 설명하시오.

Chapter 4 기계설비의 관리

1. 시스템 효능이란 무엇인지 설명하시오.

2. 기계설비의 고장현상을 다루는 신뢰도공학이 사고예방에 필요한 이유는 무엇인가 설명하시오.
3. 시스템 신뢰도 자료를 크게 수치 활용여부를 기준으로 두 가지로 나누고 그 장단점을 비교, 설명하시오.
4. 전수 검사와 샘플링 검사의 장단점을 비교, 분석하시오.

5. 신뢰도 성장이란 어떤 현상인지 간단히 설명하시오.

6. 고장밀도함수란 무엇인지 설명하시오.

7. 신뢰도란 무엇인가 간단히 설명하시오.

8. MTTF와 MTBF의 차이를 설명하시오.

9. 고장률을 정의하시오.

10. 고장률함수와 고장밀도함수의 차이점을 비교, 설명하시오.

11. 어떤 부품의 고장률이 상수 λ라고 할 때 고장밀도함수를 구하시오.

12. e^{-at}, e^{at}, at^{-2}, e^{at}/t^2 중 고장률 함수로 적절하지 못한 것을 제시하고, 그 이유를 설명하시오.

13. 욕조곡선이란 무엇인가 간단히 설명하시오.

14. 상수 고장률을 갖는 부품의 보전방법에 대하여 설명하시오.

15. 소진기간(burn-in period)이란 무엇인지 간단히 설명하시오.

16. 고장률 함수를 표현하는 데 와이블 분포가 흔히 이용되는 이유를 설명하시오.

17. 대기구조와 병렬구조의 차이점을 설명하시오.

18. 비가략구조의 신뢰도 추정방법을 3 가지만 제시하고, 설명하시오.

19. 감률설계와 안전계수의 관계를 간단히 설명하시오.

20. 예방보전과 사후보전의 용도를 비교, 설명하시오.

Chapter 5 안전관리활동

1. 인간-기계 시스템이란 무엇인지 설명하시오.

2. 구조적 치수와 기능적 치수를 비교, 설명하시오.

3. 정상작업역이란 무엇인가 설명하시오.

4. 작업대의 높이를 결정하는 일반적인 요령을 설명하시오.

5. 통제기기의 선택요령을 간단히 설명하시오.

6. 통제 표시기기의 배치원칙을 나열하고 설명하시오.

7. 작업수행도와 작업자세의 관계를 간단히 설명하시오.

8. 물건을 들어올릴 때의 올바른 자세를 설명하시오.

9. 동작경제 원칙의 주요내용을 설명하시오.

10. 작업부하와 작업부담의 관계를 설명하시오.

11. 육체적 작업부하를 평가하는 방법들을 나열하고, 간단히 설명하시오.

12. 인간의 정보처리과정을 기준으로 휴먼에러를 3 가지로 분류하고 간단히 설명하시오.

13. 수행도 형성요인 PSF 에 대하여 설명하시오.

14. 인간의 정보처리과정 중 한계용량이란 무엇인지 설명하시오.

15. 일주성 리듬이란 무엇인가 몇 가지 예를 들어 설명하시오.

16. 경악상태의 인간은 어떻게 반응하는가 설명하시오.

17. 자동화가 휴먼에러의 대응책이 될 수는 없다. 그 이유를 설명하시오.

18. 시각적인 물체인식에 영향을 주는 요인들을 간단히 설명하시오.

19. 소음으로 인한 생리적 영향을 간단히 설명하시오.

20. 휘광에 대한 대책을 설명하시오.

Chapter 6 사고발생 후 조치

1. 호오소온 실험의 결과가 시사하는 바를 설명하시오.

2. 사고원인조사와 관련하여 안전심리학의 필요성을 설명하시오.

3. 적성배치의 목적은 무엇인가 산업안전의 측면에서 설명하시오.

4. 직무분석이 필요한 이유는 무엇인가 설명하시오.

5. 지능과 재해사고와의 관계를 설명하시오.

6. 인간의 정보처리과정을 4단계로 나누고 그 중 가장 과오를 범하기 쉬운 과정은 어디인가 설명하시오.

7. 인간의 의식수준의 전철(轉轍)작용에 대하여 설명하시오.

8. 주의의 특성 중 단속성에 대하여 간단히 설명하시오.

9. 부주의의 원인 중 의식의 과잉이 가장 위험한 이유를 설명하시오.

10. 재해빈발성향에 대한 고전적 인식과 현대적 인식 사이에는 어떠한 차이가 있는지 설명하시오.

11. 재해사고예방에 있어서 안전동기유발의 중요성을 설명하시오.

12. 안전동기유발방법을 내적 방법과 외적 방법으로 나누어 설명하시오.

13. 안전보건교육의 필요성이 더욱 증대되는 이유를 설명하시오.

14. 안전관리를 수행함에 있어서 가장 중요한 역할을 담당하는 사람은 관리감독자이다. 그 이유를 설명하시오.

15. 관리감독자의 업무능력을 향상시키려면 심리학적 측면에서 어떤 기능을 우선적으로 강화시켜야 하는가 설명하시오.

16. 매슬로우(Maslow)가 주장한 욕구의 5단계설을 간략히 설명하시오.

17. 행동기반안전(Behavior Based Safety) 기법은 어떤 심리학적 효과를 지향하는 것인지 설명하시오.

18. 안전교육의 종류를 교육기능면에서 분류할 때 가장 마지막 단계는 무엇인지 설명하시오.

19. 최근 들어 사고요인으로 손꼽히는 것 중의 하나가 스트레스이다. 스트레스란 무엇인가, 또 어떤 영향을 받게 되는지 설명하시오.

20. 직무스트레스 요인 중 가장 영향이 크다고 판단되는 것은 무엇인지 설명하시오.

Part 2

화학안전

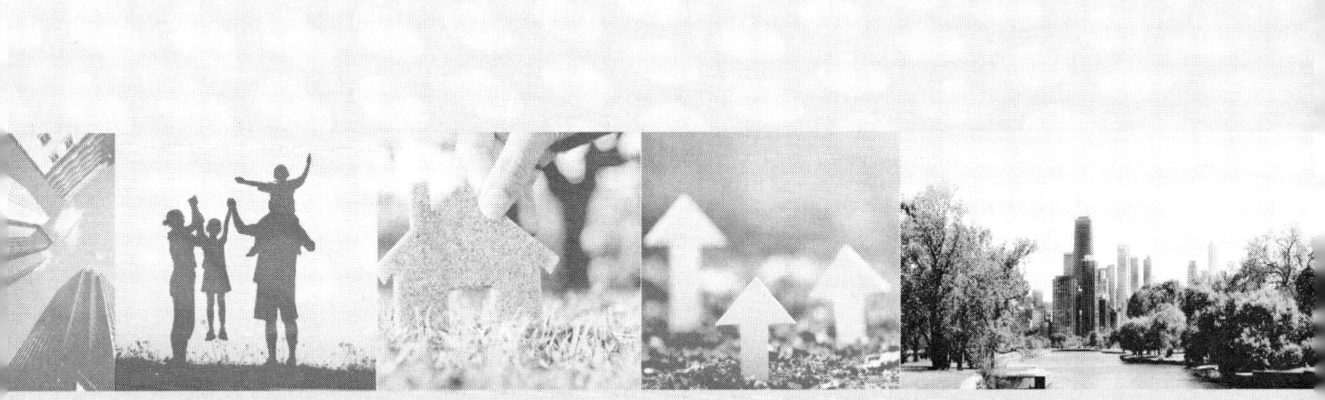

Chapter 1 화학공장의 사고와 위험성

화학공업의 구조 변천 및 기술 진보에 따라 화학공장에서의 사고 발생의 잠재위험성이 증가함에 따라 보안 및 안전 대책을 위한 관리 기술의 강화와 안전 의식의 제고로 사고 발생빈도는 감소 경향을 나타내고 있으나, 사고 피해강도 즉, 사고건당의 손해액은 오히려 증가 경향이 있다.

따라서, 사고의 예방에 관한 효과적인 수단으로 과거의 사례를 철저히 파악하여 이의 전철을 밟지 않는 대책을 세우는 것이다. 이와 같은 의미에서 과거에 발생한 화학공장에서의 사고 개요를 언급하고, 이의 해석은 후렴장에서 다루어 보고자 하였다.

1.1 화학공장의 사고의 특징과 형태

대량의 가연성물질의 취급 및 처리 과정에서 발화의 가능성이 높고 사고에 따른 피해 규모가 크다. 이는 대부분 화재 및 폭발에 의한 것으로 사고의 과정은 연쇄적이다. 즉, 어느 원인이 계기가 되어 일어난 사상(事象, event)이 다음의 사상의 원인이 되는 요소를 발생하면서 차례로 이것이 반복되는 mechanism을 이루는데, 이의 예로서, radical 반응 및 중합반응 등의 화학반응상의 연쇄 mechanism이 있다.

그리고 화학공장에서의 사고의 형태를 구분하여 보면, 화재 및 폭발, 장치의 파손, 기계적 고장 및 누설로 나눌 수 있는데, 이에 대하여 간단히 설명하고자 한다.

1.1.1 연소반응에 의한 화재 및 폭발

연소반응은 radical반응의 일종으로, 발열과 함께 온도 상승과 함께 반응속도가 일반적으로 빠르게 진행되는 산화반응이며, 결과적으로 화재 및 폭발 현상을 일으키는 위험한 반응현상이다. 이와 같은 화재 및 폭발은 어떤 원인으로 가연물의 누설과 착화가 선행되면서 일어나는 바, 누설의 원인으로 예를 들면, 기계의 고장, 파괴, 열화 등이 있고, 경우에 따라서는 화재 및 폭발이 누설을 유발하여 더욱 화재 및 폭발을 확대시키는 연쇄현상을 일으키는 경우도 적지 않다.

1.1.2 장치의 파손

구조적 결함인 장치의 파손은 재료의 부식 및 피로, 공작 불량 등의 원인으로 발생하는 것으로, 기기의 일부가 시간의 경과로 차례로 침입되어 진동 및 압력파와 같은 충격이 촉발되어 일어나는 경우가 대부분이다. 즉, 재료의 균열 및 파단은 재료의 부식과 기계적 및 열적인 부하와 이들 반복에 의한 피로하중으로 일어나는 것이 많아서 기계적인 취성 파괴 및 환경적인 응력부식균열 등이 일어난다. 또한 공작과정에서의 용접, 절단, 절삭, 연마 등의 결함인 공작 불량이 장치의 파손을 가져오게 된다.

1.1.3 기계적인 고장

기계적인 고장은 기능적인 불완전 또는 부조(不調)에 의해 발생되는 것으로, 장치의 파손에 비하여 이의 예상이 어느 정도 가능하다. 예를 들면, 펌프의 고장으로 냉각수의 공급이 정지되거나, 제어계의 부조화로 압력이 급상승하는 등의 기계적인 고장을 일으키는 것 등인데, 이의 발생은 쉽게 알 수 있는 경우가 많다.

1.1.4 누설

누설은 파손(구조적 결함)과 고장(기능적 부조)의 중간적 사상으로, process상의 내용물이 직접 계외로 방출되기 때문에 고장과 구별된다. plant의 이상 상태 및 부조 등의 고장은 이의 검출이 용이한 것과는 달리, 누설의 경우는 그 발생량이 많지 않아서 plant 계내의 기능적인 영향이 드러나지 않기 때문에 이의 검출이 쉽지 않은 경우가 많다.

1.2 화학적 위험성

화학공업에서 발생할 수 있는 잠재위험은 다음과 같이 나누어 볼 수 있다.

(1) 화학적 위험 : 반응, 연소, 부식 등의 물질 변화를 수반하는 위험
(2) 물리적 위험 : 열, 압력, 충격과 같은 물리 변화에 기인한 위험
(3) 생리적 위험 : 중독, 약상, 외상과 같은 내외로부터의 충격으로 생체 기능에 악영향을 주는 위험

또한, 위험성에 대한 대책을 행하는 관점에서, 편의적으로 이를 화학적 및 기계적 위험으로 크게 분류하고 있다.

1) 화학적 위험 : 1)의 화학적 위험 + 2)의 물리적 위험 중에 재료에 관계한 역학적 위험을 제외한 물리적 위험
2) 기계적 위험 : 2)의 물리적 위험 중에 재료의 강도, 구조, 파괴 등을 중심으로 한 물리적 위험
3)의 생리적 위험 중에 외상에 관한 생리적 위험

Chapter 2 화학물질의 위험성

공업적으로 위험성물질은 취급 및 저장과 운송 등이 안전상의 입장에서 간단하지 않으며, 위험물의 종류가 다종다양하고 위험성이 획일적이지 않다. 또한, 동일한 물질인 경우에도 상태 및 조건의 차이에 따라 위험성이 변하고 있어 획일적인 분류를 어렵게 하고 있다. 따라서, 본 장에서는 화학물질을 국내법 및 미국과 UN의 code와 규약에 의한 위험물의 분류와 이의 위험성 표시 및 판정에 대한 내용을 기준으로 다루고자 하였다.

2.1 위험물질의 분류

관계 법규 및 기관에서의 위험물질의 분류는 표 2.1과 같다. 이 중에서 UN 권고의 IMCO 규약 및 소방법에 의하여 분류된 위험물질에 대하여 언급하고자 한다.

표 2.1 위험물질의 분류

소방법	산업안전보건법	NFPA	IMCO 규약	미국 DOT 규칙
1. 제1류 산화성고체 2. 제2류 가연성고체 3. 제3류 자연발화성/ 금수성물질 4. 제4류 인화성액체 5. 제5류 자기반응성물질 6. 제6류 산화성액체	1. 폭발성물질 2. 산화성물질 3. 인화성물질 4. 가연성가스 5. 부식성물질 6. 독성물질	건강위험성 연소위험성 반응위험성 ㈜ 각 위험마다 그 대소에 따라 0~4의 5단계로 구분함	1. 화약류 2. 고압가스 3. 인화성액체 4. 가연성고체 5. 산화성물질/ 유기과산화물 6. 독물/병원물질 7. 방사성물질 8. 부식성물질 9. 유해성물질 ㈜ 각 물질마다 다시 2~3개의 소분류로 나눔	1. 화약류 2. 고압가스 3. 인화성액체 4. 가연성고체 5. 산화성물질 6. 유독성물질 7. 방사성물질 8. 부식성물질

[참고] 위험성별로 위험물질의 구분

1) 반응위험성: (Class 1) 화약류, (Class 5) 산화성물질/유기과산화물
2) 연소위험성: (Class 2) 고압가스, (Class 3) 인화성액체, (Class 4) 가연성고체
3) 유독위험성: (Class 6) 독물 및 병원물질
4) 부식위험성: (Class 8) 부식성물질
5) 방사위험성: (Class 7) 방사성물질

2.1.1 UN 권고/IMCO 규약 분류

(1) 화약류 (폭발성물질)

주로 화약 또는 이를 포함한 물질이며, TNT, picric acid, hexogene 등이다.

그리고 종류별로 1급 화약류~4급 화약류로 법규상으로 구분하고 있다.

화약은 고체 또는 액체(혼합물을 포함)로, 그 물질 자신의 화학반응으로 발생하는 고열, 고압, 고속의 가스에 의하여 주변에 위해를 미치게 한다. 또한, 불꽃효과를 만드는 물질(가스를 발생하지 않는 것을 포함)도 이에 속한다.

참고 불꽃효과 물질

비폭발성의 지속적인 발열화학 반응에 의해 열, 빛, 소리, 가스 또는 연기, 때로는 이들 조합에 의한 효과를 가져오는 물질 또는 물질의 혼합물

(2) 가스류 (고압가스)

가스류는 21.1℃에서 2.8 kg/cm^2 또는 54.4℃에서7.3 kg/cm^{2}을 초과하는 물질이다. 또한, 37.8℃에서 2.8 kg/cm^{2}를 초과하는 증기압(Reid 증기압)을 갖는 물질이다.

- 종류 : 영구가스, 액화가스, 용해가스 등
- 물질 : 산소, 질소, 수소, LPG, 아세틸렌, 액체공기 등

(3) 인화성액체

인화성액체는 액체 및 액체의 혼합물, 또는 고체를 용해물이나 현탁물로 함유 한 액체로 있으며 인화점을 갖는 물질이다.

- 물질 : gasoline, 등유, 경유 등

> **참 고** UN 규격의 개방식 인화점 측정기
> 상한값이 65.6℃인 물질(밀폐식 인화점: 60.5℃)

(4) 가연성물질

1) 가연성고체 : 공기 중에서 쉽게 연소하고, 또는 마찰에 의해 발화 가능한 물질 (예: 적린(赤燐), 유황)
2) 자연발화성물질 : 자연히 발열하고, 또는 공기와 접촉함에 따라 발열하여 화재를 발생하는 물질(예: 황린(黃燐), alkyl aluminium($AlCl_3$)) 등
3) 금수성물질 : 수분과 반응하여 자연발화 가능성이 있는 물질 또는 위험량의 인화성가스를 발생하는 물질(예: Na, Al, calcium carbide(CaC_2), calcium oxide($Ca(OH)_2$) 등

(5) 산화성물질/유기과산화물

1) 산화성물질 : 가연성은 아니지만, 일반적으로 산소를 발생하는 것에 따라 다른 물질을 연소하거나 또는 연소를 조장하는 물질(예: 질산암모늄, 염소산칼륨, 과산화바륨 등)
2) 유기과산화물 : O－O 구조를 가지며, 과산화수소의 유도체로 간주되는 것으로, 그 1개 내지 2개의 수소원자가 유기물의 기(基)에서 치환된 물질. 열적으로 불안정하고 자기 발열분해를 일으키고 폭발적 분해가 쉬워 신속히 연소하고, 충격 및 마찰에 민감 (예: benzoyl peroxide, lauroyl peroxide, tetra-methylbuthyl-hydroperoxide 등)

(6) 독물질

흡입(吸入), 경구(經口, 마심), 경피(經皮, 피부 접촉) 및 주입(注入)에 따라 인체를 사상하는 물질 (예: cyan류 등)

(7) 방사성물질

비(比)방사능이 0.002 μC/g 이상의 물질

(8) 부식성물질

화학작용에 따라 생물의 조직에 손상을 주고, 또한 누설하였을 때는 주변의 물질 및 구조물에 손상을 주는 물질 (예: 염산, 황산 등)

(9) 유해성물질 (기타 물질)

다른 분류에 속하지 않는 위험성을 갖는 물질. 그러나 이 분류에서의 위험성은 본질적인 것이 있어서는 안된다. (예: 생석회, trichloroethylene 등)

2.1.2 소방법 분류

(1) 산화성고체 (제1류 위험물)

- O_2를 다량으로 함유한 산화제로, 분해하여 O_2를 방출
- 다른 물질의 연소를 돕는 지연성(支燃性) 및 수용성(水溶性) 물질
- 무기화합물이며, 백색의 분말상태의 고체

  $2KClO_3 \rightarrow 2KCl + 3O_2\uparrow$

  (예: 아염소산염류, 염소산염류, 과염소산염류 등)

(2) 가연성고체 (제2류 위험물)

- 이연성(易燃性), 속연성(速燃性) 물질
- 불용성, 강력한 환원제
- 연소할 때, 연소열이 크고, 연소온도가 높다

  (예: 황화린(黃化燐), 적린(赤燐), 황, 철분, 마그네슘 등)

(3) 자연발화성 및 금수성물질 (제3류 위험물)

- 물과 반응하면 가연성가스 및 열을 발생(황린 제외)
- 공기 중에 노출되면 자연발화

  (예: 칼륨, 나트륨, 알킬알루미늄, 황린 등)

(4) 인화성액체 (제4류 위험물)

- 특수인화물류, 제1석유류, 제2석유류, 제3석유류, 제4석유류, 알콜류, 동식물유류

(5) 자기반응성물질 (제5류 위험물)

- 유기과산화물, 질산에스테르(ester)류, 니트로(nitro)화합물, 니트로소(nitroso)화합물, 아조(azo)화합물, 디아조(diazo)화합물, 하이드라진(hydrazine) 및 그 유도체

(6) 산화성액체 (제6류 위험물)

- 강산성물질(부식성), 유독성가스 발생
  (예: $HClO_4$, H_2O_2, H_2SO_4, HNO_3 등)

2.2 화학물질의 위험성 표시

2.2.1 위험성의 표시방법

위험성의 표시는 색, 그림, 문자, 숫자 등으로 나타내는데, 이중에 어느 것을 선택 하는가는 목적 및 대상 등에 따라 다르며, 경우에 따라서는 이들을 조합하여 사용하기도 한다.

(1) 문자 표시

소방법, 고압가스취급법 등의 법규에서 '위험물 제4류', '고압가스' 등의 표시가 화학 약품에 붙어있는 경우

그림 2.1 NFPA Code 704의 예

(2) 그림 표시

NFPA code 704에서, 화재 및 연소위험성(적색), 반응위험성(황색), 건강위험성(청색)으로 색분하고, 각 위험의 등급을 0～4의 5단계로 분류하고 기타 위험성도 표시한다(그림 2.1).

(3) 숫자 표시

- DOT code (2자리 숫자) : 10단위 숫자 : DOT 규칙의 대분류번호
  1단위 숫자 : 부차적 위험성의 0～9까지의 숫자
- DOT code에 의한 위험성의 숫자 표시의 예 (고압가스-대분류번호 2)의 경우)
  (20)불연성, (21)불연성-부식성, (22)산소
  (23)가연성, (24)가연성-부식성, (26)불연성-독성
  (27)산화성-독성-부식성, (28)가연성-독성, (29)가연성-극성

2.2.2 위험성의 표시 예

위험성 표시의 label의 예로서는 그림 2.2에서와 같이 그림과 문자 및 숫자의 조합에 의한 표시를 사용하고 있다.

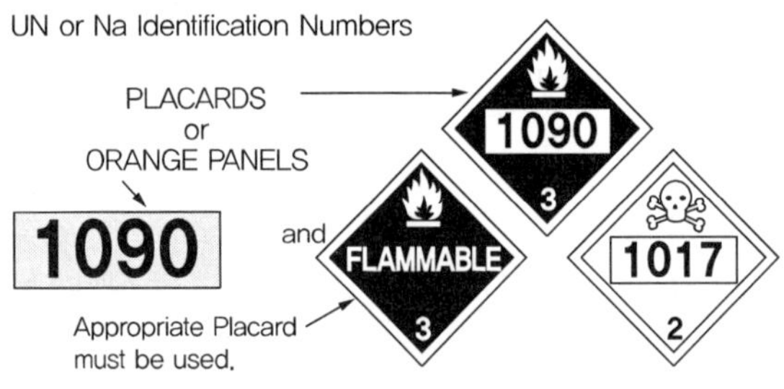

그림 2.2 UN Code의 예

2.3 화학물질의 위험성 판정

위험성의 유무 및 등급화에는 일정한 판정 규준이 있어야 가능하고, 또한 판정을 위한 방법도 필요하다. 그러나 많은 물질에 공통적으로 적용할 위험성의 규준이 없기에, 위험성을 앞에서 언급한 바와 같이 편의상 나눈 반응위험, 연소위험, 유독 위험, 부식위험, 방사위험으로 다루어 보고자 하였다.

2.3.1 반응위험성

(1) 물질

유기과산화물, 질산에스테르류, 니트로 화합물, 니트로소 화합물, 아조화합물, 디아조화합물, 하이드라진 및 그 유도체

(2) 종류

연소반응 및 폭발반응을 후에 일으키는 것을 제외하면, 다음의 반응 등이 있다.

1) 유기화학반응 : 중합반응(vinyl중합, 개환중합 등), 자동산화에 의한 과산화물 생성 반응
2) 산화반응 : 유기, 무기의 광범위한 산화반응
   (산화제) - 압축산소, 액화산소, 액화염소, 과산화수소와 같은 기체 및 액체
   - 염소산, 과염소산, 과망간산 등의 알칼리금속염 및 암모늄염과 같은 고체

참 고 연소반응 및 산화반응과 반응식의 예

① 연소반응 : 물질이 산소와 결합하여 빛과 열을 수반하는 화학반응
   예) $C_3H_8 + 5O_2 \rightarrow 3CO_2 + 4H_2O - 2{,}044$ kJ/mol

② 산화반응 : 산소와 결합하는 반응, 전자를 잃는 반응
   예) $4Fe + 3O_2 \rightarrow 2Fe_2O_3$

(3) 판정

반응위험성은 화학물질 자체 또는 다른 물질과 반응하여 화재 및 폭발을 일으키는 위험성으로, 공기 및 산소의 공급없이 발열 분해를 일으켜 급속한 가스의 발생과 연소·폭발을 일으키는 위험성이다. 반응속도가 빠른 발열반응이 대상이며, 이 위험성의 판정 기준으로는 일반적으로 반응열과 반응속도에 의해 정의한다.

즉, 물질이 위험한 반응성이 있는 가의 여부를 판정하는 것으로, 반응속도(V) 및 반응열(Q)에 의해 정의하고 있다.

$$V = f(C) \cdot g(T) \qquad (2.1)$$

여기에서,

$$g(T) \sim k_0 \exp(-E/RT) \qquad (2.2)$$

농도항 $f(C)$(물질의 종류 및 반응기구가 지배)와 온도항 $g(T)(k_0, E$와 같은 반응인자의 파악이 필요하며, 열반응이나 radical반응을 주 지배)에 의해 반응위험성이 판단된다. 일반적으로 반응속도가 빠르고 반응열이 클수록 반응위험성이 크다.

참 고 반응기구 및 반응인자를 구하는 방법
반응물질이 액체 및 고체의 열반응인 경우, TG, DTA, DSC 등의 열분석에 의해 반응열(Q), 활성화에너지(E), 반응속도상수(k) 등을 비교적 쉽게 구할 수 있다.

2.3.2 연소위험성

(1) 발화의 입장에서의 구분

1) (자연)발화 위험
   ① 열 및 충격에 따라 격렬히 폭발하는 물질 (예: nitro화합물, diazo화합물, 유기과산화물 등)
   ② 공기와 접촉하면 즉시 발화하는 물질 (예: alkyl aluminium, 황린(黃燐) 등)
   ③ 물과 접촉하여 발화하는 물질 (예: alkali금속, hydrosulfide 등)
   ④ 비교적 고온에서 가열하여야 발화하는 유기고체물질 (예: 목재, plastics, 탄소 등)
2) 인화 위험 - 가연성 기체와 가연성 액체

(2) 명칭 및 상태별로 구분

1) 명칭별 - 폭발성, 발화성, 인화성, 가연성 등
2) 상태별 - 연소성 고체 등

그리고 다음과 같은 물질의 위험성은 물질 그 자체보다도 상태 및 현상의 위험에 속하는 것으로 생각함이 타당할 것이다.

① 압축 또는 액화하여 용기에 저장한 기체 물질 :
내용물이 비록 어떠한 위험성이 없어도 고압 또는 저온이어서 잠재적 위험이 생기는데, 이 위험을 물질에 부수된 위험으로 보는 가의 여부도 이견이 있다.

② 물과 접촉하여 발화하는 물질 :
물과 반응하여 가연성 및 유독성 가스를 발생하는 물질(예: CaC_2, Ca_3P_2)로, 금수성물질로 구분함

표 2.2 연소(폭발)위험성의 판정에 이용되는 특성, 지표, 시험법

구별	특성물리량	지표	물질의 상태	시험법
연소의 발생	온도	(자연)발화온도	기체, 액체, 고체	발화점시험(정온법, 승온법)
		인화온도	액체, 고체	발화점시험(밀폐법, 개방법)
	에너지	최소발화에너지	기체	불꽃발화시험(용량불꽃법 등)
		충격감도	액체, 고체	낙추감도시험
	가스농도	연소(폭발)한계	기체	연소한계시험(버어너법, 전파법)
		산소지수	액체, 고체	한계산소시험(LOI 시험)
연소의 확대, 효과	속도	연소속도	기체	연소한계시험(버어너법, 전파법)
		표면후퇴속도	액체, 고체	액면연소시험
		열분해속도	기체, 액체, 고체	열중량분석(TG 등)
		화염전파속도	기체, 액체, 고체	화염전파시험(재료방화시험)
	온도	연소(화염)온도	기체, 액체, 고체	화염온도측정(접촉법, 비접촉법)
	열량	연소열	기체, 액체, 고체	발열량시험(bombe법), 단열법
	압력	폭발압력	기체, 액체, 고체	밀폐용기시험, 압력용기시험
	일	폭발강도	액체, 고체	연주(鉛鑄)시험, 연관(鉛管)시험
	가스성분	유독생성가스	기체	가스분석, 동물시험

(3) 판정

연소에 의한 위험은 화재 및 폭발과 같은 큰 사고로 직접 이어질 가능성이 높아, 그 위험성의 판정에 많은 연구를 하고 있다. 다만 물질을 어떻게 분류하여도 연소(폭발) 형식의 다기성(多岐性), 동일한 연소성에서도 연소의 발생과 확대 및 그 효과 등에 위험 특성이 차이가 있어, 단일의 시험 및 지표로 위험성을 판정할 수가 없다.

따라서, 연소(폭발)위험성의 판정에 이용되는 특성, 지표 및 시험법에 대하여 표 2.2에 종합하여 보았는데, 이와 같이, 각각에 속한 여러 종류의 측정 결과를 종합하여 위험성을 판정하여야 한다.

1) 발화(연소 발생)에 관한 특성 지표

① 발화온도(발화점) : 가연물을 가열할 때, 스스로 연소를 시작하는 최저온도 -600℃ 이하에서 발화 위험

② 인화온도(인화점) : 액체 및 고체 면 위에 화염 및 불꽃에 의해 발화가 가능한 가연성의 혼합가스가 형성되는 액체 또는 고체의 온도

- 액체 및 고체의 위험성의 판정에 사용

③ 최소발화에너지 : (전기)불꽃 등에 의해 가연성 혼합가스를 발화시키는데 필요한 최소의 방전에너지

- 액체의 인화를 위한 발화원의 강약을 나타내는 발화 특성의 지표

④ 충격감도 : 일정 무게(주로 5 kg의 추)의 물체를 50～60 cm 높이에서 낙하 하여 충격에 의해 에너지를 가하여 발화 여부를 측정

- 고체의 폭발성물질 및 함산소물질이 측정 대상

⑤ 연소한계(폭발한계) : 가연성가스가 공기(또는 산소)와 혼합하였을 때, 작은 발화원(불꽃 및 화염)에 의해 발화, 연소하기에 필요한 가스 농도

- 연소범위(폭발범위) : 하한계～상한계로, 가연물이 기체이면 vol.%, 분진 등의 분산계는 g/m^3, mg/ℓ
- 하한계가 낮고, 연소범위가 넓으면 위험성이 크다.

⑥ 산소지수(LOI) : 가연성의 고체(주로 plastics) 및 액체를 발화시킬 수 있는 산소 농도(vol.%).

- 통칭 OI(oxygen index)라고도 부른다.

2) 발화 후 연소 확대에 관한 특성 지표

① 연소속도 : 미연소가스가 화염면에 직각으로 이동하는 속도

- 혼합기체의 연소의 빠르기를 나타내는 물리량
- 가연성가스를 공기 중에 확산 연소하는 경우에는 아세틸렌 및 수소 등을 제외하고는 그 속도의 차이가 적어서 위험성을 비교 하는 지표로는 실용적이지 못하다.

② 표면후퇴속도(액면강하속도) 및 열분해속도 : 가연성물질이 고체 및 액체의 경우, 연소의 진행속도를 측정하는 지표로서, 이를 연소속도로 하여 위험성의 판정에 이용한다.

③ 화염온도 및 연소열 : 물질의 종류 및 조성에 따라 이들 값의 변화가 크지만, 열역학적 계산에 의하여 추정되므로 연소성의 판정지표로 자주 사용된다.

> **참 고** 방열을 무시한 화염온도를 단열화염온도라 한다.

④ 폭발압력 : 특정 용기 중에 연소반응시의 최대 압력으로 추정한다.

- 압력용기 시험법으로, 유기과산화물의 폭발성의 정도를 측정

⑤ 폭발강도 : 폭발성물질의 폭발 위력을 측정하는 지표

- 화약류와 같이 폭굉(detonation)을 일으키는 물질의 시험 방법
  - ㉠ 연관(鉛管)시험 : 연관 중에 폭발성물질을 넣어, 뇌관으로 기폭시켜 연관의 변형 정도로 폭발위력을 비교, 측정

ⓛ 연주(鉛鑄)시험 : 납(鉛)의 block 중에 폭발시켜 내부에서 형성된 공동(空洞)의 크기로 폭발강도를 비교, 측정

⑥ 화염전파속도 : 유기재료의 표면에서의 화염의 확대 정도를 나타내는 속도로, 재료의 방화시험에 이용

또한, 대표적인 기체와 액체 물질에 대한 연소성의 지표 측정값을 표 2.3에 나타내었는데, 측정법, 측정조건 및 측정자가 다른 것을 함께 정리한 것이다.

표 2.3 여러 물질의 연소성의 지표 측정값

물질명	발화온도 (℃)	인화온도 (℃)	연소하한계(%)	연소상한계(%)	최소발화 에너지(mJ)	소염거리 (cm)	화염온도 (℃)	연소열 (kcal/g)	연소속도 (cm/s)
methane	537	–	5.0	15.0	0.20	0.20	1,963	11.93	33
ethane	515	–	3.0	12.4	0.24	0.18	1,971	11.33	44
propane	466	–	2.1	9.5	0.30	0.17	1,977	11.06	43
n-butane	405	–	1.8	8.4	0.26	0.18	1,982	10.90	41
n-pentane	258	−48	1.5	7.8	0.22	0.18	1,977	10.82	42
n-hexane	223	−26	1.2	7.4	0.23	0.18	2,013	10.76	42
n-heptane	223	−4	1.2	6.7	0.24	0.18	1,940	70.72	42
ethylene	490	–	2.7	36	0.10	0.12	2,102	11.25	75
acethylene	305	–	2.5	100	0.03	0.07	2,325	11.50	155
hydrogen	571	–	4.0	75	0.02	0.06	2,045	28.62	306
carbon oxide	609	–	12.5	74			2,100		45
methyl alcohol	470	11	6.7	36	0.14	0.15		5.40	52
ethyl alcohol	392	12	3.3	19	2.40	0.53		7.04	
acetone	561	−18	2.6	13	1.15	0.38	1,849	7.34	50
benzene	592	−11	1.3	7.9	0.22	0.18	2,032	9.68	45
ethyl ether	185	−45	1.9	48	0.28	0.20	1,979	8.80	44
ethyl acetate	486	−4.4	2.5	9	1.42	0.25	1,855	5.37	36
carbon disulfide	120	−30	1.3	50	0.01	0.05	1,977	3.48	54
cyclo hexane	270	−20	1.3	7.8	0.22	0.18	1,979	10.46	42
ethylene oxide	429	–	3.0	100	0.06	0.10	2,138		100

2.3.3 유독위험성

(1) 유독위험성물질의 의학적 구분

1) 자극성물질
   - 상부 기도 (예 : NH_3, SO_2, HF, HCHO, acrolein)
   - 폐 조직 (예 : halogen, NO, TDI)
   - 폐포 (예 : NO_2, phosgene)
2) 질식성물질 (예: CO, cyan, H_2S)
3) 발암성물질
   - 방광 (예 : diphenylamine, oramin)
   - 피부 (예 : coal tar, pitch)
   - 폐 (예 : asbestos, 크롬산염)
   - 간장 (예 : β-yellow)
4) 장기장해물
   - 신경 (예 : Hg, halogen화 탄화수소, alkyl납, 유기인)
   - 간, 위장 (예 : CCl_4 , TNT, dioxane)
   - 혈액 (예 : benzene, 납),
   - 경(硬)조직 (예 : 황린, 불소)
   - 폐 (예 : carbon black, cememt, SiO_2)

(2) 유독위험성물질의 중독상 구분

1) 급성독성(acute toxicity) 위험성

   화학물질을 1회 또는 1일(24시간) 이내에 수 회 투여한 후 나타나는 독성이다. 또한, 2주일(14일) 이내에 사망하는 경우의 독성으로, LC_{50}, LD_{50} 등이 있다.

2) 만성독성(chronic toxicity) 위험성

   화학물질을 투여한 후 6개월~1년에 걸쳐 나타나는 독성이다.

(3) 판정

유독위험의 판정에 기본적인 문제는 생체에 대한 유독 여부를 어떻게 다룰 것인 가이다. 예로서, 토끼의 경우, 설탕 및 소금은 20 g/kg 및 3.1 g/kg 투여시 죽기에 극단적으로 볼 때, 이들 물질들은 무해한 화학물질이라 말할 수 없다.

즉, 물질에 대해 일괄적으로 유해 및 무해로 구분하는 것은 곤란하고, 그 위험성은 생체와 물질의 상호작용의 관점에서 다루어져야 할 것이다.

유독성을 인체에 대한 (−)effect로 다음과 같이 분류할 수 있다.

① 국소(국부)반응(자극민감성)

② 급성중독

③ 만성중독

④ 발암성 : 판정법은 완전히 의학적이어서, 그 지표가 미확립

⑤ 잠재독성(최기성(催奇性)) : 장기간에 걸친 환경보건 문제

따라서, 오늘날에는 유독위험성을 국부반응을 포함하여 작용이 나타나는 시간에 따라 급성중독과 만성중독의 2가지로 대별하고 있다.

1) 급성중독

동물실험에 의한 지사율(致死率: lethality), 즉, 투여한 물질에 의해 실험동물이 사망하는 약(물)량(藥(物)量)에 의해 다음의지표로 위험성을 비교한다.

① MLD(Minimum Lethal Dose) − 실험동물 전체가 사망률이 0인 약량

② LD_{50}(Median Lethal Dose) − 실험동물 반수(50%)가 사망하는 약량

③ LC_{50}(Median Lethal Concentration) − 실험동물 반수(50%)가 사망하는 약량 (단, 유독물질이 기체 및 aerosol인 경우)

- 이들 위험성 지표는 실험동물에 의한 수치로, 유독작용은 동물의 종류 및 체중당의 수치로 비교하여, 이를 인체에도 적용하고 있다.
- 일반적으로 LD_{50}의 수치가 많이 이용되며 보통, 동물의 경구(經口)독성이 30 mg/kg 이하를 독물(毒物), 300 mg/kg 이하를 극물(劇物)로 정하고 있어, 표 2.4의 급별에서 독물은 '많이 유독', 극물은 '다소 유독'의 등급에 속한다.

표 2.4 물질의 급성중독의 급별

분류	LD_{50} (쥐에 경구 투여)	LC_{50}(증기 4 hr) (쥐에 흡입 투여)	LD_{50} (토끼에 경피 투여)
1. 극히 유독	~1 mg/kg	< 10 ppm	~5 mg/kg
2. 많이 유독	1~50 mg/kg	10~10^2 ppm	5~44 mg/kg
3. 다소 유독	50~500 mg/kg	10^2~10^3 ppm	44~350 mg/kg
4. 약간 유독	0.5~5 g/kg	10^3~10^4 ppm	0.35~2.82 g/kg
5. 거의 무독	5~15 g/kg	10^4~10^5 ppm	2.82~22.59 g/kg
6. 무해	15 g/kg ~	> 10^5 ppm	22.6 g/kg ~

2) 만성중독

급성중독과 같이 적합한 위험의 지표는 없어 판정도 어렵다. 다만, 일반적으로 다음의 지표로 나타낸 농도를 준용하고 있다.

즉, TLV(Threshold Limit Value), AC(Allowable Concentration) 또는 MAC(Maximum Allowable Concentration)로, 건강한 남자가 1일 8시간 연속하여, 그 환경에 있어도 인체에 작용이 나타나지 않는 물질농도이다.

- 지표 단위는 유독물질이 기체인 경우는 ppm, 분체의 경우는 mg/m^3 등으로 표시하는데, 수치가 적을수록 위험성이 큰 것을 뜻하며, 이 수치는 매년 ACGIH(American Conference of Governmental Industrial Hygienists)에서 발표되고 있다.
- 노동위생상의 관리농도이다 .
- 이들 지표의 농도와 LC_{50}과는 반드시 비례하지 않는다. 예로서, benzene과 toluene을 비교시, LC_{50}은 31.8(mg/l), 19.9(mg/l)이지만, MAC는 25(ppm),100(ppm)으로 반대의 수치를 나타낸다..

3) 중독지수

- 가스농도와 작용시간의 곱으로 정의한다.
- 흡수된 가스의 전체량에 의해 작용이 나타나는 것으로, CO의 경우, 농도(ppm)×시간(hr)의 값으로 나타내면 다음과 같다.

중독지수	~ 300	600	900	1,500
작용 증상	무	다소 이상 느낌	두통, 구토	생명 위험

4) 증기위험도지수(Vapor Hazard Index: VHI)

- 허용농도와 포화증기농도의 비율로 나타내는 값

$$VHI = (P_{max}/760) \cdot (10^6/AC) \quad \cdots\cdots (2.3)$$

여기에서, P_{max} : 포화증기압(mmHg)

AC : 허용농도(ppm)

- 중독 위험이 있는 물질의 증기로 되기 쉬움과 그 증기의 위험성을 합친 것으로, 액체인 용제(대부분 유기용제)의 잠재적인 위험성을 평가하는데 적합하다.
- 페인트나 분무칠과 같이 기체로 되기 쉬운 용제의 경우에는, VHI 보다 ACI(허용농도지수, Allowable Concentration+ Index)로 위험성을 나타내는 것이 적합하다.

$$ACI = 100/AC \quad \cdots\cdots (2.4)$$

참고로, 유기용제의 TLV, ACI 및 VHI의 값에 대하여 표 2.5에 나타내었다.

표 2.5 유기용제의 TLV, ACI, VHI의 관계

용제	TLV(ppm) ACGIH,1976	ACI (−)	VHI(×10^3)				
			5℃	15℃	20℃	25℃	35℃
carbon tetrachloride	10	10	6	9	12	15	23
carbon disulfide	20	5	10	16	20	25	25
benzene	25	4	2	3	4	5	8
trichloro-ethylene	100	1	0.4	0.6	0.8	1.0	1.5
n-butyl alcohol	50	2	0.046	0.1	0.14	0.18	0.36
xylene	100	1	0.034	.06	0.08	0.10	0.18
methyl alcohol	200	0.5	0.25	0.5	0.6	0.8	1.3
toluene	100	1	0.12	0.20	0.28	0.34	0.60
n-hexane	500	0.2	0.15	0.25	0.32	0.40	0.60
ethyl alcohol	1,000	0.1	0.023	0.04	0.06	0.08	0.13

2.3.4 부식위험성

(1) 부식위험성의 구분

1) 피부식(被腐蝕) 물체로 구분 - 생체(인체)와 재료(금속, 비금속재료)
2) 건식(dry corrosion) - 고온공기 및 가스, 습식(wet corrosion)
   - 수분(물)
3) 전면부식(general corrosion), 국부부식(localized corrosion)

(2) 부식위험성의 지표

부식위험성물질은 실용적으로는 강산, 강알칼리, halogen을 포함한 화합물이 포함되며, silan, amine, 유기산 등의 물질은 인체와 재료에 모두 부식작용을 일으키므로 세분화할 필요가 없다.

(3) 판정

부식을 입는 측의 물질에 따라 나누는데, 인체와 재료(금속과 비금속 재료)로 분류하는 것이 편리하다.

1) 인체에 대한 부식 위험

본질적으로 유독 위험과 같은데, 이 경우에는 impact가 주어지는 부위가 피부 및 점막과 같이 비교적 외기에 접촉되는 부분인 것 이외의 차이가 없어, 앞에서 언급한 급성, 만성 위험의 관점에서 동물실험에 의해 위험성을 판정한다.

2) 재료에 대한 부식 위험

일종의 반응 위험으로 볼 수 있지만, 반응의 형식은 앞에서 언급한 일반적인 반응과는 다르다.

① 건식반응 : 고온의 공기 및 산화성가스에 의한 부식반응

② 습식반응 : 수분의 존재 하에 물을 매개체로서 일어나는 부식반응
(대부분이 전지작용에 의한 전기화학반응이 됨)

– 부식 현상의 형식적인 구분

① 전면(全面)부식 : 표면이 모두 부식

② 국부(局部)부식 : 표면의 일부가 집중적으로 부식

③ 입계(粒界)부식 : 국부부식의 일종

④ 응력(應力)부식 : 내부 응력의 존재 하에 일어나는 것

– 부식 정도를 나타내는 지표

획일적으로 수치에 의해 부식 위험을 나타내기는 어렵지만, 일반적으로 다음의 지표로 나타내고 있다.

① 부식도 : 단위시간당의 부식 감량 : mdd(mg/dm^2 · day)

② 평균침식도 : 부식도의 값을 년간의 부식 깊이로 환산 : (mm/year)

> **참 고** 금속재료의 경우, 평균침식도가 0.1～1.0(mm/year) 이상이면, 부식위험성이 있다고 생각된다.

2.3.5 방사위험성의 판정

방사선(放射線)의 조사(照射)로 인체에 피폭(被曝)으로 인하여 나타나는 위험성이다. 다만, 방사성물질에 의한 생체에의 피폭 위험 이외에 방사선에 의한 전자파(예: X선, 적외선, laser광)도 생리적 위험성을 갖지만 이는 물질과는 직접 관계가 없기에 물질의 위험에는 포함되지 않는다.

(1) 판정

인체에 대한 영향만이 문제가 되고 있다는 점에서 유독위험과 같은 종류이다. 따라서, 자극성, 급성, 만성, 발암성 등의 노동위생상의 위험을 고려하여야 하고, 유전자에 대한 영향도 있어 환경보건상의 잠재위험도 함께 고려하여야 한다.

1) 피폭의 종류

① 급성피폭 : 대량의 방사선(放射線)을 일시에 피폭된 경우

- 병상 : 백혈구 및 임파구의 급격한 저하, 피부의 홍반, 위장사, 중추신경사 등의 각종 위험

② 만성피폭 - 소량의 방사선을 장시간에 피폭된 경우

– 병상 : 세포의 감소, 백혈병, 뼈, 갑상선, 폐 등의 암의 발생 등의 위험. 방사선의 유전적 영향으로는 유전자의 돌연변이

2) 방사위험을 판정하는 지표

– 내용량(耐容量, Tolerance Dose) 및 최대허용선량(Maximum Permissible Dose, MPD)
: 장기 또는 1회의 피폭을 받았을 때 심한 장해 및 유전 장해를 일으킬 우려가 없는 최대 방사선량 [rem](표 2.6 참조)

표 2.6 개인에 대한 방사선량의 한도

장기	성인직업상의 피폭에 대한 MPD		공중 구성원에 대한 MPD 한도
	rem/year	rem/3개월	rem/year
생식선, 골수	5	3	0.5
피부, 뼈, 갑상선	30	15	3.0
손, 팔, 다리, 복사뼈	75	38	7.5
기타의 단일장기	15	8	1.5

참 고 rem(선량단위(線量單位))
= 흡수선량(rad)(吸收線量, 방사선에 의한 에너지흡수 측정척도) × 선질계수(線質係數, 방사선의 생물학적 효과의 차이값)
(선질계수) X, β, γ선 = 1, 열중성자선 = 3, α선, 고속중성자선 = 10

2.4 화학물질의 안전 원리

2.4.1 화학물질의 안전 취급

각종 화학물질 등의 위험성물질에 있어서의 안전 취급을 위해서는 다음과 같은 단계별 사항이 이루어져야 할 것이다.

(1) 기본원칙

1) 사전에 그 물질의 성상, 위험성에 대하여 충분한 지식을 가져야 하는 바, 이는 위험성을 잘 이해하여 취급하는 것이 안전하게 취급하기 위한 근본적 요건이기 때문이다.

2) 주류 및 약물을 먹고, 그 영향이 아직 없어지지 않았다고 인정되는 사람에게는 절대로 작업을 시키지 않아야 한다.

3) 창고 내 또는 탱크 내에 들어갈 때에는, 미리 창고 내 탱크 내의 공기의 안전성을 검사하고, 또한 산소 농도가 18% 이상이고, 인화성의 가스 및 증기의 농도가 폭발한계 이하이거나 유해물의 농도가 허용농도 이하인 것 등을 확인한다.

4) 금속과의 마찰에 의해 스파아크를 발생하는 것과 같은 구두 등은 신지 않도록 한다. 만약, 이에 의해 발생한 정전기를 제거하기 위하여 반드시 통전(通電) 조치를 하여 두도록 한다.

5) 취급물질에 적응한 방독마스크, 자장식(自藏式) 호흡구, 에어라인 마스크 및 보호복, 안경, 장갑, 헬멧, 구두 등을 착용한다.

6) 방독마스크에 대해서는 흡수통의 유효성, 장착의 확실 여부 등을 검사하여야 한다.

7) 호흡기로부터의 흡입 및 피부로부터의 흡수는 입을 통하여 마시는 것보다 매우 빠르고 강한 중독을 일으키게 된다. 따라서, 작업을 끝냈을 때에는 신속히 옷을 벗고, 피부, 귓구멍 등을 잘 씻고 다른 옷으로 갈아입도록 하여야 한다.

8) 작업 중에 이상(異常)을 느끼는 사람은 즉시 작업을 중지하고 적당한 처치를 받도록 하는 것이 중요하다.

9) 작업종료 직후의 음주를 금지하도록 한다. 주류는 체내에 들어간 약간의 유해물에도 체외로의 배설을 지연시켜, 체내의 생각하지 않았던 부위에 증상이 나타나는 경우가 있기 때문이다.

(2) 안전교육

화학약품 등의 위험물에 의한 사고 중에는 폭발, 중독 등의 치명적인 인신사고로 이어지는 경우가 많다. 이러한 치명적인 사고 내지는 중대사고를 방지하거나 줄이는데 효과가 큰 것이 안전교육이다. 즉 "어떠한 화학물질이 어떠한 위험성을 갖고 있는가를 알고 있느냐"에 따라 그 물질의 취급에 대한 태도가 바뀌어 간다.

(3) 반응성 위험물의 위험성 평가, 종합평가와 안전대책

반응성을 갖는 화학물질을 보다 체계적으로 안전히 취급하기 위해서는 위험성 평가를 행하는 것이 필요한데, 이를 위해서는 화학물질에 관한 사례연구, 위험성 data sheet(MSDS)의 화학적 지식의 활용, 위험성의 예측 및 시험에 의한 위험성의 평가를 기하여 종합적인 평가를 행한다.

2.4.2 화학물질의 수송 · 운반 안전

위험성물질의 수송이나 운반은 도로, 철도, 수로, pipe line, 선박, 항공기 등의 다양한 수단으로 이루어지고 있는데, 고정설비의 경우와 못지 않게 위험발생 요인이 개재되어 사고 및 재해가 많이 발생하고 있는 실정이다. 따라서, 각국별로 위험물 수송에 관한 규정에 따라 규제와 지도를 행하고 있는데, 국제적인 규정으로는 국제해사기구(IMO)의 위험물 code(IMDGC 또는 IMO)(1977)가 국제적인 수송안전에 큰 영향을 주고 있다.

(1) 수송 수단에 의한 위험성

1) 도로 수송

도로 수송시에 화학물질별 특별 대책은 다음과 같다.

① 중합하기 쉬운 물질 (예 : 부타디엔, 산화에틸렌) : 중합에 의한 발열반응이 가속되므로, 중합 방지책으로 보냉(保冷) 탱크의 사용
② 용융상태로 운반하는 물질(예 : 유황, 인, 안칼리, 나프탈렌) : 보냉(保冷) 탱크에 의해 운반
③ 과산화수소 : 알루미늄 또는 특수 강철제 탱크로 수송
④ 유기과산화물 : 냉동된 보냉(保冷) 탱크에 의해 운반
⑤ 유황3산화물 : 중합하지 않게 보온 탱크에 의해 가열상태로 운반
⑥ 불소 : 납을 내장한 구리제 탱크
⑦ 외부 표면이 보호된 탱크로 운반

2) 철도 수송

철도 수송에서 위험물의 유출을 수반하는 사고의 대부분은 충돌 및 탈선에 의한 것인데, 그 원인은 차량의 기계적 특성 및 궤도의 결함인 것이다. 그 외의 위험물의 철도 수송에 있어서의 잠재위험성은 기관 또는 브레이크에서 생기는 불꽃이다.

따라서, 이의 규제를 위하여 각국별로 제반 규정이나 규칙을 정하여 행하고 있다.

- 미국 : 운수성(DOT)이 연방철도국을 통하여 규정
- 영국 : 화물열차 및 여객열차에 의한 위험물 수송에 관한 규정
- EU : 철도에 의한 상품수송에 관한 국제규칙(RID)

3) 파이프라인에 의한 수송

파이프라인 사고의 주 요인은 외부로부터의 영향에 의한 것이 주된 것으로, 피복의 손상을 포함한 기계적 장해와 지반 변화 및 굴삭기계에 의한 손상 등이다.

따라서, 주로 연강이나 주철의 재질인 파이프라인의 방호를 위해서 사용되는 방법으로는, coal tar와 유리섬유에 의한 피복(被覆)과 음극방식(陰極防蝕)이 있는데 최근에는, 피복과 음극방식을 조합시켜 외면(外面)을 방호하는 방법에 의해 외면 부식(外面 腐植)을 최소로 할 수 있다.

파이프라인으로 운반되는 위험물들은 상당히 많지만, 그 중에서 천연가스, LPG, 에틸렌 등의 화재, 폭발 위험성이 있는 탄화수소화합물과 암모니아, 염소 등의 중독 위험성이 있는 물질들이 대표적인 물질의 예이다.

4) 해상 수송

선박에 의한 해상 수송에 따른 주요 잠재위험성은 선박 자체의 화재 및 폭발, 가연성 물질 및 유해성 물질의 선박으로부터의 누출이다. 그리고 선내에서의 화재 및 폭발위험성은 위험물의 적하뿐만 아니라, 하역 중에나 세정작업 시에 생긴다. 또한, 해상에서의 누출은 충돌 및 좌초의 결과로 발생하는 것이 많은데, 충돌의 가능성을 증대시키는 요인에는 항로의 혼잡, 빠른 조류 및 해상의 날씨 등이며, 항내에서의 누출은 충돌이나 선적(船積) 및 육양(陸揚) 할 때에 생기기 쉽다.

5) 항공기에 의한 수송

항공기에 의한 위험물의 수송은 국제항공수송협회(IATA)의 적재제한품 위원회가 관계하고 있다. IATA의 제한품에 관한 규칙은, 수송하는 화학제품의 종류 및 양의 규정을 세우고, 특정의 포장과 표시를 요구하고 있다. 이 규칙 중에는 특별한 포장 및 취급을 필요로

하는 약 2,300여종의 물질이 망라되어 있는데, 어느 종류의 물질은 항공 수송을 금지하고 있기도 하다. 그리고 방사성물질의 수송은 IATA의 규칙에 의해 관리되고 있지만, 이는 국제원자력위원회(IAEA)의 방사성물질의 안전수송 규칙을 구체화한 것이다.

2.4.3 위험성물질의 응급조치 시스템

위험성물질의 수송, 저장 및 취급 중에 발생하는 사고에 대응하는 대책으로, 각국의 여러 기관에 의해 위험물의 응급조치 시스템이 개발되어 이에 의한 지침서가 다음과 같이 발간되고 있다.

(1) CHRIS(USCG)

미국 해안경비대(U.S Coast Guard : USCG)에서 개발한 CHRIS(Chemical Hazards Response Information System) CG-46의 내용은 다음과 같이 4권으로 발간되었는데, 이들 manual은 위험화학물질의 수송과정에서의 긴급사태 발생시에 해안경비대원들이 어떠한 결정을 내려야하는 가의 정보 · 지침을 주는 것을 제1의 목적으로 하고 있다.

- CG－446－1 : 화학물질의 위험성에 관한 개설서
- CG－446－2 : 위험화학물질 data집
- CG－446－3 : 위험성평가 handbook
- CG－446－4 : 위험대책방법 handbook

(2) DOT-CHEMTREC

미국 운수성(U.S Department of Transportation : DOT)이 약 2,000종의 위험성물질에 대한 잠재위험성과 긴급시의 조치를 정리하여 발간한 위험성물질 응급조치 지침안내서로서, 내용 구성은 다음과 같이 크게 3가지 부분으로 나누어져 있다.

1. 인식번호(ID No.)순의 위험성물질명에 대한 지침번호의 색인
2. 알파벳순의 위험성물질명에 대한 지침번호 및 인식번호의 색인
3. 각각의 지침번호에 대한 응급조치 지침

이 안내서에는 CHEMTREC(Chemical Transportation Emergency Centre)이 있는데, 미국화학공업협회(CMA) 내에 설치된 공공 서비스기관인 CHEMTREC은 하루 24시간 연중 무휴의 근무 태세로 긴급시에는 미국내 어느 지역에서도 무료로 직접 통화를 할 수 있게 하여, 긴급사고의 현장에 임한 사람들에게 즉석에서 조언을 주고, 화학물질의 송출인에 대해서는 상세한 원조와 적당한 사후조치를 하기 위하여 협력을 제공하고 있다.

(3) OHM-TADS(EPA)

미국 환경청(U.S Environmental Protection Agency : EPA)에 의해 개발된 컴퓨터를 이용한 시스템인 OHM-TADS(Oil and Hazardous Materials-Technical Assistance Data System)은 약 1,000종의 화학물질에 대한 물리적, 화학적, 생물학적, 독물학적인 제 성질 및 상업적 data 등의 126항목에 이르는 광범위한 정보를 제공하는데, 가장 중요성을 강조하고 있는 것은 수질에 주는 유해한 환경에 대한 것이다.

(4) NFPA No.704

미국방화협회(NFPA)가 추천・권장하는 시스템인 NFPA No.704(Standard System for the Identification of the Fire Hazards of Materials)로 발행되고 National Fire Code에 수록되어 있는데 공장 및 저장고의 화재시 소방요원에게 기본적인 경계정보를 제공하고 있다.

위험물의 경계표지는 앞의 그림 2.1에서와 같은 표시 라벨로 나타내고 있다.

(5) Tanker 안전지침(IMCO/ICS)

국제해사자문기구(Inter-Governmental Maritime Consultative Organization : IMCO)에서는 화학제품 및 원료의 chemical tanker에 관한 설비구조를 규정한 IMCO 위험물 복적선(腹積船) 구조설비규칙을 채택하였다.

그리고 국제해운회의소(International Chamber of Shipping : ICS)에서는 선주 및 운항자로서의 입장에서 복적(腹積)수송에 종사하는 선박의 승무원에 대하여 항해 중 및 입항 중의 작업의 안전성을 향상시키기 위한 권고를 제공하기 위한 목적에서, 「Tanker 안전지침(Chemical편)」 및 「Tanker 안전지침(석유편)」을 발행하고 있다.

(6) 위험물 등의 소방활동 안내

일본 도쿄(東京)소방청의 소방과학연구소 감수의 「개정 위험물 등의 소방활동 안내」 및 「개정 위험물 등의 소방활동 안내 해설서」는 소방직원이 위험물 등에 의한 재해의 대책, 활동 방침 등을 결정하는 경우의 자료로서, 1979년에 발행된 것이다. 「개정 위험물 등의 소방활동 안내」는 약 7,000종류의 위험물 등에 대하여, 「개정 위험물 등의 소방활동 안내 해설서」는 약 460종류에 대하여, 이들에 대한 data sheet로 기재하고 있다.

Chapter 3

화학공정의 위험성

화학적인 잠재 위험성 중에서 물질 종류에 관계하지 않는 것 중에서 공정상에서 일어나는 현상 및 상태의 입장에서 주요 위험성별로는, 폭주반응(화재 및 폭발)의 위험, 상태(압력 및 열)의 위험, 유동(방출 및 유출)의 위험으로 구분하여 다루어 보고자 하였다.

3.1 폭주반응의 위험성

반응에 따른 위험의 문제는 제어가 행하여지기 쉬운가의 여부에 달려있다. 따라서, 폭주반응의 위험성은 무언가의 원인으로 반응과 그 제어의 균형이 무너지고 반응속도가 시간과 함께 지속적으로 상승할 때 생긴다고 볼 수 있다.

이와 같은 종류의 반응의 생성조건은 원리적으로 반응과 제어의 속도의 균형(balance)을 다루면 구하여질 수 있다. 여기에서는 간단한 균일계 열반응을 예로 하여 보기로 한다.

3.1.1 발열속도와 방열속도의 관계식

$$q = \Delta H \nu V = \Delta H k_0 \exp(-E/RT)[A]^m [B]^n V \quad \cdots\cdots (2.4)$$

$$q' = hS(T - T_0) \quad \cdots\cdots (2.5)$$

여기에서, q : 발열속도(energy/time), q' : 방열속도(energy/time)

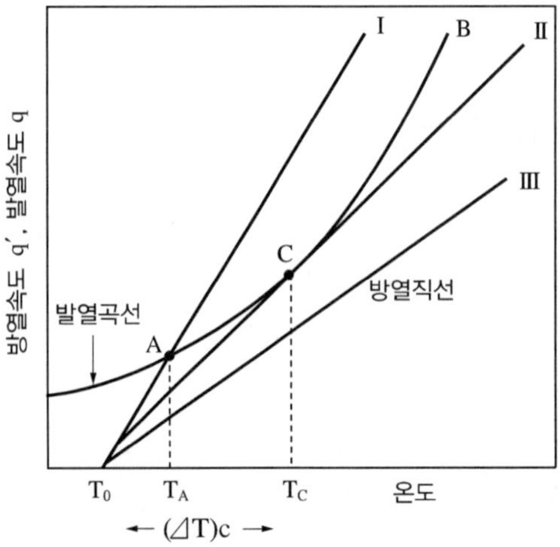

그림 2.3 발열속도(q)와 방열속도(q′)의 관계

이들 발열속도와 방열속도에 있어, 방열 조작에 영향이 큰 전열계수(h) 만을 그림 2.3에서와 같이 변화시켜 비교하여 보기로 한다.

먼저, 방열속도(q')의 경우에서

- 직선 I : 전열계수(h)가 큰 경우로, 방열이 충분하여서 온도는 교점 A까지 상승하여 머물고, 그 이상은 상승하지 않는다.
- 직선 II : q와 q'가 접하는 상태(교점 C)를 갖는 것으로, 폭주가 생기는 한계값을 갖는다.
- 직선 Ⅲ : 전열계수가 적어 $q > q'$이므로, 온도는 교점을 벗어나 상승을 계속하여 폭주하게 된다.

따라서, 속도와의 상관성을 계산하여 정리하면 폭주를 일으키지 않는 온도상승의 한계값은 앞의 식 (2.4)와 식 (2.5)의 관계식에서 식 (2.6) 및 식 (2.7)의 등식을 연립하여 구한 근의 값은 근사적으로 식 (2.8)과 같이 구하여 진다.

$$q = q' \quad \cdots\cdots (2.6)$$

$$dq/dt = dq'/dt \quad \cdots\cdots (2.7)$$

$$(\Delta T)c = Tc - T_0 \approx RT_0^2/E \quad \cdots\cdots (2.8)$$

계산 예

- $T_0 = 300$(°K), E = 30(kcal/mol)인 경우, R = 1.98(cal/mol°K)이므로, $(\Delta T)c = (1.98 \times 300^2/30 \times 10^3) \approx 6$(°K)의 값을 갖는다. 이와 같이, 발화가 일어나지 않는 최대의 온도 상승값인 $(\Delta T)c$는 대략 RT_0^2/E로 정의되며, 일반적으로 20(°K) 정도의 값을 나타낸다. 이러한 관계식에 의한 해석 방법이 Semenov의 열발화 이론이라 불리운다.

3.2 상태의 위험성

상태의 위험 중에서 가장 중요한 것은 (1) 고압 및 진공으로 대표되는 압력 위험, (2) 고온 및 저온의 열 위험이다. 이들 위험을 극한 상태의 위험성이라 불리우고 있는데, 화학공업에서는 이러한 종류의 위험성이 계속 증가하고 있다.

3.2.1 고압 상태에 기인한 위험성

이에 의한 위험성을 크게 나누어 보면 다음과 같다.

1) 고압으로 인한 용기 및 그 부속물의 파손 및 파괴
2) 1)에 부수된 내용물(가연물 및 유독성 물질)의 방출

다만, 1)에는 고압가스에 의한 부식, 누설 등도 포함하지만, 이들은 기계적 위험이기에 이에 대한 설명은 제외하고 2)의 경우에만 다루어 보고자 한다.

(1) 분출

: 고압에서 저압의 상태로 물질이 방출되는 현상이다.
압력차가 크게 되면 방출량이 증가하여 위험성이 커지게 된다. 이 경우,

1) 방출물질이 기체(단, 개구부가 작고, 분출은 단열적)인 경우,
   압력과 개구부의 유속과의 관계식(Zeuner의 식)(식 (2.9))
   (단, 방출물질이 기체, 개구부가 작고, 분출은 단열적)

$$\nu^2 = \{2/(\gamma-1)\}(\gamma P_0/\rho_0)\{1-(P/\rho_0)^{\gamma-1/\gamma}\} \quad \cdots\cdots (2.9)$$

여기에서, ν : 개구부 유속, γ : 방출가스의 비열비
P : 압력 (P_0 ; 용기내의 압력)
ρ : 밀도 (ρ_0 : 용기내의 밀도)

2) 방출물질이 저압가스 및 액체(응축성은 무시됨)(식 (2.10))

$$\omega(\text{방출유량}) = cA\{2\rho(P_0-P)\}^{1/2} \quad \cdots\cdots (2.10)$$

이 경우, 고압가스와는 달리, 용기 내의 압력은 유량에 관계한다.

(2) 압력의 발생면에서의 고압 위험

항상 압력이 걸려있는 것은 고압용기, 배관, 반응기, 압축기 등이다. 그리고 비상시에 고압이 발생하는 경우에는, 고압이 걸리는 시간 및 상태가 정하여 있지 않기에 위험의 예측이 어렵다.

* 위험이 발생하는 과압의 원인
  ① 냉각계의 결함, 고장 : 냉각수 부족, 환류계 및 열교환기의 결함 및 고장, 응축조작의 불량 등
  ② 제어계의 결함, 고장 : 온도, 압력, 유량 등의 제어 불량, 오조작 등
  ③ 외부 가열 : 주변 화염, 태양열, 기타의 외부 가열에 의한 팽창 및 증기의 발생 등
  ④ 타 물질의 혼입, 상 변화 : 휘발성물질(물 포함)의 급격한 기화, 증기폭발 등
  ⑤ 이상반응 발생 : 계획되지 않은 반응 및 분해, 폭주, 연소, 폭발의 발생 등

3.2.2 고온 및 저압 상태에 기인한 위험성

(1) 고온 위험성

화상(火傷) 등의 생리적 위험(단, 고압 또는 발화의 위험성에 관련이 많고, 재료의 특성 및 열화와 같은 기계적 위험의 범주에 들어가는 것은 제외)

(2) 저온 위험성

동상(凍傷)

> **참 고**
> 화상 및 동상에 대해서는 산업보건에 차원에서 다루어지게 된다.

3.3 유동의 위험성

기체, 액체, 분체 등이 강제적 또는 자연히 유동하게 되면, 이에 대응한 위험이 발생하게 된다.

예를 들면,

1) 고속으로 흐르는 액체의 급차단 : 충격작용으로 기재 파손

2) 전기절연성이 큰 물질의 배관 내 흐름 : 대전(帶電)으로 정전기 발생
3) 유독가스 및 가연성가스의 대기 중에 확산 및 실내 체류 등이다.

이들 위험성의 일부는 기계적 위험에 속하지만, 일부는 화학적 위험도 된다. 그러므로 여기에서는 유동의 위험성을 다음과 같이 구분하여 다루고자 한다.

(1) 기체(가스 및 증기)의 방출과 확산
(2) 액체의 유출 확대
(3) 정전기의 발생

3.3.1 기체(가스 및 증기)의 방출과 확산

(1) 방출

방출(放出)이 많이 발생하는 경우는 plant의 결함에 의한 것으로, 이의 원인은 여러 상황이 있기에 방출량 및 방출기간을 정확히 평가하기 어렵고 방출 상황은 매우 불확실하기 쉽다. 다만, 여기에서는 용기로부터의 가스 및 증기의 방출 상황에 대하여 요약하여 그림 2.4(a)~(f)에서와 같이 전형적인 방출 상황을 나누어 나타내어 보았다.

(a) 유제 : 가스 및 증기, 액체, 증기와 액체의 혼합물
(b) 플랜트 : 용기, 부속 설비, 배관
(c) 간격 : 완전한 파손, 국소적인 간격
(d) 둘레 : 옥내, 옥외
(e) 높이 : 지하, 지표면, 지상
(f) 유체의 운동량 : 적음, 많음

(2) 증기화

액체가 누설되는 경우, 증기운(蒸氣雲)이 형성되기 전에 증기화(vaporization)가 일어나는데, 증기화의 생성속도에 따라 증기운의 모양이 정해진다.

※ 액체의 누설에 의해 생기는 증기화의 경우

1) 상온, 상압 하에서 휘발성 액체: (예) acetone
- 누설 후의 액체가 평형상태에 있고, 비교적 완만히 증발
- Pool에서의 증발 과정은, 액체의 증기압 및 액면에 직각으로 부는 풍속에 지배되는 물질 수송으로, 증발속도가 빠르지 않으면, 대기 중에서의 열의 이동으로 증발 잠열(latent heat)의 공급이 충분하여 액체의 냉각을 방지시킨다.

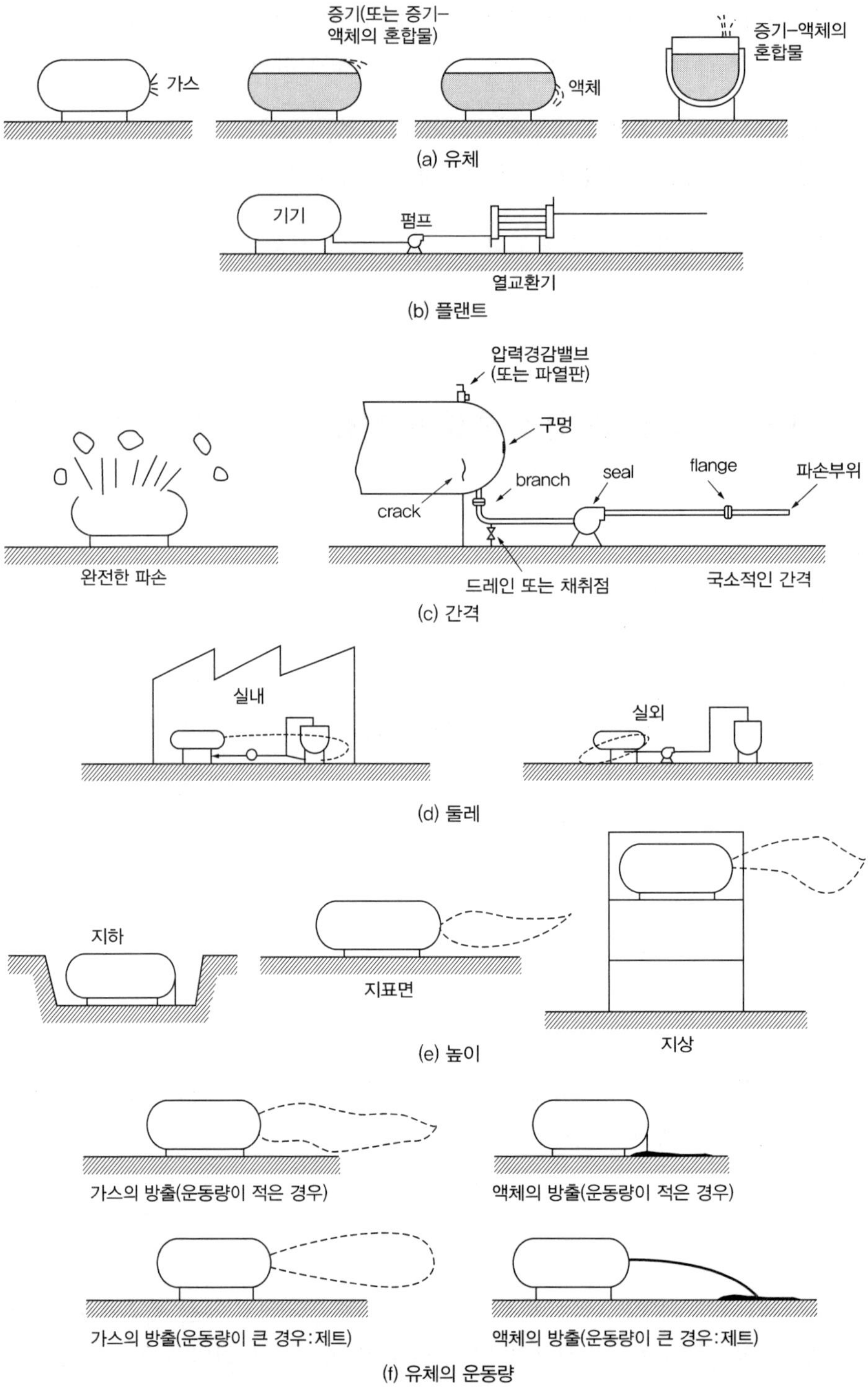
증기(또는 증기–
액체의 혼합물)
가스
액체
증기–액체의
혼합물
(a) 유체
기기
펌프
열교환기
(b) 플랜트
압력경감밸브
(또는 파열판)
구멍
branch
seal
flange
파손부위
crack
완전한 파손
드레인 또는 채취점
국소적인 간격
(c) 간격
실내
실외
(d) 둘레
지하
지표면
지상
(e) 높이
가스의 방출(운동량이 적은 경우)
액체의 방출(운동량이 적은 경우)
가스의 방출(운동량이 큰 경우:제트)
액체의 방출(운동량이 큰 경우:제트)
(f) 유체의 운동량

그림 2.4 방출의 모양

- 원형 pool에서의 액체의 증발속도(식 (2.11))

$$E = 3.6 \times 10^{-10}(MP^{o}/T)u^{0.78}d^{1.89} \quad \cdots\cdots (2.11)$$

- 장방형 pool에서의 액체의 증발속도(식 (2.12))

$$E = 1.2 \times 10^{-10}(MP^{o}/T)u^{0.78}x^{0.89}y \quad \cdots\cdots (2.12)$$

여기에서, E : 증발속도(g/s), M : 분자량(g)
P^{o} : 액체증기압(dyne/cm^2), T : 액체온도(°K)
u : 평균풍속(cm/s), d : pool의 반경(cm)
x : 바람과 수평방향의 pool 크기(cm)
y : 바람과 수직방향의 pool 크기(cm)

2) 과열된 액체

누설된 과열 액체는 일부가 급격히 증발하고, 그외의 액체는 증발에 따라 잠열을 빼앗기 때문에 냉각된다.

(a) 상온, 상압 하에서 과열된 액체 : (예) butane
(b) 고온, 상압 하에서 과열된 액체 : (예) cyclohexane

3) 저온, 대기압 하에서 액화가스 : (예) 저온의 methane

누설되어 처음에는 빠르게 증발하다가 점차 완만히 증발한다.

(3) 확산

방출 및 증발의 형태가 변하면 확산의 상황도 변해간다.

(a) 운동에너지가 큰 방출물질 : Jet로 방출된 경우, 공기와의 혼합이 매우 빠르면서 큰 증기운을 형성, 유해성가스는 puff 및 plume으로 확산하면서 치사량이 큰 증기운 형성
(b) 운동에너지가 적은 방출물질 : 비교적 주위의 공기와의 혼합이 느린 puff 및 plume이 형성되면서 큰 증기운 형성

1) 대기 확산 – 대기 중에 방출되는 것, 환경오염과 상관성
① 가연성가스 : 순간농도가 문제, 국부적 농도 분포가 중요
② 유독성가스 : 평균농도가 문제
③ 가연성 및 유독성 가스 : 대기에 비하여 밀도가 큰 것이 많다

2) 실내 체류 – 건물 내에 위험한 가스가 방출될 때와 환기설비의 설계와 관련하여 중요

하다. 기본적으로는 방출가스의 난류 혼합에 의한 균일화가 얼마나 급속하게 행하여지는가에 달려있다(그림 2.5 및 식 (2.13), 식 (2.14)).

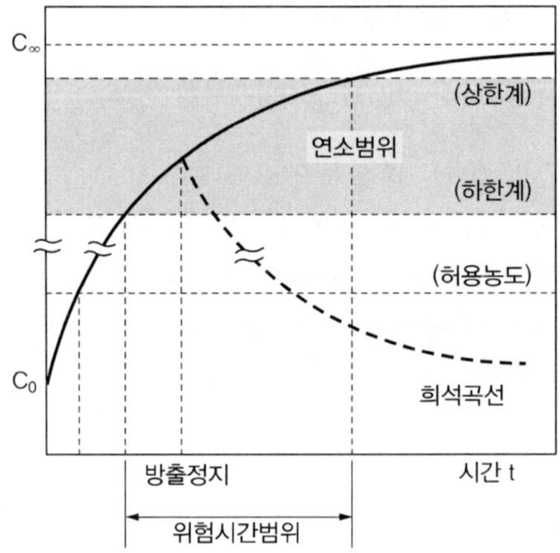

그림 2.5 실내에서의 가스의 체류

※ 시간 변화에 따른 가스의 농도

$$C = C_\infty - (C_\infty - C_0)\exp\{-(nV+\omega)/V\}t \quad \cdots\cdots (2.13)$$

$$C_\infty = \omega/(nV+\omega) \quad \cdots\cdots (2.14)$$

여기에서, C, C_∞ : 시간 t 및 정상상태에서의 가스농도(mol/time)

C_0 : 초기($t=0$)의 가스농도

n : 거실의 환기횟수

V : 거실의 체적

ω : 가스의 방출속도

(단, 가스농도는 항상 균일하다고 가정)

따라서, 위의 그림 2.5에서 방출가스가 가연성가스인 경우에는 연소한계를, 유독성가스인 경우에는 허용농도 및 LC_{50}을 넣으면 위험한 농도에 도달하는 시간을 알게 된다.

3.3.2 액체의 유출 확대

유출 확대의 위험성은 다음과 같이 나누어서 생각할 수 있다.

(a) 상태별
  (ⅰ) 상온인 경우 : 석유
  (ⅱ) 저온인 경우 : LPG, LNG
(b) 유출면
  (ⅰ) 지표상 : 형상에 의해 확대가 결정
  (ⅱ) 수면상
    ⓐ 유출 초기 : 중력과 관성이 지배
    ⓑ 유출 경과 : 중력과 점성이 지배
    ⓒ 유출 종기 : 표면장력과 점성이 지배

(1) 대량의 액체(석유류)가 원형으로 수면에 확대되는 경우

1) 유출 초기의 반경과 시간의 관계식 (식 (2.15) 및 식 (2.16))

$$r \approx \{(8/\pi)g(\Delta\rho/\rho_w)V \cdot t^2\}^{1/4} \text{ (증발 무시)} \qquad (2.15)$$

$$r \approx [\{(8/\pi)g(\Delta\rho/\rho_w)V\}^{1/2}t - \{wg(\Delta\rho/\rho_w)t^3\}]^{1/2} \text{ (기화 고려)} \qquad (2.16)$$

여기에서, r : 액면의 반경, g : 중력가속도
ρ_w : 물의 밀도, $\Delta\rho$: 액체와 물의 밀도차
V : 유출액체의 체적, t : 시간
w : 증발 및 액체의 연소에 의한 기화 속도

2) 유출속도가 느린 경우

액체 온도가 낮아도 얼음의 생성을 수반하는 정도의 차이를 이루지만, 유출속도가 급격하면 상온의 물과 접촉한 부분이 격렬히 비등하여 폭발적으로 증발하는 위험이 있다(그림 2.6 참조).

이와 같은 현상은 유출 액체의 열물성에 의존하기에, 저온의 액화가스에서도 일어나는 경우가 있다(그림 2.7 참조). 즉, methane 단독으로 이러한 폭발은 생기지 않지만 ethane이나 propane을 소량 함유하면 쉽게 폭발을 일으키게 된다. 또한, LNG 및 액화암모니아는 액체로 저장시에, 밀도의 약간의 차이로 이룬 층화(層化)가 어떠한 원인으로 해소되면, roll over, turn over 등의 격렬한 gas의 방출이 생성되기도 한다.

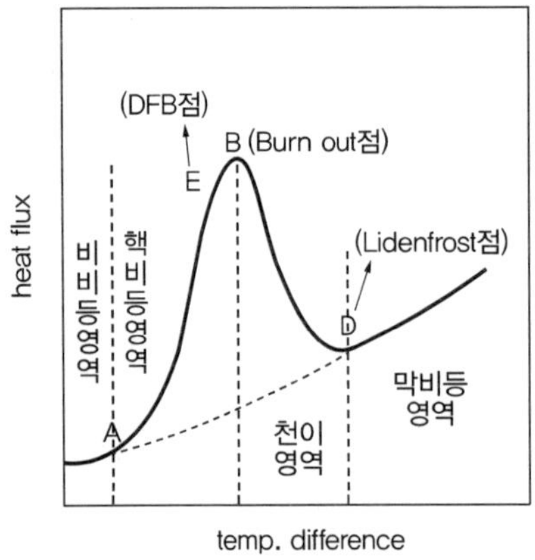

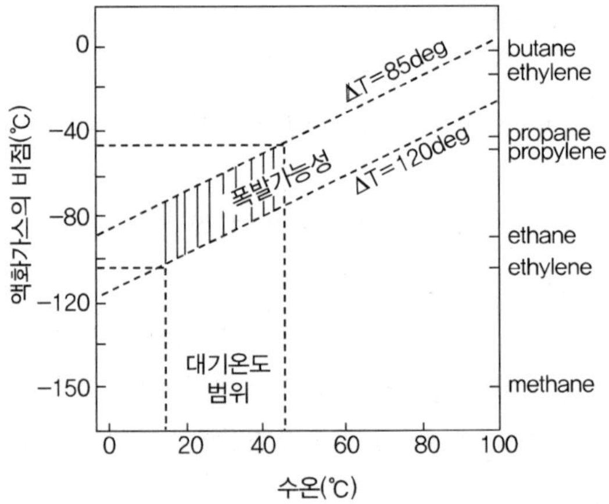

그림 2.6 저온액체의 비등곡선 **그림 2.7** 폭발적인 증발의 가능성이 있는 범위

3.3.3 대전(정전기) 발생

대전(帶電) 또는 정전기(靜電氣) 발생의 위험은 가스의 분출, 액체의 미립화, 액체 및 분체가 유동할 때 생긴다.

(1) 대전의 기구

유동하고 있는 액체와 정지된 고체, 또는 유동하고 있는 액체(고체) 미립자와 고(기)체간의 계면에서의 마찰에 의하여 형성된 전기 2중층이 떨어져나가거나 유선(流線)의 확대에 의해 2중층간의 거리가 멀어질 때 정전(靜電)전압이 상승하면서 불꽃이 발생하는 것으로 생각된다(그림 2.8 참조).

(2) 대전의 현상

1) 기체만의 유동에서는 발생하지 않으며, 가스 분출시의 대전은 물방울(水滴), 응축물, 저장조의 스케일과 같은 액체 및 고체의 미립자가 있어야 발생하게 된다.
   (예) Propane 및 탄산가스와 같은 액화가스의 분출에서는 대전의 발생이 쉽다.
2) 액체의 유동에서도, 관내(官內)에서는 2중층간의 거리가 짧아서 안정하여 있지만, 관구(管口)를 지나면서 거리가 멀어져 정전전압이 현저히 상승한다.
   (예) 가연성액체, 분진의 발화가 유출구 근처에서 쉽게 발생한다.
3) 전기저항이 클수록 대전 위험이 있으며, 액체의 저항률이 10 ohm · cm 이상에서 나타난다(표 2.7 참조).
4) 액체의 대전량은 유속 및 흐름의 상태에 의해 변한다.

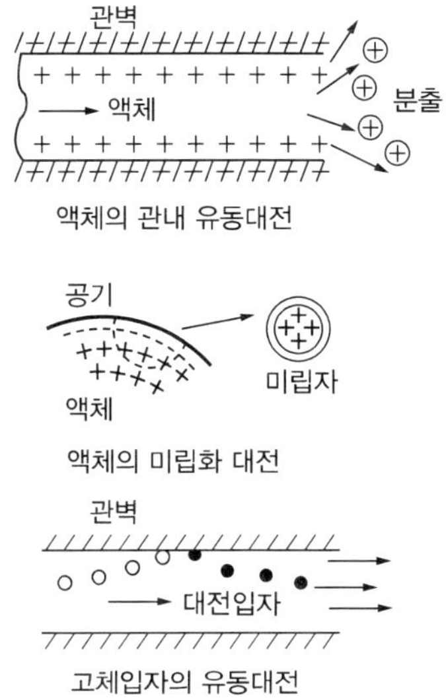

그림 2.8 유동대전의 모형도

표 2.7 각종 액체의 전기저항률

액체	전기저항률($\Omega \cdot$ cm)	온도(℃)
n-pentane	5.0×10^{9}	20
n-hexane	1.0×10^{18}	18
n-heptane	1.0×10^{13}	-
ligroin	1.0×10^{12}	-
benzene	1.3×10^{7}	-
toluene	1.0×10^{14}	-
methanol	1.7×10^{5}	20
ethanol	7.4×10^{8}	25
ethylene glycol	1.0×10^{6}	25
acetone	1.7×10^{7}	25
methylethylketone	1.0×10^{7}	25
ethyl ether	2.5×10^{12}	25
석유 ether	2.9×10^{14}	-
methyl acetate	5.2×10^{3}	17
sulfuric acid	1.1×10^{2}	18
silicone oil	1.0×10^{4}	-

즉, 유속은 속도의 제곱에 비례(Bustin Schŏn의 법칙)하고, 흐름은 난류에서 증가한다. 따라서, 발화위험성이 있는 액체의 유속은 1 m/s 이하로, 난류를 일으키는 filter 등의 기기

는 하류에서 전하의 완화가 충분히 행하여지는 위치에 설치하는 것이 필요하다. 이외에도, 가스 분출 및 가연성액체의 배관 수송이나 분체의 공기 수송 등의 기체 및 액체의 유동에 의한 대전 위험은 여러 문제점을 나타낸다.

3.4 화재의 위험성

발화 현상에 있어, 자연발화와 발화원에 의한 발화(인화(引火))로 구분되며, 실제의 화재 및 폭발의 발생은 대부분 후자의 인화에 의하는 바, 이의 발화원과 화재의 종류에 대하여 다루어 보고자 한다.

3.4.1 발화원

발화원(ignition source)을 특징적으로 분류하면 다음과 같이 여러 가지가 있는데, 이중에 실제적으로는, 전기불꽃(electric spark), (고온)열면(hot surface), 고온가스(hot gas)가 3대 발화원으로 알려져 있다.

* 발화원 : electric spark, hot surface, heat, hot gas, light, friction & impact, flame, adiabatic compression, catalyst

(1) 전기불꽃

Motor, relay, switch 등에 부수된 전기기기의 불꽃과 정전기불꽃이 포함되며, 이들은 에너지를 집중적으로 가연성의 혼합가스에 주기 때문에 위험성이 큰 발화원이다.

인화과정 : 전극간에 존재하는 혼합기에 방전(放電)의 형태로 에너지가 부여되면서 자연발화가 일어난다고 생각할 수 있다. 이 경우, 전기적인 작용은 발화에 큰 영향은 없다. 따라서, 발화가 일어나기 위해서는 화학반응에 의한 발열(發熱)과 주위로의 방열(放熱)의 균형(balance)이 문제가 된다. 그리고 가연성물질의 종류, 외부 조건 등에 의해 정하여지는 한계의 방전에너지를 가져야 하는데, 이 에너지를 최소발화에너지(minimum ignition energy)라고 하며, 전기불꽃에 의한 인화(引火)의 발생의 하나의 기준이 되고 있다.

참고로, 가연성가스의 공기 중에서의 최소발화에너지의 값은 1기압, 상온에서 표 2.8에 나타내었는데, 약 10^{-1} mJ 전후의 값으로, 이는 휘발유엔진의 점화프러그에 사용되고 있는 불꽃에너지의 약 10^{-3} 정도의 값이다.

표 2.8 각종의 가연성 가스의 공기 중에서의 최소발화에너지(상온, 1기압)

가연성 가스	최소발화에너지(10^{-2} mJ)	소염거리(mm)
수소(H_2)	2.0	0.098
이황화탄소(CS_2)	1.5	0.078
methane(CH_4)	33.0	0.390
ethane(C_2H_6)	42.0	0.350
propane(C_3H_8)	30.0	0.310
hexane(C_6H_{14})	95.0	0.550
ethylene(C_2H_4)	9.6	0.190
methanol(CH_3OH)	21.0	0.280
benzene(C_6H_6)	76.0	0.430
acetylene(C_2H_2)	3.0	0.110

(2) 열면

열면(熱面)으로는 가열저항선, 연도(煙道), 가열로의 벽면과 같이, 고온의 고체표면인 것으로, 끽연 중의 담뱃불도 이 분류에 속한다.

인화과정 : 고온의 고체로부터 가연성 혼합기에 열이 전달되어 그 온도가 상승하여 발화된다. 따라서, 열원의 면직과 기체의 유속이 발화에 큰 영향을 주며, 열면에 의한 발화온도는 자연발화온도보다 어느 정도 높게 된다(표 2.9 참조).

표 2.9 각종 발화원에 의한 발화온도

가연성물질[1]	발 화 온 도(℃)			
	자 연 발 화[2]	열면[3]	가열저항선[4]	고온가스[5]
수 소(H_2)	554	635	-	640
benzene(C_6H_6)	562	685	-	1,020
methane(CH_4)	537	545	-	1,040
ethane(C_2H_6)	515	580	-	849
n-butane(C_4H_{10})	405	630	-	910
n-hexane(C_6H_{14})	234	605	670	765
n-octane(C_8H_{18})	220	585	660	755
n-decane($C_{10}H_{22}$)	208	585	650	759

주) 1) 조성은 공기 중에서의 양론 혼합비
2) d = 2.2 cm, l = 13 cm의 용기 중에서의 자연발화온도
3) 열원은 d = 0.5 cm, l = 15 cm의 가열 pyrex glass
4) 열원은 d = 0.5 cm, l = 15 cm의 가열 저항선(인코넬선)
5) 열원은 d = 0.5 cm, l = 10 cm 이상의 고온공기 젯트

표 2.10 탄화수소-공기 혼합기체의 연소하한계에서의 화염온도

가연성가스	연소하한계(vol.%)	화염온도(℃)
methane(CH_4)	5.26	1,222
propane(C_3H_8)	2.37	1,200
n-butane(C_4H_{10})	1.93	1,233
n-pentane(C_5H_{12})	1.62	1,158
n-heptane(C_6H_{14})	1.26	1,228

(by Egerton, Powling)

(3) 고온가스

고온가스에는 나화(裸火, 화염(炎))로 대표되는 발화원으로, 공기 및 질소기체를 고온으로 가열한 것이다.

인화과정 : 화염에 접촉한 가연성 혼합기가 대류 전열에 의해 가열되면서 자연발화가 일어난다고 생각되며, 열면에 의한 발화와 유사하다. 발화에 필요한 온도는 표 2.9에서와 같이 다른 발화원에 비하여 가장 높지만, 나화는 그 크기가 작아도 어떤 조건에도 그 이상의 온도를 갖기 때문에 확실히 인화하게 된다. 이는 화염의 생성에 필요한 최저온도가 필요한데, 그 값은 탄화수소계의 경우, 표 2.10에서와 같이 1,200℃ 정도를 나타낸다.

즉, 평면 화염버너를 이용하여 연소하한계에서의 일부 탄화수소의 화염온도의 측정값으로, 이에 비하여 확산화염의 온도는 1,400～1,500℃로서 이들의 온도보다 상당히 높아야 한다.

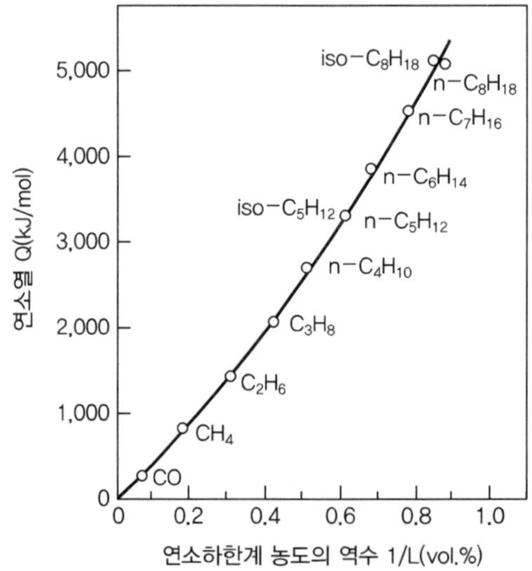

그림 2.9 연소열-연소하한계 상관관계(Burgess-Wheeler 법칙)

이와 같이 화염이 한계온도를 갖는 것은 그림 2.9에서와 같이 탄화수소에 있어 연소하한계(vol.%)×연소열(kcal/mol)≈1,050의 관계식을 나타내는 Burgess-Wheeler 법칙에 의해 정의되고 있다. 이 법칙이 성립하는 한, 연소하한계에서 발생하는 열량은 가연성물질의 종류에 관계없이 같으므로 이에 따른 화염의 온도도 일정하게 된다.

3.4.2 화재의 종류

가연성물질의 종류별로 화재를 분류하면, 가스화재, 기름화재, 실내화재 등으로 구분하여 볼 수 있다.

(1) 가스화재

가연성가스가 고압의 저장탱크 및 배관에서 방출되어 주위의 공기와 혼합하면서 착화, 연소하는 현상이다. 화재의 현상은 기본적으로는 버어너상의 확산연소와 같으며, 화염온도는 1,400∼1,500℃ 전후이고, 화염 길이는 가스의 흐름이 층류일 때는 유속 및 방출구의 크기에 비례하지만, 난류일 때는 유속과는 관계없이 거의 일정한 값을 갖게 된다.

(2) 기름화재

석유 등의 가연성액체가 액면상에서 확산연소를 하는 현상으로, 액면화재 또는 pool화재 등으로 불린다. 이 화재의 경우, 연소의 속도를 액면강하속도로 나타내는데, 화염에서부터 액면으로의 전열속도와 액면의 크기에 의해 지배된다.

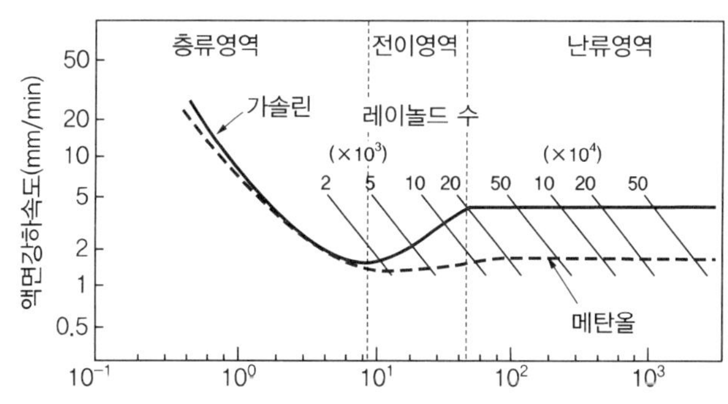

그림 2.10 액면연소에서의 용기 직경의 영향

(주 : 빗금친 선은 상온에서 동점성 계수를 이용하여 추정한 레이놀드수로, 이에 의해 화염이 3가지로 나누어지는 것을 나타낸다.)

즉, 액면연소는 액면의 크기(용기의 직경)가 작으면 화염의 기부(基部)로 부터의 열전도(conduction)에 의해 열이 액면에 전달되기 때문에 액면강하속도는 액면의 직경에 반비례하며, 액면이 크게 되면 화염의 복사(radiation)가 지배하게 되기에 액면의 직경에 관계없이 일정하게 된다(그림 2.10 참조).

1) Methanol과 같은 불휘염(不輝炎) 연소 연료는 액면 크기가 큰 경우, 복사지배영역의 연소속도가 석유류(가솔린 등)와 같이 휘염(輝炎)을 나타내는 연료보다 낮은 값을 나타낸다.
2) 액면상에서의 화염 전파는 액온(液溫)이 인화점보다 높으냐, 낮으냐에 따라 다음과 같이 그 거동이 달라진다.
   ① 액온이 인화점보다 높은 경우(예혼형(豫混型) 전파) : 가연성가스와 공기의 혼합기 중을 화염이 전파하므로, 화염전파속도는 빠르다.
   ② 액온이 인화점보다 낮은 경우(예열형(豫熱型) 전파) : 화염 전방의 액체가 예열되어 필요한 농도의 증기가 발생하여야 화염이 전파, 이동하므로 앞의 경우보다 화염전파 속도가 느리다.

   참고로, 가연성고체(목재, plastics 등)의 표면상에서의 화염의 확대도 액온이 인화점보다 낮은 경우와 같은 형식인데, 이 경우에는, 액체에서는 액체유동에 의한 예열이 지배적인데 비하여, 고체에서는 화염의 복사 및 고상(固相)내로의 전도가 지배적이기에 액체인 경우보다 전열속도가 작아 화염전파속도가 보다 느리게 된다.
3) 위험성 : 원유(原油)와 같이 비점 범위가 넓은 혼합물의 경우, 액내에서 증류가 일어나기 때문에 생기는 고온층(hot zone)에 기인한 boil over, slop over 등으로 불리는 익출(溢出) 현상도 일어날 위험도 있다.

(3) 실내화재

불연성의 건물 내에서의 화재와 같이 밀폐된 공간에서 액체 및 고체연료가 연소하는 경우이다.

실내화재는 가스화재 및 기름화재와 달리, 연소가 개방된 대기 중에서 행하여지지 않으므로, 연소에 필요한 공기는 실내의 창(窓) 등의 개구부(開口部)로 부터의 공급에 의존하며 개구면적의 크기에 따라 연소 지배영역을 달리한다(그림 2.11).

1) 개구면적이 작은 경우의 연소 : 공기량에 지배된다. 실내의 연료 소비속도 즉, 연소속도는 식 (2.17)의 근사식과 같이 환기지배(ventilation control) 연소를 한다.

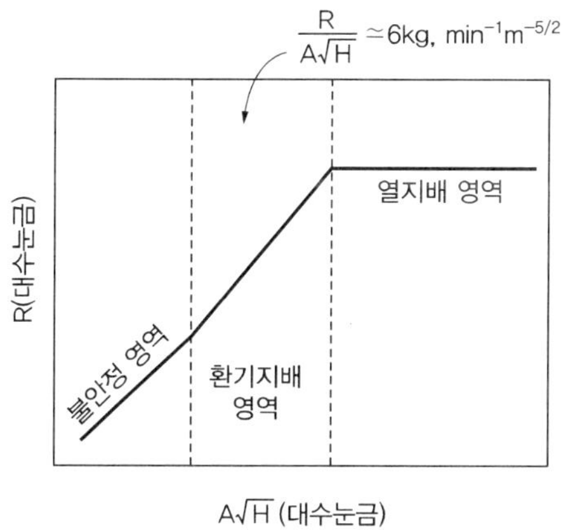

그림 2.11 실내화재에 대한 3개의 지배 영역

2) 개구면적이 큰 경우의 연소 : 연료에의 열전달에 지배되는 연료(열)지배(fuel control) 연소를 한다.

$$R \approx kA\sqrt{H} \quad \cdots\cdots (2.17)$$

여기에서, R : 연소속도 (kg/min)

A : 개구면적(m^2)

H : 개구높이(m)

$A\sqrt{H}$: 환기인자(ventilation parameter) (m$^{5/2}$)

3) 위험성 : 열복사 및 고온가스에 의한 열작용과, 연기 및 유독가스와 같은 연소 생성물에 의한 화학작용이 문제되므로, 인체에 대한 화상 및 중독의 생리적 위험과, 재료의 열열화(熱劣化), 소손(燒損)과 같은 물리적, 화학적 위험이 고려되어야 할 것이다.

3.5 폭발의 위험성

폭발의 위험성도 발화까지의 단계는 앞의 화재의 경우와 거의 비슷하나. 따라서, 이 위험은 전기불꽃, (고온)열면, 고온가스 등에 의한 인화(引火)와, 가열, 충격 등에 의한 발화를 거론할 수 있는데, 발화한 후의 거동은 화재의 경우와는 다르다. 즉, 화재의 경우는 확산형의 정치연소(定置燃燒)가 중심이고, 폭발의 경우는 예혼형의 화염전파 현상이 주체이다.

폭발 현상으로는 여러 형식이 있으나 일반적으로, 가연성물질에 따라 가스폭발, 분진폭발, 응축체의 폭발로 구분하고 있다.

3.5.1 가스폭발

가스폭발(gas explosion)은 가연성기체가 공기와 필요한 비율로 혼합된 상태에서 일어나는 흔히 볼 수 있는 폭발 위험으로, 그 거동은 혼합기체의 존재 공간이 밀폐 또는 개방 여부에 따라 다소 변한다.

(1) 밀폐계

도시가스 및 공업용 가연성가스가 건물 내 또는 용기 내에서 누설하는 경우가 해당된다. 밀폐 공간 내에서는 발화원을 중심으로 화염이 전파하게 되면, 건물 및 용기의 벽면에 급격한 압력 상승으로 그 강도가 내압(耐壓) 이상이 되면서 건물 및 용기는 파열된다. 그리고 개구가 있는 경우에, 그 크기에 따라 화염의 전파 형태는 다음과 같이 변한다(그림 2.12 참조).

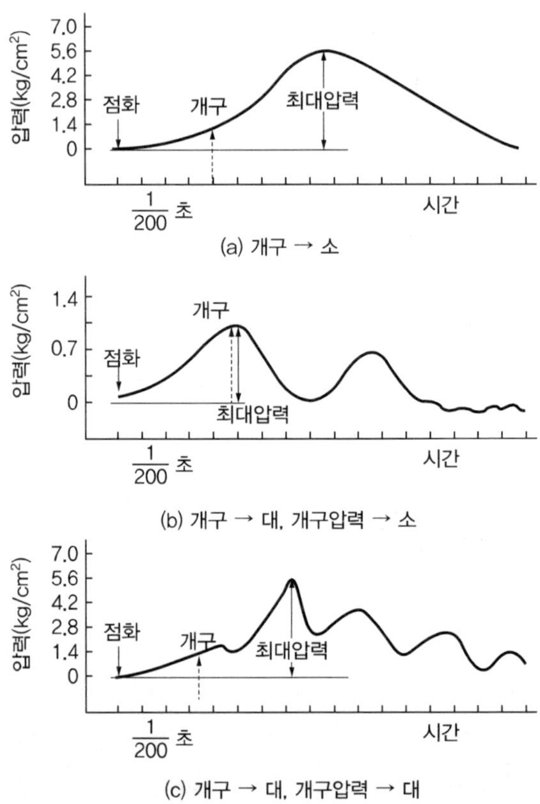

그림 2.12 개구가 있는 가스폭발의 압력 파형(pentane-air 혼합기체, 용적 1.81 m^3)

1) 밀폐 시에 폭발압력은 최대로서, 폭굉(爆轟, detonation)이 발생하지 않으면 폭연(爆燃, deflagration)으로, 연소온도에 지배되어 초기압력의 거의 7～8배가 된다.
2) 낮은 압력으로 개구(開口)가 생기는 경우(창이나 입구를 가진 실내 및 안전밸브, 파열판 등이 부착된 용기) : 최고압력은 매우 낮게 된다.
   ① 개구 전 : 화염전파는 밀폐 시와 동일하다.
   ② 개구 후 : 화염전파는 개구 조건에 따라 변화한다. 화염면이 난류이고, 폭발 압력의 peak가 2개 이상 나타나는 특징이 있다(다만, 압력의 전달은 화염의 전파보다 빠르고, 벽면에의 압력은 균일하고, 방향성은 없다).

(2) 개방계

지표면(地表面)에 가연성가스가 방출되거나, 기화하기 쉬운 가연성액체가 유출하는 경우이다.

1) 이 형식의 가스폭발은 증기운(蒸氣雲)의 폭발로, 개방계 증기운폭발(UVCE, Unconfined Vapor Cloud Explosion)과 물리적 현상인 비등액팽창 증기폭발(BLEVE, Boiling Liquid Expansion Vapor Explosion)이 있다(그림 2.13).
2) 가스가 대기 중에 확산되고, 화염은 그 공간을 전파하기 때문에 용기 파괴 등의 위험은 없지만, 미연(未燃)가스의 난류(亂流) 및 규모의 증대로 화염이 가속되어 폭굉(detonation)으로 전이할 위험이 있고, 또한 화염 복사에 의한 열적인 위험도 있다.

> **참 고** detonation－충격파(shock wave)를 동반한 화염 전파로, 그 화염 전파속도가 초음속의 영역에 속하고 화염면은 특유의 불연속성을 갖는다.

3) 밀폐계와 달리, 가연성 혼합기체가 일정하지 않고 농도 구배(勾配)를 가져 그 거동이 복잡하다. 이러한 현상의 가스폭발 일례로 화구(火口, fire ball) 현상이 있다(그림 2.14 및 그림 2.15).

> **참 고** fire ball－공기보다 가벼운 가스가 지표면보다 높은 위치에서 가연성혼합기체를 형성하면서 화염 전파를 일으키는 현상이다.

가스폭발은 화염이 가속되면, 그 전방의 매체 중에 압축파를 형성하며 진행하며, 그 피동은 조건에 따라 충격파로까지 발달한다. 화염과 충격파 간의 미연소의 혼합가스는 충격파 간의 간격 및 자연발화 등의 작용으로 발화 가능성이 커지게 되어, 이후 이들과 함께 진행되는 현상이 폭굉(detonation)으로 파(波) 자신의 특성에 의한 큰 역학 효과에 의해 격렬한 파괴 작용으로 위험은 매우 커진다.

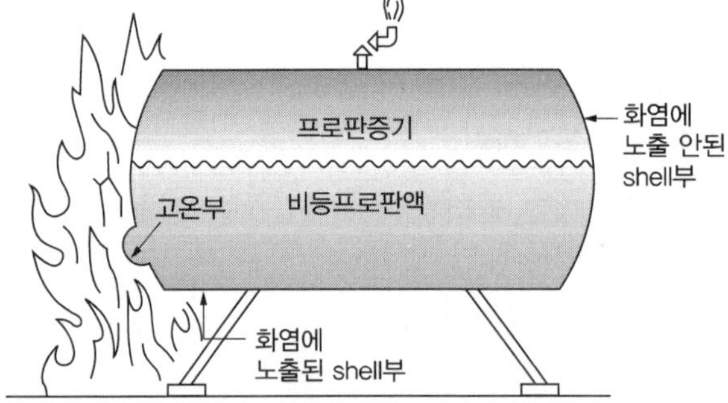

(BLEVE)

그림 2.13 비등액팽창 증기폭발의 발생

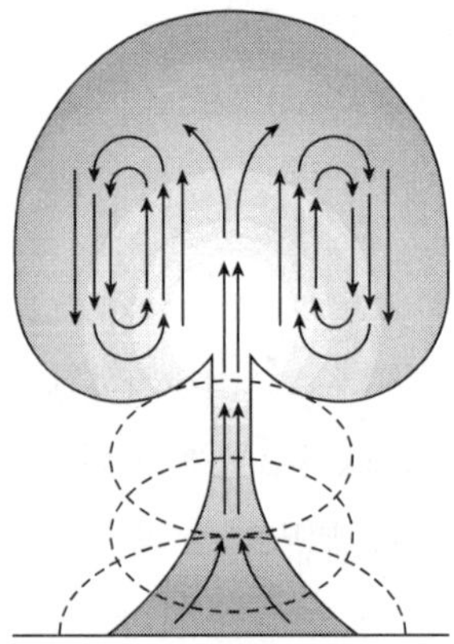

(Fire Ball)

그림 2.14 Fire Ball의 형태

그림 2.15 Fire Ball from BLEVE

실제로 가스폭발은 그 규모는 크지만 화염의 가속에 유효조건이 없으면 폭굉은 생기기 어려우며, 발화에서 화염전파를 거쳐 폭굉으로 전이할 때까지에는 상황에 따른 유도거리 및 시간이 걸리므로 이를 활용하면 그 발생을 막을 수 있다.

3.5.2 분진폭발

분진(粉塵)폭발(dust explosion)은 소맥분(小麥粉), 유황, 알루미늄, 탄진(炭塵)등의 가연성고체의 미립자가 대기 중에서 연무질(煙霧質, aerosol)을 형성하여 부유할 때, 화염이나 방전불꽃 등의 발화원에 의해 폭발하는 현상이다.

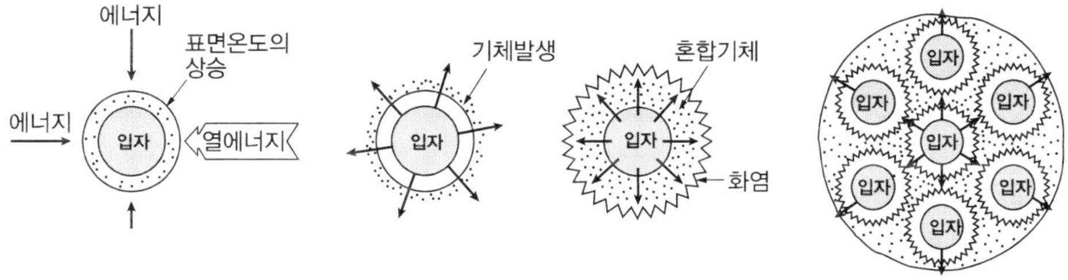

① 열에너지에 의해 입자표면 온도 상승 ② 분진 표면의 분자가 열분해 혹은 건류 작용에 의해 기체 발생
③ 가연성 혼합기의 형성 ④ 발화원에 의해 발화되어 화염 발생
⑤ 화염에 의한 열이 주위 분진입자들과 열분해된 잔류물질을 연소 ⑥ 주위로 전파되어 급격한 압력상승

그림 2.16 분진폭발의 발생 과정 모형

대부분 건물 또는 배관 내의 밀폐계에서 발생하므로, 가스폭발과 같은 폭발적인 현상에 의한 피해를 나타낸다. 그리고 가연성 분진은 입자가 분자에 비해 매우 커서($1 \sim 10^2\ \mu m$), 연소에 앞서 가스화(gasfication)가 필요하며, 화염의 전파에는 복사가 큰 역할을 하기에, 가스폭발과는 다소 차이가 있다(그림 2.16 참조).

(1) 분진의 종류

공기 중에 분산, 현탁한 부유(浮游)분진과, 바닥면에 퇴적한 퇴적(堆積)분진(또는 층상(層相)분진)이 있다.

(2) 분진폭발의 재해상 위험과 관련한 작용

1) 열적 및 역학적 작용

분진의 분산계는 안전성이 적어 발화원과의 timing이 좋지 않으면 폭발은 일어나기 어렵고, 일단 발생하면 주위의 퇴적한 분진을 부유시켜서 새로운 분산계를 형성하여 연속적인 폭발을 일으키며, 이 위험은 갱도가 긴 공간에서 현저하다.

2) 화학적 작용

분진폭발에서는 연소가 불완전하게 되는 경우가 많아서 일산화탄소 등의 유독한 생성물을 발생시키기 쉽다. 그리고 연소에 앞서 미세한 가연성고체로부터 가연성가스가 발생한다.

참고로, 분진의 공기 중에서의 폭발에 따른 특성치를 표 2.11에 나타내었다.

표 2.11 분진-공기 분산계의 폭발 특성 측정치

분진	발화온도(℃)	최소발화에너지(mJ)	폭발하한계(g/m³)	최대폭발압력(kg/cm²G)
알미늄 분말	650	50	20	6.3
마그네슘 분말	520	80	20	5.1
polyethylene	450	30	20	5.5
phenol 수지	580	15	25	5.4
polystyrene	560	40	15	5.4
polyvinylbutyral	390	10	20	5.9
corn starch	380	40	55	4.0
면 섬유	480	80	55	8.3
쌀 가루	450	50	55	7.6
설탕가루	370	30	45	6.3
탄진(炭塵)	610	60	55	5.8
cork 분말	470	45	35	5.6
소맥분	440	60	50	6.8
유황 분말	190	15	35	2.8
목분(木粉)	440	40	40	6.8

3.5.3 응축체폭발

응축체(凝縮體)폭발(condensation explosion)은 화약류 및 일부 유기과산화물로 대표되는 액체 및 고체와 같은 응축체의 폭발은 가스와 달리 충격 및 가열에 의해 기폭하여 쉽게 폭굉을 일으킴으로 위험성이 매우 크고 폭발이 발생하면 피해도 크기 때문에, 이들의 물질은 주로 폭발성물질로 취급되고 있다.

3.5.4 분무폭발

분무(噴霧)폭발(mist explosion)은 고압의 유압설비의 일부가 파손되어 내부의 가연성액체가 공기 중에 분출되고 이것이 미세한 액적(液滴)이 되어 분무 상태로 되면서 공기 중에 현탁하여 존재할 때에 발화원에 의해 폭발하는 현상이다.

(예) 자동차 도장(塗裝) 작업장의 폭발

3.6 화학공정의 안전 원리

3.6.1 기본안전

화학공정의 본질적인 안전을 행하는데 있어서의 고려하여야 할 사항 및 기본원리는 다음과 같다.

① 보유량의 제한
② Fail safe 설계 : 전기 및 저장용 공기와 같은 용역시설이 고장난 경우에 있어서, 제어밸브 및 전자밸브의 설계에 적용
③ 시스템의 크기 설정 : 프로세스의 설계시에 시스템의 특징을 감안한 시스템의 크기 설정
④ 2차대책 설계 : 장치의 사고 및 human error에 의해 일어난 잠재위험으로부터 방호하기 위한 2단계 대책을 설비

3.6.2 반응공정 안전

(1) 위험한 반응의 예

① 연소 (combustion)
② 산화 (oxidation)
③ 니트로화 (nitration)
④ 할로겐화 (halogenation)
⑤ 중합 (polymerization)
⑥ 수소화 (hydrogenation)

(2) 안전제어 방법

① 일반적인 방법 : 위험한 반응, 즉 반응속도가 빠르고 발열량(또는 발열속도)이 큰 것을 느리거나 적게 하여 반응의 위험을 감소시키기 위한 기본적인 사항
ⓐ 반응물질의 양을 적게 한다.
ⓑ 반응농도를 낮게 한다.
ⓒ 가능한 한 낮은 온도에서 반응시킨다.

② 부수적인 방법

ⓐ 복잡한 제어계보다는 본질적으로 안전한 것을 많이 채용한다.

ⓑ 원료, 중간체, 제품, 부생물 등의 제 물성을 정확히 파악하고 불순물의 혼입에 대해서도 충분히 고려한다.

ⓒ 반응기구, 반응속도 및 이들의 열적인 영향을 이해한다.

ⓓ 반응을 안전 내지 효율적으로 행하기 위한 조작조건을 올바르게 결정함과 더불어 어느 정도의 변동까지 허용되는가를 명확히 한다.

ⓔ 긴급시에는 신속히 안전장치를 정지시킬 수 있는 시스템으로 하여 둔다.

ⓕ 장치설계(제어계 포함)에 위의 조건들을 감안하고 성능이 유지될 수 있도록 보안에 노력을 기울인다.

Chapter 4

화학설비의 위험성

4.1 장치의 파손

화학설비에 있어 온전한 보전과 유지 및 내용물의 손실 방지가 기본적인 바, 따라서 압력시스템 내에서 일어나는 파괴 등과 같은 장치의 파손은 기구상의 결함으로 발생하며 이의 대다수는 압력용기 이외에도 배관, 밸브, 연결부 및 열교환기, 펌프 등의 장치시스템에서도 일어나고 있다.

장치가 파손되는 원인은 장치 재료의 부식, 피로 및 공작(工作) 불량 등으로 기기의 일부가 시간이 경과함에 따라 열화(劣化)되면서, 진동이나 압력파와 같은 충격으로 장치의 파손이 일어나는 것이 일반적이다. 그리고 압력시스템에서의 파괴는 크게 '기계적인 파괴'와 '부식 파괴'로 나누어 볼 수 있는 바, 이에 대하여 설명하여 보기로 한다.

4.1.1 기계적인 파괴

공정플랜트에서 기계적인 파괴를 일으키는 원인은 다음과 같은 요인들이 있다.

(1) 과대한 응력

장치에서의 과대한 응력(應力)은 응력 집중(stress raiser) 등의 요인이거나, 또는 후렌지(flange)의 불균형한 연결과 같은 부적절한 작업에 의해서 발생한다.

(2) 외적 부하

장치에서의 외적 부하(外的 負荷)는 각주(脚柱), 지주(支柱) 및 bracket과 같은 부속물에 가해지는 하중에 의해 외부로부터의 부하를 받는데, 발판, 계단 및 의자에서 공통적으로 발생한다. 외적 하중의 원인으로, 기초의 변위(콘크리트 벽을 관통하고 있는 배관의 열팽창을 구속)와 바람 및 얼음 등이 있다.

(3) 과압

장치에서의 과압(過圧)은 압력방출밸브(pressure release valve)가 제 기능을 하지 못하는 경우에 발생하는데, 이의 원인은 불충분한 설계, 오조작 또는 방출 밸브의 파손 및 액체의 동결(특히, 배관 내에서의 동결) 등에 의한다.

(4) 과열

장치에서의 과열(過熱)은 creep의 원인이 될 수도 있으며, 재료의 허용온도를 초과하거나 화염이 직접 접촉하는 경우의 온도에서는 급속한 파괴를 일으킨다.

(5) 기계적인 피로와 충격

1) 기계적인 피로를 일으키는 상태

① 압력 변동, ② 유량 변동, ③ 팽창 영향, ④ 가해진 진동

2) 기계적인 충격

액체의 맥동 또는 hammering에 의한다. 충격 하중은 커서 1회~몇 회의 반복으로 파괴를 일으키고 있어 기계적 피로와 다르다

(6) 열충격과 열피로

장치에서의 열충격은 열피로에 비하여 가해진 온도차 및 온도 변화율이 보다 큰 경우에 일어난다. 재료에 따라서는 일정 온도의 반복에서도 열충격과 열피로가 일어나고 또한 연성(延性)재료는 열피로, 취성(脆性)재료에서는 열충격을 생기게 하는 경우도 있다.

> **참 고** 열의 반복(일정 온도의 반복)
>
> 간헐적 운전(회분 조작, 원료 공급량의 변화, 강제적 운전 정지 등) 및 특정장치의 상태가 그 원인이 된다.

(7) 취성 파괴

장치에서의 취성(脆性) 파괴는 저온의 유체를 취급하는 플랜트의 재료가 정상 운전 온도 및 이상상태의 것에서 발생이 예상되는 최저온도보다 낮은 연성/취성 천이온도를 갖지 못할 경우, 차가운 유체가 천이온도 이하의 금속에 접촉할 때 일어나며, 음속에 가까운 파국적인 파괴속도를 갖는다.

(8) 크립(creep)

장치에서의 creep은 정상적인 운전조건에서는 통상 일어나지 않고, 일반적으로 오조작 및 화재 등의 이상상태에 의해 일어나는데, 연강(軟鋼)의 경우, 온도의 상승과 함께 creep율이 급속히 증가하여 소성(塑性) 변화와 함께 파단(破斷)을 일으키기도 한다.

> **참고** creep
>
> 강(鋼)을 포함한 금속이 일정한 하중에서 일정기간 동안 고온 속에 있을 때 늘어나는 현상

(9) 수소 침식

장치에서의 수소 침식(侵蝕)은 연강의 경우, 수소 부풀림, 수소 취화와 손상과 같은 형태로 나타난다. 정제 보일러 및 접촉 개질로와 같은 고온에서 수소를 처리하는 장치에서 수소 침식이 일반적으로 일어나는데, 보통 300~550℃의 온도 범위에서 파괴를 일으킨다.

1) 수소 부풀림 : 원자 상태의 수소가 강(鋼) 내부에 확산하여 공간(void)에서 분자 상태의 수소를 형성하여 수백 bar의 압력이 생겨 표면 균열을 일으키며, 오염되고 다수의 void나 lamination 및 개재물(介在物)을 함유한 경우에는 수소 부풀림을 형성하기 쉽다.
2) 수소 취화(脆化)와 수소 손상 : 높은 온도와 높은 수소분압의 것에서 강(鋼) 은 수소에 의한 탈탄(脫炭)작용으로 연성(延性)의 감소와 결정 입계(結晶 粒界)에서의 미소한 균열의 형성으로 강도를 저하시킨다.

4.1.2 부식 파괴

공정플랜트에서 부식 파괴를 일으키는 형태는 다음의 경우들이 있다.

(1) 전면 부식 (全面 腐蝕, general corrosion)

전체 폭로면에 걸쳐 부식성의 화학물질 또는 불순물에 의한 침식(侵蝕)의 결과로 발생하

며, 균일부식(uniform corrosion)이라고도 한다.

(2) 스켈링 (scaling)

고온에서 가스상(狀) 환경 중의 산화에 의해 금속표면에 두껍게 생성되는 산화 피막(scale)을 말하며, 특히 증기보일러 내에서 발생한다. 수용액 중에서는 금속면에 불용성물질이 침석(沈析)한 것이다.

(3) 층상 부식 (層狀 腐蝕)

증기 환경 중에서 산화에 의해 생긴 스켈링의 또 하나의 형태로, 증기 가열보일러 급수기에서 발생한다.

(4) 입계 부식 (粒界 腐蝕, intergranular corrosion)

결정 입계에 따라서 진행하는 부식으로, 스테인레스강(stainless steel)의 경우, 500～800℃ 온도에 가열된 후, 부식상태로 노출된 형태에서 발생한다.

크롬(Cr)의 경우, 탄화크롬의 형성으로 결정 입계의 크롬 함량이 감소하면서 이들의 입계에서 부식이 발생한다.

(5) 전식 (電蝕, stray current corrosion)

전지를 구성하는 2개의 서로 다른 금속 사이를 흐르는 누설전류에 의해 부식이 발생한다. 2개의 서로 다른 금속이 용접에 의해 접합되어 있는 경우에도 발생하기 쉬우며, 도금 표면과 같은 별도의 금속을 사용한 결과로 발생하기도 한다. 전식을 만드는 이종(異種)금속의 조합으로, Fe-Cu가 있다.

(6) 공식 (孔蝕, pitting)

금속재료의 일부에 깊은 구멍(穴)이 있는 국부 부식으로, 구멍의 내측과 외측과의 산소 농도 차이에 의한 전기화학적 전위(電位)의 결과로 생성하여, 농담전지(濃淡電池) 부식이라고도 부르며 구멍의 산소가 적은 부분이 (+)극, 금속표면이 (−)극으로 작용한다. 급수 중에 산소 함량이 많은 경우, 정지 중의 보일러의 급수 가열기, 표면 결함 등이 pitting을 조장하는데, 이런 형태의 부식은 화학적 처리에 의해 방지할 수 있다.

(7) 나이프선상 부식 (knife線上 腐蝕)

모재(母材)와 용접 금속간의 사이에서 발생하며, 주로 오스테나이트 스테인레스강(austenite stainless steel)에서 생긴다.

(8) 격간 부식 (隔間 腐蝕, crevice corrosion)

금속과 비금속 재료와의 극히 좁은 격간에서 국부적으로 생기는 접촉 부식으로, 나사 연결부에서 일반적으로 발생한다.

(9) 마모 부식 (摩耗 腐蝕, erosion)

유체 중에 연마성이 있는 고체입자가 있어, 유체에 따라 금속재료 표면을 마모할 때에 일어나는 격한 부식이다. 부식의 일반적인 형식으로 많은 형태가 있는데, 특히, 흐름의 제한 또는 방향 변화가 있는 장소(노즐, 밸브, 엘보우, T자관 등)에서 발생한다.

(10) 외면 부식 (外面 腐蝕, subsurface corrosion)

단열재 중의 성분(예 : 적하 물방울에 의해 침출된 염화물)에 의한 부식, 지하의 배관이 토양에 의한 부식도 있다. 전기화학적으로 인한 부식이기에, 이의 방지에 음극 방식(陰極防蝕)이 이용된다.

(11) 응력(應力) 관련 부식

파괴는 흔히 부식과 응력이 조합된 결과로 생기는 바, 이러한 형태의 부식으로 응력부식균열, 부식 피로 및 응력 부식으로 구분한다.

1) 응력부식균열(stress corrosion cracking)

부식과 정적 인장응력(靜的 引張應力)과의 결과로 발생하는데, 연강(軟鋼) 및 austenite stainless steel 등의 많은 형태의 강(鋼)에서 발생하기가 쉽다.

이러한 부식균열이 일어나는 장치 부위는 주로, 용기와 파이프의 모재(母材) 용접부, 노즐의 결합부 및 지지물(支持物)의 설치부이다. 또한 부식균열을 일으키는 물질의 대표적인 것은 염화물이고, 이의 보온재로부터의 침출이 원인으로 일어난다.

2) 부식피로(corrosion fatigue)

부식 환경 하에 놓여있는 금속재료에 반복적으로 응력이 가해져 피로균열이 일어나는 것으로, 기계적 피로에 비하여 현저히 손상되는 현상을 나타낸다.

3) 응력부식(stress corrosion)

응력에 의해 가속된 부식, 응력부식에 따라 재료가 균열이 생기면 응력부식균열이라고 한다. 이러한 부식은 용접부, 노즐 및 설치부와 같이, 높은 잔류응력이 존재하는 장소에서 발생한다.

참 고 금속재료의 손상 비율(Du Pont 사례조사)
① 기계적 파괴 : 43.1%
② 부식 파괴 : 56.9% (국부부식 : 전면부식 ≈ 2 : 1)

4.1.3 압력용기 및 공정용 설비의 파손

(1) 압력용기의 파손

1) 파국적 위험 : 대형 수리 또는 폐기를 필요로 하는 용기의 파열
2) 잠재적 위험 : 작업 상태의 것에서 악화가 가능한 결함 및 수리를 필요로 하는 결함
참고로, 압력용기의 파손율과 사용 중의 파손 원인과 발견 방법에 대하여 표 2.12 및 표 2.13에 나타내었다.

표 2.12 압력용기의 파손율

구 분	시료수	잠재적위험 파손 (파손수/년)	파국적위험 파손 (파손수/년)
건조 중의 파손	12,700 용기수	5.5×10^{-4}	2.3×10^{-4}
사용 중의 파손	100,300 용기-년수	1.25×10^{-3}	0.7×10^{-4}

표 2.13 압력용기의 사용 중 파손 원인과 발견 방법

구분		건수	전체 건수에 대한 비율(%)
파손의 원인	균열	118	89.3
	조작불량	8	6.1
	제조할 때부터의 잠재원인	3	2.3
	부식	2	1.5
	creep	1	0.8
	소 계	132	100.0
균열의 원인	피로	47	35.6
	부식	24	18.2
	제조할 때부터의 잠재원인	10	7.6

	기타	2	1.5
	미확인	35	26.5
	소 계	118	89.4
발견방법	목측(目測) 검사	75	56.9
	누설	38	28.8
	비파괴 검사	10	7.5
	수압(水壓) 시험	2	1.5
	파국적인 파손	7	5.3
	소 계	132	100.0

4.2 기계적인 고장

기계적인 고장은 장치의 기능상의 불완전에 의한 것으로, 장치의 파괴가 기구(mechanism) 상의 결함에 의한 것과는 비교되므로, 제반 사고의 경우에 대하여 다루어져야 한다.

즉, 펌프의 고장으로 냉각수의 공급 정지, 제어계의 조절 부조로 압력의 급상승 등과 같은 기계적인 고장은 장치의 파괴에 비하여 이의 파악이 보다 가능한 바, 이는 각 부품의 고장 형태가 많아도 그 부품의 고장을 가져오는 장치나 기계 등의 기능상의 불완전 형태의 종류가 그다지 많지 않기 때문이다.

예를 들면, 펌프의 경우 모터가 타버리거나 휴즈가 끊어지거나 커플링이 벗겨져도 펌프는 정지하는 고장으로 귀결되어 다른 기계 및 장치에의 파급 영향은 펌프의 정지라는 한 종류의 형태로만 알려지게 되는 경우가 많다.

4.2.1 기기의 고장빈도

공정플랜트를 구성하고 있는 기기의 고장빈도는 과거의 실적으로부터 어느 정도의 추정이 가능하다. 물론 사용조건이나 장치의 특성에 따라 고장의 빈도가 다르겠지만, 그림 2.17에 대략의 평균값을 비교하여 나타낸 것으로 이의 대책을 수립하는데 참고가 되는 것이다. 각 기기에서의 나타내는 고장률로 보면, 기기의 수가 많아지면 항상 어딘가에 고장이 일어나고 시스템 전체로는 가동률이 매우 떨어진다. 그러나 실제로 그 정도로 자주 플랜트가 정지하는 것은 아니고, 고장이 날 때마다 사고로 이어지는 것은 아니다. 즉, 설계 단계에서 미리 고장의 발생을 예상하여 그의 대책(예: 고장빈도가 높은 펌프는 예비펌프를 준비하여 2계열로 운전), 소위 back up 체제가 충분하면 하나의 부품의 고장을 더 이상 확대시키지 않는 것이다.

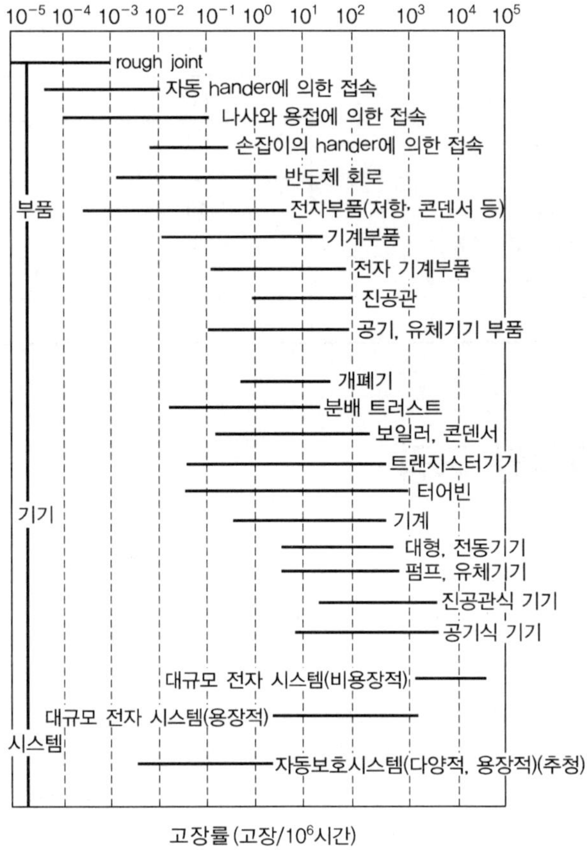

그림 2.17 부품, 기기 및 시스템의 고장의 범위

4.2.2 계장기기의 고장

(1) 계장기기의 고장 형태

계장기기(計裝器機)의 고장 형태는 대략적으로 기능 저하, 오동작, 기능 상실로 나누어 볼 수 있다.

1) 기능 저하

초기의 기능이 시간의 경과에 따라 저하하는 현상으로 극단적인 경우는 기능 상실로 간주할 수 있다. 이의 예로서, 오차의 증대 및 감도의 저하 등이다. 또한, 일부 기기에 기능 저하가 생겨도 시스템 전체의 안전성에 영향을 주는 것은 적다. 만약, 영향이 있을 경우에는 다중화(多重化)계장이 필요하게 된다. 일반적으로, 저하한 기능은 내용(耐用)년수 내에 있으면 정기점검할 때에, 재조정이나 부품 교환 등으로 기능을 회복할 수가 있다.

2) 오동작

오동작(誤動作)은 매우 단시간의 좋지 않은 상태이며, 곧 원래의 상태로 복원되는데, relay 접점 등에서 자주 생긴다. 그리고 일시적으로 일어나기에 이의 현상 재현이 어려워 원인 규명에 시간이 걸리는 경우가 많다. 또한, 안전관련 계통의 오동작은 때로는 중대한 문제를 야기하는 바, 예를 들면, 오경보(誤警報)에 의해 긴급차단을 행하여 플랜트에 큰 손실을 초래하는 경우 등이다.

3) 기능 상실

기능 상실의 징조로 기능 저하 및 오동작이 나타나지만 운전에 지장이 없는 한 지나쳐버리기 쉽다. 그러나 이에 의하여 중대한 고장으로 플랜트가 위험에 처하는 원인도 되기도 한다.

(2) 계장기기의 고장 영향

계장기기의 고장으로 플랜트의 안전성에 미치는 영향을 검토하기 위하여 그림 2.18에서의 간단한 계장시스템(가열로의 계장)을 예를 들어 설명하여 보기로 한다.

1) 화염검출기의 고장으로 화염의 유무에 관계없이 항상 '있음'의 신호를 보내는 경우, 대부분 pilot burner는 점화하고 있어 보통 화염검출기의 고장을 못보고 넘기는데, 가끔은 점화에 실패해도 sequence는 진행되어 main burner로부터 중유가 공급되어 로(爐)의 내부의 충만한 가연성가스에 의한 폭발사고로 이어질 가능성이 있다.

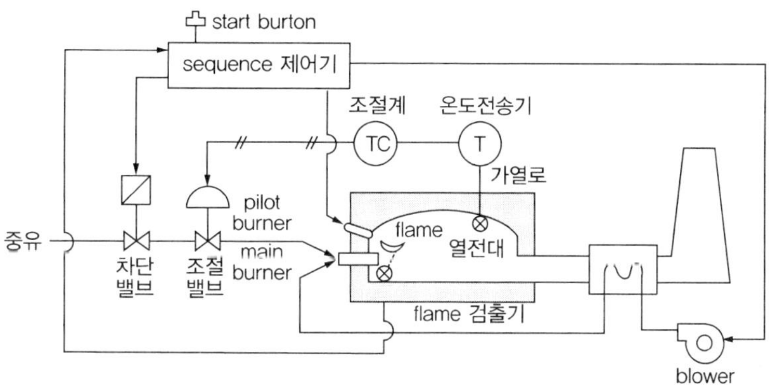

그림 2.18 가열로 계장 예

2) 열전대(熱電對)의 열화로 인한 단선으로 온도 신호를 할 수 없는 경우, 온도조절계는 로의 내부온도가 급격히 내려간다고 판단하여 조절밸브를 열어, 로의 내부온도를 상승시켜 결과적으로 폭발에 이르게 할 가능성이 있다.

(3) 계장기기의 고장 영향 요인

▸ 계측기를 포함한 계장기기의 고장에 영향을 미치는 요인

1) 시스템 관계
   ① 적용분야 : display, 제어 등
   ② 사양 : 정밀도, 응답성 등
   ③ 고장의 정의
2) 설치 방법
3) 환경 요인 : 공정 물질
   ① 접촉의 정도 : 제어실, 플랜트
   ② 물질의 상(相) : 기체, 액체, 고체
   ③ 청정(淸淨), ④ 온도, ⑤ 압력, ⑥ 부식, ⑦ 침식
4) 환경 요인 : 주위와 플랜트의 상태
   ① 온도, ② 습도, ③ 분진, ④ 저온, ⑤ 진동, ⑥ 충격
5) 조작 요인
   ① 동작, ② 주기
6) 보안 요령

▸ 계장기기의 고장의 영향 요인을 평가하는 방법
   ① 계측기기가 공정 유체와 접촉한 경우와 접촉하지 않은 경우와의 영향을 비교한 방법 (표 2.14 참조)
   (고장률) 공정 유체와 접촉한 경우 > 접촉하지 않은 경우
   ② 계측기기가 접촉한 공정 유체를 '청정한 유체'와 '오염된 유체'로 구분하여 비교한 방법(표 2.15 참조)
   (고장률) 오염된 유체와 접촉 ≫ 청정한 유체와 접촉

(4) 계측기기의 고장 형식

1) 상태 : 유량계 중의 bellows의 결함, 제어밸브 중의 diaphragm 파손 등
2) 성능 : 유량계 영점 흔들림, 제어밸브 잠금에도 유체 흐름

3) 안전 : fail safe, fail danger(고장나면 위험)

4) 검출 : 명시(明示) 고장과 비명시(非明示) 고장

(참고) 1), 2) 본래 고장형식

3), 4) 본래 고장형식 + 계측기기의 복합시스템에 의함

표 2.14 환경조건이 기기의 고장에 미치는 영향 (공정 유체와의 접촉의 유무)

기기	대상수	고장수	고장률(고장/년)
• 공정 유체와 접촉하는 기기	(2,285)	(1,252)	(1.15)
압력 측정기	193	89	0.97
액위 측정기	316	233	1.55
유량 측정기	1,733	902	1.09
화염 검지기	43	28	1.37
• 공정 유체와 접촉하지 않은 기기	(2,179)	(317)	(0.31)
valve positioner	320	62	0.41
전자 밸브	168	24	0.30
전－공(電－空) 변화기	89	23	0.57
제어기	1,083	133	0.26
압력 스위치	519	75	0.30
• 제어 밸브	(1,330)	(359)	(0.57)
• 온도 측정기	(2,391)	(326)	(0.29)

(by Anyakora, Engel and Lees)

표 2.15 환경조건이 기기의 고장에 미치는 영향(기기와의 접촉한 공정 유체의 '청정'과 '오염')

기기	대상수	고장수	고장률(고장/년)
• 제어 밸브			
청정한 유체	214	17	0.17
오염된 유체	167	71	0.89
• 차압 전송기			
청정한 유체	27	5	0.39
오염된 유체	90	82	1.91

(by Anyakora, Engel and Lees)

4.3 Human Error에 의한 위험

Human error의 개입에 따라 기계 장치가 고장을 일으키거나 부조(不調)가 되기도 하는데, 이의 예를 개괄적으로 들면 다음과 같다.

(1) 설계 및 강도 계산의 기술적 error

(2) 사용 현장의 인식 부족에 따른 설계 error

(3) 설계·계획서의 이해 부족에 따른 fabricator의 공사 error

(4) 설계·계획서의 이해 부족 및 용도 변경에 따른 운전 miss

(5) 공작(工作) 및 검사의 불량

(6) 보전(保全) 불량

(7) 경년 열화(經年 劣化) 등의 수명 예측을 잘못한 운전 miss

(8) 착오에 의한 운전 miss

이와 같은 human error로부터 사고·재해로의 경과를 그림 2.19 및 그림 2.20의 ETA (event tree analysis)로 나타내었다.

즉, human error는 설계, 공작(제작), 보전, 운전의 어느 단계에서든 개입하여 계기적인 고장을 일으키는데, 이에 의해 무재해 사고로 되거나 재해의 사고로 발전되어지는 것은 그 간의 조작에 관계하는 인간 그 다음의 경우인 것이다. 이와 같이 계기적인 고장을 일으킬 가능성이 있는 것이 잠재적 위험성이다.

따라서 설계, 공작, 보전의 단계에서 human error는 검출될 기회가 있고, 특히 운전의 단계에서 설비의 이상 및 고장의 진단 기술이 확립되어 있으면 그림 2.20에서와 같이 사고·재해는 발생하지 않는다.

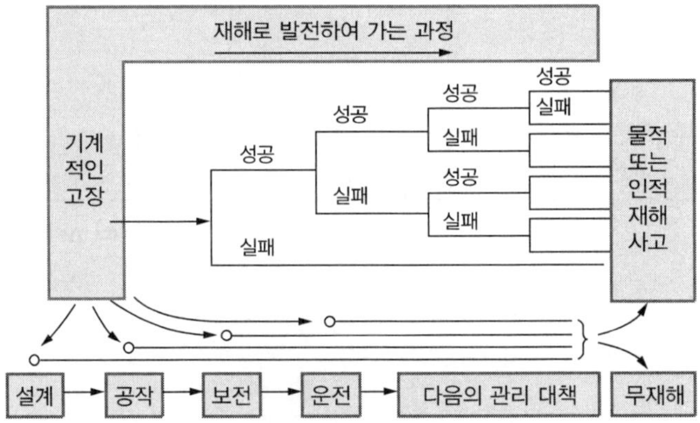

그림 2.19 계기적인 고장에서 사고·재해로의 경과

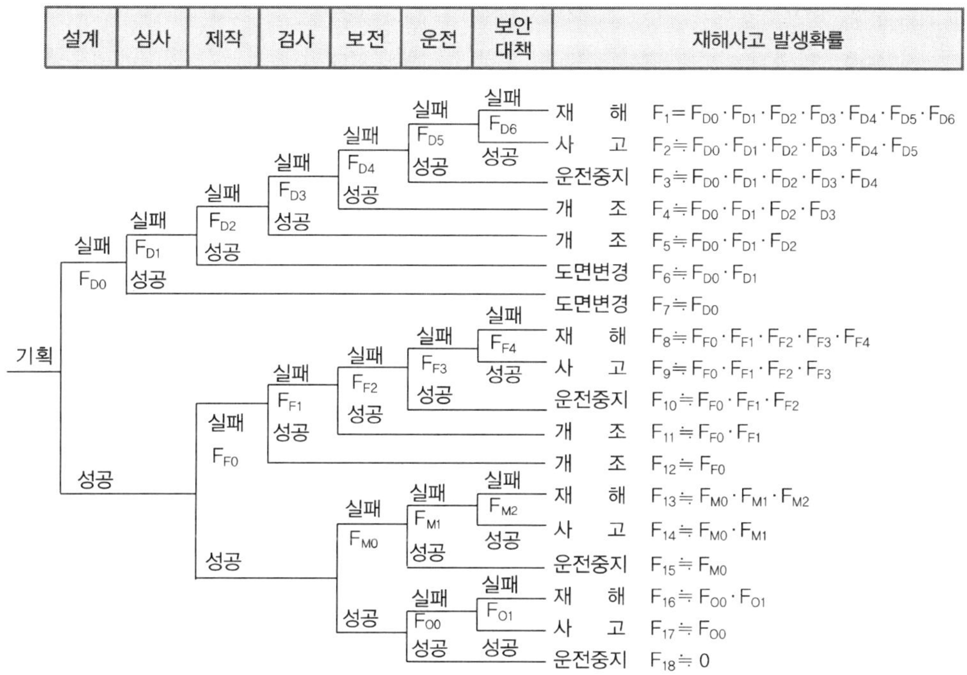

그림 2.20 사고 · 재해 발생의 경과와 그 요인

4.4 화학설비의 안전원리

화학플랜트를 구성하고 있는 장치와 설비에 있어 이들의 위험성에 따른 안전관리 및 대책의 개요를 다루고자 하는 바, 이들 장치 및 설비는 압력시스템, 제어시스템 및 용역 설비의 3가지로 크게 나누어 보았다.

4.4.1 압력시스템

- 화학장치를 구성하고 있는 압력시스템의 주요 요소와 이의 안전의 기본 원리
  a) 압력용기 – (예) 반응기, 증류기, 저상탱크
  b) 배관시스템 요소 – (예) 파이프, 곡관, T자관, 소켓트, 후렌지, 밸브, 노즐, 니플
  c) 열조절장치 – 열을 증가, 제어 또는 제거하는 장치
  (예) 연소가열기, 재비기(리보일러), 증발기, 응축기, 냉각기, 열교환기 일반
  d) 압력조절장치 – 압력을 증가, 제어 또는 감소하는 장치

(예) 펌프, 압축기, 송풍기, 감속터어빈, 제어밸브

e) 유체조절장치 – 액체 또는 고체를 공정시스템에 보내거나 또는 공정시스템으로부터 제거하는 장치

(예) 펌프, 압축기, 방출밸브

(1) 반응기

반응기도 각각의 반응에 특유한 것이기에, 안전대책은 각각의 화학반응 및 일어날 수 있는 부반응에 대한 지식과 이해로 적절한 방법을 취하여야 한다.

1) 일반적인 반응장치에서의 효과적인 대책
   ① Interlock : 반응물질의 혼합비의 일정범위 내로 조절
   ② 제어밸브 : 온도 및 압력의 이상 상승에 따른 기체 방출
   ③ 경보 및 자동운전 정지 : 온도 및 압력의 이상 상승 대응
   ④ 자동운전 정지 : 동력, 냉매 및 계기용 공기 등의 정지
2) 위험한 반응장치의 배치를 위한 기본사항
   ① 위험이 많은 장치나 다량의 가연성물질이 존재하는 장소 : 상호 근접한 배열 및 배치의 제한
   ② 매우 위험한 반응의 경우 : 반응장치 별로 각각의 방폭벽 설치로 사고에 의한 다른 부분으로의 파급 방지
   ③ 가연성가스 및 독성이 있는 물질을 취급하는 경우 : 누설에 의한 사고 방지를 위한 건물 내 등의 충분한 환기 시설과 검지기의 설치

(2) 증류탑

증류장치에 있어서 안전상의 관점에서 조작 조건의 설정, 부식을 고려한 재질의 선정, 조작의 제어 등이 문제가 되며, 아울러 증류 조작에 있어서 안전 및 운전상의 배려 사항으로 탑저(塔底)액의 유지시간, 탑정(塔頂)의 환류조의 설계 등으로, 이들에 대한 안전상의 제반 조치가 필요하다.

(3) 저장탱크

1) 저장탱크(또는 저장조)의 종류
   ① 가스를 저장하는 가스홀더(gas holder)
   ② 액체를 저장하는 액체저장탱크

③ 고체를 저장하는 싸이로(cylo)

이들 설비는 석유 정제공업을 비롯하여 일반 화학공장에서도 매우 큰 부분을 차지하고 있어 안전성 차원에서 세심한 주의를 기울여야만 한다.

2) 저장탱크의 주요 사고·재해인 화재 및 폭발의 주요 원인

① 작업 miss에 의한 내용물의 누설

② 저장탱크의 설비상의 결함

③ Vent 설비의 불량

④ 정전기 방전(放電) 대책의 불량

3) 저장탱크의 안전 설비 및 작업에 대한 기본적 사항

① 저장탱크의 안전성

a) 산수설비 / 단열피복 cone roof 탱크(불활성가스 봉입)

b) 가변(可變) 용량 탱크(불활성가스 봉입)

c) 저압 탱크(불활성가스 봉입)

d) 부막식(浮膜式) 탱크(저장물 증기가 공기와 완전 차단)

e) 후로트(float)지붕 탱크

② 저장탱크의 보유거리

a) 가연성액체의 옥외저장탱크의 보유거리(법규 및 기준)

b) 가연성액화가스(예: LP가스) 등의 탱크 간의 거리 및 주위 구조물과의 거리(법규 및 기준)

c) 탱크 주위의 보유 공지(空地)거리

③ 방유제(방유뚝)

a) 상압(常壓)탱크의 방유제(防油堤)

b) 고압(高壓) LPG 탱크의 방액제(防液堤)

④ 방화설비

a) 가연성액체의 상압(常壓)설비 : 고정식 air foam chamber

b) 탱크 yard : 소화전(消火栓)이나 가동용(可動用) 소화기

⑤ 산수(散水)설비

a) 증기 증발이 쉬운 탱크

b) 액화가스의 탱크

⑥ 탱크 구조상의 안전설비

a) Vent, b) 화염방지기(flame arrester), c) 게이지(gauge)설비, d) 탱크의 접지(grounding of tanks), e) 수발관(水拔管, water draw off connection), f) 스윙파이프(swing pipe), g) 부식(corrosion) 대책

⑦ 탱크의 안전작업
 a) 탱크 내에 기름 주입 작업
 b) 기름의 혼합 작업
 c) 탱크 내 청소 작업

(4) 배관

사용조건에 따라 발생할 위험요소에 대한 기본 안전대책

1) 방식(防蝕) : 내용물에 의한 부식 및 매설관과 장거리 배관의 토양에 대한 부식 대책
2) 열팽창의 흡수 : 기온 변화 및 고·저온에 의한 배관재료의 신축(伸縮) 대책
3) 진동 방지 : 밸브에서의 유량 변화에 의한 진동 및 맥동 발생 대책
4) 이상압력에 의한 파괴 방지 : 고압, 고·저온 배관에서의 오조작 및 분해폭발을 일으키기 쉬운 배관에서의 이상압력 발생 대책
5) 정전기 발생 대책 : 낮은 도전율(導電率)의 가연성액체의 배관 내 유체시의 정전기 발생 대책
6) 배관의 보전 : 조업 중의 배관에서의 누설이나 누출 및 배관 부식에 대한 배관의 보전(保全) 대책

(5) 열교환기

열교환기(heat exchanger)에는 다관식(多管式), 공랭식(空冷式), 이중관식(二重管式), 코일식(coil式), 플레이트식(plate式) 등의 여러 종류가 있는데. 주로 사용되고 있는 것은 다관식 및 공냉식 열교환기로, 이들의 열교환기에서 운전의 개시와 정지시의 유체의 공급과 순환 공정 및 보수(保守)작업 등에 대하여 manual에 의한 작업 이행과 함께 유체의 누설이나 소음 등에 대한 안전에 관계된 기본적 대책을 수립, 시행하여야 할 것이다.

(6) 연소가열기

연소가열기는 압력시스템에서의 중요한 요소로서 원유 장치의 관 증류관, 올레핀 플랜트의 분해로, 반응기 및 열전달 촉매용의 가열기 등이 있다.

연소가열기의 주요 위험성으로는 1) 연소공간에서의 폭발, 2) 관의 파열 및 3) 플랜트의 타 부분에서 누설된 가연물의 발화원이 되기도 한다. 따라서, 연소가열기의 위험성 제거는 설계와 조작의 양쪽 대책이 필요한 좋은 예이다.

(7) 압축기 및 펌프

압축기나 펌프는 압력시스템에 있어 매우 중요한 공정용 기계로, 그 자체가 손상을 입는 잠재적 원인이 될 뿐 아니라 압력 및 유량의 변동을 전하여 진동을 일으켜 다른 플랜트의 부분에 영향을 미치고 있으며, 아울러 주요 불량 상태 등에 대한 공통적으로 필요한 세부적인 조치 및 시행을 기준에 따라 적용하는 안전상의 기본적인 문제를 해결하여야 할 것이다.

1) 공정용 압축기

① 주요 불량상태

a) 고장(액체의 충격, 윤활유 및 냉각수의 부족, 테일로드)

b) 누설(밸브, 특히 흡입밸브와 토출밸브)

c) 늘어붙음(燒付)(실린더와 피스톤)

d) 손상(가스켓)과 진동

② 기본적인 안전원리

a) 윤활 : 윤활시스템의 높은 신뢰성 부여

b) 방호 : 압력방출밸브와 경보기 및 trip 장치를 작동시키는 방호장치의 설치

c) 차단 : 단일의 폐쇄밸브나 관 및 2중의 폐쇄밸브와 추기밸브에 의한 차단

d) Purge : 경우에 따른 purge 설비

e) 충격 방지 : 유입되는 액체에 의한 충격 방지를 위한 시스템의 설계

f) 청소 및 손질 : 기름이나 물의 누설에 대한 청소와 손질

g) 감시 : 압축기의 운전 중의 압력, 온도, 소음 및 진동 등의 변화의 감시

2) 공정용 펌프

① 주요 불량상태

a) 고장(축수(軸受)), b) 파손(grand 및 seal), c) 손상(cavitation, dry, 공회전)

② 기본적인 안전원리

a) Mechanical seal을 갖는 펌프, b) Sealless 펌프

(8) 압력의 방출과 배출

압력시스템의 파손, 특히 과잉 압력에 의한 파괴에 대응하여 압력을 경감하기 위하여 사용되는 압력방출장치로 압력방출밸브(pressure relief valve), 방출관 및 파열판 등이 있다. 특히, 압력방출밸브는 안전밸브(safety valve), 방출밸브(relief valve), 안전방출밸브(safety relief valve)와 같은 용어로 구별하고 있지만, 많은 경우 막연하게 같은 의미로 사용되고 있고 그 외에 relief header, flare system 등의 장치도 있다.

참 고

safety valve : 기체(가스 및 증기)용으로 사용
relief valve : 액체용으로 사용(그림 2.21 참조)

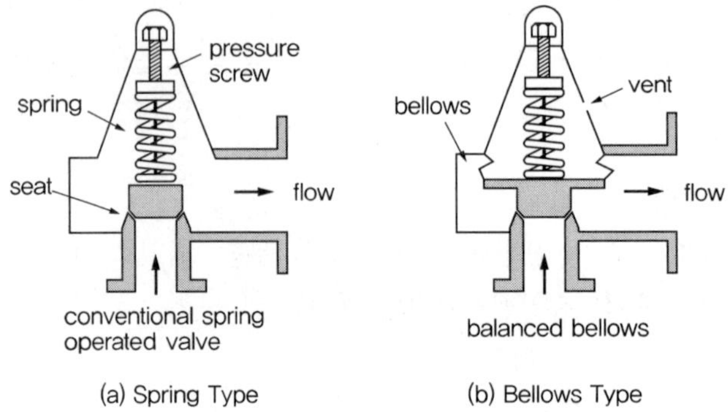

그림 2.21 Safety or Relief Valve

1) 안전밸브(safety valve)

안전밸브는 그 기능이 충분하지 않으면 설비 그 자체가 파괴될 뿐 아니라 때로는 인명 피해를 초래하기도 한다. 주로 사용되고 있는 것은 고성능의 스프링식 안전밸브로, 압력방출 설정치는 각 기준 및 규정간에 다소 다르지만, 통상적으로 이상(異常) 운전시와 화재 발생시에 구별되고 있다. 즉, 이상상태인 경우, 압력방출 압력은 일반적으로 설정 압력의 100～110%를 초과하지 않도록 하고, 화재시에는 110～120%를 초과하지 않도록 하고 있다. 그리고 이상 운전과 화재가 병행한 경우에는 설정압력이 설계압력의 100%를 초과하지 않도록 하고 있다.

2) 파열판(rupture disk)

방출밸브를 대신하는 압력방출장치인 파열판은 파열 압력을 명기하는 것이 통례로 최저, 평균 및 최고의 파열 압력이 있다(그림 2.22 참조).

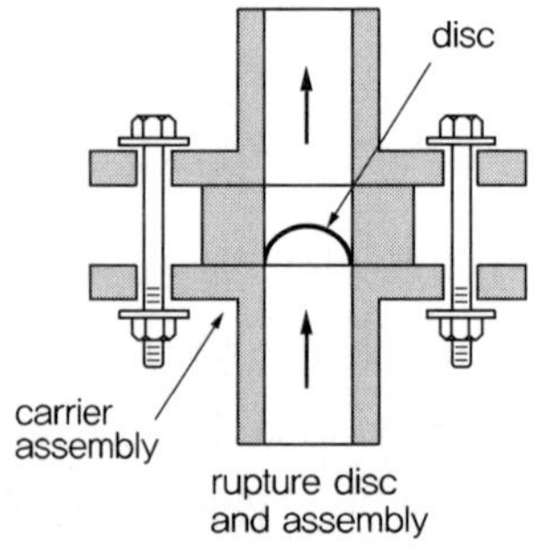

그림 2.22 Rupture Disk(Valve Type)

4.4.2 계측 및 제어 시스템

(1) 계장기기의 안전 원리

1) 계장기기의 고장 원인

계장기기의 고장 원인은 앞의 4.2.2항에서 언급한 바와 같이, 부품의 불량 및 열화와 이를 가속시키는 사용 환경에 의한 것으로 알려져 있다. 그러나 부품에 기인한 고장은 제품의 문제로서, 품질 개선과 안전 확보를 기하는 제조자 측의 노력이 필요한 것이다. 여기에서는 사용자 측이 관여하는 환경 조건에 기인한 고장 요소 및 대책에 대하여 간단히 언급하고자 한다.

① 온도 : (고장) 전자부품의 수명 단축
(대책) panel 계기 – air condition
field 계기 – air purge

② 습도 : (고장) 옥외 계기 – 결로(結露)
옥내 계기 – 저온수 침투 파이프 내장용기의 발청 및 절연 저하
(대책) 용기의 기밀성, 건조제 봉입, 수지mold, 현장에서의 air purge 및 정기적 점검

③ 진동 및 충격 : (고장) 왕복동식 펌프 및 컴프레샤의 오차 증가, 단선, 피로파괴
(대책) 배관의 진동 차단 flexible 연결, 맥동압 저감 surge tank, 방진고무 사용

④ 부식성가스 : (고장) 계기의 접점 불량 및 제반 장애
(대책) 내식성재료 사용, 표면 처리, air purge, 기밀성 강화

⑤ 낙뢰 : (고장) 전자부품 파손
(대책) 유도 뢰의 에너지 흡수 반도체 보호소자

⑥ 먼지 : (고장) 접촉 불량 및 접동부(摺動部) 마모
(대책) panel 계기 : case의 2중화 및 air purge

⑦ 전파 방해 : (고장) 전자기기의 일시적 작동 중단
(대책) sealed, filter 등의 전파 장해 대책

2) 계장기기의 고장 발생 대책

계장기기가 고장이 발생하여도 플랜트의 안전성에 지장이 없는 기본적 대책으로 다음의 사항들이 고려되어야 한다.

① 용장(冗長)시스템 : 복수 대수의 기기를 동일한 목적에 이용하여 한 대가 고장이 발생하여도 운전 계속 가능

② 위험 분산 : 부분적 고장이 기기시스템 전체에 영향을 주지 않도록 시스템을 세분화

③ Fail safe : 기기가 고장시, 시스템을 안전측으로 이행

a) 용장시스템 – 병렬형(그림 2.23), 직렬형(그림 2.24)
b) 위험 분산 – 계기별로 휴즈 및 개별 전원 스윗치 설치(그림 2.25)
c) Fail safe – 열전대 단선시, 로의 온도 저하(그림 2.26)

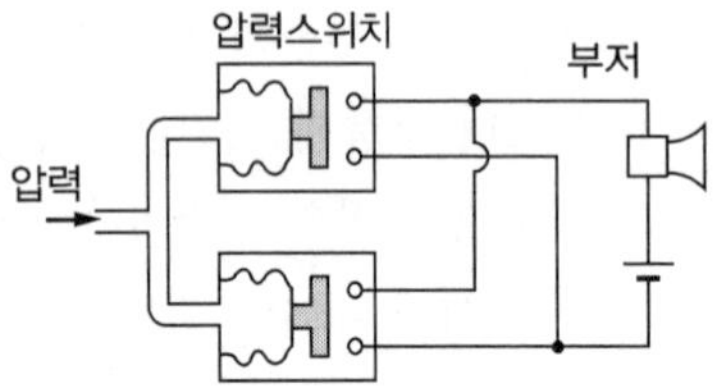

그림 2.23 병렬 용장시스템
(압력경보기의 2중화)

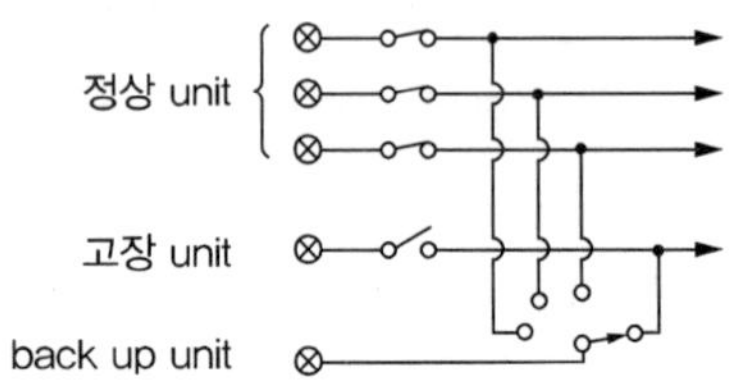

그림 2.24 직렬 용장시스템
(계정전원의 battery back up)

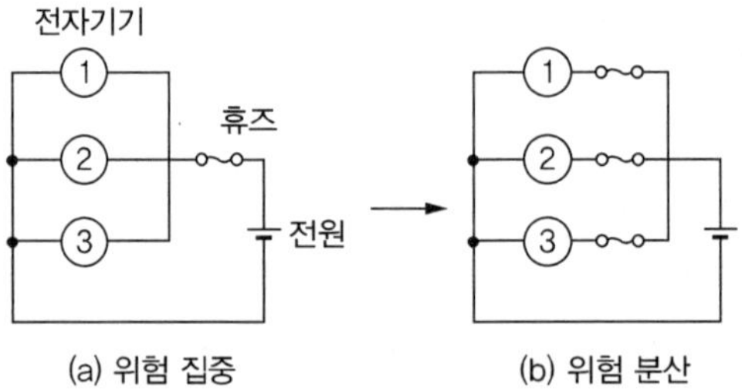

그림 2.25 위험의 집중과 분산

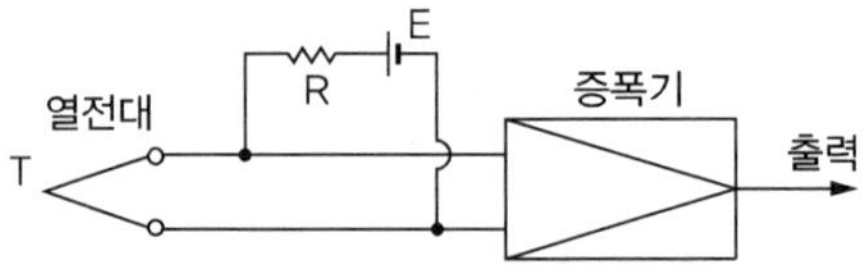

그림 2.26 열전대의 burn out 회로

(2) 자동보호시스템

플랜트에서 위험한 상태를 만들 가능성이 있는 경우에 설치하는 시스템으로 trip system과 interlock system이 있다.

1) Trip system

위험한 상태가 검출되었을 때 플랜트의 전체 또는 일부의 운전을 정지시키는 시스템으로 위험 상태에 대한 방호를 위하여 사용하므로 시스템 그 전체가 신뢰할 수 있는 것이 필요하다.

① 구성 : 검출기(sensor), 스윗치 및 차단밸브를 1개씩 포함한 단일 channel
다만, 단일 channel보다 이상의 고도의 신뢰성이 필요한 경우에는 용장성(冗長性)을 이용

② 다음의 고장에 대한 신뢰성 부여로 플랜트가 정지하지 않도록 하는 것
a) 기능상의 고장－위험 상태가 생겼을 때 시스템이 플랜트를 정지시키는 것을 방해하는 고장으로, 비명시(非明示) 고장
b) 작동상의 고장－잠재 위험성이 존재하지 않는 경우에 플랜트를 정지시키는 고장으로, 명시(明示) 고장

2) Interlock system

조작자(operator) 및 자동제어시스템이 위험한 제어 행위를 행하는 것을 방지하는 시스템

① 종류 : key interlock, soft ware interlock

② 응용 : 전기개폐장치, 시험실 안전, 기계류 방호, 하역 설비, 컨베어 시스템, 기계의 시동과 정지, 밸브 시스템, 계장 시스템, 방화 시스템, 플랜트 보전 등

Chapter 5

화학공장의 위험성 평가

5.1 위험성 평가의 방법과 구성

일반적으로 위험성 사전 평가(risk assessment)는 그림 2.27의 예와 같은 구성 및 순서로 행하여진다. 일반적으로 safety라고 표현되어지고 있는 것을 risk로 바꾸어 나타낸 것인데, 결과적으로 risk의 평가는 곧 안전성 사전 평가(safety assessment)인 것이다.

화학공장에서의 위험성 사전 평가에는 그림에서와 같이 위험성의 확인(결정)에는 사용되는 화학물질, 공정 및 플랜트의 위험성의 검출과 이의 정량화, 위험성의 평가로는 안전성 유지를 위한 장치 및 조작의 위험 감소 및 배제와 사고・재해가 미치는 주변 환경에의 영향평가와 허용한계를 정의하고 있다.

따라서, 본 장에서는 그리고 화학공장에서의 물질 및 공정상의 위험성의 평가와 해석 기법에 대하여 다루고자 한다.

5.2 화학물질의 위험성 평가

화학물질은 반드시 단독의 성질을 갖는 것은 아니다. 가연성이면서 유독성이 있는 복수의 성질을 갖는 경우도 있어 물질의 위험성을 종합적으로 평가하여 이를 구성원이 알 수 있도록 하는 것이 공장의 안전을 기하는데 필요한 것이다. 이의 평가법에 관하여 제안되어 실시되고 있는 몇 가지 방법을 소개하고자 한다.

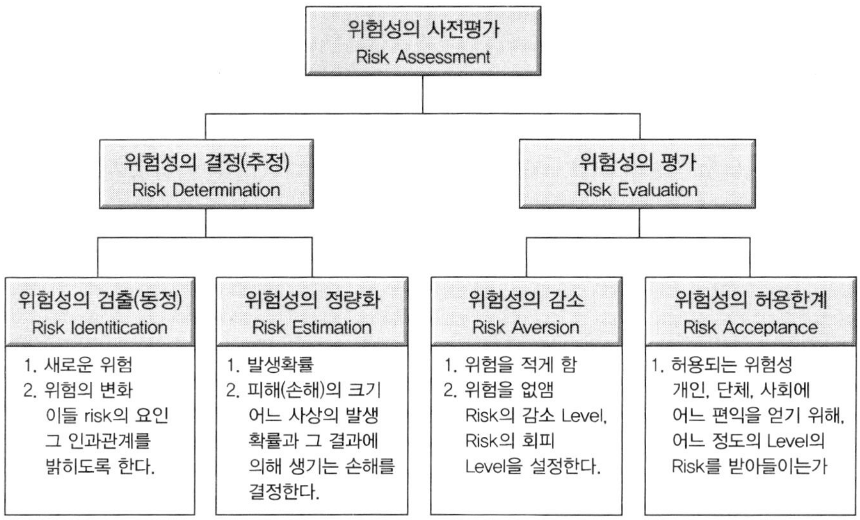

(a) Risk assessment의 구성(by Rowe)

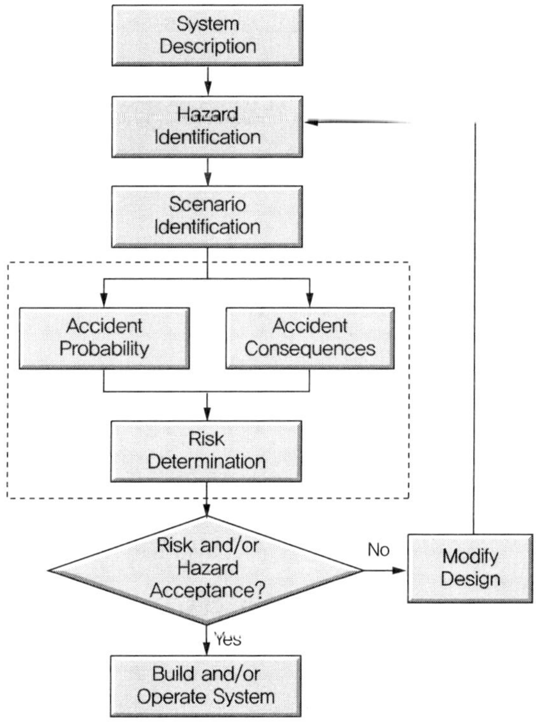

(b) Risk assessment의 순서

그림 2.27 Risk assessment의 구성 및 순서

(1) 미국방화협회

미국방화협회(National Fire Protection Association: NFPA)에서는 화재시의 화학물질의 위험성을 대상으로 평가를 행하고 있다. 즉, 앞의 2.2절에서 이미 다룬 바와 같이, NFPA code No.704에 의해 물질별로 3가지의 위험성으로 구분하고, 각 위험성별 위험성을 0(없음)∼4(최대)의 5단계 등급으로 정의하였기에 분류 및 평가 내용을 한 번에 파악할 수 있도록 한 것이 특징이다.

(2) 미국해안경비대

미국해안경비대(US Coast Guard)에서 위험한 화학물질의 해상수송의 안전성을 위한 입장에서 물질의 종합평가를 하는데, 위험성 중에 '수질오염의 위험성'이 추가되고 등급별 내역이 보다 세분화되어 나타낸 것 이외에는 위험성 평가방법은 NFPA의 경우와 같다.

(3) Dow Chemical사

Dow Chemical사는 화학공장의 건설에 앞서 공정의 위험성을 평가하는 방법으로, 물질별로 물질계수(material factor)를 사용하여 위험성을 1(최소)∼40(최대)의 값을 부여하고 공정상의 위험도를 산정하여 이의 해당 항목별 합산값으로 위험의 등급을 정의하였다.

5.3 화학공정의 위험성 평가

화학물질의 위험성의 평가를 끝낸 후 화학공정의 위험성을 행하는데, 여기에서도 개별의 위험성을 평가한 후 unit plant의 종합적인 위험성을 행하는 것이 적합하다.

여기에서는 대표적인 평가 방법으로 Dow Chemical사 및 일본 노동성의 평가 방법에 대하여 간단히 소개하고자 한다.

(1) Dow Chemical사의 화재 · 폭발지수에 의한 위험성 평가

화학물질의 위험성에 물질계수의 개념을 도입하고, 이를 보다 발전시켜 아래와 같은 순서로 공정의 종합적 위험성 평가와 이에 적합한 안전대책을 실시하는 것이다.

① 공정을 단위별(unit process)로 분할

② 사용하는 화학물질의 물질계수(1∼40) 산정

③ 특별한 위험성이 있는 특정 물질의 위험도 산정
④ 일반 공정의 위험도 산정
⑤ 특수 공정의 위험도 산정
⑥ ②~⑤ 4개 위험도의 적산치(화재폭발지수, F&EI) 산정
⑦ 얻어진 화재폭발지수에 의한 보안대책의 산정과 채택
⑧ 물적손해와 생산휴지일수의 견적과 보안대책의 실시

(2) 일본 노동성의 안전성평가

Dow Chemical사의 방법과 같은 개념을 바탕으로 신설 화학플랜트에 대한 safety assessment의 방법을 제안, 실시한 것으로 다음 6단계로 되어있다.

제1단계 : 관계자료의 정비 검토
제2단계 : 점검표(check list)에 의한 위험성의 정성 평가
제3단계 : 잠재위험성의 정량 평가
제4단계 : 안전대책
제5단계 : 재해 정보에 의한 재평가
제6단계 : FTA에 의한 재평가(단, I등급만 해당)

참고

제3단계의 정량 평가는 각 unit의 물질, 용량, 온도, 압력, 조작의 5개 항목별로 0~10점으로 하여 평점(A: 10, B: 5, C: 2, D: 0)하여 총점 등급(I급: 16 이상, II급: 11~15, III급: 10 이하)에 따라 등급별 안전대책을 제시한다.

5.4 화학공장의 위험성 해석

앞에서 설명한 바와 같이, 화학공장의 위험성을 사전 평가를 행하여 공장이 건설되고 조업이 시작되어도, 유지(maintenance)의 면에서 안전대책이 필요한 것이다.

즉, 그림 2.28에서와 같이, 공정플랜트의 해석 목적에 적합한 기법의 선택 사용을 위한 위험성 해석(risk analysis)을 근거로 위험성 사전 평가(risk assessment)를 행한 후, 이에 맞는 안전대책 및 관리체계를 구축하는 위험성 관리(risk management)를 실시하는 것이다.

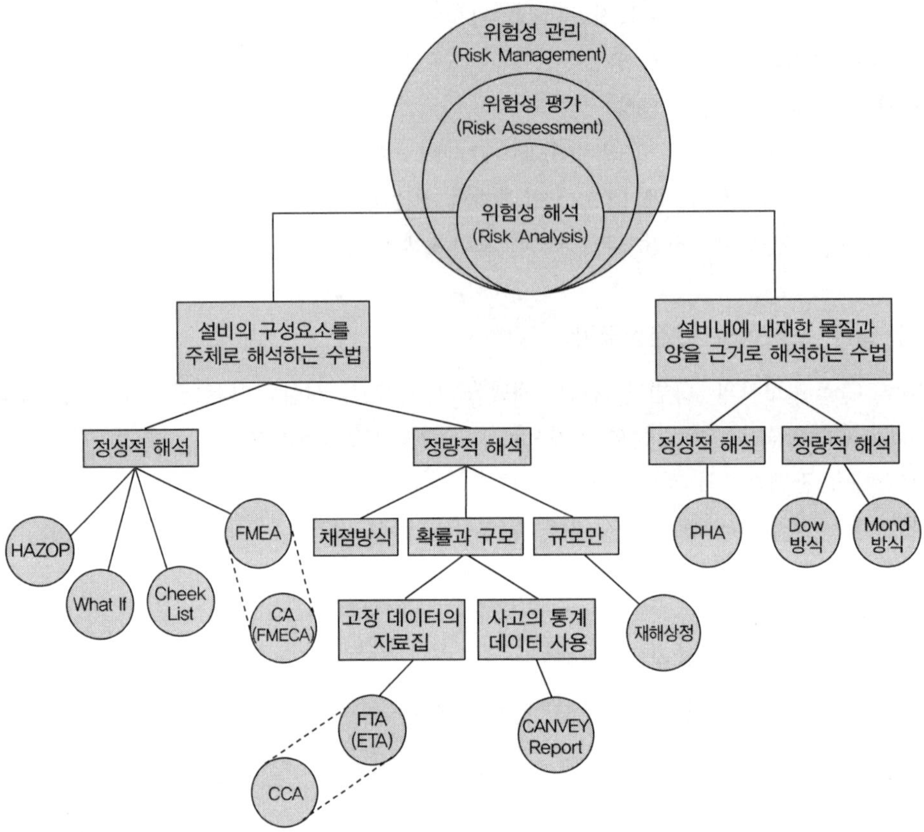

그림 2.28 위험성 평가에 사용되는 주요 기법

위험성 해석을 위한 기법으로는 아래와 같이, 연구 개발에서부터 공장의 건설 및 운영에 이르는 각 단계에서 행하여지는 정성적 및 정량적 기법들이 있는데, 이들의 종류와 적용 단계의 기법들을 표 2.16과 표 2.17에 나타내었고 개요에 대하여 정리하여 보았다.

(1) 정성적 평가 기법

1) 점검표(Check List)
2) 예비적 위험 해석(Preliminaly Hazard Analysis, PHA)
3) 고장형 · 영향 해석(Failure Mode & Effect Analysis, FMEA)
4) 위험 및 조작성 해석(Hazard and Operability Study, HAZOP)
5) What-If 해석(What-If Analysis)

(2) 정량적 평가 기법

1) 상대위험도 평가(Relative Ranking Technique)
2) 결함수 해석(Fault Tree Analysis, FTA)
3) 사상수 해석(Event Tree Analysis, ETA)
4) 원인・결과 해석(Cause & Consequence Analysis, C&CA)

표 2.16 Risk Assessment의 기법

항목	개요
1) 점검표(Check list)	시스템의 상태를 확인하기 위해 점검 항목을 기재한 list를 만들어, 이에 따라 점검을 실시한다.
2) 예비적위험 해석(PHA)	상세한 설계 내용이 분명한 시점에서, 프로세스의 위험성을 예비적으로 평가하여 그 후의 설계는 안전면에서 방향을 설정한다.
3) 고장형・영향 해석(FMEA)	장치 및 기기가 고장났을 때 어떠한 효과가 나는가, 또한 이것은 매우 위험한 상태의 것인가 등을 해석한다.
4) 위험 및 조작성 해석(HAZOP)	프로세스의 위험을 여러 조작 조건을 변화시켜 해석한다. 예를 들면, 온도가 상승하면 반응기는 어떻게 되는가 등
5) What-if 해석	만약 무언가가 일어나면 어떻게 될 것인가라는 질의를 통하여 바라지 않은 사고로 되게 한 위험 및 상황을 파악한다.
6) 상대위험도 평가 (Relative Ranking Technique)	프로세스, 장치설계, lay out 등이 최선의 상태에 있는 가를 섬도하여, ㅗ정도에 따라 여기에 수치적인 등급을 행한다.
7) Fault Tree 해석(FTA)	정상사상에 사고의 효과를 나타내고, 그것이 어떠한 경우에 생기는 가를 구성요소에까지 거슬러 해석하여 원인을 명확히 한다.
8) Event Tree 해석(ETA)	FTA와는 반대로, 계기가 되는 사상으로부터 사고 또는 재해의 시나리오를 묘사하여 대책의 효과와 피해의 크기를 해석한다.
9) 원인・결과 해석(C&CA)	FTA와 ETA를 조합시킨 것으로, 잠재적인 사고의 기본적인 원인과 이에 의한 결과를 해석한다.

표 2.17 화학플랜트에서의 각종 risk assessment 기법의 적용

단계	기법
연구・개발	PHA, 상대위험도평가, What-if
개념 설계	PHA, 상대위험도평가, Check list
상세 설계	PHA, Check list, HAZOP
	FMEA, HAZOP, FTA
건설	Check list
일상작업	HAZOP, Check list, What-if
증설/개수	Check list, What-if, HAZOP
사고 조사	FTA, ETA

(3) 위험성평가 기법의 예

1) 점검표(Check List)

① 해석 개요 : 점검표는 가장 오래 전부터 각종 산업 분야에서 실시된 방법으로, 공장의 건설을 위한 초기 계획, 설계, 건설, 시운전 및 가동 후 시업 점검, start up/shut down 조작 전의 확인 점검 등, 확인의 평가 항목이 한정되어 있는 안전 확인에 범용적으로 사용되고 있어, 간편하고 확실한 평가 결과를 얻을 수 있다(표 2.18 예).

표 2.18 Check List의 예

점검 항목				점검 내용	점검 방법	점검 결과	조치년월일 및 조치내용
가열·냉각·건조설비		산수장치	펌프 진동기	소리, 진동 및 발열의 이상 등의 유무	눈 확인		
	반응장치	기초, 지주, 가설대		변형, 균열, 손상의 유무	눈 확인		
				도장 상황 및 부식의 유무	눈 확인		
				침하의 유무	눈 확인		
				앵커 볼트 등의 헐거워짐 유무	눈 확인 또는 햄머 테스트		
		본체부	본체	누설의 유무	눈 확인 및 가스검지		
				변형, 균열, 손상의 유무	눈 확인		
				볼트 등의 헐거워짐 유무	눈 확인 또는 햄머 테스트		
				보온(냉)재의 손상, 탈락 등의 유무	눈 확인		
				라이닝 등의 상황 및 손상의 유무	눈 확인		
			쟈켓, 코일, 방해판	누설의 유무	눈 확인 및 가스검지		
				변형, 균열, 손상의 유무	눈 확인		
				부식의 유무	눈 확인 또는 계기로 두께 측정		
				고정 상황의 적부	눈 확인		
			맨홀, 가시창	누설의 유무	눈 확인 및 가스검지		
				변형, 균열, 손상의 유무	눈 확인		
				부식의 유무	눈 확인 또는 계기로 두께 측정		
				볼트 등의 헐거워짐 유무	눈 확인 또는 햄머 테스트		
			후렌지, 노즐	누설의 유무	눈 확인 및 가스검지		
				변형, 균열, 손상의 유무	눈 확인		
				도장 상황 및 부식의 유무	눈 확인		

② 해석 특징 : Check 항목에 없는 새로운 사항은 평가할 수가 없고, 해석에 사용되는 공장별로 작성된 check list의 준비가 어렵다. 따라서, check list항목에 없는 사상 의 평가 누락 방지 및 한정된 check list에서 그 주변과 잠재하여 있는 문제점을 도출하는 노력이 필요하다.

2) 예비적위험 해석(Preliminaly Hazard Analysis, PHA)

① 해석 개요 : 예비적위험 해석(PHA)은 플랜트의 계획의 입안 및 설계단계에서 행하는 평가 방법으로, 예비사고해석 또는 예비적위험 분석이라고도 한다. 따라서, 설비 및 시스템의 잠재위험 추출을 행하며, 해석에 따른 결과는 이후에 실행되는 설비 및 시스템의 안전 설계 방침 및 기준의 입안에 활용된다.

② 해석 방법 :

a) 좋지 않은 사상(事象, event)을 도출

b) 사상이 생기는 상황을 특정(identification)

c) 사상의 발생 가능성 원인 추출 및 주변의 영향 추정

d) 사상의 잠재위험 여부 판정 및 영향 정도 분류 평가

이와 같은 수순으로 검토되면, 다음에서 설명하는 FMEA 기록표 모양의 형식이다(표 2.19 예).

3) 고장형 · 영향 해석(Failure Mode and Effect Analysis, FMEA)

① 해석 개요 : 고장형 · 영향 해석(FMEA)은 플랜트의 설계단계에서 행하는 바, 시스템(설비) 구성요소의 고장에 기인한 잠재위험의 추출과 이의 영향 평가 즉, 부품 및 sub-system의 고장으로 발생하는 사고의 상정(想定)과 내용의 추정을 행한다(표 2.20 예).

표 2.19 PHA 기록의 예(해설용)

프로젝트 명칭 :	PHA Work Sheet	페이지 :
장치 명칭 :		실시일자 :

잠재 위험	전제되는 운전조건	상정원인	예상되는 출현결과	영향 평가	제 언
부식 구멍	정상운전	부식성물질 X의 반응기 내에서의 형성	반응기 하류의 저온 영역의 배관/드럼 등의 내벽부의 부식 구멍. 구멍이 난 후에는 내부 유체 누설 발생	증대	• 부식성물질 X에 의한 부식구멍의 사례를 조사하여 부식발생의 개연성을 밝히게 하는 것 • 부식성물질 X의 형성조건을 밝히게 하고, 형성방지책을 확립하는 것 • 부식성물질 X에의 내부식성 재료를 선정하는 것

표 2.20 FMEA의 기록의 예(해설용)

<table>
<tr><td rowspan="3">Job :

Unit :</td><td rowspan="3">Failure Modes
and
Effects Analysis</td><td>Sheet No :</td></tr>
<tr><td>Date :</td></tr>
<tr><td>Prepared by :</td></tr>
</table>

No.	Item	Failure Mode	Cause of Failure	Possible Effects	Count or Measure	Note
A-01	감량제어 밸브 Y-D01	동작불능 (열린상태)	① 구동계 고장	A/B액량비율 유지불능이 되어 B액량 증가시에는 반응이 내의 온도가 상승한다.	반응기내 온도계, 반응기 출구온도계에서 고온도 경보 출력있음. 온도계에서의 경보출력에서 자동 차단계작동	O.K

② 해석 방법

a) 시스템을 구성하고 있는 부품별로 고장의 발생을 가정

b) 고장에 따른 시스템의 상태 변화 고찰

c) 시스템의 상태 변화가 사고로 이어지는 영향을 평가

d) 영향 평가에 따른 조치 및 대책

③ 해석 대상 : 해석 대상 및 고장 발생의 가정은 모든 설비에 행하며, 설정하는 고장은 단일 고장으로, 복합 고장의 조합은 통상적으로 다루지 않는다. 해석의 결과는 안전성 향상을 위한 설비 개선 계획의 입안에 활용된다.

4) 위험 및 조작성 해석(Hazard and Operability Study, HAZOP)

① 해석 개요 : 위험 및 조작성 해석(HAZOP)은 원래, 플랜트의 개발단계에서 공정플랜트의 안전성과 운전성을 평가하는 수법이다. 즉, 공정 플랜트가 운전 상태에 있는 것을 전제로, 정상운전 상태에서의 벗어남(deviation)의 발생을 설정(예: '온도가 높아졌다', '유량이 감소되었다' 등)하고 이에 따른 원인과 변화 및 위험 상태를 검출하고 대응 수단을 강구하는 방법이다.

② 해석 특징 : '벗어남(deviation)'의 설정에 guide word를 사용한다(표 2.21 참조). 공정플랜트의 safety review에 범용적으로 사용되며 플랜트의 계획 단계로부터 설계, 건설, 시운전 및 운용에 이르기까지 매우 광범위한 단계에서 실용되고 있는데, FMEA와 같이 P&ID의 작성 단계에서 행하는 것이 일반적이다(표 2.22 예).

표 2.21 HAZOP의 guide words

guide words	의미	설명
No or Not	설계의도의 완전부정	흐르지 않음(No Flow) 등의 상황 설정에 적용
More	양적인 증가	액량 증가(More Flow), 압력 증가(More Press), 온도 상승(More Temp.) 등의 상황 설정에 적용
Less	양적인 감소	액량 감소(Less Flow), 압력 감소(Less Press), 온도 저하(Less Temp.) 등의 상황 설정에 적용
As Well As	질적인 증가	설계 의도는 강구되어 있지만, 여분의 성분 및 상이 존재하는 등의 상황 설정에 적용(예: Contamination 등)
Part of	질적인 감소	설계 의도의 부분적인 부족 등의 상황 설정에 적용(예: 조성의 변동)
Reverse	설계의도의 역행	역류(Reverse Flow), 역반응(Chemical Reaction) 등의 상황 설정에 적용
Other Than	완전 대책	위의 Guide Words에서 표현되지 않은 상황 설정에 적용 (예: Maintenance, Start Up, Shut Down 등의 상황)

표 2.22 HAZOP 기록의 예

Job :	Hazard & Operability Studies	Sheet No :
		Date :
Unit :		Prepared by :

No.	Guide Word	Deviation	Possible Causes	Consequence	Action Required
원료 공급 A계					
A-01	No	No Flow	① Pump P-1 정지 (Pump 본체고장, motor 고장, 구동원계 고장 등)	[①~④] • 반응기의 원료 A 공급 정지에 따라, 반응기 내는 반응정지한다. 프로세스상에서의 위험은 생기지 않지만, 불량품이 생산된다. • 원인 ①,②는 각각으로 검출이 가능. ③,④는 반응기 출구온도에서 검출되기도 한다.	• 불량품 발생 방지를 위해 확실한 검출방법을 검토하고 제시하는 것
A-02			② 저장조 A내 원료 A의 사용 제한		
A-03			③ 수동밸브 HV-1 오조작 "닫힘"		
A-04			④ 제어밸브 CV-1 닫힘(제어 밸브 본체 고장, 제어계의 고장 등)		
A-05			⑤ 배관 파단	• 프로세스면에서의 거동	• 파단 발생의 가능성

5) What-If 해석(What-If Analysis)

① 해석 개요 : What-If 해석은 설계 및 운전관계자가 '만약, 이 부분에 이상이 생긴다면', '만약, 이 기능이 고장난다면'과 같이 발생 가능한 사고의 형태를 직접 평가에 활용하는 수법으로, 시스템(설비) 구성의 문제점 및 안전 대책의 타당성 등을 검증하며, 화학공정에 관계되는 건축물, 동력 설비, 원재료, 제품, 저장시설, 플랜트의 보안 등 매우 광범위하게 사용된다.

② 해석 특징 : 어느 상태의 설정과 그 상태에 대한 대응의 적합/부적합 또는 가능/불가를 고찰하는 검토 방법 및 group 토의의 실시 등은 HAZOP과 공통적인 것이 많으나, HAZOP에 비하여 자유도가 커서 토의 주제의 선정 순서, 토의의 검토 목적 및 내용의 이해 등 충분한 계획을 준비하는 것이 필요하다.

6) 상대위험도 평가(Relative Ranking Technique)

① 해석 개요 : 상대위험도 평가는 공정플랜트의 위험도를 지표값에 의해 상대적으로 비교하는 방법의 총칭으로 대표적인 것은 Dow Chemical사에서 개발된 Dow방식(Dow Method)으로 화재・폭발지수(F&EI, Fire & Explosion Index)에 의해 플랜트의 위험성을 평가하며, 평가manual은 현재까지 지속적으로 개정되고 있다. 또 하나의 방법은 Mond Index를 이용한 Mond 방식(Mond Method)으로 기본적으로 Dow 방식에 독성지수를 고려하여 활용한 것이다.

② 해석 특징 : Dow 방식에서의 화재・폭발지수는 물질계수(Material Factor)를 토대로 제반 조건에 의해 산출되며, 이에 따라 필요한 방재 대책도 제시되고 있다(그림 2.29 참고).

7) 결함수 해석(Fault Tree Analysis, FTA)

① 해석 개요 : 결함수 해석(FTA)은 평가대상으로 하는 바람직하지 않은 사상(事象)을 정상사상(頂上事象, Top Event)으로 하고, 이의 요인의 상호 관계를 논리합(論理合, OR)과 논리적(論理積, AND)으로 나타내어 해석하는 연역적(演繹的) 방법이다(그림 2.30 예).

② 해석 특징 : 논리도(論理圖)에서 정상사상과 사상 출현에 관계한 각 요인과의 관계를 분석할 수 있으며, 분석된 요인의 출현확률(예: 고장확률)이 결정되면 논리 연산식(演算式)을 이용하여 비교적 용이하게 정상사상의 출현확률을 구하는 정량적인 확률 평가를 행할 수도 있다.

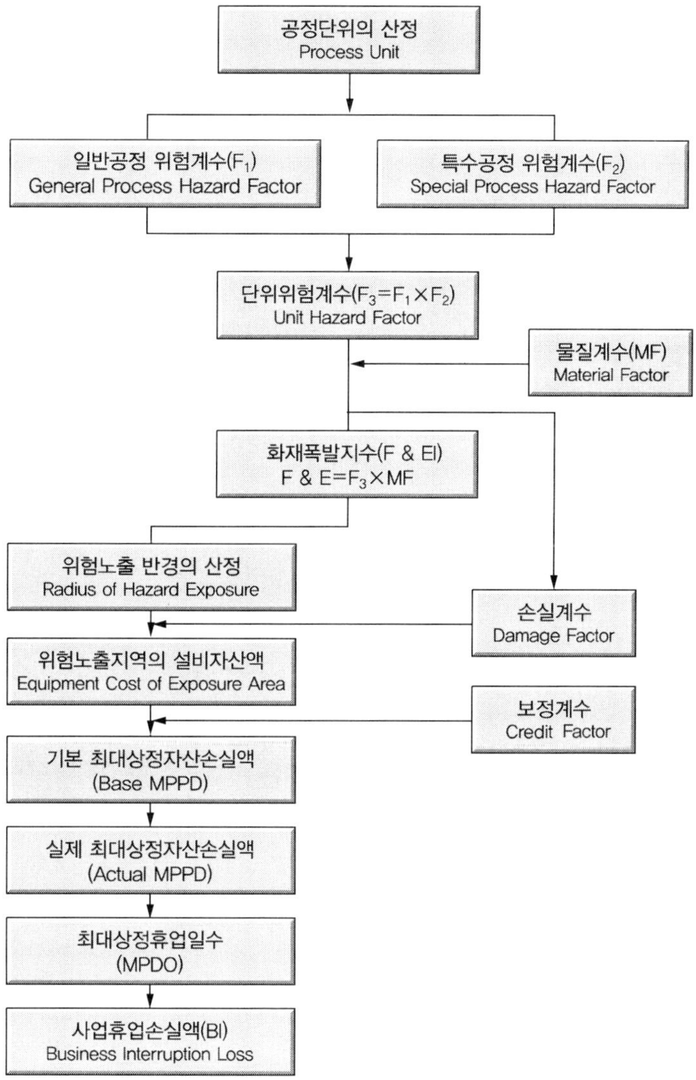

그림 2.29 Dow 방식에 의한 위험성 평가

8) 사상수 해석(Event Tree Analysis, ETA)

① 해석 개요: 사상수 해석(事象樹 解析, ETA)은 사고의 발단사상(發端事象) 또는 계기사상(繼起事象)을 시점으로 하여 사상의 전개과정을 대응의 적부(適否)에 따라 사고의 종단사상(終端事象) 즉, 최종 사고 피해내용을 해석하는 귀납적(歸納的) 방법이다(그림 2.31 예).

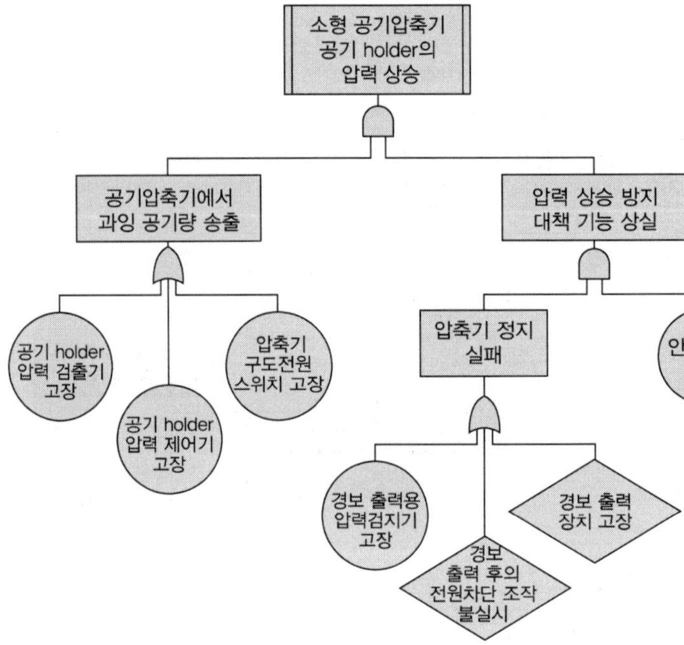

그림 2.30 Fault Tree의 예

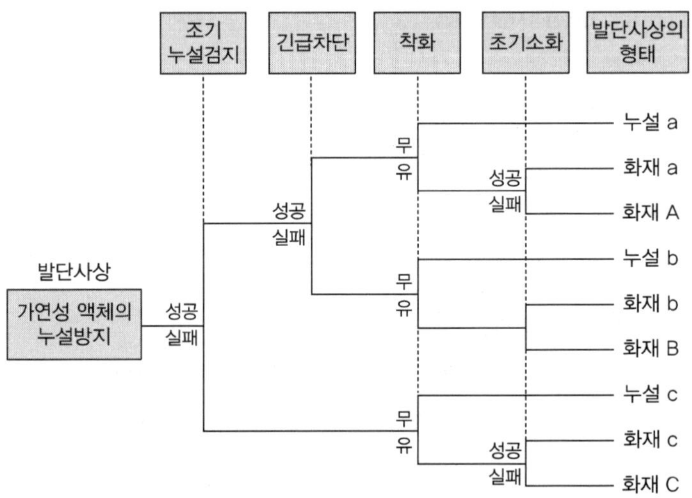

그림 2.31 Event Tree의 예

② 해석 특징: 해석하는 사상의 대응(방재 설비의 작동 및 인간의 대응) 적부는 대응책의 유무, 대응의 성공 여부(성공/실패) 등의 2원적 논리로 분석한다. FTA의 경우와 같이, 종단사상의 출현확률을 구하는 정량적인 확률 평가를 행할 수도 있다.

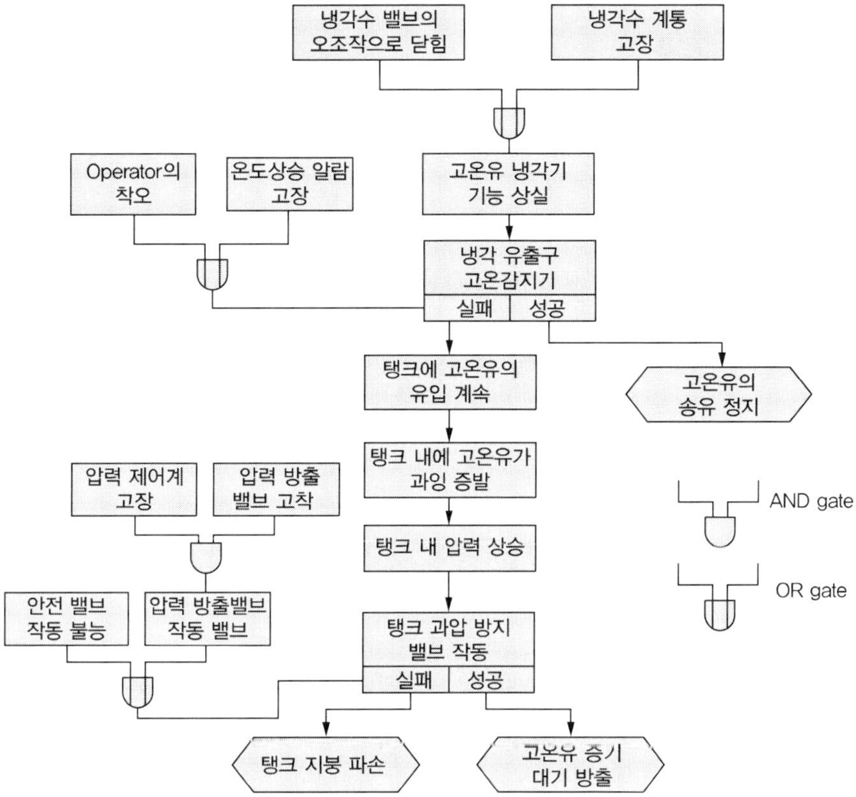

그림 2.32 C&CA의 예

9) 원인・결과 해석(Cause and Consequence Analysis, C&CA)

① 해석 개요 : 원인・결과 해석(C&CA)은 FTA와 ETA를 동시에 행하는 방법이다. 즉, 시스템 또는 공정에 발단사상(기기의 고장 또는 공정의 이상 등)의 진전 경로와, 최종적으로 어떠한 종단사상으로 전개되는 가를 안전대책의 대응(성공/실패) 여부를 고려하여 해석하는 방법이다(그림 2.32 예).

② 해석 특징 : 이 방법은 사상의 진행 경로를 해석하는 부분과 실패 대응을 해석하는 부분으로 나누어진다. 따라서, 소규모 해석 대상의 FTA/ETA로의 실시의 경우, 발단사상에서 종단사상으로의 진전 경로, 안전 대책의 실패 원인을 하나의 도표로 나타내기에, 원인・결과의 인과관계 이해가 쉽고 결과가 잘 표현되어 알기 쉬운 잇점이 있다.

Exercise

1. Semenov이론에 의한 Arrhenius형 반응물질의 발열과 방열 속도식에 의한 발화위험 한계온도에 대하여 설명하시오.

2. NFPA에 의한 무질의 위험성 표시 라벨에 대하여 설명하시오.

3. 인체에 대한 급성중독의 위험성을 판정하는 지표에 대하여 기술하시오.

4. 유해성물질로부터의 방호를 위한 환경관리 측면에서의 안전관리대책을 기술하시오.

5. 탄산가스가 용해하여 있는 수중에서 철이 부식하는 반응과정을 설명하시오.

6. 자연발화를 일으키기 쉬운 물질의 특성을 기술하시오.

7. 유독물질에 의한 인체에의 중독과정에 대하여 설명하시오.

8. 식염수 용액에서 아연과 철의 접촉에 따른 전해반응을 설명하시오.

9. 열면에 의한 발화가 자연발화에 의한 경우보다 높은 온도가 요구되는 이유를 아는대로 설명하시오.

10. 가연성액체의 액온이 인화점보다 높은 경우의 연소확대 거동에 대하여 기술하시오.

11. 유체의 관내 유동에 따른 대전 매카니즘에 대하여 설명하시오.

12. 분진폭발의 재해상의 위험과 관련한 특징을 기술하시오.

13. 화학공정에서 위험이 발생하는 과잉압력의 원인을 기술하시오.

14. 파이프라인의 음극방식에 대하여 설명하시오.

15. 기름탱크의 스팀 세정에서 정전기 발생 억제 방법을 기술하시오.

16. 폭발현상인 UVCE와 BLEVE의 차이점을 기술하시오.

17. 알칼리성 부식성물질을 마시거나 삼킨 환자의 응급처치 요령을 기술하시오.

18. 대기 중에 확산되는 가스농도의 측정에 있어서의 유의사항을 기술하시오.

19. 혼합폭약과 화합폭약에 대하여 비교 정의하고, 이들 종류에 대하여 아는 대로 기술하시오.

20. 화학공정의 본질적인 안전을 행하는데 있어 고려하여야 할 사항을 기술하시오.

21. 계장기기의 고장형식에 대하여 아는 대로 기술하시오.

22. 반경 10 mm의 관을 통하여 발생하는 도시가스의 난류확산화염의 길이를 구하시오.

23. 용기 내에 5 atm의 수증기가 대기 중에 분출되는 경우의 한계압력을 구하시오.

24. 인체가 3 kV의 전압에 대전하여 4.5 mJ의 대전에너지가 형성되었을 때의 인체의 전기용량을 계산하시오.

25. 상온상압 하의 연소열이 12 kcal/g인 methane의 연소하한계를 Burgess-Wheeler 법칙에 의해 계산하여 구하시오.

26. 내경 90 in인 탱크로리의 최소인장강도가 10 ton/in^{2}일 때의 최소허용두께를 구하시오.

27. 표준상태 하에서 완전연소비의 아세틸렌을 함유하는 공기 1 *l*의 연소발열량을 계산하여 구하시오(단, 아세틸렌의 연소열은 312 kcal/mol이다).

28. 표준상태 하에서 아세틸렌의 분해폭발(분해열 : 54 kcal/mol)에 의한 발열량과 공기 중에서 완전연소(연소열 : 310 kcal/mol)에 의한 발열량을 화학반응식에 의해 계산하여 비교

하시오.

29. 체적비가 buthane : propane : nitrogen = 50 : 30 : 20인 혼합가스의 연소하한계를 계산하여 구하시오(단, 단일성분의 연소하한계는 C_3H_8 = 2.5vol.%, C_4H_{10} = 2.0vol.%이며, 모든 조건은 상온상압 하에서 공기 중에서 행한다).

30. 27.3℃, 836 mmHg의 밀폐공간 내의 benzen 증기 39 mg/m^{3}을 ppm농도로 환산하시오.

31. Trinitrotoluene의 oxygen balance를 구하시오.

32. 허용농도지수가 4이고 포화증기압이 0.5 기압인 물질의 증기위험도지수를 구하시오.

33. 표준상태하의 공기 중에서 활성화에너지가 8.91 kcal/mol인 Arrhenius형 화학반응을 일으키는 가연물이 가열에 의해 발화를 일으키지 않는 한계온도값을 관계식에 의해 구하시오.

34. 가로×세로 = 0.25 m × 4.0 m인 개구부를 갖는 환기지배의 실내에서 고체가연물이 200 g/s의 연소속도를 나타낼 때의 환기지배상수값을 계산하여 구하시오.

35. 철도화물 기관사의 근무중의 사망확률이 3.6×10^{-4}(사망/년 · 인)인 경우의 FAFR값을 계산하여 구하시오.

36. 20℃, 1 atm의 대기 중에 5 mg/m^{3}의 탄소분진이 부유되어 있다면, 이 분진의 대기 중의 농도를 ppm 값으로 구하시오.

37. 다음의 용어 또는 약어에 대하여 아는 대로 설명하시오.

1) LT50	2) LC50	3) LOI
4) TLV-STEL	5) UVCE	6) BLEVE
7) CHEMTREC	8) CHRIS CG-446-1	9) NFPA No.704
10) smog	11) fire ball	12) ventilation parameter
13) boil over of tank oil	14) quenching distance	15) polymerization

Part 3

방폭 및 작업환경

Chapter 1 폭발현상 및 특성

각종산업설비에서의 위험성 물질에 의한 폭발사고가 뜻밖의 시간에, 뜻밖의 장소에서 뜻밖의 모습으로 많이 발생하여 산업계는 물론 사회적으로도 큰 문제를 발생시키고 있다. 이와 같은 뜻밖의 사고의 결과로서 발생하는 바람직하지 않은 폭발을 사고폭발이라고 부르며, 오늘날에는 폭발이라는 말은 산업계에서는 대부분의 경우 사고폭발을 지칭한다.

실제로 각종 산업설비에서 사고폭발이 일어날 경우 고온의 폭발가스의 발생에 의해 폭발음이 울려 퍼지고 폭풍과 화염이 발생하며, 각종 구조물이 순간적으로 파괴된다. 파편이 멀리까지 비산되고 폭풍에 의한 직접적인 인적, 물적피해 외에 2차적인 피해로서 화재가 발생되는 경우도 자주 있다. 이 결과 산업설비의 파괴와 원료・제품의 손실이 일어나 생산활동이 정지하는 이외에 기업의 이미지 실추는 물론 회사의 존립조차도 위협받는 결과가 된다.

따라서 사고폭발이 발생되지 않도록 함과 동시에 만일 발생할 경우 과학적인 사고와 공학적인 지식을 활용하여 사고폭발에 의해서 초래되는 피해의 국소화 또는 국한화를 위한 대책을 마련해 두는 것이 반드시 필요하다.

1.1 혼합가스의 폭발

혼합가스폭발은 가연성의 기체가 공기와 일정 비율로 혼합된 예혼합 상태에서 볼 수 있는 폭발위험인데, 존재하는 공간이 밀폐계 인지 또는 개방계 인지에 따라 달라진다.

(1) 예혼합형 연소

가연성 가스와 지연성 가스가 미리 일정 농도로 혼합된 가스의 연소이며, 발화원에서 발생한 화염이 혼합가스 중을 옮겨 진행하여 화염전파라고 하는 현상이 일어난다. 이 경우 화염은 이미 연소한 가스와 미연소 가스의 경계면에서 발생되고, 그곳에는 복잡한 화학반응이 일어나며, 일반적으로 고온이며 강한 빛을 내다.

그러나 연소된 가스는 고온에 의해 체적이 팽창하여 미연소가스를 화염의 진행방향으로 유동시켜서 외부에서 보면 화염의 속도는 가속되는 경우가 많다. 연소속도에 미연소가스의 유동속도를 더한 것을 화염속도라 한다. 연소속도는, 일정조건에서 가연성 가스의 고유의 상수이고, 일반적으로 가연성 가스는 상온·상압에서 최대 40～50 cm/s 정도이다. 그러나 수소, 아세틸렌 등은 연소속도가 크다. 표 3.1에 각종 혼합기체의 최대 연소속도를 나타내었다.

화염속도는 고유의 값이 아니라 미연소 가스의 유속에 따라 변화하는데 파이프나 탱크 속에서 연소하는 경우는 커다란 값이 되어 수 m/s에서 수백 m/s 범위가 된다. 화염이 더욱 가속되면 폭굉으로 전이하여 전파속도는 1,800～2,000 m/s에 달한다.

표 3.1 각종 혼합기체의 최대연소속도

혼합기체	연소속도 (cm/s)	연료비율 (%)	혼합기체	연소속도 (cm/s)	연료비율 (%)
methane－공기	33.8	9.96	acetylene－공기	163	10.2
ethane－공기	40.1	6.28	benzene－공기	40.7	3.34
propane－공기	39.0	4.54	cyclohexane－공기	38.7	2.65
butane－공기	37.9	3.52	carbon disulfide－공기	57.0	6.65
pentane－공기	38.5	2.92	methylalcohol－공기	55.0	12.3
hexane－공기	38.5	2.51			
heptane－공기	38.6	2.26	methane－산소	330	33.0
ethylene－공기	68.3	7.40	propane－산소	360	15.1
propylene－공기	43.8	5.04	cabon monoxide－산소	108	77.0
carbon monoxide－공기	45.0	51.0	hydrogen－산소	890	70.0
hydrogen－공기	27.0	43.0			

(2) 개방된 대기 중에서 예혼합가스가 발화

연소가스는 자유로이 팽창되므로 화염속도가 느리면 압력이나 폭발음이 거의 발생하지 않지만, 화염속도가 빠르면 압력파를 만들어 폭발음을 발생시키게 된다. 이와 같은 경우를 폭연(爆然)이라고 한다. 그러나 밀폐 용기 중에서 발생한 경우에 비하여 압력이 낮다. 화염속도가 점차 가속되어 폭굉으로 전이되면 충격파가 발생하여 주위에 커다란 파괴력을 미친다.

(3) 밀폐 용기내에서 예혼합가스가 발화

화염이 전체에 전파하여 용기 전체가 고온가스가 되므로 내부 압력은 단시간에 상승한다. 즉, 발화반응을 중심으로 화염이 전파함에 따라, 주위의 벽면에는 급격한 압력상승이 생기고 그 강도가 발생압력에 견디지 못하면 용기 및 건물은 파괴된다. 밀폐시에 압력상승에 의한 최고 압력은 폭굉이 일어나지 않는 조건에서는 초기압력의 약 7~8배로 10배 이하이다.

(4) 이론산소량과 이론 혼합비

가연성가스가 완전 연소하는데 필요한 산소량을 이론산소량이라 한다. 완전연소라고 하는 것은 탄화수소의 경우 분자중의 탄소는 산소와 반응하여 이산화탄소가 되고, 수소는 물이 되는 경우를 말한다. 한 예로 수소의 연소반응은 일반적으로 다음과 같다.

$$2H_2 + O_2 \rightarrow 2H_2O \quad \cdots\cdots (3.1)$$

즉, 수소 2몰당 산소 1몰이 필요하다. 질량으로 말하면 수소 1 kg당 산소 7.49 kg이다. 지연성 가스가 공기인 경우 산소농도를 21 vo1%, 나머지를 질소라 하면 수소 1 kg을 완전 연소시키는데 34.22 kg의 공기가 필요하다. 가연성 가스 공기계의 연소에 대하여는 완전연소에 필요한 농도 비율을 상온, 상압의 공기중 가연성 가스의 농도로 표현하는 일이 많다. 이것을 이론혼합비, 화학양론비 또는 완전연소조성이라고 한다.

(5) 폭발한계

가연성 가스와 공기 또는 산소가 일정 비율로 혼합하였을 때 가연성 가스의 농도가 낮을 때나 높을 때 화염의 전파가 일어나지 않는 농도가 있다. 농도가 낮을 경우를 폭발하한계(연소하한계, 가연하한계), 높은 경우를 폭발상한계라고 부르고, 그 사이를 폭발범위라고 하며, 이의 단위로서 균일계의 경우에는 [vol. %]로, 공기 중의 부유분진과 같은 불균일계의 경우에는 [mg/l], 또는 [g/m^3]로 나타내는 것이 일반적이다. 그리고 연소한계 또는 가연한계라고 하는 용어도 동일한 의미로 사용되고 있으며, 미국 광산국에서 개발한 실험장치 및 실험방법으로 직경 5 cm, 길이 150 cm의 유리관 속의 혼합기 중을 화염이 상방으로 전파하는 한계를 구한 것이 가장 많이 이용되고 있다. 그림 3.1은 대표적인 폭발한계 측정장치의 모형이다.

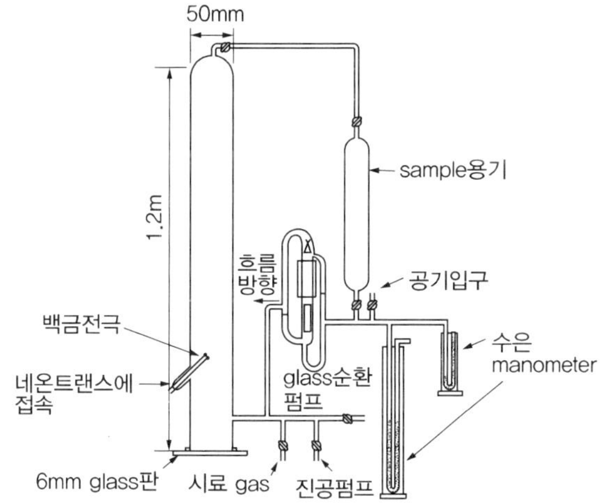

그림 3.1 폭발한계 측정장치의 예

(6) 폭발한계 측정에 영향을 주는 요소

① 점화원

그림 3.2에 메탄-공기혼합물의 점화에 필요한 불꽃방전 에너지와 혼합물 조성의 관계를 나타내었다. 예를 들면 1 mJ의 스파크는 6～11.5vol.% 조성사이의 혼합물을 점화시킬 수 있다. 이와 같이 발화에너지의 크기의 한계는 발화한계라고 부른다. 폭발한계를 결정하기 위한 점화원은 충분한 에너지가 필요하고, 메탄-공기의 경우 10 mJ 이상이다. 일반적으로 하한계를 결정하기 위하여 필요한 점화에너지보다도 상한계의 결정을 위하여 보다 큰 에너지가 필요하다.

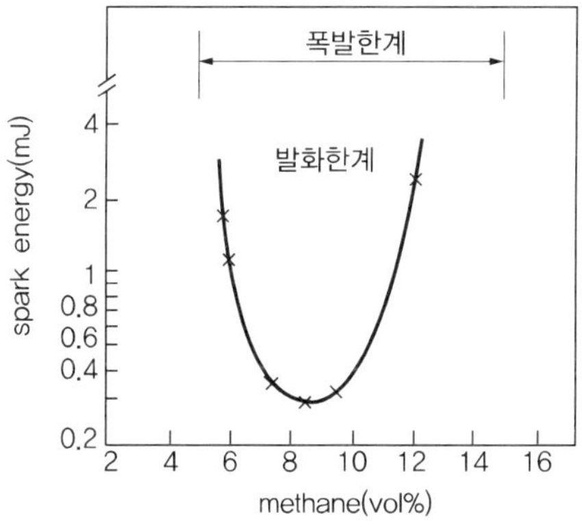

그림 3.2 메탄-공기 혼합물의 폭발한계와 발화한계

② 측정용기의 직경

폭발한계의 측정을 가는 관에서 하면 화염이 관벽에 냉각되어 소멸되는 일도 있어 폭발범위가 좁혀지게 된다. 따라서 관벽의 영향이 없는 큰 장치가 필요하다. 표준장치로서의 내경 5 cm 수직관은 일반 파라핀계 탄화수소류 측정 등에는 적당하지만 아세틸렌, 에칠렌 등의 상한계, 할로겐 화합물, 암모니아 등에는 부적당하여 보다 직경이 큰 관이 필요하다.

③ 화염의 전파방향

폭발범위는 위쪽으로 전파하는 화염에서 측정하면 가장 넓은 값이 나오고, 아래쪽으로 전파하는 화염에서는 가장 좁게 나오며, 수평전파화염은 그 중간치를 나타낸다. 그러므로 안전 목적에는 수직관 하단에서 점화하는 방법이 표준으로 되고 있다.

④ 온도의 영향

일반적으로 폭발범위는 온도상승에 의해서 넓게 된다. 폭발한계의 온도 의존은 비교적 규칙적이다. 이에 대해서 Burgess-Wheeler의 법칙이 있고 Zabetakis 등이 그것을 수정한 식을 만들었다. 이것은 t℃에서의 하한계 L_t는 25℃에서의 하한계 $L_{25℃}$와 다음과 같은 관계를 가지고 있다.

$$L_t = [1 - 0.000721\,(t - 25\,℃)]\,L_{25℃} \qquad (3.2)$$

상한계에 대하여도 같은 식이 근사적으로 적용 가능하다.

⑤ 압력의 영향

폭발한계는 압력변화에 영향을 받는다. 압력이 증가할 때의 압력의존은 복잡해서 실측이 필요하다. 탄화수소의 경우 하한계는 압력의 증가에 따라 증가하여 압력 10~20기압 부근에서 가장 크고, 압력이 그 이상 되면 또다시 작아지는 경우가 많다. 상한계는 일반적으로 압력상승에 따라 증가한다. 예외의 경우는 건조한 일산화탄소-공기계인데 이 경우 압력상승에 따라 폭발범위가 조금 좁아진다. Jone는 천연가스-공기계의 폭발한계의 압력 의존을 다음 식과 같이 나타내었다.

$$L(\text{vol.\%}) = 4.9 - 0.71\log P \qquad (3.3)$$

$$U(\text{vol.\%}) = 14.1 - 20.4\log P \qquad (3.4)$$

여기에 L은 하한계, U는 상한계, P는 압력(atm)이다.

⑥ 산소의 농도

MOC 이하로 산소의 농도를 감소하면 화재 및 폭발을 방지할 수 있다. 폭발하한값은 산소 중에서 변함이 없으나 폭발상한값은 산소의 농도가 증가하면 현저히 증가한다.

(7) 파라핀계 탄화수소의 폭발한계에 대한 규칙성

가연성 가스 중에 파라핀계 탄화수소에 대하여 가장 많은 폭발한계 실측치가 있는데 여기에서 폭발한계치의 규칙성이 관찰되고 있다.

표 3.2 파라핀계 탄화수소의 폭발한계표

물질명	화학식	분자량	비중 (공기=1)	C_{st} (vol%)	ΔHc (kcal/mol)	공기중의 폭발하한계			공기중의 폭발상한계			ΔH_c L_{25}	$4.8\sqrt{C_{st}}$
						L_{25} (vol%)	L_{25}/C_{st}	L (mg/ℓ)	U_{25} (vol%)	U_{25}/C_{st}	U (mg/ℓ)		
methane	CH_4	16.04	0.55	9.48	191.8	5.0	0.53	38	15.0	1.6	126	959	14.7
ethane	C_2H_6	30.07	1.04	5.65	341.3	3.0	0.53	41	12.4	2.2	190	1,024	11.4
propane	C_3H_8	44.09	1.52	4.02	488.5	2.1	0.52	42	9.5	2.4	210	1,025	9.6
butane	C_4H_{10}	58.12	2.01	3.12	635.4	1.8	0.58	48	8.4	2.7	240	1,144	8.49
pentane	C_5H_{12}	72.15	2.49	2.55	782.0	1.4	0.55	46	7.8	3.1	270	1,094	7.63
hexane	C_6H_{14}	86.17	2.98	2.16	928.9	1.2	0.56	47	7.4	3.4	310	1,114	7.05
heptane	C_7H_{16}	100.20	3.46	1.87	1,075.8	1.05	0.56	47	6.7	3.6	320	1,129	6.57
octane	C_8H_{18}	114.23	3.94	1.65	1,222.8	0.95[1]	0.58	49				1,161	
nonane	C_9H_{20}	128.25	4.43	1.47	1,369.7	0.85[2]	0.58	49				1,164	
decane	$C_{10}H_{22}$	142.28	4.91	1.33	1,516.6	0.75	0.56	48				1,137	
dodecane	$C_{12}H_{26}$	170.33	5.88	1.12	1,810.5	0.60	0.54	46				1,086	
tetradecane	$C_{14}H_{30}$	198.38	6.85	0.97	2,104.3	0.50	0.52	44				1,052	

C_{st}는 공기중의 완전연소조성, ΔH_c는 발열량

주) 1) : t=43℃

2) : t=53℃

① 폭발하한계와 연소열

Burgess와 Wheeler는 vol.%로 표시한 파라핀계 탄화수소의 폭발하한계 L과 연소열 ΔH_c와의 곱은 거의 일정하다는 것을 보여 주었으며, 파라핀계 탄화수소 이외의 가연성 가스에 대하여도 이 관계가 성립된다고 알려지고 있다. 이 관계는

$$\frac{1}{L} = k\Delta H_c \quad \text{또는} \quad L\Delta H_c \fallingdotseq Const \quad \cdots\cdots (3.5)$$

로 나타낸다.

② 폭발한계와 완전연소조성

파라핀계 탄화수소의 폭발한계 L과 화학양론 조성 C_{st}의 비도 다음과 같은 관계를 갖는 것으로 알려져 있다.

$$L_{25℃} \fallingdotseq 0.55\, C_{st} \quad \cdots\cdots (3.6)$$

상한계 U에 대해서는 이 관계가 성립하지 않는다. Spakowski는 상한계와 하한계의 사이에 다음의 관계가 있는 것을 보여주었다.

$$U = 6.5\sqrt{L} \quad \cdots\cdots (3.7)$$

냉염(cool flame)이 발생하는 경우에는 위의 관계식이 모두 맞지 않는다. 이 관계를 이용해서 C_{st} 와 U와의 관계식을 작성하면 다음과 같이 된다.

$$U_{25℃} = 4.8\sqrt{C_{st}} \quad \cdots\cdots (3.8)$$

(8) 가스 혼합물의 폭발하한계

가연성 가스가 여러 가지 성분의 혼합물인 경우 그것을 구성하고 있는 단독 성분 가스의 폭발한계를 알면 Le Chateilier의 법칙에 의하여 폭발한계를 근사적으로 구할 수 있다.

Le Chateilier의 법칙은 L을 혼합가스의 폭발한계(vol.%), L_1, L_2, L_3⋯ 를 혼합가스를 형성하는 각 단독 성분의 폭발한계(vol.%), V_1, V_2, V_3,⋯를 각각 단독성분의 혼합가스 중의 농도(vol.%)로 하면 다음과 같다.

$$L = \frac{100}{\frac{V_1}{L_1} + \frac{V_1}{L_1} + \frac{V_1}{L_1} \cdots} \quad \cdots\cdots (3.9)$$

여기서, $V_1 + V_2 + V_3 \cdots = 100$이 된다.

일반적으로 이 법칙은 하한계는 잘 일치되지만 상한계는 일치하지 않는 경우가 있다. 그러나 상한계에 대하여도 대략적인 경향을 알 수 있기 때문에 편리하다.

(9) 점화원

폭발범위 조성에 들어가는 가연성 혼합가스가 생성되어 적당한 발화원이 없으면 폭발도 화재도 일어나지 않는다. 그리고 혼합가스의 발화에 필요한 조건에 대한 지식은 폭발재해 방지를 위하여 매우 중요하다.

1) 자연발화

자연발화는 외부로 부터의 발화원 없이 물질이 상온의 공기 중에서 스스로 발열하여, 그 열이 장기간 축적되면서 발화점에 이르는 연소를 일으키게 하는 현상이라고 정의하고 있다. 이런 정의에 의해 가연성 혼합가스가 자연발화를 일으키는 이유를 열의 입장에서 생각하면 혼합계 내부의 화학반응에 의한 열의 발생과 각종 전열형식에 의한 열 방산의 균형 문제로 발화는 발열속도가 방열속도보다 클 경우 계의 온도가 상승하여 일어나는 것으로 생각된다. 어떤 온도 이하에서는 방열속도가 발열속도보다 커서 발화하지 않지만 그 온도 이상이 되면 속도의 크기가 역으로 되어 발화가 일어나는 한계온도가 각각의 물질에 대하여 존재한다. 이것을 자연발화온도 혹은 발화온도라 한다.

2) 전기점화

가스폭발의 발화원으로 전기 불꽃이 있으나 사고 예가 가장 많은 것은 정전기에 의한 스파크이고, 다음은 전기기기에 의한 것이다. 이 현상은 전극사이에 있는 혼합 기체에 방전에너지가 주어지면 화학반응에 의한 화염이 발생하는 것이다. 이 경우 발화에 필요한 한계 에너지가 존재하며, 이 에너지를 최소발화에너지라고 부르고, 혼합기체의 종류, 조성, 압력, 온도 등에 따라 변화한다. 측정은 혼합기체가 들어 있는 구형용기의 중심에 콘덴서 불꽃을 주어 발화가 일어났을 때의 콘덴서 용량 C와 전압 V의 값을 사용하여 다음 식에서 발화에너지의 양을 E를 구하여 그 최소값을 최소발화에너지로 한다.

$$E = \frac{1}{2} C V^2 \quad \cdots\cdots (3.10)$$

여기에 C는 Farad, V는 Volt, E는 Joule 이다.

3) 마찰

마찰에 의한 발화의 본질적인 기구의 해명에 있어, 고체의 표면은 일반적으로 미세한 요철이 있고, 수많은 작은 돌기로 이루어져 있다. 따라서 2개의 고체표면이 서로 접촉할 때에는 가장 높은 돌기부의 정점에서만 접촉하므로 접촉 면적이 작은 경우 서로 마찰할 때에는 마찰에너지가 접촉점에 집중하며 이것이 열에너지로 변하므로, 접촉점에서의 고체표면은 국부적으로 매우 높은 온도가 되는 것이다.

4) 압축

기체는 압축되면 온도가 상승한다. 압축이 급속히 일어나면 열 손실이 적기 때문에 단열압축이 되고 그 온도는 다음 식으로 계산된다.

$$T_2 = T_1 \left(\frac{P_2}{P_1} \right)^{(\gamma - 1)/\gamma} \quad \cdots\cdots (3.11)$$

여기서 기체의 처음온도 T_1(K), 압력 P_1(kg/cm^2 · aba), 압축후의 온도 T_2(K), 압력 P_2(kg/cm^2 · aba), γ은 기체의 비열비로 공기의 경우 $\gamma = 1.4$ 이다. 공기를 예로 들면 처음의

조건을 T_1=15℃, P_1=1kg/cm^2 · aba 라고 하면, P_2, T_2와의 관계는 표 3.3과 같다.

고압 가스류의 취급시 한쪽 끝이 밀폐된 부분에 급속히 고압의 가스를 집어넣으면 가연성 가스의 발화에 필요한 온도가 쉽게 구해진다. 고압가스를 넣은 용기의 밸브에 압력 조절기를 장치하여 사용할 때는 용기 밸브를 빨리 열면 조절기 내부가 고온으로 되어 가스가 가연 혼합기, 혹은 아세틸렌 같은 폭발성 가스의 경우에는 발화하는 일이 있으며 이러한 원인으로 폭발이 발생한 사례도 있다.

표 3.3 공기의 가압에 따른 압력과 온도의 변화값

압력(kg/cm^2)	온도(K)
50	866
100	1,068
150	1,200
200	1,303

5) 나염 및 고온표면

나염 및 고온표면 등은 화재의 발화원으로서 가장 일반적인 것으로 알려져 있는데, 이들을 분류하면 작업상 화기, 작업외 화기, 화로, 건조장치, 연돌, 연도로 분류되며, 이 분류 중에서 특히 작업외 화기 및 화로는 실제의 공장화재와 폭발의 발화원으로 가장 빈도가 높은 것으로 알려져 있다. 따라서 가연성물질을 취급하는 작업장에서는 지정된 안전한 장소 이외에서 이와 같은 일체의 화기의 사용을 하지 않도록 하여야 한다. 부득이 작업을 위해 화기를 필요로 하는 경우에는 방화상 안전한 장소 또는 안전한 부대설비를 설치하여 사용할 필요가 있다.

1.2 분진폭발

분진폭발은 가연성 고체의 미립자가 공기 중에 부유하고 있는 경우 화염 또는 방전불꽃 등의 발화원에 의해 폭발하는 현상이다. 분진은 일반적으로 입경이 10^{-3}~10^{-1} mm 정도의 미립자이지만 대부분 입도 분포가 불균일하기 때문에 가스폭발의 경우와 같이 확실한 폭발 범위를 결정하는 것은 어렵다.

분진폭발은 입자 표면에서 산소와 반응하여 생기는 것으로, 가스폭발과 같이 산화제와 가연물이 균일하게 혼합하여 반응하지 않고, 부분적으로 모여 있는 가연물의 주위에 산화제가 존재하고 있는 불균일한 상태로 반응이 일어나므로 가스폭발과 화약폭발의 중간에 있다고 생각되며, 폭발에 의해 방출되는 에너지는 가스폭발의 수배에 달한다.

그러나 분진폭발은 가스폭발이나 화약폭발과는 달리 발화에 필요한 에너지가 훨씬 크다. 즉 폭발성 혼합가스가 10^{-5}～10^{-4} J인데 대하여, 분진폭발은 10^{-3}～10^{-2} J의 에너지가 필요하다.

① 입자표면에 열에너지가 주어져서 표면온도가 상승한다.
② 입자표면의 분자가 열분해 또는 건류작용을 일으켜서 기체로 되어 입자 주위에 방출된다.
③ 이 기체가 공기와 혼합되어 폭발성 혼합기체를 생성하고 발화하여 화염을 발생시킨다.
④ 이 화염에 의해 생성된 열은 다시 분말의 분해를 촉진시켜 차례로 기상에 가연성기체를 방출시켜 공기와 혼합하여 발화 전파한다.

따라서 분진폭발도 결국에는 본질적으로 가스폭발로서, 분진자체에 가연성의 가스가 저장되어 있는 것으로 생각하여도 큰 차이는 없다고 생각된다.

이러한 분진이 폭발하는 용이성이나 폭발의 격렬한 정도 및 착화의 난이도 등은 가스폭발의 경우와 같이 각각의 분진의 종류 및 물리화학적 성질에 따라 다르게 나타나는데 분진의 폭발성에 영향을 주는 요인은 다음과 같다.

① 분진의 성질 : 분진의 종류, 분진의 입도, 뷴진의 형상, 함유 불연성물
② 분진운의 상황 : 분진운 농도, 산소농도, 불연성 물질, 가연성 가스, 초기압력과 온도, 분진운의 균일성, 분진운의 유동상황
③ 기타 : 착화원의 위치와 크기, 용기 또는 공간의 형상과 밀폐도

1.3 분무폭발

분무폭발은 고압의 유압설비의 일부가 파손되어 내부의 가연성 액체가 공기 중에 분출되고 이것이 미세한 액적이 되어 무상으로 되고 공기 중에 현탁하여 존재할 때에 착화에너지가 주어지면 발생한다. 가연성 액체의 온도가 인화점 이상으로 존재하는 경우에는 액적의 주위에 가연성 혼합기체가 형성되어 가스폭발로 발전하며, 또한 분출한 가연성 액체의 온도가 인화점 이하로 존재하여도 무상으로 분출된 경우에 폭발하는 경우가 있다. 이것은 착화에너지에 의하여 일부의 액적이 가열되어 그 표면부분에 가연성의 혼합기체가 형성되고 이것이 연소하기 시작하면 이 연소열에 의하여 액적의 주위에는 가연성 혼합기체가 형성되고 순차적으로 연소반응이 진행되어 이것이 가속화되어 폭발이 발생하는 것이다.

압력유, 윤활유 등은 유기물로서 가연성이나 인화점이 상당히 높아 보통의 상태에서는 연소하기 어려우나 공기중에 분무된 때에는 분무폭발을 일으키는 경우가 있다. 이 분무폭발과 비슷한 현상으로 박막폭굉이라는 것이 있다. 고압의 공기배관이나 산소배관 중에 윤활유가 박막상으로 존재할 때에는 박막의 온도가 부착된 윤활유의 인화점이하 일지라도 여기에 높은 에너지를 가진 충격파를 보내면 관벽에 부착하여 있던 윤활유가 무화하여 폭굉으로 되는 현상이다.

1.4 분해폭발

(1) 분해폭발성 가스

밀폐된 유리관 내의 공기를 빼낸 후 아세틸렌을 압축해 넣고 그 한쪽 끝에서 점화하면 밝은 황색의 화염이 발생하여 유리관 속을 전파한다. 아세틸렌의 압력을 상승시키면 화염의 속도는 빠르게 되고 발생하는 압력도 크게 되어서 장치를 파괴하게 된다. 이러한 현상이 분해폭발이다. 불안정한 화합물 중에는 폭발적인 분해반응을 일으키는 것이 있어 자주 폭발사고의 원인이 되며, 이 같은 성질을 갖고 있는 가스로는 아세틸렌, 비닐아세틸렌, 메틸아세틸렌, 에틸렌, 산화에틸렌, 히드라진, 프로파디엔 등이 알려져 있다. 이들 가스는 고압이 될수록 분해폭발을 일으키기 쉽다. 또한 오존, 이산화질소, 시안화수소, 산화질소, 이산화질소 등의 가스도 이러한 성질이 있다. 분해폭발은 화염, 전기불꽃, 가열 등의 발화원에 의해 발생하는 경우가 많지만, 밸브의 개폐에 따른 단열압축열로 발화하는 경우도 있다.

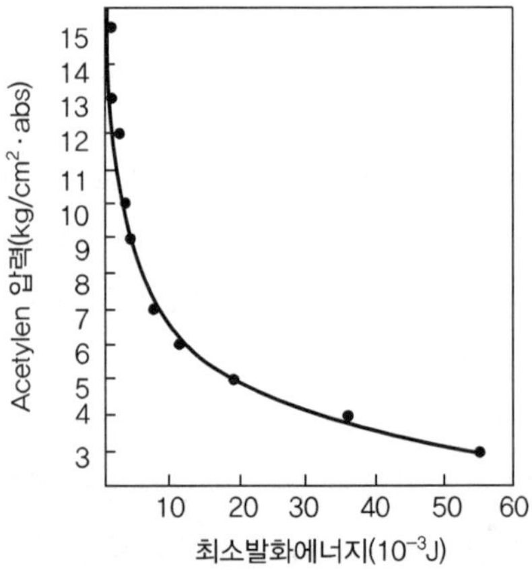

그림 3.3 아세틸렌의 분해폭발에서 아세틸렌 초기압력과 최소발화에너지의 관계

아세틸렌은 연소범위가 2.5%～100%로 넓은 점에서도 위험성이 큰 가스이지만, 높은 압력에서 압축하면 폭발하기가 매우 쉬운 위험성을 갖고 있다. 즉, 아세틸렌은 고압하에서 다음과 같은 반응식을 나타낸다.

$$C_2H_2 \rightarrow 2C(s) + H_2 + 54\ [kcal/mol] \quad (3.12)$$

이때 아세틸렌은 분해열에 의해 폭발이 일어난다. 따라서 고압가스 취급법에서는 아세틸렌을 용기에 15.5 kg/cm^2(gauge 압력)이상으로 충전하지 않도록 하고 있으며, 통상적으로 석면 및 규조토에 흡수시킨 아세톤을 용해시켜 사용하고 있다.

또한 아세틸렌은 구리, 은, 수은 등의 중금속과 반응하여 폭발성의 아세틸리드를 만드는데 이 물질도 극히 불안정하여 작은 충격으로 폭발하고 아세틸렌을 발화시키기 때문에 아세틸렌을 취급하는 장치에 구리나 구리 함유량이 많은 합금 및 은 등을 사용하여서는 안된다. 다만, 금속상의 수은은 아세틸렌과 반응하지 않으므로 안전하다.

(2) 불안정물질의 분해폭발

화학물질 중에는 비교적 불안정 하고 저장 중 또는 상온보다 그다지 높지않은 온도에서 발열 분해를 일으키는 것이 있다. 이들을 불안정물질이라고 부르며, 여기에는 화약물, 유기과산화물, 발포제, 니트로셀룰로오즈제품, 과산화수소, 초안비료, 특정관능기를 가진 화합물 등이 있다.

① 불안정물질의 에너지 위험성의 유형 분류

불안정물질의 화재폭발 위험성은 다음 세가지 유형으로 분류한다.

가. 위험한 반응이 일어나기 쉬움

나. 분해, 연소 또는 폭발의 격심함

다. 실제의 피해

② 불안정 물질의 에너지 위험성의 추정방법

불안정물질의 위험성을 실험에 의하지 않고 추정하는 방법은 다음과 같다.

가. 사고사례의 연구

나. 위험성 데이터 시트의 활용

다. 화학적 지식의 활용

- 구조식으로 부터의 폭발성 추정

: 폭발성을 갖는 화합물은 특유한 원자단을 갖는 것으로 알려져 있다. 예를 들어 아세틸렌 화합물, 아세틸리드, 디아조화합물, 니트로소화합물 등으로 이와 같은

원자단을 갖은 화합물은 비교적 낮은 온도에서 반응을 개시하고 대량의 에너지를 방출하여 발화나 폭발할 가능성을 가지고 있다.

- 산소밸런스

: 산소밸런스란 화학물질로부터 완전연소 생성물(N_2, CO_2, H_2O, HCl, SO_2 등)을 만드는데 필요한 산소의 과부족량이다. 다음 식 (3.13)과 같은 분해반응의 경우 80g의 질산암모늄이 분해하여 16g의 산소가 남음으로 산소밸런스는 (16/80)×100 = +20g/100g 이다.

$$NH_4NO_3 \rightarrow N_2 + 2H_2O + 1/2O_2 \quad \cdots\cdots (3.13)$$

- 혼합위험의 조합 : 혼합하는 경우 위험성이 높은 물질들이 있다. 어떤 종류의 물질과 접촉하며 누발화한다든지 위험성이 높은 가스를 발생한다든지 하는 물질이 있다. 혼합위험의 조합 예를 표 3.4에 나타내었다.

표 3.4 혼합위험의 조합의 예

물 질 A	물 질 B	가능성이 있는 현상
염소산염	산	혼촉발화
아염소염	산	혼촉발화
차아염소산염	산	혼촉발화
무수크롬산	가연물	혼촉발화
과망간산칼륨	가연물	혼촉발화
과망간산칼륨	농유산	폭 발
사염화탄소	알칼리금속	폭 발
나이트로화합물	알칼리	고감도물질의 생성
나이트로소화합물	알칼리	고감도물질의 생성
알칼리금속	물	혼촉발화
나이트로소아민	산	혼촉발화
과산화수소수	아민류	폭 발
에테르	공기	폭발성유기과산화물의 생성
올레핀탄화수소	공기	폭발성유기과산화물의 생성
염소산염	암모늄염	폭발성암모늄염의 생성
아초산염	암모늄염	불안정암모늄염의 생성
염소산칼륨	황린	타격・마찰에 민감한 폭발물의 생성
아세틸렌	동	타격・마찰에 민감한 동염의 생성
피크린산	납	타격・마찰에 민감한 연염의 생성
농초산	아민류	혼촉발화
과산화나트륨	가연물	혼촉발화

표 3.5 공기중에서 과산화물이 되기 쉬운 구조

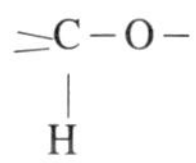	아세틸류, 에테르류, 산소복소환		디엔류
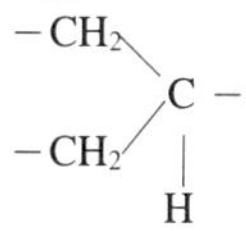	이소프로필화합물, 데카히드로나프탈렌류		비닐아세틸렌류
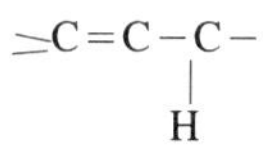	아릴화합물		크멘류, 테트라히드로나프탈렌류, 스틸렌류
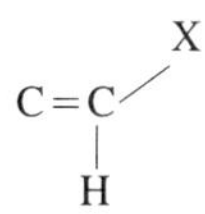	할로겐화알겐류		알데하이드
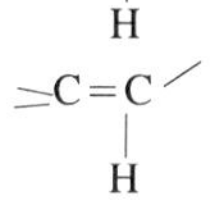	비닐화합물(단량체에스테르, 에테르등)		N-알킬아미류, N-알킬요소류, 락탐류

- 과산화물을 만들기 쉬운 구조 : 어떤 물질은 공기중에 방치하면 공기중의 산소와 반응하여 불안정한 폭발성의 유기과산화물을 만든다. 과산화물이 되기 쉬운 구조는 Jackson에 의하여 표 3.5와 같이 정리되었으며, 약한 C-H 결합을 갖는 화합물과 부가중합을 일으키기 쉬운 이중결합을 갖는 화합물이 유기과산화물을 만들기 쉽다.

1.5 증기운폭발

대량의 가연성 가스나 증기가 장치의 파손이나 오조작에 의해 유출되어 대기 중으로 퍼지고 그것이 발화해서 화염을 동반하는 폭발현상을 증기운폭발(vapor cloud explosion)이라 한다. 개방된 대기 중에서 발생하기 때문에 자유공간중의 증기운폭발(Unconfined Vapor Cloud Explosion)이라고도 부르며 UVCE라고 줄여 쓴다.

증기운 폭발이 발생하는 과정은 유출한 물질이 저장되고 있는 상태에 따라 특히, 압력과 온도에 의해 달라지는데 아래와 같이 분류된다.

① 상온, 대기압에서 액체이며 인화점이 상온보나 낮은 물질 (예 ; 가솔린)
② 상온, 가압하에서 액화되어 있는 물질 (예 ; 액화프로판, 액화부탄 등)
③ 그 물질의 비점 이상의 온도에 있지만 가압되어서 액화된 물질 (예 ; 반응기내의 벤젠, 헥산)
④ 대기압하에서 저온에 의하여 액화된 물질 (예 ; LNG)

표 3.6 21℃ 가압액체의 flash율(에틸렌만 -30℃)

액화가스명	비 점	잠 열	H_{T_1}	H_{T_2}	flash율	기액용적비
propane	−42.1	101.1	35.7	−1.13	0.364	253.8
propylene	−47.7	104.7	186.0	149.7	0.346	272.59
butane	−0.5	92.15	−419.3	−430.7	0.124	224.29
염 소	−34.05	68.84	71.6	57.2	0.209	445.32
ammonia	−33.4	327.42	66.9	7.1	0.183	799.87
ethylene	−103.8	114.7	496.3	452.5	0.382	449.0

①의 경우 유출한 액체는 지면으로부터 열이 공급되면 액면에서 연속적으로 증기를 발생하여 주위에 확산한다. ②와 ③의 경우는 고압하에서 기상과 액상의 평형상태에 있는 물질이 대기압 하에 유출되는 경우이며 유출된 액체의 온도는 대기압의 비점보다 높아서 급속히 기화한다. 이때 증발열에 의하여 액온은 급속하게 비점까지 낮아지며 이처럼 순간적으로 기화하는 현상을 flash라고 부른다. Flash로 기화한 액체의 양(q)과 유출한 전액체량(Q)의 비를 flash율이라고 부르며 다음 식으로 계산할 수 있다.

$$\frac{q}{Q} = \frac{H_{T1} - H_{T2}}{L} \quad \cdots\cdots (3.14)$$

여기서 방출전 액체의 엔탈피는 H_{T1}, 그 액체의 비등점 엔탈피는 H_{T2}, 증발열은 L 이다.

④의 경우 LNG와 같이 아주 낮은 온도에 있는 저온액화가스가 유출하면 지면 및 주위의 열에 의하여 급속한 비등을 일으킨다. 지면의 온도가 저하되면 증발속도는 저하되지만 단시간에 대량의 가연성 증기운이 생긴다.

또한 프로판 등의 고압액화가스 저장탱크 등의 외부에 화재가 발생하면 용기가 파열해서 그 파편이 멀리까지 날아가고, 내부의 액화가스는 증기운폭발을 일으킨다. 이러한 사고도 자주 발생하고 있으며 이 폭발의 과정은 다음과 같다. 즉, 화재에 의하여 탱크 등이 가열되어 내부의 액체가 높은 증기압이 된다. 액체가 없는 탱크 상부는 화염으로 가열이 되어 연성파괴를 일으키고 커다란 파편이 된다. 탱크가 열려서 내부가 대기압이 되면 과열되어 있던 액화가스가 갑자기 끓어올라 이 팽창력으로 파편은 멀리 날아가게 된다. 또한 발생한 증기는 곧 발화하여 부력으로 상승해서 화구(fire ball)로 되는 경우가 많다. 이런 사고 예는 미국 등에서 많이 발생하였는데 이 현상은 Boiling Liquid Expanding Vapor Explosion (BLEVE)이라고 부른다. 이것은 액체가 비등하여, 증기가 팽창하면서 폭발을 일으키는 현상인데 BLEVE 라고도 한다.

액화가스의 탱크가 파열하면 flash 증발을 일으켜 가연성의 기・액 혼합물이 대량 분출한다. 이때 지면에서 반구상의 화염이 되어, 이것이 부력으로 상승하며 동시에 주변의 공기를 끌어들여 화염은 공모양으로 되고 더욱 상승하여 버섯형 화염을 만든다. 이것을 fire ball이라고 한다.

프랑스의 한 저유소의 프로판 사고 때에는 직경 600 m, 높이 600 m의 화이어 볼이 생겼다고 한다. 일본의 한 석유화학공장의 사고에서도 직경 60 m의 화이어 볼이 발생했다. 이러한 fire ball의 크기는 가연성혼합물의 중량(가연성물질 + 산소)을 W(kg)라고 하면, 그 직경 D(m)는 다음의 식으로 구해진다.

$$D = 3.77\, W^{0.320} \quad \text{(3.15)}$$

또는, 그의 연소시간 T초는 다음 식으로 구해진다.

$$T = 0.258\, W^{340} \quad \text{(3.16)}$$

1.6 증기폭발

일반적으로 폭발 현상은 급속한 화학반응에 의해 발생되고 화염을 수반하고 있는데 물의 돌비 등의 현상과 같이 액체의 폭발적인 비등에 의하여 폭발이 발생하는 경우가 있다. 이 경우는 화염을 수반하지 않고 있으며 이것을 증기폭발(vapor explosion)이라고 한다.

주조, 단조, 전기로 등의 고열작업장에서 용융금속이 물과 접촉하여 다량의 수증기가 급속히 발생하고 이 수증기가 팽창하여 폭발사고가 발생하는 경우가 많다. 이것을 수증기폭발이라고 부른다.

또한 운전중인 보일러의 관체가 파손되면 파편이 상당히 멀리 비산하는 경우가 있다. 이것은 보일러의 파손에 의하여 배관내의 과열수가 격심하게 비등하기 때문 이라고 생각되며 보일러 폭발이라고 부른다.

용융금속이 물과 접촉하여 과열액체가 생성하여 그것이 폭발적으로 비등하여 안정한 상태로 되는 과정을 그림 3.4에 나타내었다. 온도-증기압곡선으로 이 액체의 대기압에서의 비점은 J이다. 그것이 가열되면 J → H → K로 온도가 상승하나 증기압은 변하지 않는다. K점의 온도, 즉 한계과열온도가 되면 폭발적으로 비등하여 기화한다.

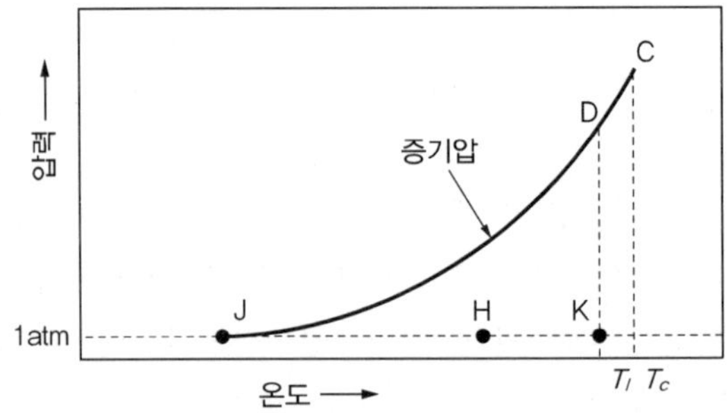

그림 3.4 한계과열온도의 액체가 기화할 때의 온도-압력 관계

T_c : 임계온도, T_l : 한계과열온도

Chapter 2
방폭기기 및 폭발위험장소

2.1 방폭기기

폭발사고를 예방하기 위하여 인화성 액체의 증기나 인화성 가스 등을 제조・취급하거나 인화성 고체를 제조・사용하는 장소에서는 한국산업표준으로 정하는 기준에 따라 폭발위험장소를 구분하고 폭발위험장소 내에서는 적정한 방폭성능을 갖는 전기・기계기구를 선정하여 사용하여야 한다.

(1) 방폭기기 안전인증

① 방폭기기의 정의

폭발성 가스・증기 또는 분진이 존재하는 장소에 설치된 전기기기의 사용 중 발생 할 수 있는 전기불꽃・아크, 고온에 의하여 폭발성 가스・증기 및 분진이 폭발하는 것을 방지할 수 있는 구조 또는 폭발하였을 때 화염이 외부로 전파되지 않도록 특수하게 설계 제작된 기기를 방폭구조 전기기계・기구라 하며, 보통 방폭기기라고 불리고 있다. 방폭기기의 구조를 결정할 때에는 위험장소, 가스・증기 또는 분진의 위험등급, 경제성, 유지보수, 실용성 등을 고려하여 정하지만 점화원이 되는 에너지를 감소시키거나 차단하는 방법과 가연물이 에너지원에 접근하지 못하도록 하는 원리를 적용하여 구분할 수 있으며, 방폭구조의 종류는 다음과 같다.

가. 내압 방폭구조(d, Flameproof enclosure)는 용기 내부에서의 가스 등의 폭발압력에 견디고, 폭발분위기하의 가스 등이 점화되지 않도록 하는 방폭구조를 말한다.

나. 압력 방폭구조(p, Pressurization)는 보호가스의 압력을 외부 환경보다 높게 유지함으로써, 용기 내로 외부 분위기가 유입되지 않도록 보호하는 방폭구조를 말한다.

다. 안전증 방폭구조(e, Increased safety)는 정상 사용상태 또는 특정 비정상상태에서의 과도 온도와 아크 및 전기불꽃의 가능성에 대하여 안전도를 증가시키기 위하여 추가 조치를 한 전기기계・기구의 방폭구조를 말한다.

라. 유입 방폭구조(o)는 전기기기가 아크 또는 고열을 발생하여 폭발성 가스를 점화시킬 우려가 있는 부분을 오일에 넣어 외부의 폭발성 가스와 점화원이 접촉하여 인화할 위험이 없도록 하는 구조이다.

마. 본질안전 방폭구조(ia, ib, ic, Intrinsic safety)는 폭발분위기에 노출되어 있는 기계·기구 내의 전기에너지, 권선 상호접속에 의한 전기불꽃 또는 열 영향을 점화에너지 이하의 수준까지 제한하는 것을 기반으로 하는 방폭구조를 말한다.

바. 비점화 방폭구조(n, Type of protection)는 정상 작동 및 특정 이상 상태 하에서 주위의 폭발분위기를 점화시키지 않는 전기기계・기구에 적용하는 방폭구조를 말한다.

사. 몰드 방폭구조(m)

아. 충전(充塡) 방폭구조(q)

자. 특수 방폭구조(s)

차. 분진 방폭구조(tD)

② 안전인증 제도

안전인증을 받아야 하는 대상에 방폭구조 전기기계・기구가 있다. 전기기계기구는 가연성가스, 인화성물질 등을 제조, 취급, 사용하는 위험지역에서 화재・폭발을 유발하는 점화원이 되기 때문에 이를 예방하기 위하여 방폭기기를 설치하여야 한다.

1960년대 이후 설립된 화학설비가 노후되어 대형 화재・폭발이 빈번하게 발생하여 막대한 인명피해와 재산상의 손실은 물론 주민들의 심적 불안을 고조시켜 사회문제가 되곤 하였다. 따라서 이를 해소하기 위하여 1990년 1월 산업안전보건법이 전면 개정되면서 위험지역내에는 방폭기기를 설치하도록 하였다.

방폭기기는 그 성능이 매우 중요하기 때문에 방폭구조 전기기계・기구 성능검정규격이 제정되어 국내에서 사용하는 방폭기기는 모두 성능검정을 받도록 하였으며, 2009년 1월부터 안전인증제도로 변경하여 시행중에 있다.

2.2 폭발위험장소

(1) 폭발위험장소의 구분

폭발위험장소는 인화성 액체의 증기(미스트 포함) 또는 가연성 가스로 인한 화재·폭발 위험이 있는 장소에서 사용하는 방폭 전기기계·기구의 적절한 선정 및 설치를 위하여 가스 등이 존재할 수 있는 장소를 구분하는데 필요한 사항을 정함을 목적으로 한다.

이 폭발위험장소는 가스폭발분위기의 생성빈도와 지속시간에 따라 다음과 같이 분류(Zones)한다.

① "0종 장소(Zone 0)"- 가스, 증기 또는 미스트의 인화성 물질의 공기 혼합물로 구성되는 폭발분위기가 장기간 또는 빈번하게 생성되는 장소를 말한다. 위험분위기가 통상상태에서 연속해서 또는 장시간 지속해서 존재하는 장소를 말하는데, 예를 들면 인화성 액체의 용기 또는 탱크 내 액면상부의 공간부, 가연성 가스의 용기, 탱크, 봄베 등의 내부이다.

② "1종 장소(Zone 1)"- 가스, 증기 또는 미스트의 인화성 물질의 공기 혼합물로 구성되는 폭발분위기가 정상작동 중에 생성될 수 있는 장소를 말한다. 통상상태에서 위험분위기를 생성할 우려가 있는 장소를 말하는데 통상상태란 플랜트, 장치, 기기 등의 운전이 정상적으로 수행되고 있고, 또 제품의 인출, 뚜껑의 개폐 등과 같은 조작이 바르게 실시되고 있는 경우로서 운전이 계속 허용되는 상태를 말하므로 여기에 해당하는 장소에 대한 예는 다음과 같다.

㉠ 탱크롤리, 드럼관 등에 인화성 액체를 충전하고 있는 경우의 개구부 부근
㉡ 릴리프 밸브가 가끔 작동하여 가연성 가스 또는 증기를 방출하는 경우의 그 부분
㉢ 탱크류의 가스 벤트의 개구부 부근
㉣ 점검, 수리작업에서 가연성 가스 또는 증기를 방출하는 경우
㉤ 실내에서 가연성 가스 또는 증기가 방출할 염려가 있는 경우
㉥ 플로팅루프 탱크상의 동체내의 부분
㉦ 위험한 가스가 누출할 염려가 있는 장소로서 핏트류처럼 가스가 축적되는 장소

③ "2종 장소(Zone 2)"- 가스, 증기 또는 미스트의 인화성 물질의 공기혼합물로 구성되는 폭발분위기가 정상작동 중에는 생성될 가능성이 없으나, 만약 위험분위기가 생성될 경우에는 그 빈도가 극히 희박하고 아주 짧은 시간 지속되는 장소를 말한다. 이상상태하에서 위험분위기가 단시간 동안 존재할 수 있는 장소를 말하며, 0종 또는 1종 장소의 주변영역, 용기나 장치의 연결부 주변영역, 펌프의 봉인부 주변영역 등은 2종장소로 구

분할 수 있다. 핏트, 트렌치 등과 같이 이상상태에서 위험분위기가 장시간 존재할 수 있는 영역은 1종 장소로 구분된다.

(2) 폭발위험장소 구분 순서

아래의 순서에 따라 폭발위험장소를 구분하고 위험범위를 정할 수 있다.

① 인화성물질 : 위험성분위기 생성 유무, 누출원 유무

② 누출원 목록 : 연속누출원, 1차누출원, 2차누출원

③ 환기등급 평가 : 강환기, 중환기, 약환기

④ 환기 유효성평가 : 우수, 양호, 미흡

⑤ 위험장소 등급결정 : 0종 장소, 1종 장소, 2종 장소

⑥ 위험범위 평가 : 수평, 수직의 위험범위

아래의 표를 이용하여 폭발위험장소를 구분할 수 있다.

표 3.7 위험장소형태에 따른 환기영향

<table>
<tr><th rowspan="4">누출 등급</th><th colspan="7">환기등급</th></tr>
<tr><th colspan="3">고</th><th colspan="3">중</th><th>저</th></tr>
<tr><th colspan="7">환기의 유효성</th></tr>
<tr><th>우수</th><th>양호</th><th>미흡</th><th>우수</th><th>양호</th><th>미흡</th><th>우수, 양호, 또는 미흡</th></tr>
<tr><td>연속</td><td>(0종 NE)
비위험[1]</td><td>(0종 NE)
2종[1]</td><td>(0종 NE)
1종[1]</td><td>0종</td><td>0종+2종</td><td>0종+1종</td><td>0종</td></tr>
<tr><td>1차</td><td>(1종 NE)
비위험[1]</td><td>(1종 NE)
2종[1]</td><td>(1종 NE)
2종[1]</td><td>1종</td><td>1종+2종</td><td>1종+2종</td><td>1종 또는 0종3</td></tr>
<tr><td>2차[2]</td><td>(2종 NE)
비위험[1]</td><td>(2종 NE)
비위험[1]</td><td>2종</td><td>2종</td><td>2종</td><td>2종</td><td>1종 및 0종3</td></tr>
</table>

주) 1. NE는 정상작동조건에서 무시할 정도로 적은 이론상의 장소를 나타낸다.
2. 2차 누출에 의해 생성되는 2종장소가 1차 또는 연속 누출등급에 의한 것을 초과할 경우 그 범위를 좀 더 넓게 한다.
3. 환기가 아주 미흡하고 실제적인 위험분위기가 지속되는 누출이 있다면 0종장소로 한다.
4. +는 둘러싸여짐을 의미 즉, 0종 +2종은 0종장소가 존재하고 그 주위를 2종장소가 둘러싸고 있음을 의미한다.

위험장소가 표기되어 있는 경우 기기의 보호수준은 표 3.8과 같다.

표 3.8 위험장소가 표기되어 있는 경우의 기기보호수준

위험장소의 분류	기기보호수준
0종	Ga
1종	Ga 또는 Gb
2종	Ga, Gb 또는 Gc

① 기기보호수준과 방폭구조

폭발위험장소와 방폭구조를 연결하는 기존방식의 대안으로서 방폭기기 선정을 위한 위험성 평가방법이 활용되고 있다. 위험성평가를 통한 방폭기기 선정방식을 촉진시키기 위하여, 방폭구조에 상관없이 기기의 고유 점화위험도를 나타내는 기기보호수준 시스템이 도입되었다. KSC IEC 규격에 의한 방폭구조는 표 3.9와 같이 기기보호수준에 적합한 형식을 선정할 수 있다.

표 3.9 방폭구조와 기기보호수준의 관계

기기보호수준	방폭구조	기호
Ga	본질안전	ia
	몰드구조	mA
	각기 EPL "Gb"에 맞는 2가시 독립된 보호구조	-
	광방사를 사용하는 기기와 송신시스템의 보호	-
Gb	내압용기	d
	안전증	e
	본질안전	ib
	몰드	m, mb
	유입	o
	압력	p, px, py
	충전	q
	필드 본질안전개념(FISCO)	-
	광방사를 사용하는 기기와 송신시스템의 보호	-
Gc	본질안전	ic
	몰드	mc
	비점화	n 또는 nA
	제한급기	nR
	에너지 제한	nL
	스파크 기기	nC
	가압용기	pz
	필드버스 비점화개념(FNICO)	
	광바사를 사용하는 기기와 송신시스템의 보호	

표 3.10 가스/증기와 기기 그룹과의 관계

가스·증기 폭발위험 장소	허용 기기그룹
ⅡA	Ⅱ, ⅡA, ⅡB, ⅡC
ⅡB	Ⅱ, ⅡB, ⅡC
ⅡC	Ⅱ, ⅡC

표 3.11 가스·증기 발화온도와 기기의 온도등급과의 관계

폭발위험장소 구분에 따른 온도등급	가스·증기의 발화온도(℃)	허용 가능한 기기의 온도등급
T1	> 450	T1～T6
T2	> 300	T2～T6
T3	> 200	T3～T6
T4	> 135	T4～T6
T5	> 100	T5～T6
T6	> 85	T6

② 기기 그룹에 따른 선정

방폭 전기기기는 표 3.10에 따라 선정하여야 한다.

특정가스나 증기에 적합한 전기기기를 다른 가스·증기에서 사용하기 위해서는 전문기관에 의한 위험성평가와 함께 그와 같이 사용하여도 무방함을 보증하는 평가결과서가 있어야 한다.

③ 가스·증기의 발화 온도에 따른 선정

전기기기는 최대표면온도가 존재할 가능성이 있는 어떤 가스나 증기의 발화온도에 도달하지 않도록 선정되어야 한다. 그리고 전기기기의 표시가 주위 온도범위를 표시하고 있지 않다면 기기는 -20℃부터 +40℃ 범위 내에 사용될 수가 있으며, 주위온도 표시가 있는 전기기기는 그 표시범위 내에서 사용한다.

전기기기에 표시되는 온도등급의 구분은 표 3.11과 같다.

Chapter 3
폭발에 의한 피해예측

화학공장에서의 사고는 대부분 유독성, 발화성, 그리고 폭발성 물질 등이 탱크와 파이프의 균열과 구멍으로부터 물질의 누출, 그리고 플렌지, 펌프, 밸브에서의 누출 등으로 발생한다. 이러한 위험성 물질의 누출에 따른 피해예측을 위하여 누출물질의 상태, 누출량, 누출속도 등을 결정하는 누출모델과 위험성물질이 대기 중에 확산·이동된 농도를 추정하기 위한 확산모델이 이용되고 있다.

3.1 누출모델

누출모델은 물질의 방출과정을 나타낸다. 이 모델은 물질의 방출속도, 방출된 전체량, 그리고 물질의 물리적 상태를 나타내고 있어 재해결과를 추정하는데 유용한 정보를 줄 수 있다. 이 정보는 새로운 공장의 설계, 기존공정의 개선 및 안전성을 평가하는데 유용하다.

누출모델을 적용할 경우 물질의 물리적 성질이 정확하지 않거나 물리적 과정이 올바로 이해되지 못할 경우도 있다. 만약 어떤 불확실성이 있다면, 변수들은 방출속도와 양을 최대화하도록 선택되어야 힌다. 이것은 설계가 안전측면에 있기 때문이다.

누출은 다양한 상황에서 일어나므로 방출량 및 방출기간을 정확히 추정하는 것은 매우 어려운 문제이다. 그러나 누출형태는 누출물질의 성질과 효과에 크게 영향을 미치기 때문에 매우 중요하다.

누출형태는 크게 기체, 액체, 기·액 혼합물과 같은 누출물질 상태, 저장용기 및 배관에서와 같은 누출 부위, 누출부위의 높이, 누출 액체의 운동량 크기 등에 따라 영향을 받으며, 일반적으로 자주 사용되는 누출모델은 구멍을 통한 증기와 액체의 누출, 탱크내 구멍을 통한 액체의 누출, 파이프라인을 통한 증기와 액체의 누출, 플래쉬액체에 의한 누출로 나누어진다. 이때 누출속도에 대한 계산식은 식 (3.17)과 같이 기계적 에너지 수지식을 이용하여 흐르는 유체에 대한 에너지의 형태로 나타낼 수 있으며 이를 이용하여 평균누출속도 $\overline{u}$를 얻을 수 있다.

$$\int \frac{dP}{\rho} + \Delta\left(\frac{\overline{u^2}}{2\alpha g_c}\right) + \frac{g}{g_c}dz + dF = -\frac{\delta W_s}{m} \qquad (3.17)$$

여기서 P는 압력(Pa), ρ유체의 밀도(kg/m^3), $\overline{u}$ 유체의 평균순간속도(m/sec), g_c 중력계수(kg-m/ N-sec^2), α 속도분포 보정인자, g 중력가속도(m/sec^2), z 기준점으로부터의 높이(m), F 유효마찰 손실, W_s 축일, m은 질량유속(kg/sec) 이다.

식 (3.17)을 이용하여 질량흐름속도 Q_m은 다음과 같이 얻을 수 있다.

$$Q_m = \rho\overline{u}A \qquad (3.18)$$

여기서 A는 누출구의 면적(m^2)이며, 각각의 누출 시나리오에 따른 질량흐름속도를 살펴보면 아래와 같이 나타낼 수 있다.

비압축성 액체의 경우 밀도가 일정하고 축일은 없으며 장치내에서 유체의 속도는 무시한다고 가정한 경우 구멍을 통한 액체의 누출은 식 (3.19)과 같으며

$$Q_m = AC_o\sqrt{2\rho g_c P_g} \qquad (3.19)$$

여기서 C_o는 누출공의 형태와 레이놀드수의 함수인 배출계수이다.

또한 탱크내 구멍을 통한 액체의 누출은 마찰손실과 축일을 무시하고, 액체의 수위를 h라 가정했을 때 누출속도 Q_m은 다음 식과 같이 나타낼 수 있다.

$$Q_m = \rho AC_o\sqrt{2\left[\frac{g_c P_g}{\rho} + g_c h\right]} \qquad (3.20)$$

액체를 수송하는 파이프의 누출속도는 Fanning 마찰계수 f가 일정하고 축일이 없으며 온도가 일정하다고 가정하였을 경우 기체의 유속이 음속일 때 단면적 A에서의 질량유속, Q_m은 식 (3.21)과 같다.

$$Q_m = AMaP_s\ \sqrt{\gamma g_c M_w / RT_s} \qquad (3.21)$$

여기서 M_w 누출물질의 분자량(kg/kg-mole), R 기체상수(J/kg-mole·K), T_s 파이프내의 온도(K), γ 비열비(C_p/C_v), Ma 마하수(Mach number)이며, 기체의 유속이 아음속인 경우 질량유속을 결정하는 누출식은 식 (3.21)과 같다.

$$Q = A\sqrt{\left(\frac{2g_c MW}{R}\right)\left(\frac{\gamma}{\gamma-1}\right)\left(\frac{T-T_s}{\left(\frac{T_s}{P_s}\right)^2-\left(\frac{T}{P_a}\right)^2}\right)} \quad \cdots\cdots (3.22)$$

탱크, 파이프나 용기 등에 구멍이 발생하여 액체의 일부가 순간적으로 증기로 증발하는 현상과 같이 끓는점 이상의 압력에서 존재하는 액체들의 순간적인 증발을 플래쉬라 하며 공정이 단열일 때 보다 빠르게 일어나며 휘발성이 큰 물질일수록 더 쉽게 플래쉬 된다.

액체의 포화증기압이 P_{sat} 일 때 파이프를 통한 플래쉬 액체는 누출시 유체의 유로길이가 10 cm 보다 큰 경우 플래쉬 액체의 질량유속을 구하면 다음과 같고

$$Q_m = AC_o\sqrt{2\rho g_c(P-P^{sat})} \quad \cdots\cdots (3.23)$$

$P=P_{sat}$ 상태의 쵸크흐름에 대한 두상의 질량유속은 다음과 같이 구해진다.

$$Q_m = A\sqrt{\frac{g_c}{(dv/dP)}} \quad \cdots\cdots (3.24)$$

여기서 두상의 비체적 v는 $v_{fg}f_v + v_f$이며 v_{fg}는 증기와 액체의 비용 차이이고, v_f는 액체의 비체적, f_v는 증기의 질량분율이 된다.

이상과 같이 누출모델를 살펴보았는데 그 목적은 누출되는 물질의 형태, 누출물질의 전체 양과 누출속도를 결정하여 확산모델에 이용하게 된다.

3.2 확산모델

확산은 누출된 위험성물질이 대기중에서 확산·이동되어 나타나는 농도를 물리·화학적인 이론을 바탕으로 정량적으로 계산하는 것으로 가스가 누출되어 공기와 혼합 및 분산되어 가는 과정을 일반적으로 4가지 단계로 구분할 수 있다.즉 가스 누출 후,

① 첫째 단계는 방출되는 가스의 방출속도, 팽창에너지에 의하여 급속히 공기와 희석되는 난류단계이며,

② 두 번째 단계는 처음 난류단계와 증기운의 거동이 혼합된 단계이다.

③ 세 번째 단계는 공기보다 무거운 가스가 방출된 경우 중력의 지배에 의해 지면으로 가스가 퍼지게 되어 지표면에 도달하게 되면 누출가스는 공기보다 무거운 증기운의 거동을 하게 되며,

④ 네 번째 단계는 주위 공기와의 혼합에 의하여 누출가스의 밀도는 주위 대기와 비슷하게 되어 대기의 거동에 의하여 공기와 혼합 및 확산이 일어나는 수동적 확산 영역으로 나누어진다.

이러한 확산과정에 영향을 미치는 인자로는 지형의 특성과 대기의 고도별 기온변화와 풍향변동에 의한 난류강도로 표현되는 대기안정도, 풍속과 고도의 변화를 나타내는 대지조건, 지표면의 농도에 영향을 미치는 누출고도가 있으며, 누출물질의 부력과 바람의 속도 등이 위험성물질의 확산에 영향을 미치는 중요한 인자들이다.

확산모델의 종류는 예측기간, 누출원, 대상지형, 확산방정식에 따라 분류되며, 누출구에서 부터 지면까지 연속되는 것으로 간주하여 물질의 정상상태 농도를 나타내는 플럼모델과 단위시간에 누출된 물질을 하나의 덩어리로 간주하는 퍼프모델이 이용되고 있다.

점원으로부터 풍하쪽의 농도를 나타내는 가장 일반화된 모델은 가우스모델로 다음과 같다.

$$C(x, y, z) = \frac{Q}{\pi u \sigma_y \sigma_z} \exp\left[-\frac{1}{2}\left(\frac{y^2}{\sigma_y^2} + \frac{z^2}{\sigma_z^2}\right)\right] \quad \cdots\cdots (3.25)$$

표 3.12는 Pasquill-Gifford 확산계수를 사용하였을 때의 대기안정도 등급 분류표이고, 윗식에서 확산계수 σ_y, σ_z는 표 3.13의 Pasquill과 Gifford가 제안한 방식이 사용되고 있다.

표 3.12 Pasquill-Gifford의 대기안정도 등급

Wind speed (m/s)	Day radiation intensity			Night cloud cover	
	strong	medium	slight	cloudy	calm and clear
< 2	A	A - B	B		
2 ~ 3	A - B	B	C	E	F
3 ~ 5	B	B - C	C	D	E
5 ~ 6	C	C - D	D	D	D
> 6	C	D	D	D	D

표 3.13 Pasquill-Gifford 확산계수 방정식

Stability Class	σ_y(m)	X(m)	σ_z(m)
A	$\sigma_y = 0.493x^{0.8}$	100 ~ 300 300 ~ 3000	$\sigma_z = 0.087x^{1.10}$ $\log_{10}\sigma_z = -1.67 + 0.902\log_{10}x + 0.181(\log_{10}x)^2$
B	$\sigma_y = 0.337x^{0.88}$	100 ~ 500 500 ~ 2×10⁴	$\sigma_z = 0.135x^{0.95}$ $\log_{10}\sigma_z = -1.25 + 1.09\log_{10}x + 0.0018(\log_{10}x)^2$
C	$\sigma_y = 0.195x^{0.90}$	100 ~ 10^5	$\sigma_z = 0.112x^{0.91}$
D	$\sigma_y = 0.128x^{0.90}$	100 ~ 500 500 ~ 10^5	$\sigma_z = 0.093x^{0.85}$ $\log_{10}\sigma_z = -1.22 + 1.08\log_{10}x - 0.061(\log_{10}x)^2$
E	$\sigma_y = 0.091x^{0.91}$	100 ~ 500 500 ~ 10^5	$\sigma_z = 0.082x^{0.82}$ $\log_{10}\sigma_z = -1.19 + 1.04\log_{10}x - 0.070(\log_{10}x)^2$
F	$\sigma_y = 0.067x^{0.90}$	100 ~ 500 500 ~ 10^5	$\sigma_z = 0.057x^{0.80}$ $\log_{10}\sigma_z = -1.91 + 1.37\log_{10}x - 0.119(\log_{10}x)^2$

3.3 폭발압력

(1) 폭발압력

폭연은 폭발적인 현상이지만, 폭속이 음속이하의 것을 말한다. 일반적으로 30 cm/s～10 m/s이다. 폐쇄공간을 구형으로 해서 그 중심으로부터 화염이 전파하는 것으로 생각하면 최고도달압력 및 순간압력상승은 다음 식에서 구할 수 있다.

$$P_{2\max} = P_1(n_2T_2/n_1T_1) = P_1(M_1T_2/M_1T_1) \quad \cdots\cdots (3.26)$$

$$P_2 = kP_1(S_u^3t^3/V) + P_1 \quad \cdots\cdots (3.27)$$

$$k = 4/3\pi[n_2T_2/n_1T_1]^2[(n_2T_2/n_1T_1) - 1]^2\gamma \quad \cdots\cdots (3.28)$$

여기서 P : 절대압력(kg_f/cm^2), n : 몰수(－), T : 절대온도(K), V : 내용적(l), k : 계수(－), Su : 연소속도(cm/s), M : 분자량(－), t : 시간(ms), γ : 비열비(C_P/C_V), 하첨자 1은 폭연 전, 하첨자 2는 폭연 후의 상태를 표시한다.

일반적으로 압력용기는 파열압력에 대해서 4배의 안전율을 갖고 있어 폭연을 고려한 분출량을 갖는 안전밸브를 부착하면 폭연에 의한 용기의 파열은 방지할 수 있는 것을 알 수 있다.

1) 폭굉

폭발은 화염 전파속도의 크기에 따라 폭굉과 폭연으로 나눈다. 폭굉은 화염 전파속도가 음속 이상이고, 폭연은 음속 이하의 경우이다. 폭연은 화염전파속도가 매우 폭 넓어 음속에 가까운 것에서부터 0.1 m/s의 느린 것 까지 있지만 보통 폭연이라고 하는 것은 화염전파속도가 느려도 전체로 볼 때 폭발적인 경우를 말하고 있다. 폭굉의 경우는 초음속이기 때문에 충격파를 만들어 인체 및 주위의 구조물에 주는 영향은 통상의 연소·폭발과는 비교가 되지 않을 정도로 격렬한 것이다.

폭발적인 폭굉으로 이르는 발생 메카니즘은 몇 가지가 있다. 심각한 정도의 초기압력이나 충격파를 생성하기 위해서는 아주 작은 부피내에서 아주 짧은 시간에 에너지가 방출되어야 함이 필수적인 요소이다.

- 열적인 메카니즘
  가스온도가 반응에 의하여 상승하여 반응속도가 스스로 가속되어 폭굉에 이른다는 것
- 연쇄(chain branching) 메카니즘
  반응성 자유라디칼이 기초반응에 의하여 수적으로 급격히 증가하여 폭굉을 일으키는 것으로 일반적으로 하나의 자유 라디칼은 두 개의 자유라디칼을 만드는 반응에 참여하게 된다.

폭굉파의 형성과정은 배관내에서 폭연으로부터 에너지는 압력파로 공급될 수 있고 그 결과 단열압축을 가져올 수 있다. 따라서 그 결과 압력이 커지면 폭굉으로 전이된다.

2) 개방공간에서 폭발에 대한 사전평가

보유 또는 저장한 가연성 가스가 폭발한 경우에 대해서 폭발했을 때의 효과 또는 피해를 미리 평가, 추정하는 경우에는 유출량을 시간적으로 추정하고, 확산을 고려해 그 중 폭발에 기여하는 량을 추정할 필요가 있다. 전량이 순간적으로 유출했어도 전량을 폭발시킬 수 있을 만큼의 공기 공급이 되지 않는 것을 고려하여야 한다.

보유량이 많은 가연성 액화가스 또는 압축가스에 대하여 폭발의 효과를 사전에 평가하는 방법으로서는 일본의 고압가스법 콤비나트 보안규칙에 규정한 보유 거리를 산정한 계산식에서 TNT 양을 구하는 것이 적절하다. 그 산정 방법은 다음과 같다.

$$X = 0.480^3\sqrt{KW} \qquad (3.29)$$

여기서 X : 사업소의 단지 등으로부터의 보유 거리(m)

K : 가스의 종류 및 저장 온도의 구분에 따라 표 3.12에 게재된 값에 1,000을 곱하여 얻은 수치

W : 저장설비 또는 처리설비(반응탑, 열교환기 등)의 구분에 따라 다음에 게재된 값

저장설비 : 액화가스에 대해서는 저장능력(ton) 수치의 평방근의 수치(단위 ton, 1 ton 미만은 평방하지 않은 값),

압축가스 : 그 용적 (단위 m^3)으로부터 해당가스를 저장시 온도 및 압력에서의 질량(단위 t)으로 환산한 수치의 평방근의 수치(단위 ton, 1 ton 미만은평방하지 않은 값)

표 3.14 k의 값을 구하는 표

acrylonitrile	상용온도[℃]	< 100	100~130	130~160	160~190	190~220	220~250	>250
	k	47	84	150	225	305	400	468
acrolein	상용온도[℃]	< 70	70~100	100~130	130~160	160~190	190~220	>220
	k	51	72	130	192	270	371	510
butane 또는 butylene	상용온도[℃]	< 40	40~70	70~100	100~130	>130		
	k	128	229	360	503	640		
propane 또는 propylene	상용온도[℃]	< 10	10~40	40~70	70~100	>100		
	k	178	328	497	737	838		

식 (3.29)의 방법을 해석하기 위하여 이 식을 다음과 같이 변형한다.

$$X = 12\sqrt[3]{\frac{1,000\,k\,W \times 0.064}{1,000}} \quad \cdots\cdots (3.30)$$

식 (3.30)에서 $\lambda = 12$, X=RL, 1,000 kW × 0.064/1,000=Q로 바꿔 놓으면 삼승근 법칙(Cube-root scaling)으로 식 (3.31)과 같이 나타낼 수 있다.

$$R_L = \lambda \sqrt[3]{Q},\ \lambda = \frac{R_L}{\sqrt[3]{Q}} \quad \cdots\cdots (3.31)$$

여기서, λ는 스케일화 된 거리, RL은 폭심으로 부터의 거리(ft), Q는 화약의 양(lb)이다. 즉, 가스의 질량 W를 TNT의 질량 Q로 환산한 것이 된다.

표 3.14에 게재된 k의 값은 다음의 식에서 구한다.

$$k = \varepsilon H \alpha \quad \cdots\cdots (3.32)$$

여기에 ε=폭발계수이고, 표 3.15에 나타난 값이다.

표 3.15 폭발계수(ε)

분류	폭발계수	가스의 종류
1	0.15	아세틸렌, 비닐아세틸렌, 이황화탄소,
2	0.10	에틸렌, 산화에틸렌, 수소, 일산화탄소
3	0.08	에탄, 프로판, 프로필렌, 산화프로필렌, 아크로레인, 아세트알데히드, 부타디엔
4	0.06	메탄, 부탄, 부틸렌, 헥산, 펜탄, 나프타, 아세톤, 싸이크로헥산, 염화비닐
5	0.04	암모니아, 메탄올

이 표의 분류와 계수는 다음 물성치를 계수화해서 정해진 것이다.

$$\varepsilon = \varepsilon_1 + \varepsilon_2 + \varepsilon_3 + \varepsilon_4 \qquad (3.33)$$

여기에 ε_1 : 지상확산의 정도를 가스의 분자량을 기준으로 분류한 수

ε_2 : 가스의 폭발한계의 상한치와 하한치의 폭의 크기를 기준으로 분류한 수

ε_3 : 발화 에너지 또는 소염거리의 역수를 분류한 수

ε_4 : 발화온도(°K)의 역수를 분류한 수

H : 가스의 참발열량(kcal/kg)

α : 액화가스의 기화율(flash)로써 압축가스의 경우는 1.0

액화가스의 경우는 다음 식에서 구할 수 있다.

$$\alpha = \frac{(H_2 - H_1)}{L} \qquad (3.34)$$

여기에, H_2 : 유출전의 상태에서의 액의 엔탈피

H_1 : 비점에서의 액의 엔탈피

L : 비점에서의 액의 증발잠열

식 (3.29)의 분자의 1,000은 W의 tf 단위를 kgf 단위로 하는 계수, 분모의 1,000은 가스의 발열량에서 TNT(1,000 kcal/Kg)로의 환산계수, 분자의 0.064는 TNT의 수율로써 약간 높은 값으로 한 것은 안전을 고려한 것이고 또한 식의 간소화를 위하여 정수로서 $\sqrt{\ }$ 밖에 나타내기 위해 취해진 값이다.

저장설비에 대해서는 그 보유량의 평방근의 값을 가지고 저장량이 증대되면 유출하는데 필요한 시간도 길게 되고 또한 산소의 공급량도 불충분하게 되는 것을 고려한 것이다.

위와 같이 TNT 당량이 구해졌다면 그 양에 대한 효과를 구하는 방법은 임펄스가 고려된

식(3.35)를 이용하는 것이 적절하다고 생각된다.

$$R_L = \frac{0.39670\,K\,Q^{1/3}}{[1+(1.0082\times 10^7)/Q^2]} \quad \cdots\cdots (3.35)$$

폭발의 영향에 대한 사후 평가는 그 피해 상황으로부터 그 폭발에 상당하는 TNT 당량과 TNT 수율에 의해 나타낼 수 있다. 즉, TNT 당량에 의해 폭발의 규모와 강도를 TNT 수율에 의해 그 폭발에 가하여 연소한 가스의 양이 표현된다.

그러나 폭발에 의한 압축파의 영향을 평가하는 경우에는 폭발의 효과는 폭발한 장소의 환경, 지형, 피해 상황의 집계 방법, 폭풍압의 평가 방법 등에 따라 달라지므로, 여러 가지 면에서의 종합 판단이 필요하다. 폭발에 의한 폭풍압력과 그 피해 영향은 표 3.16에 의해 얻을 수 있다.

표 3.16 폭발압력과 그 효과

폭풍압력(ΔP) (kgf/cm^2)	폭풍압력과 그 효과(피해영향)
0.002	비틀린 큰 유리창에 금이 가다
0.003	젯트기의 충격음(약 150 horn)
0.007	비틀린 작은 유리창에 금이 가다
0.01	유리창이 금이 가다
0.02	폭풍에 의한 파편 비산의 한계
0.03	경미한 가옥의 손상
0.05	창틀이 빠지고 때로는 창틀이 부서진다
0.06	지붕에 손상을 입는다
0.08	나무의 가지가 부러지다. 수리하지 않으면 거주 불능
0.1	스트레이트 벽 파괴. 지붕이 날아가거나 이동
0.15	지붕이 파괴, 나무가 30% 정도 쓰러짐. 고막이 파열됨
0.2	나무의 90% 정도가 쓰러짐. 철골기둥이 휘어짐
0.3	기름탱크가 터짐. 철주가 쓰러짐. 나무기둥이 잘림
0.5	화차 전복, 가옥 전소. 폐에 상처받음
0.7	벽돌벽 전체 붕괴
1.0	기름 탱크 압괴

3.4 폭발에 의한 복사열

복사열로 인한 사람의 상해정도는 노출된 시간과 사고의 열플럭스에 의존한다. 여기에서는 복사열로 인한 사람의 상해정도와 장치나 구조물의 손상에 대한 자료와 분석방법을 간단히 소개하고자 한다.

(1) 사람의 상해정도

1) FMEA는 고통한계와 2도 화상의 경우 다음 데이터를 제시하였다.

표 3.17 복사열의 강도와 상해정도

복사열의 강도		고통한계시간 (sec)	2도화상 시간 (sec)
(Btu/hr/ft³)	(kW/m²)		
300	1	115	663
600	2	45	187
100	3	27	92
1,300	4	18	57
1,600	5	13	40
1,900	6	11	30
2,500	8	7	20
3,200	10	5	14
3,800	12	4	11

① Tao와 Perry 및 TNO에서는 액면화재와 플래쉬화재의 노출로 인한 사람에 대한 영향을 추정하기 위해 Probit(Probability Unit) 모델을 제시하였다.

i) 1도 화상의 경우

$$\text{Probit} = -39.83 + 3.0186 \ln (t\, I^{4/3}) \quad (3.36)$$

ii) 2도 화상의 경우

$$\text{Probit} = -43.14 + 3.0186 \ln (t\, I^{4/3}) \quad (3.37)$$

iii) 화재 사망의 경우

$$\text{Probit} = -36.38 + 2.56 \ln (t\, I^{4/3}) \quad (3.38)$$

여기서, t는 노출시간(sec)이며, I는 복사열의 강도(W/m²)이다.

② Probit 값은 Probability와 관련이 있으며 Probit는 Gaussian분포이고 평균값이 5인 Random변수이며 표준편차는 1.0이다.

(2) 장치나 구조물의 피해정도

장치나 구조물에 대한 복사열의 영향은 가연성 여부 또는 노출 지속시간과 크기에 의존한다. 목재의 재료는 연소 때문에 쓸모없이 되어버릴 수 있고, 철재료는 항복응력의 열적저하 때문에 못쓰게 된다.

정상하중하에서 철구조물은 온도 500~600℃로 상승할 때 급격히 약해진다. 그러나 콘크리트 구조물은 더 오래 남을 것이다. 구조물에 대한 화염충돌은 열복사보다 더 심각하다. 표 3.18은 복사열에 대한 장치나 구조물의 영향의 정도를 나타내고 있다.

표 3.18 복사열이 영향

복 사 열		복사열 영향의 정도
(Btu/hr/ft^2)	(KW/m^2)	
11,890	37.5	장치 및 설비가 손상됨
7,926	25	단시간 노출로 목재가 발화되는데 필요한 최소한의 에너지
3,963	12.5	목재 또는 플라스틱 튜브를 작화하는데 필요한 최소한의 에너지
3,012	9.5	8초 후에는 심한고통, 20초 후에는 2도 화상
1,268	4	20초 내에 고통을 느끼며 피부가 부풀어 오름
507	1.6	장기간 노출되면 불편함을 느낌

Chapter 4

폭발의 예방 및 방호

"폭발예방"의 기본은 폭발 자체를 일어나지 않게 하기 위한 "사전대책"이다. 이에 비하여 "폭발의 방호"는 폭발의 예방대책을 안전하게 하였어도, 현재의 지식이 미치지 않는 분야에서 일어나는 폭발의 경우에 대비한 "사후의 대책"에 있어서 사람이나 기기류를 방호해서 폭발의 피해를 최소화 또는 받지 않도록 대책을 세우는 것이다. 예를 들어 폭발이 일어날 가능성이 있는 기기를 방호벽 등으로 둘러쌓아 피해를 받지 않도록 대책을 세우는 것 등이 있다.

4.1 점화원 관리

확실한 폭발예방의 수단으로서 가연성물질, 지연성물질의 제거와 함께 발화원을 없애는 수단은 효과가 큰 방법으로 중요하다.

일반적으로 발화원은 다음의 9종류로 분류할 수 있다. ① 화염, ② 고열물 및 고온표면, ③ 충격·마찰, ④ 단열압축, ⑤ 자연발화, ⑥ 화학반응, ⑦ 전기, ⑧ 정전기, ⑨ 광선 및 방사선, 이들 발화원 중 용접불꽃이나 가열로의 화염처럼 확실하게 아는 발화원에 대해서는 폭발의 발화원이 되지 않게 엄중히 관리할 수 있다. 그러나 이들 발화원 중에는 그 발생기구가 분명하지 않아 정확하게 파악되지 않는 폭발의 발화원도 있다. 이러한 것에 대해서는 다시 세밀히 분류·파악해서 발화원이 되지 않게 제거하는 것이 중요하다.

위의 분류에 따라 구체적으로 예시하면 다음과 같다.

① 화염 ; ㉠ 전기 및 가스용접, ㉡ 토-치램프, ㉢ 스토브, ㉣ 가열로, 버너 등의 불꽃

② 고열 및 고온표면 ; ㉠ 고온스팀관의 표면, ㉡ 고온가스의 배관, 열교환기류의 금속표면, ㉢ 파이프 행거, 스라이드 슈류, ㉣ 가열로, 건조기류의 로벽, ㉤ 분해로, 가열솥, 폐열 보일러류, ㉥ 환원촉매에 공기혼입, ㉦ 도구, 공구류의 마찰발열

③ 충격·마찰 ;

㉠ 플랜트 기기의 손상이 발화원으로 되는 것 (1. 비산물의 충돌, 2. 건물의 낙하에 의한 충격, 3. 도괴물의 충격, 4. 파이프·기기의 파열에 의한 타격불꽃, 5. 각반기, 익근 등이 탱크 측면에 부딪치는 충격 등)

㉡ 기기류의 마찰이나 충격이 발화원으로 되는 것 (1. 탑, 조, 배관의 진동에 의해 마찰, 2. 내용물의 움직임에 의한 것, 3. 탱크 등의 맨홀의 개폐시의 충격)

㉢ 공구의 충돌에 의한 것 (해머, 스파나 등의 충격)

④ 단열압축 ; 압축기의 드레인, 탑·조의 배출물 방출, 제품의 유출 등의 경우 밸브의 개폐를 급격히 조작하면 단열압축에 의해 이상 승온한다.

⑤ 자연발화 ; 금속분말, 불포화 유기물 등의 완만한 산화발열이 축적되어 결국 발화온도에 도달하여 발화한다. 여기에 다른 물질이 폭발을 일으켜 발화원이 되는 경우가 있다.

⑥ 화학반응 ; 이상화합반응, 원료나 제품의 분해·중합 등에 의한 이상승온·승압이 폭발의 원인이 되는 경우도 있다.

⑦ 전기 ; ㉠ 개폐기 개폐시의 불꽃, ㉡ 각종 접점에서의 불꽃, ㉢ 정전기기류의 합선에 의한 불꽃, ㉣ 전기기기, 케이블의 단락에 의한 불꽃들이다.

⑧ 정전기 ; 생산공정에서 정전기가 발생하여 이것이 방전할 때의 불꽃이 원인이 되어 폭발재해가 발생한 사례가 많다. 이 정전기에 의한 폭발재해를 본질적으로 방지하는 것은 정전기의 발생을 방지하는 것이다. 그러나 실제로는 어려운 것이어서 정전기의 발생량의 억제와 발생한 정전기의 접지 등에 의한 대전 방지가 주된 대책이며 이 외에 방전불꽃을 발생하지 않게 하는 것도 있다.

⑨ 광선 및 방사선; 조건이 갖추어진 혼합 가스에 이들 에너지를 방사하면 발화원이 되는 경우가 있다.

4.2 폭발예방 기기 및 장치

(1) 플레어스택·실-드럼의 수봉기구

플레어스택에서 공기가 들어오면 가연성 혼합가스가 되어서 폭발의 위험이 생긴다. 이

공기흡입을 막고 탑꼭대기 불꽃의 역화방지를 위한 방법으로서 실-드럼이 있다. 그림 3.5는 실기구를 표시한 것이다. 이 실의 깊이가 역화방지의 실기능과 배출가스의 배출성능을 지배한다. 그림 3.5에서 A에서 공급된 가스는 가스량 Q_1까지는 H_1의 수주를 밀고 ㉮로 나와서 B, C를 통과해 플레어스택으로 배출된다. 가스량이 많아져 H_1에서 모두 배출할 수 없게 되면, H_1보다 실이 큰 H_2를 터져 나와서 ㉯에서 배출된다. 다시 가스량이 더 증가하며 H_3의 실을 거쳐 ㉰에서도 배출되게 한다.

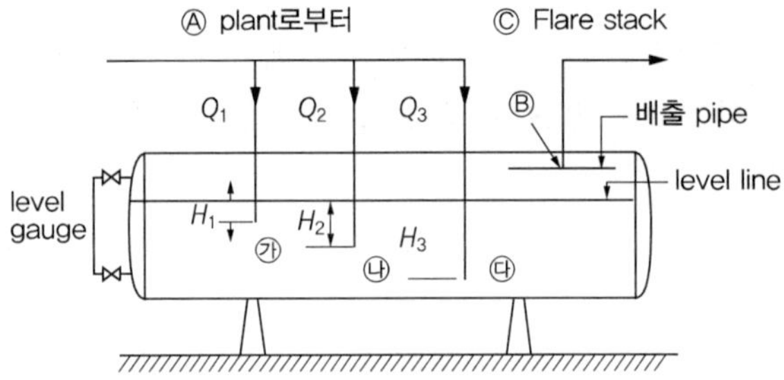

그림 3.5 Seal drum · seal 기구도

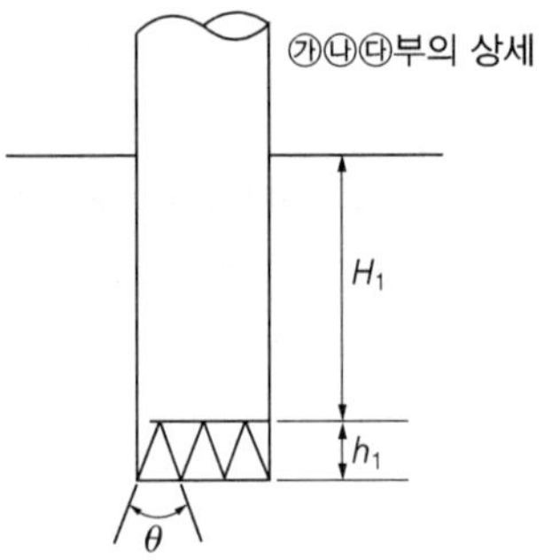

그림 3.6 Flare system 기능도

(2) 몰리큘러 실

몰리큘러 실(molecular seal) 기구는 플레어스택 꼭대기에 붙인 폭발방지를 위한 공기 침입방지 안전장치의 일종이다. 이 몰리큘러 실은 플레어스택에서 방출하는 가스량이 적고, 또한 공기보다 가벼운 가스일 경우 공기가 버너에 들어가 내부 연소를 일으키고, 폭발조성의 가스를 만들 수 있는 위험을 방지하기 위하여 버너 밑에 설치되고 있다. 공기를 막기 위해서는 일반적으로 공기와 다른 분자량의 가스가 사용되고 있지만, 보통은 질소가스를 사용하는 경우가 많다.

그림 3.7은 플레어스택의 전체기능을 나타내며, 그림 3.8은 몰리큘러 실부의 구조를 나타냈다. 실 기능은 그림 3.8의 상부의 우산형 원통부에 공기보다 가벼운 가스를 공급해 봉입하는 것에 의해서 되는 것이다. 원리는 워터 실과 같은데 그림 3.8에서 플레어 가스는 ①에서 방출되어 ②를 통해 ③에 흘러간다. 이 부분을 ④의 우산형 캡으로 뚜껑을 해서 공기보다 가벼운 가스(통상 질소)로 실을 한다. 따라서 ⑦에서 ⑥을 통해서 공기가 침입해 와도 ⑤에서 공기는 자기보다 가벼운 가스로 차단되어 ③을 통한 ②로의 역류는 불가능하여 실의 목적이 달성된다.

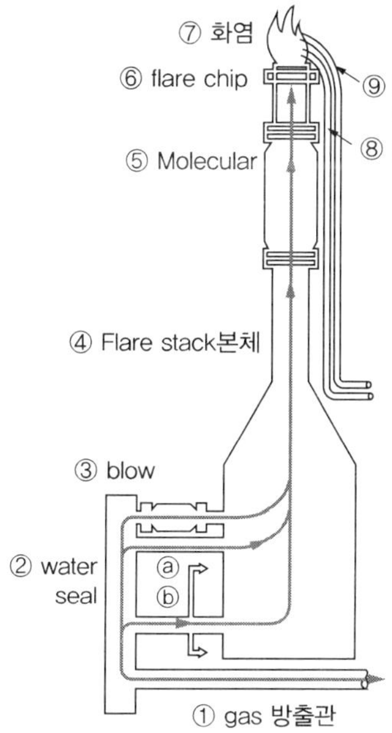

그림 3.7 Flare stack 전체기능도

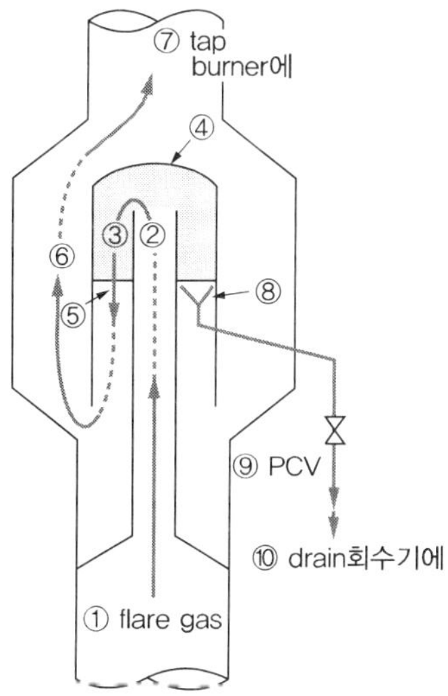

그림 3.8 Molecular seal 기능도

(3) 화염검출기

보일러, 가열로 또는 요업용로 등의 연소실에 있어서 어떤 원인에 의해 불이 타다 말고 꺼지는 경우, 연소실내에는 항상 미연소의 가연성혼합가스를 형성할 수 있으므로 공기로 퍼지하여 연소실내가 완전하게 폭발범위 밖의 분위기가 되었다는 것을 분석해서 확인한 후 재 착화 할 필요가 있다. 이 퍼지 및 확인작업을 태만히 하거나 또는 작업을 급히 해 불충분하게 퍼지한 채로 착화하여 폭발한 사고 예는 아주 많다.

이러한 폭발사고를 막는 기본은 불이 저절로 꺼지는 것을 막는 것이다. 그 구체적인 방법은 연료의 종류, 연소설비의 형식, 운전관리 등에서 최적의 방법을 선택하여 설계, 제작, 건설하는 것이 중요하다. 또한 조업시점에서는 저절로 꺼진 경우 빨리 검지하여 즉시 연료공급을 멈추고, 퍼지를 충분하게 하는 것이 중요하다. 그 일례로서 화염검출기 또는 화염감시기가 있다.

화로에 있어서 연소화염은 적외선이나 자외선을 방사하므로 이들을 검출해서 연소상태를 감시 할 수 있다. 여기에는 효과가 높은 자외선에 의한 검출기의 예를 설명하였다. 이 자외선 검출기를 그림 3.9에 나타낸 것처럼 연소실의 벽을 통한 감시 파이프에 플렌지를 사용하여 외부에 붙인다. 화염에서 나오는 자외선으로 자외선 광전관이 작동하면 이 신호를 필요한 신호로 변환하여 출력신호로써 이용, 적절한 제어작동을 하도록 한다. 화염검출기는 실제 화염을 본다는 것에 의해 검출하는 것으로 flame eye라고 부른다. 통상 2대의 검출기가 동시에 화염이 꺼진 것을 검출했을 때에 시스템을 차단한다. 이중 1대의 검출기에서만 화염의 신호가 나왔을 때 또는 불확실한 신호가 나왔을 때는 경보만을 내고 연소를 계속한다. 이는 화염의 미소한 변화 등에도 신호가 나와서 오작동을 일으키는 경우가 있기 때문이다.

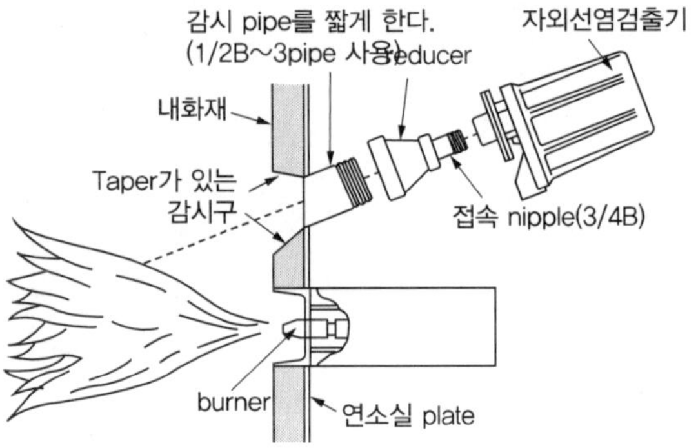

그림 3.9 자외선식 화염검출기

4.3 폭발방호

폭발재해의 방지를 위해서는 폭발의 발생조건을 배제하는 것이 우선 중요한 문제이지만, 복잡한 반응공정이나 조업조건 하에서는 폭발성 혼합가스와 폭발원이 동시에 존재하지 않게 하는 것은 실제 용이하지 않다. 즉, 만일의 폭발에 대비하여 방호대책을 세우지 않으면 안되는 경우가 많다.

여기서는 어떤 공정에서 폭발이 발생한 경우에 그 전파확산을 방지하여 피해를 최소한도로 억제해서 근로자, 기계장치, 설비 등을 사상, 손상, 파괴로부터 방호하는 방법에 대하여 서술한다.

(1) 폭발의 영향

폭발방호 대책은 폭발의 발생에 의해서 가져오는 영향중의 어떤 범위를 대상으로 하는가에 의해서 달라지는데, 다음과 같은 분류에 따라 폭발의 영향을 이해할 필요가 있다.

물리적 영향은 폭발에 의한 직접적인 손실, 즉 사상 등의 인적손실과 설비, 기계류, 원재료 제품, 건물 등의 물적 손실을 말한다. 경제적 영향과 사회적 영향은 간접적인 손실로서 전자에는 설비 등의 복구비, 조업재개까지의 손실, 배상금 등이 포함되고, 후자에는 근로자의 취업거부, 지역사회에 대한 영향, 동종 산업에의 영향 등의 복잡한 문제가 포함되어 폭발을 일으켰던 기업이나 공장의 존립 등이 위태로워지기 때문에 물리적 영향보다도 더 큰 심각한 영향을 준다. 그러나 일반적으로는 폭발의 물리적 영향을 최소로 막는 것이 가능하다면 경제적, 사회적 영향도 그에 따라 확실하게 감소한다. 여기서는 물리적 영향에 대한 방호에 대하여 서술한다. 물리적 영향은 인적 혹은 물리적 손실을 가져오는 원인이라고 하는 관점에서 다음 표와 같이 분류된다.

폭발이 가져오는 영향
- 물리적 영향
- 경제적 영향
- 사회적 영향

표 3.19 가스폭발의 물리적 영향

열적영향	화재, 고온분출물, 복사열	화상, 상해, 화재, 2차폭발
폭풍압의 영향	폭풍압, 폭발음	사망, 파괴, 도괴 등의 2차 재해
비산물의 영향		사망, 파괴, 2차 폭발

또한, 피해발생의 경과에서 본다면 열, 폭풍압, 비산물에 의한 직접적인 손실인 1차 재해와, 폭발의 결과 생기는 화재, 폭발음이나 섬광에 의한 작업원의 전도, 추락, 구조물의 도괴에 의한 사상, 비산물에 의한 파괴된 장치 등에서의 가연물의 누출에 의한 화재, 폭발, 피난이나 소화시의 사상 등을 2차 재해로 분류한다. 이런 재해를 방지하기 위한 폭발방호 대책은 그곳에서 일어나는 폭발의 특성과 주위의 환경조건에 따라서 다르지만, 각각의 경우를 미리 예측한 적절한 대책을 선택해 실시하지 않으면 안된다.

(2) 폭발방호 대책의 진행방법

개개의 작업이나 공정에 대해서 구체적인 방호대책을 세울 경우에는 다음의 5단계로 나누어 검토하고 원칙적으로 이 순서에 따라 대책을 진행한다. 어느 단계에서도 그 작업이나 공정에서의 최고의 위험한 상태를 대상으로 하여 fail safe를 기본으로 가능한 한 복잡하지 않은 방법을 채용하는 것이 좋다.

1) 가연성가스·증기의 위험성 검토

폭발의 방호 혹은 피해억제의 용이함이라고 하는 관점에서 취급 가연물, 작업 및 처리의 방법, 반응공정 등을 검토하여 위험성이 없는 혹은 위험성이 보다 적은 물질, 방법, 공정이 없는가를 검토한다. 또한, 가연물을 취급할 경우의 처리량, 압력, 온도 등을 가능한 한 안전한 방법이 없는가를 다시 검토한다.

2) 폭발방호대상의 결정

가연물, 작업이나 처리의 방법, 반응공정 등이 확립되면, 다음단계는 작업원이나 기계, 장치 등을 포함한 시스템 전체에 대하여 방호할 대상을 결정한다. 작업원의 방호를 첫째로 하는 것은 물론이지만, 장치류의 방호에 의해서 목적을 달성할 경우에는 작업원과 장치류 양자를 방호하는 대책을 세우는 것이 적당하다. 가연물을 처리하는 몇 개의 장치류가 상호 접속되어 있는 시스템에서는 위험도가 높은 장치에 방호대책의 중점을 둔다.

3) 폭발의 위력과 피해정도의 예측

방호의 대상이 된 장치내부에서 폭발이 일어나서, 장치가 과압에 의하여 파괴된 경우, 여기서 분출, 누출한 가연물이 폭발한 경우에는 방호대책을 세우지 않으면 어떤 피해가 일어나는 가를 예측해, 그 피해를 어느 정도 막는 것이 가능한가를 검토한다.

4) 폭발화염의 전파확대와 압력상승의 방지

폭발에 의한 피해의 정도는 폭발한 혼합가스의 양이 많을수록 크다. 장치의 내부에 있어서 비정상 압력상승에 대하여 그 초기에 압력을 안전하게 방출시키면 장치의 파괴 및 주변에 파급되는 영향을 막는 것이 가능하다. 이 단계에 있어서는 주로 각각의 장치류를 대상으로 하여 폭발화염의 전파 혹은 압력의 상승을 어느 범위에서 막을 것인가를 결정하고, 그를 위한 방호대책을 구체적으로 검토한다. 그 원리적인 연구법은 다음과 같고 각각 [ ]안에 표시된 안전장치가 실용화 된 것이다.

① 내압설계

내부에서 발생하는 폭발압력이나 과압에 견딜 수 있게 장치를 견고하게 제작하는 것은 제작비용은 높지만 피해를 장치의 내부에만 제한할 수 있는 이점이 있다. 그러나 이런 견고한 장치가 만약 파괴된다면 주변에 파급하는 피해도 또한 커서 충분한 안전율을 취하지 않으면 안된다. 내압설계를 위해서는 장치내에 발생하는 압력자료가 필요하다. 여러 가지 가연성가스 증기에 대해서 폭발압력이 실측되어 있으며 공기와의 혼합물에서 초기압력이 대기압일 때의 최대폭발압력은 대부분 6～8 kg_f/cm^2이며, 10 kg_f/cm^2를 초과하는 경우는 많지 않다.

② 압력의 방출・경감 [안전밸브, 파열판, 압력방산공 등]

밀폐된 장치나 건물에는 이들이 견딜 수 있는 한계 압력이 있고 이것을 넘으면 파괴된다. 이 한계치에 도달하기 전에 장치내용물을 외부에 방출하는 것이 가능하다면 장치의 파괴 및 이에 따른 주변에의 피해를 방지 할 수 있다. 방출된 미연소의 가연물의 처리에 대해서는 블로우다운 시스템에서 서술한다. 압력의 방출에 있어서 장치의 일부가 비산하는 것은 피할 수 있지만, 폭발이 중지하지 않는 경우에는 방호벽을 설치한다.

③ 화염전파의 저지 [화염방지기, 폭굉억지기]

주로 장치 등을 상호 접속하는 배관 등의 내부에서의 폭발화염의 전파확대 방지를 대상으로 한다. 만약 배관내에서 발화한다면, 일반적으로 화염은 시간의 경과와 함께 강도(속도)가 증가하고 조건에 따라서는 폭굉으로 전이하는 경우도 있으며, 많은 경우에는 배관에 접속된 장치 등의 약한 부분이 파괴되어 커다란 피해를 발생한다. 장치와 장치 사이의 화염전파 방지나 저유탱크의 통기관을 통한 외부로부터의 화염의 침입방지는 중요한 방호대책으로, 종래에는 그다지 활용되지 않았지만 구조가 간단하고 값이 싼 안전장치로서 최근 주목되고 있다.

④ 폭발의 초기억제 [폭발억제 장치, 이상반응억제 시스템 등]

장치나 배관내부에서 폭발의 개시(발화)나 압력의 비정상 상승(반응의 폭주 등)을 검출하여, 이를 익입하는 능력이 있는 불활성물질, 반응정지제, 소화제 등을 직접 장치나 배관내에 주입, 분출, 살포하는 것에 의해서 위험한 사태를 배제하거나 국한화하는 방호대책이다. 화염의 전파속도가 큰 가스폭발에는 효과가 적지만 분진폭발에 대해서는 적용한 예가 많다. 조업조건의 약간의 변화에도 급격한 반응을 일으킬 우려가 있는 반응장치에 대해서도 이 종류의 방호대책의 적극적인 채용이 요망된다.

⑤ 장치간의 차단 [격리밸브, 차단밸브 등]

예방대책으로 간주하는 것도 가능하지만 여기서는 몇 개의 장치가 접속되어 있는 경우에, 어떤 장치 내에서의 위험한 상태가 다른 장치로 전달되지 않게 하기 위한 방호대책으로 생각한다. 차단할 때까지의 시간 또는 거리에 여유가 있다면 가스폭발의 전파방지도 가능하다. 고속으로 작동될 필요가 있을 때는 화약의 폭발력을 이용하는 일이 많다. 장치 등에 누출이 일어났을 경우에 대해서도 누출장소의 전후 관로를 차단하여 가연물의 누출량을 최소한도로 막아내는 차단장치가 미리 되어있지 않으면 안된다.

5) 폭발에 의한 피해의 확대방지

위에서 폭발이나 과압을 일으킬 염려가 있는 장치류의 기본적 방호방법을 서술했다. 이러한 대책이 완전하게 실시되면 폭발의 피해는 장치내 또는 근방에 한정되지만, 장치류의 부식, 열화, 안전장치의 미비, 안전장치를 대상으로 한 이외의 현상의 발생, 그 위에 천재인 지진, 번개 까지 생각한다면 예상외의 폭발 확대라고 하는 최악의 사태도 있을 수 있어서 그러한 경우를 고려한 방호대책이 필요하게 된다. 또한, 이 단계에서는 폭발 후에 발생하는 화재의 방지나 가연물을 내장한 장치의 주변에서 일어난 화재에 대한 방호도 생각한다. 피해의 확대방지 혹은 주변 환경의 방호를 위한 대책시 고려할 사항은 다음과 같은 것들이 있다.

① 입지조건
지형, 지반(풍향, 지반침하 등), 자연현상 및 주위의 환경 등의 입지조건은 피해를 최소화하기 위해 고려할 만한 주요한 점이다. 자연현상 중에서 지진에 대한 대책이 중요하고, 지진에 의한 최대의 위험은 장치 등의 파괴, 도괴에 의한 가연물의 유출이다. 지진은 또한 예상하지 못한 발화원을 만들어 내어 최악의 경우에 폭발, 화재가 발생한다. 대량의 가연물의 유출이 몇 개의 장치에서 동시에 일어날 가능성으로, 지진이외의 원인에 의한 폭발이 일어났을 경우와 똑같은 폭발방호 대책이 기본이 된다. 주변환경에 대하여는 주택지역, 학교 등의 공공시설, 주요도로 등에서 떨어져 있을 것과, 이들에 대하여 폭발위험원이 바람이 불어가는 쪽에 있을 것이 요구된다. 이미 조업중인 공장에서는 입지조건에 의한 피해의 확대방지에는 한도가 있으므로 그 외의 방호대책에 중점을 두지 않으면 안된다.

② 장치 등의 레이아웃
공장내의 각종 설비, 배관 등의 레이아웃은 폭발방호의 관점에서만 결정되는 것은 아니다. 폭발이 발생했을 때의 피해의 확대방지에도 유의해서 설비, 장치, 건물 등의 배치를 설계하지 않으면 안된다. 폭발에 의한 비산물의 영향이나 화재발생시의 연소를 방지하기 위한 보안거리나 공지의 확보 외에도 소화설비의 배치, 긴급시의 피난이나 외부에서의 소화활동 등의 편리함 등은 중요한 인자이다.

③ 위험한 작업, 공정, 장치의 무인화
폭발에 의한 인적손실을 피하려면 기본적으로 위험한 장치주변에 작업원을 배치하지 않아야한다. 특히 위험한 장치류는 방호벽에 의해 분리하고 장치의 자동화나 원격조작에 의해 무인화를 계획하는 것이 최선이다. 이 경우에는 장치의 내부 및 주변이 위험한 상태가 아닌 것이 확인되지 않는 한 작업원이 장치에 접근할 수 없게 인터록 장치를 설치하는 것이 바람직하다.

④ 방호벽
방호벽(방폭벽)은 폭풍, 비산물, 고온 분출물에 의한 피해의 방지에 유효하며, 피해의 확대방지라고 하는 관점에서는 이들 중 비산물에 대한 방호가 가장 중요하다. 비산물

로서는 폭발에 의해 파괴된 장치류의 부품, 부속물, 파편 등이 가장 위험하다. 폐구조 건물내에서의 폭발에 의해 비산하는 슬레이트 지붕이나 유리창의 파편에 의한 인적피해도 무시할 수 없다.

방호벽의 설치방법은 다음과 같다.

- 폭발위험이 있는 장치를 둘러쌓아 버리는 방법
- 폭풍이나 비산물에서 방호할 만한 중요한 장치류나 작업원쪽을 방호벽으로 둘러쌓는 방법

일반적으로 전자의 방법을 사용하지만 이 경우에는 견고한 방호벽이 필요하다. 또한 가연물이 장치에서 누출하여 방호벽의 내측에서 공기와의 혼합가스를 형성해 2차 폭발을 일으킬 위험이 있어 환기장치를 설치하기도 하고 방호할 만한 방향 이외에는 벽을 설치하지 않고 개방하는 등의 배려가 필요하다. 방호벽 주위의 내부에 작업원의 들어가는 것은 장치내부 및 주위의 내부에 폭발이 일어날 염려가 없을 때에만 한하는 것으로 하여 이에 상응한 계측, 제어 방법이 필요하다.

방호벽의 구조·재질·크기 및 폭발의 위험이 있는 장치 내에서의 거리는 그곳에서 일어나는 폭발의 위력과 비산물의 효과에 따라 다르다. 철근콘크리트 벽은 방호벽으로써 널리 이용되고 있으며, 충격에 대한 항력은 벽의 두께의 자승에 비례하므로 철근의 크기이나 양 등에서도 영향이 있지만 두께가 15～30 cm 라면 가스폭발에 대한 방호벽으로써 어느 정도 유효하다.

방호벽은 폭발에 의하여 전체적으로 도괴하지 않게 건축되어야 하며, 만일의 경우에 대비하여 벽의 도괴에 의해 영향을 받는 범위 내에 작업원이나 장치를 배치하지 않게 한다.

⑤ 블로우다운 시스템

과압의 방출은 장치 등의 파괴 방지를 위한 중요한 대책이지만, 미연의 가연물을 그대로 대기중에 방출하면 장치에서의 가연물의 누출과 똑같은 위험이 생긴다. 따라서 만약 발화하여 폭발이 일어난다면 피해가 확대하는 것은 분명하다. 블로우다운 시스템의 의미는 방출된 가연물을 그것이 폭발하는 일이 없게 안전하게 처리하고, 누출 등이 일어난 장치내의 가연물을 회수 탱크에 이송하기 위한 시스템을 말한다.

블로우다운 된 가연물은 그대로 방출되거나 그 전체 또는 일부를 다른 탱크에 이송·회수한다. 대용량의 경우에는 일부를 회수하여 남기고 방출하는 경우도 많다. 방출하는 경우에는 플레어스택에 의한 소각과 벤트스택에 의한 희석 폐기의 방법이 있다. 소각법의 경우에는 플레어스택 내에의 역화방지에 대하여, 또한 희석 폐기법에서는 방출 끝부분이 발화원이 없는 높은 곳에 있는가, 충분하게 희석된 것인가 등이 폭발방호의

관점에서 중요하다. 어느 방법을 선택하더라도 배관계통을 모두 불활성가스로 치환하는 것이 바람직하다. 특히, 회수탱크에 이송하는 경우에는 탱크내에 폭발성 혼합가스가 형성되지 못하게 하는 것 외에 탱크의 통기관에서의 역화방지에 유의하지 않으면 안된다.

비상용 시스템에서, 예를 들면 정전시나 근처에 화재가 발생하고 있는 경우에 작동할 수 있게 설계 배치하고(예를 들면 내화구조, 공기구동식 등), 시스템의 구동방법에 대하여 정기적으로 훈련하는 것도 필요하다.

⑥ 가연물의 양을 줄이는 대책 및 화재대책

대량으로 누출한 가연물이 폭발하는 경우 피해가 확대하는 것은 화재가 같이 발생한 경우이고, 피해의 정도는 연소된 가연물의 양에 의존된다. 이러한 의미에서 화재의 발생방지 외에 가연물의 양을 줄이는 것도 피해 억제상의 중요한 대책이다.

폭발에 의해 파괴한 장치 등에서의 가연물의 유출방지나, 비산물에 의해 파괴된 경우 가연물을 유출하는 장치의 방호에 대해서는 이미 서술했지만(유로의 차단, 블로우다운, 불활성화, 방호벽), 폭발의 위험이 있는 장치의 주변에서의 가연물의 누출, 체류의 예방이나, 원료, 제품 등의 가연물이 모이는 것을 막는 것도 중요하다. 건물이나 설비 등은 그것이 가연물이라면 화재를 크게 하고 또한 이들이 가연물이 들어있는 장치류의 지지구조물일 경우 도괴한 경우에 가연물을 유출하고, 혹은 장치 위에 쓰러져 이것을 파손시키는 등의 위험이 있으므로 내화구조나 불연구조로 하지 않으면 안된다.

가연물을 내장하는 탱크류에의 연소를 막기 위해서는 물이나 스팀의 살포장치, 방호벽 등의 대책이 필요하다. 소화설비 및 소화방법은 가연물의 종류와 화재의 성상에 따라서 대비하고 이와 동시에 폭발이나 화재에 의해 기능을 잃는 일이 없도록 하지 않으면 안된다. 외부의 소방대가 소화활동에 참가하는 경우는 공장내의 설비나 가연물에 대한 지식이 부족하여 재해시 화재가 확대하는 일이 없게 평상시부터 협의하여 협력체제를 준비해 두는 것이 요망된다.

⑦ 긴급시 대책의 확립

폭발이 일어난 후의 피해억제를 위한 방법으로는 긴급시에 취할 수 있는 대책을 명확하게 해두고, 한편 이들의 대책이 정확하게 실시되도록 하여야 한다. 폭발의 발생 및 방치하면 폭발을 일으킬 염려가 있는 이상상태를 포함한 긴급상태로서는 다음과 같은 것이 있다.

긴급사태
- 폭발의 발생
- 화재의 발생
- 정전
- 화학반응의 이상 (반응 폭주, 압력·온도의 상승)
- 프로세스의 이상 (온도, 압력, 유량, 조성, 냉각매체의 양 등의 급격한 변동)
- 장치 등의 파손 (가연물의 유출, 진공도의 저하 등)
- 자연현상 (지진, 태풍, 벼락 등)
- 기계류의 부조화
- 오조작
- 안전장치 등의 작동

이런 사태 중에는 직접 피해의 확대에 관계되지 않는 것도 있지만 대부분의 사태에 대해서는 폭발예방 및 방호대책에서 서술한 대책에 의하여 큰 피해 없이 정상상태로 회복하는 일이 가능하다. 그러나 폭발, 화재가 확대하고, 온도나 압력 등이 제어 범위를 벗어난(변화속도가 제어한계를 넘거나 또는 제어적 시기가 늦은) 경우에는 물적인 피해의 확대방지를 위한 노력을 계속함과 동시에 인적피해를 방지하기 위한 대책을 취하지 않으면 안된다. 긴급사태시 대책의 예를 나타내면 다음과 같다.

긴급사태의 발생
- 긴급대책 (안전장치 등의 작동, 복구작업, 예비전원 등)
- 소화활동
- 경보 → 피난 (피난경보, 유도, 출입금지 등)
- 연락(외부의 원조, 주변지역의 피난), 재해자 구출

4.4 압력방출장치

이미 설정된 조건에서 압력을 방출하여 과압에 의한 파괴에서 장치 등을 방호하는 안전장치를 압력방출장치라고 부른다. 이 종류의 안전장치는 고압가스 설비, 액화 석유가스 설비, 보일러, 압력용기 등에의 설치가 의무로 되어 있어, 각각의 관련법규나 규격에 설치 대상이나 구조가 정해져 있다. 또한 소방관계의 법규에도 석유류 저장탱크가 내압변화를 받았을 때의 안전장치에 대한 규정이 있어 법규의 적용을 참고로 하여 압력방출 장치를 적극적으로 적용하는 일이 권장된다.

(1) 안전밸브

여기서 말하는 안전밸브는 기계적 하중에 의해서 밸브를 막은 상태로 유지하고, 이 하중

에 상당하는 압력이 장치내에 일어난 때 내부의 유체를 방출하는 기구로서 주로 가압하에 사용되는 장치류(반응용기, 압축기, 열교환기, 배관, 보일러 등)의 방호를 목적으로 설치된다. 기계적 하중으로써는 바네, 추 또는 지레의 힘을 이용해 장치내의 압력으로 작동한다. 일반적으로 용수철식 안전밸브가 가장 많이 이용되고 있다. 법규에서는 이것 이외 방식의 안전밸브 사용을 억제 또는 금지하고 있는 경우도 있다.

안전밸브는 방출량이 비교적 적어 급격한 압력상승이나 폭발압력 방출에는 적당하지 않다. 또한 방출한 유체가 고점이기 때문에 고체의 부착에 의해 밸브 폐쇄될 염려가 있을 때도 사용 불가능하다. 이러한 경우에는 다른 안전장치(예를 들면 파열판)를 이용하던가 또는 병용한다.

이런 제약조건은 있지만 안전밸브는 다른 압력방출 장치와 달리 압력이 강하하면 자동적으로 복원되어 내용물의 방출을 정지하는 이점이 있고, 또한 작동 설정압력의 미세한 조정이 가능하고 정밀도도 높기 때문에 안전장치로서 광범위하게 이용되고 있다.

(2) 파열판

파열판은 압력용기, 회전기계, 배관계, 탱크 및 봄베 등의 밀폐장치가 과잉압력 또는 부압에 의하여 파손하는 것을 방지하기 위한 안전장치이다. 금속박판을 사용하는 경우가 많고 박판 안전밸브라고 불려지는 것도 있다. 그 외에 럽춰디스크(rupture disk)라고 하는 명칭도 일반적이다.

파열판식 안전장치는 파열판과 그것을 지지하는 지지부(holder)라는 홀더로 구성된다. 니켈, 알루미늄, 오스티나이트 스텐레스강, 구리 등이 일반적이고, 내식재로서 은, 치탈, 내고온용에는 인코넬, 모넬 등이 사용된다. 금속 이외에는 수지 가공한 그라파이트판이 실용화되어 있다. 금속판은 평판이 사용되는 경우도 있지만 돔형으로 형성된 것이 신뢰성이 있고 규격화되어 있다.

지지부 형식에는 캡슐형, 플레트시트형, 코니칼시트형, 플러그형 등이 있다. 그 예를 그림 3.10에 나타내었다. 장치가 진공인 경우에는 진공지지대를 사용해서 변형을 막는다.

작동형식에 따라서 돔형식과 반전형식으로 나누어진다. 돔형식은 오목한 부분이 압력을 받아 늘어나서 파열하는 것이고, 반전형식은 볼록한 부분이 압력을 받아 눌러 파열하는 것이다. 통상 돔형이 사용되지만, 이 형식은 인장강도의 한계에서 돔 중앙부를 기점으로 하여 파열해 꽃잎모양으로 열려서 파편이 날아간다.

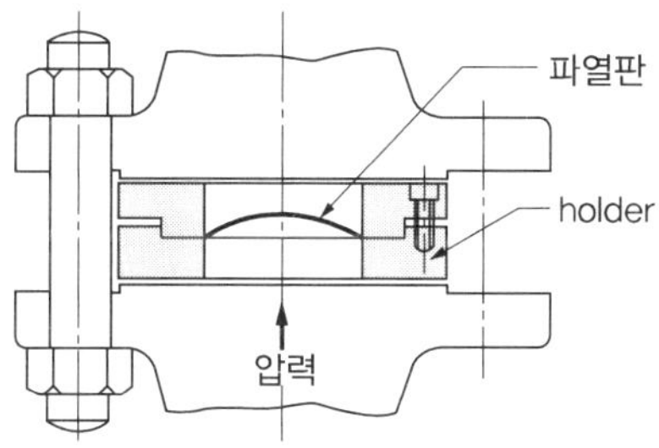

그림 3.10 Dome 형식 파열판 · capsule형 holer

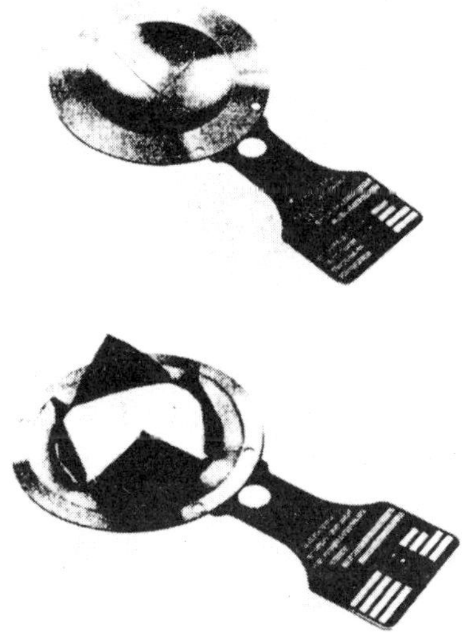

그림 3.11 파열판의 파열전후

(3) 가용합금안전밸브

일반적으로 200℃ 이하의 융점을 갖는 금속을 저융점합금, 이용합금, 가용합금이라고 한다. 그 성질을 이용하여 화재 등으로 온도가 상승했을 때, 금속이 용해하여 저장하고 있는 물질을 방출하는 안전장치를 가용합금 안전밸브라고 부르고 있으며, 고압가스의 용기(봄베)에 사용된다.

폭발에 의한 순간적 고온에는 작동하지 않아서 폭발의 방출에는 적당하지 않다. 가용합금 안전밸브의 구조의 한 예를 그림 3.12에 나타냈다. 이러한 플러그의 중앙 구멍에 가용합금을 넣는 것으로 냉각 고화 때 수축하면 가스누출의 원인이 되므로 수축되지 않는 합금이 필요하며, Bi를 주성분(50% 이상)으로 해서 Sn, Pb, Cd 등을 첨가한 것이 사용되고 있다.

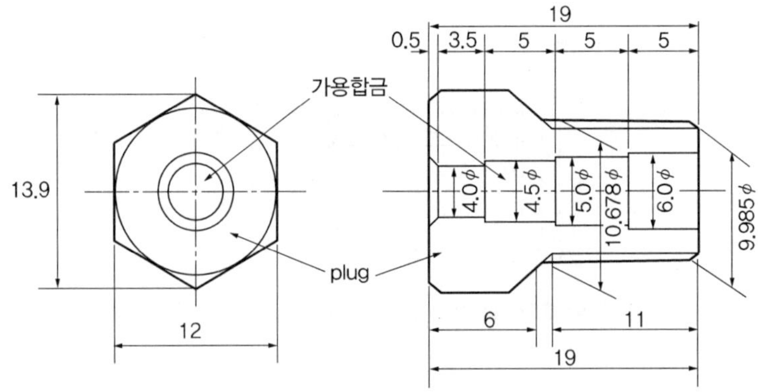

그림 3.12 가용합금안전밸브의 구조(단위:mm)

(4) 폭압방산공

폭압방산공은 건물, 방, 가연성가스나 분체의 저장설비, 건조기 등의 장치와 이런 것에 부속된 닥트류 등의 일부에 고의로 강도가 낮은 부분을 설치하여 내부에서 일어난 폭발압력을 그곳에서 방출하는 것에 의해서 장치 등의 전체적인 파괴를 방지하기 위한 압력방출장치이다. 폭발이 일어나면 처음에는 장치 등의 가장 약한 부분이 파괴되어 개구를 만든다. 이 개구부는 방산공의 역할을 하지만, 본래 방산공으로서 설계돼 있지 않아서 발생압력의 방출이 적절히 되지 않고, 내부압력이 높아져 장치 등의 전체적 파괴에 도달한다. 또한 전체적인 파괴에 도달하지 않는 경우에도 개구부 주변에 대한 방호가 되어있지 않기 때문에 분출 화염이나 비산물에 의한 손상이 따르게 된다.

방산공은 다른 압력 방출장치에 비해서 방출량이 크므로 특히 폭발에 대한 방호에 적당하다. 용이하게 개구가 생기게 하는 구조로 기밀유지에 어려움이 있는 경우가 있다(가압하에서 조업하는 장치 등에는 파열판식 안전장치를 사용하는 것이 보통이다). 구조가 비교적 간단하고, 방호할 장치 등이 고가가 아닌 경우에도 이용할 수 있는 이점이 있다. 개구가 생긴 후의 복원성은 없어서 회분식 장치 등에의 응용이 권장되고, 연속처리 공정에 응용하는 경우는 가연물의 유출을 차단하는 기구를 함께 설치하여야 한다. 고온 분출물, 미연소가스(가연성 또는 독성가스)의 유출, 비산물 등에 대한 주의가 필요한 것은 다른 압력방출 장치와 같다. 폭발음을 일으키는 것은 피할 수 없다. 또한 분출화염에 의한 주변의 가연성물질의 발화, 폭발을 방지하기 위하여 화염방지기를 함께 사용한다.

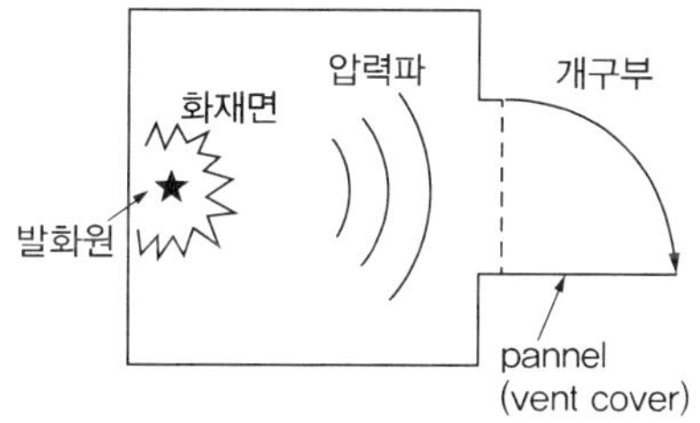

그림 3.13 폭압방산공의 구조

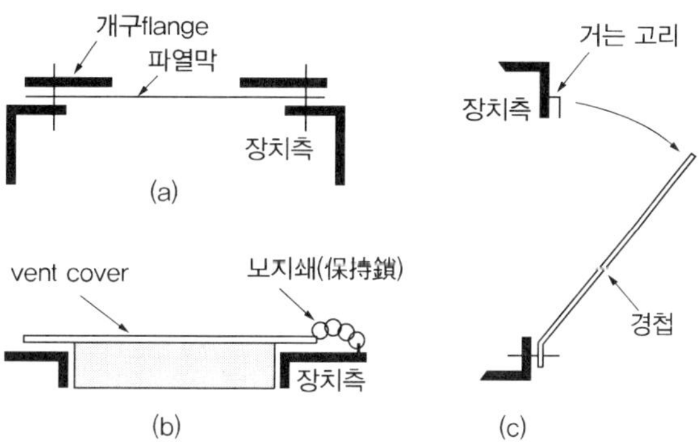

(a) 파열막식 (b) 이탈식 (c) 경첩pannel식

그림 3.14 Vent cover 고정법

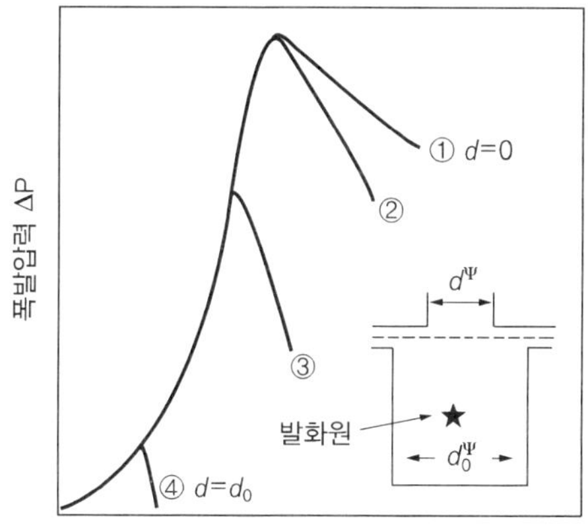

그림 3.15 방산공의 개구부 직경과 최대도달압력

4.5 화염방지기

(1) 화염방지기의 용도 및 종류

폭발성 혼합가스로 가득찬 배관 등의 내부에서 폭발이 일어났을 때 그 이상 화염이 전파하는 것을 막기 위한 안전장치를 화염방지기(flame arrester)라고 한다. 인화방지장치, 역화방지기 등으로도 불려지고 있다.

화염방지기의 설치가 권장되는 예를 열거해 보면 석유류 탱크의 모든 개구부, 가연성 가스 수송라인, 용제회수 닥트, 플레어스택, 건조기 배기 닥트, 가스용접장치 배관 등이 있다. 그 외에 일반적으로 어떤 공간에서 그것에 인접한 공간에서의 화염전파를 방지할 경우에는 화염방지기 설치가 필요하다.

어떤 종류의 폭발성 혼합가스에 있어서 배관 등의 형상, 크기에 의해서 화염은 전파거리와 함께 속도가 증가하고, 그대로 방치한다면 폭굉으로 전이하는 경우가 있다. 폭굉으로 전이하기 전과 후의 화염방지의 난이는 극단적으로 달라서, 전이하기 전(연소파로써 전파하는 화염)과 후(폭굉파)에 대한 안전장치는 구별해서 취급한다. 후자를 폭굉방지기(detonation arrester)라고 불러 구별한다.

1) 화염방지기의 원리

화염방지기의 기능은 이상시에 있어 화염의 저지에 있다. 통상의 조업조건에서 배관속에 있는 내부 기체의 흐름을 방해하지 않아야 한다. 화염전파를 방지하는 원리적인 방법으로써는 수봉(水封)에 의한 방법이나 화염을 검출해서 관로를 차단 혹은 불활성 물질을 살포하는 방법도 있지만, 사용의 용이함, 신뢰성, 응답성, 경제성 등에서 실용상 문제가 있는 경우가 많다. 이에 비하여 화염방지기는 구조가 비교적 단순하다. 따라서 값싸게 제작할 수 있고 취급이나 보수도 쉬워서 이의 활용이 권장되고 있다.

대기에 개방된 관 끝에 있는 혼합가스에 점화했을 때 화염이 전파하지 않는 한계의 관경을 소염직경이라고 하며, 이런 가는 틈을 통과하려고 하는 화염은 세극 벽면과의 접촉에 의해 연소반응을 지속시키기 위해 필요한 열 혹은 활성분자를 빼앗긴다. 만약, 세극이 충분히 작다면 벽면에서의 열이나 분자의 손실속도 쪽이 이의 생성속도를 넘게 되어 결국 화염은 소멸한다. 이것을 세극에서의 소염현상이라 하며, 화염방지기의 기본원리이다.

표 3.20 혼합가스의 연소속도와 소염직경

혼합가스	연소속도(cm/s)	소염직경(mm)
methane －공기	36.6	3.7
propane －공기	45.7	2.7
butane －공기	39.6	2.8
hexane －공기	39.6	3.0
ethylene －공기	70.1	1.9
acetylene －공기	176.8	0.79
수 소 －공기	335.3	0.86
propane －산소	396.2	0.38
acetylent －산소	1,127.7	0.13
수 소 －산소	1,188.7	0.30

2) 화염 방지기의 구조

화염방지기는 수 m/s～수 100m/s 속도의 화염을 대상으로 한다. 그 기본 구조는 그림 3.16에 나타내었다. (a)는 혼합가스의 압력이 높고 화염속도가 큰 배관계통에 적당하고, (b)는 석유탱크의 통기관 등에 설치하는 형식으로 화염속도가 작고, 압력도 증가하지 않는 경우에 이용한다. 폭발 압력에 의한 소염소자의 파손, 변형을 방지하기 위해서는 보강판을 이용한다. 하우징은 폭발압력에 견딜 수 있는 것이아 하며, 화염빙지기에 의한 압력손실을 막아야 할 때는 하우징 지름을 관경에 비해서 크게 한다. 그림 3.16(b)의 형식에서 금속망을 이용할 때는, 눈의 크기(40 메쉬 정도), 매수, 두께, 설계요소이다.

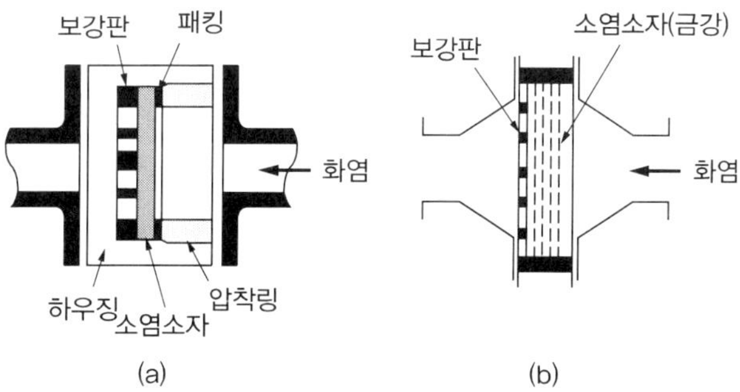

그림 3.16 화염방지기의 기본 구조

4.6 폭발억제장치

(1) 폭발억제장치 개요

밀폐장치 내에서의 폭발압력은 연소한 혼합가스의 량에 비례하고, 만약 폭발이 일어나도 장치전체에 화염이 확산되지 않고 소멸된다면 장치 등에 가해지는 압력을 낮게 억제하는 것이 가능하다. 즉, 초기의 화재라면 휴대용 소화기로 소화해서 연소를 막는 것이 가능한 것처럼, 밀폐장치 내의 폭발에 대해서도 폭발의 발생을 조기에 검출하여 연소억제제를 산포하는 것에 의해 화염을 소멸시키고 폭발의 성장을 정지시키는 것이 가능하다. 이렇게 해서 적극적으로 폭발을 억제하는 것을 목적으로 한 자동적 시스템을 폭발억제장치라고 부른다. 억제장치의 특징은 방호해야 할 장치의 내부에서 폭발을 억제, 종료시키는 것으로, 폭압방산공의 경우에는 보이는 화염이나 미연소물질의 분출, 폭발음의 발생이 없기 때문에 외부에 대하여 이러한 영향을 주지 않아야 될 경우에 알맞은 방호방법이다. 또한 분체처리장치의 닥트계통처럼 화염방지기를 이용할 수 없는 경우에 적절한 방법이다.

(2) 특성

그림 3.17은 대기압에서 조업하는 밀폐장치내에서의 폭발과 그것을 억제했을 때의 압력변화의 모델이다. 시간 $t=0$는 폭발의 개시(발화)를, t_0는 폭발발생의 검출, t_1은 억제제의 살포개시, t_2는 억제제와 화염면의 접촉(억제개시), t_3는 억제제의 살포종료의 시간을 나타낸다. 억제제의 살포속도가 화염속도에 비하여 충분히 크다면 $t_2=t_1$로 간주하는 것이 가능하지만, 살포속도가 느리고 혹은 억제제 분출구와 화염면과의 거리가 멀 때는 억제제 살포 후도 압력의(시간 t_2까지) 상승이 계속된다. t_0 및 t_1에는 억제장치의 구성부품의 특성에 따라서 그것 이상 단축 할 수 없는 한계가 있다. t_2는 억제제 분출구를 발화원에 접근시켜 분출(분포)속도를 증가하는 등의 방법에 의해 t_1에 가까워지게 하는 것이 가능하지만, 보통 필요하다면 억제제를 수개소에서 동시에 분출시키면 좋다. 그림 3.17에서 밝혀진 것처럼 폭발압력 ΔP_2를 낮게 억제하기 위해서는 최종적으로는 t_2를 짧게 하는 것이 필요하다.

한편, 장치내의 폭발압력이 어떤 값에 도달하기까지의 시간은 장치내용적의 1/3 승에 비례하는 것으로, 작은 용기 중에서의 실험으로 구한 폭발압력의 파형에서 실제 장치내에서의 폭발압력과 시간의 관계를 예측하는 것이 가능하다. 이 결과, 최대도달 압력을 어떤 값(ΔP_m)으로 억제하기 위해서는 발화 후 어떤 시간(t_m)에 억제제를 살포해야 하는 가를 알 수 있다. 억제장치의 작동까지의 허용된 이 시간 t_m이 억제장치의 특성에 의해서 정해진 응답시간(그림 3.17의 t_2에 상당한다) 보다 짧은 경우에는 억제 장치를 사용하여도 전혀 무의

미하다. 단, ΔP_m은 장치의 내압에 안전율을 곱한 허용 최대압력이므로 장치의 내압이 크면 t_m을 길게 하는 것이 허용된다.

즉, 이 방법으로 구한 t_m은 작은 소용기 중에서의 실험을 기초로 한 추정치이므로 이 값 자체를 억제 장치의 응답시간과 비교하는 것은 바람직하지 않다.

폭발의 검출이나 억제제 살포의 방법에서도 서로 영향을 받지만 폭발압력이 장치의 허용 압력에 도달할 때까지의 시간이 40 ms 정도 이하인 폭발에 대해서는 제어장치에 의한 방호는 무리라고 생각 된다.

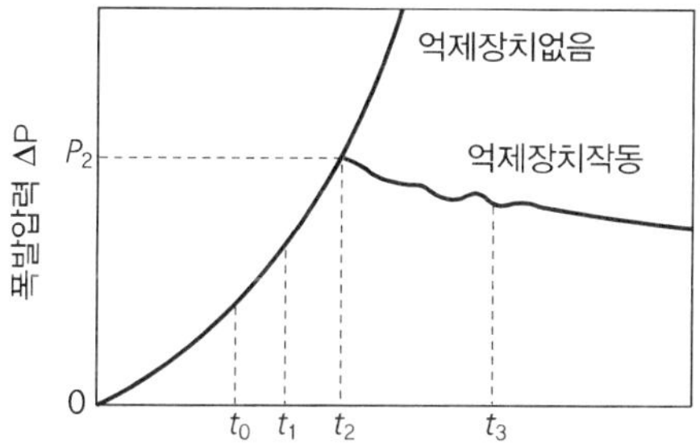

그림 3.17 억제장치의 원리와 응답성

(3) 구성

1) 폭발검출 기구

폭발검출 기구에는 빠른 응답성과 정확한 작동이 요구된다. 즉, 통상의 조업상태에서 온도나 압력 등 제인자의 변동, 진동 등의 외력, 프로세스 물질의 부착에 의한 기능열화 등의 영향을 받지 않고 설정된 조건에 도달했을 때에 설계대로 빠르게 작동해야 한다.

가장 많이 사용되는 폭발검출기는 압력스위치이지만, 폭발초기의 압력상승을 검출하는 것은 고감도로 응답성이 좋은 것이 필요하며 보통은 금속 다이아프램과 마이크로 스위치를 이용한다. 검출압력의 설정치는 통상의 조업조건 하에서의 장치의 내압 변동 범위를 고려해서 결정하지만 압력변동이 큰 장치에서는 압력에 의한 폭발의 검출은 무리이다. 압력을 검출하지 않고 압력상승 속도를 검출하는 검출기도 알려져 있다.

다른 검출방법으로써는 포토셀 등의 수광소자를 이용해서 폭발시의 발광을 검출하는 방법이 있다. 기계적 작동을 포함하지 않아 응답성은 좋지만 분체처리 장치에서는 빛의 투과가 방해되므로 적당치 않다. 또한, 회로구성이 복잡하게 되는 등의 이유로 응용 예는 많지 않다.

2) 억제제와 그 살포기구

폭발 검출기로부터의 신호를 받아서 억제제를 고속으로 살포하는 기구는 억제장치의 주요 부분이고 원리적으로는 2종류의 방법이 실용화되어 있다. 하나는, 강도가 작은 용기내에 억제제를 가득 채우고 이 가운데에서 전기뇌관을 기폭시켜, 이 폭발압력에 의해 용기벽의 파괴와 동시에 억제제를 분출시키는 방법이고, 다른 하나는 약한 부분(파열판)을 설치한 용기내에 억제제를 질소 등에 가압 충전 시켜 놓고, 용기내에서 전기뇌관을 기폭시켜 파열판을 파괴하여 그 개구부에서 가압용 가스의 압력에 의해서 억제제를 분출시키는 방법이다.

억제제로써는 연소반응에 대해서 부촉매효과를 가진 물질이 유효하며, 취급이 쉽고, 작동 후의 처리가 쉬운 할로겐화탄화수소가 많이 이용된다.

3) 제어기구

폭발발생의 신호를 받아서 뇌관을 기폭시키는 기능이 주체이지만 발생이 예측되지 않는 폭발에 대비하기 위해 뇌관 회로를 포함한 전기회로의 이상을 감시하는 기능 및 예비전원을 보유해야 한다. 이외에, 억제장치의 작동에 따르는 경보나 다른 방호시스템의 구동을 위해 외부접점을 만든 것이 많다.

(4) 억제장치의 설치

억제장치의 시스템 구성이나 각각의 구성요소의 작동특성은 임의로 선택할 수 없지만, 조업시의 장치 내압이나 온도가 폭발특성이나 억제장치의 작동에 파급되는 영향을 고려하여 가능한 한 정확하고 또한 고속으로 응답할 수 있는 설계를 해야 한다.

억제장치의 설계 예는 현재 분체처리 장치에서 압도적으로 많으며, 원심분리기나 건조기내에서의 폭발억제, 닥트내의 화염전파 방지 등의 응용 예가 보고되어 있다.

Chapter 5

중대산업사고와 공정안전관리제도

5.1 중대산업사고

국제노동기구(ILO)는 "중대사고(major accident)"는 하나 또는 그 이상의 위험물질을 포함하는 중요 위험 설비의 산업활동 중 발생하는 누출 및 화재 또는 폭발과 같은 갑작스런 사고로서 단기간 또는 장기간에 근로자, 대중 또는 환경에 심각한 위험을 야기시키는 사고를 의미한다고 정의하고 있다. 우리나라의 중대산업사고에 대한 정의는 대통령령으로 정하는 유해・위험설비를 보유한 사업장의 설비로부터 위험물질의 누출・화재・폭발 등으로 인하여 사업장내의 근로자에게 즉시 피해를 줄 수 있는 사고로,

- 근로자가 사망하거나 부상을 입을 수 있는 유해・위험설비에서의 누출・화재・폭발 사고
- 인근 지역의 주민이 인적 피해를 입을 수 있는 유해・위험설비에서의 누출・화재・폭발 사고이다.

5.2 공정안전관리제도(PSM)

(1) PSM제도 개요

공정안전관리제도(Process Safety Management System, PSMs)는 석유화학공장 등 중대

산업사고를 야기할 가능성이 큰 유해 · 위험설비를 보유한 사업장으로 하여금 공정안전자료, 공정위험성평가, 안전운전계획 및 비상조치계획 수립 등에 관한 사항을 작성케 하고 이를 심사하고 현장을 확인하여 중대산업사고를 예방하고자 하는 제도이다.

(2) PSM제도의 도입 배경

화학공장은 설비와 설비가 배관으로 연결되어 운전되고, 운전 중에는 설비의 내부를 볼 수 없으며, 부품 하나에 결함이 생기더라도 치명적인 사고로 이어질 수 있지만, 종래의 개별 기기를 점검하는 방법으로는 화학공장의 안전을 확보할 수 없기 때문에 공정안전관리(PSM) 제도 도입 필요성 대두 되었다.

- 위험물질 누출 · 화재 · 폭발과 같은 중대산업사고가 발생할 경우 공장내 근로자뿐만 아니라 공장 인근의 주민 · 환경에도 막대한 영향을 미침.
- 정유 및 석유화학공장 등 복잡한 장치산업을 대상으로 체계적인 기술자료의 확보, 공정위험성평가, 안전운전계획 및 비상조치계획 수립 등 종합적이고 과학적인 중대산업사고 예방활동을 추진하도록 하는 제도

(3) PSM의 대상

다음과 같은 7개 업종과 51개 유해위험물질을 규정수량 이상 취급하는 사업장이 공정안전관리의 대상이다.

- 원유정제 처리업
- 기타 석유정제물 재처리업
- 석유화학계 기초화학물, 또는 합성수지 및 기타 플라스틱물질 제조업
- 질소, 인산 및 칼리질 비료
- 복합비료 제조업(단순혼합 또는 배합에 의한 경우는 제외)
- 농약제조업(원제제조)
- 화약 및 불꽃제품 제조업

▸ 51개 유해 · 위험 물질

- 상기 업종 이외의 사업장으로서 유해·위험물질을 하루동안 최대로 규정수량 이상 제조 · 취급 · 사용 · 저장하는 설비 및 당해 설비의 운영에 관련한 일체의 공정설비

(4) PSM의 구성요소

PSM(공정안전보고서)의 내용은 아래와 같이 공정안전자료, 공정위험성평가, 안전운전계

획, 비상조치계획 등으로 크게 구분되며, 그 세부 내용은 다음과 같다.

① 공정안전자료

가. 취급·저장하고 있거나 취급·저장하려는 유해·위험물질의 종류 및 수량

나. 유해·위험물질에 대한 물질안전보건자료

다. 유해·위험설비의 목록 및 사양

라. 유해·위험설비의 운전방법을 알 수 있는 공정도면

마. 각종 건물·설비의 배치도

바. 폭발위험장소 구분도 및 전기단선도

사. 위험설비의 안전설계·제작 및 설치 관련 지침서

② 공정위험성 평가서 및 잠재위험에 대한 사고예방·피해 최소화 대책

- 공정위험성 평가서는 공정의 특성 등을 고려하여 다음 각 목의 위험성평가 기법 중 한 가지 이상을 선성하여 위험성평가를 한 후 그 결과에 따라 작성하여야 하며,
- 사고예방·피해최소화 대책의 작성은 위험성평가 결과 잠재위험이 있다고 인정되는 경우만 해당한다.

가. 체크리스트(Check List)

나. 상대위험순위 결정(Dow and Mond Indices)

다. 작업자 실수 분석(HEA)

라. 사고 예상 질문 분석(What-if)

마. 위험과 운전 분석(HAZOP)

바. 이상위험도 분석(FMECA)

사. 결함 수 분석(FTA)

아. 사건 수 분석(ETA)

자. 원인결과 분석(CCA)

차. 가목부터 자목까지의 규정과 같은 수준 이상의 기술적 평가기법

③ 안전운전계획

가. 안전운전지침서

나. 설비점검·검사 및 보수계획, 유지계획 및 지침서

다. 안전작업허가

라. 도급업체 안전관리계획

마. 근로자 등 교육계획

바. 가동 전 점검지침

사. 변경요소 관리계획

아. 자체감사 및 사고조사계획
자. 그 밖에 안전운전에 필요한 사항

④ 비상조치계획
가. 비상조치를 위한 장비 · 인력보유현황
나. 사고발생 시 각 부서 · 관련 기관과의 비상연락체계
다. 사고발생 시 비상조치를 위한 조직의 임무 및 수행 절차
라. 비상조치계획에 따른 교육계획
마. 주민홍보계획
바. 그 밖에 비상조치 관련 사항

(5) PSM 운영절차

PSM사업의 추진 절차는 다음과 같다.

1 단계 : 공정안전보고서 작성 · 제출
2 단계 : 공정안전보고서 심사
3 단계 : 공정안전보고서 확인
4 단계 : 공정안전보고서 이행수준평가
5 단계 : 공정안전보고서 재제출

5.3 외국의 PSM제도

- 경제협력개발기구(OECD), 국제노동기구(ILO), 유럽연합(EU), 유엔환경개발계획(UNEP) 등의 국제기구는 공정안전보고서 심사 등을 국가의 책무로 규정하고 있다. 예를 들어 국제노동기구는 1993년6월 제80차 총회에서 중대산업사고예방 협약(제174호)을 제정하여 공정안전보고서를 제출 · 심사 · 확인토록 규정하였다.
- 한편, 주요 선진국인 미국과 영국 등에서도 PSM제도를 시행하고 있다. 미국은 1992년 2월 공정안전관리제도를 연방법(OSHA, 29 CFR 1910.119)에 도입하여 시행하고 있으며 5년마다 위험성을 평가 보완 · 재평가하고 있다. 이와 함께 미국에서는 화학사고예방을 위하여 공기청정법(Clean Air Act)의 위험관리계획(Risk Management Plan, RMP)에 의하여 5년마다 보완 · 재제출하여 환경보호청(EPA)에 의해 이행되도록 제도화되어 있다.

영국은 1982년 6월 제정한 중대산업사고예방 법령(CIMAH Regulation)에 의해 5년마다 보완・제출・심사하고 있으며, 1999년 4월 CIMAH(The Control of Industrial Major Accident Hazards)법을 강화한 COMAH(The Control of Major Accident Hazards)법으로 전환하여 공정안전보고서의 주기적인 심사 및 확인을 시행하고 있다. 그리고 독일도 1980년 7월 연방누출방지법(BimschG)의 중대산업사고 법령에 의해 주기적으로 공정안전보고서를 보완・제출・심사하고 있다. 우리나라는 1996년부터 PSM제도를 도입하여 시행하고 있다.

Chapter 6

작업환경관리

6.1 작업환경공학

(1) 작업환경

직업병을 일으키는 요인으로서는 작업환경, 작업방법, 작업시간 및 사회적, 경제적 환경 등이 있다. 작업환경은 물리적, 화학적 및 생물학적 환경으로 나눌 수 있다. 즉, 물리적 환경에는 온열, 소음, 진동, 유해광선, 전리방사선, 이상기압 등이 포함되고, 화학적 환경에는 가스, 증기, 분진 등 화학물질로 부터 만들어진 것이 포함된다.

작업환경에 존재하는 유해요인에 의해서 일어나는 건강장해의 발생은 다음 조건들에 의해서 좌우된다. 즉 유해인자의 유해성의 강약, 유해물질의 형태 및 그 인체내에 침입경로, 폭로의 정도, 노동의 강도, 개인의 감수성, 성별 등에 의해서 영향을 받는다.

동일 물질에 있어서도 작업환경 중에 존재하는 형태에 따라 인체로의 흡수정도가 다르며, 따라서 유해성도 변한다. 납을 예로 들면, 주괴(鑄塊)형태로 있을 때는 유해하지 않지만, 가열된 공기 중에 납증기 또는 산화납으로 존재하고 있을 때는 인체에 흡수 되어 유해하게 된다. 또한 온도가 높으면 그 만큼 증기압도 높게 되고 유해도도 높게 된다. 즉, 그 물질의 상태를 변화시키는 온도등 물리적 조건에 의해서도 유해성은 크게 좌우된다.

(2) 유해물질의 체내 침입

유해물질은 매우 종류도 많고 그 독성도 다르지만 이런 유해물질의 체내 침입에는 일반적인 원칙에 있다. 작업장에서 유해물질이 근로자의 체내에 침입하는 기회로 가장 많은 것은 호흡과 함께 기도를 통해 폐에 들어가는 호흡기침입이고, 다음으로 많은 것은 피부를 통해서 침입하는 피부침입이며, 입에서 소화기로 통하는 소화기침입은 앞의 두 경우에 비하여 그 기회가 적다.

호흡기 침입에는 공기중의 유해물질 존재 상태가 영향을 준다. 작업환경중의 유해물질은 가스, 증기, 미스트, 분진, 흄, 연기 등의 상태로 존재한다.

1) 미립자 물질

① 분진(dust)은 연마, 파쇄, 폭발 등에 의해서 암석, 석탄, 목재, 곡물 및 유기・무기물질이 마멸하는 것에 의해 생기는 고형미립자로 중력에 따라 침강하는 침강성 분진과 공기중에 떠서 부유하는 부유분진이 있다.

② 흄(fume)은 증기의 형성과정과 같이 용융금속이 가스상태에서 응축할 때 생기는 고형미립자이다. 화학변화로는 산화반응으로 생각할 수 있다. 응집 및 융합은 쇄상 또는 괘상으로 되기 쉽다. 입경은 1 μm 이하이다(예, 납 등의 금속증기).

③ 미스트(mist)는 분무화, 포말화, 비말화에 의해서 가스 상태에서 액상 응축된 분산액적을 말한다(예, 기름미스트, 크롬산미스트, 분무도료).

④ 안개(fog)는 입경이 미스트 보다 큰것으로 10 μm 이상의 응축액상 입자이다.

⑤ 가스(gas)는 밀폐공간에 충만한 무형유체로 기압, 온도의 변화에 따라 액상 내지 고상으로 변화하는 것이다. 또한, 에어로졸(aerosol)은 가스상 매체 중에서 미립자가 분산한 것을 말한다.

⑥ 연기(smoke)는 연소에 의해서 나온 가스상 물질이지만, 미립의 탄화물 이 존재하여 가시성을 가진 것이다.

⑦ 증기(vapor)는 통상 액상 또는 고상으로 된 물질의 가스상태의 경우를 말한다. 가압, 온도 저하에 의해서 재차 전의 상태로 변화한다.

2) 미립자 물질의 침입

코 또는 입으로 흡입된 공기는 기관, 기관지, 세기관지, 종말기관지 등을 지나서 가스교환의 장소인 폐포에 도달한다. 섬모는 그 표면이 점액으로 싸여져 있고 그 점액은 기도내의 높은 습도를 유지하고 동시에 폐내에 침입한 미립자 물질의 배출 작용을 한다. 점액층은 막상으로 섬모위에 놓여 있고, 섬모의 움직임에 의해 윗쪽으로 보내지는 에스컬레이터와 비슷하다. 이 점액층은 점착성이 풍부하므로 기도내에 침착한 입자는 그 움직임에 의해 윗쪽으로 보내져 기관을 통해서 일부는 가래로 배출 시키고 대부분은 식도로 보내져 소화기관으로 들어간다.

흡입된 입자물질 중 어느 정도의 것이 기도에 침착하고, 얼마만큼이 폐포에 침착하는가가 문제가 된다. 입자의 기도내 침착을 일으키는 물리적 인자는 관성에 의한 충돌, 침강, 브라운운동에 의한 확산이다. 일반적으로 흡입된 입자의 폐포내 침착율은 1~2 μm 정도의 입자가 많고, 입자의 크기가 이것보다 크거나 작은 것은 침착율이 낮아지지만 0.4 μm 보다 작아지면 침착율은 다시 상승한다. 약 5 μm 이하의 입자를 호흡성분진이라 한다. 작업환경에 있어서 공기중의 유해한 입자물질의 농도를 측정하는 경우 진폐를 일으키는 입자를 대상으로 할 때는 호흡성분진에 대해서 측정하고, 중독을 일으키는 입자를 대상으로 할 때는 입자의 크기에 관계없이 모든 입자를 측정한다.

입자의 유해성에 관한 작용인자는 그 외에 호흡의 속도, 깊이, 작업량은 고려해야 한다. 천천히 쉬는 깊은 호흡은 폐내 침착을 촉진한다. 격렬한 작업은 호흡의 형태를 바꾸는 것과 함께 순환혈액량을 증가시켜, 독물의 운반을 빠르게 한다. 또한 주변온도도 작용인자에 영향을 준다.

3) 가스 또는 증기의 호흡기 침입

가스 또는 증기의 호흡기 침입에서 중요한 것은 이들의 물에 대한 용해도이다. 용해도가 기도로의 침입거리를 결정한다. 예를 들면, 암모니아, 아황산가스처럼 용해도가 높은 가스는 비강 및 상기도에 포착되어 거의 폐포에 도달하지 않는다. 물에 대한 용해도가 적은 경우 기도에서 포착되지 않고 폐포에 도달하여 장해를 일으킨다. 또한 물에 잘 녹는 중독성 증기의 경우는 비강, 상기도에서 흡수되어 전신성 중독을 일으킨다. 불용성의 오존, 이황화탄소 등은 폐의 심부까지 들어간다. 가스 또는 증기의 혈액에 대한 용해도는 이러한 체내에의 침입 및 포화 속도를 결정하는 중요한 인자이다.

4) 피부 침입

피부는 땀샘 이외로 부터의 수분 증발을 막는 것과 함께, 피부에 접촉하는 많은 유해물질의 체내 침투를 막는다. 그러나 물질에 따라서는 건강한 피부를 통해서도 체내에 침입하는 경우가 있다. 피부침입에는 표피 경유 침입과 부속물 경유침입이 있다.

표피경유 침입을 방지하는 것은 각질층이다. 이 각질층을 통과하면 큰 저항 없이 진피에 도달해 혈관으로 들어간다. 표피경유 침입에서 가장 유해한 물질은 지방질에 가용성이며 동시에 물에 어느 정도 용해되는 물질이다. 부속물 경유 침입은 털이 있는 곳 및 지선 등의 비교적 통과하기 쉬운 세포를 통해서 진피에 도달하는 것이다.

땀샘을 통한 침입은 그다지 중요한 것이 아니라고 생각되고 있다. 피부가 손상을 받으면 유해물질은 대단히 신속하게 대량으로 침입한다.

유해물질이 피부에 닿으면 피부표면에 일차성 자극 반응이 일어나고, 다음으로 유해물질과 조직의 단백질이 경합해서 피부감작을 일으킨다. 한편 유해물질은 지선을 통해 혈류에 들어가고, 전신 증상을 일으킨다.

5) 소화기 침입

작업환경에서 유해물질이 근로자의 체내로 들어가는 침입 경로로써는 입, 소화관 등이 있지만, 이들을 통한 침입은 그다지 중요하지 않다. 그 이유는 손, 음식, 담배 등을 매개로한 섭취의 빈도와 정도가 호흡기침입에 비해 많지 않기 때문이다. 따라서 소화관으로의 침입은 납, 비소와 같이 높은 독성을 가진 경우를 중요시한다.

호흡기로 침입된 일부물질은 기도에서 소화기관으로 삼켜진 후 위의 산, 장의 알칼리 등의 작용 및 아래의 조건에 따라 흡수정도가 결정된다.

(3) 유해인자의 영향

일반적으로 폭로량은 농도(C)×시간(t)으로 나타낸다. 시간이 길면 그 만큼 폭로량은 많아진다. 또한 작업강도가 크면 그만큼 호흡량 혈액순환속도나 발한이 증가하여 유해물질의 침입, 흡수량에 영향을 준다. 앉아서 하는 작업의 경우 매분 호흡량은 3～4 ℓ이지만, 강한 작업이 되면 30～40 ℓ가 된다.

6.2 유해작업환경

(1) 작업환경측정의 목적

작업환경측정은 작업과정에서 발생하는 유해인자에 근로자가 얼마나 노출되는지를 측정·평가하여 그 결과에 따라 작업환경개선 등 적절한 대책을 강구함으로써 근로자의 건강을 보호하기 위해 실시한다.

- 작업환경 측정에 관하여 산업안전보건법의 규정을 보면, 사업주는 유해인자로부터 근로자의 건강을 보호하고 쾌적한 작업환경을 조성하기 위하여 인체에 해로운 작업을 하는 작업장으로서 고용노동부령으로 정하는 작업장에 대하여 고용노동부령으로 정하는 자격을 가진 자로 하여금 작업환경측정을 하도록 한 후,
- 그 결과를 기록·보존하고,

- 고용노동부령으로 정하는 바에 따라 고용노동부장관에게 보고하여야 한다.
- 이 경우 근로자대표가 요구하면 작업환경측정시 근로자대표를 입회시켜야 한다고 명시하고 있다.

(2) 측정대상 사업장

작업환경 측정대상 사업장은 유기화합물, 금속류, 산·알칼리류, 가스류, 분진, 소음 등 작업환경측정대상 유해인자에 노출되는 근로자가 있는 작업장으로 측정대상 유해인자는 표 3.21과 같다.

표 3.21 작업환경 측정대상 유해인자

유해인자의 분류		종류
화학적인자	유기화합물	113종
	금속류	23종
	산 및 알칼리류	17종
	가스상 물질류	15종
	시행령 제30조 규정에 의한 허가대상 유해물질	13종
	금속가공유	1종
물리적인자	8시간 시간가중평균 80 dB 이상의 소음	1종
	안전보건규칙 제7장 규정에 의한 고열	1종
분진	광물성분진, 곡물분진, 면분진, 나무분진, 용접흄, 유리섬유	6종
그밖에 고용노동부장관이 정하여 고시하는 인체에 해로운 유해인자	현재까지 없음	-

- 측정 제외 사업장은 임시작업 및 단시간작업을 하는 작업장, 허용소비량을 초과하지 아니하는 작업장, 분진작업의 적용제외 작업장 그리고 그 밖에 작업환경측정대상 유해인자의 노출수준이 현저히 낮은 경우로서 고용노동부장관이 정하여 고시하는 작업 또는 작업장이다.

(3) 작업환경측정 주기

작업환경의 최초 측정은 작업장 또는 작업공정이 신규로 가동되거나 변경되는 등으로 대상 작업장이 된 날로부터 30일 이내에 작업환경측정을 실시하여야 한다. 그리고 정기적 측정은 최초 측정 이후 6개월에 1회 이상 정기적으로 측정하되, 측정결과에 따라 주기를 3개월에 1회로 단축하거나 1년에 1회로 연장할 수 있다. 측정주기 단축은 3개월에 1회 이상 화학적 인자가 노출기준을 2배 이상 초과하거나 특별관리물질 또는 허가대상 유해물질이 노출기준을 초과한 경우 초과한 공정의 해당 유해인자에 한하여 3개월 이내에 측정하여야 한다.

한편, 측정주기 연장은 1년에 1회 1이상 최근 1년간 그 작업공정에서 공정 설비의 변경, 작업방법의 변경, 설비의 이전, 사용 화학물질의 변경 등으로 작업환경측정결과에 영향을 주는 변화가 없고 작업공정 내 소음의 작업환경측정 결과가 최근 2회 연속 85 dB 미만인 경우, 작업공정 내 소음 외의 다른 모든 유해인자의 작업환경측정 결과가 최근 2회 연속 노출기준 미만인 경우이다. 단, 특별관리물질, 허가대상유해물질 취급공정은 제외한다.

(4) 작업환경측정 자격

작업환경을 측정하는 사람은 다음과 같은 자격을 갖추어야 한다.

① 자체 측정의 경우는 사업장에 소속된 사람으로서 산업위생관리산업기사 이상의 자격을 가진 사람이 해당 사업장에 대하여 측정한다.

② 위탁 측정의 경우는 위탁측정 대행기관이 인력・시설 및 장비기준을 갖추고 지방고용노동관서장의 지정에 따라 측정대상 사업장의 위탁을 받아 측정을 대행할 수 있다.

(5) 작업환경측정 실시 후 조치사항

① 작업환경 측정 후 측정결과의 보고는 사업주가 작업환경측정 시료채취를 마친 날부터 30일 이내에 관할 지방고용노동관서에 측정결과를 보고하여야 한다.

② 측정결과에 따른 작업환경개선 등 조치

작업환경측정 결과 노출기준을 초과한 경우, 시설・설비의 개선 등 적절한 조치를 하고 시료채취를 마친 날로부터 60일 이내에 개선을 증명할 수 있는 서류 또는 개선계획을 지방고용노동관서에 제출하여야 한다.

(6) 근로자의 알권리 보장

사업주는 근로자의 알권리를 보장하기 위하여 다음과 같은 조치를 취하여야 한다.

- 사업주는 작업환경측정을 실시한 경우 근로자대표가 요구하면 입회시켜야 함
- 사업주는 작업환경측정 결과를 해당 근로자에게 알려야 함
- 사업주는 산업안전보건위원회 또는 근로자대표가 요구하면 측정결과에 대한 설명회를 직접 개최하거나 측정기관으로 하여금 개최토록 하여야 함

6.3 작업환경 측정법

(1) 작업환경 측정순서

작업환경 측정순서는 작업환경측정 전에 예비조사를 실시하고, 작업이 정상적으로 이루어져 작업시간과 유해인자에 대한 근로자의 노출정도를 정확히 평가할 수 있을 때 실시하며, 모든 측정은 개인시료 채취방법으로 실시하되, 개인시료 채취방법이 곤란한 경우 지역시료 채취방법으로 실시하며, 이때는 결과표에 사유를 명기한다.

단위작업장소의 자세한 작업환경측정 순서는 다음과 같다.

① 예비조사 : 측정목적과 측정대상, 측정장소의 실태에 따라 측정계획을 세워야 하므로 실태파악을 위하여 예비조사를 하며, 여기에는 작업의 종류, 작업공정, 설비의 종류, 크기, 원재료의 종류, 취급량, 작업상황의 변화, 환기장치 등의 파악이 포함된다.

② 측정 대상물질, 측정점 및 측정일의 결정 : 물질의 확산, 분포, 취급작업자의 행동범위 등으로부터 측정점, 측정대상 작업자를 결정한다.

③ 측정법의 선택 및 기구준비 : 구해야 할 측정 대상물질의 최소농도에 대한 감도, 공존, 방해물질, 조작의 난이, 사용하는 기구와 장치, 분석에 필요한 시간, 경비를 고려한 적절한 포집법, 분석법을 선택한다.

④ 시료공기 채취량 및 그 소요시간의 산출 : 흡수액량, 추출액량, 정량시의 시료도입량 및 기체의 유속으로부터 산출한다.

⑤ 시료채취 시간의 결정 : 측정은 작업시작 1시간 이후에 측정하도록 한다.

⑥ 시료채취 : 작업자의 호흡높이에서 공기를 흡입한다. 이때 주위환경 및 발생원, 측정의 상황 및 조작조건을 기록한다.

⑦ 시료보존 : 직접농도지시방식의 측정기를 사용하는 경우 이외에는 밀폐 등에 의해 외부기체와의 접촉을 끊고, 필요에 따라 차광, 냉각상태유지 등을 한다.

⑧ 분석, 계산 : 정량시 채취량 또는 환산계수로부터 농도를 산출한다. ppm 또는 mg/m^3, 개/mℓ의 단위로 표시한다.

⑨ 측정 및 조작의 조건, 방법 그리고 개개의 측정치 점검 : 예비조사시와 채취시의 조건의 비교, 조작미스의 점검, 차이가 많이 나는 값의 평가

⑩ 환경의 유해성, 관리상황의 평가 : 이전의 측정치, 동일한 종류의 단위작업장소의 측정치와 비교한다. 또 허용농도, 관리농도 또는 자주적인 관리목표농도와 비교한다.

(2) 개인용 공기 채취기에 의한 시료채취

개인용 공기 채취기 장치는 소형, 경량으로서 동력원에는 전지를 사용하여야 하고 포집부, 펌프, 유량 조절로 구성되어 있다.

포집부는 유기가스에 활성탄관, 무기가스 및 미스트에는 임핀져, 입자상물질에는 필터를 사용할 수 있다. 임핀져는 넘어져도 펌프에 액이 들어가지 않도록 고안되어져 있다.

흡인 펌프에는 장기간에 걸쳐 낮은 유속으로 일정하게 채취할 수 있어야 한다. 유속은 수 mℓ~수 100 mℓ/min이다. 이 때문에 실린더형, 다이어플램형, 팬형의 펌프가 사용되어져 있다. 실린더형은 왕복의 스판이나 속도로 유속을 확실히 제어해서 그 횟수를 세어 총유량을 구할 수 있다.

(3) 시료포집방법

대기 중에 있는 가스상 및 입자상 물질의 시료채취방법은 측정하려고 하는 대상성분의 성상과 측정방법을 고려하여 다음과 같은 방법을 이용한다.

① 직접채취법

직접채취법은 시료를 측정기에 직접 도입하여 분석하는 방법으로 채취관, 분석장치, 흡인펌프로 구성된다. 채취관의 길이는 가능한 짧은 것이 좋으며 장기간 사용시 오염으로 인하여 측정성분에 영향을 미칠 우려가 있으므로 교환하거나 잘 씻어서 사용한다. 분석장치는 측정하려는 가스성분에 따라 사용하며, 흡인 펌프는 사용목적에 맞는 용량의 펌프를 사용한다.

② 용기포집법

시료를 일단 일정한 용기에 포집한 후 분석에 이용하는 방법으로 채취관, 용기 또는 채취관, 유량조절기, 흡입펌프, 용기로 구성되어 있다. 용기는 일반적으로 진공병 또는 공기주머니를 사용한다.

③ 용매포집법

측정대상 가스를 선택적으로 흡수 또는 반응하는 용매에 시료가스를 일정유량으로 통과시켜 포집하는 방법으로 채취관, 여과재, 포집부, 흡입펌프, 유량계(가스미터)로 구성되어 있다. 여과재는 석영 섬유재, 멤브레인 필터, 셀룰로오스, 나일론제 중 적당한 것을 사용하고, 포집부는 주로 흡수병과 세척병으로 구성된다.

④ 고체흡착법

활성탄, 실리카겔과 같은 고체분말표면에 가스가 흡착되는 것을 이용하는 방법으로 채취장치는 흡착관, 흡인펌프, 유량계로 구성되어 있으며, 흡착관에 시료를 포집하여 가스크로마토그래프용 시료관과 같은 분석에 이용할 수 있는 장치에 옮겨서 사용한다.

⑤ 저온응축법

탄화수소와 같은 가스성분을 냉각제로 냉각 응축시켜 공기로부터 분리 포집하는 방법으로 주로 가스크로마토그래프 분석에 이용한다. 시료채취는 탄산가스 및 수분제거관, 냉각농축관, 흡인펌프, 유량계 순으로 연결하여 채취한다.

⑥ 포집여과지에 의한 방법

여과지를 적당한 시약에 담갔다가 건조시키고 시료를 통과시켜 목적하는 가스 성분을 포집하는 방법으로 여과지 홀더, 흡인펌프, 유량계로 구성되어 있다. 이 방법은 주로 플루오르화 화합물, 암모니아, 트리메틸아민 등의 가스를 포집하는데 이용한다.

⑦ 저체척 공기 채취기(low volume air sampler)법

대기 중에 부유하고 있는 입자상 물질을 여과지 위에 포집하는 방법으로, 일반적으로 직경 10 μm 이하의 입자상 물질을 포집하여 질량농도를 구하거나 금속 등의 성분 분석에 이용한다. 장치는 흡인펌프, 분립장치, 여과지 홀더 및 유량 측정부로 구성되어 있다.

⑧ 확산법

공기중에 있는 가스를 샘플링 하는데 동력을 사용하지 않고 가스 자체의 확산에 의해 포집하는 방법이다. 많은 세공이 있는 막을 통하여 내부에 확산된 가스를 고체흡착제나 흡입액에 포집시키는 소형의 기구를 사용할 수 있다.

(4) 검지관법

작업환경중 유해물질의 농도를 측정하는 방법으로 가장 간단한 방법인 검지관법이다. 검지관을 흡인펌프에 연결시키고 펌프를 잡아당기는 것으로 농도를 측정하는 간단한 방법이고, 그럼에도 비교적 정확한 농도를 구할 수 있는 장점이 있다. 그러나 검지관을 사용할 경우 주의해야 할 점이 다음과 같다.

모든 검지관에는 방해가스가 있다. 방해가스에는 측정가스와 다른 변색을 나타난다. 그리고 많은 경우 작업환경에는 유해가스, 증기가 보통 1종류만 있지 않고 여러 가스가 혼재해 있는 경우가 많으므로, 방해가스에 의하여 물질의 농도를 정확히 측정할 수 없는 문제가 발생한다.

6.4 작업환경의 평가

(1) 환경농도와 폭로

일반적인 작업장에서는 한정된 공간 중에 1개 또는 여러 개의 오염 발생원이 있어 유해물질이 발산하는데, 작업자에 대해서 관찰하면 작업시간의 대부분을 특정 발생원의 근처에서 작업하는 사람도 있고, 반대로 작업시간의 대부분을 발산원에서 떨어진 장소에서 작업하는 사람도 있다. 또 이 중에는 발생원에 가깝기도 하고 떨어지기도 하여 불규칙하게 이동하면서 일하는 작업자도 있다. 이와 같은 이유로 같은 작업장 중에서도 일하고 있는 근로자의 개개인에서 보면 1일 작업시간 중 호흡에 의해 체내에 들어오는 유해물질량과 호흡하는 공기 중 유해물질의 농도는 작업자에 따라서 크게 다르다.

작업시간 중의 평균 폭로농도는 개인용 공기 채취기(personal air sampler)라 불리는 기구를 작업자의 신체에 부착시켜 작업시간 중 호흡기 부근의 공기를 연속적으로 채취하여 분석해 포집한 유해물질량을 채취한 공기량으로 나누어서 측정한다. 또 인체내의 폭로량은 평균 폭로농도에 작업시간 중 호흡한 공기량을 곱하여 추정하는 것도 가능하다. 이 방법으로 측정한 폭로농도와 폭로량은 같은 작업을 하는 근로자에서 개인에 따라 작업하는 날에 따라 수배에서 수십배 차이가 있다고 알려져 있다.

(2) 허용농도

미국산업위생사협회(ACGIH)의 허용농도 전문에는 허용농도를 사용하는데 있어서 반드시 알아야 할 것이 다음과 같이 쓰여져 있다. 즉, 허용농도는 작업환경중의 오염물질의 농도로 그 농도에 폭로되면서 일하고 있는 근로자의 대다수가 매일 반복해서 그 상태로 노동을 계속해도 건강 장해를 일으키지 않는 농도이다. 그러나 각 근로자의 유해물질에 대한 감수성이 다르기 때문에 소수이기는 하지만 허용농도 이하의 유해물질에 의하여 불쾌감을 느끼던지 또는 소수이지만 이전에 걸렸던 병이 악화하는 직업병에 걸리는 경우도 있을 수 있다고 쓰여져 있다.

다음으로 허용농도를 3개의 종류로 나누어 서술하고 있다.

1) 시간가중평균농도(TLV-TWA: Threshold Limit Values-Time Weighted verage Concentration)
  - 1일 8시간, 1주 40시간의 정규 노동시간 가중평균농도로써 표시되고, 대다수의 노동자는 그 조건하에서 반복해서 폭로되어도 건장장해는 일어나지 않는다.

2) 단시간 폭로 허용농도(TLV-STEL : Short Time Expose Limit)

- 15분 이하의 단시간동안 계속적으로 폭로되어도 1) 견딜 수 없는 자극을 느끼거나, 2) 생체조직에 만성적 또는 불가역적인 장해를 일으키거나, 3) 마취작용에 의해서 사고를 일으키기 쉽게 되거나, 자제심을 잃어버리거나, 작업능률이 현저히 저하하거나 하는 경우가 없는 최고 농도를 나타낸다. 이 TLV-STEL의 허용된 조건으로써 1일 노동시간내의 평균농도가 TLV-TWA를 넘지 않을 것 및 TLV- TWA를 넘는 고농도 폭로가 1일 4회 이내이고, 고농도 폭로와 다음의 고농도 폭로의 사이에 적어도 60분 간격을 필요로 한다. STEL은 가령 15분 이내라도 절대로 넘으면 안되는 최고 농도로 생각해야 한다.

3) 상한치(TLV-C : Ceiling Value) – 가령 순간적이라도 넘으면 안되는 농도

어떤 농도의 유해물질, 예를 들어 자극성 가스의 경우에는 상한치만을 생각하지만, 다른 유해물질에 대해서는 상술한 3개 종류의 한도 중 1개의 한계라도 넘는 경우에는 잠재적인 위험이 있는 것으로 주목하지 않으면 안된다. 그래서 시간가중평균으로써 허용농도(TLV-TWA)는 건강장해를 예방하기 위한 지표로써 사용되는 것으로 안전한 농도와 위험한 농도간의 명확한 경계선으로 생각하면 안된다.

시간가중평균농도는 1일 중에 TWA에서 도달하지 않는 시간대가 있다면, 같은 정도로 TWA를 넘는 시간대가 있어도 상쇄되어서 허용된다.

① 혼합물의 허용농도

산업현장에서 취급하는 유해물질이 혼합물인 경우, 2종 이상의 유해물질을 연속해서 취급하는 경우, 그리고 다른 작업장에서 유해가스, 증기 등이 유입해 들어오는 경우는 많은 경우 혼합물의 독성은 상가적(相加的)으로 작용하는 것으로 생각되고 있으며, 혼합물의 농도가 허용농도를 넘는가 아닌가는 다음 식에 의해 판단된다. 즉,

$$\frac{C_1}{T_1} + \frac{C_2}{T_2} + \frac{C_3}{T_3} + \ldots + \frac{C_n}{T_n} \quad \cdots\cdots (3.39)$$

$C_1 \cdots C_n$: 각 성분 1,2 ⋯ n의 기준농도

$T_1 \cdots T_n$: 각 성분 1,2 ⋯ n의 허용농도

이것의 합이 1 이상이라면 허용농도를 넘는다.

② 근무시간이 긴 경우의 허용농도

허용농도는 통상의 근무시간(8시간/일)을 전제로 정해진다. 근무시간이 이것을 넘는 경우

는 다음의 계산방법이 제안된다.

$$\text{허용농도 환산계수} = \frac{8}{h} \times \frac{24-h}{16} \quad \cdots\cdots (3.40)$$

h : 근무시간

예를 들면, 허용농도가 50 ppm인 트리클로로에틸렌을 취급하는 작업을 1일 10시간 근무의 형태로 한 경우는

$$\frac{8}{10} \times \frac{24-10}{16} = 0.7$$

따라서 , 이 조건하에서의 허용농도는 50 × 0.7 = 35 ppm이 된다.

③ 허용농도 적용상의 주의사항(ACGIH)

TLV는 산업장의 유해조건을 평가하고 개선하기 위한 지침으로만 사용되어야 하며, 다음 사항에 주의해야 한다.

i) TLV는 대기오염 평가 및 관리에 적용될 수 없다.

ii) 24시간 노출 또는 정상 작업시간을 초과한 노출에 대한 독성 평가에는 적용될 수 없다.

iii) 기존의 질병이나 육체적 조건을 판단하기 위한 척도로 사용될 수 없다.

iv) 작업조건이 미국과 다른 나라에서는 ACGIH-TLV를 그대로 적용할 수 없다.

v) TLV는 안전농도와 위험농도를 정확히 구분하는 경계선이 아니다.

vi) TLV는 독성의 강도를 비교할 수 있는 지표가 아니다.

vii) TLV는 반드시 산업위생전문가에 의하여 적용되어야 한다.

(3) 유해화학물질

1) 유해가스

① 대기의 조성

가스상 물질을 이해하기 위해서는 첫 단계로 대기의 조성과 구조를 이해할 필요가 있다. 대기중의 공기, 즉 우리가 호흡히는 공기는 대체로 부피기준 질소(N_2) 78%, 산소(O_2) 21%, 알곤(Ar) 1%, 이산화탄소(CO_2) 0.03%로 되어 있다.

㉠ 연기(매연, smoke)

석탄, 나무, 담배와 같은 유기물질입자의 불완전연소에서 생기는 미세한 고체입자이며 주로 탄소와 기타 가연성 물질로 되어 있다. 지름은 0.5～1 μm 정도이다.

㉡ 연무(fume)

미세한 고체 입자(아연과 같은 금속산화물 및 납산화물)로서, 고체물질증기의 응축으로 생기는 것이다. 승화, 증류, 용융금속공정에서 생기며 크기는 0.03∼0.3 μm 정도이다.

㉢ 비산재(flyash)

미세한 비가연성 입자로서 석탄연소시 상승하는 가스 중에 들어 있으며 이러한 광물질 또는 금속물질은 석탄의 유기성분이 연소될 때 방출된다. 크기는 1.0∼1,000 μm 정도의 입자로 되어 있으며, 연기와 같이 연소에서 생기고 연무와 같이 무기금속 또는 광물질로 되어 있다.

㉣ 미스트(mist)

액체입자 또는 액적(droplet)으로서 증기의 응축, 액체의 분산, 화학반응의 진행 등으로 생긴다. 지름은 대개 10 μm 이하이며 미스트 농도가 너무 커서 시계가 나빠지면 안개(fog)라 한다.

㉤ 분무(spray)

액체입자로 되어 있는데 살충제나 제초제 등과 같은 모액의 미립화에서 생긴다. 입자크기는 10∼1,000 μm 정도이다.

㉥ 가스상물질(gas)

형태가 없는 유체이고 방출되는 곳의 공간을 완전히 차지하며 공기와 비슷하게 거동하고 침강되지 않는다. 기체상물질은 표준온도 및 압력에서 가스인 물질 뿐 아니라 액체 또는 고체인 물질의 증기도 있다. 일반적으로 기체상 오염물로서는 탄소산화물, 황산화물, 질소산화물, 탄화수소, 옥시던트(oxidant) 등이 있다.

② 입상물질

공기질 매개변수는 크게 두 분류, 즉 입상물질(액상 또는 고상)과 기상물질로 나눈다. 미국기준에 따르면 입상물질은 액상 또는 고상, 분산물질로써 개개의 응집체의 크기가 단일분자(지름 약 0.002 μm)보다는 크고 약 500 μm보다는 작은 것을 말한다. 0.1 μm보다 작은 입자는 침강하지 않으며 금속연무, 시멘트먼지, 비산재(flyash), 카본블랙, 황산미스트 등은 0.01∼100 μm 범위이다. 오염물은 입상물질과 기상물질로 분류된다.

③ 유해 가스의 종류

사업장 및 일반가정에서 많이 발생하는 유해가스는 일산화탄소(CO), 이산화탄소(CO_2)이고, 특히 사업장에 많이 폭로되는 것은 황산화물(SO_X), 암모니아(NH_3), 질소산화물(NO_X), 염화수소(HCl), 광화학 옥시던트이며 광화학 옥시던트로서는 오존(O_3)이 대표적인 물질이다. 또한 각종도금 작업시 폭로되는 시안산(HCN) 등도 유해가스의 일종이라 하겠다.

2) 유기용제

① 유기용제의 독성

유기용제의 일반적인 특성은 상온에서 액체이며 휘발하기 쉽고, 지용성(脂溶性)이라는 것을 들 수 있다. 따라서 흡입될 위험성이 높으며 흡입되면 지방이 많은 장기(중추 신경계나 부신피질 등)와 쉽게 결합하여 그 기능을 방해한다. 또한 피부에 접촉되어도 지방을 녹여서 체내에 흡수되므로 마찬가지로 장해를 일으킨다. 유기용제가 인체에 작용하는 공통된 작용은 피부자극과 마취인데 그 외에도 여러 조직, 장기에 침투해서 다양한 증상을 나타낸다.

② 유기용제 중독예방의 원칙

i) 독성이 강한 것은 될 수 있는 대로 사용하지 않는다.

ii) 밀폐계를 만들어서 용제증기가 작업현장에 누출되지 않도록 한다.

iii) 국소배기, 전체환기에 의해서 환경공기중의 농도를 가능한 한 낮게 유지한다.

iv) 액상용제에 직접 접촉되지 않도록 한다.

v) 보조적 또는 임시적인 의미로서 방독마스크를 사용한다든지, 작업시간단축 등의 조치도 필요하다.

3) 분진

분진이 인체에 접촉 또는 흡입되면 여러 종류의 장해를 일으키게 된다. 납, 망간 등과 중독성 분진은 흡수되어 각각의 중독을 일으키고, 많은 식물성 분진은 흡수되어 천식 등의 알레르기성 반응을 일으킨다. 또한 크롬, 비소 등은 피부, 점막의 장해를 일으키는 동시에 폐암의 원인이 되는 경우도 있는데 대부분의 분진, 혈액이나 체액에 녹기 어려운 분진은 기도나 폐포벽에 침착해서 진폐를 일으킨다. 물론 진폐의 발생은 분진의 물리적・화학적 성상, 분진입자의 크기, 농도, 분진에 노출된 시간, 흡입자의 체질, 감수성 등에 의해 영향을 받는다.

(4) 소음 및 진동

1) 소음

소음이란 있어서 탐탁치 못한 소리이며 감정적으로도 받아들일 수 없는 바람직스럽지 못한 소리로 정의되고 있다. 산업현장의 경우 소음의 발생원은 기계의 충격음이나 마찰음, 폭발음이다. 100 Phon을 넘는 작업장에 짧은 시간동안 이라도 들어가 있으면 심한 귀울림 현상이나 커다란 목소리가 아니면 알아듣기 어려운 일과성 난청상태에 놓이는 경우가 있다. 소리의 차단효과가 높은 귀마개나 이어폰을 하고 있지 않는 한 이 현상은 항상 발생한다.

이와 같은 청력의 저하는 산업장이 소음레벨이 크다든지 고주파 성분을 많이 포함하고 있는 소음일수록 그 정도가 크고 체류시간에도 크게 관계가 된다. 이러한 소음에 반복해서 노출되면 바로 직업성 난청이 나타나게 된다.

① 소음의 허용기준

소음계 A특성으로 측정한 소음레벨이 90 dB(A)인 경우, 8시간 노출의 허용기준에 근사하지만 주파수 분석에 의한 소음측정이 바람직하다. 충격소음의 허용기준은 정상 소음과는 달리 충격소음이 순간 음압레벨과 지속시간의 결합이 필요하다.

② 소음성 난청

소음작업에 오랫동안 종사해 온 자에게 발생하는 영구성 청력손실을 직업성 난청이라고 하고 소음성 난청이라고도 부른다.

㉠ 일시적 청력손실

앞에서도 서술한 바와 같이 강열한 일시적 소음노출에 의해 발생하는 청력손실로서 청력피로라고도 부른다. 여기에서 주의해야 될 점은 나중에 서술할 영구성 청력손실과 일치되는 주파수에 대응해서 청력손실이 생긴다는 사실이다. 즉 초기에 있어서 4,000 ~6,000 Hz의 대역에 일시적 청력손실의 계곡이 생긴다는 것이다. 이것의 축적이 영구성 청력손실로 이어지는 것이라고 보아도 좋다.

표 3.22 소음의 허용기준(충격소음 제외)

1일 노출시간(hr)	소음강도 dB(A)
8	90
4	95
2	100
1	105
1/2	110
1/4	115

표 3.23 충격소음의 허용기준

1일 노출횟수	충격소음의 강도 dB(A)
100	140
1,000	130
10,000	120

㉡ 소음성 난청

이것은 내이의 손상이라는 기질변화를 가리킨다. 감음세포에서 청신경을 통해 중추에 이르는 신경경로에 장해가 나타나며 일반적으로 고음역의 청력손실이 현저해진다. 청력손실의 주파수 대역은 4,000 Hz를 중심으로 3 kHz에서 6 kHz에 걸쳐 계곡형에 청력의 저하가 나타난다. 이와 같은 상황을 C^5-dip이라고 한다. 노출기간이 길어지면 청력손실의 범위는 점차적으로 확대되어 고주파에서 저주파에까지 이르게 된다.

소음대책으로는 환경개선으로 원칙적인 몇 가지의 방법이 있다.

i) 음원으로 부터의 발생음을 적극적으로 억제할 것: 음원대책

ii) 실내에서의 반향을 억제하기 위해 흡음제의 활용을 생각할 것: 흡음대책

iii) 단위면적당의 중량을 크게 한 벽으로 음을 차단할 것: 차음대책

iv) 개인방호 · 귀마개나 귀덮개에 의한 방음

2) 진동

① 전신진동

작업장에서 문제가 되는 전신진동의 영향은 시력의 저하에 관한 것이다. 즉 안구의 공진에 의해 시인력이 저하되고, 작업능률이나 안전에도 관계되는 위험성을 갖게 된다. 안구는 작은 기관으로 그 공진점이 고주파역에 있다. 시인력은 진동 가속도가 커질수록 저하가 크다고 알려져 있다.

또한 이에 덧붙여서 내장의 공진도 고려할 필요가 있다. 생체가 전신진동에 노출되었을 때는 공진이 일어날 것이며, 이 내장공진에서는 위장에 대한 영향이 가장 중요한 문제가 된다.

② 국소진동

국소부분에 가해지는 진동원으로는 손에 쥐고 작업하는 공구류를 들 수 있다. 손에 쥐는 진동공구의 진동은 착암기나 에어햄머 같은 충격성 진동에서 자동식 톱과 같은 정현파적인 진동에 이르기까지 다종의 파형을 포함하고 있으며, 이 국소진동은 전신진동과는 다른 영향을 생체에 미친다. 장해로서 가장 전형적인 것은 직업성 레이노증후군으로 발작성이 있는 간헐적인 수지 동맥의 혈관수축이 일어나게 된다.

(5) 물리적 환경

1) 고열 · 한냉

① 고열

㉠ 열중증

고열에 의한 건강장해는 열중증이 대표적인 것이다. 그러나 열중증은 환경조건으로 부터의 영향에 따라 그 증상에 차이가 생기게 된다. 가장 가벼운 상태의 것으로 많이 발견되는 증상으로는 열쇠약이 있다. 이 밖에도 열경련증, 열허탈증, 열사병 및 울열증과 같은 증상이 있다.

i) 열쇠약 : 고열직장에서 일하는 작업자의 만성적 건강장해라고도 할 수 있다. 증상으로는 전신권태, 식욕부진, 위장장해, 불면, 빈혈 등의 증상을 보이며 점차로 몸이 수척해 간다.

ii) 열경련증 : 가장 전형적인 열중증의 형태로서 탄광 등의 광부들에게 많이 발생한다. 이는 대량의 염분상실을 동반한 발한과다 때문에 발생한다. 이러한 경우에는 자발적으로 재빨리 휴식을 취하고 서늘하고 통풍이 잘되는 장소로 즉시 대피해야 한다.

iii) 열허탈증 : 체온조절 기능 중의 하나인 순환기능의 과다부담으로 인하여 혈액순환의 기능을 충분히 발휘할 수 없게 되어, 그 결과 혈압의 저하가 일어나고 맥박이 빠르며 미약해진다. 전신에 탈력감을 느끼고 현기증, 시야협소, 구토 등이 발생하여 의식불명에 빠지는 수도 있다.

iv) 열사병 및 울열증 : 고열환경 하에서 장시간 작업을 함으로써 체내의 열 생산과 환경으로부터의 열 흡수가 많아져 체온상승이 현저해진다. 그리고 체온상승에 따라 중추신경의 장애가 생기기 때문에 발생하는 증상이다.

② 고열환경에 대한 대책

㉠ 공학적인 대책

열복사의 확산방지, 열원이 갖는 열량을 이용한 대류현상에 의한 환기의 촉진, 건물이 갖는 열효율의 검토, 생산현장에 있어서의 휴게실의 냉방화 등을 배려해서 환경자체가 갖는 열량을 줄여가는 대책이 필요하게 된다.

㉡ 작업조건의 개선

i) 작업밀도의 재고

일련의 연속작업시간과 휴식시간의 배분은 작업자의 생리적인 부담을 회복시키기 위한 중요한 인자가 된다. 작업강도(RMR)를 중등도(RMR 2～4)로 하면 작업시간과 휴식시간의 비를 1 : 1을 기준으로 작업밀도를 설정하는 것이 바람직하다.

ii) 개인 방호

방열구를 몸에 부착하는 것을 생각할 수 있는데, 방열구로는 방열면, 방열작업복 등이 있다.

③ 한랭

㉠ 전신체온강하 : 장시간 한랭폭로와 체열상실에 따라 발생하는 급성중증 장해이다. 육체작업 중에 피로가 겹치면 체열이 방산되기 쉬우며, 피로가 극에 달하면 혈관 수축기구에 대한 과잉 부담으로 급격한 확장이 일어나고 또한 체열상실도 급속하게 이루어져서 전신 냉각상태가 뒤따르게 되는 것이다.

㉡ 동상 : 조직심부의 온도가 10℃에 달하면 조직표면은 동결되어 버린다. 동상이란 이 현상에 의해서 피부, 근육, 혈관, 신경 등이 손상을 입는 상태를 말하며, 이 증상은 정도에 따라 3단계로 분류된다.

㉢ 참호족, 침수족 : 직접 동결상태에 이르지 않더라도 한랭에 계속해서 장기간 폭로되고 동시에 지속적으로 습기나 물에 잠기게 되면 참호족이 발생한다. 이것은 지속적인 국소의 산소결핍 때문이며 더욱 한랭으로 모세혈관벽이 손상되는 것이다. 부종, 작열통, 소양감, 심한 통증이 오며 수포, 치부의 괴사, 궤양이 형성되기도 한다.

④ 한랭 대책

작업환경의 입장에서는 환경개선을 첫째로 들고 있지만 작업조건의 개선이 제일의 개선책이 될 수 있다. 다음으로 한랭작업에 적합한 작업복의 개발도 중요한 과제가 된다.

2) 산소

산소결핍증은 일반적으로 탱크 속이나 빈 탱크 속, 터널속의 공사 등에서 일어나기 쉽다. 산소결핍에 가장 감수성이 높은 곳은 대뇌피질로서 산소공급의 정지가 2분 이상이 되면 활동성은 회복되지 않으며, 중요한 것은 뇌세포에 불가역적인 파괴가 일어난다.

산소결핍이 일어나는 원인으로서는 한편에서는 환기불량, 다른 한편에서는 산소의 흡수, 소모등이 겹쳐서 발생한다. 후자에는 화학적 원인, 물리적 원인 및 생물학적 원인을 들 수 있다.

6.5 작업환경의 개선

(1) 작업환경 개선 기술

작업환경관리의 기본적인 원리는 대치, 격리, 환기이다. 위의 원리 중 어느 한 가지를 효과적으로 적용시켜 소기의 목적을 달성하여야 한다.

① 대치

대치방법에는 물질의 변경, 공정의 변경, 시설의 변경 등이 있으면 이 방법은 환경개선이 근본방법이다. 그러나 대치방법은 기술적으로 쉽지 않다.

㉠ 공정의 변경

㉡ 시설의 변경

㉢ 물질의 변경

② 격리

격리란 뜻은 작업자와 유해인자 사이에 벽이 놓여 있는 상태를 뜻하며 이 장벽은 물체일 수도 있고 거리일 수도 있으며 시간일 수도 있다.

㉠ 저장물질

㉡ 시설

㉢ 공정

㉣ 작업자

③ 환기

환기는 작업자의 호흡기 위치로부터 유해증기를 포착, 배출하기 위하여 또는 쾌적한 온열상태를 유지하기 위하여 사용된다.

1) 국소배기

국소배기를 사용하는데 있어서 두 가지 유의점이 있다. 첫째는 공정이나 시설을 가능한 한 밀폐하여야 한다는 것이며, 둘째는 모든 개구부에 있어서의 기류의 방향은 밀폐된 후드 안쪽으로 흘러야 하며, 그 속도가 충분하여야 한다.

일반적으로 배기만을 생각하고 작업장의 공기 유입은 생각하지 않은 경우가 있는데, 효과적으로 환기를 하려면 배기량과 급기량은 같아야 한다.

2) 전체환기

전체환기는 작업환경의 유해물질을 희석하는데 쓰이기 때문에 희석환기라고도 한다. 주로 고온과 다습을 조절하는데 사용되며, 때로는 분진, 냄새, 유해증기를 희석하는 데에도 이용된다. 그러나 발생원의 대책으로서는 적당치 않다.

6.6 보호구

(1) 보호구의 개념

보호구는 유해물질을 줄이거나 완전히 제거하지 못하는 경우에 이를 착용하여 유해물질이나 유해환경으로부터 인체로의 침입을 막는 한 가지 수단이다.

(2) 호흡용보호구

마스크는 종류에 따라 사용할 수 있는 유해물질의 농도범위와 대상 유해물질이 다르다.

1) 방진마스크

방진마스크는 공기중에 부유하고 있는 입자, 즉 고체인 분진이나 흄, 또는 미스트, 안개와 같은 액체입자의 흡입을 방지하기 위하여 사용되는 것이다. 입자상 물질을 여과제를 통과시켜 걸러줌으로써 공기를 정화하는 장치로, 방진마스크는 충분한 산소가 있는 곳과 유해물질의 농도가 규정 이하의 농도일 때에 사용할 수 있다.

2) 송기마스크와 자급식 호흡기구

산소가 결핍되어 있거나 유해물의 농도가 높을 때는 송기마스크나 자급식 호흡보호구를 사용하여야 한다. 송기마스크는 그 송기법에 따라 압축공기식, 송풍기의 사용, 작업자의 자력 호흡에 의한 것이 있다.

자급식 호흡기구는 산소나 공기를 공급하는 실린더를 직접 착용자가 지니고 다니는 장치이다. 호기에서 나온 공기가 장치내에서 다시 순환하는 폐쇄식과 호기에서 나온 공기를 장치밖으로 배출하는 개방식이 있으며, 폐쇄식이 개방식보다 사용가능 시간이 훨씬 길다.

3) 방독마스크

공기중의 가스나 증기상태의 오염물질을 제거하기 위하여 흡착제 등을 충진한 카트리지를 통과하도록 만든 보호구이다. 흡착제 등은 기체나 증기를 흡착할 수 있는 용량이 정해져 있기 때문에 주기적으로 정화통을 교환하는 것이 매우 중요하다.

방독마스크를 사용할 때에는 지나치게 마스크에 의존하여서는 안된다. 방독마스크는 낮은 농도의 오염물질에 대하여 제한적으로 사용이 가능한 보호구이다. 그 수명이나 성능도 길지 않으며, 공기 중에 산소가 부족하면 사용 할 수 없다.

일반적으로 방독마스크는 안면을 덮는 부분과 유해물질을 흡수, 여과하는 흡수관의 연결

방식에 따라 두 가지로 나누는데 연결관이 있는 격리식과 연결관이 없는 직결식이다. 그리고 얼굴을 덮는 면체도 눈까지 덮게 되어 있는 전면식과 코와 입만 덮는 반면식이 있다.

(3) 차음 보호구

차음보호구에는 귀마개, 귀덮개 등이 있다.

1) 귀마개

귀마개는 외이도에 삽입하여 소음을 차단하는 것으로 귀마개의 장점은 부피가 작아서 휴대하기가 편하고, 안경, 헬멧, 머리털과 상관없이 사용할 수 있으며, 고온작업장에서도 불편없이 사용할 수 있는 것이다.

2) 귀덮개

귀덮개는 귀마개보다 차음효과가 일반적으로 크고 개인차가 작으며, 귀덮개의 크기를 여러 가지로 할 필요가 없으며, 근로자들이 보호구를 착용하고 있는지를 쉽게 확인할 수 있고, 근로자들이 귀마개보다는 쉽게 착용하려고 하는 장점이 있다.

(4) 기타

이 이외의 보호구로 피부를 보호하기 위한 피부보호구, 눈을 보호하기 위한 안보호구 등이 있다. 안보호구는 유해광선을 차광하는 보호구와 이물질이 안구로 들어가는 것을 막아주는 보안경이 있으며, 차광의 경우는 차광도 번호로 광선의 차광율을 조절하도록 한다.

Exercise

방폭공학

1. 가스폭발시 연소속도, 화염속도, 압력파의 상관관계를 설명하시오.

2. 분진의 폭발과정과 분진폭발을 방호하기 위한 각종 시설, 장비에 대하여 그 특징을 설명하고 비교하시오.

3. 분진의 폭발성에 영향을 주는 요소에 대하여 설명하시오.

4. 분진폭발시 분진의 모양이 폭발성에 영향을 주는 근본적 이유를 자세히 설명하시오.

5. Scaling Law(Cube-root scaling)를 정의하고 그 의미를 설명하시오.

6. 메탄과 헥산 혼합물에서 각각의 농도가 3 : 7로 혼합되어 있을 때 혼합물의 완전연소조성농도(C_{st})와 최소산소농도(MOC)를 추정하여 계산하시오.

7. 증기폭발중 과열한계폭발(superheat-limit explosion)의 과정과 이론적 배경을 설명하시오.

8. 확산모델은 누출된 위험성물질이 대기중에서 확산・이동되어 나타나는 농도를 물리·화학적인 이론을 바탕으로 정량적으로 계산하는 것이다. 이때 가스가 누출되어 확산되는 과정을 4단계로 구분하여 설명하시오.

9. 프로판 등의 고압액화가스 탱크에 외부화재가 발생하면 내부의 액화가스는 증기운 폭발을 일으킨다. 이때 발생하는 증기운폭발의 발생 메카니즘을 설명하시오.

10. LPG를 저장하는 탱크에서 누출이 일어나 LPG가 대기 중으로 확산되었다. 이때 LPG의 확산과정에 영향을 미치는 인자들을 설명하시오.

11. 액화가스저장탱크의 주위에서 화재가 일어나 탱크가 과열되었다. 이때 일어날 수 있는 재해상황과 그 과정을 설명하시오.

12. 액체의 과열현상과 과열한계폭발에 대하여 설명하시오.

13. 폭굉이 발생하는 과정과 이때의 거리에 따른 압력의 변화를 설명하시오.

14. 가연성 가스는 불활성가스의 첨가에 의해 폭발한계가 축소된다. 그 원인을 간단히 설명하고, 다음의 가스들을 첨가했을 때 그 효과를 크기 순으로 나열하시오.
CCl_4, Ar, H_2, H_2O, CO_2, Ne

15. 가스폭발과 분진폭발의 현상적인 차이점에 대해 설명하시오.

16. 위험장소의 종류와 각 위험장소에 적용되는 방폭구조를 설명하시오.

17. 폭발의 예방 및 방호의 의미를 구분하여 설명하시오.

18. 폭발위험성을 예지하고 폭발방호 대책을 세우는 방법에 대하여 설명하시오.

19. 아세틸렌의 분해폭발 반응식과 폭발현상 그리고 이의 방지법에 대하여 설명하시오.

20. 화학 플랜트에서 발생될 수 있는 폭발에 의한 피해의 확대방지를 위한 대책을 설명하시오.

21. 액화프로판 일정량이 저장된 저장탱크가 만일 폭발할 경우 일정거리에서의 과압과 복사열에 의해 피해정도는 어떤 과정을 거쳐 예측할 수 있는가 그 과정을 설명하시오.

22. 폭압방산공을 만들 경우 방산공의 크기, 개구부의 위치에 따른 폭발시의 영향에 대하여 설명하시오.

23. 압력방출장치에는 안전밸브, 파열판, 폭압방산공 등이 있다. 이들 각각의 용도, 작동방식 및 특징을 비교 설명하시오.

24. 화염방지기의 용도와 그 원리를 쓰시오

25. 폭발한계에 주는 Burgess-Wheeler의 법칙과 압력의 영향, 그리고 산소의 영향을 각각 설명하시오.

26. 가연성물질이 일정량 저장된 탱크가 폭발할 경우 과압과 복사열에 의한 안전거리를 구하기 위하여 필요한 값과 구하는 방법을 설명하시오.

27. 파라핀계 탄화수소의 폭발한계의 규칙성을 간단히 열거하고 이들이 의미하는 것은 무엇인가 설명하시오.

28. 폭발성 가스 또는 증기가 존재하는 장소에서 사용되는 내압(耐壓)방폭구조와 압력(壓力)방폭구조를 비교 설명하시오.

29. 폭발압력방산공의 원리와 폭발시의 내부 압력변화에 대하여 설명하시오.

30. 폭발이 가져올 수 있는 피해의 종류와 이에 대한 대책을 설명하시오.

31. 아세틸렌을 취급할 경우 발생될 수 있는 폭발현상과 그때의 반응기구(reaction mechanism), 그리고 이 물질 취급시 주의하여야 할 점을 설명하시오.

32. 폭발성을 지닌 화합물이나 혼합물은 특정한 화학적 특징을 가지고 있다. 이들 특징을 네가지로 분류하여 설명하시오.

33. 증기폭발은 액체의 과열에 의하여 일어난다. 액체의 과열현상을 이때의 P-V 그리고 P-T 관계 그림을 이용하여 설명하시오.

34. 폭굉(detonation)에 관해서 설명하고, 가연성 가스의 경우 이 현상이 일어날 수 있는 가능성에 대하여 설명하시오.

35. 화학플랜트에서 발생할 수 있는 폭발현상 중 화학적 반응폭발현상을 설명하고 이에 대하 안전대책을 수립하시오

36. 아세틸렌으로 인한 각종 폭발현상과 화학반응 그리고 취급시 주의사항을 설명하시오.

작업환경공학

1. 작업환경 중 유해물질의 농도를 검지관법을 이용하여 측정하는 경우 그 장단점과 주의할 점에 대하여 설명하시오.

2. 작업환경중 소음 측정시 측정시간 및 횟수에 대한 우리나라기준을 설명하시오.

3. 대치 등 일반적인 작업환경관리의 원칙을 설명하고, 발생원관리를 비롯한 작업환경관리의 세부내용에 대하여 자세히 설명하시오.

4. 고열발생원에 대한 대책을 간단히 설명하시오.

5. 인간의 유해물질에 대한 노출경로와 각 노출경로의 유해물질 침투특성에 대하여 설명하시오.

6. 유해화학물질을 물리적 성상으로 분류하였을 경우 입자상 물질의 종류와 각 특성에 대하여 설명하시오.

7. 작업환경관리방법의 원칙에 대하여 자세히 설명하시오.

8. 작업환경 중 호흡성 미세먼지를 측정하고자 한다. 측정과정과 이때 사용되는 기구, 방법, 그 원리에 대하여 설명하시오.

9. 벤젠이 포함된 혼합유기용제를 사용하는 공정에 대하여 여러분이 작업환경을 측정하고 평가하여야 할 경우, 측정과정, 사용기기, 그리고 평가방법에 대하여 자세히 설명하시오.

10. 고체포집방법과 이 방법에 의하여 포집된 시료의 취급방법에 대하여 설명하시오.

11. ACGIH의 TLV 3종류에 대하여 각각의 약자, 영문, 자세한 의미에 대하여 설명하시오.

12. 작업환경 측정시 예비조사의 주요 목적과 방법은 무엇인가 설명하시오.

Part 4

전기안전

Chapter 1 전기재해와 안전

1.1 개요

문명의 이기(利器)가 재난으로 되는 것은 불행한 일이다. 가정이나 산업체에서 없어서는 안 될 중요한 에너지원인 전기는 발・변전, 송・배전 및 안전에 관한 엄격한 법적 규제 하에 전력회사로부터 공급 받는다. 전기는 산업의 원동력이며 편리성을 주고 있지만 한편으로는 상당한 위험성을 내포하고 있어서 전기재해로 인한 사회적 혼란을 초래할 수도 있다. 전기는 그 위험성을 예측하기가 어렵고 사용상의 부주의나 적당한 제어의 부족으로 인하여 여러 가지 재해가 발생하고 있으며, 감전, 전기화재, 폭발 등으로 인한 인명피해나 전기설비의 손상으로 인한 생산장애 등을 초래한다. 전기로 인한 재해의 원인을 살펴보면, 대부분이 전기 사용자의 미숙과 부주의가 그 원인이었음을 알게 된다. 경제의 꾸준한 성장과 생활수준의 질적 향상 및 주택, 산업시설의 증가에 따라 계속되는 전기수요의 증가를 고려할 때, 전기 재해의 예방을 위해서는 무엇보다도 전기 사용자의 전기에 대한 올바른 이해가 선행과제라고 할 것이다. 현대의 문명에 있어서 전기의 비중은 매우 크다. 가정에도, 공장에도, 그 어디에도 전기는 이미 우리 생활영역의 한 부분으로 깊이 자리잡고 있다. 그럼에도 불구하고 전기현상이 대부분의 사람들에게 보편적으로 이해되지 못하고 있는 것은 아마도 전기현상이 우리가 쉽게 보거나 느낄 수 없는 성질의 것이기 때문이 아닌가 생각된다. 사실상 전기현상의 이해는 어렵고, 전기현상을 충분히 이해하기 위해서는, 우선 '장이론(場理論)'을 바탕으로 한 '전자기학'이라는 전문지식을 요구하는 것도 사실이다. 전기로 인한 재해사고는 점점 증가하는 추세에 있으며 이러한 재해를 분석하거나 조사하는 경우에 그 사고에 관련된 전기적 사항이나 전기의 영향에 관한 기본적인 지식이라도 알고 있어야 하며, 또한 전기시스템 및 시스템 구성요소의 정상적 및 비정상적 기능에 대하여서도 알고 있어야 한다. 사람이나 가축에 대한 전기로부터의 위험성을 제거하고 부하에 양질의 전기를 공급하는 것이 전기안전의 기본이라 생각된다.

1.2 전기에 대한 위험성의 인식

전기는 평상시에 그다지 위험하게 느껴지지 않는 것이다. 왜냐하면 전기는 보이지도 않고 냄새도 없고 소리도 없어 존재에 대한 인식을 하기 어려운 상태로 존재한다. 즉, 전기에너지를 운송하는 전선은 충전상태인지 정전상태인지에 대한 외관상의 변화가 없다. 그러나 이것은 평상시의 경우이다. 조그마한 실수나 사고가 일어나게 되면 전기는 무서운 에너지를 내뿜는다. 외관적으로는 그렇게 보이지 않지만 전선은 굉장한 에너지로 충전되어 있는 것이어서, 일단 회로만 구성되면 막대한 에너지를 열과 빛으로 발산하게 된다. 전기는 원래 상당한 위험성을 가지고 있는 것이다.

전기는 올바르게 사용되면 매우 편리한 에너지원이지만, 사실은 다른 어떤 에너지원보다도 큰 위험성을 가지고 있다. 특히, 외관적으로 위험해 보이지 않는다는 점이 그렇다. 불량한 설비를 사용하거나 보수를 철저히 행하지 않으면 필히 사고가 나게 마련이다. 위험해 보이지 않는다고 해서 무단가공을 하거나 아무렇게나 취급하여서는 사고는 일어날 수밖에 없다. 위험성을 인식하고 사전에 안전에 대한 관심을 가지는 것이 전기재해의 예방을 위한 우선의 과제라고 볼 것이다.

1.3 전기재해의 분류

전기에너지는 동전기(electrodynamics), 정전기(electrostatics), 낙뢰(lightning), 전자파(electromagnetic wave)등과 같이 여러 형태로 존재하고 있다. 이와 같은 여러 형태의 전기에너지가 위험원으로 작용하여 사고가 발생하고, 그 결과로 인해 인명손실이나 재산손해가 일어난다. 이러한 결과를 야기하는 주요한 전기적인 재해는 다음과 같이 분류될 수 있다.

(1) 전격(電擊; 감전)재해

전기나 정전기 또는 낙뢰에 인체가 접촉하는 감전사고로 인하여 인체가 상해를 당한 것으로서, 사망, 실신을 비롯하여 화상, 열상이 이에 포함되며, 충격(shock)으로 인해 2차적으로 발생하는 추락, 전도 등으로 인한 인명상해까지 여기에 포함된다.

(2) 전기화재(電氣火災)

전기에너지가 점화원으로 작용하여 가연성 물질이나 건축물, 시설물 등에 화재가 발생한 것으로, 전기 불꽃이나 전기 설비의 단락, 누전, 소손 등으로 인한 화재와 정전기 방전으로 인한 화재 및 낙뢰로 인한 화재 등이 있다.

(3) 전기폭발(電氣爆發)

전기에너지가 폭발성 가스나 물질에 대해 점화원으로 작용하여 발생하는 폭발과 전기설비 자체의 폭발이 있다. 폭발성 가스나 물질에 대한 폭발은 보통 전기화재와 같은 맥락에서 발생하며 화재를 수반하는 경우가 많지만 화재가 일어나지 않고 폭발에만 그치는 경우도 있다. 전기설비 자체의 폭발은 차단용량 부족으로 인한 차단기의 폭발, 금속도선에 대전류가 흘렀을 때 금속의 급속한 기화에 수반되는 도선 폭발, 기타 전기설비의 절연불량으로 인한 자체폭발 등이 있다.

(4) 전자파 장해(電磁波 障害)

전자파가 가지고 있는 에너지가 주변의 제어기기에 침입하여 설비가 오동작 함으로써 발생하는 것으로, 대전류를 사용하는 전기설비에서 발생하는 전자파로 인하여 용접용 로봇이 오동작을 일으켜서 발생하는 재해 등과 정전기 및 뇌방전시 발생하는 전자파로 인하여 일어나는 재해와 생산 장해 등이 있다.

이상과 같이 전기적인 재해를 종합하여 표 4.1에 나타내었다.

표 4.1 전기재해의 분류

- 전기적인 재해
  - 전기재해
    - 전격재해
      - 감전사고로 인한 사망, 실신 등
      - 아크로 인한 화상, 열상 등
      - 충격(shock)으로 인한 추락, 전도에 의한 상해
    - 화 재
      - 전기설비의 사용상 부주의에 의한 화재
      - 전기설비의 단락, 소손, 누전으로 인한 화재
    - 폭 발
      - 전기불꽃에 의한 화재
      - 전기설비의 단락, 소손, 누전으로 인한 폭발
      - 전기불꽃에 의한 폭발
    - 정전재해 — 정전으로 인한 제반 장해 및 2차 재해
  - 정전기재해
    - 전격재해
      - 반복충격으로 인한 정신 및 피부질환
      - 충격으로 인한 추락, 전도에 의한 상해
    - 화재폭발 — 정전기방전으로 인한 화재 및 폭발
  - 낙뢰재해
    - 전격재해 — 직격뢰로 인한 사망, 실신, 화상
    - 화재폭발 — 직격뢰로 인한 화재, 폭발
    - 파손소손
      - 직격뢰로 인한 전기설비의 파손, 소손, 정전
      - 직격뢰로 인한 건축물, 시설물 등의 파손
      - 유도뢰로 인한 전기전자설비의 소손
  - 전자파장해
    - 오동작재해
      - 대전류 전자파에 의한 설비 오동작으로 인한 재해
      - 유도뢰로 인한 전기설비의 오동작에 의한 재해
      - 정전기 방전 전자파로 인한 제어기기 오동작에 의한 재해
    - 전자파질환 — 유해전자파로 인한 인체의 질환
    - 파손재해 — 정전기 방전 전자파로 인한 전자제품의 파손

Chapter 2 감전과 전격

2.1 개요

전기에 의한 재해 중 가장 빈도가 높은 것은 감전(electric shock)이다. 일반적으로 감전은 인체의 일부 또는 전체에 전류가 흘렀을 때에 인체에 일어나는 생리적 현상으로 근육의 수축, 호흡곤란, 심실세동 등으로 인하여 사망하거나 추락, 전도등 2차적인 재해를 유발하는 현상을 지칭하는 말이다. 이로 말미암아 인체가 받게 되는 충격을 전격(electric shock)이라 하며, 비록 영문으로는 구분이 되지 않지만 감전은 안전사고의 형태로 보아 통상 감전사고라 부르며, 전격은 사고의 결과로 일어나는 현상이기 때문에 전기적인 재해의 일종으로 통칭하는 경우가 많다. 인체에 대한 전격의 영향은 신경과 근육을 자극하여 정신적인 기능을 저해하는 경우(근육수축, 심실세동)와 생체조직의 파괴, 소손 등 구조적 손상을 일으키는 경우(화상, 電紋)로 나눌 수 있다.

이러한 전격의 정도는 통전전류의 크기, 통전경로, 통전시간, 전원의 종류, 주파수 및 파형에 따라 결정된다. 통전전류가 작거나 통전시간이 짧은 경우에는 의식을 잃지는 않지만, 의식이 확실한 경우에도 신체의 움직임이 둔하게 되어 높은 곳에서 작업하던 경우에는 추락하는 경우가 종종 발생하게 된다. 이 경우에는 대부분 추락이라는 2차적인 사고에 의해 재해가 발생하지만, 감전을 1차적인 사고로 보아 감전사고로 인한 재해로 간주한다. 인체를 흐르는 통전전류는 인가선압과 통전경로의 저항에 의해 영향을 받는데, 통전경로의 저항중에서 인체 저항(피부저항, 내부조직저항)을 일정하다고 가정하면 통전전류는 인가전압에 비례한다. 600 V 이하인 저압의 교류에서는 인체가 충전부분에 직접 접촉하여 감전사고가 발생하는 것이 일반적이며, 화상을 동반하는 경우는 드물다. 그러나 600 V가 넘는 고압에서는 인체가 충전부분에 직접 접촉하지 않더라도 어느 한계 이상으로 접근하면 인체와 충전부분 사이에 있는 공기의 절연이 파괴되어 섬락(閃絡, Flash Over)이 일어나는 경우가 있으며 섬락에 따른 아크로 인하여 전기화상을 동반하게 된다. 또 다른 감전사고로 인한 전기재해에는 통전전류의 발열작용에 의한 체온이 상승하여 사망하는 경우도 있다.

2.2 감전의 형태

감전 사고를 일으키는 감전사고의 형태를 종합하여 보면, 대략 다음과 같이 나눌 수 있다.

① 전선 등의 전기 통로에 인체 등이 접촉되어 인체를 통해 지락 전류가 흘러서 감전되는 경우로서, 전기 작업이나 일반 작업 중에 발생하는 대부분의 감전사고가 여기에 속한다.

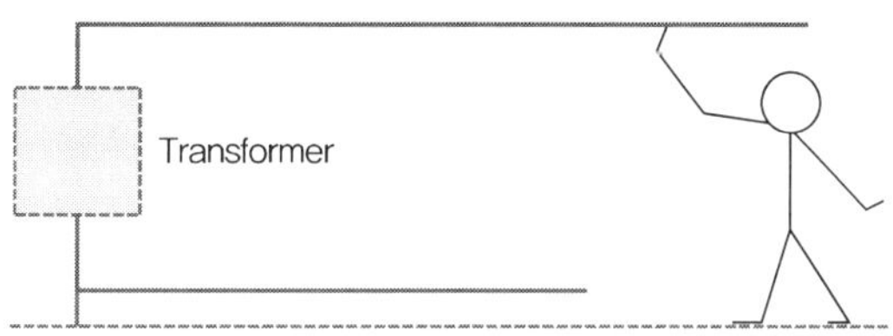

그림 4.1 전기통로에 인체가 직접접촉되는 경우

② 누전 상태에 있는 전기 기기에 인체 등이 접촉되어 인체를 통해 지락 전류가 흘러서 감전되는 경우로서, 절연 불량의 전기 기기 등에 인체가 접촉되어 발생하는 경우가 많고, 또 이러한 불량한 전기 설비가 철구조물 등에 인체가 접촉되어 발생하는 경우도 있다.

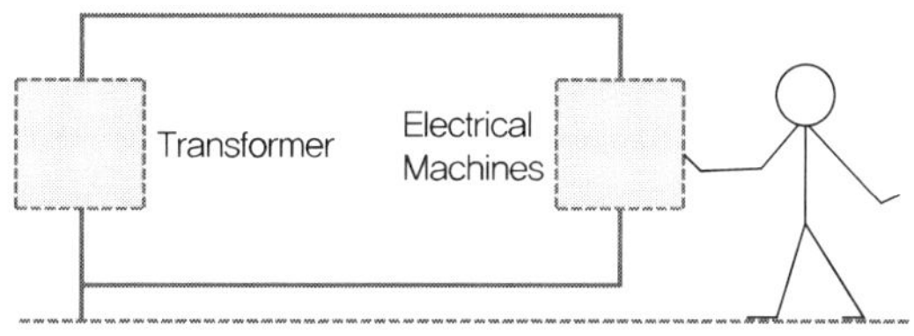

그림 4.2 누전된 전기기기에 인체가 접촉되는 경우

③ 전기 통로에 인체 등이 접촉되어 인체가 단락되거나 혹은 단락 회로의 일부를 구성하여 감전되는 경우, 예를 들면 전압이 걸려 있는 두 전선 사이에 인체가 직접이거나 또는 도전성이 있는 물체를 통하여 접촉된 경우로서, 교류 아크 용접기에 의한 작업중 발생하는 감전사고 등이 있다.

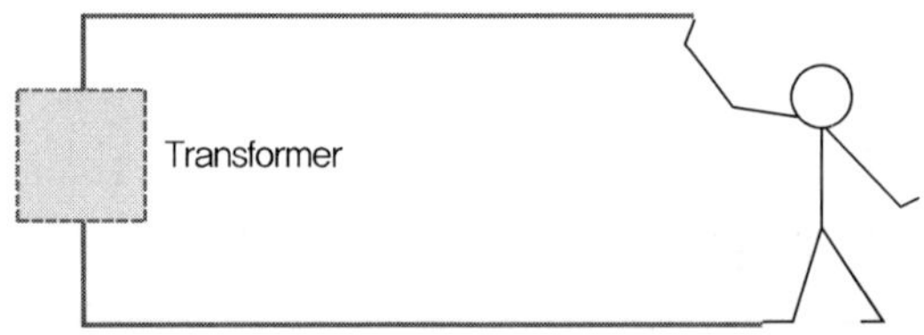

그림 4.3 인체가 단락회로의 일부를 구성하는 경우

④ 고전압의 전선로에 인체 등이 너무 가깝게 접근하여, 공기의 절연 파괴 현상이 일어나서 아크가 발생하여 화상을 입거나 인체에 전류가 흐르게 되는 경우

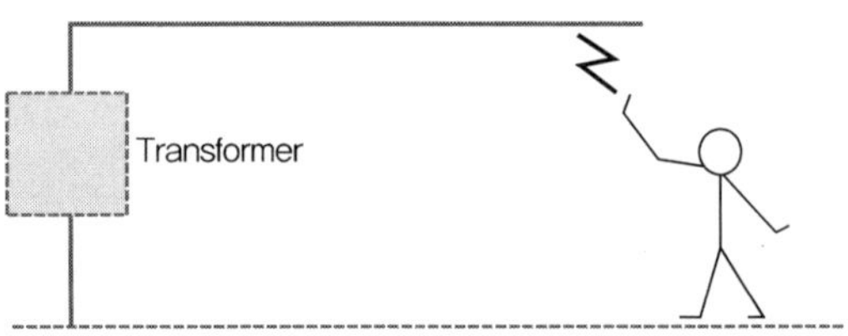

그림 4.4 고압선로에 인체가 접근하여 섬락이 발생하는 경우

⑤ 전기의 유도 현상으로 인해 인체를 통과하는 전류가 발생하여 감전되는 경우. 이것은 인체가 초고압의 전선로에 근접하는 경우 인체에 유도 대전된 전하가 접지 된 물체로 흘러서 감전되는 것으로, 주로 정전유도작용에 의해 발생하며 초고압의 전선로 주변에서 흔히 일어나는 현상이다. 이 결과는 짜릿한 느낌에서 크게는 전격에 의한 사망 재해까지도 발생한다.

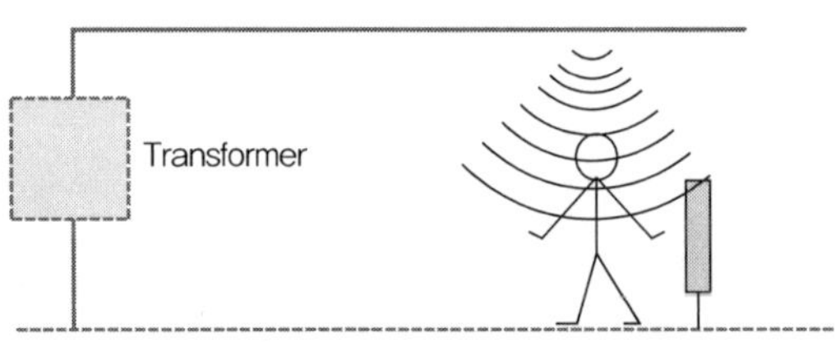

그림 4.5 초고압선로에 근접한 경우 정전유도작용으로 대전된 전하가 접지된 금속체를 통해 방전하는 경우

⑥ 체내조직에 직접 전류가 흘러들어 체외로 흘러나가는 경우로서 의학용 전기 기기에 의해 전격(Micro Shock)을 받는 것으로 매우 적은 전류(수십 μA)에 의하여 심장정지 또는 심실세동을 일으킬 수 있다. Micro Shock 대책의 안전전류는 10 μA로 간주하고 있다.

산업현장에서 전격에 의한 재해는 다른 산업재해와는 달리 치명적이라 할 수 있으며 이들 전격을 방지하려면 우선 전격으로 인한 재해 위험성을 정량적으로 분석하여 위험한계를 바르게 인식하여 대처하는 것이 무엇보다도 중요하다. 그러나 전격에 의한 인체의 반응 및 사망한계는 그 속성상 인체실험이 매우 어렵고 또한 어떤 실험결과가 도출되어도 그것의 검증이 힘들며 인간체질의 다양성(키, 몸무게, 성별, 인종 등), 재해 당시의 상황변수(땀, 습기, 접촉부위의 물리적 상태, 접촉시의 정신적 상태 등)와 같은 여러 가지 이유로 인하여 기준을 제시하기는 매우 어려운 실정이다. 전격에 대한 위험한계에 관한 자료들은 많은 문헌을 통하여 발표되고 있으나, 거의 모든 자료들은 양, 돼지, 소 등의 4발 동물을 대상으로 행한 실험에 의하여 얻어지며 이 결과를 적당한 방법을 통하여 사람의 경우로 환산하여 사용하고 있는 실정이거나 드물게는 사람의 사체를 대상으로 실험한 결과(간혹 인체실험도 했다)를 참고한 자료이므로 발표된 문헌에 따라 다소의 차이가 있음을 밝힌다. 더구나 이 자료도 외국인을 대상으로 한 경우이고 국내에서는 뚜렷한 실험의 결과가 없으므로 이런 자료들이 국내인 개개인에 그대로 적용된다고는 말할 수 없다고 하겠다.

2.3 전격의 위험인자

전격은 인체에 전류가 흐르기 때문에 일어나는 것이며 전원에 접촉하여 전압이 가해져도 전류가 흐르지 않으면 전격현상은 발생하지 않는다. 고압전선에 앉아 있는 새가 전격을 받지 않는다는 사실이 이를 입증하고 있다. 이는 전선이 양질의 도체이기 때문에 접촉점간의 전위차가 매우 미미하여 새의 체내로 전류가 흐르지 않기 때문이다. 인체에 전압이 가해진 경우에 인체에 흐르는 전류의 크기는 오옴의 법칙에 따라 인가전압의 크기 및 인체 통전경로의 전기저항의 크기에 의하여 정해진다. 저항이 동일한 경우라면 전압의 크기에 따라 흐르는 전류도 커지므로 고전압을 사용하는 장소에서는 특별한 주의가 요망되며, 회로가 구성되지 않은 경우에 있어서는 전압 그자체가 전격의 직접적인 원인이 되지는 않는다. 접촉된 전압이 동일한 경우에는 통전 경로의 인체저항의 크기에 따라 단순한 쇼크에서 사망까지 이를 수 있다.

이와 같은 이유로부터 전격 위험의 주된 요인을 열거하면,

① 통전 전류의 크기
② 통전 경로
③ 통전 시간
④ 인체 저항
⑤ 전원의 종별
⑥ 전원의 주파수 및 파형
⑦ 전격시 심장 맥동의 위상
⑧ 전압의 크기

등을 들 수 있다. 결론적으로 통전전류가 크고 통전경로가 신체의 주요부분으로 구성되어 있고 통전시간이 길고 전압이 높을수록 위험하다.

또한 전격시 사망에 이르는 기구(mechanism)는 아직까지 완벽하게 해명되고 있지 않으나 다음의 3가지로 요약할 수 있다.

① 심장의 규칙적인 동작이 문란하게 되어 심근이 미세한 진동을 일으켜 혈액을 송출하는 혈액순환 기능이 정지되는 현상인 심실세동
② 호흡중추신경의 마비에 의한 호흡기능의 정지
③ 흉부를 흐르는 전류로 인한 흉부수축에 의한 질식

이들 원인 중 호흡중추신경의 마비에 의한 호흡의 정지로 인한 사망이 주로 일어난다고 생각하였으나 여러 실험을 통하여 밝혀진 바로는 심실세동이나 흉부수축에 의한 질식사가 대부분이라고 생각하고 있다. 또, 질식사는 충전부에 계속 접촉되어 있는 경우에 한하여 발생되는 현상으로써 대부분의 감전사고에서는 전격직후 충전부에서 격리됨을 상기해보면 심실세동으로 인한 사망이 가장 설득력이 있다.

2.4 통전 전류의 크기와 인체 영향

전격에 의한 생리적 영향은 거의 감지할 수 없는 쇼크로부터 심각한 피부조직의 파괴나 죽음에 이르는 쇼크까지 다양하며 이러한 인체의 상해 정도는 전류의 크기에 좌우된다. 인체의 생리적 반응에 대한 실험결과는 개인차에 따라 당연히 달라지겠지만 통계적인 처리를 통해 여러 가지의 의미있는 결과를 얻을 수 있다. 표 4.2는 여러 가지 실험을 통해 얻어진 결과를 일반적으로 나타낸 것으로 통전 전류값에 대한 인체의 생리적 반응을 보여 주고 있다.

표 4.2 통전 전류가 인체에 미치는 영향

전격의 영향	직류 mA		교류(실효치) mA			
			60 Hz		10,000 Hz	
	남	여	남	여	남	여
최소감지전류	5.2	3.5	1.1	0.7	12	8
고통을 받지 않는 전격	9	6	1.8	1.2	17	11
고통을 받는 전격	62	41	9	6	55	37
고통을 받는 전격, 전원에서 자력으로 이탈할 수 있는 한계	76	51	16	10.5	75	50
근육강직, 호흡곤란	90	60	23	15	94	63
심실세동의 가능성(전격시간 0.03초)	1,300	1,300	1,000	1,000	1,100	1,100
심실세동의 가능성(전격시간 3초)	500	500	100	100	500	500
심실세동(확실한 사망)	위의 값을 2.75배 한 것					

(1) 최소감지전류(Perception Current)

인체에 전압을 인가하여 통전전류의 값을 서서히 증가시켜서 어느 일정한 값에 도달하게 되면, 고통은 느끼시 않으면서 짜릿하게 전기가 흐르는 것을 감지하게 되는데 이때의 전류값, 즉 전류의 흐름을 느낄 수 있는 최소 전류를 최소감지전류라 한다.

이 전류의 값은 직류냐 교류냐에 따라 또 남녀・건강・연령에 따라서도 다르다. 교류인 경우 상용 주파수 60 Hz에서 건강한 성인 남자의 경우는 약 1 mA 정도이다.

인체에서 가장 전류에 대하여 민감한 것은 안구(眼球)로서 20 μA의 전류에도 반응을 나타내고 있고, 다음은 혀끝으로서 45 μA의 아주 작은 값을 나타내고 있지만, 이러한 부분을 제외하면 상용 주파수 정도의 정현파 교류의 경우 대체로 1 mA 정도가 되어야 비로소 전격을 느낄 수 있다.

또 전격을 느끼는 정도는 그것을 예기하고 있는가 아닌가에 따라 다르고, 전혀 예기하지 않을 때에 전격을 받으면 강하게 느낀다. 직류에 의한 감지 전류는 실험에 의해 평균치가 5.2 mA이고, 교류에 비해 약 5배의 수치가 되고 있다.

(2) 고통한계전류

통전전류가 최소감지전류보다 커지면 어느 순간부터는 고통을 느끼게 되는데, 이 전류의 흐름에 따른 고통을 참을 수 있는 한계 전류를 말하며, 실험적으로 명확히 밝혀진 것은 없지만 교류(상용 주파수 60 Hz)에서 성인 남자의 경우 7~8 mA 정도로 기술하고 있다.

(3) 가수전류(可隨電流)와 불수전류(不隨電流)

통전전류가 최소감지전류보다 더 증가하면 인체는 전격을 받게 되지만 처음에는 고통을 수반하지는 않는다. 그러나 전류가 더욱 증가하면 쇼크와 함께 고통이 따르게 되며, 어느 한계 이상의 값이 되면 근육마비로 인하여 자력으로 충전부에서 이항하는 것이 불가능하게 된다. 여기에서 인체가 자력으로 이탈할 수 있는 전류를 가수전류(Let-go Current)라 하며, 자력으로 이탈할 수 없는 전류를 마비한계전류(麻痺限界電流, Respiratory Paralysis Current), 불수전류(Freezing Current)라 한다. 또한 전원이 교류인 경우에는 가수전류를 이탈전류(離脫電流)라고도 부르며, 직류인 경우는 교류와 구별하기 위하여 해방전류(解放電流, Release Current)라고 한다. 한편, 불수전류는 인체가 충전부에 붙어 있게 된다는 의미에서 교착전류(膠着電流)라고도 부르고 있다. 안전적인 측면에서는 자력으로 충전부에서 이탈이 가능한가가 중요한 문제이기 때문에 가수전류값이 중요한 연구 대상이 되고 있다. 60 Hz 정현파교류에 의한 가수전류의 최저치는 남자 9 mA, 여자 6 mA 정도임을 알 수가 있다. 직류에 의한 가수전류의 평균치는 남자의 경우 73.7 mA이고, 여자의 경우는 약 50 mA이다. 직류의 경우에는 교류와는 달리 이탈한계전류 근처에서 심한 불쾌감을 느끼기 때문에 교류인 경우와는 구별하여 해방전류라고 부르고 있다.

(4) 심실세동전류(心室細動電流, Ventricular Fibrillating Current)

인체에 흐르는 전류의 크기를 더욱 증가하게 되면 전류의 일부가 심장 부분을 흐르게 되며, 심장은 정상적인 맥동을 하지 못하고 심장의 제어계가 파괴되거나 교란되어 불규칙적인 세동을 일으키며 혈액의 순환이 곤란하게 되고 심장이 마비되는 현상을 초래하게 된다. 이러한 경우를 심실세동(心室細動)이라고 하며, 통전 전류를 차단해도 자연적으로 회복되지 못하고 그대로 방치하면 수분 이내에 사망하게 된다. 심실세동을 일으키는 전류값은 여러 종류의 동물을 실험하여 그 결과로 부터 사람의 경우에 대한 전류치를 추정하고 있으며, 통전 시간, 체중 및 통전전류의 크기에 관계된다.

(5) 인체의 전기저항

전격의 강도는 인체에 흐르는 전류에 의하여 좌우되므로 산업현장이나 가정에서와 같이 상용주파수 의 교류전력을 사용하는 경우에 있어서는 전압의 크기는 거의 일정하다. 오옴의 법칙에 따라 통전전류를 제한 할 수 있는 방법은 통전경로상의 저항(임피던스)이다. 이 통전 경로의 저항은 주로 다음과 같은 항으로 구성되어 있다.

① 인체저항

② 모자, 의복, 장갑, 신발(활선작업을 하는 경우 전기보호모, 어깨대기, 절연용 장갑과 가죽장갑, 고무장화)등의 절연용 보호구의 저항
③ 전선류와 전기설비의 절연물, 기타 활선작업, 활선 근접작업 등에 사용하는 방구와 방호구의 저항

이 중 인체의 저항은 ②나 ③항의 저항과 달리 임의로 변화시킬 수 없으며 보호구나 방호구를 사용하지 않은 상태에서의 전격은 인체저항만이 통전경로의 전체 저항이 되어 심각한 재해를 당하게 되므로 전격전류의 정확한 추정을 위해서는 인체의 전기저항에 대한 올바른 이해가 요구된다. 인체의 저항은 피부접촉저항과 전격시 접촉점간의 인체의 체적저항으로 구성된다. 피부접촉저항은 피부 자체의 저항 과 피부와 전극사이의 접촉저항으로 구성되어 있다고 생각되며 전압의 크기, 주파수, 전격시간, 접촉면의 상태, 접촉압력, 피부상태, 습기 등에 의하여 영향을 받는다. 특히 이 저항은 건조하거나 접촉면적이 적은 경우의 수천 Ω에서부터 상처나 전류의 열작용이 있는 경우에는 그 크기가 무시할 수 있는 정도까지 변하므로 주의가 요구된다. 인체의 체적저항은 통전경로상의 인체 구성성분인 혈액, 림프액, 뼈, 내부조직 등의 저항을 의미하며 교류인 경우에서는 저항보다는 임피던스로 생각하는 것이 더 합리적이다.

2.5 감전 위험성에 대한 이론적 한계

인체를 위험으로 유도하는 전격은 인체에 흐르는 전류값에 의하여 주로 결정되는데 저항이 일정하다면 그 위험성은 전압에 의해 크게 달라진다. 전압에 의한 위험성의 한계, 즉 안전전압의 한계는 어느 정도인가를 알아보기로 한다. 이제까지 전격이 인체에 미치는 영향과 위험도에 관한 여러 가지 요소에 대해서 서술했지만 실제 문제로서 필요한 것은 전압이라고 하는 관점에서 전격에 대한 위험의 안전한계는 어느 정도일까 하는 것이 중요하기 때문이다.

(1) 안전전압(安全電壓)

전기의 위험성은 통전 전류의 크기에 의하여 좌우되며, 전압 그 자체만으로는 크게 문제가 되지 않는다. 그러나 동일한 저항이라면 인체에 흐르는 전류의 크기는 전압의 크기에 비례하므로 전압을 제한할 수 있는 상황이라면 전압의 크기를 제한하는 것이 전격재해를 방지하는 중요한 수단이 될 수 있다. 또한 실험에 의하면 전압이 높아지면 피부의 전기저항은

감소가 되어 통전경로의 전체저항이 줄어드는 결과를 가져옴으로 감전의 위험성이 한층더 높아짐을 알 수 있다. 목욕탕이나 수영장과같이 인체의 대부분이 수중에 있는 경우에는 2.5 V의 전압도 위험하고, 많이 젖어 있는 상태나 금속제 구조물에 인체의 일부가 항상 젖어 있는 상태에서는 25 V를 초과하면 위험하다. 1930년 미국의 화재보험협회시험소(UL)에서 양손에 펜치를 쥐고 60 Hz 정현파 교류전압을 가해 13명의 남자에 대해서 실험을 했는데, 그 결과 견딜 수 있는 안전한 전압은 최저 20 V, 최고 40 V, 평균 27.8 V로 나왔다. 또 1934년 International Harvest사에서 젖은 보일러 내에서 몇 V까지 안전할 수 있는 가를 조사하기 위해, 교류의 한쪽 극을 손에 연결하고 다른 극은 물을 가득 채운 물통에 연결하여 그 속의 물건을 나머지 손으로 집어 올리게 하는 방법으로 실험을 했다. 22명의 남자에 대해 실험을 행한 결과 12～20 V가 견딜 수 있는 최대 전압이었다. 그러나 이 정도의 전압이라고 하더라도 조건에 따라서는 위험하다고 할 수 있다. 실제 사망한 사례를 들어보면 이탈리아에서는 46 V에 감전되어 사망하였고 일본에서도 35 V에서 사망한 경우가 과거에 있었으며, 50 V의 전구를 교체하려다 소켓에 닿아 감전사한 예도 있다. 위의 사례에서 알 수 있듯이 일률적으로 전격에 대한 안전압을 명시할 수는 없지만 인체가 전격을 받을 가능성을 산정하여 정하고 있다. 안전전압(Safety Voltage)은 비교적 안전하다는 의미이지 절대 안전하다는 의미는 아니며 각 국에서 실용적으로 채택하고 있는 안전전압은 표 4.3과 같고 일본의 안전규칙에서는 30 V 이하를 안전전압으로 채택하고 있다.

표 4.3 각 나라의 안전전압

국명	안전전압(V)	국명	안전전압(V)
독일	24	네덜란드, 프랑스	50
벨기에	35	한국, 스위스, 오스트리아	24(교류), 50(직류) 60
스위스	36		36
영국	24		65(0.5초)
프랑스	24(A.C) 50(D.C)		110～130(0.2초)

절대적으로 안전한 전압의 한계로는 마른손에서 30 V(A.C) 젖은 손에서 20 V(A.C) 욕조에서 10 V(A.C) 라고 하는 수치를 나타내고 있지만 이것은 보통 사람의 경우이고 특이 체질의 경우에는 이러한 값 이하가 될 수도 있다.

흔히 42 V를 「죽음의 볼트」라고 하는데, 이 정도를 위험 전압의 하한으로 보고 직류에서는 이 값을, 교류에서는 실효치로 환산한 30 V를 안전전압의 한계로 기억하면 될 것이다. 우리나라에서는 안전전압에 대한 규정은 없으나 전기설비기술기준령 제 42조에서 금속제

외함을 가진 저압의 전기 기계기구로서 60 V를 넘는 전압을 사용하는 것에 대하여는 감전을 방지하기 위하여 누전 차단기 등의 보호 장치를 하여야 한다고 규정하고 있으며, 산업안전보건법에서는 대지전압이 30 V 이하인 전기기계·기구, 배선에 대해서는 특별한 안전대책을 요구하지 않고 있다. 따라서 30 V 이하로 간주할 수 있으며 ILO에서는 24 V 이하로 보고 있다.

(2) 접촉전압과 보폭전압

인체가 전원에 접촉되는 형태는 여러 가지로 분류될 수 있으나 대별하면 직접접촉과 간접접촉의 두 가지로 분류할 수 있다. 직접접촉은 평상시 충전되어 있는 충전부에 인체의 일부가 직접 접촉함으로써 전압이 인가되는 형태로 활선작업(Live Line Work) 중의 부주의나 정전작업 중 타인이 전원을 투입하는 경우에 자주 발생한다.

간접접촉은 평상시에는 비충전상태에 있는 기기의 금속제 외함 등에 전선의 피복절연 손상 또는 아크 발생에 의한 누전으로 외함이 충전된 상태에서 인체의 일부가 외함에 접촉되어 전압이 인가되는 형태이다. 직접접촉과 달리 누전으로 인한 충전여부의 구별이 불가능하기 때문에 특별한 주의없이 위험부위에 접촉 할 수 있으므로 각별한 대책이 요구되는데 각 나라의 전기안전기준의 많은 부분이 이 간접접촉의 위험을 제거하기 위하여 마련되어 있다. 전형적인 간접접촉의 예가 그림 4.6에 제시되어 있나.

전원과의 직접접촉, 간접접촉을 통하여 대지와 접하고 있는 인체에 인가될 수 있는 전압은 보통 접촉전압(Touch Voltage)과 보폭전압(Step Voltage)으로 분류할 수 있다. 접촉전압은 대지에 있는 발과 충전부에 접촉된 다른 신체부분과의 사이에 인가되는 전압을 말하고, 보폭전압은 사람의 양발사이에 인가되는 전압을 말한다.

이것은 물체의 접지점을 통하여 대지로 전류가 흘러갈 때 접지점 주위의 지표면에 형성되는 전위경도로 인하여 발생되는 전위차를 말한다. 특히 접지되어 있는 전신주나 변전소에서 접지극을 통하여 고장전류가 흐르고 있는 경우에는 매우 위험한 상황이 야기 될 수도 있다.

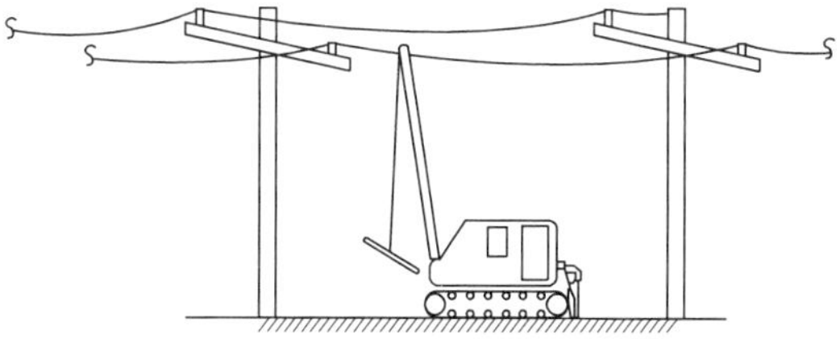

그림 4.6 간접접촉의 예

2.6 감전사고 방지대책

감전사고의 사례를 분석하여 보면 사고의 대부분은 전기 사용자가 약간의 주의를 기울이거나 혹은 해당 전기설비에 대한 약간의 기술적인 배려를 한다면 감전사고의 상당부분을 미연에 방지할 수 있다. 중대재해로 연결되는 감전사고는 사고 발생시 행동수정의 틈이 없이 순간적으로 진행된다. 전기설비에 대한 철저한 설계와 더불어 사용자 각자의 세심한 주의가 감전사고 예방의 첩경이다.

감전사고를 예방하기 위한 일반적인 기준은 다음과 같이 요약할 수 있다.

① 전기설비의 점검 철저
② 전기기기 및 설비의 정비
③ 전기기기 및 설비의 위험부에 위험 표시
④ 설비의 필요부분에 보호접지의 실시
⑤ 충전부가 노출된 부분에는 절연 방호구를 사용
⑥ 고압선로 및 충전부에 근접하여 작업하는 작업자에게는 보호구를 착용시킬 것
⑦ 유자격자 이외는 전기기계 및 기구에 전기적인 접촉 금지
⑧ 관리감독자는 작업에 대한 안전교육 시행
⑨ 사고 발생시의 처리순서를 미리 작성하여 둘 것

(1) 전기기계 · 기구에 의한 감전방지대책

전기기계 · 기구(전기기기)의 감전사고는 전기기기의 노출된 충전부에 직접 접촉하여 발생하는 경우와 전기기기의 금속제외함 등의 비충전부분이 절연열화 등의 원인으로 누전되었을 경우 접촉될 때 발생하는 것이다.

1) 직접접촉에 의한 감전방지

작업도중의 부주의나 기타 사고에 의하여 충전부에 작업자가 직접 접촉되어 발생하는 감전사고의 방지대책은 다음과 같다.

① 충전부 전체를 절연하는 방법이다
② 기기구조상 안전조치로써 노출형 배전설비 등은 폐쇄 배전반형으로 하고 전동기 등은 적절한 방호구조의 형식을 사용한다. 이들 기기들이 고가가 되는 단점이 있다.
③ 설치장소의 제한, 즉 별도의 실내 또는 울타리를 설치한 지역으로 평소에 열쇠가 잠겨 있어야 한다.

④ 교류아크용접기, 도금장치, 용해로 등의 충전부의 절연은 원리상 또는 작업상 불가능하므로 보호 절연, 즉 작업장 주위의 바닥이나 기타 전도성 물체를 절연물로 도포하고 작업자는 절연화, 절연장갑 등 보호장구를 사용하는 방법을 이용하여야 한다.
⑤ 덮개, 방호망 등으로 충전부를 방호한다.
⑥ 안전전압이하의 기기를 사용한다.

2) 간접접촉에 의한 감전방지

절연손상으로 인한 위험전압의 발생으로 야기되는 간접접촉은 주로 신뢰성 있는 기기의 사용과 유자격자에 의하여 신중하게 기기를 설치함으로써 방지될 수 있다.

3) 보호 접지

누전이 발생된 전기기계, 기구 및 설비를 사람이 접촉하더라도 인체를 통하여 흐르는 감전 전류를 억제하여 안전한계 이하로 낮추고 대부분의 누설전류를 접지선을 통하여 흐르게 함으로서 감전 사고를 막고자 하는 접지공사를 말한다.

전기설비기술기준의 판단기준 제33조에서는 기계·기구의 철대 및 금속제 외함에는 표 4.4의 기계·기구 구분에 따라 접지공사를 하고, 접지선에는 연동선을 사용하여야 한다고 규정하고 있으므로 이에 따라 점검·확인한다.

접지선을 시설하는 방법은 접지선을 지상 2 m까지는 합성수지관으로 보호하고, 접지극판은 지면상에 나타나는 보폭전압을 고려한 지하 75 cm 이상 깊은 곳에 매설하고 또 전주로부터 1 m 이상 이격시켜 시설되었는가를 점검·확인한다.

표 4.4 접지를 요하는 기계·기구

기계·기구의 구분	접 지 공 사	접지선의 굵기
400 V 이하인 저압용의 것	제3종(100 Ω 이하)	1.6 mm 이상
400 V를 넘는 저압용의 것	특별제3종(10 Ω 이하)	1.6 mm 이상
고압용 또는 특고압용의 것	제1종(10 Ω 이하)	2.6 mm 이상

(2) 감전사고 발생 시의 조치

1) 감전자 구출

감전피해자가 발생하면 피해자를 위험지역으로부터 구출할 때는 우선 피해자가 접촉된 충전부나 누전되고 있는 기기의 전원을 차단하고 피해자를 위험지역으로 부터 신속히 이탈시켜야한다. 그렇지 않으면 구출자까지도 감전재해를 입을 가능성이 크다. 감전자가 자기

스스로 충전부로부터 이탈할 능력을 상실한 것을 발견할 사람은 당황하여서는 안되며 순간적으로 피해자의 감전상황을 판단하여야 한다. 또한 감전자의 몸이나 손 또는 손에 들고 있는 금속물체가 전선 · 스위치 · 전동기 · 단자 등의 충전부에 접촉되어 있지 않은가, 혹은 스위치 · 전동기 · 용접기의 금속제 외함에 접촉되지 않은가를 관찰하여야 한다. 왜냐하면 잘못하여 구출자까지 감전되어 2차 재해를 당하는 일이 있어서는 안되기 때문이다. 그런 다음 피해자가 계속하여 전기설비에 접촉되어 있다면 우선 그 설비에 공급되는 전원을 차단하여야 한다. 전원의 차단은 가능한한 신속히 하여야 하며, 이를 위해서는 평소에 각 설비의 전원스위치 위치를 근로자 모두가 숙지하고 있어야 한다. 또한 각 스위치에는 회로명 또는 기기명을 표시하여 둠으로써 긴급시에 용이하게 식별할 수 있도록 하는 것이 좋다. 만일 전원을 차단할 수 없을 때에는 구출자는 반드시 보호구인 절연고무장갑 · 절연고무장화를 착용하고 구출하여야 한다. 피해자를 위험지역으로부터 구출한 다음진사 또는 가사, 부상정도 등을 확인한 다음 최소한의 거리 이상으로 격리시켜두어야 한다.

2) 증상의 관찰

피해자의 재해상태를 정확 · 신속하게 관찰한 다음 구명시기를 놓치지 않기 위해서는 불필요한 시간을 허비해서는 안된다.

감전에 의하여 넘어진 사람에 대한 중요한 관찰사항은

① 의식의 상태
② 호흡의 상태
③ 맥박의 상태이며

높은 곳에서 추락한 경우는

④ 출혈의 상태
⑤ 골절의 이상유무를 확인하는 것이다.

의식상태의 파악은 피해자의 귀밑에 입을 가까이 하고 2~3번 큰소리로 불러 본다. 이때 아무 응답이 없으면 볼을 가볍게 두드려 보거나 꼬집어본다. 그런 후 반응이 있으면 반 혼수상태이고, 반응이 없으면 혼수상태이다. 호흡상태는 피해자의 입이나 코에 손 또는 볼을 가까이 대고 숨을 쉬고 있는지를 확인한다. 또 손바닥을 복부에 가볍게 얹어서 움직임을 알아본다. 맥박은 손목의 동맥이나 목의 양옆에 있는 동맥을 짚어봄으로써 정확하게 알아 볼 수 있다. 계속해서 동공의 상태 · 입술과 피부의 색깔 · 체온의 상태 · 전류의 유출입부 상태 등을 관찰한다. 관찰 결과 의식이 없거나 호흡 · 심장이 정지해 있거나 출혈을 많이 하였을 때에는 관찰을 중지하고 곧 필요한 응급처리를 하여야 한다.

3) 감전에 의한 인체상해

전류가 인체를 통과하여 흐르게 되면, 저압은 저항이 적은 신경이나 혈관 등을 흐르게 되는 경우가 많으며 전압이 높은 경우에는 접촉부위와 접지사이의 가장 짧은 경로를 흘러 통전시간이 짧고 인체가 접촉부위에서 튕겨져 나가 추락에 의한 2차적인 손상이 많다. 전격에 의한 인체상해는 통전전류와 시간 그리고 통전경로에 따라 크게는 사망부터 넓은 창상과 좁쌀만한 작은 상처자국을 남기게 된다. 또한 감전 시 생성된 열에 의해서 심부조직의 손상을 초래할 경우도 있으며 피부의 손상은 50℃ 이상에서 세포의 단백질이 변질되고 80℃에 이르면 피부세포가 파괴되는 현상까지 되어 부분절단 등의 수술을 받는 경우도 있다.

4) 감전사고 발생시의 응급조치

전격재해로 인하여 인사사고가 발생하였을 경우에 다음과 같이 신속하게 구조방법을 강구하여야 한다. 첫째, 당황하지 말고 침착하게 위험구역으로부터 상해자를 구출하여야 하며 이때, 구조자는 보호용구 또는 방호용구를 사용하여 재해가 확대되는 것을 방지하여야 된다. 둘째, 재해자를 구출하면, 심장상태, 의식상태, 호흡상태, 골절유무, 출혈상태를 확인하여 인공호흡이나 심장마사지 등과 같은 적절한 소생법을 시술하여야 한다.

① 기도의 확보

피해자의 기도가 열려있지 않으면 인공호흡으로 폐를 부풀게 할 수 없다. 따라서 손가락으로 혀를 꺼내어 주고 입속에 이물질이 있으면 제거하여 주어야 하며, 호흡이 쉽도록 아래턱을 들어올리고 머리를 뒤로 젖혀서 기도를 확보하여 준다.

② 인공호흡

폐에 인공적으로 분당 12~15회 정도로 공기를 넣었다 빼었다 하여 폐의 기능을 회복시켜, 자기 스스로 호흡할 수 있도록 하는 것을 인공호흡법이라 한다. 인공호흡의 실시는 그 시기가 빠르면 빠를수록 그 소생률이 높다. 그러므로 피해자의 호흡이 정지되어 있으며 심장기능이 정지되기 전에 신속히 인공호흡을 시켜 생명을 소생시켜 주어야 한다. 피해자의 생명이 소생되면 지체없이 병원으로 운반하여 의사의 진료를 받게 한다.

③ 심장마사지

강한 쇼크로 심실세동을 일으켜 심상이 정시하고 있을 때, 심징을 외부에서 지극히어 심장이 다시 움직이도록 하는 방법으로써 다음과 같은 방법으로 시행한다. 재해자를 가급적 평평한 마루 위라든가 등에 딱딱하고 평평한 것을 넣어 위로 향해 눕히고 재해자와 직각의 위치에서 양손의 손바닥을 겹쳐 손끝은 위쪽으로 쳐들고 늑골에 닿지 않도록 하며 팔은 똑바로 뻗어 상반신의 체중을 거는 자세로 아래로 강하게 가압한다.

가압하는 위치는 흉부의 한가운데 보다 아래쪽 약 1/3의 부분과 흉골 사이이며, 가압의 회수는 성인의 경우 분당 100∼120회로 가압 한다. 이와 같이 심장을 외부에서 압박하거나 이완함으로써 심장에 혈액을 순환시켜 정지하고 있는 심장을 부활시킬 수 있다. 일반적으로 맥박이 정지되어 있을 때는 호흡도 정지되어 있으므로 인공호흡과 심장마사지를 동시에 하는 심폐소생술을 시행한다.

Chapter 3

전기화재

3.1 개요

문명의 이기(利器)가 빚어내는 재난 가운데 화재에 의한 피해는 엄청난 것인데 근간에 발생된 몇 건의 대형 화재에서도 우리는 그것을 실감할 수 있었다. 화재는 산업계의 급속한 발전과 사회환경의 복잡화에 따라 해마다 발화건수가 증가경향을 나타내고 있다.

산업화재는 위험물의 종류, 량 등에 따라 큰 영향을 받으며 발화원인이 다양하고 복잡한 반면, 도시화재는 기상의 영향을 받기 쉬운 특징이 있다. 이들 화재를 일으키는 원인 중 전기로 인하여 발생되는 화재가 매우 큰 비중을 차지하고 있는 실정이며 이러한 경향은 산업의 고도화에 따라 전기사용의 증가로 더 심화되고 있다. 전기화재는 경제성장과 생활향상에 따른 전기 사용의 증가가 그 이유인 것으로 보인다. 전기로 인한 화재의 원인을 살펴보면, 대부분이 전기 사용자의 미숙과 부주의가 그 원인이었음을 알게 된다. 계속되는 전기수요의 증가를 고려할 때, 전기 화재의 예방을 위해서는 무엇보다도 전기 사용자의 전기에 대한 올바른 이해가 선행 과제라고 할 것이다. 본장에서는 전기 화재의 원인과 그 예방에 대하여 살펴보기로 하겠다.

3.2 전기화재

(1) 정의 및 분류

화재는 그 주요원인별로 전기, 유류(油類), 불장난, 담배, 난로, 방화 등으로 구분하는 바, 전기화재라 하면 전기현상(전기에 의한 발열체)이 발화의 원인이 된 화재를 총칭하는 말이다.

전기화재는 그 양상이 매우 다양하며, 또한 그 원인이 대부분 정확하게 규명되기 어렵기 때문에, 원인을 계통적으로 분류함에는 상당한 곤란이 뒤따른다. 그러나 이러한 분류는 통계자료와 원인의 분석, 예방대책의 설정 등에 꼭 필요한 것이며, 책임의 소재를 밝히는 데에, 행정방침을 결정하는데 등에 중요하게 이용되어진다.

화재는 일반적으로 발생요인, 발화원, 착화물의 3요건으로 구성된다고 보는데, 화재의 원인은 보통 발생요인, 그리고 발생원의 두 가지 기준에 의해 분류하며, 전기화재의 원인도 이 두 가지의 기준에 의하여 분류한다.

(2) 발생요인별 분류(출화의 경과에 의한 분류)

전기화재에 있어서 발생요인별 분류는 발화에 이르게 된 경과를 기준으로 한 것이다. 발생요인은 출화의 경과, 또는 발생기구를 말하는 것으로 곧, 발화의 원인이 된 전기현상의 메커니즘(Mechanism)을 일컫는다.

전기화재는 어떤 단일한 발생요인으로 일어나기도 하지만, 많은 경우 여러가지의 요인이 복합되어져 발생한다.

1) 누전

발화원인으로서의 누전은 전류의 통로로 설계된 이외의 곳으로 전류가 흐르는 현상이다. 또 누전화재라 함은 "전류가 통로로 설계된 부분으로 부터 새어 건물 및 부대설비 또는 공작물의 일부로 흘러 이것을 발열시켜서 발생되는 화재"라고 정의한다. 여기서 말하는 부대설비는 빨래줄・물받이・굴뚝・간판・가스・수도관 등과 같이 원칙적으로 건물에 고정시킨 설치물을 말하며, 또 공작물이란 담장, 굴뚝, 간판탑 등을 말한다.

가령 전선이 폭풍으로 늘어져서 물받이 함석판에 닿았다고 할 때 이것만으로는 전기가 흐르지 않지만 전선과 함석판이 오랫동안 쓸려서 전선이 벗겨져 속의 동선이 함석판에 접촉되면(물받이 등을 거쳐서 땅으로 통전로가 형성돼 있다고 하면) 전류가 흐르게 된다. 함석판처럼 면적이 큰 것은 전류에 대한 저항이 작아서 가령 20 A 정도의 전류가 흐른다 해도 판 자체가 달구어 질 일은 없다. 그러나 함석판에 이음매가 있어, 이 부분이 전류가 잘 흐르기에는 접촉이 불완전하게 되어 있을 때가 많다. 이 불완전한 이음매에 20 A 정도의 전류가 집중된다고 하면, 이 부분은 열을 받아 마침내 여기에 접하고 있는 지붕 밑 나무판자 등의 가연부분이 타게 된다. 이 경우는 전류가 <함석> 이라는 건물의 일부에 흘러서 그 이음매를 발열시켜 발화되는 것으로 전형적인 누전화재에 해당한다. 또 매입전선관내의 전선피복의 불량으로 누전이 생겨 모르타르, 라스 등에서 발열, 발화한 경우 등이 있다.

이러한 누전은 양상이 각양각색이지만, 기본적으로, 전류가 주변의 물질로 누설되기 시작한 곳(누전점, 漏電點)과 이 누설전류가 대지로 유출된 곳(접지점, 接址點), 그리고 발열하여 발화의 원인이 된 곳(발화부, 發火部)의 3요소가 있게 된다. 과거의 실례에서 흔히 누전점이 되는 곳들은 지붕의 철판, 물받이통, 동력선의 파이프입구, 접속함, 전선의 피복이 손상된 곳 등이며, 접지점은 수도관, 전선관, 가옥의 기초, 전기나 통신설비를 위한 접지선 등을 들 수 있고, 발화부는 철망라이스, 함석이나 철판의 이음새, 벽에 박힌 못, 파이프의 접속부 등을 들 수 있다. 누전사고에서의 누설전류의 크기는 누전점과 누전경로, 그리고 접지점의 저항에 의해 결정되는데, 화재가 발생했을 시, 누설전류의 크기는 대략 수 A～수십 A 정도가 보통이다. 때로는 1 A 미만의 소전류로도 화재가 발생할 수 있으며, 발화까지 이를 수 있는 누전전류의 최소치는 300～500 mA이다. 때문에 누전에 대해서는 퓨즈나 차단기는 안전성이 있다고 말하기 어렵다. 더욱이 누전경로가 실내 인입개폐기를 거치지 않는 경우에는 퓨우즈나 차단기와는 아무런 관련이 없게 되며, 실내의 인입개폐기나 그 밖의 스위치를 개방해 두었더라도 누전회로의 요건만 구비되면 화재가 발생할 수 있게 된다.

2) 과전류/과부하

전선에 전류가 흐르면 전선에서는 주울의 법칙; $W = I^2Rt$에 의한 열이 발생하는데, 이 열은 평상시에는 발열과 방열이 평균을 이룬다. 그러나 전류가 많이 흐르면 발열이 커져서 과열이 된다. 여기서 말하는 과열이란 "전기기기, 배선 등이 설계된 정상동작 상태의 온도 이상으로 온도 상승을 일으키는 일 및 피가열체를 위험온도 이상으로 가열하는 일"을 말한다. 전동기나 전선의 과부하로 오는 그 자체의 온도상승은 전자이고, 후자의 예로서는 전열기를 꽂아논 채로 버려둠으로써 발생하는 판벽의 탄화연소 등이 있다. 과열현상이 발생하면 절연피복의 변질, 변형, 발화, 또는 전선의 적열과 용단에 이르게 된다. 그래서 전선은 그 종류에 따라 안전기준에 의해 허용전류가 정해져 있으며, 이 허용전류를 초과한 전류를 과전류라고 부른다.

이러한 과전류가 흐르게 되는 데에는 규격미달의 전선을 사용했거나 과부하가 걸리게 된 경우가 가장 많고 전기회로의 일부에 단락, 혼촉, 지락, 누전 등의 전기사고 원인이 된 경우도 있다. 발화는 보통 회로중의 가장 약한 부분(저항이 가장 큰 부분)이나 열의 방산조건이 나쁜 곳에서 일어나게 된다.

화재가 발생한 예를 들어보면, 냉장고, 모터 등 전기 소모량이 많은 부하를 동시에 사용하여 과전류가 흘러 발화하게 된 경우, 코드의 스태플 부분에서 혼촉 또는 단락이 일어나 과전류가 발생, 코드가 발화하게 된 경우, 모터 베어링의 마찰저항 증가로 과전류상태가 되어 권선에서 발화한 경우 등이 있다.

3) 절연열화, 절연파괴

전기적으로 절연된 물질상호간에 전기저항이 감소하여 많은 전류를 흐르게 하는 현상을 절연파괴라고 한다. 실내배선 및 배선기구의 절연체는 대부분이 유기질로 되어 있는데, 일반적으로 유기질은 시간이 많이 경과하게 되면 그 절연성이 점점 떨어진다. 이러한 절연열화현상은 여러 가지 원인에 의하여 가속화되는데 탄화에 의한 경우도 처음에는 일부분에서 시작되고, 이 부분의 절연저항이 감소되면 미소전류가 흘러 국부가열현상이 일어나게 된다. 이 발생열이 주위로의 방산열보다 많으면 열이 축적되어 온도가 상승하게 되어 탄화의 영역이 다른 곳으로 확대된다. 아울러 미소전류가 증가함과 함께 스파크에 의한 고온가열들이 빈발하게 되며 단계적으로 절연파괴현상이 일어나 마침내는 절연체의 연소 또는 전선의 단락현상에 다다른다. 이러한 탄화현상은 단락, 혼촉, 접속부의 과열, 스파크 등의 현상이 발생하는 과정에서 함께 일어나기도 한다. 절연파괴의 다른 원인으로서는 기계적 성질의 저하, 취급불량에서 오는 절연물의 파괴손상이나, 이상전압, 과전류의 발생에서 오는 절연파괴 등이 있다.

절연불량에 의해 화재가 일어났을 경우, 출화부는 대개 밀폐되거나 공기의 순환이 불량한 장소가 대부분인데, 부하를 사용하고 있지 않은 경우라도 전압이 걸려있으면 발화에 이를 수가 있다. 많은 경우, 전선이 현저하게 굽혀진 지점이나, 스위치 등의 개폐에 의해 발생하는 스파크의 영향을 받는 곳 등이 절연불량이 되어 화재를 일으킨다.

4) 전기불꽃(Spark)

스파크는 스위치를 개폐할 때나 콘센트에 플러그를 꽂거나 뽑을 때, 전기회로가 단락될 때, 전기기구의 접속부분이 접촉불량일 때 등 여러 가지 경우에서 발생하는데, 이때 스파크 가까이에 인화성 가스, 증기, 또는 고체가 있을 경우 그 물질이 발화되어 화재가 일어난다. 계폐기는 단로기(DS: Disconnecting Switch)를 제외한 전부가 어떤 일정한 전압(최소 발호전압)이상의 전압이 가해진 회로의 차단 때에 불꽃을 낸다. 그러나 회로 중에 인덕턴스를 포함할 때는 회로전압이 최소발호전압(最小發弧電壓) 이하라도 과도현상에 의한 전압상승으로 차단할 때 arc 또는 불꽃을 내는 일이 있다. 또 개폐할 때 접촉저항으로 접촉부분의 금속이 과열되어 불꽃을 내는 일도 있다. 그리고 전기불꽃은 아니지만, 전등도 유리가 파손되면 필라멘트가 노출되어 전기불꽃과 같은 위험이 있으며, 전기 설비에서 발생하는 전기불꽃은 모두가 점화원이 될 수 있다.

분진이 많이 발생하는 장소(제선공장, 방직공장 등)에서, 스위치의 내부에 분진이 쌓여, 스위치 개폐시에 발생된 스파크에 의해 발화되는 경우, 전동기 스위치를 끊을 때나 세탁기, 냉장고 등의 스타트 작동시 발생하는 스파크, 그리고 단자박스, 소켓, 삽입나사의 이음새 부분의 접촉불량으로 발생하는 스파크 등이 주변의 가연성 물질에 착화되는 경우 등 스파크에 의한 화재는 의외로 발생빈도가 높다.

5) 단락

단락은 보통 합선이라고도 부르는 것으로, 전기회로나 전기기기의 절연체가 전기적 또는 기계적 원인으로 노화 또는 파괴되어 두 전선이 어떤 원인에 의해 서로 접촉되는 현상이다. 이 경우, 대부분의 전압이 그 접촉부에 걸리게 되고, 접촉부의 낮은 저항치에 의해 매우 큰 전류가 흐르게 되는데, 이 전류는 저압실내배선의 경우에도 대략 1,000 A 이상이 된다. 이 전류는 대단한 열을 발생하며, 보통은 단락하는 순간 폭음과 함께 단락점이 떨어지게 된다.

이렇게 난락사고가 생겼을 경우, 화재는

① 단락점에서 발생한 스파크로 주위의 인화성 가스 또는 물질이 발화하는 경우
② 단락순간의 적열된 전선이 주위의 인화성 물질 또는 가연성 물질에 접촉되어 발화하는 경우
③ 단락점 이외의 전선피복이 연소하여 발화하는 경우

등으로 발생한다. 이러한 단락사고는 순간적으로 발생하는 것이기 때문에 퓨우즈나 차단기가 동작하지 않는 경우도 있으며, 전기설비를 사용하지 않는 경우에도 전선에 전압이 걸려 있으면 발생할 수 있다. 또 단락회로가 구성된 상태에서 전원이 투입되는 경우에는 보통 회로중의 가장 약한 부분이 용단이 일어나게 된다. 단락사고가 일어나는 실례로는 작업장, 창고 등에 가설된 전선이 노후하여 단락되는 경우, 또는 단자박스내의 나사가 진동, 충격으로 죄임이 풀려 단락되는 경우를 들을 수 있으며, 스테플로 실내배선을 고정시켰을 때 절연피복이 손상되어 단락되는 경우, 전열기의 불량 또는 고장으로 과열되어 피복이 녹아 단락되는 경우 등이 빈번하게 발생된다.

단락사고는 전선간의 단락 이외에 전동기 등의 권선이 층간단락을 일으키는 경우도 있는데, 이때에는 전동기가 과열되어 발화하거나 단락에 의한 과전류로 회로의 다른 부분에서 발화하기도 한다.

단락은 전선이 매우 낮은 저항치로 접촉되는 현상을 말하는 것이며, 약간의 저항을 갖는 등의 불안전한 단락에 대해서는 혼촉이라는 말을 사용하는데, 이러한 혼촉현상은 간헐적인 스파크를 발생하며, 이내 단락 내지 단선으로 진전될 가능성이 많다.

6) 지락

지락이란 전류가 정상적인 전기회로에서 벗어나 대지로 통하는 경우이다. 지락은 전류가 대지를 통하는 점이 단락과 다르다. 이 경우 전류가 대지를 통하기 때문에 지락사고시의 전류의 크기는 지락지점의 접지저항값에 의해 좌우되며, 이 접지저항값은 전선의 저항값에 비해 대단히 크므로 단락에서와 같은 큰 전류는 거의 흐르지 않는다. 지락에 의한 화재는 지락전류가 금속체 등을 흘러 발열, 발화하는 경우, 지락지점에서 발생한 스파크가 발화원이 되는 경우, 지락전류가 과전류 또는 접속부 과열 등의 사고를 유발시키는 경우 등으로 발생한다. 예로서 창고내의 화물용 Lift와 동력배선이 Lift의 철기둥에 지락하여 스파크를 발생하고 옆에 있던 쓰레기통에 인화하거나, 전주상의 고압애자가 파손되어 전주본체로 전류가 흘러 발화하는 경우 등이 있다.

7) 접촉불량

전선과 전선, 전선과 단자 또는 접촉편 등의 접속부에 있어서 도체의 접촉상태가 불량하면 특별한 접촉저항을 나타내어 발열하게 된다. 이 발열은 처음에는 국부적이지만, 그 부분에 산화 열팽창, 수축 등의 현상이 겹쳐져 접촉면이 거칠어지므로 접촉저항은 점점 증대하게 되며, 마침내는 적열상태가 되어 주위의 가연물에 인화, 발화의 원인이 되기에 이른다.

접속부의 과열에 의한 발화는 접속부가 통전상태에서 과열되어 부근의 착화물을 점화시키는 것인데, 정상부하전류에서도 발생하지만 누전, 지락 등에 과전류가 되었을 때에 발생의 가능성은 더욱 증대한다.

구체적으로는 코드를 도중에 접속하였을 때 그 접촉상태가 불량하여 발열, 코드에서 발화하는 경우, 유기질 전기접속기의 접속부 등에서 조임이 풀려 접촉저항의 증가로 발열, 유기질 절연물이 발화하는 경우, 또 전선과 철선(또는 철편)과의 접속부분에서 과열, 발화하는 경우 등이 빈번하게 일어난다.

8) 열적 경과

전등, 전열기 등의 발열체를 열의 방산이 불량한 곳에서 사용하면 열의 축적이 일어나 주변의 가연물을 발화시킨다. 전기다리미를 플러그를 뽑지 않고 오래 방치하여 화재가 발생한 경우, 전기담요가 장시간 방치되어 온도 상승으로 발화한 경우 등이 한 예이다.

9) 정전기

정전기는 물질간의 접촉과 분리에 의하여 발생하는 것으로, 전위가 높아질 경우 방전을 일으켜 스파크가 발생하여 주위에 있던 가연성 가스 및 증기에 인화되는데 다음과 같은 조건이 충족되어야 한다.

① 가연성 가스 및 증기가 폭발한계 내일 것

② 정전 스파크 에너지가 가연성 가스 및 증기의 최소 착화 에너지 이상일 것

③ 방전하기에 충분한 전위차가 있을 것

실례로는 고무피막기의 스파크에 의한 화재, 로울러의 스파크에 의한 화재 등이 있다.

10) 낙뢰

낙뢰는 정전기를 띤 구름과 대지간의 방전현상인데 낙뢰가 생기면, 이때 흐르는 대전류가 화재의 직접적인 원인이 되기도 하며 전기회로에 침입하거나 이상전압이 유기되어 절연을 파괴시킴으로서 이차적인 화재를 일으키기도 한다.

(3) 발화원에 의한 분류

발화원이란 발화의 원인이 된 구체적 물체를 지칭하는데 화재는 가연성 물질이 발화원으로 부터 점화에너지를 공급받아 발생하는 것이다.

전기화재에서는 발화원을 보통 다음과 같은 항목으로 분류한다.

1) 배선

배전선, 인입선, 실내배전선, 코드배선 접속부, 실외선, 교통기관내 배선 등

2) 이동식 전열기

전기장판, 전기난로, 전기담요, 전기다리미, 커피포트, 전기풍로, 전기용접기 등

3) 고정식 전열기

전기건조기, 전기로, 전기항온기, 제빵기 등

4) 전기기구

전동기, 배전용 변압기, 발전기, 계량기, 정류기, 차단기 등

5) 전기장치

전등, 형광등, 네온등, 냉장고, 세탁기, 라디오, 전축, TV 등

6) 배선기구

각종 스위치, 자동 개폐기, 접속기, 안정기 등

7) 누전발열부분

라스 철망, 함석판의 이은 곳, 벽에 박힌 못, 금속판 또는 파이프의 접속부 등

8) 정전스파크

고무 피막기의 스파크, 제지용 염출기의 스파크, 로울러의 스파크, 유동성 액체에 의한 스파크 등

3.3 전기화재의 예방

(1) 법규의 엄격한 시행

전기는 에너지로써 국민의 생활과 산업, 경제에 절대적으로 필요한 것으로 되어있다. 또한 이러한 공익성과 함께 전기는 잘못 사용하면 감전이나 화재와 같은 사고를 일으켜 국민의 인명과 재산에 커다란 해를 끼칠 위험성을 가지고 있다. 이러한 공익성과 위험성에 대하여 전기 사용에 관한 기본 제도와 안전 기준 등이 법규로써 마련되어 있는데 전기사용법, 전기공사업법, 전기용품안전관리법 등이 그것이다.

전기화재 사고는 원천적으로 이러한 법규를 엄격히 시행하지 않는 데에서 비롯된다고 할 수 있다. 사실상 대부분의 전기화재 사고가 법규를 무시한 사용으로 인하여 발생하고 있는 것이다. 불량한 설비, 보수불완전, 무단가공 등은 사고 발생이전에 원칙적으로 규제와 처벌의 대상이 된다. 그만큼 전기는 잘못 사용하면 커다란 화재를 불러일으키는 것이다.

(2) 예방을 위한 안전관리

전기화재를 미연에 방지하기 위해서는 법규의 엄격한 시행과 함께 안전관리에 관한 사항이 중요한 문제가 된다. 통계에 따르면 전기화재는 80% 이상이 주택과 공장, 점포 등의 건물에서 발생하고 있으며, 그중 90% 이상이 인입선, 옥내배선 등의 배선과 배선기구, 전열기, 전기기기, 전기장치 등에서 발생되는 것으로 나타나 있다. 이의 방지를 위해서는 기술기준에 맞는 전기용품의 사용, 전기설비의 시공과 함께 정기적인 점검과 보수가 병행되지 않으면 안된다. 특히 배선과 배선기구, 전열기, 전기기기, 전기장치에 대해서는 사용자의 세심한 주의와 관리가 요청된다고 하겠다.

Chapter 4

뇌방전 현상과 피뢰설비

4.1 개요

뇌(雷)란 양전하나 음전하가 분리축적 된 뇌운과 뇌운사이, 뇌운과 대지사이에 일어나는 일종의 방전현상으로 대기의 절연이 파괴되어 일어나는 정전기에 의한 방전현상이다. 뇌운 내에 전하가 축적되는 메커니즘(mechanism)에 대해서는 정량화된 확실한 이론은 있지 않은 실정이다. 윌슨(Wilson)의 선택접촉설, 심슨(Simpson)의 수적분열설, 메이슨(Mason)과 크레이머(Kramer)의 빙정대전설이 타당성 있는 이론들이다. 이중 가장 널리 알려진 심프손의 이론을 소개하면 다음과 같다.

습기를 가진 상승기류가 상공에 달하게 되면 응결하여 물방울이 되며 그중에서 큰 것은 중력으로 인하여 다시 내려온다. 다시 말하면 직경이 0.5 cm의 물방울은 중력에 의하여 8 m/sec의 속도로 내려오게 되는데, 상승기류의 속도가 8 m/sec 이상이 되면 물방울은 내려오지 못하고 공중에 떠있게 되며, 이 물방울이 0.5 cm 이상이 되면 기류와의 상대속도가 커져서 물방울은 분열한다. 이때 물방울은 (+)로 기류는 (−)로 대전하게 된다. 이 (+)로 대전된 물방울은 다시 상승하여 도중에 큰 물방울로 되며, 이것은 중력에 의하여 다시 내려오면서 분열하게 된다. 이렇게 (+)로 대전한 물방울은 점점 (+)의 전하를 많이 가지게 된다. 이와 같은 가정에 의하여 Simpson씨는 그림 4.7과 같은 전하의 예상도를 만들어 전하의 대전설을 설명하고 있는데, 그림 4.7에서 A부분이 상승기류가 가장 성한 곳이며, B부분이 (+)대전이 가장 많은 곳이고, C부분이 비가 내리는 곳으로 설명하고 있다.

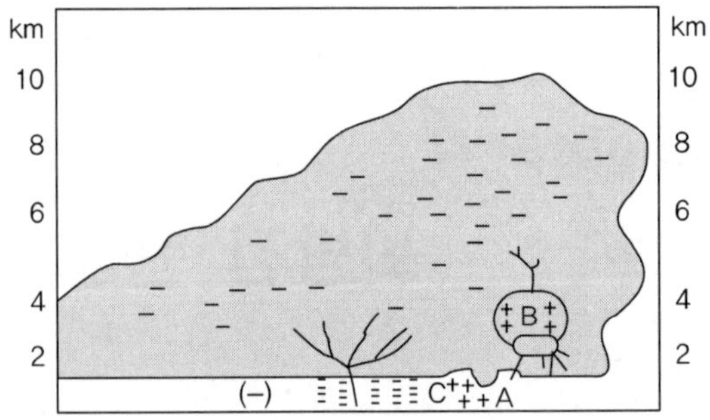

그림 4.7 뇌운의 상상도

보통 뇌운은 지상 1～3 km 상공에 존재하며 뇌운의 전위는 수억 내지 수십억 V 정도이고 방전으로 생기는 뇌방전류의 크기는 수십만 A 정도에 이른다. 방전시간을 100만분의 1초라고 해도 방전에너지는 엄청난 크기이다. 이는 인체 치사에너지의 수백만배 정도가 되며 상상을 초월할 정도의 에너지를 보유한 뇌에 의한 재해 위험성은 사람에게 공포감을 안겨 줄 수 있는 정도로 다양하다. 뇌재해의 경우를 다음과 같이 분류하여 볼 수 있다.

① 사람 및 가축이 벼락을 맞아 죽는 경우 : 미국에서는 연간 약 160명 정도, 일본은 약 20명 정도가 벼락의 직격으로 사망하고 있다고 한다.
② 건물, 선박, 항공기 등에 낙뢰하여 파괴, 화재폭발 등으로 간접적으로 사람이 재난을 당하는 경우
③ 송배전선, 발변전소, 변전기 등의 전기설비가 벼락으로 정전, 간접적으로 사람이 재해를 입는 경우 : 1977년 뉴욕 대정전은 그 대표적인 예이다.
④ 기타 위험물의 탱크 같은 데에 낙뢰하여 그 설비의 불비 때문에 화재 폭발이 일어나 간접적으로 사람이 피해를 입는 경우

4.2 방전현상

4.2.1 대기 중의 방전

공기 중에 놓인 그림 4.8과 같은 평행판 전극으로 된 평등전계에서 양극간에 가하는 직류전압을 0에서부터 점차 상승시켜 가면, 그림 4.9의 전압-전류특성에 나타난 바와 같이 여러가지 방전 형식을 거쳐 마침내는 완전한 절연파괴에 도달한다.

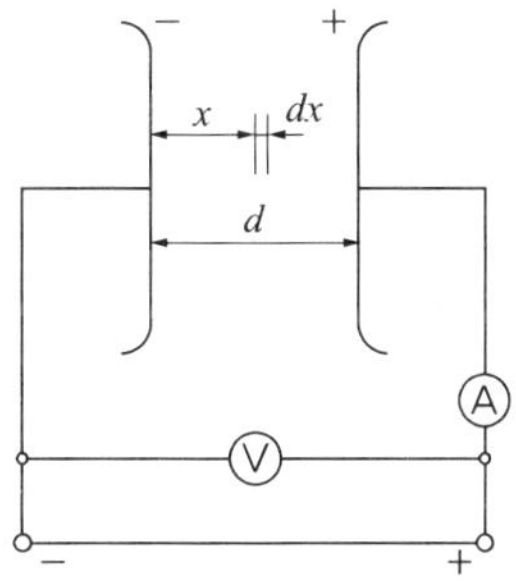

그림 4.8 평등전계배치

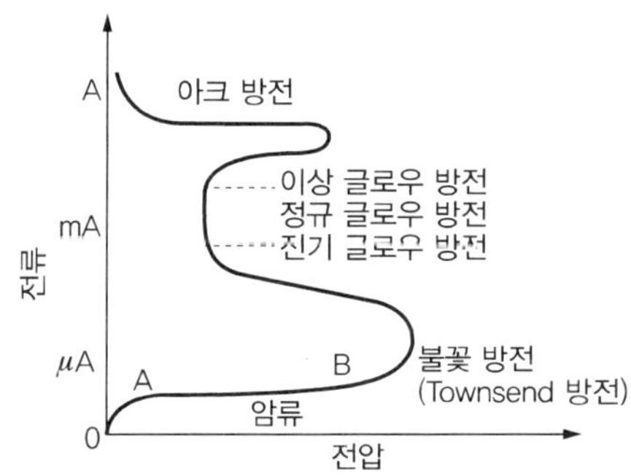

그림 4.9 평등전계에 있어서의 전압-전류특성

(1) 불꽃방전

평상의 대기 중에서는 우주선이나 방사선에 의하여 공기의 일부가 항상 전이(Ionization)되어 정부의 이온이 생기고 있으나, 한편에서는 이온의 확산(Diffusion)이나 재결합(Recombination)으로 소멸되고 있다.

양극 사이에 전압을 가하면 이온은 전계의 작용을 받아 운동하여 일부는 전극에 도달하여 흡수되고, 일부는 도중에서 확산과 재결합으로 소멸한다. 전압을 증가하면 전극에 도달하는 이온의 수가 증가하여 그림 4.9의 곡선 OA와 같이 된다. 전압을 더욱 상승하면 이온의 전부가 도중에서 소멸할 시간 여유가 없이 전극에 도달하므로 곡선 AB와 같이 포화된다. AB간은 이온의 전부가 전극으로 이동되는 상태를 나타내며 이때의 전류는 우주선이나 방사선의 조사에 의하여 제어된다. 만약 밀폐한 암상자 속에서 외부로부터의 방사선을 차단하고, 또는 그 반대로 강한 방사선을 비추어 생성하는 이온의 수를 증감시키면 전류의 크기도 증감한다. 이와 같이 기체 속에 존재하는 이온에 의하여 생기는 전류를 암류(dark current)라고 한다. 그림 4.9의 B점부터 전압을 증가하면 이온의 가속도가 커져서 큰 운동에너지를 갖게 된다. 이러한 이온이 전극에 도달하는 도중 충돌에 의하여 중성 원자를 전리시켜 이온을 생성하므로 이온의 수가 가속적으로 증가되어 전류는 급격히 증가하고 약한 빛을 내면서 즉시 글로우방전(Glow Discharge)로 이행한다. 이와 같이 암류(暗流)에서 발광방전으로 이행하는 순간의 전압이 높은 과도상태를 불꽃방전(Spark Discharge)이라고 하며 이때의 전압을 불꽃전압(Spark Voltage)이라 한다. 전류가 급증하는 과도현상을 설명하는데 두 가지 대표적인 해석이 있다. 그 하나는 비교적 저기압, 단전극인 경우에 실험과 잘 일치하는 Townsend이론이며, 다른 하나는 상기압, 장전극인 경우에 적합한 Streamer이론이다. 더욱 전압을 높이면 양이온이 음전극의 금속과 충돌할 때 그 금속의 전자가 비출(飛出)하게 된다. 이러한 상태에서는 X선에 의한 외부 작용이 없어도 자동적으로 전자가 공급되므로 방전이 자속(自續)된다.

이러한 방전에 관한 현상을 다음의 2가지로 분류한다. 즉, 전자의 생성 원인을 외부 작용에 의존하는 방전을 비자속방전(非自續放電) 내부 작용에 의존하는 것을 자속방전(自續放電)이라 한다. 따라서 비자속 방전에는 외부원인을 제거하면 곧 방전이 정지한다. 불꽃방전 후 만약 전압 p와 전극갭의 길이 d와의 적(積) pd가 작고, 또한 직렬고저항에 의하여 방전전류를 제한하면 글로우 방전으로 이행하며, pd가 크든지, 또는 직렬저항이 낮아서 방전전류가 크면 즉시 아아크(arc)방전으로 이행하여 완전한 절연파괴로 된다. 불꽃전압을 안다는 것은 기체절연물의 전기적 파괴강도를 아는 것이 되므로, 이 불꽃전압이 어떤 요소에 의하여 지배되고 있는가를 알아보면 다음과 같다.

① 기체의 종류
공기보다 불꽃전압이 낮은 기체도 있으나(H_2, Ar, Ne 등), 공기보다 훨씬 불꽃전압이 높은 기체도 있다(CCl_4, CCl_2F_2, SF_6 등).

② 전극의 형상
비교적 곡류가 큰 경우, 불꽃이 발생하기 이전에 낮은 전압에서 코로나가 발생하게 된다. 따라서 코로나가 발생하지 않을 때보다도 일반적으로 불꽃전압은 저하한다. 한편 불꽃의 늦음도 증대하여 공기온도의 영향을 받게 된다.

③ 습도
코로나 방전을 경유하지 않을 때에는 습도의 영향을 받지 않는다. 코로나를 경유한다고 하더라도, 글로우 코로나에서 직접 불꽃으로 이행하는 방전을 할 때에는 습도의 영향이 적다.

④ 전극재료
대기압 속에서 수 cm 이상의 거리에 놓여진 전극인 경우에는 전극재료에 의한 차이는 거의 없다. 그러나 가스밀도 또는 전극거리가 작은 경우, 또는 가스압이 심하게 높을 경우에는 전극재료에 의한 차이가 나타난다.

⑤ 직류와 교류

직류인 경우 전극이 비대칭이면 극성에 따라 불꽃전압이 달라진다. 겉보기에 있어서 대칭전극이라 할지라도 한쪽 극이 접지되어 있는 경우에는 전계분포가 비대칭이 되므로 극성의 차이가 나타난다.

상용주파교류인 경우에는 그 최대값이 직류 불꽃전압과 대략 일치할 때 불꽃을 발생한다. 전극이 비대칭이면 불꽃전압이 낮아지는 쪽의 위상에서 불꽃이 발생한다.

교류불꽃전압을 표시할 때, 교류전압의 최대값을 쓰는 편이 조금 합리적 이므로 최근에는 최대값으로 표시하는 일이 많아졌으나, 실효값으로 표시하는 편리한 경우도 있으므로 때에 따라서는 실효값을 사용한다. 따라서 양자를 혼동하지 않도록 주의를 해야 한다.

⑥ 주파수

10^4 사이클(cycle) 이상으로 되면, 주파수의 영향이 나타난다.

⑦ 충격파

μs(10^{-6} sec)로 측정하는 정도의 단시간에 감쇠해 버리는 충격성전압인 경우에 불꽃전압은 직류 또는 교류에 비교하여 상승하며 불꽃의 늦음이 큰 전극일수록 그 상승은 심하게 된다.

⑧ 소사(照射)

코로나를 경유하지 않는 경우, 자외선 또는 γ선 등으로 전극을 조사하면 불꽃전압의 부정(변동)이 적어지고, 시간의 늦음도 감소한다. 불꽃전압값도 저하되는 경우가 있다. 이 밖에 전극치수, 전극거리, 온도, 가스압 등의 요소에 의해 불꽃전압이 좌우된다는 것이 여러 실험을 통하여 알려져 있다.

(2) 코로나 방전

공기 중에 놓인 전극간의 전위차가 불꽃전압에 도달하면, 이른바 불꽃방전에 의하여 양전극이 단락된다. 그러나 전극의 형상이 침단, 가는 선, 모가 난 판자 등과 같이 국부적으로 전계가 집중되기 쉬운 경우에는 불꽃전압에 도달하기 전에 전계가 집중되어 있는 부분에만 먼저 자속방전이 발생하여(절연성이 파괴하여), 다른 부분은 절연이 파괴되어 있지 않은 상태를 경유한다. 이러한 방전을 코로나(Corona) 또는 국부파괴(Partial Breakdown), 불안전파괴(Uncomplete B.D.), 부분방전이라고 부른다. 그리고 코로나가 발생하는 전압을 코로나개시전압 또는 간단히 개시전압이라고 부른다. 하나의 침단에서 발생하는 코로나에 의한 전류는 보통 μA 정도이므로, 만약 코로나가 발생하여도 절연상 그다지 피해를 받지 않는 일도 있으나, 경우에 따라서는 코로나의 발생이 불리하게 되는 일도 있다. 가령 송전선도체에서 코로나가 생기면 한 점에서 나오는 전류는 작아도 전장에 거쳐 합산하면 매우 큰 전류로 되어 전력손실을 초래하고, 소호선륜(Peterson Coil)의 동작을 둔화시키고 라디오 장해, 금속도체의 부식 등의 영향을 나타낸다. 또 기기의 절연에 대하여는 가까이에 유기물이 공존하면 코로나에 의하여 발생한 산화질소(NO), 오존(O_3), 전자충격 또는 발열에 의하여 절연물이 노화하는 원인으로 된다. 특히 고주파 코로나는 해가 크다. 또한 코로나 경유 유무에 따라 불꽃전압의 성질이 좌우되므로 그러한 뜻에서 코로나 발생의 유무가 중요시되는 일이 있다. 한편 전기집진기 등에서는 코로나가 유용하게 이용되고 있다.

그림 4.10과 같이 침대평판전극에 직류고전압을 인가하면 코로나방전은 침단전극측에 발생한다. 침단측이 양극인 경우를 정성코로나, 침단측이 음극인 경우를 부성코로나라고 부르고 있으나 양자의 성질은 매우 다르다. 그것은 전자와 양이온과의 이동능도(Mobility)나 전이확률이 매우 다르기 때문이다.

① 정성 코로나

전압을 점차로 올릴 경우, 처음에 나타나는 코로나는 그림 4.10(a)와 같이 침단부가 미광의 막으로 싸여진 상태의 것이다. 이와 같은 형태를 글로우 코로나(Glow Corona, 운광(暈光) 코로나)라고 부른다. 이 코로나로 인하여 흐르는 전류(코로나전류)는 μA 정도이며 맥동은 매우 적다.

전압을 더욱 올리면, 그림 4.10(b)와 같이 모필상(毛筆狀)의 코로나로 나타나는데, 이를 브러시 코로나(Brush Corona, 망광코로나)라고 부른다. 전류는 맥동을 수반하고, 매우 높은 고주파 성분을 포함한다. 그리고 특유한 코로나 音을 낸다(슈우, 지이와 같은 소음). 또 경우에 따라서는 그림 4.10(c)와 같이 양전극간이 가는 선조로 연결된 것같이 보이는 수가 있다. 이것을 Streamer 코로나(선조 Corona)라고 부른다. 위의 3종의 것은 언제나 꼭 나타나는 것이 아니고, 전극의 형상, 극간의 거리 등에 따라 어느 형식에서 불꽃으로 이행하느냐가 결정된다. 글로우 코로나는 공기의 온도에는 거의 영향을 받지 않으나, 브러시 코로나 및 Streamer 코로나에서는 습도가 높을수록 그 발달이 저해된다.

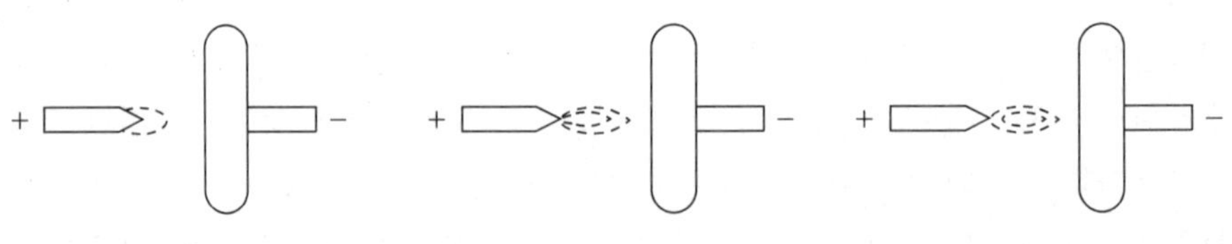

(a) 글로우 코로나　(b) 브러시 코로나　(c) 선조 코로나

그림 4.10 정성 코로나의 종류

② 부성 코로나

부성 코로나의 형식은 브러시 코로나 때와 비슷하나, 정성 코로나인 경우에 비하여 전압 상승과 함께 심하게 발달하는 일이 없이 불꽃으로 이행한다.

4.2.2 뇌방전

높은 곳에 쳐진 긴 수평식 공중선을 대지에 절연한 채로 놓아두면, 청천(晴天)인 경우에도 꽤 높은 전위로 충전되어 있어 접촉하면 위험하다. 그 전위는 지형, 날씨, 시각 등에 따라 변화하나 일반적으로 지상에서 높을수록 높아지고, 전위경도는 지면에 가까운 곳에서 약 +100 V/m 정도 고공으로 되면 지수·함수적으로 감소한다.

낙뢰 직전의 지면 가까이의 전위경도는 30 kV/m 정도이며, 어떤 경우에는 더 큰 실측예가 있다. 항공기나 기구에 의한 뇌운 속에서도 상부가 정, 하부가 부전위인 경우가 많고, 전위경도는 뇌방전 직전에서 2～3, 4 kV/cm인 실측예가 있다. 이 값은 상압에서의 침단간극의 5 kV/cm의 약 ½정도이나, 수적(水適)에 의한 대기의 도전성의 증가, 저기압에 의한 파괴전압의 저하 등이 있을 것으로 생각되어 뇌방전로의 길이를 수 km 정도로 한다면, 뇌운의 수억 내지 수십억 V 정도로 추측된다.

뇌방전은 뇌운과 대지간의 방전인 낙뢰와 뇌운과 뇌운사이의 운간방전으로 나누어진다.

4.3 송전계통의 이상전압

4.3.1 이상전압 원인

송전계통에 발생하는 이상전압은 내부적인 원인에 의한 것과 외부적인 원인에 의한 것의 두 가지로 대변할 수 있다. 내부적인 것으로써는 충전전류나 고장전류의 차단 시 생기는 개폐이상 전압, 지락, 단선 등의 고장에 의한 고장 이상전압 등이 있다. 외부적인 원인으로써는 유도뇌, 직격뇌, 다른 고전압선과의 혼촉이나 유도 등이 있으며, 특히 뇌에 의한 이상전압은 파고치가 대단히 높고 그 경과지에 따라 발생 빈도도 많으므로 송전계통에서의 이상전압 중 가장 가혹한 것으로 안전의 측면에서 대책 및 방호가 요구된다.

(1) 직격뢰

가공전선로상에서 뇌의 직격을 받았을 때는 현재의 송전선로에서 아무리 절연을 강화하여도 이것에 견딜 수 없어 반드시 섬락을 일으킨다. 직격뇌에 의한 충격파 파고치는 극히 높고, 1,000만 V 이상이라고 추정되고 있으며, Tf = 10^{-10} μs, Tt = 10^{-10} μs 정도이다. 견딜 수 있는 이상전압의 최대치는 애자의 충격파 섬락전압과 거의 같고 200 kV선로에서는 약 1,200 kV, 110 kV 선로에서는 약 700 kV, 66 kV 선로에서는 약 500 kV이다. 애자가 절연 파괴되면 철탑을 통하여 대지로 방전하므로 안전밸브의 역할을 한다.

철탑을 흐르는 전류는 대부분 60 kA이고, 100 kA를 넘는 것은 드물다. 뇌의 직격을 방지하려면 보통은 철탑정부에 가공지선(Ground Wire)인 강선을 설치하고, 또 철탑의 탑각 접지저항을 낮게 한다. 가공지선과 전력선을 연결하는 직선이 가공지선으로부터의 연직선과 만나는 각도를 차폐각(Shielding Angle)이라고 하고, 이 각도가 적을수록 차폐효과가 크다. θ는 약 45°로 한다. 가공지선을 2선으로 하면 θ는 적어지고 차폐율이 높아지므로 뇌가 많은 지방의 가공선로와 발변전소에 근접한 선로에서는 2선으로 한다.

(2) 유도뇌

뇌운이 송전선에 근접하면 정전유도에 의하여 뇌운에 가까운 선로부분에 뇌운과 반대극성의 구속전하가 발생하고, 뇌운에서 먼 선로부분에는 이것과 동량이고, 극성이 반대인 자유전하가 생긴다. 자유전하는 애자나 코로나에 의한 누설때문에 없어지고, 선로에는 구속전하만 남는다. 이 뇌운이 대지와 타뇌운과의 사이에서 방전하면 선로의 구속전하는 갑자기 자유전하가 되어서 대지 간에 전위차를 만들고, 선로를 따라 좌우 양쪽에 진행파가 되어서 전파한다. 직격뇌에 비해 유도뇌의 발생회수는 훨씬 많으나, 파고치는 200 kV를 초과하는 것이 드물고 대부분은 수만V 정도이며 66 kV 이상의 송전선에서는 애자의 절연파괴를 일으키지 않으므로 그 설계에 대하여는 직격뢰에 대해서만 대책을 생각하면 되고 유도뇌에 대해 고려할 필요가 없다.

4.4 인체의 피해 방지 대책

장마기간 중이나 갑작스런 천둥을 동반한 소나기가 오는 경우에는 낙뢰의 직격에 대한 위험성이 높다. 등산 중이던 사람이나, 들판에서 작업하던 사람, 골프장에서 비를 피하던 골퍼 등 직격에 대한 희생자는 많이 발생하여 왔다. 여러 사례를 분석하면 다음과 같은 경우에 벼락의 직격을 받는 경우가 많다.

① 인체에 헤어핀이나 모자의 금속 단추 등이 있는 경우, 거기에 벼락이 떨어지기 쉽다.
② 나무 밑에 피난하면 마치 피뢰침 아래에 있는 것 같아 안전하다고 생각하기 쉽지만, 나무에 낙뢰한 경우 나무 곁에 있는 사람에게 전기가 튀어 온다. 집안에서도 기둥 가까이 있지 말라는 것은 그러한 피해가 옛부터 있었기 때문이다. 즉, 역섬락의 일종이라고 생각 된다. 규정에는 피뢰설비로부터 1.5 m 떨어진 장소를 안전범위로 생각하고 있다.
③ 텐트같은 작은 집안에 있을 때 집 자체에 낙뢰한 경우는 쇼크를 받는 정도며 피해는 크지 않다. 이것은 동전기의 감전에 의한 쇼크와 비슷하다.
④ 넓은 장소에서 사람이 돌기물이 된 경우, 그 사람에게 낙뢰한다.
⑤ 먼 곳의 뇌성을 들은 정도일 때도 돌연 낙뢰하여 재해를 입는 경우가 많다.

벼락의 직격으로 인한 재해는 거의 치명적이므로 세심한 주의가 요망되며 옥외에서 뇌성을 들은 경우는 다음과 같은 배려가 필요하다.

① 낮은 곳으로 이동하여 몸을 낮춘다.
② 몸에 있는 금속물을 신속하게 몸에서 제거한다.
③ 쇠기둥이나 나무 밑에 대피할 때는 2 m 이상 떨어진다.
④ 천둥소리를 들으면 가급적 빨리 피난하여 건물 안으로 들어간다.
⑤ 골프장 등에서는 가급직 징시긴 대피 막사 안에 들어가 있는다.

Chapter 5

전기작업 안전

5.1 개요

전기를 동력원으로 이용한 작업이나 전기설비에 근접하여 작업하는 경우에는 전기재해 중 감전재해에 대한 위험성이 매우 높다. 특히 배전선로의 건설 또는 보수작업은 주상작업이며 더욱이 충전된 상태에서 작업을 행하는 경우가 많으므로 감전에 의한 재해, 추락에 의한 재해로 인하여 인명을 잃거나 부상을 당하는 사고가 빈번하다. 이들의 원인은 불가항력에 의한 것도 있으나 그 대부분은 피해자의 과실, 부주의 등 불안전한 행위에 의한 것으로 적절한 방법, 대책을 강구하면 상당수의 재해를 미연에 방지할 수 있다. 정전작업안전, 활선작업안전 및 용접작업안전의 개념 및 일반적인 주의사항에 대하여 기술한다.

5.2 정전작업 안전

(1) 정전작업(停電作業)

전로 또는 그 지지물의 신설, 증설, 이설, 접속, 교체, 점검, 수리 등의 전기공사를 안전하게 행하려면 전로를 정전시키고 행하는 것이 바람직하다. 그러나 전선로 등의 설비상의 고장에 의한 정전을 시키는 일은 날이 감에 따라 어렵게 되고 정전은 적극적으로 피하지 아니하면 아니 되며 예컨대 정전하는 경우에도 가급적 정전구간이나 시간을 단축하여 행하거나 또한 심야 새벽에 작업을 하게 된다. 이 때문에 정신적으로 육체적으로도 피로하기 쉬우므로 무리한 작업계획으로 되지 않도록 배려해야 하며, 송전 예정 시간에 작업을 종료하지 못했을 때 작업원의 기분이 조급해져 작업 종료 직전에 생각지도 아니한 재해를 일으키는 경우도 있다. 근로자 자신과 제 3자의 착각, 오인이나 기기의 오동작 등에 의해 기인하는 재해를 방지하기 위해 개폐기의 시건, 출입금지표시, 검전, 단락접지기구의 설치, 「공사 중 송전금지」 등의 표시를 설치한다.

1) 작업 전의 교육 철저

작업 감독자는 작업 전에 작업자 전원에 대해 작업의 목적, 장소, 정전의 범위, 작업의 방법 순서 및 작업 분담, 단락(短洛)접지의 설치 위치, 다른 작업조와의 관계, 작업 종료 시의 연락 등에 대해서 철저히 교육(Education)해야 한다.

2) 정전의 조작

정전을 위한 개폐기(開閉器) 조작은 반드시 책임자의 지시에 의해 행하며 조작자는 지시에 대해 잘못 듣거나 착각이 없도록 확실하게 복창하고 현장을 잘 확인하고서 작업에 임해야 한다. 정전시킬 때 사용한 전원 스위치함을 시건하거나 그 스위치에 통전금지표시를 하거나 또는 감독자를 배치시켜 스위치의 조작을 통제해야 한다. 예를 들면 금속함 개폐기의 조작용 레바를 체인으로 시건하는 방법, 커바나이프스위치 같이 퓨즈가 있는 개폐기의 경우는 퓨즈를 제거해서 작업책임자가 보관하는 방법 등이 있다.

3) 검전기에 의한 정전의 확인

작업자는 작업을 착수(着手)하기 전에 반드시 검전기(檢電器)로 검전을 하여 충전의 유무를 확인하고 나서 작업에 착수해야 한다. 개폐기를 개방하여 정전하고 있다고 생각하여도 루프(Loop)로 되어 있기 때문에 충전될 수 있으며, 또는 개폐기를 개방하였어도 고압선(高壓線)이 활선으로 될 수 있으며 다른 선로와의 혼촉, 유도, 자가 발전에서의 역가압 등에 의해 정전된 선로가 충전될 수 있기 때문에 감전으로 인한 예기치 아니한 재해가 발생되는 일이 있다.

4) 잔류전하의 방전

전력케이블을 사용하는 경우나 이것과 용량이 큰 전동기기나 역율개선용 전력콘덴서 등이 접속되어 있는 경우에는 전원을 차단한 후에도 케이블전선이나 기기 중에 전하가 존재하게 된다. 그러나 전동기기나 케이블의 잔류전하는 시간이 경과함에 따라 자연히 방전되지만 전력용 콘덴서 등의 잔류전하는 장시간 존재하게 된다. 이와 같은 잔류전하에 의한 감전의 위험을 방지하기 위해서는 방전기구등을 이용하여 잔류전하를 완전히 제거시켜야 한다.

5) 단락 접지의 설치

작업에 착수할 때는 먼저 검전기로 충전의 유무를 확인하고서 고압선에는 반드시 단락 접지를 한다. 이는 작업 중에 만일 충전될 경우의 감전 방지를 위해서이다. 단락 접지를 설치할 때의 주의 사항은 다음과 같다.

① 단락 접지의 설치는 정전 때문에 개방된 개폐기의 부하측 또는 작업 현장 부근에서 전원측에 가까이 설치한다.
② 작업 구간에 대한 전원이 2개소 이상 있을 때는 가급적 각각 전원마다에 전원에 가까이 설치한다.
③ 접지할 경우에는 먼저 한단을 접지봉에 연결하고 타단을 전선에 접속할 것.
④ 접지는 보기 쉬운 장소로 골라 붉은 기나 기타의 표식을 달 것.
⑤ 접지를 제거할 경우에는 반드시 ③의 역으로 접지봉을 뒤에서 제거할 것.
⑥ 송전 금지 표찰의 설치 정전 작업 때문에 개방한 개폐기는 다른 사람이 과오로 투입하는 일이 없도록 작업 중 또는 송전하지 말 것 등의 송전 금지 및 작업 조명을 명기(明記)한 표식을 설치해 두어야 한다. 이 일은 특히 소속이 다른 2개조 이상이 작업 장소가 동일 구역 내에 있어서 작업할 때 필요하다.
⑦ 정전 시간의 엄수 정전 시간이 연장될 경우에는 수용가에게 피해를 주게 되므로 예정 시간에는 확실하게 송전할 수 있도록 작업 계획을 작성하고 작업 전에 충분한 타협을 하여 순서대로 작업을 진행 반드시 정전 시간 내에 끝마무리를 하여야 한다.

5.3 활선작업 안전

활선작업이란 전기를 통한 채로 작업을 하는 것으로써 정전을 할 수 없는 경우에 시행한다. 전기의 수요가 급증됨에 따라 수용가 서비스(Service) 향상을 위한 공급 신뢰도 개선 측면에서 정전에 의한 작업은 차츰 곤란해져 활선작업(Live Line Work)을 행할 기회가 많아진다. 고압 이상의 전압이 가압된 선로나 기기(機器)에서 활선작업조가 활선 장구를 사용하여 행하는 활선작업은 가장 숙련된 기술을 요하는 위험한 작업이므로 기량이 뛰어난 정신적으로나 육체적으로나 건전한 사람을 선택할 필요가 있다. 활선작업에는 22 kV급 이상의 송전 설비에서 행하는 송전 활선작업과 3.3 kV급 이상 22 kV급 이하의 배전 설비에서 행하는 배전 활선작업이 있다. 고압 및 특별고압은 모든 조건이 같은 상태에서는 저압에 비하여 훨씬 위험한 것은 말할 것도 없다. 전격의 위험성은 전압의 고저에는 직접 관계되지는 않지만 인체의 통전전류는 인체의 내부저항 및 전류의 유출입 부분의 저항(피부와 저항 장갑 등의 저항)에 크게 영향을 받는다. 인체의 내부저항은 거의 일정하므로 전류의 유출입 부분의 저항이 같은 조건이라면 저전압에 비하여 전압이 높아질수록 더욱 위험해 지게 되는 것이다. 또한 피부의 저항은 전압이 1,000 V 이상이 되게 되면 절연파괴를 일으킬 우려가 있으므로 더욱 위험한 것이다. 저압에 의한 감전재해는 충전부분에 인체의 일부가 직접 접촉하여 발생하는 것으로서 일반적으로 큰 화상을 동반하지는 않는다. 그러나 고압이상으로 되면 충전부에 인체가 직접 접촉하지 않더라도 어느 한도 이상 인체가 충전부에 가까워지면 인체와 충전부 사이에 있는 공기의 절연이 파괴되어 단락을 일으키게 된다. 이때에 인체에 흐르는 전류는 직접 접촉하였을 경우와 크게 차이가 없을 뿐만 아니라 아크(Arc)에 의하여 심한 전기화상을 동반할 수 있다. 또한 충전되어 있는 송선실비 주변의 전계 중에 인체가 들어가게 되면 정전유도에 의하여 인체에 전하가 축적되고 그때 인체의 일부가 접지물에 닿게 되면 인체의 전하가 방전되어 전격을 받게 된다. 따라서 활선작업이나 근접 작업에 있어서는 제반 규정을 준수하고 활선작업용구 사용, 보호장구의 철저한 착용 등 사고에 대비하여 가능한 한 모든 수단을 강구하는 것이 바람직하다.

5.4 용접작업 안전

일반적으로 말하는 용접이란 가열 용접을 의미하며 가스 연소, 아크 등의 열을 이용해서 접합해야할 금속의 접촉부를 용융하여 양쪽의 원자를 융화시켜서 결합시키는 방법이다. 이 중 열원으로서 아크를 이용하는 아크 용접은 현재 가장 널리 사용되고 있는 금속접합법이다. 이 방법은 모재와 전극 사이에 아크를 발생시켜 그 아크열을 이용하여 모재와 전극 또는 용가재를 녹여서 모재와 모재를 결합시키는 방법이다. 아크 용접작업 중에 발생하는 감전재해는 주로 출력측 회로에서 발생하고 있으며 특히 무부하일 때 그 위험도는 더욱 증가하나 안정된 아크를 발생시키기 위하여 어느 정도 이상의 무부하 전압이 필요하다. 아크를 발생시키지 않는 상태의 출력측 전압을 무부하 전압이라고 하고 이 무부하 전압이 높을 경우 아크가 안정되고 용접작업이 용이하다. 하지만 무부하 전압이 높아지게 되면 전격에 대한 위험성이 증가하므로 한국공업규격(KSC)에서는 400 A 이하의 용량에서는 무부하 전압을 85 V 이하, 500 A 이상의 용량에 대해서는 95 V 이하로 규정하고 있다. 이러한 전압에서도 주위 환경이 우천으로 인해 많은 습기를 함유하고 있거나 더운 날씨로 인해 근로자가 땀을 흘리게 되면 인체의 피부저항이 저하하여 용접작업중에 전격을 받아 사망하는 경우도 있다. 이러한 재해를 방지하기 위해 교류 아크 용접기의 자동전격방지장치(이하 전격방지장치)는 아크 발생이 중단된 후 약 1초 이내에 출력측 무부하전압을 자동적으로 25 V 이하(전원전압에 변동이 있을 경우 30 V 이하)로 강하시켜서 전격의 위험을 방지하고 있다.

현재 산업안전보건법에는 무부하시 전압을 25 V 이하로 규정하고 있다. 교류 아크 용접기는 입력측에 전원 전압을 공급하면 용접을 하지 않는 무부하시에도 용접기의 종류 또는 노후상태에 따라 약 2 ~5 kVA 정도의 무부하 손실이 있으며 이를 유효 전력으로 환산하면 약 500 W ~2 kW 정도가 된다. 이를 국내에 보유하고 있는 용접기의 총대수를 30만대로 추정하여 손실되는 무부하 전력을 계산하면 대단히 크며 이로 인해 전기의 선로송전에도 큰 지장을 초래한다. 선로송전을 개선하기 위하여 단위공장에 역율진상용 콘덴서를 설치하는 방법도 있으나 그 설치비용이 대단히 커서 현실적으로 곤란한 상태이다. 따라서 각 용접기 입력측에 전자개폐기(Magnet Switch) 또는 개폐반도체소자(SCR, TRIAC) 등을 설치하여 무부하시에는 주전원을 차단시킴으로써 무부하 손실을 절감할 수 있는 방안이 필요하며 이러한 전자장치를 절전장치라고하며, 일반적인 전격방지장치 내에는 이런 절전장치가 내장되어 있다.

5.4.1 아크 용접 장치의 개요

(1) 구성

아크 용접장치는 아크 용접기, 1차측 및 출력측 배선 외에 전원스위치, 자동전격 방지장치, 용접봉 호울더, 용접봉 등의 부속품으로 되어 있으며 그림 4.11과 같이 접속하여 사용한다.

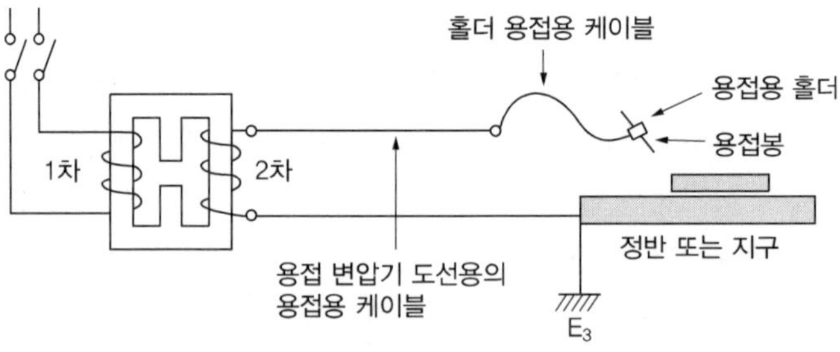

그림 4.11 용접장치의 구성과 접속

(2) 아크 용접기의 분류

전원의 종류에 따라 직류 아크 용접기, 교류 아크 용접기로 나누고 용접방법에 의한 분류로는 수동 아크 용접기, 반자동, 자동 아크 용접기로 나누어진다.

(3) 직류 아크 용접기와 교류 아크 용접기의 비교

처음에는 직류 아크 용접기가 많이 사용되었지만 최근에는 교류 아크 용접기가 많이 사용되고 있다.

① 직류 아크 용접기의 종류 : 직류 아크 용접기는 아크가 안정되어 있기 때문에 두께가 얇은 재료나 비철금속 등의 용접에 적당하며 전원관계, 운전비 등의 많은 장점을 가지고 있으나 교류 아크 용접기에 비하여 고가 이므로 부분적으로 사용되고 있다. 직류 아크 용접기에는 전동발전형, 엔진구동형, 정류기형 등이 있다. 전동발전형은 3상 유도전동기로 용접용 직류 발전기를 돌려서 전원을 얻는 방법이다.

엔진구동형은 전원설비가 없는 장소나 이동용으로 사용되는 것으로 용접용 직류 발전기와 가솔린 또는 디젤 엔진을 연결 또는 벨트구동 하는 것이다.

정류기형은 셀렌 정류기에 의해 3상 교류를 직류로 변환하는 방식으로 회전부가 없으므로 취급 보수가 용이하며 소음이 적은 장점이 있다.

직류 아크 용접기의 극성에는 (+)극과 (−)극이 있으며 모재를 (+)극에 접속하고 용접봉을 (−)극에 접속한 경우를 정극형이라 하며 접속을 반대로 한경우를 역극성이라 한다. 정극성의 경우에는 모재에의 융합을 깊이 할 수 있고, 역극성의 경우에는 얕게 할 수 있다(그림 4.12 참조).

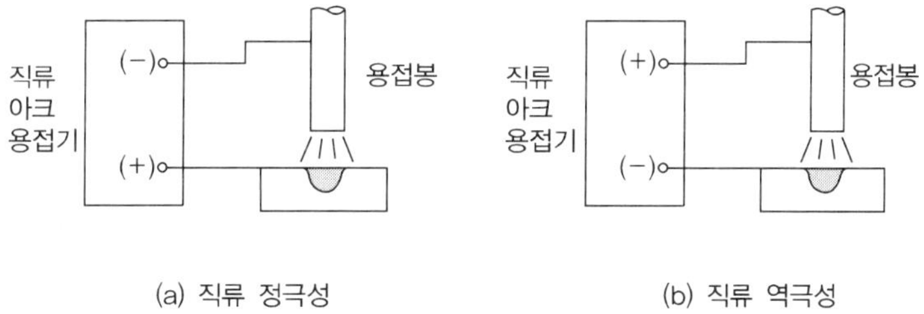

그림 4.12 직류 아크 용접기의 극성

② 교류 아크 용접기의 종류

아크를 발생시키지 않는 상태의 출력측 전압을 무부하 전압이라 하고 이 무부하 전압이 높을 경우 아크가 안정되고 용접작업이 용이하다. 하지만 무부하 전압이 높아지게 되면 전격에 대한 위험성이 증가하므로 한국공업규격(KSC)에서는 400 A 이하의 용량에서는 무부하 전압을 85 V 이하, 500 암페어 용량의 것에 대해서는 95 V 이하로 규정하고 있다.

교류 아크 용접기에는 다음 두 가지 형이 있다.

㉠ 가동철심형 교류 아크 용접기

현재 우리나라에서 가장 많이 쓰이는 형으로서 전류조정은 그림 4.13과 같이 변압기의 철심 M_1, M_2외에 제3의 철심 M_3를 설치하고 이것을 움직여 누설자속의 크기를 변화시켜 전류의 크기를 조정한다. 이때 보 통 철심 M_1, M_2에서 2차 권선을 tap 절환하여 전류를 크게 조정하고 세밀한 조정은 가동철심 M_3로 하도록 되어있다.

그림 4.13의 (a)위치로 있을 때가 최소전류, (b)가 중간, (c)위치가 최대가 된다.

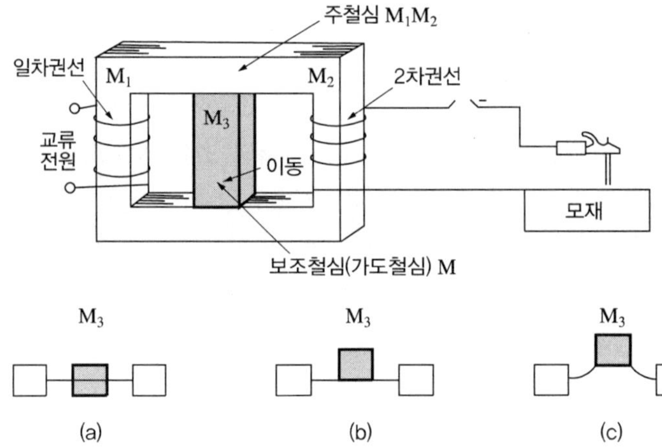

그림 4.13 가동 철심형 교류아크 용접기

㉡ 가동 선륜형 교류아크 용접기

2차 권선을 고정하고(고정선륜) 1차 권선(가동선륜)을 핸들의 조작에 의해 상하로 이동시켜서 누설리액던스의 값을 변화시킴으써 전류를 조정한다(그림 4.14 참조).

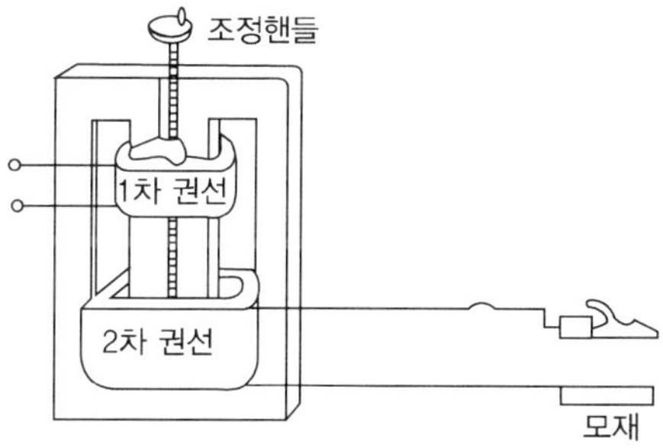

그림 4.14 가동 선륜형 교류아크 용접기

(2) 아크 용접의 전격위험

대지에서 용접작업을 하고 있는 작업자가 Holder의 충전부분이나 용접봉 등에 접촉해서 감전된 경우 통전전류는 대략 다음과 같은 식에 의해서 구해진다.

$$I = \frac{E[V]}{R_1[\Omega] + R_2[\Omega] + R_2[\Omega]}[A]$$

I : 인체의 통전전류

E : 용접기의 출력측 무부하전압

R_1 : 손 호울드 용접봉 등의 접촉저항

R_2 : 인체의 내부저항

R_3 : 다리와 대지의 접촉저항

예를 들면 $E = 96$ V

$R_1 = 20{,}000[\Omega]$(건조시)

$R_2 = 500 \sim 1{,}000[\Omega]$

$R_3 = 30{,}000[\Omega]$(건조시)이라면 $I = 2$ mA가 되어 생명에는 위험이 없게 된다.

그러나 손발에 땀이 나고 있으면 전류는 약 12배가 되고 물에 젖어 있으면 25배가 되므로 위험하게 된다. 더욱이 1차회로는 200 V이므로 땀 등에 의한 악조건하에서 1차회로에 감전될 경우에는 통전전류가 2배가 되므로 더욱 위험하게 된다. 따라서 보일러 내와 같은 곳에서의 단독 작업은 매우 위험하다. 단 통전시간을 최소로 단축하게 된다면 위험이 감소하게 되므로 감전되었을 경우 즉시 전원을 차단하거나 전압을 낮을 수 있는 조치를 취해 두어야 한다.

(3) 자동 전격방지장치

전격방지장치라 불리는 교류아크용접기의 안전장치는 용접기의 1차측 또는 2차측에 부착시켜 용접기의 주회로를 제어하는 기능을 보유함으로 해서 용접봉의 조작(모재에의 접촉 또는 분리)에 따라 원칙적으로 용접을 할 때에만 용접기의 주회로를 폐로(ON)시키고 용접을 행하지 않을 때에는 용접기 주회로를 개로시켜 용접기 2차(출력)측의 무부하전압(보통 85～95 V)을 안전전압(25～35 V 이하)으로 저하시켜 용접기 무부하시(용접을 행하지 않을 시)에 작업자가 용접봉과 모재사이에 접촉함으로 이해 발생하는 감전의 위험을 방지하고 아울러 용접기 무부하시 전력손실을 격감시키는 2가지 기능을 보유한 것이다.

1) 전격방지기의 동작원리

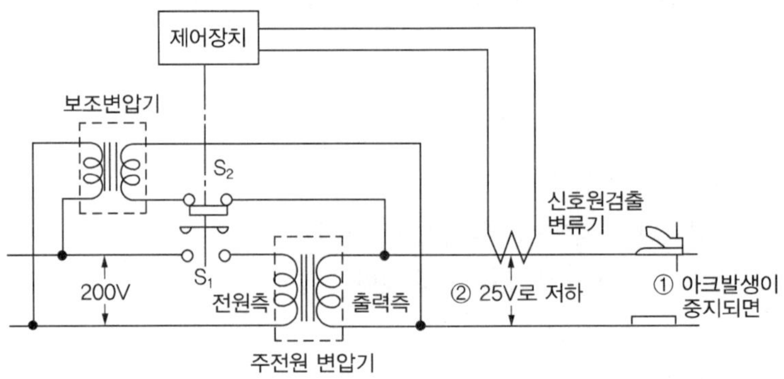

그림 4.15 전격방지기의 회로도

그림 4.15에서 보조변압기와 제어장치 그리고 S_1과 S_2가 전격방지기에 포함되어 있는 부분이며 더 구체적으로 설명하면 전격방지기내에는 용접상태나 용접휴지상태를 감지하는 감지부와 이 감지신호를 제어부로 보내기 위한 신호증폭부, 증폭된 신호를 받아서 주제어 장치를 개폐하도록 제어하는 제어부 및 주제어장치로 크게 4가지 부분으로 구성되어 있다. 이 상태에서 용접을 행하기 위하여 용접봉을 모재에 연결시키면 용접기 2차측은 하나의 폐회로가 되면서 흐른다. 이때 흐르는 전류는 변류기(CT: Current Transformer)를 통해 흐르게 되어 변류기의 출력에는 그 고유의 변류비 만큼의 전류가 흐르게 되는 데 이 전류가 용접을 행한다는 신호원으로 되어 전격방지기내의 저항을 통해 전압으로 바뀌어 진다.

이 전압이 신호증폭에 인가되어 소정의 전압으로 증폭된 다음 제어부에 인가되어 주접점을 구동시키는데 필요한 전압(전격방지기가 접점방식일 경우에는 마그네트 스위치내의 구동코일전압, 무접점일 경우에는 SCR이나 TRIAC의 케이트전압)으로 작용하여 주접점이 폐로되면서 용접기 1차측에는 220 V의 정격전압이 인가되고 용접기 2차측에는 30V 정도의 전압이 인가되면서 아크가 발생한다. 이때는 그림 4.15에서 접점은 S_2가 열리고 S_1은 닫히게 된다. 이렇게 해서 용접이 계속되고 있을 때는 용접기 2차측의 용접전류가 변류기로부터 전격방지기를 구동시키는데 필요한 신호가 계속 전격방지기내에 입력되므로 그 신호가 없어질 때까지 용접이 계속된다.

2) 화재 폭발 재해 방지

용접작업시에는 주위의 가연물 및 폭발성 물질, 가연성 증기 및 가스등에 피용접물의 과열이나 아크 불꽃 등에 인한 인화, 화재, 폭발 등을 일으키지 않도록 충분히 주의해야 한다.

따라서 작업 전에 이러한 가연물질 등을 격리시킬 필요가 있으며, 부득이한 경우에는 불꽃의 비산방지 및 기타 화재, 폭발 등이 절대로 일어나지 않도록 조치를 취하고, 부근에 소화기를 설치하는 등의 배려가 필요하다. 특히 드럼통, 탱크, 배관 등의 용접 수리작업시에 내부에 인화성 액체나 가연성 가스 및 증기가 존재하면 극히 위험하므로, 내용물을 충분히 청소한 후 위험성 물질이 완전히 제거된 것을 확인한 후에 작업에 착수하여야 한다. 또한 작업의 중단 시에 스위치를 넣어 놓고 방치해 두면 제삼자가 잘못하여 충전부에 접촉할 위험이 있을 뿐만 아니라 화재의 원인이 될 수도 있으므로, 작업을 중단하였을 때에는 반드시 스위치를 끊이 두어야 한다.

Chapter 6 전기설비 안전

6.1 개요

전기설비에는 관련되는 법규가 많으므로, 관련법규에 대한 충분한 이해와 연구 및 분석이 필요하다. 전기 사업법에 규정된 전기설비의 정의부터 살펴보면 전기설비란 "발전・송전・변전・배전 또는 전기사용을 위하여 설치하는 기계・기구・댐, 수로, 저수지, 전선로, 보안통신선도, 기타설비(선박, 차량, 항공기의 전기설비 및 단독으로 설치되어 있는 30 V 미만의 전기설비는 제외)를 말한다."

규정에서와 같이 전기설비는 굉장히 방대하며 모든 설비에 대하여 여기서 논하기란 불가능하다. 따라서 본 장에서는 산업안전분야에 관련된다고 생각되고, 모든 전기설비에 있어서 공통성이 많고 기본적인 사항 즉, 전압, 전선, 전로의 절연, 전로의 보호, 기타 위험기구에 관하여 살펴보기로 한다.

6.2 전압

(1) 전압의 종별

빌딩・공장 등의 전기부하(電氣負荷)에 전기를 공급하려면, 먼저 수전전압(受電電壓)과 건물 내에서의 공급전압을 고려하여 이에 적합한 시설을 갖출 필요가 있다. 전압치(電壓値)

에 대한 법규상의 규정을 살펴볼 때, 전압은 저압고압특별고압의 3단계로 표 4.5와 같이 구분되어 있다.

표 4.5 전압의 종별

전압종별	직 류	교 류
저압	750 V 이하	600 V 이하
고압	750～7,000 V 이하	600～7,000 V 이하
특고압	7,000 V 초과	7,000 V 초과

6.3 전 선

전류를 흘려주는 데 필요한 전선은 나전선(裸電線)・절연전선・코드・케이블통신선 등 그 종류가 매우 많을 뿐만 아니라 각 전선마다 그 전선에 가장 적합한 사용 구분이 있으므로, 이를 잘 식별해서 사용하지 않으면 기술적으로는 위험이 따르게 되고, 경제적으로는 재료비의 증가를 초래한다. 따라서 전선의 종류 선정 및 심선(心線)의 크기 결정은 대단히 중요한 일이 된다.

전선의 굵기는 허용 전류치・전압강하・인장강도(引張强度) 등과 밀접한 관계가 있다.

(1) 종류

전선이나 케이블의 종류에는 절연전선・코드・캡타이어 케이블・고압 케이블・저압 케이블 및 나전선 등이 있다. 도체로는 동(연동 및 경동)・알루미늄 합금・동 합금 등이 사용된다. 절연체나 보호 피복재료로는 천연고무・합성고무・합성수지 등이 사용되고 있으나, 최근에는 합성수지의 발달로 거의 합성수지가 사용되고 있다.

이러한 전선이나 케이블은 그 종류가 대단히 많을 뿐 아니라 종류에 따라 특성에 차이가 있으므로, 설계나 사용 과정에서는 사용 목적에 적합한 것을 선정하여야 한다.

(2) 전선 접속

전선의 접속은 중요한 기술사항에 속하며, 전선을 접속할 때는 전선의 허용전류로 인해서 접속 개소의 온도 상승치가 접속부 이외의 곳의 온도 상승치를 넘지 않도록 하고, 또한 전선 종별에 따라 다음 사항에 주의하여야 한다.

1) 절연전선 상호간, 또는 절연전선과 코드캡타이어 케이블 또는 케이블을 접속할 때,

① 전선의 전기저항을 증가시키지 않을 것

② 전선의 세기(인장하중으로 표시함)를 20% 이상 감소시키지 않을 것. 다만, 점퍼선을 접속하는 경우와 같이 전선에 가해지는 장력(張力)이 전선이 가진 인장하중(引張荷重)에 비하여 현저하게 적을 경우에는 그렇지 않다.

③ 접속 부분은 절연전선의 절연물과 동등 이상의 절연 효력이 잇는 접속기를 사용하는 경우를 제외하고, 접속부분은 그 부분의 절연전선의 절연물과 동등 이상의 절연효력이 있는 것으로 충분히 피복할 것

2) 위 규정 외에 도체에 알루미늄(알루미늄 합금을 포함)을 사용한 전선과 동(동 합금을 포함)을 사용하는 전선과 접속할 때는, 접속 부분에서 전기적인 부식이 일어나지 않도록 유의하여야 함은 물론, 도체에 알루미늄을 사용하는 절연전선 또는 케이블을 옥내 배선·옥측 배선 또는 옥외 배선에 사용할 때 이 전선을 접속하는 경우에는 전선 커넥터를 사용함이 원칙이다.

3) 기타 나전선 상호간, 나전선과 절연전선, 코드 상호간, 캡타이어 케이블 상호간, 케이블 상호간, 또는 이러한 것의 상호간을 접속할 때의 구체적 요령에 대해서는 내선규정이나 기타 참고서를 참조하기 바란다.

(3) 허용전류

전선 및 케이블의 허용전류는 그 종류·도체의 굵기·사용 조건 등을 고려하여 결정한다. 특히, 전선의 온도가 일정치 이상으로 올라가면 절연체의 열화가 촉진되는 관계로 전선으로서의 기능이 상실되기 쉽다. 따라서 각 전선에 대한 허용전류는 각종 절연물의 도체 허용최고온도·주위 온도·사용 장소에서의 기저 온도 등을 충분히 고려한 후 산출한다.

6.4 전로의 절연 및 보호

(1) 절연목적

전로를 대지(大地)로부터 절연한다는 것은 전기설비의 중요한 원칙이다. 전로가 대지로부터 충분히 절연되어 있지 않으면 누설전류로 인한 화재사고·감전사고 등이 야기될 뿐 아니라 전력 손실이 증가하는 폐단까지 일어난다. 따라서 안전하게 부하에 전력을 공급하려

면 사용전압에 따라 모든 전로는 대지로부터 충분히 절연되어야 한다.

(2) 절연저항 및 절연내력

전로 절연의 원칙에 의하여 전로는 대지로부터 절연하여야 한다. 그러나 절연을 실시할 때는 전기설비의 절연성에 대한 신뢰도의 판정을 필요로 한다. 신뢰도 판정법으로 현재 많이 쓰이고 있는 방법에는 절연저항 시험과 절연내력 시험이 있다.

1) 저압 전로의 절연저항

옥내 또는 옥외측에 시설하는 저압 전로(대지로부터 절연하지 않고 사용하는 전기기구는 제외)의 전선 상호간 및 전로와 대지 간의 절연저항은, 개폐기 또는 과전류 보호기로 구분할 수 있는 회로 또는 간선마다 표 4.6 왼쪽 란의 전압 구분에 따라 각각 동표 오른쪽 난에 제시한 값 이상을 유지하여야 한다.

표 4.6 저압 전로의 절연저항치

전로사용전압의 구분		절연저항치(MΩ)
400 V 이하	대지전압 150 V 이하	0.1
	기타의 경우	0.2
400 V 초과		0.4

표 4.6의 절연저항치는 최소치를 규정한 것이며, 신설 공사일 때 초기 값은 1 MΩ 이상을 유지하는 것이 바람직하다고 본다. 저압 전선로 중 절연부분의 전선과 대지 간의 절연저항은 사용 전압에 대한 누설 전류가 최대공급전류의 1/2,000을 넘지 않도록 유지하여야 한다.

2) 고압·특별고압 전로 및 기기의 절연내력

고압·특별고압의 전로 및 기기(機器)에 대한 절연저항은 하나의 기준으로서 의미가 있으나, 사용 전압이 높아짐에 따라 그 효력을 충분히 발휘할 수 없는 경우가 생기므로 절연내력(絕緣耐力) 시험을 통해서 절연 신뢰도를 규정하고 있다.

(3) 전로의 보호

전로는 연결된 기기(機器)의 고장이나 전로 자신의 단락(短絡) 또는 지락(地絡) 등으로 이상전류(고장전류)가 흐를 때를 예상할 수 있다. 고장전류가 흐르는 것을 방치하면 전로의 파손은 물론, 다른 기기 또는 계통 전체가 마비되는 상태도 발생한다. 특히 전등·전열기·

전동기 등에 전기를 공급할 때는 인축(人畜)에 대한 감전, 기계 기구에 대한 손상이 일어나지 않도록 전로보호용으로 개폐기 · 과전류 차단기 · 누전 차단기 등을 시설하여야 한다. 예를 들면, 저압 전로의 전원측에는 퓨즈나 MCCB(Molded Case Circuit Breaker)와 같은 과전류차단기 또는 누전차단기를, 그리고 고압 전로에는 전력용 차단기 등을 시설하도록 규정하고 있다.

1) 누전차단기(Earth Leakage Breaker; 지락차단장치)

전기를 사용할 경우 반드시 절연물로 도체를 보호하고 또는 포장하여 필요한 회로에 전기를 보내 전기에너지를 동력이나 열이나 광의 에너지로 바꾸어 쓰고 있는 것이다. 그러나 절연물이라고 해서 전혀 전기를 통하지 않는다는 것이 아니고 전기적으로 보면 절연물의 저항치가 도체의 저항치에 대해 굉장히 클 뿐이며 어느 정도의 저항(결연저항)은 가지고 있는 것이다.

따라서 이 저항 때문에 절연물에 전압을 가하면 매우 미약한 전류가 흐르므로 이것을 누설전류라고 부르는 것이다. 그러나 절연저항은 절연물이 놓여 있는 장소의 상태에 따라 크게 변화하는 성질이 있으며 또 온도, 습도, 절연물 표면의 더러움 등에 의해 변동하기 때문에 이에 따라 누설전류치도 변하게 되는 것이다.

절연재료들은 어떤 요인에 의하여 점차 열화되는데 그 원인을 살펴보면 열적(Thermal), 전기적(Electrical), 환경적(Environmental) 또는 기계적(Mechanical) 요인의 네 종류로 분류되어질 수 있다. 보통 절연재료에서의 절연 열화(Insulation Degradation)는 열적 및 기계적 요인의 복합요인으로 작용되어져 전기적 성질의 변화를 가져오게 된다.

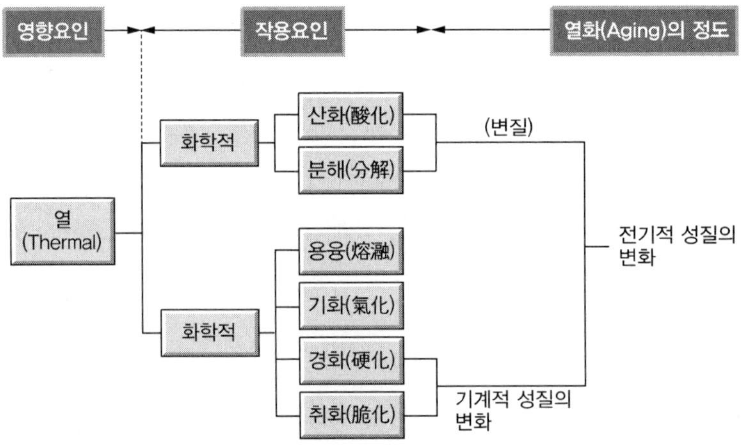

그림 4.16 열적영향요인에 의한 열화과정

그림 4.16에서와 같이 절연의 일차 변화인 열(Thermal)이 주어졌을 때 화학조성의 농도 변화 및 생성물 등이 발생되고 물리적 성질 즉 절연파괴강도의 변화를 가져오게 됨을 알 수 있다. 절연열화가 진보되어 누설전류가 증가하면 여러 가지 사고를 유발한다.

이러한 누전사고를 예방하기 위하여 설치하는 장치가 누전차단기이다. 즉, 누전차단기는 누전이 일어날 때 그 이상을 감지하여 차단하는 지락차단기의 일종으로서 대표적인 전류동작형 누전차단기의 내부는 그림 4.17과 같이 누전검출부, 영상변류기와 차단기구로 구성되어 있다. 그림 4.18처럼 영상변류기에는 주회로 전선의 모두가 관통된 상태로 되어 있으며 회로가 건전할 때는 영상변류기를 통과하는 주로전류와 귀로전류가 같은 값으로 이 전류에 의해 영상변류기의 철심에 발생되는 자속은 서로 상쇄되어 영상변류기에 2차측에 출력은 발생하지 않는다. 그러나 누전차단기로 부터 부하측에 누전사고가 발생하면누설전류가 대지를 통하여 전원으로 되돌아가게 되므로 영상변류기를 통과하는 주로전류와 귀로전류에는 누설전류만큼의 차가 생긴다. 따라서 철심중에는 누설전류에 상당하는 자속이 발생하고 영상 변류기의 2차측에는 누설전류에 비례하는 출력이 나타난다. 이 출력에 의하여 누전차단기구는 동작하여 주접점은 개로된다.

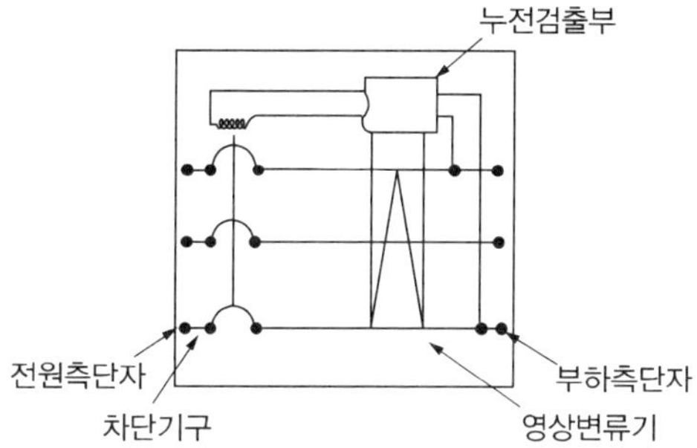

그림 4.17 누전차단기

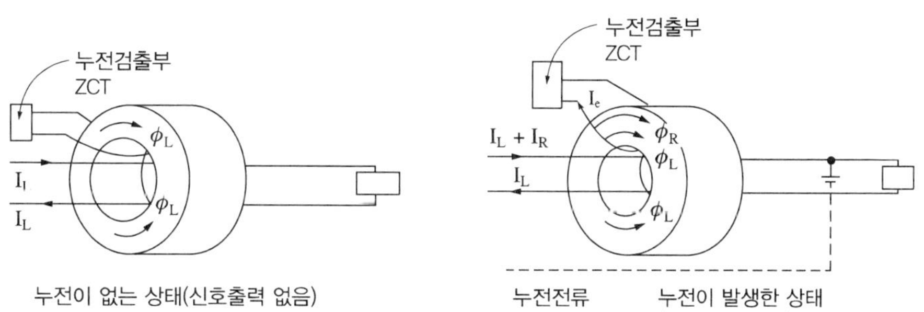

그림 4.18 영상변류기의 원리

2) 누전전류계산

그림 4.19와 같이 설비에서 누전되었을 때 기기외함과 대지 사이에 발생하는 전압과 그 곳에 접촉되었을 때 인체통과 전류를 구하여 보면

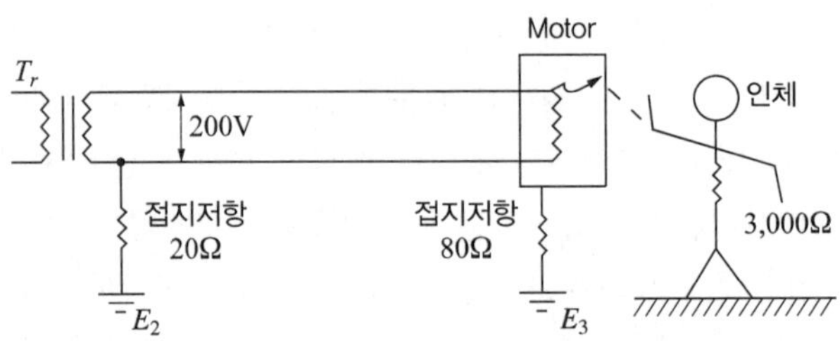

그림 4.19 누전 상황도

전동기에 인체가 접촉되지 아니하였을 때의 지락전류 I_1은

$$I_1 = \frac{220}{20+80} = 2.2[A]$$

따라서 외함의 대지에 대한 전압 V_1은 그림 4.20에서

$$V_1 = 80 \times I_1 = 80 \times 220/100 = 176\ [\mathrm{V}]$$

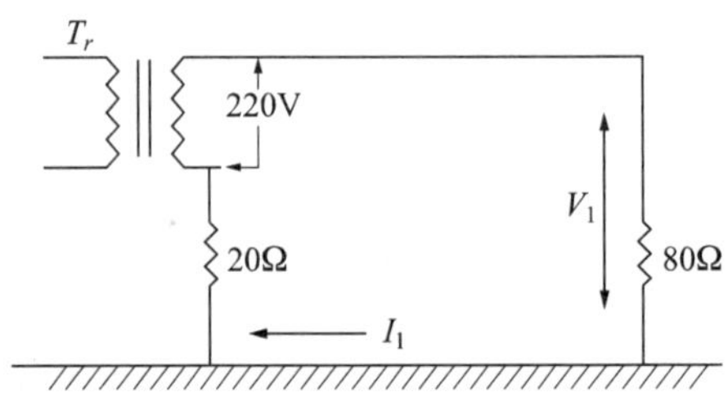

그림 4.20 등가회로

기기에 인체가 접촉되었을 때에는 인체의 저항이 병렬로 가해지므로 인체에 흐르는 전류를 I_2 라고 하면, 그림 4.21에서

$$I_2 = \frac{220}{20(80 \times 3000/80+3000)} \times \frac{80}{80+3000} = \frac{200}{97.9} \times \frac{80}{3,080} = 0.056\ [\mathrm{A}]$$

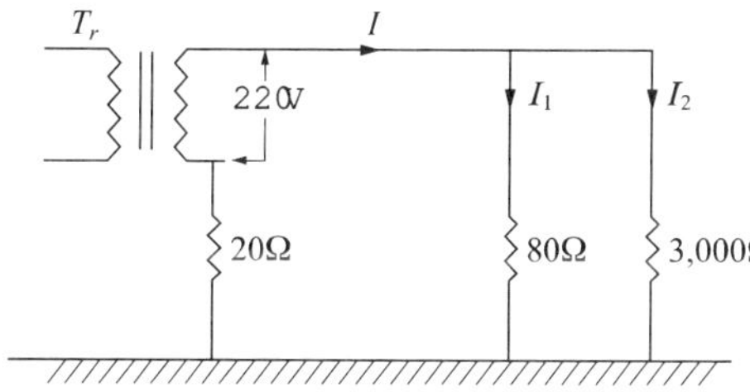

그림 4.21 인체접촉시 등가회로

인체통과 전류는 기기에 3종 접지를 했어도 56 mA가 흐른다. 동물 실험을 통하여 얻은 안전 한계를 30 mA · sec에 따르면 0.54초 동안 접촉하여도 위험하게 된다. 공업규격이 인정하고 있는 30 mA · 0.1초의 누전차단기와 30 mA · 0.03초의 누전차단기중 전자를 선택하여 시설하면 인체 통과전류 X 시간 = 56 × 0.1 = 5.6 mA · sec로서 30 mA · sec 보다 이하가 되어 안전하다.

6.5 접지

대전되어 전위가 높아져 있는 물체를 도선으로 대지에 연결하면 그 물체의 전위는 대지의 전위와 같아진다. 모든 물체의 전위는 대지의 전위(실용상 0 V)를 기준으로 하여 산정되어있기 때문에 그 물체의 전위를 대지의 전위와 동일하게 되도록 전기기기의 외함이나 철대를 대지에 연결하여 사용함으로써 전기재해(전격)로 부터 작업자를 보호하고 화재의 예방 및 전기장비의 손상을 방지할 수 있다. 이것을 접지(Earth ; Grounding)라 한다. 비록 대지의 저항은 수분의 함유상태, 토질의 성분 등에 따라 큰 폭으로 변하나 접지점에서 무수한 전류통로를 형성하기 때문에 다수의 저항을 병렬로 연결한 형태와 같이 병렬회로로 되어 대지의 저항은 매우 낮아져서 대지를 무한한 전류용량을 지닌 도체로 생각할 수 있기 때문이다. 이러한 접지의 방법에는 두 가지로 대별할 수 있는데, 계통접지(Electrical System Grounding)와 기기접지(Electrical Equipment Grounding)이다.

계통접지는 그 계통을 이루고 있는 회로의 한 도체를 의도적으로 지면에 연결시키는 것이다. 이것은 뇌격이나 다른 고전압의 접촉으로 야기된 서지로부터 회로를 보호하기 위하여 행해지며 정상적인 조건하에서는 적정수준의 전압이 유지되도록 그 계통을 안정시키는 역할을 한다. 기기접지는 기기의 철골구조 즉 외함을 항구적으로 지면에 연결시키는 것이며 누전이나 절연파괴 등과 같은 고장으로 인한 위험이 발생하는 경우에 계통접지 도선과

지면을 통한 폐로를 구성하여 고장전류를 전원 쪽으로 흘려보낼 수 있는 경로를 제공함으로써 감전의 위험성을 제거하는 역할을 한다.또 차단기와 퓨즈같은 보호기기들이 확실하게 동작하게 함으로써 사고의 파급 방지 및 신속한 복구를 가능하게 한다. 그림 4.22에 접지의 예를 나타내고 있다.

접지공사는 일반 전기설비는 물론 전화설비 · 소방설비 · 위험물 설비 · 기타 음향설비 등에 이르기까지 보안상 매우 중요한 사항이다. 본 항에서는 전기설비 일반용에 대한 접지를 다루기로 한다. 접지공사를 실시하는 목적 및 그 효과는 다음과 같다.

① 기기 절연물이 열화 또는 손상되었을 때 흐르는 누설전류로 인한 감전 방지용. 그림 4.23은 1선 지락사고 때의 실체도 및 그 등가회로를 표시한 것이다.
② 고저압 혼촉사고가 발생하였을 때 인축에 위험을 주는 고압 전류를 대지로 흘리어 감전을 방지하는 작용
③ 뇌해 방지용
④ 송전선 · 배전선 · 고저압 모선 등에서 지락사고가 발생하였을 때 계전기를 신속하고 확실하게 동작하도록 하는 작용
⑤ 기기 및 배전선에서 이상 고전압이 발생하였을 때 대지전위를 억제하고 절연강도를 경감 시키는 작용

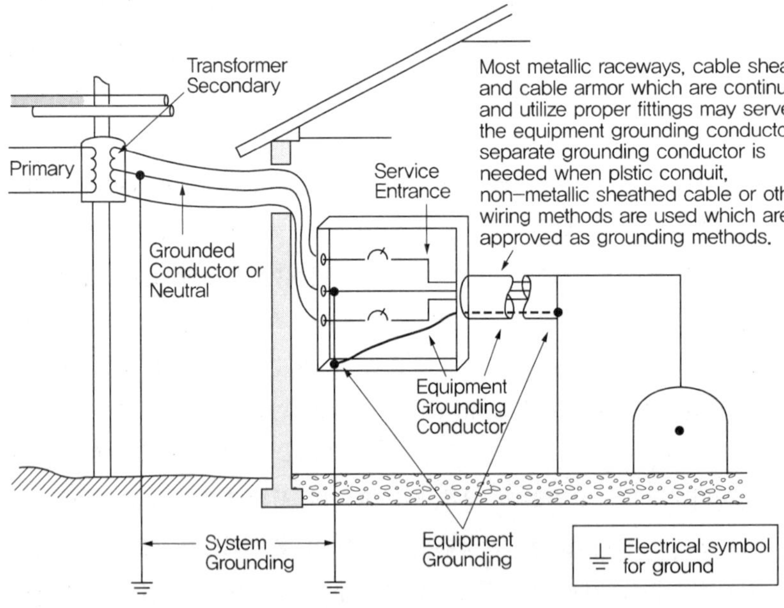

그림 4.22 계통 및 기기 접지

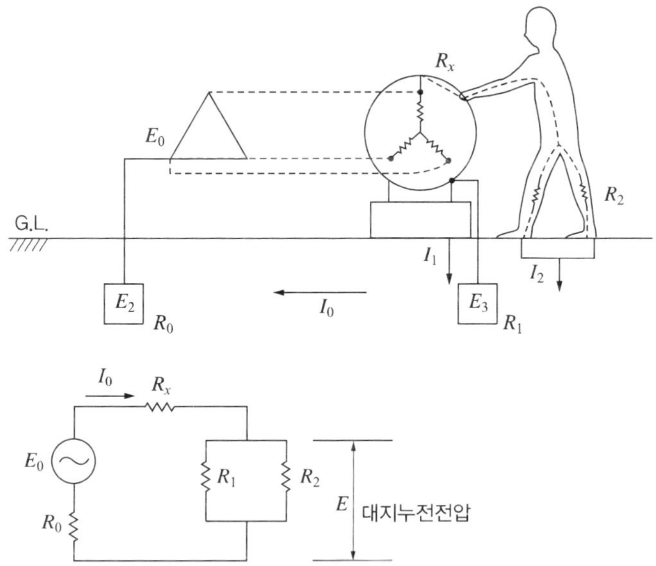

그림 4.23 1선 지락감전 때의 실체도 및 그 등가회로

Chapter 7

전기설비의 방폭화

7.1 개요

전기설비의 방폭이란 전기설비가 원인이 되어 가연성 가스나 증기 또는 분진에 점화되거나 착화되어 폭발 또는 화재가 발생할 수 있는 분위기가 점화원이 조성되지 않도록 하여 사고를 방지함을 말한다. 산업재해예방에 대한 관심이 날로 고조되어가고 있지만 현재 국내사업장에서 가스, 증기, 분진 등에 의해 폭발성 분위기가 존재하는 위험장소에 설치된 전기설비의 안전화를 위한 기초적 자료 및 연구가 미흡한 실정이다. 특히 대형화재와 직결되는 전기설비에 의한 폭발을 방지하기 위해서는 폭발성 분위기의 생성을 방지하던가 또는 점화원의 역할을 하는 전기에너지를 위험성 분위기로부터 격리시켜야 한다. 즉, 전기에너지는 발화원이 되어 화재, 폭발을 일으킬 수 있는 가능성이 항상 존재하기 때문에 가스 증기 위험장소와 분진 위험장소에서의 전기기기는 방폭성능을 구비한 구조로 해야 하고, 방폭전기기기는 설계, 제작이 불충분하거나 적용을 잘못하면 폭발재해 등의 대형사고로 직결되므로 신뢰성이 높은 방폭기기가 제작, 공급되어야 한다.

일반적으로 폭발 현상은 공기 중에서 적당한 농도의 가연성 가스나 증기 또는 분진이 존재하고 이들이 반응을 시작하는데 필요한 착화 에너지가 존재할 때 일어나는 것이다. 착화에너지는 점화원(전기설비)에 의해서 제공되는데 이들의 관계를 나타낸 것이 그림 4.24이다.

위험물을 다량으로 제조(製造), 저장(貯藏) 또는 취급하고 있는 정유 공장이나 화학 공장 등을 비롯하여 인화성(引火性)가스를 집단으로 공급하는 사업소와 아파트 등에서는 그림 4.24의 조건을 충족시킬 수 있는 위험분위기 조성의 확률이 매우 높아 폭발사고의 위험성이 상시 존재한다.

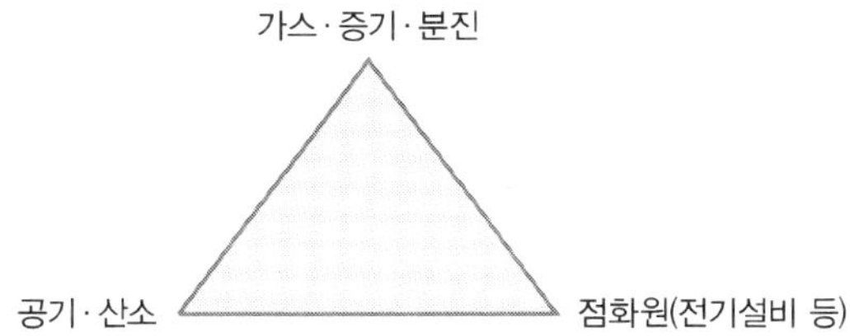

그림 4.24 폭발위험 삼각도

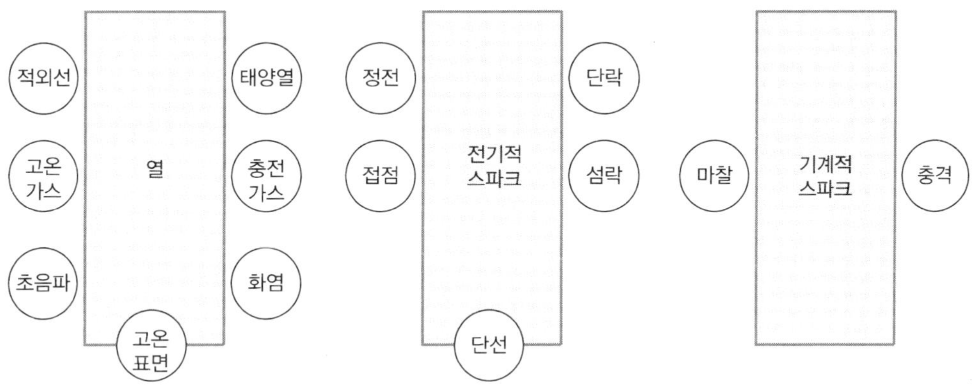

그림 4.25 점화원의 종류

특히 점화원은 그림 4.25와 같이 일반적인 열이 점화원으로 많은 역할을 하고 다음 전기스파크 및 기계적인 스파크 순으로 점화원 역할을 하지만 사업장에서 발생하는 화재, 폭발의 점화원으로서는 전기스파크에 의한 것이 가장 많기 때문에 전기기기를 신뢰성 있게 방폭화하는 것이 중요하다.

7.2 폭발이론

폭발이란 어떤 원인에 의하여 압력이 급격히 상승하여 폭음과 파괴작용을 일으키는 막대한 에너지를 일시에 방출하는 현상을 지칭하는 용어이다.

화재의 일종인 연소나 폭발의 차이점을 이론적으로 비교해 보면 연소는 소방차가 와서 소화를 할 수 있을 정도로 초당 몇 m(m/sec)씩 천천히 연소되는 것을 말하며 폭발이란 폭연, 폭굉을 동시에 부르며 소방차가 와서 소화를 할 수 없다. 또한 마하속도 이상으로 급격히 연소되는 것을 말한다. 폭발현상은 차가운 액체에 금속이나 염의 용융액체 같은 뜨거운 액체를 가할 때 갑작스런 증기의 발생으로 폭발을 일으키는 물리적 또는 기계적인 변화에 의하여 이루어질 수도 있고, 산화반응이나 분해반응 또는 반응폭주 등의 화학적 변화를 동반한 화학반응에 의하여 나타날 수도 있다.

폭발을 일으키는 물질의 상태를 기준으로 분리하면 기상폭발과 응상폭발로 나눌 수 있다. 혼합가스폭발, 가스의 분해폭발, 분무폭발, 분진폭발 등은 기상폭발에 속하고 폭발성화합물(화약) 및 혼합위험성 물질의 폭발은 응상폭발이다. 또 폭발을 일으키는 물질의 변화 또는 반응성을 중심으로 분류하면 물리적 폭발과 화학적 폭발로 나눌 수 있다.

화학적 폭발은 가연성 물질이 화학변화를 일으켜 급격한 압력상승과 큰 에너지를 방출시켜서 일어나는 폭발로 화학반응은 보통 화학반응이 아니라 반응속도가 아주 빠른 반응이 진행될 때 일어나는 현상이다. 화학폭발은 반응의 종류에 따라 다시 연소폭발, 분해폭발, 반응폭주 폭발로 나누어지며 연소폭발의 경우에는 용기 내에 폭발성 물질이 폭발범위의 농도로 조연성 물질과 함께 존재하고 여기에 이 물질이 반응을 개시 할 수 있는 에너지를 제공할 때 일어난다.

폭발은 그것이 시작하고 발전하여 큰 위력으로 엄청난 피해를 내고 종결하기까지 걸리는 시간은 수십 [ms] 정도로 극히 짧은 시간 안에 진행된다. 그러므로 폭발재해는 다른 종류의 재해와 달리 폭발이 일단 진행되면 그것을 억제시키거나 중지시키기 어려우므로 대부분의 폭발재해는 큰 파괴와 화재까지 동반하는 중대재해가 되기 쉽다. 따라서 폭발재해는 어떻게 하여서라도 방지하여야 한다.

폭발은 순식간에 시작되어 발전하고 완성되는 것이지만 폭발의 원리를 면밀히 검토하여 보면 이를 예방하거나 제어할 수 있고 제어에 실패한다고 하여도 피해를 극소화할 수 있는 방법이 있다. 폭발재해 방지대책은 폭발예방대책, 폭발억제대책, 폭발방호대책 등으로 나누어 생각할 수 있으나 이중에서 가장 좋은 방지대책은 예방대책이라고 할 수 있다.

7.3 용어

본 장에서 사용하는 주요한 용어의 의미는 다음과 같다.

(1) 전기설비, 방폭전기설비

전기설비란 전기기기와 전기배선이 필요한 기능을 발휘할 수 있게 접속된 설계전반을 말한다. 또 방폭설비란 폭발성 분위기 속에서 사용에 적합하도록 기술적 조치를 강구한 전기설비를 말한다.

(2) 폭발성 가스

폭발성 가스란 가연성가스, 증기, 미스트, 흄 등을 말한다.

(3) 폭발성 분위기

폭발성 분위기란 폭발성가스와 공기가 혼합되어 폭발한계내에 있는 상태의 분위기를 말한다.

(4) 점화원

점화원이란 폭발성 분위기에 대하여 폭발을 일으키는 에너지를 가진 전기불꽃(Arc, Spark) 또는 통전에 의한 고온부를 말한다.

(5) 위험장소

위험장소란 전기설비의 구조 및 사용에 있어서 특히 고려해야할 만큼의 폭발성 분위기가 존재한다든가, 또는 존재할 가능성이 있는 장소를 말한다.

(6) 비위험장소

비위험장소란 전기설비의 구조 및 사용에 있어서 특히 고려해야 할 만큼의 폭발성 분위기가 존재하지 않는 장소를 말한다.

(7) 방폭구조

방폭구조란 전기기기가 점화원으로 작용하여 그 주변의 폭발성 분위기를 점화하지 않도록 해당전기기기에 대하여 적용시키는 기술적인 방법을 말한다.

(8) 정상상태

정상상태란 규정에 정해진 범위내에서 방폭전기설비가 사용되고 있는 상태를 말한다.

(9) 이상상태

이상상태란 정상상태의 범위를 벗어난 상태를 말한다.

(10) 전기적 보호

전기적 보호란 전기방폭설비에서 이상상태가 발생한 경우에 그것이 점화원이 되지 않도록 강구해야 할 기술적인 조치를 말한다.

7.4 방폭대책

위험장소에서 전기설비로 인한 화재 또는 폭발이 발생하기 위해서는 위험분위기와 점화원이 공존해야 한다. 이 조건이 성립하지 않도록 조치를 강구하는 것이 방폭대책의 기본이다. 따라서 전기설비로 인한 화재, 폭발을 발생시키지 않기 위해서는 위험분위기가 생성되는 확률과 전기설비가 점화원으로 되는 확률과의 곱이 실질적으로 0에 가까운 작은 값을 가져야 한다. 그의 구체적인 조치로 먼저 위험분위기의 생성방지, 다음으로 전기설비의 방폭화로 생각된다.

(1) 위험분위기의 생성방지

위험분위기를 생성하지 않도록 하기 위해서는 다음과 같은 대책이 필요하다.

1) 폭발성가스 누설 및 방출의 방지

공기 중에 폭발성가스가 누설하고 또 방출되는 것을 방지하기 위해서는 다음의 조치가 필요하다.

① 위험물질의 사용을 억제하고 특히 개방상태에서 사용을 피할 것
② 배관류의 이음부분, Pump의 접지부 등에서의 누설을 방지할 것
③ 이상반응, 장치의 열화파손 오동작의 사고에 따른 누설을 방지할 것

2) 폭발성가스의 체류방지

공기 중에 누설 또는 방출된 폭발성 가스가 신속히 확산하도록 환기 통풍을 잘해야 한다. 그 때문에 다음 조치가 필요하다.

① 폭발성가스가 누설하기 쉬운 장소는 옥외에 설치하던가 외벽이 개방된 건물에 설치할 것
② 환기가 불충분한 장소는 강제 환기시킬 것

3) 폭발성분진의 생성방지

① 분진운의 생성방지
② 분진을 발생하기 쉬운 장치 및 용기의 밀폐취급
③ 장치의 열화에 의한 분진의 누설방지
④ 퇴적분진의 제거

(2) 전기기기의 방폭화

위험분위기가 존재하고 또한 존재할 위험이 있는 장소에 전기기기를 설치하더라도 이것이 점화원이 되어 폭발등 사고가 발생하지 않도록 전기기기에 방폭성을 갖기 위해서는 일반적으로 다음 같은 방법이 생각된다.

1) 점화원의 방폭적 격리

전기기기의 점화원이 되는 부분은 주위 폭발성가스와 격리하여 접촉하지 않도록 하는 방법과 전기기기 내부에서 발생한 폭발이 전기기기 주위 폭발성가스에 파급하지 않도록 점화원을 실질적으로 격리하는 방법이 있다. 전자의 방법으로 제작된 것으로는 내압방폭구조 및 유입방폭구조의 전기기기가 있고 후자의 방법으로 제작된 것으로는 내압방폭구조의 전기기기가 있다.

2) 전기기기의 안전도 증강

정상상태에서의 점화원인 전기불꽃 발생부 및 고온부가 존재하지 않는 전기기기에 대해서는 특히 안전도를 증가하고 고장을 일으키기 어렵게 함으로써 종합적으로 사고가 발생할 확률을 0에 가까운 값으로 할 수 있다. 이러한 방법에 의거 제작된 것으로 안전증 방폭구조의 전기기기가 있다

3) 점화능력의 본질적 억제

약전류회로의 전기기구는 정상상태 뿐만 아니라 사고시 발생하는 전기불꽃 또는 고온부가 폭발성가스에 점화할 위험이 없다는 것을 시험등 기타 방법에 의해 충분히 확인되는 경우 본질적 점화능력이 억제된 기구로서 사용할 수 있다. 이러한 방법에 의해 제작된 것으로 본질안전 방폭구조의 전기기기가 있다.

7.5 방폭구조의 종류 및 특징

가스증기 위험장소에서 사용할 수 있는 전기기기의 방폭구조로서는 내압방폭구소, 내입방폭구조, 유입방폭구조, 안전증 방폭구조, 본질안전 방폭구조, 특수방폭구조 등이 있으나 그 중에서 내압방폭구조와 안전증 방폭구조의 2종류가 압도적으로 많고 동력관계, 조명관계의 기기는 대부분 이 구조로 제작된 것이다. 또 본질안전구조는 계장용 기기에 많이 사용

되고 있다.

위험장소에 설치하는 전기기기는 이들 중에서 그 어느 것을 사용하지 않으면 안된다. 위험장소는 아니지만 그 가까운 장소로서 일반기구의 사용이 다소 염려되는 경우에만 밀폐형 기구 등을 사용하는 것이 좋다. 다만 밀폐형 기구에는 방폭성능이 없고 기구의 검정도 없으므로 실제로 사용할 때에는 성능면의 충분한 검토가 필요하다.

(1) 내압 방폭구조(Flame Proof Enclosure "d")

전기기기의 용기 속에 폭발성가스가 들어가기 어렵게 전폐구조로 되어 있으나 용기 안으로 폭발성가스의 침입을 완전히 방지하기는 곤란하므로 만일 용기 내에 침입하여 내부에서 점화 폭발하여도 폭발압력으로 인하여 파괴되는 일이 없도록 용기를 튼튼하게 만들어 용기의 외부를 둘러싸는 폭발성가스를 유폭하지 않도록 용기와 뚜껑과의 접합면 틈새에 소염효과를 갖게 한 구조이다.

이런 내압형 방폭구조의 용기는 내부에서 발생된 폭압에 견딜 수 있을 만큼 충분한 강도를 갖추는 것이 필수 조건이다.

(2) 압력 방폭구조(내압 방폭구조, Pressured Apparatus "f")

정상(正常) 또는 이상(異常)이 발생하였을 때에 대상으로 하고 있는 폭발성 가스에 대하여 착화 능력을 가지는 전기 스파크 또는 고온부(高溫部)를 조성하고 전기 기기의 착화원(着火源)이 될 수 있는 부분을 전폐용기(全閉容器)에 수납(收納)하고 용기 내에 청정(淸淨)한 공기나 또는 질소 가스등 불활성(不活性) 가스를 주입함으로써 용기의 내부 압력을 외기압(外氣壓) 보다 높게 유지하여 주위에 조성된 폭발성 가스가 용기 내부로 침입하는 것을 막게 되어 있는 구조를 말한다. 내부압력을 유지하는 방식에는 통풍식(通風式), 봉입식(封入式) 밀폐식(密閉式) 내압형 방폭구조의 세 종류가 있다.

특히 이 구조의 방폭설비는 보호기체의 공급설비, 압력저하에 대한 보호장치 등이 필요하다.

(3) 유입 방폭구조(Oil Immersion "O")

전기기기의 불꽃・아크 또는 고온이 발생하는 부분을 유중에 담그어 주위의 폭발성 가스로 부터 격리해서 인화를 방지하려는 구조이다. 폭발성가스의 폭발등급에 관계없이 사용할 수 있으므로 적용범위는 넓지만 기름의 열화 또는 누설 등 보수상의 난점이 있다. 또 경사지거나 액면이 동요하거나 하여 방폭성이 손상될 우려가 있는 것에는 적용할 수 없다. 또한 사용 중에 항상 필요한 유량을 유지해야 하고, 유면상에는 외부의 폭발성 가스가 침입하고 있다고 생각하여야 하므로 유면의 온도상승 한도에 대해서 규정하고 있다.

(4) 안전증 방폭구조(Increased Safety “e”)

정상 상태에서 용기 내부에서 착화원이 될 만한 전기 스파크가 발생되는 부분이나 고온 고체 표면(高溫固體表面)이 피복(被服)된 전기 기기로써 전기적인 온도 상승 한계나, 도체 접속 부위를 고려하여 절연 공간거리와 연면거리 등을 유지한 채 둘러쌈으로써, 일반적으로 보통 운전시에는 점화원이 될 만한 전기불꽃 발생부나 고온부가 존재하지 않도록 절연의 성능을 강화하고 표면의 온도상승을 낮게 설계하여 안전도(安全度)를 증가시켜 고장 발생율을 극도로 줄인 구조이다.

이런 기기의 구조는 정상 사용 상태에서 전기 스파크나 고열을 막을 수 있으나, 피복(被服)이 깨지면 방폭 성능이 없어지므로 적절한 다른 방호 장치와 조합하여 부족한 방폭 성능을 만일의 경우에도 유지할 필요가 있다. 원칙적으로 전폐 구조(全閉構造)로 하고 기기 내부에 먼지나 비산물(飛散物)이 침입하거나 또는 충전부가 외부에서 침입하는 물질에 접촉되는 일이 없도록 피복하여야 한다. 또, 전동기 변압기 등은 이 기기를 사용하는 경우에는 과부하 보호장치 또는 과열 보호장치를 설치하여 충분히 보호한다. 나충전부(裸充電部)가 단락(短絡), 지락(地絡) 등을 일으키는 것을 방지하기위하여 절연공간거리와 연면거리(沿面距離)를 유지하도록 규제하고 있다.

(5) 본질안전 방폭구조(Intrinsic Safety “i”)

본질적인 방폭구조는 폭발성가스 또는 증기 등의 혼합물이 점화되어 폭발을 일으키는 데는 전기불꽃에 의해 어느 최소한도의 에너지가 주어질 필요가 있다는 개념을 기초로 하고 있다. 물론 전기불꽃에 의한 점화 외에 열에 의한 점화와 전류에 의해 가열된 도체의 뜨거운 표면에 의한 점화도 있지만 극히 예외적인 경우를 제외하면 보통은 불꽃점화의 경우보다 훨씬 전기에너지가 크지 않으면 점화가 일어나지 않으므로 일단 제외한다. 다시 말하면 단선이나 단락 등에 의해 전기회로 중에서 전기불꽃이 생겨도 폭발성 혼합물이 결코 점화하지 않는 경우에는 본질적으로 안전하다고 할 수 있다. 즉, 본질안전 방폭구조란 정상시 및 사고시(단선, 단락, 지락 등)에 발생하는 전기 불꽃, 아크 또는 고온에 의하여 폭발성 가스 또는 증기에 점화되지 않는 것이 점화시험, 기타에 의하여 확인된 구조를 말한다. 본질안전방폭구조의 전기 기기는 일반적으로 위험 장소뿐 아니라 이와 접속된 비위험 장소에 설치된 전기 기기도 아울러 방폭구조로 간주하도록 규제하고 있다. 위험 장소에 설치된 전기기기나 배선이 착화원이 되지 않도록 각각 독립적으로 방호책을 강구하기 보다는 접선되어 비위험 장소에 설치된 관련 기기나 배선도 한데 어울러 착화원이 되는 일이 없도록 구성 요소를 하나의 시스템(System)으로 보아 안전 대책을 세워서 최소한의 전기 에너지만이 위험지역에 흘러 착화능력이 완전히 없도록 하여야 한다.

위험지역으로 들어가는 전기에너지를 저하시키는 가장 융통성 있는 방법은 안전장치를 사용하는 것이다. 이 장치는 안전지역과 위험지역 사이에 Interface로 설치한다.

(6) 특수 방폭구조

앞에서 설명한 구조 이외의 방폭구조로서, 폭발성가스 또는 증기에 점화 또는 위험분위기로 인화를 방지할 수 있는 것이 시험, 기타에 의하여 확인된 구조를 말한다. 이들 방폭구조는 용기내부에 모래 등의 입자를 채우는 사입 방폭구조 등이 있다.

Chapter 8

정전기 재해 방지

8.1 개요

정전기현상을 이해하기 위해서는 장이론에 대한 기본적인 물리개념에 대한 이해가 요구된다. 그러한 기본개념은 정전기나 동전기분야에 동일하게 적용된다 정전기(Static Electricity)를 문자대로 정의(협의의 정의)를 내리면 "공간의 모든 장소에서 정지되어 있는 전하에 의한 전기"라고 규정할 수 있다. 그러나 일반적으로 우리들의 주변에서 흔히 일어나는 정전현상이나 정전기 응용실례, 정전기 장・재해에서는 필연적으로 전하의 미소한 이동, 즉 무한히 큰 저항을 통한 매우 작은 전류, 고전압 등을 동반하고 있다. 이러한 사실에도 불구하고 정전기라는 단어를 사용하고 있는 이유는 다소의 전하이동이 있더라도 그 전류로 인한 자계의 효과가 정전기가 보유하고 있는 자체의 전계효과에 비해 무시할 수 있을 정도로 작고 정전기에 기인한 현상들이 거의 대부분 전계효과에 지배를 받기 때문이다. 이러한 면을 고려하면 정전기에 대한 광의의 정의를 내리면 "정지되어 있는 전하에 의한 전기뿐아니라 전하의 공간적 이동이 있는 경우에도 그것에 의한 자계효과가 전계에 비해 무시할 수 있을 만큼 적은 전기" 라고 약간 확대하여 말할 수 있다.

정전기(靜電氣)현상은 가끔 사람에게 쇼크(Shock)를 주고 머리카락을 흐트러지게 하거나, 옷이 몸에 달라붙어 불쾌감을 주고, 일을 방해하는 요인이 되기도 하며 산업 안전 분야에서는 산업기기의 오동작으로 인한 작업의 방해 및 재해, 정전기 방전 스파크에 의한 화재・폭발, 작업자의 감전 등의 사고에 대한 위험요소가 되고 있다.

정전기에 의한 재해 사고는 수식적으로 정확하게 모델링하여 해석하기가 어려우며 정전기 현상에 대한 더 많은 연구가 수행되어야 한다.

8.2 정전기 발생원리

8.2.1 일함수

정지 상태의 전하에 의한 전기를 정전기라 하며, 기원전 6세기경 그리스의 자연철학자 탈레스(Thales)는 우연히 모피(毛皮)로 호박(Amber)을 문질렀을 때 그 호박이 가벼운 물체를 끌어당기는 현상을 관찰한 이래 물리학적 한 대상으로 정전기를 이해하기 시작했다. 많은 실험과 연구를 거듭한 결과 발생된 전하 상호간에 흡인력(引力)이나 반발력(斥力)이 작용함을 보고 전하에는 성질이 상반되는 2종류가 있음을 알게 되었다. 같은 종류의 전하 사이에는 반발력이 다른 종류의 전하 사이에는 흡인력이 작용하며 이 2종류의 전하를 각각 양(陽)과 음(陰)이라고 하며, 물체가 전기를 띄게 되는 현상을 대전(Electrification)이라 한다.

정전기에 대한 연구가 거듭되면서 정전기 현상의 원인이 규명되었으며, 산업사회의 고도화로 각종 석유화학공업, 고분자 공업 및 전자공업 등이 발달하면서 정전기는 이제 하나의 장・재해 발생원인으로서 그 심각성이 대두되고 있다. 정전기학은 가장 오래된 학문인 동시에 많은 연구가 요구되는 첨단학문이라 할 수 있다.

일반적으로 서로 다른 두 물체를 마찰하면 두 물체의 표면에 정전기가 발생되므로 정전기를 마찰전기(Tribo-Electricity)라고 부르기도 하나, 근본적인 발생 원리는 이종(異種)의 물질이 접촉된 후 서로 분리되면서 정전기가 발생하며 마찰 현상은 이러한 접촉분리과정을 좀 더 확실하게 해주는 것에 지나지 않는다. 두 물체가 접촉한 후 분리될 때 발생되는 정전기 현상은 벨트와 풀리, 로울러와 비닐 및 천 등의 사이 그리고 유리판에 접착된 테이프 등이 분리할 때 등의 여러 과정에서 발견되고 있다.

이와 같이 서로 다른 두 물체가 접촉되었다가 분리될 때 두 물체의 표면에는 정전기가 발생하는데 그 이유는 다음과 같다. 일반적으로 물질내부에 그 물질을 구성하는 입자사이를 자유롭게 이동하는 자유전자가 있으며, 그 입자(원자)들 사이에서 전기적인 힘에 의하여 속박되어 있는 구속전자가 있다. 그러나 실제로 정전기 발생에 기여하는 전자는 자유전자로서 물체에 빛을 쪼이거나, 가열하는 등 외부에서 물리적인 힘을 가하면 이 자유전자는 입자외부로 방출되는데 이때 필요한 최소 에너지를 일함수(Work Function)라 하며, 물체의 종류에 따라 서로 다른 고유한 값을 가지며 V(Volt) 단위를 사용한다. 그리고 두 종류의 다른 물체를 접촉시키면 그 접촉면(Helmholtz-Interface)에는 낮은 일함수를 갖는 물체

(Donator)에서 전자가 튀어나와 높은 일함수를 갖는 물체(Acceptor)로 이동된다. 이러한 이동현상은 두 물체의 일함수의 차에 해당하는 전위차가 이동된 전하에 의해 발생되는 전위차가 동일할 때까지 진행되어 평형상태에 도달하게 된다. 그림 4.26에 전하이동에 대한 관계를 제시한다.

두 장의 금속판 A, B(A의 일함수가 B보다 작은 경우)를 접촉시키면 A표면에서 B표면으로 전자가 이동하여 그 결과 A금속표면은 (+)로, B금속표면은 (−)로 대전하여 전기적인 2중층이 형성된다. 이때 2개의 금속표면에 나타나는 접촉전위차 V는 A금속의 일함수를 ϕ_A, B금속의 일함수를 ϕ_B라 할 때 두 일함수의 차이로서 주어진다. 즉,

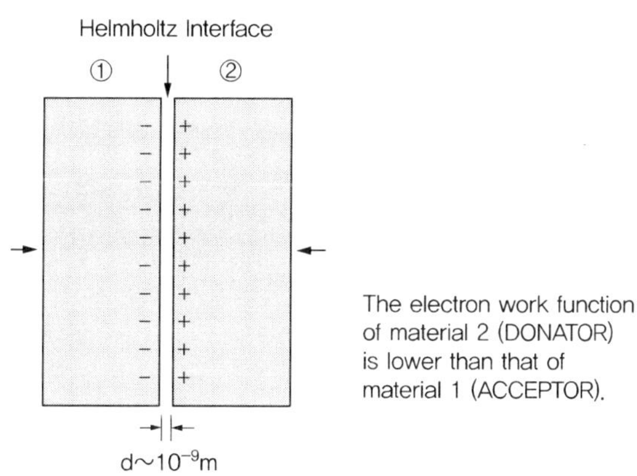

그림 4.26 전하이동에 관한 관계(Helmholtz-interface)

$$V = \phi_B - \phi_A \quad \cdots\cdots (4.1)$$

의 전위가 발생한다.

한편, 그 접촉전위를 전하량과 정전용량으로 나타내면, A에서 B로 이동한 전자의 전하량을 Q[Coulomb], 두 금속표면의 전기이중층으로 인한 정전용량을 C[Farad]라 하면 접촉전위차 V는

$$V = Q/CV \quad \cdots\cdots (4.2)$$

로 나타내어진다.

금속표면의 산화, 흡착 기타 표면의 상태 변화에 의해 다소 값의 차이는 있으나 각 금속은 표 4.7에 나타낸 것과 같은 그 고유의 일함수 값을 가진다.

표 4.7 각종 금속의 일함수

금속	일함수	금속	일함수
Mg	3.65～3.78	W	4.67
Zn	4.24	Au	4.90
Cu	4.26	Ni	4.96
Hg	4.53	Pd	4.97
Ag	4.47～4.79	Pt	5.42
C	4.60		

정전현상에서 오는 대전의 +, −를 조사하여 보면 접촉 분리하는 상대 물질의 종류에 따라 양전하나 음전하가 발생하게 된다. 이들 물질을 一列로 나열하여 보면 표 4.8과 같으며 이를 대전계열(Tribo Electric Series)라 한다. 그러나 이 순위는 표면의 흡습의 정도와 불순물의 유무 등의 여러 가지 조건에 따라 일함수가 변화하므로 항상 일치하지는 않는다.

표 4.8 대전계열

	예1	예2	예3	예4	예5
(+) ↓	석면	유리	양모	셀로판	Cd
	인모	나일론	나일론	젤라틴	Zn
	유리	양모	면	유리	Al
	운모	견	아세테이트	초산셀룰로오즈	Fe
	양모	레이온	루위사이트	폴리메틸	Cu
	견	면	폴리스틸렌	메타크릴레이트	Au
	아연	마	폴리에틸렌	폴리카보네이트	Pt
	종이	동	테플론	폴리스틸렌	
	에보나이트	합성고무		은박지	
	동	폴리에틸		폴리에틸렌	
	유황			염화비닐	
	고무			데플론	
↓ (−)				사탄	

8.2.2 전하분리(Charge Seperation)

두 물체의 접촉으로 인한 정전기 발생의 과정은 그림 4.26과 그림 4.27에 나타내었다. 즉 두 물체의 접촉으로 인한 접촉면에서의 전기이중층의 형성과 전기이중층의 분리에 의한 전위상승 및 분리된 전하소멸의 3단계로 나누어지며, 대전현상은 이 3단계 과정이 연속적으로 일어날 때 발생한다.

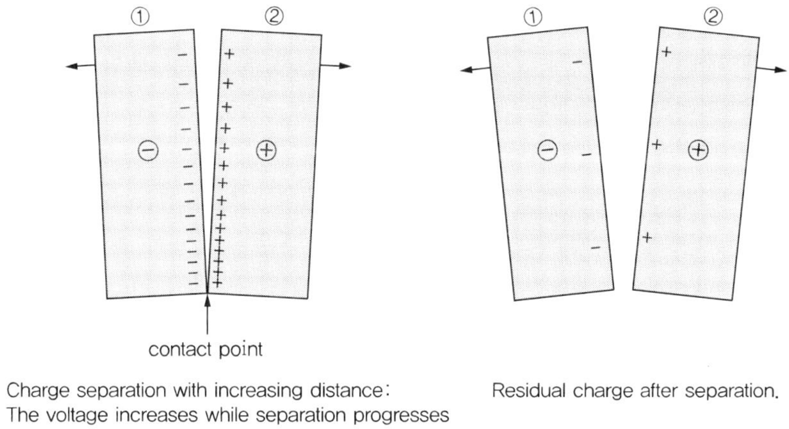

그림 4.27 전하분리 및 잔류전하

일반적으로 물체 내부에는 정 또는 부의 전하가 존재하지만 그 양이 서로 같으므로 총 전하량은 0이 되어 물체는 전기적으로 중성을 유지하고 있으나 접촉시에 각 무체의 일함수에 따른 전하의 이동현상으로 말미암아 접촉면을 통하여 전하의 재분배가 일어나고 그 결과 전기이중층이 형성된다. 다음으로 전기 이중층의 분리에 의해서 나타나는 현상에 대해 설명하면, 전기이중층이 기계적으로 분리되는 상태는 평판전극에 의한 정전용량계의 극판 간격이 크게 되는 것과 등가이다. 평면전극에 의한 정전용량의 크기 C[F]는

$$C = \frac{\varepsilon S}{d}[\mathrm{F}] \quad \cdots\cdots (4.3)$$

로 나타내지는데 이때 ε는 극판사이의 유전율이며 S[m^2]는 극판면적, d[m]는 극판거리를 나타낸다.

식 (4.3)에서도 알 수 있듯이 전기이중층이 분리되어 그 간격이 넓어지면 극판간격 d가 커지는 결과와 같으므로 정전용량은 감소하게 된다. 즉 물체 A, B의 거리가 클수록 물체간의 정전용량은 적게 된다.

식 (4.2)에서 나타낸 바와 같이 접촉전위는 정전용량에 반비례하기 때문에, 두 물체가 분리되어지면서 정전용량이 감소하면 접촉전위는 정전용량에 반비례하기 때문에 두 물체가 분리되어지고 정전용량이 감소하면 접촉전위는 수 mV에서 수 kV로 상승한다. 분리전의 접촉면간의 거리 수 nm에서 수 mm로 분리시킨다고 생각해보면 그 정도의 전위상승은 가능하다. 두 물체를 분리시킬 때 그림 4.27에서처럼 접촉저항을 통하여 일부의 전하량이 소멸되는 전하의 역류현상이 일어난다. 두 물체사이의 절연내력(여기서는 공기의 절연내력)보다 더 큰 전위차가 발생하게 되면 절연파괴에 의한 전하의 역류현상(방전현상)이 일어난다. 두

물체가 완전히 분리되면 전위차는 거리에 비례하여 감소한다.

마지막 단계로써 분리된 물체 중의 발생전하는 누설과 재결합의 과정을 거쳐 소멸된다. 누설은 전하가 전도전류의 형태로 물체 외부로 유출되는 것으로 유출과정은 누설저항이라는 요인에 의해 지배를 받는다. 그리고 재결합에 의한 소멸은 정전하와 부전하가 서로 결합하여 전기적으로 중성이 되는 현상으로 이때 반대극성의 전하 발생은 공기중의 이온이 물체표면에 흡착되거나 반대극성의 전하가 역시 전도에 의해 외부에서 물체내부로 유입되는 두 가지가 있다. 따라서 누설이나 재결합중 어떤 과정에 의하여 전하가 소멸하여도 그 전하량만을 고려한다면 그 크기는 같다.

이상과 같이 1회로 끝나는 정전기 현상에서 전하량에 착안하여 고찰해보면, 전기이중층의 성립, 전기이중층의 분리 및 전압상승, 전하소멸의 3단계로 나누어지며 물체의 상태, 전계현상, 전도현상 등의 측면에서 고찰할 수 있다. 그러나 발생전하의 종류, 주위 환경 및 물체의 가공조건 등을 고려하지 않으면 안 되므로 실제로 정전기로 인한 재해발생의 경우에는 상황에 따라 달라지는 여러 가지 조건도 고려하지 않으면 안 된다.

8.2.3 정전기 발생에 영향을 주는 요인

정전기 발생에 영향을 주는 요인으로서는 주로 다음과 같은 것들을 들 수 있다.

① 물체의 특성
② 물체의 표면상태
③ 물체의 이력
④ 접촉 면적 및 압력
⑤ 분리속도

정전기상의 도체는 어떠한 조건, 환경에 있어서도 도전율이 1×10^{-6} S/m 이상의 물체를 말하고, 정전기상의 부도체는 어떠한 조건, 환경에 있어서도 도전율이 1×10^{-10} S/m 이하의 물체를 말한다. 정전기현상은 단지 고체에서 뿐만아니라 기체나 액체, 분체 등에서도 물질의 상태는 틀리나 발생원리는 똑같이 적용된다.

8.3 정전기 대전

물체에 발생한 전하중, 일부는 소멸하지 않고 물체에 축적되는데, 이 축적된 전하를 대전

전하(정전기)라 하고, 이 상태를 식으로 표시하면 다음과 같다.

$$Q = Q_g - Q_l \quad \cdots\cdots (4.4)$$

여기서 Q : 대전전하(정전기)

Q_g : 발생한 전하량(발생 전하량)

Q_l : 소실된 전하량(완화량)이다.

정전기는 물이 수도꼭지로 부터 분출할 때도 물과 수도꼭지의 마찰에 의해 발생한다. 다만 우리들이 감지할 수 있는 것은 이렇게 해서 발생한 정전기 그 자체가 아니고 발생 후 물체에 남아 있는 전하량(정전기)이다.

수도꼭지에서 발생량 Q_g가 생기더라도 꼭지와 물은 전기가 흐르기 쉽기 때문에, 즉 Q_l이 크기 때문에 순간적으로 정전기가 소실되어 대전되지 않는다.

일반적으로 그림 4.28에 있어서 B가 저항이 대단히 큰 절연물일 때와 B가 금속과 같은 도체일 때가 있다. 그리고 대지(大地)와의 사이에 S와 같은 저항이 대단히 큰 것이 있는 경우에는 발생한 전하가 대지로 빠지기 힘들어, 즉 Q_l가 적어 Q가 큰 값으로 남게 된다.

그러나 대전된 정전기 Q는 마치 물이 낮은 곳으로 흐르듯이 S를 통해서 대지로 가려는 힘이 항상 걸려 있다. 정전기의 경우는 1만Ω 정도라도 즉각 빠져 나간다. S라는 물체가 절연 저항이 큰 것일 때는 대지에 빠지기 어렵지만 그렇다 하더라도 영구히 대전하고 있는 것이 아니라 시간이 흐르면 점차 대지로 달아나 언젠가는 대전전위가 '0'으로 된다.

정전기의 소실에는 완화라는 용어가 사용되며 소실속도는 완화속도라고도 하는데, 다음에 기술하는 저항율과 관계가 깊다. 절연물 S의 단면적을 A, 길이를 L이라고 하면 S의 저항 R은 다음과 같이 된다.

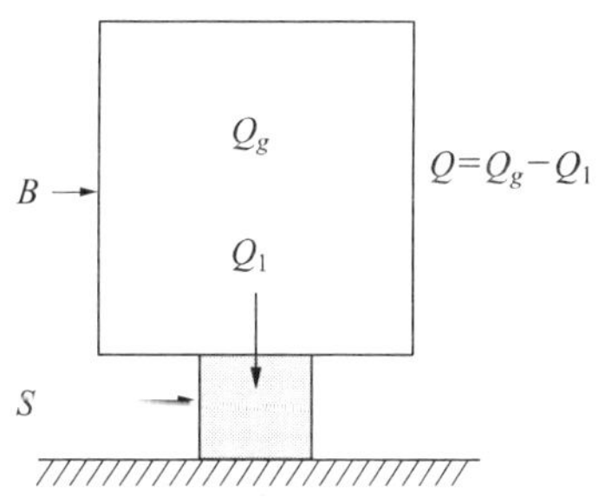

그림 4.28 대전

$$R = \rho L / A$$

$$\rho = RA / L \quad \cdots\cdots (4.5)$$

R의 단위는 [Ω], A의 단위는 [m^2] , L의 단위는 [m]라 하면 ρ의 단위는[Ω · m]이며 이를 저항률 비저항 또는 고유저항이라고 한다. ρ는 1 m^3의 저항이다. 저항률 ρ는 비저항, 고유저항이라고도 한다. 저항률의 역수를 도전율이라고 하고 단위는 [S/m](지멘스 퍼 미터)이다.

8.4 완화시간

그림 4.29와 같이 단면적 A [m^2] 높이 L [m] 절연물 위에 동일한 단면적의 금속이 있고 그것이 대전하고 있는 경우, 그 발생전하가 대지에 도망가는 시간에 대해서 생각해본다. 탱크의 경우도 그림 4.30과 마찬가지로 생각할 수가 있다. 절연물 및 기름의 저항률을 ρ, 유전율을 ε이라고 한다.

이것들의 상태는 그림 4.31과 같은 전기회로로 대치할 수 있다. Q_0라고 하는 초기전하가 콘덴서 C에 축적되어 있어 스위치 S를 넣으면 저항 R을 통해서 전류가 흐르는 것이다.

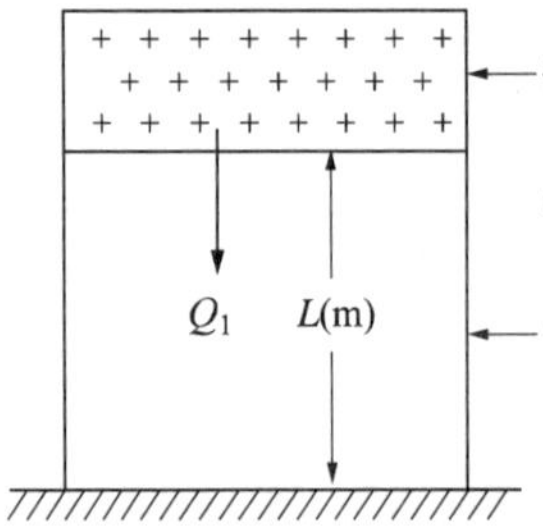

그림 4.29 절연된 금속의 대전

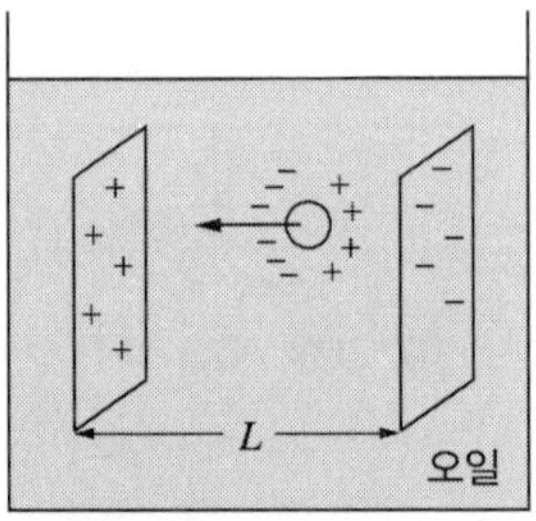

그림 4.30 대전된 탱크안의 오일

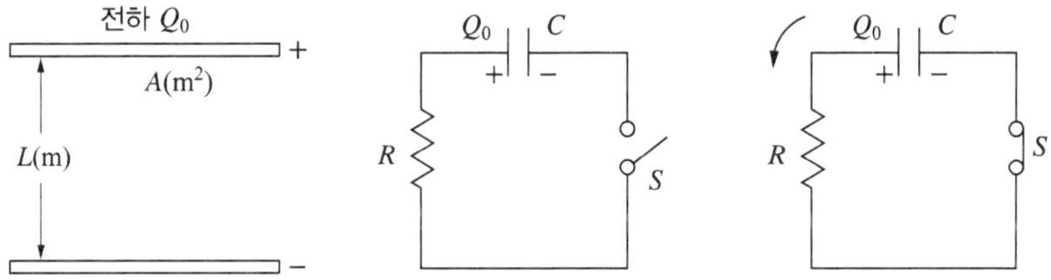

그림 4.31 탱크에 상당하는 전기회로

스위치 S를 넣은 후의 임의의 시간 t에서의 전하 Q(t)는 식 (4.6)과 같은 1계 미분 방정식으로 나타낼 수 있다.

$$R\frac{dQ(t)}{dt} + \frac{Q(t)}{C} = 0, \quad Q(t_0) = Q \qquad (4.6)$$

이 식을 풀면

$$Q(t) = Q_0 e^{-(1/RC)t} \qquad (4.7)$$

그림 4.32에 시간이 지나감에 따라 전하가 완화되는 상태를 나타낸다.

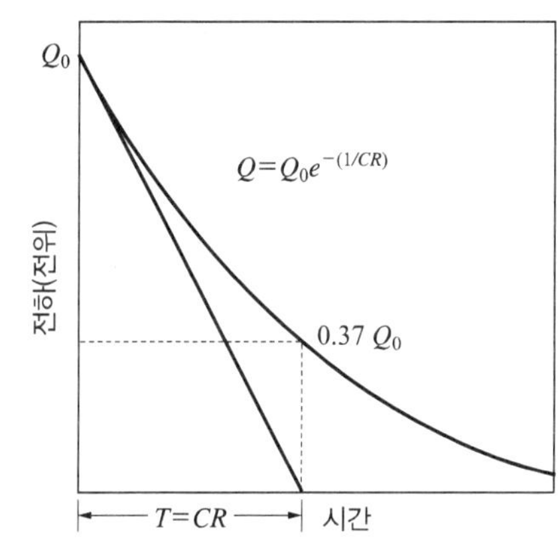

그림 4.32 대전의 완화

이 경우 t는 시간 [초], e는 자연대수의 기수, C는 정전용량, R은 저항이다.

T=CR은 시정수인데 초기의 전하가 37%(정전기가 완전소멸 되지는 않았으나 인화 가능한 스파크를 발생하지 않은 정도)가 될 때까지의 시간이다. 탱크 내 기름(비유전율 <Relative Permeability>을 2로 한다)의 경우의 시정수는 다음 식과 같이 되며 이를 완화시간이라 한다.

$$
\begin{aligned}
T &= RC \\
&= \rho / A \cdot \varepsilon A / L \\
&= \rho \cdot \varepsilon s \cdot \varepsilon 0 (\varepsilon = \varepsilon o \cdot \varepsilon s,\ \varepsilon o = 8.854 \times 10^{-12}\,[\mathrm{F/m}]) \\
&= 1.8 \times 10^{11} \cdot \rho\,[\text{초}] \qquad \cdots\cdots\cdots\cdots (4.8)
\end{aligned}
$$

(ρ의 단위는 $\Omega \cdot$ m)

이 완화시간은 작은 용기인 경우는 거의 실정에 맞는다고 하고 있지만 실제의 탱크나 탱커의 경우는 훨씬 큰 시간으로 계산되는 데, 이것은 수분같은 것의 혼재와 유동, 교반때문이라고 생각된다.

8.5 방전 에너지

정전기가 방전될 때의 방전 에너지는 다음과 같이 나타나게 된다.

$$E = \frac{1}{2}CV^2 = \frac{1}{2}QV \qquad \cdots\cdots\cdots\cdots (4.9)$$

단, C : 정전용량, V : 대전전압
Q : 전하량

즉, 방전 에너지는 정전기량이 같아도 대전전압이 높아질수록 커지며 위험한 상태가 된다. 즉 물체간의 접촉면의 거리가 아주 작을 때는 그 정전 용량은 매우 크지만 그것을 떼어 놓으면 정전용량이 감소하고 그 때문에 전압이 높아진다(즉 정전용량 C와 전압 V와의 사이에는 $Q=CV$의 관계가 있다.). 또한 공기중의 방전에는 적어도 350~400 V 이상의 전압이 필요하며, 그보다 저전압의 대전은 위험하지 않다.

방전 에너지가 물질의 최소 발화에너지보다 크면 발화한다. 일반적으로 정전기에서 오는 방전 에너지는 고체가연물을 발화시킬만큼 크지는 않으나 폭발한계내의 가연성 가스, 인화성 액체 증기의 최소 발화에너지보다 큰 경우가 있다. 일반적으로 인화성 액체의 증기와 가연성가스는 연소되기 가장 알맞은 혼합비에서 발화에너지는 최저치를 나타내며 대체로 0.2~0.3 mJ 정도의 에너지로 발화한다고 알려져 있다. 따라서 이 에너지는 실제 정전기가 방전할 때 충분히 방전될 수 있는 에너지로 화재나 폭발 재해의 위험이 높으므로 적절한 대비책이 요구된다.

8.6 정전기 사고

정전기가 계속적으로 발생하여 많은 전하가 축적되면 여러 가지 형태의 사고 재해를 초래하게 되는 데 대략 다음과 같이 분류할 수 있다.

① 정전기가 착화원이 된 화재 폭발로 인한 설비의 파괴 및 사람의 사상
② 전격에 의한 사고로 인한 사람의 사상
③ 분체의 부착, 필름의 벗겨짐 같은 생산장해
④ 정전기 쇼크로 인한 컴퓨터의 오동작, 전자부품의 파손

(1) 물리적 현상

이러한 재해는 발생된 정전기의 물리적 현상에 기인하게 되며 그 물리적 현상을 살펴보게 되면 역학적 현상, 방전현상 및 유도 현상 등으로 나타난다.

1) 역학적 현상

정전기가 물체에 대전하게 되면 대전 전하간의 전기력(Coulomb's Forc)에 의해 근방에 있는 다를 물체를 흡수 하거나 반발한다. 이 같은 현상은 물체에 부게에 비해서 표면이 크거나, 가볍고 작은 물체에서 많이 보여진다. 이러한 힘은 Coulomb의 법칙에 따른 힘이다. 이 현상은 공기중에 호-일을 흡입하거나 부착해서 오염시키기도 하고, 실이 얽히기도 하고, 인쇄지가 2장씩 나오기도 하고, 또한 인쇄에 얼룩이 생기기도 해서 생산장해를 가져온다.

2) 방전현상

물체의 표면에 전하가 축적되면 주위의 매질중에는 정전계가 형성되어 그 전계중의 다른 물질에 Colomb의 힘이 작용하고 그 전계의 크기는 축적된 전하에 비례해서 커진다. 어느 한계치를 초월하면, 매질은 전기적으로 절연성을 잃고, 도전성질을 띄게 된다. 공기의 경우에 있어서 그 한계치를 절연내력의 세기(Dielectric Strength)를 전계로 표시하면 3 MV/m이고, 표면전하밀도(Surface Charge Density)로 나타내면 2.7×10^{-2} C/m^2 정도이다. 정전기 방선은 내전제 표면의 전하 밀도가 10^{-6} C/m^2 정도 이상이면 발생한다. 방전의 형태는 대전된 물체의 전도도와 형상에 좌우되며, 일반적으로 다음과 같이 나누어진다.

- 불꽃방전(Spark Discharge)
- 브러시방전(Brush Discharge)

- 코로나방전(Corona Discharge)
- 전파브러시방전(Propagating Brush Discharge)

불꽃방전은 비교적 평등전계가 존재하는 물체사이에서 두 물체사이의 매질이 완전한 절연이 파괴가 되어 충전되어 있던 에너지의 변환이 매우 빠른 상태의 방전이며, 브러시방전은 불평등 전계가 존재하는 경우에 부분적으로 절연내력을 넘는 부분에서 방전이 일어나는 형태이다. 또 코로나방전전은 브러시방전의 일종으로 더 심한 전계의 불평등이 존재하는 곳에 국부적으로 일어나는 매우 약한 방전의 형태이다. 전파브러시방전은 필름과 같은 얇은 절연물의 양측면에 최대표면전하밀도의 수배 이상의 양부전하로 이루어진 전하이중층이 발생된 경우에 이들 사이에 일어나는 방전을 말하며, 많은 양의 에너지가 방산된다. 방전시에 발산되는 에너지의 주위 가연성 물질에 대한 발화위험성은 방전의 형태에 따라 다르다.

3) 정전유도현상

정전유도 현상에 의해 다른 절연물체에 그 물체 중에 정 과 부의 전하가 분리되어 나타나는데, 이에 의해 근방에 또 다른 역학현상이 나타나기도 하고, 방전현상이 나타나기도 한다.

(2) 정전기 재해

이러한 물리적 현상중 하나 또는 둘 이상의 현상의 결합으로 인하여 재해가 발생하고 있는데 대표적인 재해를 기술하면 다음과 같다.

1) 전격(Electric Shock)

정전기의 방전현상에 의해서 나타나는 재해로서, 정전기가 대전하여 있는 인체에서 또는 대전물체에서 인체로 방정이 일어나면 인체에 전류가 흘러 발생한다. 정전기에 기인하는 전격은 이 쇼크 때문에 신체의 균형이 깨어져 높은 곳에서 추락, 기계 등에 접촉 등 2차 재해를 일으키는 원인이 된다. 또 전격에 의한 불쾌감, 공포감등에서 작업자의 안전을 위협하는 원인이 된다. 이런 전격은 방전전류가 어느 크기 이상으로 되지 않으면 발생하지 않는다. 정전기에 의한 전격의 발생 한계는 기본적으로 방전에 의해 인체에서 또는 인체로 흐른 전류의 총합인 전하량에 의해 나타내어지며 그 발생한계인 전하량은 약 $2 \sim 3 \times 10^{-7}$ C이다. 그러나 방전한 전하량은 현상 발생 후의 양이므로 전격을 방지하는 입장에서는 실용적이지 못하므로 여기에서는 전격의 발생 한계를 이와 같은 방전 전하량이 발생하기 전의 이것에 상당하는 인체의 대전전위, 또는 대전 물체의 대전전위로 나타내어 이것이 실용상의 전격 발생한계에 상당하는 것으로 생각한다.

2) 재해・폭발장해

폭발, 화재는 정전기 방전이 가연성물질(가연성가스, 증기, 분진)의 착화원이 되기 때문에 발생한다. 화재, 폭발은 정전기의 방전에너지가 적어도 가연성물질의 착화에너지이상으로 되지 않으면 발생하지 않는다. 정전기에 의한 폭발, 화재의 발생한계는 기본적으로는 정전기의 방전에너지에 의해 나타낼 수 있으나 방전에너지는 일반적으로 간단히 구해지지 않으므로 실용상 가늠은 최소 착화에너지와 같은 방전에너지가 발생하는 대전상태(대전전위 또는 대전량 등)로써 나타낸다. 정전기의 방전에너지는 대전상태가 같더라도 대전물체가 도체인 경우와 부도체인 경우에 따라 다르므로 폭발, 화재의 발생한계를 나타내는 가늠도 대전물체가 도체, 부도체인 경우에 따라 다르다고 생각된다. 다만, 정전기 방전은 일반적으로 대전물체의 특성뿐만 아니라 방전 공간의 특성, 접지체의 형상 등 다른 요인의 영향도 받기 때문에 발생한계는 하나의 가늠을 나타낸 것에 불과하다. 또, 가연성물질의 최소 착화에너지는 위험 분위기의산소가 과잉한 경우는 착화에너지가 작게 되므로 발생한계를 검토할 때 이점에 유의할 필요가 있다.

(3) 정전기재해 방지대책

정전기의 발생을 방지하기 위해서는 정전기 발생에 영향을 주는 요인을 숙지하여 이러한 요인을 가능한 배세하거나, 직게 해야 한다.또, 정전기의, 발생 메카니즘에 착안하여 접촉하는 상호의 물체 및 접촉・분리하는 기계적 요인에 대하여 집중적으로 검토하는 것이 중요하다. 접촉・분리를 일으키는 기계적 작용으로 인한 정전기 발생을 작게 하기 위해서는 다음의 조건들을 유념해서 관리하는 것이 바람직하다.

① 접촉면적, 압력, 온도가 작을 것

② 접촉회수가 적을 것

③ 분리속도가 작을 것

④ 접촉상태가 서서히 변화할 것 등이다.

Chapter 9

전자파 장해

9.1 개요

19세기 말 전자파의 존재가 실증된 후 백여년이 지난 현재 전자파의 이용기술은 눈부신 발전을 거듭해왔다. 방송과 통신 분야는 말할 것도 없고, 제어, 계측, 전력, 의료 등 광범위한 분야에서 전자파가 이용되기에 이르렀고 현대와 같은 정보화 사회도 전자파에 의해 구축되었다고 해도 과언이 아니다. 이러한 전자기파의 이용기기 및 장치가 우리들의 일상생활 주변에서 범람하고 있는 가운데 이들 기기로부터 나오는 불필요한 전자기파에 의한 인체장해가 염려되고 있다. 특히 컴퓨터 및 사무자동화 기기 등 디지털 기술 운용기기는 기기 사용 시 광범위한 전자파를 발생시키고 있고, 이들은 기기 상호간에 간섭현상을 일으켜 기기의 오동작뿐 아니라 Radio, TV 등 전파수신 기기의 장해전파원으로써 전자파 환경을 오염시키고 있다. 이 뿐만 아니라, 산업체의 생산현장에서는 주위의 전자파 응용장치 등에서 나온 불요전자파(Electromagnetic Noise)에 의해 산업기기 및 시스템이 오동작을 일으켜 치명적인 산업재해를 유발하기도 한다. 전자파의 인체작용에 관해서는 약과 같이 좋은면과 나쁜면의 양면성을 갖고 있으므로 이들 양면의 효과를 적절히 제어 운용하기 위한 지혜가 필요하지만, 산업기기의 오동작에 따른 산업재해의 방지 측면에서는 불요전자파에 의해 영향을 받지 않도록 해야 한다. 앞으로 정보화 사회의 구축이 강화되면 될수록 우리 주위의 전자파에 관한 환경은 더욱 악화되어 전자파간섭(EMI : Electromagnetic Interference) 문제가 심각히 대두될 것임에 틀림없다. 여기서는 불요전자파에 의한 산업기기의 오동작, 인체영향, EMI 원리, 억제방안 및 측정기술에 대하여 간략히 설명하고자 한다.

9.2 전자파

전자파란 전계와 자계의 진동이 진공 또는 물질 중을 전파하는 파동현상을 말한다. 이 파동은 파장, 주파수, 광량자에너지와 온도의 4개의 파라미터로 특징지을 수 있다. 전자파를 스펙트럼으로 분해하여 나타내면 그림 4.33과 같다. 파장이 짧고 주파수가 높아질수록 그만큼 전자파가 갖는 운동에너지는 증대하고 온도도 높아진다. 일반적으로 파장이 약 100 nm(광량자 에너지로는 약 12 eV)보다 짧은 전자파는 관례적으로 전리방사선, 이보다 긴 전자파는 비전리방사선으로 불리고 있다. 온도로 말하면 전리방사선이란 약 143,700℃ 이상의 전자파를 말한다. 전파는 파장이 1 mm 보다 길고, 주파수는 300 GHz 이하의 전자파를 가르키고 무선 주파수라고도 한다. 광양자 에너지로는 1.24×10^{-3} eV 이하의 전자파가 통상 말하는 전파이다. 온도로는 영하 260℃ 보다 낮은 초극저온의 전자파가 된다.

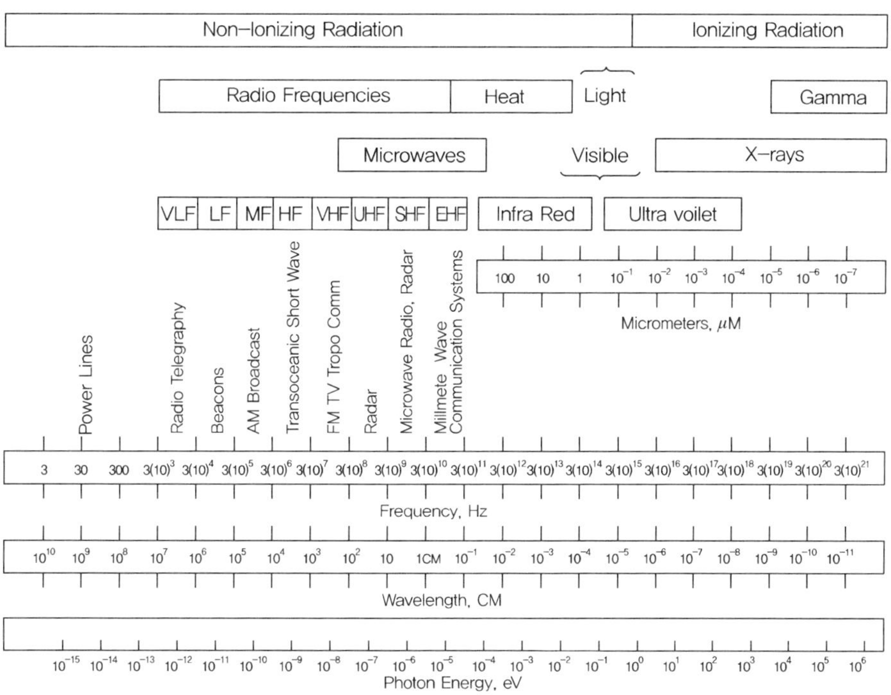

▶ **그림 4.33** 전자파의 스펙트럼과 제원

9.2.1 전자파의 종류

(1) 단파

주파수 6～30 MHz, 파장 50～10 m의 전자파로, 장파, 중파에 비하여 전파중에 다른 물체에 잘 흡수되지 않으므로 소전력으로 원거리 통신이 가능하다. 또 공전에 의한 방해를 거의 받지 않기 때문에 국제통신, 국제방송 등에 쓰이며 지향성이 강하므로 비밀통신에 이용되기도 한다.

계절 시간 등에 따라 전리층이 변동하기 때문에 수신감도가 매우 변동하여 때로는 통신이 불가능 해지고 혼선되기 쉬운 현상도 나타난다.

(2) 초단파

보통 주파수는 30～300 MHz, 파장, 1～10 m 범위의 전자파로 불꽃방전, 진공관 발진기에 의하여 발생한다. 전리층에 의하여 반사되지 않고 배우 직진성이 강하기 때문에 원거리의 통신에는 적합하지 않다. 광대역을 필요로 하는 TV방송, 특수휴대용 무선기, Radar 등에 쓰인다.

초단파인 파장 6 m의 전자파를 인체에 통하면 심부까지 따뜻하게 되는데 중요한 작용은 기온이다.

(3) 극초단파

주파수 300～3,000 MHz, 파장 1 m 이하 1 cm 정도까지의 극히 짧은 전자파를 말하는 것으로 전파의 영역이 짧아져서 Micro파의 영역이 되면 광파(光波)와 비슷한 성질이 나타나며 가시거리 내는 잘 통하지만 지평선을 넘는 거리에서는 전파의 힘이 갑자기 약화된다. 따라서 빛을 지속하는 것과 마찬가지로 전파렌즈 또는 파라볼라 안테나(Parabola Antenna) 등에 의하여 날카로운 전파빔의 지향성을 얻으므로 전파의 혼신이 적어진다. 또한 주파수가 높으므로 하나의 전파에 다량의 정보를 보낼 수 있게 된다. 즉 수천회선의 전화의 음성을 하나의 전파로서 전송할 수가 있다.

극초단파는 날카로운 전파빔을 얻을 수 있다는 것과 전파 전송 특성이 좋으므로 지상의 무선 중계 뿐 아니라 통신위성으로 중계하는 세계 통신망을 포함한 우주통신, 기상용 통신, 선박용 통신, 항공기용 각종 레이더(Radar) 무선항행업무 등 넓게 응용되고 있다.

(4) 적외선

파장 0.75～400 μm, 가시광선의 적색광보다 길고, Radio파보다 짧은 전자파, 태양이나 적열한 물체가 내는 복사열의 대부분이므로 열선이라고도 한다. 적외선이 강한 열작용은 의학에도 쓰이며, 투과성이 강하고 조직의 심부까지 들어갈 수 있으므로 환부에 충혈을 일으켜 진통, 염증성 병원의 흡수 촉진을 일으킨다. 따라서 만성관절염, 근육통 등 질환에 적용된다. 또 대공미사일은 제트 비행기의 배기공에서 나오는 적외선을 따라 추적하게 되어 있다. 적외선 방사에 의해 공업용 건조작업에 이용되며 전기스토브, 가스스토브 등에도 널리 이용되고 있다. 적외선은 투과력이 강하며, 생체조직의 심부까지 투과하기 때문에 온열요법으로 작용한다. 적외선을 환자에게 조사하는 광선요법인 적외선의 작용은 주로 열작용이다.

(5) 자외선

눈에 보이지 않는 빛인 3.97Å～100Å에 미치는 파장으로 된 넓은 범위의 전자파의 총칭으로 극단으로 파장이 짧은 자외선은 X선과 거의 구별되지 않는다. 자외선은 화학작용이 강하므로 화학선이라고도 한다. 적외선을 열선이라 하며 자외선은 열작용이 없으므로 냉선이라고도 한다.

6,000℃를 얻는 고온체인 태양의 표면에서는 짧은 파장의 자외선도 방출되고 있으나 그중 2,700Å 보다 짧은 파장의 자외선은 지표까지 닿지 않고 상층대기중의 산소나 오존 등에 흡수 된다. 또 다른 자외선도 대부분이 공기 중의 수증기, 진애, 매연 등에 흡수되며 혹은 그들에 의해 산란되기 때문에 매우 적은 양의 부분만 지상에 미친다. 자외선의 양은 저지대 보다는 고지대에 많고, 도시보다는 해변 등에 풍부한 것은 이 때문이며 지표를 둘러싸는 대기는 지상의 생물을 강렬하고 유해한 자외선의 조사로 부터 보호되는 역할을 하고 있다.

대부분의 물질은 자외선에 대해서 불투명하지만 그 정도는 물질 종류나 자외선의 파장에 의해 다르다. 보통의 유리는 매우 파장이 긴 자외선만 투과시키며, 수정이나 형석, 암염 등은 대체로 1,900Å까지 비교적 단파장의 자외선을 잘 투과 시킨다.

또 액체 중에는 물이 자외선에 대한 투명도가 가장 나쁘다. 인간의 피부에 관해서 보면 긴 파장의 자외선은 투과력이 강하고 가령 3,900Å 보다 파장이 긴 자외선은 진피(眞皮)까지 달하지만 3,000Å 이하의 짧은 파장의 자외선은 표피 내에서 투과를 저지당한다. 자외선은 화학작용, 생리작용이 현저하며 사진건판을 강하게 감광시키는 외에 표백작용이 강하기 때문에 안료, 염료 등은 일광에 포함된 자외선의 조사에 의해 변색된다. 또한 피부가 볕에 타는 것도 자외선의 화학작용에 의한 것이며 파장 3,200Å～2,900Å 범위의 자외선은 홍반 적용이 현저하다.

자외선은 가시광선보다도 파장이 짧으므로 형광작용, 광선작용도 강하다. 이중 형광작용은 형광등에 이용되고 있으며 자외선의 인공광원으로는 보통 방전관 내에서 수은을 여기하여 그때 발생하는 빛의 자외부를 이용하는 수은등(저압, 고압)이 사용된다. 일반적으로 태양등이라고 불려지는 것도 수은등을 말하는 경우가 많다.

자외선은 태양광선이나 인공태양 등의 광선 중에 소량이 포함되어 있으며 생체에 미치는 작용이 가장 강하고, 적외선과는 달리 열작용이 없으며, 여러 가지 화학적 변화를 일으키고 있다. 자외선을 인체에 조사하면 2∼7시간 정도의 잠복기가 있어 피부에 담홍색의 평등한 홍반을 발생하고 수일 후에 색소 침착을 발생한다. 자외선은 생체에 대해서 1 mm 정도로 투과력이 적고 파괴적인 작용을 가지므로 주의가 필요하다.

자외선의 조사가 지나치게 강하면 피부는 홍반을 투과해서 결막염을 일으키므로 황색이나 녹색의 보호안경을 사용하여 예방해야 된다. 또한 전신 작용으로서 혈압이나 혈당을 저하시켜 백혈구나 적혈구를 증가시키는 것으로 나타나 있다.

(6) 초음파

주파수가 대체로 20,000 Hz 이상인 것으로 사람의 귀에는 소리로써 느껴지지 않는 음파를 말하는 것으로 본질적으로는 가청범위의 음파와 같은 것이나 주파수가 크고 따라서 파장이 짧은 상당한 강도의 것이 얻어 지기 때문에 보통 음에서는 볼 수 없는 성질이 나타난다. 그 중에서도 그 진로가 방향성을 지니고 또한 짧은 Pulse가 나타나는 등의 두드러진 특징을 나타내며, 예를 들면 박쥐가 심야에 아주 작은 것까지 분간하는 것은 스스로 초음파를 발생시켜 장애물에 닿게 하여 그 반사파를 탐지하는 기능을 가졌기 때문이다. 주파수가 특히 큰 초음파는 매질의 분자진동의 주파수와 같은 정도의 주파수를 가지게 되므로 물질 중에서의 초음파의 전파속도나 회전의 주파수 등 물질구조를 해명할 수 있으며, 초음파의 또 하나의 특징은 물질을 흔드는 강한 힘을 가지고 있는데, 물을 넣은 용기의 밑바닥에서 초음파를 발생시키면 초음파의 진로는 국소적으로 가열되어 심한 장력 때문에 액체 내에 소기포가 발생된다. 이 현상을 초음파의 공동작용이라 하며 용존하는 기체가 방출되므로 공업적으로는 금속용해물, 광학유리, 절연유 등에서 유해한 기포를 제거하는 수단으로 이용된다.

초음파를 인체에 전도시키면 수 cm 깊이까지 도달되고 그 영향은 마사지와 같은 치료효과를 나타낸다. 발진장치와 인체와의 사이에 공기가 있으면 전도가 나빠지므로 밀착시키든지 수중에서 방사한다.

초음파의 진동으로 세포나 조직 내의 입자가 흩어져 자극적으로 작용한다. 따라서 신진대사가 촉진되며, 내부의 모양을 외부에서 파괴하지 않고 검사하는 초음파 탐상법이 있다. 초음파의 탐상법은 0.4∼10 MHz 정도의 초음파 주파수의 전압을 발진하여 탐촉자를 통하여 피검사재중에 초음파를 투사하는 방법으로 뇌종양, 유방암 등 인체내의 이상의 검출, 진단에 활용되고 있으며, 공업재료의 응용으로는 전차차축의 크레크의 조기 발견, 화학공장의 부식도 검사등의 보수 검사를 비롯하여 제강소, 조선소 등의 중공업이나 원자력 공업, 항공기 공업 등의 재료의 이상검출에 이용되고 있다.

(7) 방사선

우리가 생활하고 있는 공간에는 어느 곳에서나 방사선이 반드시 존재하고 있다. 그러므로 공기를 호흡하듯 사람은 방사선에 노출되어 생활하고 있는 것이다. 방사선이란 가시상선, 적외선, 자외선을 포함하는 α선, β선, γ선, X선과 같이 전이를 일으키는 것을 말한다.

X선이나 γ선은 광선과 같은 전자파이고 α선, β선은 입자의 흐름이다. 인간은 방사선과 함께 생활하고 있는데 상업화이전에는 자연방사선밖에 존재하지 않았으나 최근에는 인공방사는 물질이 자연계에 첨가되어 환경방사선은 자연방사선과 인공방사선으로 분류 되고 있다. 자연방사선은 지구 밖으로 부터 오는 우주선과 우주선에 의해 생성되는 방사성 물질, 또 지각이나 대기 중에 존재하는 천연방사성 물질로 부터 발생되는 방사선 등으로 구분되며 인공방사선은 핵실험에 의한 방사성 강화물과 원자력, 방사성물질 등의 이용에 따른 인공방사물질로 분류된다.

은하계와 태양을 부터 쏟아지는 방사선을 우주선이라 부르며, 지구대기중으로 들어오는 이러한 우주선은 상당히 고 에너지를 갖고 있으며 대기 중에 존재하는 원자핵과 반응을 일으켜 2차적으로 방사성입자를 만든다. 지구로 들어오는 우주선을 1차 우주선이라 하고 1차 우주선에 의해 생성되는 방사선을 2차 우주선이라 부르며 실제로 지상에 도달하는 것은 대부분 2차 우주선이다.

우주선으로 부터 받는 방사선량은 지구표면에서는 어느 곳에서나 비교적 일정하다. 그러나 우주선은 위에서 오는 것이므로 고도에 따라 차이가 있어 높은 산일수록 증가한다.

9.2.2 전자파의 영향

산업화에 따른 전기, 전자기기의 사용이 점차 증가하고 있다. 전류가 흐르는 곳이면 어느 곳에서나 전자파를 발생하여 환경과 인체에 영향을 주고 있는 것으로 나타나고 있다. 더구나 강력한 전자파속에 장시간 지속적으로 노출된 경우 질병을 일으키고 인체에 해를 준다는 것으로 현대인은 유해 전자파에 노출되어 있는 것이다.

Computer, Color TV, 전자레인지, 전기장판, 전기담요, 스테레오, 냉장고 등 전기전자기기들은 우리생활에 편리를 제공해주는 반면 유해 전자파를 발생한다.

그 중에서도 컴퓨터의 유해전자파는 최근 여러 가지 증후를 일으키고 있다. 즉 VDT (Video Display Terminal)증후군으로 눈의 피로, 목 어깨의 통증, 만성피로, 근육무력증, 두통, 이명, 호흡 및 혈압장애, 집중력 저하, 불면증 등의 증후군이 나타난다는 것이다.

보통 전자파는 파장에 따라 60 Hz 이하의 극저주파에서 Radio파, 단파, Micro파, 적외선, 가시광선, 자외선, X선, γ선 등으로 나눈다. 이중 Micro 이상의 강도가 높은 전자파에 노출될 경우 인체에 치명적인 해를 입는다는 것으로 되어 있다.

전자파의 재해는 컴퓨터, 헤어드라이어, 전기면도기 등에서 발생되는 극저주파나 무선전화기, 워키토키, 핸드폰의 단파나 TV파, 전자레인지나 스피드건 등에서 발생하는 Micro파 등 우리가 일상생활의 용품에서 발생되는 전자파의 유해성에 대해 설명되고 있다. 특히 인간의 뇌세포막이 자섬을 가진 액체결정체로 덮여 있다는 연구결과에 따라 산업화에 따른 인체에 전자파의 유해성은 심각한 실정이다.

이는 물고기나 철새, 비둘기 등 동물들이 움직일 때 방향감각 유지에 뇌자석을 나침반으로 이용하고 있는 것처럼 인간의 뇌에도 소위 생명파장이라고 하는 20~35주파수대의 파장이 발생되고 있는 것으로 알려지고 있다. 이는 지구의 자장보다 미미한 자장에도 쉽게 반응하는 것으로 따라서 각종 전자 기기에서 발생되는 외부 전자파에 인체가 영향을 받을 수 있음을 강력히 시사하는 것이라고 할 수 있다. 실제로 이런 전자파에 의한 영향은 전자파가 없는 방보다는 전자제품이 있는 방에서 수면을 취할 때 인간의 뇌파가 더 급격히 반응하는 것으로 알려지고 있다.

전자파가 암을 유발한다는 보고도 있으며 이것은 살아있는 동식물은 세포에 자기결정체를 가지고 있다는 것으로 주변환경의 전자파에 의해 영향을 받은 것이다. 특히 계속되는 외부 전자파자극에 의해 세포와 세포간의 대화의 통로가 제어 능력을 상실하여 세포막에 대혼란을 초래하므로 세포의 돌연변이(암)를 유발한다는 것이다.

미국의 경우 암환자 발생은 10만명당 117명(우리나라 338명)으로 매년 20.1%의 증가를 보내고 있으며 암발생원인의 약 45%가 전자파에 대해 발생되고 있다는 주장도 있어 강한 전자파에 대한 경각심을 불러일으키고 있다.

특히 최근에 정보통신분야의 획기적인 발달로 컴퓨터, 무선전화기 등의 사용이 일반화되는 등 전자파가 생활주변에서 흔히 사용하는 각종 전자제품에서 발생되기 때문에 강한 전자파에 노출되고 있다. 컴퓨터는 수많은 회로가 집적되고 있어 전자파덩어리로 사용이 일상화되고 사용 시간이 장기적이라는 점에서 전자파로 인한 피해도 점차 증가하고 있다.

실제 컴퓨터 사용 중에는 자외선, 가시광선, X선, Radio파, 극저주파 등 다양한 전자파가 발생되고 있으나 대부분 노출허용치에는 미치지 않는 것으로 나타나고 있다. 그러나 극저주파는 60 Hz 정도가 발생 허용기준치에 육박하고 있어 극저주파나 미세한 양의 전자파에 장기간 노출되었을 때 전자파가 인체에 어떤 영향을 주는지에 관해서는 규명되어 있지 않으나 장기 노출을 피하는 것이 좋다. 실험결과에 따르면 흰쥐가 VDT에 지속적으로 노출되면 쥐의 혈액에서 아드레날린이나 노르아드레날란의 농도가 현저히 증가하는 것으로 밝혀졌다. 그러므로 혈중농도가 지속적으로 증가하면심장의 고동이 빨라지는 심계항진을 초래하여 심장에 부담을 주고 혈관을 수축시켜 혈압상승을 가져올 수도 있으며 위장장애, 무기력감 등의 증상 및 혈당치를 높이는 작용을 하는 것으로 알려지고 있다. 물론 이런 결과가 인체에 미치는 영향에 관한 연구가 되어 있지는 않으나 최근 컴퓨터를 사용하고 있는 많은 사람들이 각종 질병을 호소하는 것을 보면 주목 해야 할 일이다. 흔히 VDT증후군으로 말해지는 증상은 장기간의 키펀치 사용으로 인한 어깨 통증 뿐 아니라 특별한 이유없이 온몸이 피로해지는 등 만성피로증후군이라고 이야기 되는 것이라 할 수 있다.

실제로 컴퓨터 사용자를 대상으로 한 조사에서 조사대상의 20%가 컴퓨터로 인한 각종 건강장애에 시달리는 것으로 밝혀지고 있으며 전자파에 대한 피해를 호소하는 사람이 많은 실정이다.

무선호출기를 장기간 신체에 부착하면 무선호출기에서 발생하는 전자파 때문에 신체에 이상이 생길 수 있다는 보고도 있다.

또한, 고압선 밑에서의 백혈병환자의 발생이 다른 곳에서보다 2배 이상이라는 연구 보고도 있다.

9.3 전자파의 인체장해

생체(인체)가 전자파에 노출되었을 때 생체내의 전자계 성분이 일으키는 생물학적 반응을 생체효과(Bioeffect)라고 한다. 전자계성분의 작용은 스펙트럼에 의해서 달라지며, 생체에 대한 전자계의 작용을 연구하는 동기는 두 가지로 대별된다. 첫째는 의료에 대한 적극적인 기여를 목적으로 하는 것으로서, Joule열의 발생, 신경 및 근육의 자극 및 마취, 최면 또는 대전류 및 방전의 파괴작용 등을 이용하기 위하여 예로부터 연구되어 왔다. 둘째는 안전성의 입장에서 연구하는 것으로서, 인체에 장착된 여러 가지 종류의 기기로부터 흘러들어오는 전류가 진료상 의도하지 않는 위험을 발생시키지 않도록 기준을 설정하기 위한 목적으로 연구되어 왔다. 의료 이외의 것으로서는, 문명의 진보와 함께 우리들 주변에는 여러가지 형태의 에너지가 발생하고 그 속에서 안정한 생활을 영위할 수 있는 환경이 요청되므로 인체가 노출되어도 안전한 에너지의 한세치를 명확히 헤두기 위한 한계치 설정에 관한 연구가 있다.

양자전자기학에 의하면, 전자파는 입자성과 파동성의 양면을 가지고 있지만, 생체효과의 측면에서 전자파를 크게 분류하면, 에너지 레벨이 높고 입자성이 강하게 작용하는 전자파는 방사선이며, 입자성과 파동성의 양쪽이 작용하는 전자파는 전파이다. 이들 스펙트럼은 생체내에 있어서는 각각, ① 전리, ② 광, ③ 전류가 생체효과를 지배하는 지배적인 작용자가 된다. 일반적으로 유럽과 미국 및 일본의 전자파 안전기준은 ③에 바탕을 두고 있다.

③은 생체내에 존재하는 전자계에 의한 유도작용을 말하며 주파수에 따라서 발열과 자극작용으로 나누어진다. 일반적으로 주파수 100 kHz 이상에서 Joule 손실에 의한 발열작용이 있고, 그 이하의 주파수에서는 전류의 직접적인 자극작용이 우세하게 작용한다고 한다. 체온의 상승과 신경세포·감각기의 흥분 등은 발열작용의 결과로서 생긴다. 전파의 발열작용은 체온을 상승시키는 것으로서 열 스트레스에 의해 생체효과를 일으킨다고 알려져 있지만, 이것과 전자파 파라미터의 관계는 단순하지가 않다. 인체는 전기적으로는 복잡한 복합유전체이기 때문에 전파의 강도, 주파수, 편파 등에 따라서 체내의 발열분포가 크게 변하기 때문이다.

질량(체중) 1 kg당의 전자파의 흡수전력인 전자파인체흡수율(SAR, Specific Absorption Rate)이 발열작용에 의한 생체효과의 척도로서 이용된다. 인체에 대한 생체효과의 문턱치로는 전신평균 SAR이 ANSI에서는 4～8 W/kg, 미국 환경보호청(EPA, United State Environmental Protection Agency)에서는 1～2 W/kg으로서 이 문턱치의 10배 또는 2.5배의 안전율을 고려한 0.4 W/kg이 세계 각국에서의 안전기준 지침치로서 확립된 값으로 되어 있다. 이 값을 넘지 않는 전자파의 세기가 안전기준이 되지만 SAR는 전파원, 주파수, 편파, 인체의 크기 등에 의해 크게 변한다. 따라서, 평면파(Plane Wave)를 전신에 쪼였을 때를 최악의 케이스로 하고, 이 경우의 SAR 지침치를 넘지 않는 전자파의 세기를 기준레벨로 정하고 있다.

생체효과를 일으키는 발열량의 문턱치(Threshold Value)를 알면 이 값을 넘지 않는 전자파의 파라미터를 역으로 결정할 수 있다. 집토끼 등의 동물을 이용한 전자파의 노출실험에 의하면 전자파인체흡수율을 전신에 걸쳐서 평균한 값이 체중 1 kg당 4～8 W라고 하는 좁은 범위에서 가역적인 행동분열이 생겼다고 한다. 이 문턱치는 전자파의 주파수, 편파, 실험동물의 종류에 의존하지 않는다는 사실이 확인되어 있다. 미국규격협회(ANSI; American National Standards Institute)와 일본의 전파안전기준은 발열량의 문턱치가 인체에 대해서도 적용할 수 있다는 관점에서 구축되고 있다.

9.4 ELF전자계

전기에너지의 이용이 날로 늘어가고 있는 현대인의 일상생활은 어느 정도의 전자계에 노출되어 있다. 우리가 사용하는 거의 모든 가전제품과 주변의 송변전 설비 및 송전선로등과 같은 고압 전력설비에서 발생하는 극저주파수의 전자계를 ELF(Extremely Low Frequency) 전자계라 하며 이는 우리의 생활과 뗄 수 없는 밀접한 관계를 가지고 있기 때문에 인체의 영향 유무에 관해서 일반국민 및 관련 직업 종사자들의 거대한 관심과 더불어 상당한 논란의 대상이 되어 왔다. 더욱이 우리나라를 비롯한 여러 나라들이 경제적인 전력수송을 위하여 송전전압을 초고압화하는 계획을 추진 중이기 때문에 만약 ELF 전자계가 인체에 유해하다고 밝혀지면 기존의 송전방식과 가전제품의 설계를 둘러싸고 커다란 사회문제를 야기시킬 가능성이 있다고 할 수 있다. 이미 일부 국가에서는 과학적으로 명확하게 근거가 제시된 결론이 없는 상태에서도 ELF 전자계의 인체 유해성 문제를 들어 송전선의 건설이 중단되거나 지연되고 있는 등 주변 주민과 전력회사간에 심한 마찰을 빚고 있다.

이 분야의 최초의 연구는 1960년대 소련 및 동유럽 등에서 전기관련 직업 종사자를 대상으로 시작되었고 이 후 미국 등 여러 나라에서 본격적으로 인체의 영향에 관해서 생리학적, 병리학적 연구 결과를 발표하면서 WHO를 비롯한 각국의 ELF 전자계의 인체보호 지침에 관한 규제 또는 권고안이 생기게 되었다. 또한 연구결과도 세포레벨의 생화학적 반응에서부터 시작하여 동물실험 및 암, 백혈병, 유산, 생식 등 병리학적 영향 그리고 심리적 영향에 이르기까지 매우 다양하며 많은 연구가 진행 중에 있으며 아직도 명확한 결론을 얻어내지는 못하고 있다.

Exercise

Chapter 1 전기재해와 안전

1. 전기재해의 종류를 들고 설명하시오.

Chapter 2 감전과 전격

2. 감전사고의 형태 6가지 종류를 들고 설명하시오.

3. 전격의 위험인자에 대하여 설명하시오.

4. 최소감지전류에 대하여 설명하시오.

5. 심실세동전류에 대하여 설명하시오.

6. 접촉전압과 보폭전압에 대하여 설명하시오.

7. 전기기계·기구에 의한 감전방지대책에 대하여 설명하시오.

8. 감전사고 발생시의 응급조치에 대하여 3가지로 설명하시오.

Chapter 3 전기화재

9. 누전에 대하여 설명하시오.

10. 과전류/과부하에 대하여 설명하시오.

11. 접촉불량에 대하여 설명하시오.

12. 전기불꽃(Spartk)에 대하여 설명하시오.

13. 단락에 대하여 설명하시오.

14. 전기화재의 발화원 종류(8가지)와 그 예를 쓰시오.

Chapter 4 뇌방전 현상과 피뢰설비

15. 불꽃방전에 관하여 설명하시오.

16. 코로나 방전에 대하여 설명하시오.

17. 뇌방전에 대하여 설명하시오.

18. 송전계통에 발생하는 이상전압의 원인에 대해서 내부적인 원인과 외부적인 원인으로 분류하여 설명하시오.

19. 낙뢰에 대한 피해방지 대책에 대하여 설명하시오.

20. 옥외에서 뇌성을 들은 경우 필요한 조치에 대하여 설명하시오.

Chapter 5 전기작업 안전

21. 정전작업에 대하여 5가지 방법으로 설명하시오.

22. 활선작업에 대하여 설명하시오.

23. 직류아크용접기와 교류아크용접기에 대하여 설명하시오.

24. 아크용접작업을 하고 있는 작업자가 Holder의 충전부분이나 용접봉 등에 접촉해서 감전되는 경우 발생되는 통전전류에 관한 식을 쓰고, 설명하시오.

25. 전격방지기의 동작원리에 대하여 설명하시오.

Chapter 6 전기설비 안전

26. 법규상에 명시되어 있는 전압의 종류와 그 수치를 쓰시오.

27. 전로사용전압의 종류에 따른 저압 전로의 절연정항치를 쓰시오.

28. 누전차단기의 작동원리에 대하여 설명하시오.

29. 접지의 목적에 대하여 설명하시오.

30. 접지의 종류와 그에 관한 설명을 쓰시오.

Chapter 7 전기설비의 방폭화

31. 전기설비의 방폭은 무엇인가?

32. 폭발성가스의 누설 및 방출을 방지하는 방법에 대하여 설명하시오.

33. 폭발성가스의 체류방지 방법에 대하여 설명하시오.

34. 폭발성분진의 생성방지 방법에 대하여 설명하시오.

35. 방폭구조의 종류와 그 특징에 대하여 설명하시오.

Chapter 8 정전기 재해방지

36. 정전기의 정의에 대하여 설명하시오.

37. 대전(Electrification)현상에 대하여 설명하시오.

38. 서로 다른 물체가 접촉되었다가 불리될 때 물체의 표면에 정전기가 발생하는 이유에 대하여 설명하시오.

39. 정전기 발생에 영향을 주는 요인에 대하여 설명하시오.

40. 대전전하의 정의와 대전전하를 나타내는 식을 쓰고 설명하시오.

41. 정전기가 방전될 때의 방전에너지를 구하는 식과 방전에너지의 특성을 설명하시오.

42. 정전기사고의 사고 형태를 쓰시오.

43. 정전기재해의 방지대책에 대하여 설명하시오.

Chapter 9 전자파 방해

44. 전자파의 정의에 대하여 설명하시오.

45. 전자파의 종류와 특징에 대하여 설명하시오.

46. 전자파 인체흡수율(SAR)에 대하여 설명하시오.

Part 5

기계안전

Chapter 1

기계의 안전화

기계의 안전화는 기계의 구조적인 결함에 의한 재해, 기계를 사용하는 작업 중에 발생하는 재해, 기계가공 중의 재료나 반제품의 운반·이동시 일어나는 재해, 기계 작업 시 작업 환경의 불량으로 인한 재해 등에 대한 안전화를 총칭하며, 이러한 기계설비의 안전을 기하려면 그 기계의 구조 및 특성과 작업방법을 숙지하고 그 위험성을 면밀히 검토하여야 한다.

1.1 기계안전의 원리

기계설비의 안전을 위해서는 본질적인 안전화가 강구되어야 한다. 즉 작업자의 실수나 기계설비의 고장이 발생되더라도 안전이 확보될 수 있어야 한다. 교육 등에 의하여 특정한 작업을 하는 경우에만 안전이 확보될 수 있도록 하는 것은 본질적인 안전화가 아니다.

기계설비의 설계에 있어서 두 가지 중요한 원리가 풀프루프(Fool Proof)와 페일세이프(Fail Safe)의 원리이다. 풀프루프란 사용자가 실수를 하더라도 안전이 확보될 수 있도록 하는 것이고 페일세이프란 설비가 고장 또는 파손이 되더라도 안전할 수 있도록 하는 원리이다.

풀프루프의 적용 예로 가정용 믹서기를 들 수 있다. 사용 중 뚜껑이 열리면 자동으로 믹서기의 작동이 정지되는 풀프루프 구조로 되어 있어 실수에 의한 사고가 방지되고 있다.

승강기에서 승객이 많으면 경고음이 울리고 작동이 되지 않는다거나 프레스에서 작업자의 손이 금형 사이에 들어갔을 때 프레스의 작동이 멈추는 것, 세탁기의 뚜껑을 열면 세탁기가 멈추는 것 등이 풀프루프의 또 다른 예이다. 또한 위험 부위에 가드를 설치한다거나 위험 기계를 아예 격리시켜 접근자체를 제한하는 것도 풀프루프의 원리를 적용한 예라고 볼 수 있다.

페일세이프의 원리를 적용한 예로는 승강기에서 정전이 되면 브레이크가 작동되어 운전을 정지시킨다거나 교통 신호등을 두 군데 달아 한쪽 신호등이 고장 나더라도 다른 쪽 신호등을 볼 수 있게 하는 것이 있다. 압력용기의 안전밸브, 안전판, 좌우에 달린 자동차의 브레이크등도 페일세이프의 예이다.

따라서 기계의 설계자는 사용자의 실수에 의한 사고를 사용자의 책임으로 돌릴 것이 아니라 철저하게 실수를 줄일 수 있도록 그리고 실수를 하였더라도 사고로 연결되지 않도록 설계하여야 한다. 또한 기계의 고장에 대해서도 사고가 발생되지 않도록 하여야 한다.

1.2 기계의 위험점

1) 협착점 (Squeeze Point)

왕복운동부와 고정부 사이에 눌리는 위험점으로 프레스, 절단기 등에 많이 존재한다.

2) 물림점 (Nip Point)

두 개의 반대방향으로 맞물려 회전하는 회전체에는 손가락 등이 물려 들어가는 물림점의 위험성이 존재한다.

3) 끼임점 (Shear Point)

고정부와 회전부 사이에 끼이는 위험점으로 연삭기, 회전기계의 날개 등이다.

4) 절단점 (Cutting Point)

회전하는 원형톱날과 같이 회전부에 의하여 절단되는 점이다.

5) 접선물림점 (Tangential Point)

벨트 등과 같이 회전부의 접선방향으로 물려들어갈 위험이 존재하는 점이다.

6) 회전말림점 (Trapping Point)

회전부에 작업복 등이 말려드는 위험이 존재하는 점이다.

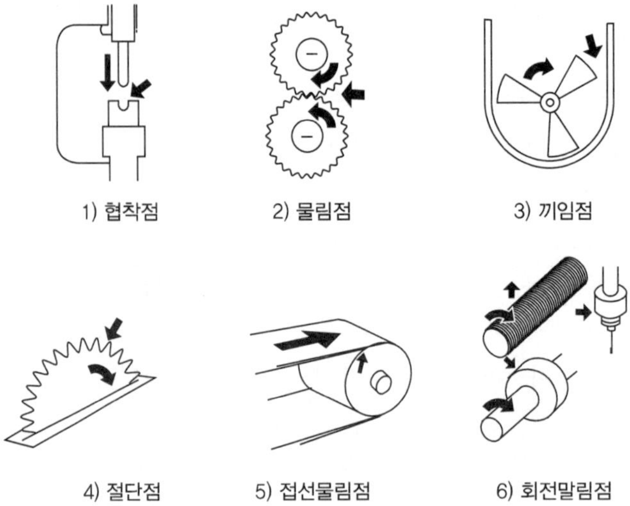

그림 5.1 기계의 위험점

1.3 방호장치

넓은 의미의 방호(Protection)란 어떤 공격이나 해로부터 막아 지켜서 보호하는 것을 말하고, 좁은 의미의 방호(Safeguard)란 인간을 사고로부터 보호하기 위해 설계된 가드 또는 장치를 의미한다. 방호의 원칙에는 네 가지가 있으며 아래에서 설명하기로 한다. 가장 바람직한 것은 위험요인(Hazard)을 제거하거나 위험을 차단하는 것이다.

방호장치란 작업자를 보호하기 위하여 일시적 또는 영구적으로 설치하는 기계적 안전장치를 의미한다. 방호조치란 위험기계·기구의 위험장소 또는 부위에 근로자가 통상적인 방법으로는 접근하지 못하도록 하는 제한조치를 말하며, 방호망, 방책, 덮개 또는 각종 방호장치 등을 설치하는 것을 포함한다.

방호장치에는 격리형, 위치제한형, 접근거부형, 접근반응형, 감지형, 포집형의 6가지 종류가 있으며, 이들 각각에 대하여 아래에서 설명한다.

(1) 일반적인 방호의 원칙

① 위험요인의 제거 : 잠재한 위험요인(Hazard)을 원천적으로 발생될 수 없게 제거한다.

② 위험의 차단 : 위험으로부터 작업자를 격리시키는 것과 같이 차단한다.

③ 위험의 삭감 : 작업자에게 개인보호구를 착용시키는 등 위험을 줄여준다.

④ 위험에의 적응 : 안전교육훈련 등으로 위험에 적응하게 한다.

(2) 격리형 방호장치

위험한 작업점과 작업자 사이에 접근되어 일어날 수 있는 재해를 방지하기 위해 차단벽이나 망을 설치하여 격리시키는 방호장치이다.

① 완전차단형 : 체인, 벨트 등의 동력전달장치에 동작부분 전체를 완전히 덮개로 씌우는 것과 같이 완전히 차단한다.
② 덮개형 방호장치 : 벨트, 치차 회전부의 접선물림점 등의 일부를 덮개로 덮는다.
③ 안전방책 : 위험한 기계에 접근하지 못하도록 방책을 설치하는 방법으로, 예로 고전압 설비 주위에 울타리를 설치하는 것이다.

(3) 위치제한형

조작자의 신체부위가 위험한계 밖에 떨어져 있도록 위치를 제한하는 방호장치이다. 대표적인 예로 프레스의 양수조작식 방호장치가 있다.

(4) 접근거부형

작업자가 위험한계 내로 접근하면 기계에 설치해 놓은 장치가 밀거나 당겨 접근을 거부하는 장치로서, 예로 프레스의 손쳐내기식 방호장치가 있다.

(5) 접근반응형

작업자의 신체부위가 위험한계 내로 들어오면 이를 감지하여 기계를 정지시키는 형으로, 프레스의 광선식 방호장치가 그 예이다.

(6) 감지형

비정상적인 온도나 압력, 과부하 등을 센서 등으로 감지하여 안전한 상태가 되도록 조종하거나 설비의 작동을 중지시키는 방호장치이다.

(7) 포집형

목재절단 시 절단된 목재가 튀어 오르는 것을 방지하기 위하여 설치하는 반발예방장치와 같이 위험원을 어떤 곳으로 포집하는 방호장치이다.

1.4 가드

가드(Guard)란 위험성이 있는 기계의 작업점, 회전부 등을 접촉하지 않도록 방호하기 위한 장치로 방호장치와 같은 의미이나 통상 기계방호를 위한 덮개 또는 울 등을 좁은 의미로 가드라고 하고, 그 외의 방호수단을 방호장치로 취급한다.

보통 금속망으로 제작하나, 가드의 내부를 볼 필요가 있을 때에는 투명 플라스틱 또는 안전유리를 사용한다.

작업점에 대한 가드의 개구부는 가드 안으로 손가락이 들어가더라도 위험부위에 닿지 않도록 하기 위하여, 위험부위에서 가드까지의 거리(X)와 가드 개구부의 간격(Y)과의 관계를 다음 식으로 결정한다.

$$Y = 6 + 0.15X \text{ mm} \qquad \text{단, } X < 160 \text{ mm}$$

$$Y = 30 \text{ mm} \qquad \text{단, } X \geq 160 \text{ mm}$$

Chapter 2

기계구조의 안전

기계의 구조적인 결함에 의하여 발생되는 재해를 방지하기 위해서는 기계구조를 구성하는 재료의 특성에 대하여 이해하고, 구조에 발생되는 응력과 재료의 강도와의 관계에 대해서도 이해하여야 한다.

2.1 재료의 단순인장시험

재료의 기계적 성질을 알 수 있는 가장 기본적인 시험이 단순인장시험이다. 단순인장시험에서부터 재료의 항복강도(Yield Strength), 극한강도(Ultimate Strength) 및 탄성계수(Elastic Modulus) 등의 값들을 구할 수 있다. 그림 5.2에서와 같이 단순인장시험은 초기 단면적이 A_o, 표점거리(Gage Length)가 L_o인 시험편에 인장하중을 시험편이 끊어질 때까지 가하여 응력－변형률 곡선을 얻는 시험이다. 어떤 순간에 작용되는 인장하중이 P이고 이때의 표점거리가 L이라고 하면 공칭 응력(Stress) σ와 공칭 변형률(Strain) ε은 다음과 같이 정의된다.

$$\sigma = \frac{P}{A_o},\ \varepsilon = \frac{L - L_o}{L_o} \quad \cdots\cdots (5.1)$$

물리적으로 응력 σ는 재료의 단위 면적 당 작용되고 있는 하중으로, 단위로는 Pa(＝N/m^2), MPa(＝10^6 N/m^2), kgf/mm^2, psi(＝lb/in^2), ksi(＝10^3 lb/in^2) 등이 사용된다. 그리고

변형률 ε은 기준 되는 길이에 대하여 단위 길이 당 얼마나 늘어났는가를 뜻하는 양으로 무차원 수이다.

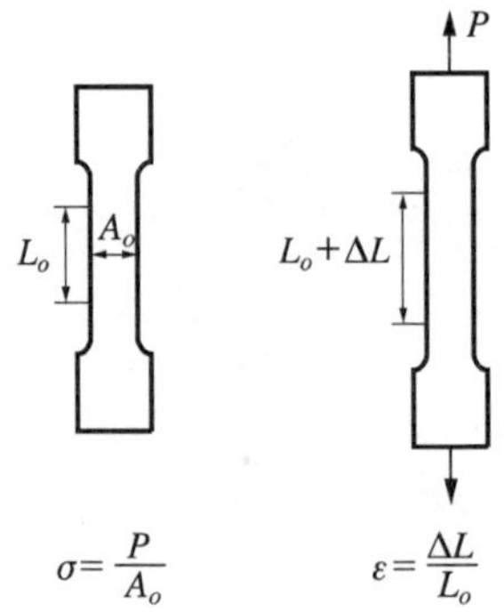

그림 5.2 단순인장시험

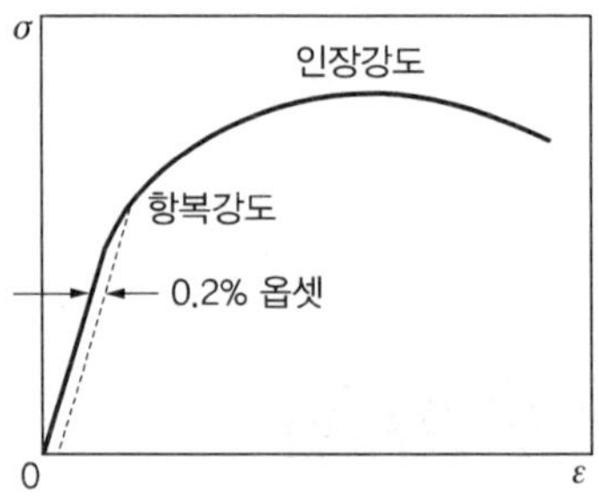

그림 5.3 응력-변형률 곡선

단순인장시험 중 응력-변형률 곡선을 그리면 그림 5.3과 같은 곡선이 얻어진다. 그림에서와 같이 응력이 작은 영역에서는 응력과 변형률과의 관계가 직선이 된다. 즉 Hook의 법칙을 만족하고 있음을 알 수 있다. 이렇게 응력과 변형률이 직선을 이루는 변형을 탄성변형(Elastic Deformation)이라 한다. 그림에서 직선의 기울기 E를 탄성계수라고 하며 응력과 변형률과는 $\sigma = E\varepsilon$의 관계를 가진다.

그림 5.3에서 볼 때 응력이 커짐에 따라 응력-변형률 곡선이 점차 직선에서 벗어나게 되는데 이는 소성변형(Plastic Deformation)이 시작되었기 때문이다. 소성변형이 된 재료는 가해지던 하중이 제거된 후에도 원래의 형태로 회복되지 못하고 영구변형을 남기게 된다. 소성변형이 시작되는 응력을 재료의 항복점(Yield Point) 또는 항복강도(Yield Strength)라고 한다. 그림 5.3에서 가로축 즉 변형률 축 상에 변형률이 0.2% 즉 0.002가 되는 점을 잡고 이점을 지나면서 응력－변형률 곡선에서의 직선부와 나란한 선을 그린다. 이 선이 응력－

변형률 곡선과 만나는 점의 응력 값이 항복강도가 된다.

또한 응력-변형률 곡선에서의 최대 응력 값이 재료의 인장강도(Tensile Strength) 또는 극한강도(Ultimate Strength)가 된다. 재료의 강도는 항복강도 또는 극한강도로 나타낼 수 있으며 강도를 기준으로 한 설계 시 허용응력의 기준이 된다. 즉 항복강도 또는 경우에 따라 극한강도를 안전계수(Safety Factor)로 나눈 값이 허용응력이 되고 설계 시는 재료에 가해지는 응력이 이 허용응력 이하가 되도록 부재의 치수 등을 결정하게 된다. 즉, 재료의 항복강도를 σ_{ys}, 극한강도를 σ_u라고 하면 허용응력 σ_w는 다음과 같이 표현된다.

$$\sigma_w = \frac{\sigma_{ys}}{k} \text{ 또는 } \sigma_w = \frac{\sigma_u}{k'} \quad \cdots\cdots (5.2)$$

여기서 k는 항복강도에 대한 안전계수이고, k'는 인장강도에 대한 안전계수이다. 인장강도가 항복강도보다 크므로 k'는 k보다 큰 값을 가진다.

2.2 재료의 연성 및 인성

강도를 기준으로 한 설계에 있어서 재료를 절약하기 위해서는 항복강도 또는 극한강도가 높은 재료를 사용하여야 할 것이다. 그러나 재료의 선택에 있어서 한 가지 더 고려하여야 할 성질은 재료의 연성(延性) 또는 인성(靭性)이다. 재료의 강도가 높다고 하더라도 재료가 취약하여 충격에 약하거나 균열성장에 대한 저항이 작은 재료라면 구조용 재료로 적합하지 않다. 예를 들면 주철의 경우 강도가 높다고 하더라도 취약하여 약간의 충격하중에도 쉽게 파손되는 특성을 가지므로 구조용 재료로는 적합하지 않다. 재료의 충격이나 균열성장에 대한 저항의 정도는 재료의 연성 또는 인성으로 나타낼 수 있다.

먼저 재료의 연성(Ductility)은 재료를 파괴시키는데 필요한 변형의 정도를 나타내는 양으로 단면감소율(Reduction in Area) 또는 연신율(Elongation Percentage)로 표시할 수 있다. 시편이 절단된 후의 시편의 최소 단면적을 A_f, 표점거리를 L_f라고 하면 단면감소율(%)과 연신율(%)은 각각 다음과 같이 정의된다.

$$\text{단면감소율} = \frac{A_o - A_f}{A_o} \times 100 \quad \cdots\cdots (5.3)$$

$$\text{연신율} = \frac{L_f - L_o}{L_o} \times 100 \quad \cdots\cdots (5.4)$$

재료의 인성(Toughness)은 재료의 파괴에 필요한 에너지이다. 인성을 비교할 수 있는 한 가지 양은 단순인장시험에서 얻어진 응력-변형률 곡선에서 곡선의 아래쪽의 면적이다. 면적이 클 경우 인성이 높은 재료, 면적이 작으면 인성이 낮은 재료라고 할 수 있다. 따라서 비록 강도가 크더라도 파괴가 될 때의 변형률이 작다면 응력-변형률 곡선의 아래 면적이 작아지므로 인성이 작은 재료가 된다. 일반적으로 연성이 큰 재료가 인성도 큰 경향을 보인다.

이상적인 구조용 재료는 강도도 크고 인성 또는 연성도 큰 재료일 것이다. 그러나 일반적으로는 강도가 커지면 인성이 낮아지고 강도가 낮아지면 인성은 커지는 성질을 나타내므로 재료를 선택할 때에는 재료의 강도와 인성 모두를 고려하여야 한다. 구조물에서 재료의 인성이 낮아 파괴가 되어 사고로 연결되는 경우가 있다. 재료의 인성이 상온에서는 크더라도 온도가 낮아지면 낮아지는 경향이 있고 용접이 행해진 경우 용접부 부근의 인성이 낮아지는 경우가 있으므로 주의하여야 한다.

2.3 재료의 경도

압입(Indentation)에 대한 재료의 저항을 경도(Hardness)라 한다. 재료의 경도와 강도는 비례하므로 재료의 경도를 측정함으로써 강도의 정도를 추정할 수 있다.

(1) Brinell 경도

재료 표면을 강구로 눌렀을 때 큰 압흔이 생기면 경도가 낮은 재료이고 작은 압흔이 생기면 경도가 높은 재료이다. Brinell 경도에서는 직경 10 mm의 강철 혹은 텅스텐 카바이드 구를 압입자(Indenter)로 사용한다. 가하는 하중은 단단한 재료인 경우 3,000 kg, 알루미늄과 같은 연한 재료인 경우 500 kg이다. Brinell 경도는 작용하중을 압입부의 표면적으로 나눈 값으로 정의된다.

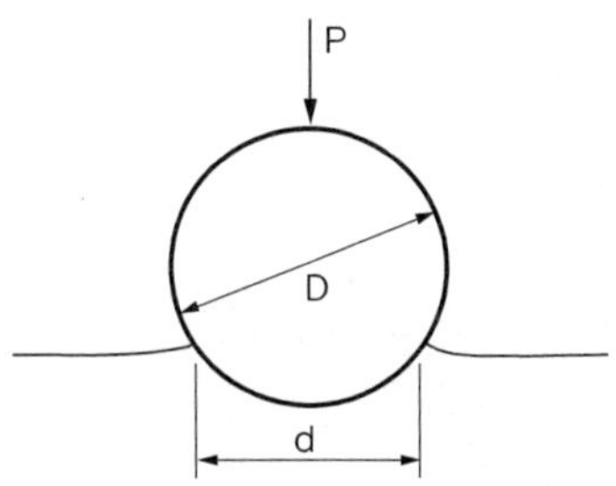

그림 5.4 Brinell 경도에서의 압흔

Brinell 경도는 압흔이 크므로 서로 다른 조직으로 이루어진 재료의 평균적인 경도를 구할 수 있고, 표면의 흠이나 거칠기의 영향을 적게 받는다.

(2) Vickers 경도

정사각형 단면의 피라미드 형태의 다이아몬드를 압입자로 사용한다. 1 kg의 작은 하중으로부터 120 kg의 큰 하중까지 넓은 범위의 하중을 사용할 수 있고, 단단한 재료와 연한 재료를 동일한 경도 스케일(Scale)로 표시할 수 있는 장점이 있다. Vickers 경도 역시 작용하중을 압입부의 표면적으로 나눈 값으로 정의된다.

(3) Rockwell 경도

원뿔(cone) 형태의 다이아몬드나 강철구를 압입자로 사용한다. Rockwell 경도의 정의는 다른 것과 달리 압입부의 깊이로 정의된다. 우선 10 kg 정도의 부하중(Minor Load)을 가하여 깊이의 기준 위치를 정한다. 다음에 주하중(Major Load)을 가하여 형성된 압입부의 기준 위치로부터의 추가된 깊이 Δh(mm)를 측정하여 경도를 구한다.

재료의 단단한 정도에 따라 선택할 수 있는 여러 스케일이 정의되어 있다. C 스케일의 경우는 주하중으로 150 kg이 사용되고, 다이아몬드 압입자가 사용되며 경한 강의 경도 측정에 주로 사용된다. B 스케일의 경우는 주하중으로 100 kg이 사용되고, 1/16 인치 직경의 강철구 압입자가 사용되며 연한 강의 경도 측정에 사용된다. A 스케일의 경우는 주하중으로 60 kg이 사용되고, 다이아몬드 압입자가 사용되며 연한 재료와 경한 재료에 사용할 수 있어 넓은 스케일 범위를 가진다.

2.4 기계구조의 안전

기계구조의 안전을 확보하기 위해서는 기계구조 내에 발생되는 응력이 재료의 허용응력 이하가 되어야 한다. 처음 기계를 사용할 때에는 응력이 허용응력 이하가 되었더라도 기계를 사용하는 중에 마모나 부식 등에 의하여 설비의 두께가 얇아질 수 있다. 비파괴검사를 통하여 설비의 두께가 감소된 것을 발견하였을 때에는 다시 응력을 평가하여 허용응력 이하가 된 것을 확인하여야 한다.

재료 내에 처음부터 존재하는 균열, 또는 기계를 사용 중에 피로나 부식에 의하여 발생된 균열에 의하여 기계설비가 파손될 수 있다. 따라서 기계설비를 사용 중에 정기적으로 검사를 하여 균열이 발생되지 않았는지 또는 균열이 성장하여 허용될 수 없는 크기로 성장하지 않았는지 확인하여야 한다. 검사를 통하여 허용되지 않는 균열이 발견되면 해당 부품을 교환하거나 보수를 행하여야 한다.

Chapter 3
프레스, 전단기 및 롤러기의 안전

프레스(Press)는 회전운동을 직선운동으로 바꾸는 기구나, 유압, 공압을 이용하여 얇은 판을 절단, 굽힘가공하는 기계로서, 자동차부속품 등 대량생산에 이용되는 생산성이 높은 기계이다.

그러나 프레스에 소재를 넣거나 빼낼 때, 소재를 올바르게 위치하려 할 때 금형사이에 손 또는 손가락이 들어가 절단되는 재해가 가장 많이 발생하는 기계로서, 대표적인 위험기계이다. 전단기는 주로 판을 절단하는 기계로 방호장치 등은 프레스에 준한다.

3.1 프레스의 종류

(1) 기계프레스

그림 5.5와 같이, 크랭크 기구나 편심축을 사용하여 금형을 부착한 슬라이드(Slide)를 상하 운동시키며, 소형제품에 많이 이용된다. 용량은 최대압력을 톤(ton) 으로 표시한다.

그림 5.5 기계프레스

(2) 유공압 프레스

그림 5.6과 같이, 유압이나 공압을 이용한 프레스로서, 특히 유압프레스는 큰 힘을 낼 수 있어 자동차 외형 등 대형제품에 이용된다.

그림 5.6 유압프레스

3.2 프레스가공의 종류

(1) 전단가공

절단하여 따내는 가공이다.

(2) 굽힘가공

판을 V형, U형 등으로 굽히는 가공이다.

(3) 오무리기(Drawing) 가공

원통형의 컵과 같은 용기로 성형하는 가공이다.

(4) 압축가공

동전, 메달과 같이 소재를 압축하여 요철을 내는 가공이다.

3.3 프레스의 안전 부속장치

(1) 클러치 및 브레이크

클러치의 종류는 확동식(Positive) 과 마찰식(Friction) 이 있다. 확동식은 슬라이드가 하강

시 중간에서 급정지시킬 수가 없어서 제조, 사용을 금지하고 있다. 마찰식 클러치는 공기압이나 유압브레이크와 결합하여 슬라이드가 하강 시 중간에서 급정지시킬 수 있다.

(2) 기타 안전 부속장치

① 1행정 1정지 기구 : 작동 버튼을 계속 누르고 있어도 1행정(슬라이드가 한 번 내려왔다가 다시 올라가는 것)을 한 뒤 반드시 정지하는 기구
② 급정지 기구 : 비상시 급정지하는 기구
③ 안전 블록 : 금형 교환 시 안전을 위해 슬라이드와 테이블 사이에 삽입하는 블록
④ U자형 페달 덮개 : 발로 페달을 밟아서 작동하는 형식에서, 페달에 U자형 덮개를 씌워 부주의로 인한 재해를 방지한다.

3.4 프레스의 안전장치

(1) 게이트 가드(Gate Guard)식 안전장치

그림 5.7과 같이 금형 주위에 설치하고 작업하는 것을 볼 수 있도록 봉이나 아크릴 등으로 제작한다. 가드를 닫지 않으면 작동시킬 수 없고, 작동 중에는 열 수 없는 구조로 한다. 작동방식에 따라 하강식(위에서 내려오는 형태), 상승식(밑에서 위로 올라오는 형태), 횡슬라이드식(횡방향으로 닫히는 형태), 도립식(뉘어져 있다가 세워지는 형태) 등이 있다.

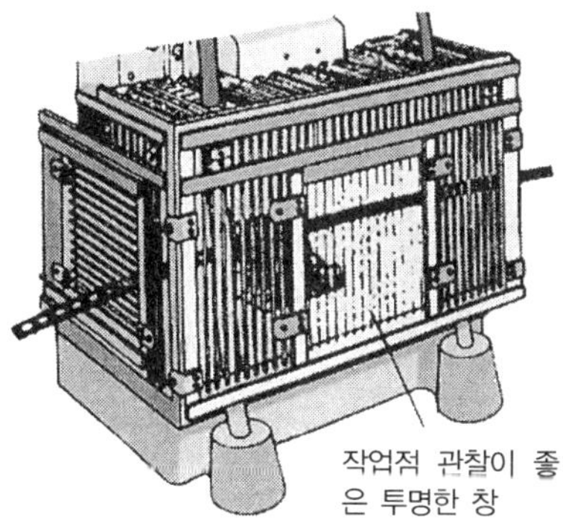

그림 5.7 게이트 가드식 안전장치

(2) 양수조작식 안전장치

널리 사용되는 것으로 급정지기구가 부착된 프레스에서 그림 5.8과 같이 반드시 두 손으로 누름버튼을 눌러야 작동되는 구조이다. 누름버튼간의 거리는 최소 300 mm 이상 떨어지게 한다. 또한, 누름버튼은 작동 후 손이 위험구역에 들어가지 못하도록 위험구역으로부터 안전거리 이상 떨어진 곳에 설치하는데, 안전거리는 손이 움직이는 속도를 1.6 m/sec로 하여 다음과 같이 계산한다.

안전거리 D(mm) = 1.6 × 누름버튼에서 손이 떨어질 때부터 급정지기구가 작동하여 슬라이드가 정지할 때까지의 시간(ms)

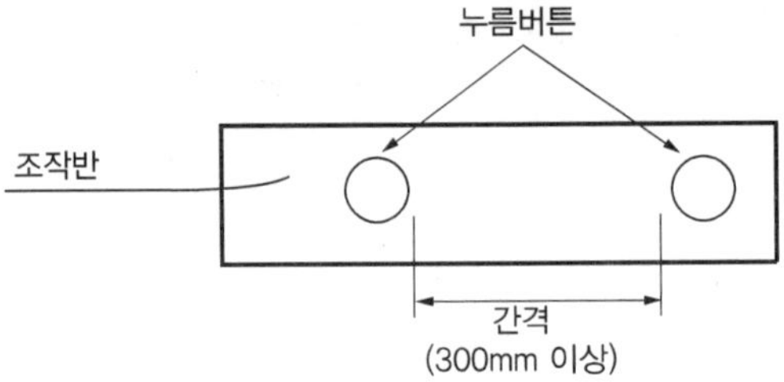

그림 5.8 양수조작식 안전장치와 버튼간 거리

(3) 광전자식 안전장치

감응식 또는 광선식이라고도 하며, 그림 5.9와 같이 광선(빛)을 보내는 투광기와 광선을 받는 수광기를 설치하여 손이나 신체의 일부를 감지하면 급정지기구가 작동되어 슬라이드를 정지시킨다. 급정지 기구가 있는 프레스에 유효하다. 방호높이에 따라 알맞은 광축의 개수를 선정한다. 광축의 설치위치는 양수조작식 안전장치와 유사하게 프레스 위험구역에서부터 다음 식의 안전거리 D(mm) 이상 떨어진 곳에 설치하여야 한다.

그림 5.9 여러 가지 광축의 광전식 안전장치

$$D = 1.6(T_l + T_s)$$

여기서, T_l : 손이 광선을 차단한 때부터 급정지기구가 작동할 때까지의 시간(ms)

T_s : 급정지기구가 작동할 때부터 슬라이드가 정지할 때까지의 시간(ms)

(4) 손쳐내기식 안전장치

그림 5.10과 같이 슬라이드가 하강하면 손쳐내기판이 시계추처럼 작동하여 위험영역에 있는 손을 밖으로 쳐내는 장치로 1분당 회전수 SPM(Stroke Per Minute) 120 이하, 행정길이 40 mm 이상의 프레스에 사용한다. 성능기준은 슬라이드 하행정거리의 3/4 위치에서 손을 완전히 밀어내야 한다.

설치기준은 손쳐내기판의 폭은 금형폭의 1/2 이상일 것, 손쳐내기봉의 진폭은 금형폭 이상일 것, 손에 접촉에 의한 충격을 완화하기 위하여 고무 등의 완충물을 설치할 것 등이다.

그러나 작업자의 손을 가격하게 되는 경우가 있어 사용이 기피되고 있다.

그림 5.10 손쳐내기식 안전장치

(5) 수인식 안전장치

그림 5.11과 같이 슬라이드가 하강하면 작업자의 손에 매어 놓은 끈을 당겨서 손을 금형 밖으로 끌어내는 장치이다. 손쳐내기식과 같이, SPM 120 이하, 행정길이 40 mm 이상의 프레스에 사용한다. 수인끈은 합성섬유로 직경 4 mm 이상이고, 절단하중은 150 kg 이상, 사용 중에 늘어나거나 끊어지지 않아야 한다. 수인끈의 길이를 조절할 수 있고, 끄는 길이는 금형을 설치하는 테이블 폭의 1/2 이상으로 한다. 이 형식도 작업자의 손을 구속하게 되어 잘 사용되지 않는다.

(6) 수공구의 활용

재료를 손으로 잡는 대신 수공구를 사용하는 것이 안전에 바람직하다. 수공구의 종류로는 감고리류, 핀셋류, 플라이어류, 진공컵류, 자석류 등이 있다.

그림 5.11 수인식 안전장치

(7) 프레스가공의 자동화

프레스작업을 자동화함으로써, 근원적인 안전을 기한다.

① 소재를 자동으로 공급하는 자동이송장치를 장치한 것

② 순차적(Progressive) 금형을 이용한 것. 순차적 금형은 여러 개의 금형을 결합하여 순차적으로 가공하는 것이다.

③ 트랜스퍼(Transfer) 프레스의 사용 : 순차적 금형과 각 공정마다 소재를 이송하는 장치가 있어 분리된 소재도 자동화할 수 있다.

④ 로봇을 이용하여 소재를 넣고 제품을 취출하는 것 등이 있다.

3.5 롤러기의 안전

롤러기란 2개 이상의 원통형 롤러를 반대방향으로 회전하면서 가공재료를 롤 사이로 통과시키고 롤의 압력으로 소성변형시키는 기계이다. 고무, 합성수지 등의 원료를 판 형태로 만드는 롤러기를 밀(Mill) 기, 판의 두께를 더 얇게 만드는 롤러기를 캘린더(Calender) 기라고 한다.

(1) 롤러기의 가드 (Guard)

그림 5.12와 같이 서로 반대방향으로 회전하는 롤러기의 위험점은 대표적인 물림점이다.

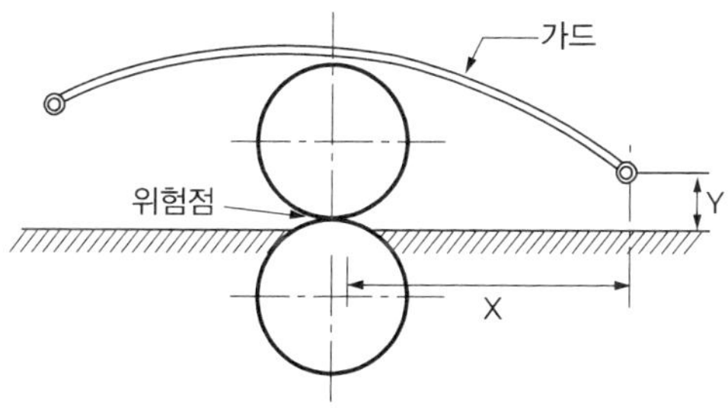

그림 5.12 롤러기의 가드

롤러기 작업 시 손이 롤러기에 접촉하여 말려 들어가는 것을 방지하기 위하여 그림 5.12와 같이 가드를 설치한다. 가드의 개구부는 손가락이 들어가더라도 위험부위에 닿지 않도록 하기 위하여 가드 개구부의 높이(Y)는 위험부에서 가드까지의 거리(X)에 따라 다음 식으로 구한다.

$$Y = 6 + 0.15\,X\ \text{mm} \qquad \text{단, } X < 160\ \text{mm}$$

$$Y = 30\ \text{mm} \qquad \text{단, } X \geq 160\ \text{mm}$$

그림 5.13은 실제로 사용되는 롤러기의 가드 형태들이다.

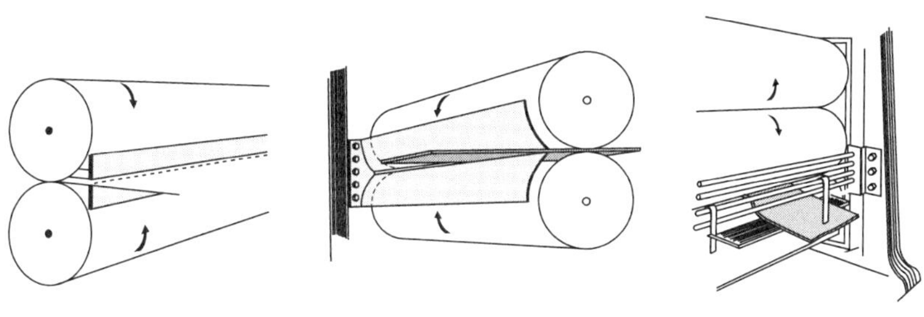

(a) 앵글가드 (b) 곡면가드 (c) 봉을 조립한 가드

그림 5.13 실제 사용되는 롤러기의 가드 종류

(2) 급정지장치의 종류

롤러기 작업 시 작업자의 손이 롤러기에 말려 들어가면 중대사고가 발생하며, 롤러기는 보통 한쪽 방향으로만 회전하기 때문에 롤러기에서 손을 빼내는 것은 매우 어렵다. 그래서 빨리 급정지를 시켜야 하므로, 급정지장치가 필수적인 방호장치이다. 급정지장치를 조작하는 방식에 따라, 손조작식, 복부조작식, 무릎조작식이 있다.

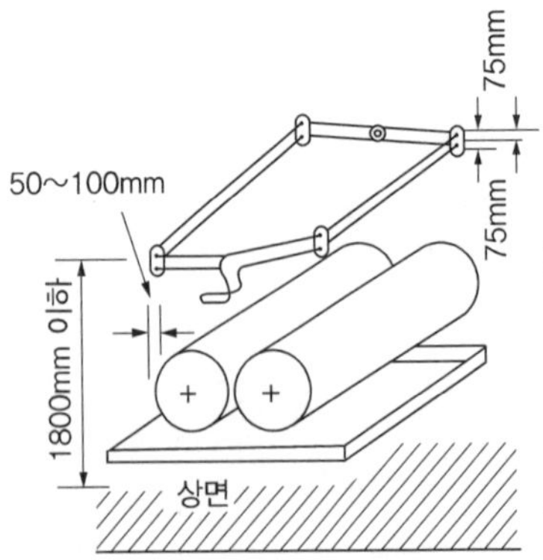

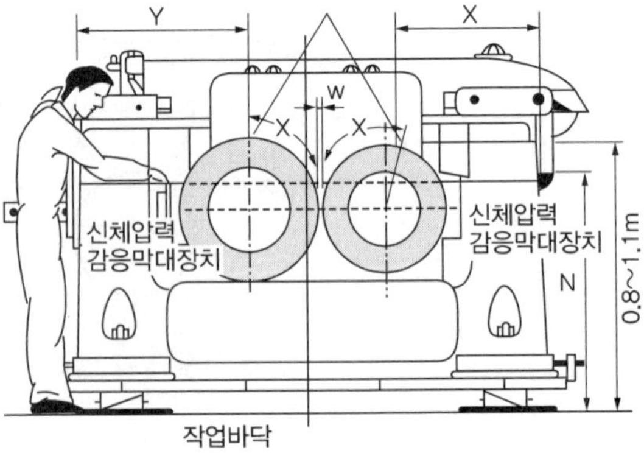

그림 5.14 손 조작식

그림 5.15 복부 조작식

① 손조작식 : 그림 5.14와 같이 막대나 로프를 바닥 밑면으로부터 높이 1.8 m 이하에 설치한다.

② 복부조작식 : 그림 5.15와 같이 신체의 복부 압력으로 쉽게 작동되는 신체압력 감응막대장치를 바닥 밑면에서 0.8~1.1 m에 롤러 전후에 설치한다.

③ 무릎조작식 : 바닥 밑면에서 0.6 m 이내인 무릎부근에 설치하여, 무릎으로 스위치를 누르면 작동되는 형태이다.

(3) 롤러기의 급정지장치의 성능

롤러기는 고속으로 회전하므로 급정지장치를 작동해도, 관성력 때문에 즉시 정지하지 않는다. 이는 운전 중인 자동차에서 급브레이크를 밟아도 즉시 정지하지 않는 것과 같다. 롤러기의 급정지장치는 무부하상태에서 롤러의 원주속도에 따라 다음 표의 급정지거리 이내에서 정지되어야 한다. 롤러의 원주속도 V(m/min)는 롤러의 직경 D(mm)와 회전수 N(rpm)을 이용하여 다음과 같이 계산한다.

$$V = \pi DN/1{,}000 \text{ (m/min)}$$

롤러의 원주속도(m/min)	급정지거리
30 미만 30 이상	롤러 원주의 1/3 롤러 원주의 1/2.5

Chapter 4

용접 및 가스절단의 안전

용접은 금속을 용융시켜 접합하는 것으로 많은 종류가 있으나, 가장 많이 사용되고 있는 아크용접과 가스용접의 안전에 대해서만 알아본다.

4.1 아크용접

아크용접은 용접봉과 모재 사이에 발생하는 아크열에 의하여 모재인 금속을 용융시켜 접합하는 용접이다.

(1) 아크용접기의 종류와 수하특성

전원에 따라 직류아크용접과 교류아크용접이 있으나, 전기가 있는 작업장에서는 교류아크용접이 많이 이용된다. 전기에서 옴(Ohm) 의 법칙은 $V=IR$로 전류(I)가 커지면 전압(V)이 커진다. 아크용접기는 이와 반대로 낮은 전압으로 큰 전류를 흐르도록 되어 있는데, 이를 수하특성(垂下特性, Drop Characteristics)이라고 한다.

(2) 용접봉

심선(心線)에 피복제를 입힌 것으로 피복제의 기능은 다음과 같다.

① 용융금속을 보호한다.
② 불순물을 제거한다.
③ 용접부를 덮어 용융금속의 급냉을 방지하는 슬래그(slag)를 발생한다. 냉각된 후 슬래그는 불필요하여 망치 등으로 쳐서 떼어낸다.
④ 용융금속에 필요한 원소를 보충한다.

4.2 아크용접기의 재해와 안전대책

(1) 감전

아크용접기는 아크를 발생하지 않을 때에도 용접봉 홀더와 어스 사이에 약 85 V의 높은 전압이 걸려 있어 감전될 위험이 크다. 감전방지 대책으로 자동전격방지장치가 사용된다. 자동전격방지기란 아크발생이 중단된 후 1초 이내에 전압을 25 V 이하로 강하시키는 장치이다. 산업안전보건법상 자동전격방지장치의 설치 의무화 장소는 다음과 같다.

① 보일러, 압력용기, 탱크 등의 내부 용접 시
② 협소한 장소 용접 시
③ 추락의 위험성이 있는 2 m 이상에서 용접 시

(2) 화재, 폭발

용접 시 주위에 가연성물질이 있으면 아크불꽃에 의하여 화재, 폭발을 일으킬 수 있다. 따라서 작업 전에 가연성물질을 격리시키며, 탱크, 배관 등의 용접수리작업에는 내용물을 충분히 청소하고 위험성 물질을 완전히 제거하여야 화재, 폭발의 위험을 방지할 수 있다.

(3) 눈의 손상

아크용접 중의 아크는 고온의 강열한 광선을 발산한다. 이 광선 중에는 가시광선 외에 눈에 보이지 않는 자외선과 적외선이 포함되어 있는데 두 가지 모두 눈에 대단히 해롭다. 유해한 광선을 차단하기 위하여 차광 보호구를 사용한다. 차광 보호구에는 보호안경과 보안면의 두 종류가 있다.

1) 보호안경

보호안경의 차광도는 아크의 전류크기에 따라 차광도번호로 표시되며, 통상 6～10 정도가 사용된다.

2) 보안면

보안면은 유해광선뿐만 아니라 용접열에 의한 화상, 가열된 용재의 파편에 의한 화상의 위험으로 안면을 보호한다. 헬멧형과 손으로 들고 사용하는 핸드 쉴드(Hand Shield)형이 있다.

(4) 피부의 손상

아크광선이 피부에 닿거나 용접불똥이 튀어서 화상을 입는 경우가 있다. 따라서 용접작업자는 보호장갑, 앞치마를 착용하여 피부의 노출을 삼가하고, 안전모 및 안전화 등 개인보호구를 필히 착용해야 한다. 특히, 안전화는 발의 화상방지 뿐만 아니라 공구, 재료 등의 낙하에 의한 위험 및 감전에도 효과적이다.

(5) 연기와 가스에 의한 재해

아크용접작업에는 금속이나 비금속 성분의 연기가 발생한다. 또한 용접봉의 피복재에 배합된 성분으로 이산화탄소(CO_2)를 발생한다. 이러한 연기와 가스의 중독을 방지하기 위해서는 작업장의 환기시설 설치 및 방진 마스크나 방독면, 또는 외부에서 신선한 공기를 보내는 송기 마스크의 착용이 요구된다.

4.3 가스절단 및 가스용접

가스용접은 아세틸렌가스나 LPG가스 등의 가연성가스와 산소가 반응 시 발생하는 높은 열을 용접에 이용하는 것이다. 아크용접이 일반화되어 가스용접은 일부 특수한 경우에만 사용되고 있다. 가연성가스와 산소의 반응열로 강철을 800～1,000℃로 예열한 후에, 계속해서 산소를 고압으로 분사하면 연소하여 융점이 모재보다 낮은 산화철로 변하고 불꽃이 날려지며 절단되는데, 이를 가스절단이라 한다. 가스절단은 철강, 조선업 등에 널리 이용되고 있어 여기서는 주로 가스절단의 안전에 대하여 기술하며 가스용접의 안전은 가스절단에 준한다.

(1) 가스절단장치

저압용 가스절단장치는 산소, 가연성가스, 가스절단기 및 호스로 구성된다. 그림 5.16은 저압용 가스절단기로, 그림의 우측 끝 상부에는 산소 호스(초록색), 하부에는 가스 호스(붉은색)가 연결되고, 좌측 끝의 혼합가스가 분출되는 곳을 토치(Torch) 또는 취관이라고 한다.

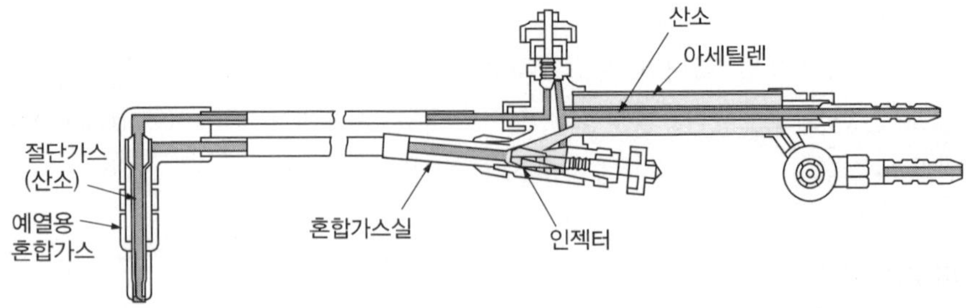

그림 5.16 저압용 가스절단기

4.4 가스절단 및 가스용접의 재해

(1) 폭발

가스절단이나 가스용접 시 사용되는 아세틸렌가스와 LPG가스는 폭발범위가 커서 폭발이 일어나기 쉽고, 연소온도가 매우 높아 다른 가연성 물질에 인화되기 쉽다. 또한, 가연성가스와 산소가 혼합된 혼합가스나 화염이 역류되어 가스용기 쪽으로 역화가 발생하면 가스용기나 가스발생기가 폭발하여 중대사고가 발생한다.

(2) 화재

가스절단이나 가스용접 시 불꽃이나 용융금속의 비산으로 가연성물질에 인화되어 화재가 발생하는 경우가 많다. 작업장 주위의 인화성 액체, 기름걸레, 목재류 등의 가연성 물질을 깨끗이 정리한 다음 작업한다.

(3) 중독

가스절단이나 가스용접 시 발생하는 가스에 의하여 중독되는 일이 있다. 특히, 밀폐된 탱크 안에서 작업할 때에는 환기가 잘 되도록 한다.

(4) 화상

토치의 불꽃이나 용융금속의 취급 부주의로 화상을 입는 경우가 있다.

4.5 가스안전장치

가스절단이나 가스용접장치에는 가스의 역류 및 역화(Back Fire)를 방지할 수 있는 안전기를 설치하여야 하며, 안전기에는 수봉식 안전기와 건식 안전기가 있다.

(1) 수봉식 안전기

수봉식 안전기는 사용압력이 0.07 kg/cm^2 미만일 때의 저압용과 0.07～1.3 kg/cm^{2}의 중압용이 있다. 그림 5.17은 저압용 수봉식안전기로서, 정상적일 때 가스는 아세틸렌 도입관에서 본체에 담겨 있는 물속을 통하여 아세틸렌 출구로 흐른다. 반대로 가스가 출구에서 역류하면 본체내의 가스압력이 높아지고, U자형 수봉배기관의 물의 높이에 해당되는 물의 압력보다 커지면 물을 수봉배기관 밖으로 분출시키면서 가스가 밖으로 배출된다. 저압용 수봉식 안전기는 다음의 요건을 갖추어야 한다.

① 도입관은 수봉식이어야 한다.
② 수봉배기관을 갖추어야 한다.
③ 유효수주(그림 5.17의 가스압력에 해당하는 물의 높이)는 25 mm 이상을 유지해야 한다.
④ 주요 부분은 두께 2 mm 이상의 강판이나 강관을 사용하여 내부의 가스폭발에 견딜 수 있는 구조이어야 한다.
⑤ 수위를 용이하게 점검할 수 있어야 한다.
⑥ 물의 보급 및 교환이 용이하여야 한다.

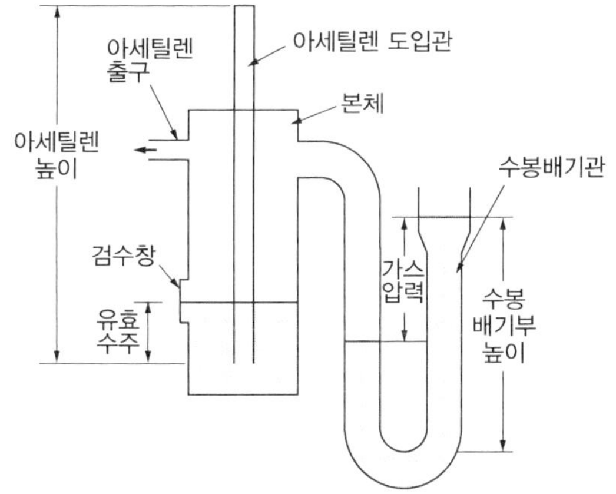

그림 5.17 저압용 수봉식 안전기

(2) 건식 안전기

역화방지기라고도 하며, 수봉식보다 간편하여 많이 사용된다. 스프링식 역지밸브를 사용하여 가스출구 방향으로만 가스가 흐르고, 반대방향인 가스입구 방향으로 역류되면 역지밸브가 닫혀 흐르지 않고, 역류가스는 배기구로 배기시켜 역화를 방지한다.

4.6 가스절단 및 가스용접작업의 안전수칙

가스절단이나 가스용접작업 중에는 많은 위험이 존재하므로 다음의 안전수칙을 준수하여야 불의의 재해를 방지할 수 있다.

① 가스와 산소의 압력을 조정하고, 먼저 가스밸브를 열어 점화한 후에 산소밸브를 열어 불꽃을 조절한다. 작업 후에는 반대로 산소밸브를 먼저 닫고, 가스밸브를 닫는다. 역화가 발생하는 경우도 즉시 산소밸브를 먼저 닫고, 가스밸브를 닫는다.

② 가스발생기에서 5 m 이내, 가스발생기실에서 3 m 이내에서는 흡연, 화기의 사용 또는 불꽃이 발생할 위험한 행위를 금지하여야 하며, 화기와의 이격거리는 산소용기가 5 m 이상, 가스저장탱크가 30 m 이상이다.

③ 산소 호스(초록색)와 아세틸렌 호스(붉은색)의 색깔을 구분하여 사용한다.

④ 작업 후 화기나 가스누설 여부를 조사한다.

⑤ 토치 내에서 소리가 날 때 또는 과열되었을 때는 역화를 주의한다.

Chapter 5

공작기계, 연삭기 및 목공기계의 안전

절삭가공이란 가공물의 불필요한 부분을 제거하여 필요로 하는 치수형상을 만드는 작업이다. 이러한 절삭가공을 하는 기계들을 공작기계라고 하며, 원주면을 가공하는 선반, 구멍을 뚫는 드릴, 평면을 가공하는 밀링 등이 대표적인 공작기계이다. 연삭기는 연삭숫돌을 사용하여 절삭가공한 거친 표면을 매끈하게 다듬는 기계이다. 목공기계는 목재를 절단하거나 가공하는 기계이다.

5.1 선반의 안전

(1) 선반의 구조

선반은 가장 널리 사용되는 것으로, 그림 5.18과 같이 가공물을 주축에 고정하여 회전시키고, 공구대에 고정된 바이트의 직선운동으로 외경, 내경, 단면 등을 가공한다. 선반의 규격은 가공할 수 있는 최대 직경으로 표시하며, 바이트의 재료는 가공물인 연강보다 견고한 초경합금 등을 사용한다.

(2) 선반의 방호장치와 안전수칙

선반의 위험점은 회전부에 소매나 옷, 장갑 등이 말려들어 가는 회전말림점이며, 방호장로는 칩 브레이커가 있다.

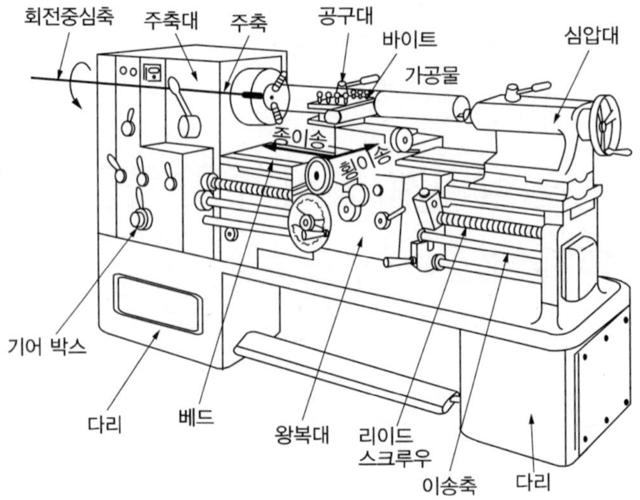

그림 5.18 선반

1) 칩 브레이커

선반에서 바이트로 얇게 깎여져 나오는 부분을 칩(Chip)이라 하며, 칩이 끊어지지 않고 연속해서 나오면 가공물의 표면이 손상되고 작업자에게도 위험하여 칩이 짧게 끊어지도록 바이트에 칩 브레이커(Chip Breaker)를 만든다. 칩 브레이커에는 그림 5.19와 같이 홈형과 돌기형이 있다.

칩이 홈과 돌기부를 지나갈 때 굽힘이 발생하여 끊어지도록 한다.

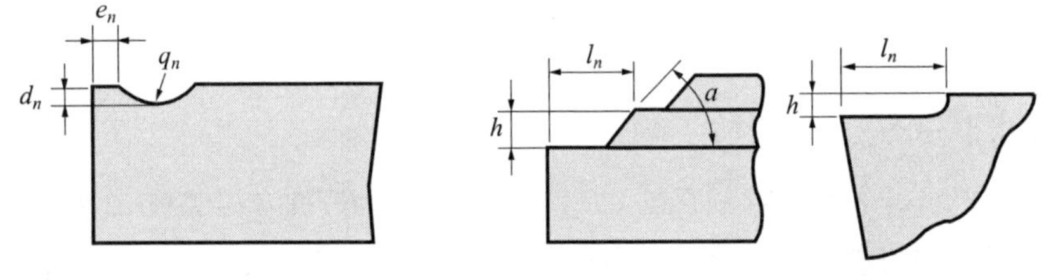

그림 5.19 칩 브레이커

2) 선반작업의 안전수칙

① 칩이 튀는 것으로부터 눈을 보호하기 위하여 보안경을 착용하고 작업한다.

② 회전부에 소매나 옷, 장갑 등이 말려들어 가지 않도록 하며, 면장갑은 사용하지 않는다.

③ 가공물의 길이가 직경의 12배 이상이 되면 진동을 방지하는 방진구를 사용한다.

④ 치수를 측정할 때에는 반드시 기계를 정지시키고 측정한다.
⑤ 돌출하여 회전하는 부분에는 덮개를 설치한다.
⑥ 주유 및 청소 시에는 기계의 운전을 정지한다.

5.2 드릴의 안전

(1) 드릴가공과 드릴 기계의 종류

드릴(Drill) 가공은 그림 5.20(b)와 같은 드릴 공구를 회전시키면서 고정된 가공물에 구멍을 뚫는 가공이다. 그림 5.20(a)는 직립 드릴링 머신(Upright Drilling Machine)으로, 주축에 드릴을 끼우고 회전시켜 테이블 위에 고정된 주로 소형 가공물에 구멍을 뚫는다. 레이디얼 드릴링머신(Radial Drilling Machine)은 대형 가공물을 가공할 수 있도록 주축을 반경방향으로 이동할 수 있도록 한 것이다.

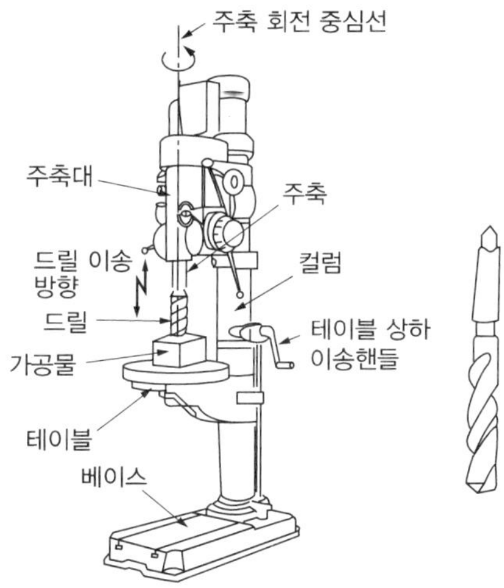

그림 5.20 (a) 직립 드릴링 머신과 (b) 드릴

(2) 드릴의 파손 원인

① 드릴날에 과대한 절삭력이 작용할 때
② 드릴을 너무 길게 고정하여 휘어질 때
③ 드릴날 끝의 선단이 약해졌을 때

④ 이송이 너무 커서 절삭저항이 과대할 때

⑤ 구멍에 칩이 너무 많이 들어 있어서 절삭력이 과대해 질 때

(3) 드릴작업의 안전수칙

① 회전 중인 드릴에 장갑이나 소매 등이 감겨서 사고가 발생하므로 주의하여야 하며, 장갑은 사용하지 않는다.

② 드릴을 끼울 때 사용하는 렌치(wrench)는 반드시 빼고 회전시킨다.

③ 구멍 확인이나 칩 제거 시 손을 사용하지 않는다.

④ 손으로 가공물을 고정하는 것은 매우 위험하다. 작은 가공물은 바이스로 고정하고, 큰 가공물은 볼트와 고정구, 지그(jig)를 사용한다.

⑤ 큰 구멍을 뚫을 때에는 우선 작은 구멍을 뚫은 후에 큰 구멍을 뚫는다.

5.3 밀링의 안전

(1) 밀링가공과 밀링 머신

선반가공은 원통형의 회전체를 가공하며, 공구인 바이트는 뾰족한 끝 점으로 직선적으로 가공하는데 반하여, 밀링가공은 밀링 커터(Milling Cutter) 라고 하는 여러 개의 날로 구성된 회전 절삭공구로 공구 직경크기의 평면을 한 번에 가공한다. 그림 5.21은 주축이 수직인 수직밀링머신(Milling Machine)이다.

(2) 밀링작업의 안전수칙

① 밀링커터나 회전부에 소매나 옷이 말려 들어가지 않도록 한다.

② 칩방지 투명판을 설치하거나 또는 보호안경을 착용한다.

③ 칩이 예리하므로, 칩제거는 반드시 브러시를 사용한다.

④ 장갑을 끼고 작업하지 말고, 손으로 가공면을 점검해서는 안 된다.

⑤ 가공물 설치, 제거 시나 측정 시 기계를 정지시킨다.

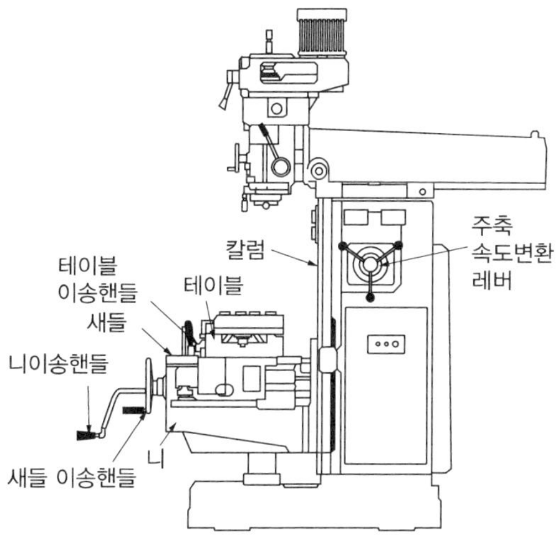

그림 5.21 밀링 머신

5.4 연삭기의 안전

(1) 연삭가공

연삭가공(Grinding)은 그림 5.22와 같이, 연삭숫돌을 고속도로 회전시켜서, 선반이나 밀링에서 절삭가공한 거친 표면을 매끈하게 연마한다. 연삭숫돌은 그림 5.22와 같이, 견고한 연삭입자들을 결합제(접착제)로 결합한 것으로 입자들은 작은 바이트와 같은 역할을 한다.

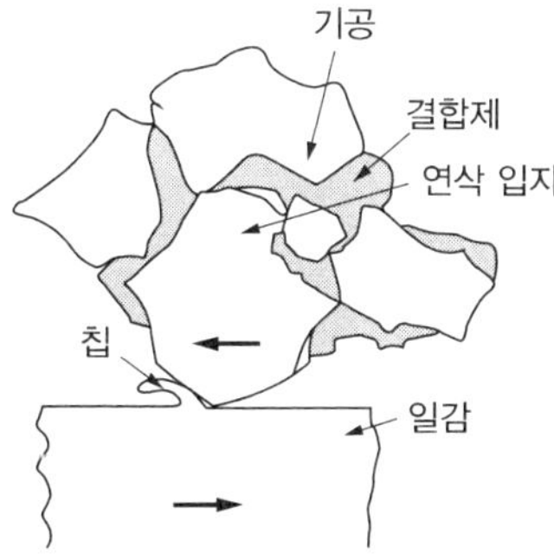

그림 5.22 연삭숫돌 입자와 연삭가공

(2) 연삭숫돌의 인자

숫돌의 연삭성능에 영향을 미치는 인자들은 다음과 같다.

1) 입자 : 천연입자와 인조입자가 있으며, 인조입자의 종류는 다음과 같다.
   ① 산화알루미늄(Al_2O_3)계 : A형(갈색), WA형(백색)
   ② 탄화규소(SiC)계 : C형(탄화규소), GC형(녹색 탄화규소)
2) 입도 : 입자의 크기이다.
3) 결합도 : 입자들을 결합시키는 접착력의 정도를 결합도라고 한다.
4) 조직 : 연삭숫돌의 단위체적당 들어 있는 입자의 수로 치밀한 정도를 나타낸다.
5) 결합제 : 숫돌입자를 결합하여 숫돌의 형상을 갖도록 하는 접착재료이다.

(3) 연삭기의 종류

연삭기를 크게 분류하면 가공물을 기계로 고정하는 기계연삭기와 손으로 잡고 하는 자유연삭기가 있다.

1) 기계연삭기
   ① 원통연삭기 : 공작물의 외주를 연삭한다.
   ② 평면연삭기 : 평면을 연삭한다.
2) 자유연삭기
   ① 휴대용 전기 그라인더(Grinder)
   ② 탁상연삭기

(4) 연삭숫돌의 파괴원인

숫돌이 사용 중에 파괴될 때는 고속으로 파편이 되어 비산하므로 매우 위험하다. 숫돌파괴의 원인들은 다음과 같다.

1) 숫돌의 원주속도가 파괴회전원주속도를 초과하는 경우
   숫돌의 원주속도 V(m/min) 는 숫돌 직경 D(mm) 와 분당회전수 n(rpm)으로 표시된다.

$$V = \pi Dn/1000$$

   원주속도가 점차 상승되면 원심력이 속도의 제곱에 비례하여 커지며, 원심력이 숫돌입자의 결합강도를 초과하면 숫돌이 파괴된다. 이 파괴되는 원주속도를 파괴회전원주속도라고 하고, 최대로 허용할 수 있는 원주속도를 최대허용원주속도라고 하며, 종류에 따라 1,400~4,800 m/min의 값을 갖는다.

2) 플랜지 직경이 작을 때

숫돌은 그림 5.23과 같이 숫돌 양측의 플랜지(flange)로 고정한다. 플랜지 직경이 숫돌 직경보다 현저히 작으면 응력집중으로 숫돌이 파괴되기 쉽다. 플랜지의 직경은 숫돌직경의 1/3 이상으로 하며, 숫돌과의 접촉력을 크게 하기 위하여 그림과 같이 전체면이 닿지 않고, 중심부에는 틈새를 둔다.

3) 숫돌 사용 전에 이미 균열이 있는 경우
4) 숫돌에 과대한 충격이 가해질 때
5) 측면을 사용하는 숫돌이 아닌 숫돌의 측면을 사용했을 때 등이다.

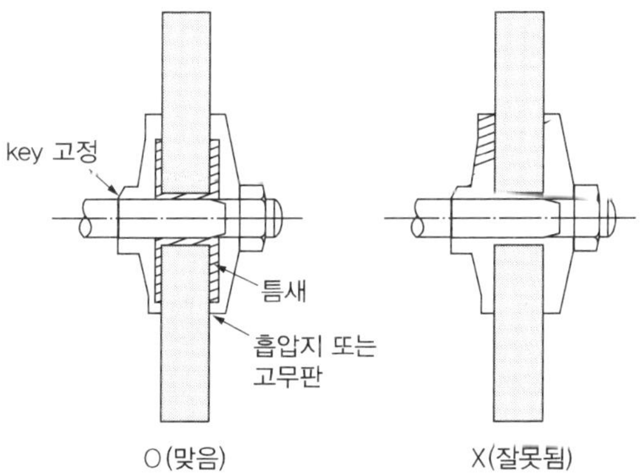

그림 5.23 연삭숫돌의 고정방법

(5) 숫돌의 덮개

숫돌이 회전 중 파괴되는 경우에 안전을 위하여 산업안전보건법에서는 숫돌직경 5 cm 이상에 덮개를 설치하도록 규정되어 있다. 그림 5.24는 연삭기의 종류에 따라 덮개의 개구부 각도를 표시한 것이다. 그림 중의 65°는 전부 그림 5.25와 같이 수평선에서부터 상부 개구부까지의 각도이다.

(6) 연삭숫돌의 방호대책

① 작업 시작전 1분 이상, 숫돌교체시 3분 이상 시운전한다.
② 숫돌이 충격을 받지 않도록 한다.
③ 숫돌의 사용면 이외는 절대로 사용하지 않는다.
④ 숫돌은 작업에 적당한 것을 선택하고 불규칙하게 마모되면 드레싱(dressing)한다.
드레싱이란 무디어진 입자를 드레싱 공구로 긁어내서 예리하게 하는 작업이다.
⑤ 자유연삭기는 스위치를 꺼도 완전히 정지할 때까지 숫돌이 바닥에 닿지 않도록 한다.

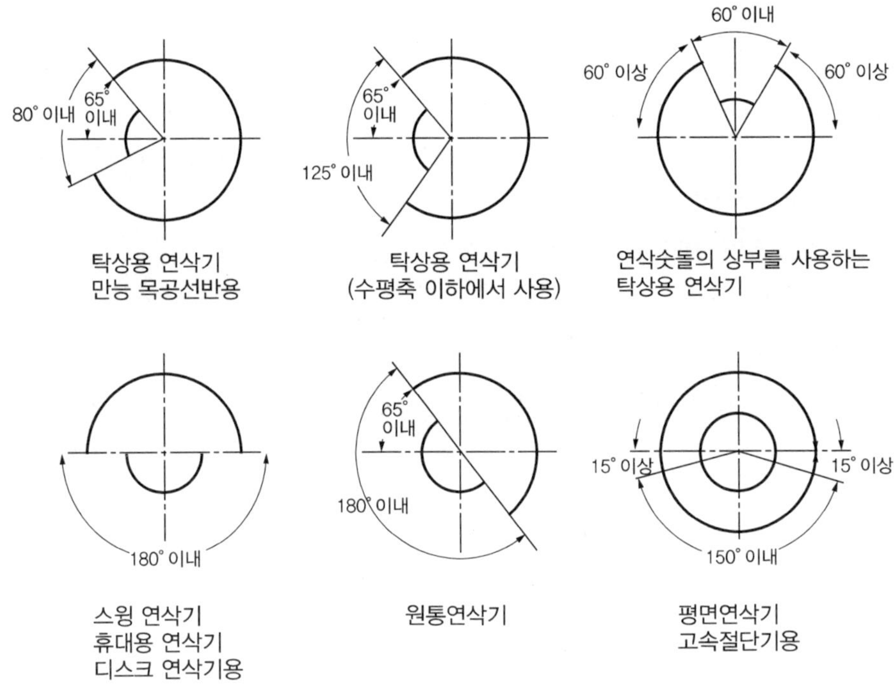

그림 5.24 연삭기 종류에 따른 숫돌의 덮개 개구부

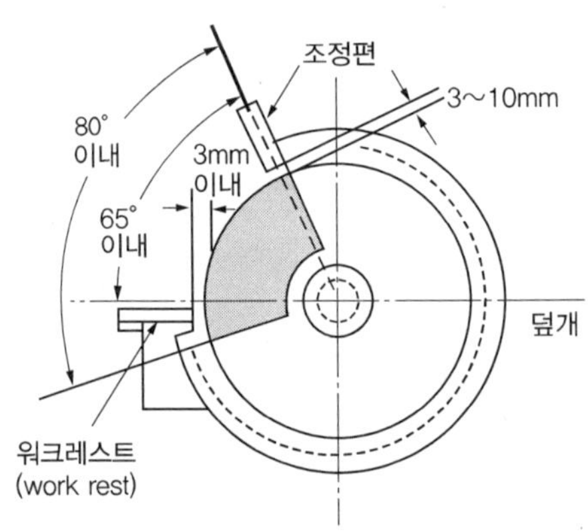

그림 5.25 탁상연삭기의 덮개

(7) 탁상연삭기

그림 5.25는 탁상연삭기의 덮개와 개구부를 표시한 것이다. 그림에서,

① 가공물 받침대(Work Rest)의 높이를 숫돌 중심과 일치시킨다.

② 가공물 받침대와 숫돌의 틈새는 1～3 mm로 조절한다. 틈이 크면 가공물이 말려 들어

가서 숫돌이 파괴될 수 있다.

③ 조정편과 숫돌의 틈새는 3～10 mm로 한다. 조정편은 연삭 불꽃을 차단하고 숫돌파괴 시 재해방지 역할을 한다.

5.5 목공기계의 안전

목공기계는 원목이나 목재의 절단, 합판이나 가구 제조 등에서 목재를 가공하는 기계이다. 고속으로 회전하는 절단 톱날을 사용하여 목재가공용 둥근톱, 동력식 수동대패는 산업안전보건상 자율안전확인 기계기구로 지정되어 있다.

(1) 목공기계의 종류와 구조

① 둥근톱 : 원형톱날을 고속으로 회전시켜 목재를 절단하는 기계로, 규격은 둥근톱의 직경으로 표시한다.

② 동력식 수동대패 : 대팻날을 회전축에 고정하여 회전시켜서 평면, 홈, 측면 등을 매끈하게 다듬는 기계이다.

그 외, 띠톱으로 목재를 절단하는 띠톱기계, 목재를 원통형으로 가공하는 목공선반 등이 있다.

(2) 둥근톱의 방호장치

1) 톱날접촉예방장치

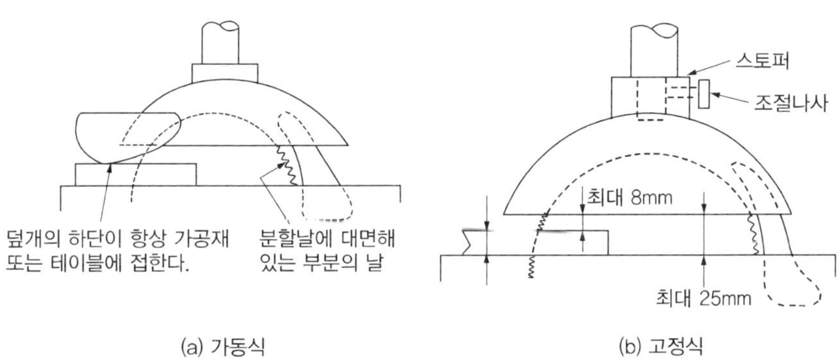

(a) 가동식　　(b) 고정식

그림 5.26 톱날접촉예방장치

손이 회전하는 톱날에 접촉되어 절단되는 재해를 방지하기 위하여 그림 5.26(a)와 같이 앞쪽에 들어 올려지는 부분과 덮개로 구성된 가동식 톱날접촉예방장치나, (b)와 같이 덮개와 가공목재와의 틈새를 8 mm 이하로 고정하는 고정식 톱날접촉예방장치를 설치한다.

2) 반발예방장치

회전하는 톱날의 앞부분에서는 톱날이 밑으로 내려가는 방향으로 가공목재를 누른다. 반대로 톱날의 뒷부분에서는 위로 올라오는 방향이 되어 목재 끝이 앞날을 통과하여 절단된 후에 뒷날에 닿으면 고속으로 위로 튀어 올라 절단된 목재에 사람이 맞아 재해를 유발할 수 있다. 이를 반발이라고 하며, 이러한 반발을 방지하기 위하여 그림 5.27(b) 와 같이 톱날의 전체폭인 치진폭 b보다는 얇고 톱날두께 t_1의 1.1배 이상으로 두꺼운 두께 t_2의 강판으로 그림 (a)와 같이 톱날 뒷부분의 원주길이(톱날 전체 원주길이의 1/4)의 2/3 이상에 틈새 12 mm 이하로 분할날을 설치한다.

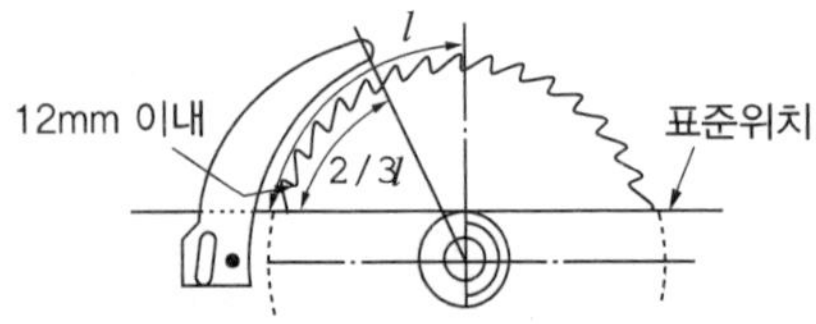

(a) 분할날

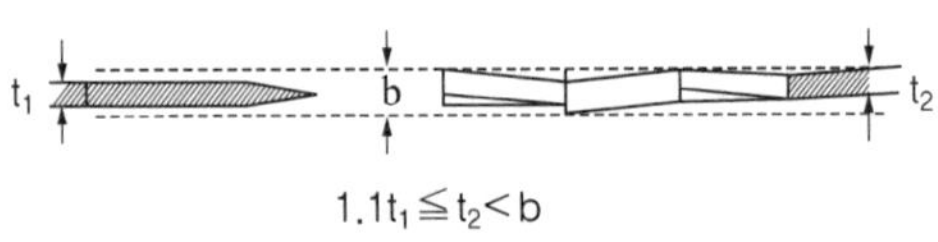

(b) 분할날의 두께

그림 5.27 분할날

Chapter 6
양중기 및 운반기계의 안전

양중기는 동력을 이용하여 사람 및 화물을 인상 또는 인하할 수 있는 기계를 말하며, 크레인(Crain), 리프트(Lift), 곤돌라(Gondola), 승강기(최대적재하중이 0.25 ton 이상인 것) 등으로 분류한다.

6.1 크레인의 안전

(1) 크레인의 종류

① 천정크레인 : 공장, 창고 등의 천정에 설치한 주행레일을 따라 하역하는 형태

② 지브(Jib)크레인 : 선회하는 회전축에 하물을 매달고 하역하는 형태

③ 다리형 크레인 : 주로 옥외에 부설된 궤도상을 주행하며 하역하는 다리 형태

④ 케이블 크레인 : 두 개의 철탑사이에 와이어를 설치하고 와이어 위에 하역기구를 설치하여 매우 장거리에 걸쳐 하물을 운반하는 형태

⑤ 호이스트(Hoist) : 주로 5톤 이하의 천정크레인으로 버턴식의 조작반을 지상에서 조작하며 운전자가 크레인 및 하물과 함께 이동하는 형식

⑥ 체인블록(Chain Block) : 하물을 체인을 사용하여 하역하는 형태

⑦ 타워크레인(Tower Crane) : 건축공사에 사용하는 탑형이다.

(2) 와이어로프(Wire Rope)의 구조

1) 와이어로프의 구성

와이어로프는 섬유질의 심, 스트랜드(Strand), 스트랜드를 구성하는 소선과 심선으로 구성되어 있으며 소선의 재질은 양질의 탄소강으로 인장강도는 135 kg/mm^2 이상이다.

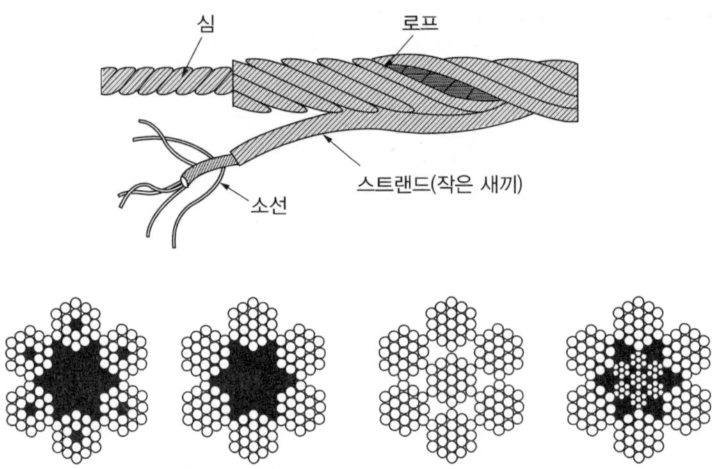

그림 5.28 와이어로프의 구조

2) 와이어로프의 꼬임방법

와이어로프의 꼬임과 스트랜드의 꼬임방향이 반대인 것을 보통꼬임, 동일한 방향인 것을 랭(lang) 꼬임이라 한다. 랭꼬임은 소선의 경사가 완만하여 보통꼬임에 비해 손상도가 적어 장기간 사용할 수 있다. 보통꼬임은 랭꼬임에 비해 소선의 꼬임경사가 급하기 때문에 접촉면적이 적고 소선의 마멸이 빠르나 잘 풀리지 않으므로 취급이 쉬워 일반적으로 많이 사용된다.

또한 오른나사 방향을 Z 꼬임, 왼나사 방향을 S 꼬임이라 하며 일반적으로 Z 꼬임이 많이 사용된다.

3) 와이어로프의 고정

와이어로프의 끝을 고정하는 방법과 절단효율은 그림 5.29와 같다. 보통 양중용으로는 클립고정이 많이 사용된다.

번호	지 지 방 법	와이어로프의 절단력에 대하여
a	합 금 고 정	100%
b	쐐 기 고 정	65~70%
c	스프라이스 고정	75~90%
d	클 립 고 정	80~85%

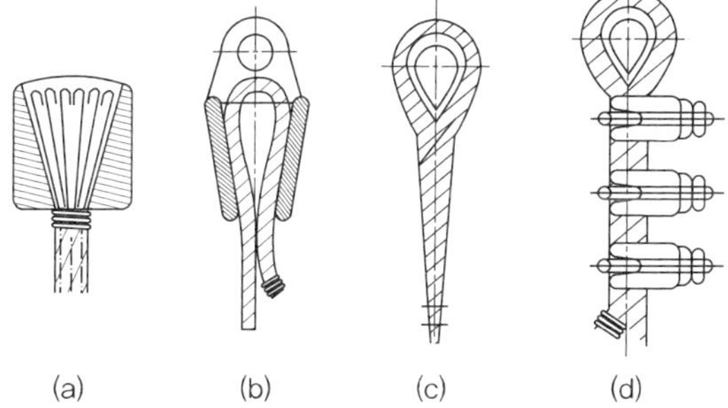

그림 5.29 와이어로프의 고정법과 절단효율

4) 와이어로프의 안전율

허용하중과 절단하중의 비를 안전율이라 하며, 보통 5 이상, 엘리베이터에서는 10 이상으로 한다.

5) 와이어로프의 달아매기 각도에 따른 장력

와이어로프를 사용하여 중량물을 달아 올리는 경우 로프에 생기는 장력은 그림 5.30에서와 같이, 달아 올릴 때의 로프의 각도에 따라 다르다. 와이어로프의 달아매기 각도를 작게 하면 와이어로프에 생기는 하중이 적어신다.

$$1\text{개 로프에 걸리는 하중} = \frac{\text{물체의 하중}/2}{\cos\theta/2}$$

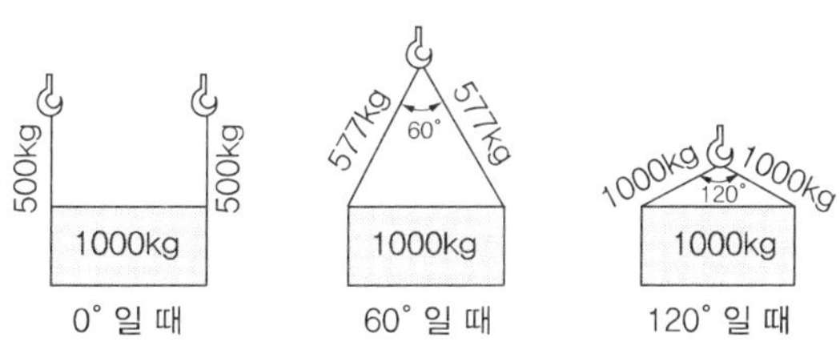

그림 5.30 와이어로프의 각도에 따른 장력 변화

6) 와이이로프외 사용금지 예

① 현저하게 우그러진 것

② 직경의 감소가 공칭경의 7%가 넘는 것

③ 꼬인 것

④ 1간에 소선이 10% 이상 끊어진 것

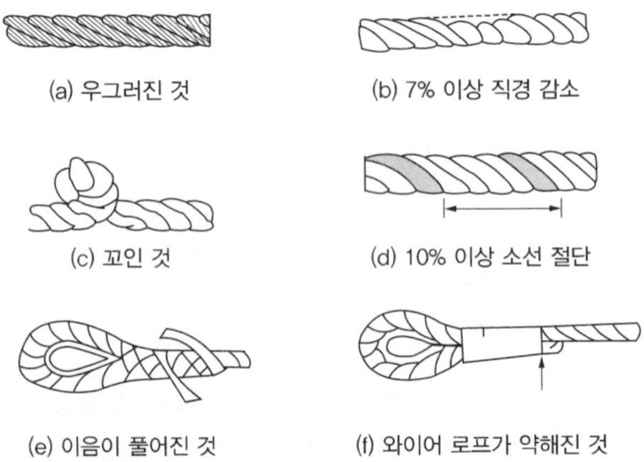

그림 5.31 와이어로프의 사용금지 예

⑤ 압축 이음새가 풀어져 있는 것

⑥ 압축 이음새의 와이어로프가 약해진 것

(3) 크레인의 안전장치

1) 과부하 방지기

크레인에 정격하중 이상의 하중이 작용하면 크레인이나 와이어로프의 수명을 단축시키며 경우에 따라서는 화물이 낙하할 위험이 있다. 그래서 설정된 하중보다 큰 하중이 작용하면 경보를 울리도록 한 것이다.

2) 권과방지장치

후크로 하중을 일정한 높이 이상으로 권상하지 못하도록 지정된 곳에서 리미트스위치(Limit Switch)를 사용하여 권상을 정지시키는 장치이다.

6.2 리프트의 안전

(1) 리프트의 종류

리프트는 철탑을 세우고 안내 레일(Rail) 을 철탑에 고정시키고, 승강용 카(Car)를 윈치(Winch) 등의 양중기로 권상하는 설비로서, 주로 건설현장에서 건축자재나 콘크리트 운반 등에 사용한다. 리프트는 안내 레일의 개수에 따라 1줄 레일, 2줄 레일 등이 있다.

(2) 리프트의 안전장치

1) 낙하방지장치
   ① 래칫(Ratchet) 식
   ② 쐐기식

2) 수평유지장치
3) 과부하방지장치

6.3 승강기의 안전

(1) 승강기(Elevator) 의 종류

1) 용도별 분류
   ① 승객용 엘리베이터
   ② 화물용 엘리베이터
   ③ 차량용 엘리베이터
   ④ 에스컬레이터

(2) 승강기의 안전장치

① 조속기 : 속도가 규정속도의 130% 이상을 넘으면 전자브레이크를 동작시켜 승강기를 정지시키는 장치
② 비상정지장치 : 긴급 시에 정지시키는 장치
③ 완충기 : 비상정지장치나 브레이크가 듣지 않아 추락할 때 바닥의 충격을 완화하는 장치. 스프링식(60 m/min 이하에서 사용) 과 유압식이 있다.
④ 도어 인터록장치 : 승강스위치와 동시에 작동하여 밖에서 문이 열리지 않는다.
⑤ 구출구 : 승강기가 중간에 정지했을 때 승객을 천장으로부터 탈출시킨다. 구출구를 열면 엘리베이터가 성시하는 인디록 장치가 필요하다.
⑥ 수동핸들 : 전동기의 축 끝에 들어 있으며, 브레이크를 늦추어 인력으로 케이지를 바닥까지 움직인다.

(3) 와이어로프의 안전율

권상용 와이어로프는 승객용인 경우에는 안전율을 10 이상으로, 화물용은 6 이상으로 하며 조속기용 와이어로프는 4 이상으로 한다.

6.4 지게차의 안전

(1) 지게차

지게차(Forklift)는 차체 앞에 화물 적재용 포크(Fork)와 포크 승강용 마스트(Mast)를 갖추고, 포크 위에 화물을 적재하여 운반함과 동시에, 포크의 승강작용으로 하역하는 특수자동차이다.

(2) 지게차의 안정도

1) 지게차가 전도되지 않고 안정하려면, 전도되려는 물체의 모멘트(Wa) 보다 복원 되려는 차량의 모멘트(Gb)가 커야 한다.

$$Wa < Gb$$

여기서, W : 화물의 중량
G : 차량의 중량
a : 전차륜에서 화물의 중심까지의 거리
b : 전차륜에서 차량의 중심까지의 거리

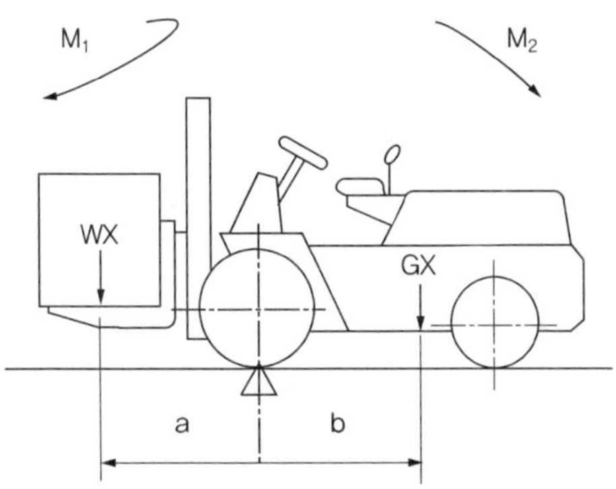

그림 5.32 지게차의 전복 안정도

2) 지게차는 다음 그림 5.33과 같이 구배를 %로 나타낸 안정도의 조건에서 전도되지 않고 안정하여야 한다.

안 정 도	지게차의 상태	
하역작업시 전후 안정도 4% (5톤 이상의 것은 3.5%)	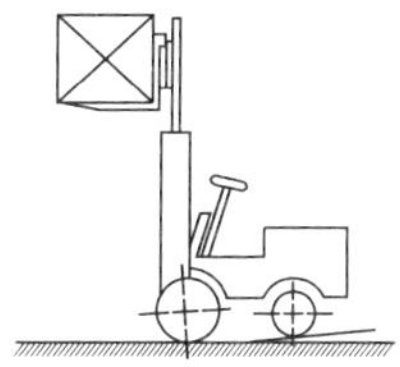	위에서 본 상태 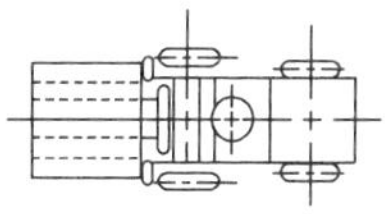
주행시의 전후 안정도 18%		
하역작업시의 좌우 안정도 6%	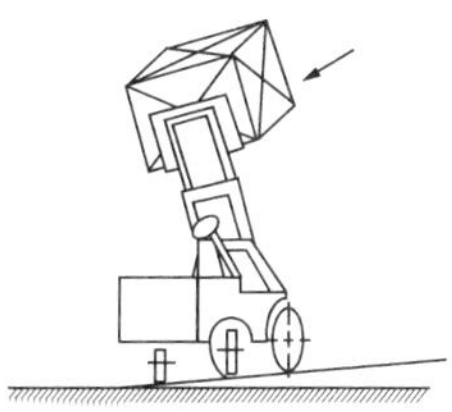	위에서 본 상태 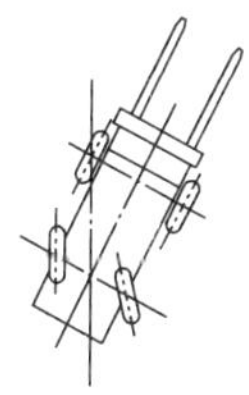
주행시의 좌우 안정도 (15+1.1V)% 여기서, V는 최고속도(km/h)	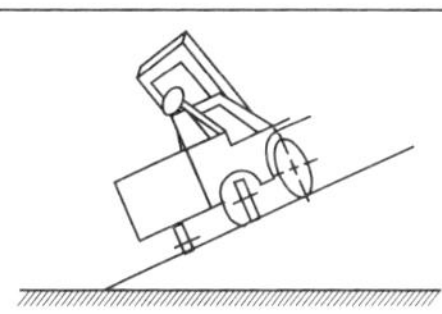	
안정도= $\frac{h}{l} \times 100\%$		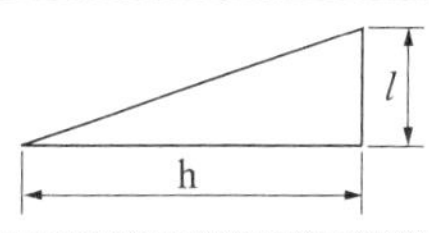

그림 5.33 지게차의 안정도

(3) 지게차 작업에 따른 위험요소

위 험 성	원 인	
물체의 낙하	① 불안정한 물체의 적재 ③ 미숙한 운전조작	② 부석낭한 부칙물 ④ 급출발, 급정지
보행자등과의 접촉	① 구조상 피할 수 없는 경우	② 후륜주행에 따른 선회반경
차량의 전도	① 미정비의 요철 바닥면 ③ 물체의 과적재	② 취급되는 물체에 비해서 소형의 차량 ④ 고속 급선회

(4) 지게차 안전작업수칙

① 지게차의 적재중량을 초과하지 말 것
② 포크는 지상 약 18 cm 높이로 운전할 것
③ 포크를 사용하지 않을 때는 최저위치로 둘 것
④ 운전 중 브레이크를 급격히 밟지 않도록 할 것
⑤ 모퉁이를 돌 때는 천천히 크게 운전할 것
⑥ 타이어는 적정 공기압을 유지할 것
⑦ 적재상태에서 급회전을 하지 말 것
⑧ 화물적재 시 마스트를 앞으로 기울이지 말 것
⑨ 화물이 전방의 시계를 가린 채 운전하지 말 것
⑩ 화물폭을 고려하여 안전한 위치에 포크를 넣을 것
⑪ 길이 나쁠 때에는 화물의 적재에 특히 유의할 것
⑫ 작업장 바닥의 상태와 강도에 유의할 것
⑬ 마스트와 천정의 간극을 확인할 것
⑭ 급경사 길을 내려갈 때는 후진 운전할 것

6.5 컨베이어의 안전

화물을 벨트, 롤러 등을 이용하여 연속적으로 운반하는 기계를 컨베이어라고 한다.

(1) 컨베이어의 종류

1) 벨트 컨베이어

① 벨트 컨베이어의 구조 : 바퀴(Pulley) 사이에, 여러 개의 작은 캐리어(Carrier) 위에 폭이 넓은 벨트를 감고 화물을 운반한다. 벨트 컨베이어는 장거리 운반용으로 구조가 간단하고 고장이 적으며 운반능력이 크다.

② 벨트 긴장장치 : 벨트에 동력을 전달하는데 필요한 장력을 주는 동시에 벨트의 늘어남에 의해 생기는 느슨함을 없애고 벨트에 일정한 장력을 유지시키는 장치로, 나사식과 중추식(수평식, 수직식) 이 있다.

2) 스크루(Screw) 컨베이어

U자형의 긴 통(Case) 에 꼭 맞게 스크루가 장치되어 돌아가면서 운반물을 밀어낸다. 부서지기 쉬운 덩어리나 가루를 운반하는 수평 단거리용이다.

3) 버킷(Bucket) 엘리베이터

벨트 컨베이어를 수직으로 세운 것에 버킷이 붙어 있어 운반물을 담아서 위로 올라가다가 내려올 때 거꾸로 되어 쏟아지게 되어 있다.

4) 에어(Air) 컨베이어

시멘트, 탄가루 등과 같이 가볍고 접착성이 없는 분말을 속도가 빠른 공기에 실어 운반하는 장치로서, 공기를 불어 넣는 압송식과 빨아들이는 흡인식이 있다.

(2) 벨트 컨베이어의 안전장치

벨트 컨베이어의 취급은 간단하지만 일단 재해가 발생하면 중대재해로 되는 위험이 있으므로 작업자는 벨트 컨베이어의 구조와 기능을 숙지함과 동시에 재해를 방지하는데 주의하여야 한다.

1) 역전방지장치

경사진 벨트 컨베이어에서 운반물을 벨트에 놓은 채 정지하면 운반물의 중량 때문에 벨트가 역전하고 운반물이 역류하여 큰 재해를 야기할 수 있다.

2) 급정지장치

전자브레이크를 사용하며, 급정지 조작버튼은 조작하기 쉬운 곳에 설치해야 하며 대형의 컨베이어에는 일정한 간격으로 여러 개를 설치한다.

3) 물림방지블록

그림 5.34와 같이 풀리와 벨트 사이에 신체의 일부가 물려 들어가는 것을 방지하기 위하여 간격이 6 mm 이내에 블록을 설치한다.

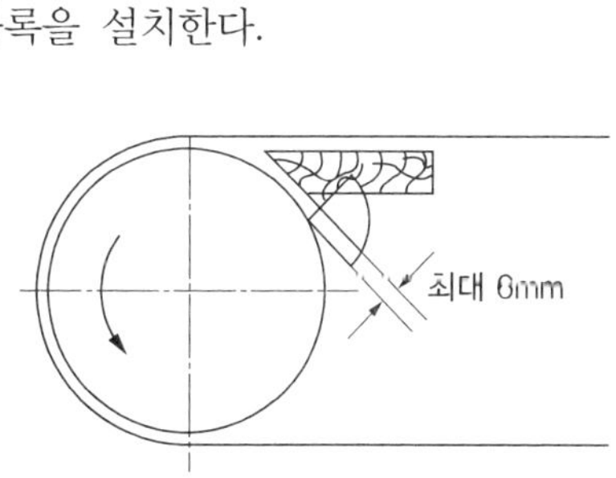

그림 5.34 물림방지블록

4) 벨트 클리너(Belt Cleaner)

풀리 표면에 붙어 있는 부착물을 제거하려다 발생하는 재해를 방지하기 위하여 브러시로 닦아 내는 기구

(3) 벨트 컨베이어 작업의 안전

1) 운전상의 안전

① 벨트 컨베이어 주변에 다른 근로자가 있는가, 벨트 주변에 이물질은 없는가를 점검한다.

② 운전할 벨트 번호를 방송하든가 또는 경보를 울리든가 한다.

③ 조작은 규정대로 행한다.

④ 운전 중에는 가능한 한 운전실을 이탈하지 말아야 한다.

2) 점검상의 유의사항

① 관계자 이외에는 접근시키지 말 것

② 운전 중의 점검은 반드시 육안으로 하고, 벨트 컨베이어는 접촉하지 말 것

③ 중요한 점검사항은 다음과 같다.

- 벨트 파손의 유무
- 과부하, 현저한 벨트의 치우침, 슬립(Slip) 모터, 감속기 및 기계내부의 파손, 이상음, 발열, 진동 등의 유무
- 벨트 상부에 철판, 나무토막 등의 이물질 유무
- 통로, 계단, 난간의 손상 여부

3) 운전중 금지사항

① 풀리, 캐리어 및 롤러 등 회전체에 부착된 분진 등의 제거

② 회전체에 직접 급유

③ 스크레이퍼(Scraper), 스커트의 조정

④ 역전방지장치의 점검 정비

⑤ 회전하지 않는 불량 캐리어의 조정

4) 비상시의 조치

벨트 컨베이어에는 많은 벨트가 있고 긴 장소에 설치되므로 순회점검 등에 따라서 이상이 발견된 경우는 즉시 감독자에게 연락한 후 상황에 따라서 비상정지버튼을 눌러 운전을 정지시키고 구체적으로 조사함과 동시에 점검결과를 감독자에게 보고 한 후 필요한 지시를 받는다.

Chapter 7 기계설비의 검사 및 유지관리

7.1 기계설비의 유지관리

기계설비나 압력용기, 배관 등의 화학설비는 사용 중에 부식(Corrosion), 마모(Wear), 피로(Fatigue)나 균열발생 등으로 구조의 강도가 약해지고 성능이 저하되므로 유지관리(Maintenance) 활동을 통하여 고장이나 파손이 발생되어 생산활동이 중단되거나 재해가 발생되기 전에 보수를 행하여야 한다.

설비의 유지관리 활동은 크게 사후보전(Breakdown Maintenance, Corrective Maintenance)과 예방보전(Preventive Maintenance)으로 나눌 수 있다. 사후보전은 고장이 발생한 후에 유지관리 활동을 하는 것이고, 예방보전은 고장이 발생하기 전에 계획적으로 유지관리 활동을 하는 것이다. 부품의 고장률이 시간에 무관하게 일정한 경우는 사후보전이 적합하고, 고장률이 시간에 따라 증가하는 경우는 예방보전이 적합하다.

예방보전은 다시 시간을 기준으로 유지관리 활동을 하는 시간기준보전(Time Based Maintenance), 설비의 상태에 의거하여 유지관리 활동을 하는 상태기준보전(Condition Based Maintenance), 생산 상황이나 설비의 노후 정도 또는 규제환경 등을 고려하여 행하는 적응보전(Adaptive Maintenance) 등으로 나뉜다.

시간기준보전의 경우 아직 부품에 이상이 발생하지 않았는데도 불구하고 부품을 교체하는 단점이 있으며, 상태기준보전에서는 설비나 부품의 상태를 나타내어주는 상태량을 감시하다 어느 값 이상으로 되면 유지관리 활동을 하게 된다. 상태량으로는 진폭이나, 소음, 온도 등이 사용된다.

7.2 기계설비의 노후화

기계설비를 사용함에 따라 노후화 또는 열화(劣化, Degradation)가 발생하게 된다. 열화 메커니즘에는 여러 가지가 있지만, 마모(Wear), 부식, 피로(Fatigue), 균열 발생과 성장 등이 주 메커니즘이 된다.

(1) 마모

마모 또는 마멸이란 고체의 접촉되는 부분이 닳아 손상되는 것을 말하며, 고체의 경도가 높을수록 마모에 대한 저항이 커진다. 시간에 따라 마모손상이 누적되어 마모량이 어느 한도를 넘어가면 기계설비의 고장이 발생된다.

(2) 부식

부식반응을 크게 나누면 건식반응과 습식반응으로 나눌 수 있다. 건식반응은 물이 존재하지 않는 경우의 부식이고 습식반응은 물이 존재하는 경우의 부식이다. 건식반응의 경우 부식이 진행되기 위해서는 금속이온 또는 산소이온이 산화물 층을 통과하여야 하므로 특별한 경우를 제외하면 반응이 느리게 진행된다.

반면 습식반응은 전기화학반응이다. 그림 5.35와 같이 아연판과 구리판이 묽은 황산용액에 담겨져 있고 아연판과 구리판을 전선으로 연결한 경우를 고려해 보자. 이 경우 아연판에서는

$$Zn \rightarrow Zn^{++} + 2e \qquad (5.5)$$

의 반응이 일어나고, 동판의 표면에서는

$$2H^{+} + 2e \rightarrow H_2 \qquad (5.6)$$

의 반응으로 수소가스가 발행한다. 아연판에서부터 전선을 통하여 구리판 쪽으로 전자의 이동이 있으므로 이러한 반응은 전지를 설명할 수 있는 한 예가 되겠지만, 아연판의 입장에서 본다면, 아연 원자가 묽은 황산에 녹아 나와 아연판이 점차 얇아지는 부식반응이 된다.

아연판과 같이 전자가 생성되어 리드선을 통하여 외부로 전자가 흘러나오는 전극을 양극(Anode)이라 하고, 동판과 같이 외부에서 전자를 받아들여 전해질 속으로 방출하는 전극을 음극(Cathode)이라 한다. 전지의 경우와는 양극 및 음극의 정의가 다르므로 주의하여야 한다. 부식은 항상 양극에서 일어난다.

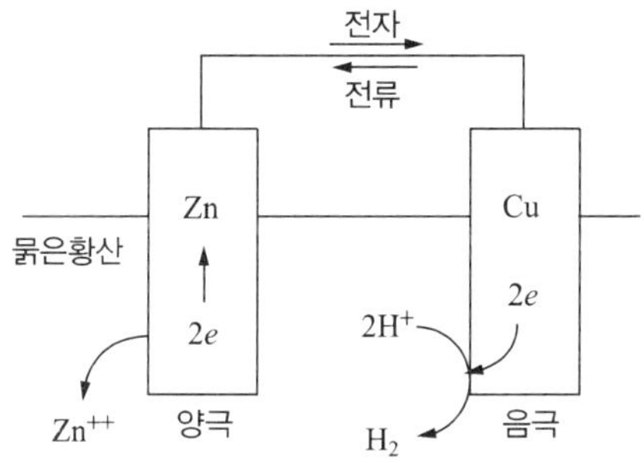

그림 5.35 습식 부식 반응

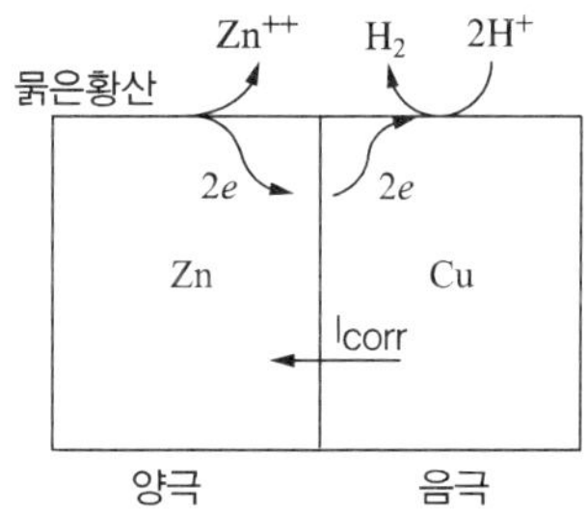

그림 5.36 갈바니 블록

그림 5.36에서와 같이 아연 블록과 구리 블록을 붙여서 묽은 황산에 담근 경우를 고려하여 보자. 이와 같은 블록을 갈바니 블록이라 한다. 이때 양극에서는 식 (5.5)의 반응이 일어나고, 음극에서는 식 (5.6)의 반응이 일어난다. 전체적으로는 양극의 아연이 부식 용출되는 반응이 되며, 음극에서는 수소가스가 발생된다. 두 블록 사이에서 전자가 아연판에서 구리판 쪽으로, 즉 전류는 구리판에서 아연판 쪽으로 흐르게 된다. 이때 흐르는 전류 Icorr을 부식전류라 한다. 부식전류는 아연의 부식 속도와 음극에서의 수소발생 속도에 비례한다. 따라서 부식전류로부터 부식반응의 진행 정도를 알 수 있다.

부식의 진행을 느리게 하려면 부식전류의 흐름을 막으면 된다. 이를 위해서는 양극반응, 즉 부식반응을 억제하면 된다. 양극반응의 억제가 곤란한 경우는 음극반응을 억제하여도 부식전류의 흐름을 방지할 수 있다. 또는 가능하다면 아연과 구리와 같이 서로 다른 물질이 접촉되지 않게 하는 것도 좋은 방식법이 된다.

1) 균일부식

넓은 범위의 면에서 비교적 균일하게 발생되는 부식을 균일부식 또는 일반부식이라 한다. 반면 국부적으로 좁은 범위에 발생되는 부식을 국부부식이라 한다.

구조물에 균일부식이 발생될 경우 이에 의하여 재료의 두께 감소가 발생되고 따라서 구조물의 강도도 감소하게 된다. 균일부식의 정도는 재료의 두께를 측정하여 두께의 변화한 양을 구함으로써 알 수 있다.

2) 갈바니 부식

그림 5.36에서와 같이 구리 블록과 아연 블록을 붙여서 묽은 황산에 담그면 양 블록사이에 기전력이 발생하여 아연 블록이 부식하게 된다. 이렇게 기전력이 발생하여 일어나는 부식을 갈바니 부식(Galvanic Corrosion)이라 한다.

3) 틈새부식

플랜지 커플링 면사이의 좁은 틈새, 리벳이음으로 연결된 두 판 사이의 좁은 틈새 등의 틈새에서 발생되는 부식을 틈새부식(Crevice Corrosion)이라 한다.

4) 공식

어떠한 원인으로 금속의 표면에 작은 피트(Pit)가 형성되면 이 피트는 틈새부식에서의 틈새와 동일한 역할을 할 수 있다. 이와 같이 피트가 형성되어 일어나는 부식을 공식(孔蝕, Pitting)이라 한다.

5) 입계부식

18-8형 스테인리스강은 Cr 17～20%, Ni 7-10%를 함유한 합금이다. 이 합금을 예민화 온도라고 불리는 400～800°C의 온도에서 가열하면 Cr이 탄소와 크롬탄화물을 형성하여 입계(Grain Boundary)에 석출된다. 그 결과 인접부의 Cr 함량이 낮아져 입내보다 먼저 부식을 일으키게 된다. 이를 입계부식(Intergranular Corrosion)이라 한다. 18-8형 스테인리스강이 부식되지 않기 위해서는 10% 이상의 Cr이 함유되어 있어야 한다.

이러한 현상은 스테인리스강을 용접할 경우에도 발생하게 되는데, 용접선을 따라 평행하게 예민화온도에 장시간 노출된 부분은 크롬탄화물의 석출로 부식이 발생하게 되는데 이를 용접열화(Weld Decay)라 한다.

6) 선택부식

합금 중 한 가지 성분만 부식이 되는 경우를 선택부식(Selective Corrosion)이라 한다. 재료는 부식 전 형태를 유지하나 강도는 약해져 있는 경우가 많다. 이에 해당되는 부식에는 탈아연부식(Dezincification)과 흑연화부식(Graphitization)이 있다.

탈아연부식은 구리－아연계 합금인 황동에서 볼 수 있다. 구리－아연계 합금에서 구리는 부식되지 않고 아연만 부식되어 용출 되는 현상이다. 선택부식의 다른 한 가지 형태로 흑연화부식이 있다. 회주철에서 흑연은 철에 비하여 음극이 되기 쉬우므로 갈바니 전지를 형성하여 철만 부식이 되고 흑연격자는 그대로 남는 부식을 흑연화부식이라 한다. 재료의 치수는 그대로이고 강도만 약해져 있으므로 발견이 어렵다.

7) 침식부식

부식성 유체와 금속표면 간의 상대운동의 결과로 인하여 부식작용이 가속될 때 이를 침식부식(Erosion Corrosion)이라 한다. 유체의 유동으로 인한 기계적인 마멸효과가 있으며,

특히 부동태 피막에 의하여 방식이 되는 재료나 연한금속 등이 영향을 많이 받는다. 흐르는 액체에 노출된 설비는 모두 침식부식을 받는다. 특히 관의 벤드(Bend), 엘보우(Elbow), 티(Tee), 밸브, 펌프, 프로펠러, 터빈 블레이드 등에서 침식부식이 많이 일어난다.

침식부식의 특별한 형태로 캐비테이션(Cavitation)이 있다. 유체의 유속이 빨라지는 부분에서 압력강하가 일어나고, 유체는 비등하여 방울을 형성한다. 다시 압력이 높아지면 방울이 응축되면서 괴멸되는데 이때 약 4,000기압 정도 압력의 충격파가 형성되어 재료의 표면을 때리게 된다. 재료의 표면에 방식막이 있는 경우에 이를 파괴시키면서 부식이 발생되는데 이러한 부식을 캐비테이션이라 한다.

8) 응력부식

인장응력과 부식환경이 동시에 존재하여 생기는 균열을 응력부식균열(Stress Corrosion Cracking, SCC)이라 한다. 응력부식은 특정한 재료가 특정한 환경에 존재할 때 발생되는 것으로 대표적인 것으로 계절균열(Season Cracking)과 알칼리취화(-脆化, Caustic Embrittlement)가 있다. 계절균열은 우기에 황동탄피에 발생되는 균열을 지칭하는 것으로, 우기에 유기물질의 분해로 인하여 생긴 암모니아 때문에 황동탄피에 금이 가는 것이다. 우기에 발생하는 균열이므로 계절균열이라 한다. 또 알칼리취화라 하는 것은 가성소다(NaOH)의 존재로 인하여 발생되는 균열을 지칭하는 것이다.

(3) 피로

항복강도보다 작은 응력도 반복적으로 작용되면 재료가 파단 된다. 이와 같이 반복하중에 의한 재료의 파손을 피로(Fatigue)라고 한다.

그림 5.37에 도시된 바와 같은 반복응력이 재료에 작용된다고 하자. 이때 최대 응력값을 S_{max}, 최소 응력값을 S_{min}이라 하면, 응력진폭(Stress Amplitude) S_a, 평균응력(Mean Stress) S_m 및 응력비(Stress Ratio) R은 각각 다음과 같이 정의된다.

$$S_a = \frac{S_{max} - S_{min}}{2}, \quad S_m = \frac{S_{max} + S_{min}}{2}, \quad R = \frac{S_{min}}{S_{max}} \qquad (5.7)$$

재료의 피로시험은 해당재료로 피로 시험편을 제작하고 그림 5.37과 같은 반복하중을 가하면서 시편이 파단 될 때까지의 하중사이클 수를 구하는 것이다.

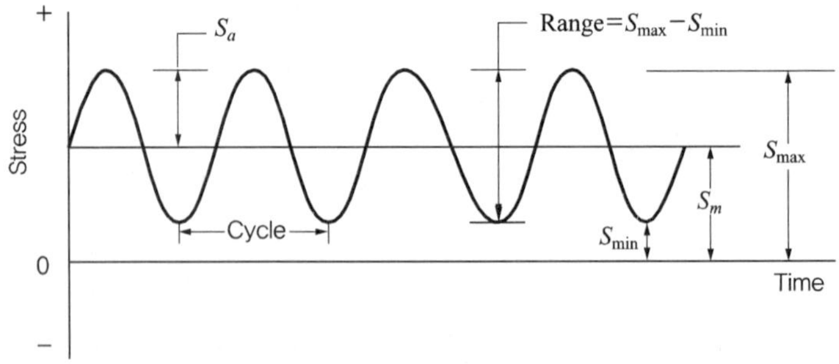

그림 5.37 반복하중

7.3 비파괴검사

기계설비 구조의 안전성을 평가하기 위해서는 구조물 내에 존재하는 결함을 찾아내어야 한다. 구조물을 파괴시키지 않고 결함 등을 찾아내는 방법을 비파괴검사(Nondestructive Inspection)라 하고 다음과 같은 종류가 있다.

- 육안검사(Visual Inspection(Testing), VT)
- 방사선투과시험(Radiography Test, RT)
- 초음파탐상(Ultrasonic Test, UT)
- 자분탐상(Magnetic Particle Test, MT)
- 침투탐상(Dye-penetrant Test, PT)
- 와류탐상(Eddy Current Test, ET)
- 음파방출시험(Acoustic Emission Test, AE)
- 누설시험(Leak Test, LT)

(1) 육안검사

육안검사(Visual Inspection(Testing), VT)는 특별한 장비를 사용하지 않고 육안으로 행하는 검사법으로 가장 많이 시행되는 비파괴검사이다. 적용이 쉽고 신속한 장점을 가지고 있고 경험이 풍부한 작업자에 의하여 검사가 수행될 시에는 아주 좋은 검사법이 된다. 그러나 작업자의 경험이나 신체 상태에 많은 영향을 받고 육안으로 볼 수 있는 부분만을 검사할 수 있는 단점이 있다.

(2) 방사선 투과시험

방사선 투과시험(Radiography Test, RT)의 원리는 검사체의 두께나 밀도 또는 구성성분의 차이로 인한 투과 방사선의 흡수정도의 차이를 이용하는 것으로 통과한 방사선은 필름을 감광시켜 상으로 나타난다. 방사선의 진행방향으로 어느 정도의 두께를 가진 결함만 검지 가능한데, 보통 주위와 2% 정도의 방사선 흡수의 차이가 있으면 검지할 수 있다. 방사선의 진행방향에 대하여 나란한 결함은 잘 검지되나 그렇지 않은 결함은 검지가 어려우며, 닫힌 균열이나 작은 결함도 검지가 어렵다. 방사선으로는 X선이나 γ선이 이용된다.

(3) 초음파 탐상

20,000 Hz 이상의 음파를 초음파라 한다. 초음파를 이용하여 결함을 탐상하는 것을 초음파 탐상이라 한다. 초음파는 종파, 횡파 및 표면파로 나눌 수 있다.

펄스반사법은 그림 5.38과 같이 초음파를 발사한 후 반사되어 오는 파를 받아 결함의 존재 여부를 탐상하는 것이고, 투과법은 두 개의 탐촉자를 사용하여 행하는 시험법으로 한 개는 송신탐촉자로, 한 개는 수신탐촉자로 사용된다. 통과하는 음파의 세기를 측정하여 결함을 탐상한다.

얇은 판은 최소탐상거리로 인하여 종파를 사용하여서는 검사하기가 힘이 든다. 따라서 이 경우는 그림 5.39에서와 같이 횡파를 사용한 경사각 탐상을 이용하게 된다. 시험체 내부에는 횡파만 입사하도록 하여 검사하고, 결함에서 오는 파를 받아 결함의 유무를 판정한다.

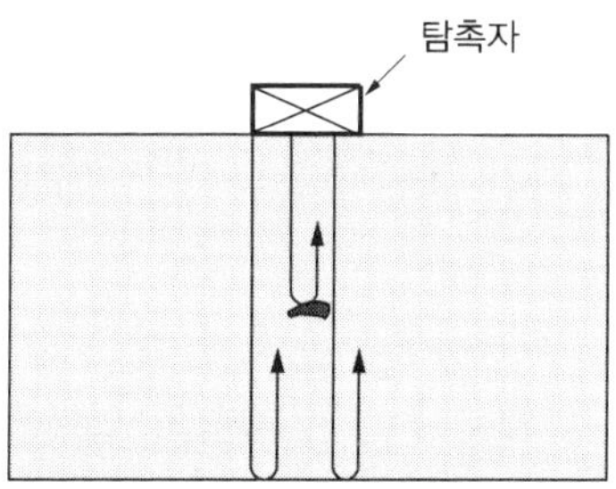

그림 5.38 펄스반사법

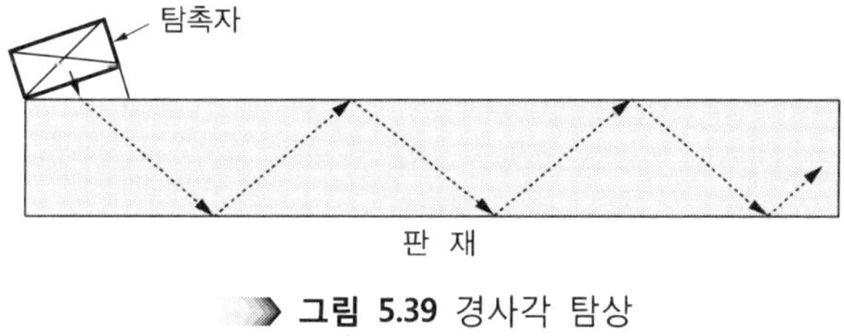

그림 5.39 경사각 탐상

표면이나 표면 바로 아래에 존재하는 결함의 탐상은 표면파를 이용할 경우 유리하다. 표면파를 이용하는 경우 표면 전체를 주사를 필요가 없이 물체주위의 선을 따라 한 번 주사함으로써 전 표면의 결함을 탐상하게 되므로 검사시간을 단축할 수 있다.

(4) 자분 탐상

그림 5.40에서 보는 바와 같이 재료 내에 존재하는 균열이나 개재물 등의 결함은 재료 내에 유도된 자장에 찌그러짐을 주게 되고 결함이 없을 때와는 자장의 분포 형태가 달라진다. 따라서 찌그러진 유도된 자장의 형태를 검지하여 결함을 탐상할 수 있다. 누설자속을 검출하기위하여 자장을 띠는 분말을 이용할 때 이를 자분 탐상(Magnetic Particle Test, MT)이라 한다.

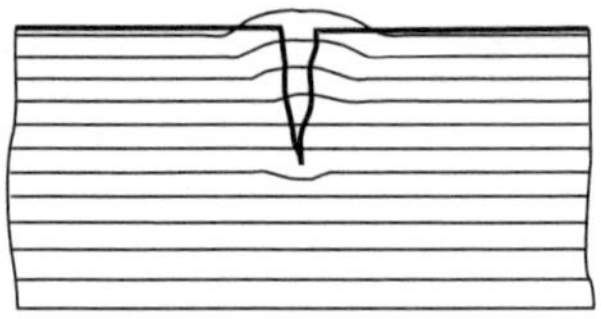

그림 5.40 누설자속

(5) 침투탐상

재료의 표면으로 열려진 균열 및 결함의 검사에 이용되며, 철금속, 또는 비철금속의 단련 또는 주조품의 검사에 많이 이용된다. 타 방법에 비하여 비교적 간단하고 염가이고, 자분탐상검사가 되지 않는 비자성 재료에도 적용가능한 장점이 있고, 단점으로 표면으로 열려진 균열의 검출에만 이용가능하고, 거친 표면이나 다공질 재료(Porous Material)의 검사는 곤란한 단점이 있다.

침투탐상(Dye-Penetrant Test, PT) 시험은 다음과 같은 순서로 수행한다.

① 전처리: 시험재료의 표면을 깨끗이 하여 결함의 입구를 막고 있는 이물질을 제거

② 침투: 침투액(Penetrant)을 시험편의 표면에 골고루 바름

③ 세정: 물이나 용제를 사용하여 표면에 남아 있는 침투액을 씻어 내거나 닦아냄

④ 현상: 현상액(Developer)을 얇게 바름. 이때 현상액이 마르면서 모세관 현상에 의해 결함 내에 있던 침투액을 빨아올려 결함을 보기 쉽게 확대함

⑤ 관찰: 균열을 관찰한다. 염색침투액을 사용한 경우에는 흰 바탕에 붉은 점이나 선이 얻어지고, 형광침투액의 경우는 자외선을 조사하여 관찰한다.

(6) 와류탐상

교류가 흐르는 코일의 근처에 있는 시험체에는 와전류(Eddy Current)가 유도된다. 이때 유도되는 전류의 크기는 코일에 흐르는 교류의 진동수 및 전류 그리고 시험체의 전기적인 특성 및 형상에 따라서 달라질 것이다. 만약 시험체에 어떤 결함이 존재할 경우에도 유도되는 전류의 크기에 영향을 미칠 것이다.

유도된 와전류에 의하여 원래의 자기장과는 반대 방향의 자기장이 형성되고 이 자기장은 코일의 임피던스에 변화를 주게 된다. 시험체의 내부에 결함이 있다면 와전류에 의하여 유도된 자기장이 변화할 것이므로 코일의 임피던스 값이 변할 것이다. 이를 이용하여 결함을 찾는 방법이 와류탐상(Eddy Current Test, ET)이다.

7.4 기계설비 관련 규정

(1) 안전인증

안전상 중요한 기계설비나 방호장치 및 보호구에 대하여 안전인증기관에서 안전인증을 받게 하거나, 지율적으로 안전에 관한 성능이 안전기준에 맞는지 확인하게 하거나, 방호조치를 하게하여 관리하고 있다(산업안전보건법시행령).

기계, 기구 및 설비를 제조, 수입 및 설치하려는 자는 안전인증기관에서 안전인증을 받아야 한다. 안전인증 대상 기계는 2015년 현재 다음과 같다.

- ○ 프레스
- ○ 전단기
- ○ 압력용기
- ○ 크레인
- ○ 리프트
- ○ 롤러기
- ○ 사출성형기
- ○ 고소작업대
- ○ 곤돌라
- ○ 기계톱(이동식)
- ○ 절곡기(折曲機)

안전인증을 받아야 하는 대상 방호장치에는 2015년 현재 다음과 같은 것들이 있다.

- ○ 프레스 및 전단기 방호장치
- ○ 양중기용 과부하장지장치
- ○ 보일러 압력 방출용 안전밸브
- ○ 압력용기 압력 방출용 안전밸브
- ○ 압력용기 압력 방출용 파열판
- ○ 절연용 방호구 및 활선작업용 기구
- ○ 방폭구조 전기기계, 기구 및 부품
- ○ 추락, 낙하 및 붕괴 등의 위험방지 및 보호에 필요한 가설기자재로서 고용노동부 장관이 정하여 고시하는 것

(2) 자율안전확인

자율안전확인 대상 기계 기구 등을 제조하거나 수입하는 자는 안전에 관한 성능이 자율안전기준에 맞는지 확인하여야 한다. 2015년 현재 대상 기계는 다음과 같다.

- ○ 연삭기 또는 연마기(휴대용 제외)
- ○ 산업용 로봇
- ○ 혼합기
- ○ 파쇄기 또는 분쇄기
- ○ 식품가공기계(파쇄, 절단, 혼합, 제면기만 해당)
- ○ 컨베이어
- ○ 자동차 정비용 리프트
- ○ 공작기계(선반, 드릴기, 평삭 형삭기, 밀링만 해당)
- ○ 고정형 목재가공기계(둥근톱, 대패, 루타기, 띠톱, 모떼기 기계만 해당)
- ○ 인쇄기
- ○ 기압조절실

자율안전확인 대상 방호장치에는 다음과 같은 것들이 있다.

- ○ 아세틸렌 또는 가스집합용접장치용 안전기
- ○ 교류아크용접기용 자동전격방지기
- ○ 롤러기 급정지장치
- ○ 연삭기 덮개
- ○ 목재 가공용 둥근톱 반발 예방장치 및 날 접촉 예방장치
- ○ 동력식 수동대패용 칼날 접촉 방지장치

○ 산업용 로봇 안전매트
○ 추락·낙하 및 붕괴 등의 위험 방지 및 보호에 필요한 가설기자재(안전인증에 해당되는 것은 제외)로서 고용노동부 장관이 정하여 고시하는 것

(3) 방호조치

방호조치 대상 기계는 2015년 현재 다음과 같다.
○ 예초기
○ 원심기
○ 공기압축기
○ 금속절단기
○ 지게차
○ 포장기계(진공포장기, 랩핑기로 한정)

(4) 안전검사

유해하거나 위험한 기계, 기구, 설비를 사용하는 사업주는 유해, 위험 기계 등의 안전에 관한 성능이 검사기준에 맞는지에 대하여 안전검사기관에서 안전검사를 받아야 한다. 2015년 현재 대상 기계는 다음과 같다.
○ 프레스 및 전단기
○ 크레인(이동식 크레인, 정격하중 2톤 미만인 호이스트(hoist)는 제외)
○ 리프트
○ 압력용기
○ 곤돌라
○ 국소배기장치(이동식은 제외)
○ 원심기(산업용만 해당)
○ 화학설비 및 그 부속설비
○ 건조설비 및 그 부속설비
○ 롤러기(밀폐형 구조 제외)
○ 사출성형기(형체결력 294 kN 미만은 제외)

안전검사주기는 다음과 같다.
① 크레인, 리프트 및 곤돌라 : 사업장에 설치가 끝난 날부터 3년 이내에 최초 안전검사를 실시하되, 그 이후부터 2년마다(건설 현장에서 사용하는 크레인, 리프트 및 곤돌라는

최초로 설치한 날부터 6개월 마다)

② 그 밖의 유해 위험 기계 등 : 사업장에 설치가 끝난 날부터 3년 이내에 최초 안전검사를 실시하되, 그 이후부터 2년마다(공정안전보고서를 제출하여 확인 받은 압력용기는 4년마다)

Exercise

Chapter 1 기계의 안전화

1. 기계의 위험점에 대하여 설명하시오.

2. 일반적인 방호의 원칙을 설명하시오.

3. 방호장치의 6가지 종류를 들고 설명하시오.

4. 풀프루프(fool proof)에 대하여 설명하고, 예를 들어보시오.

5. 페일세이프(fail safe)에 대하여 설명하고, 예를 들어보시오.

6. 작업점에 대한 가드의 개구부에 대하여 설명하시오.

Chapter 2 기계구조의 안전

7. 단순인장시험에서 알 수 있는 재료의 기계적 성질에 대하여 설명하시오.

8. 재료의 연성이란 어떠한 성질이고 어떠한 양으로 나타낼 수 있는지 설명하시오.

9. 경도측정 방법에 대하여 설명하시오.

Chapter 3 프레스, 전단기 및 롤러기의 안전

10. 프레스가공의 종류를 쓰시오.

11. 프레스의 클러치 종류와 특징을 쓰시오.

12. 프레스의 양수조작식 안전장치에서 누름버튼에서 손이 떨어질 때부터 슬라이드가 정지할 때까지의 시간이 300 ms일 때 안전거리(mm)는?

13. 프레스의 광선식 안전장치에서 손이 광선을 차단한 때부터 슬라이드가 정지할 때까지의 시간이 0.2초였다. 안전거리는?

14. 프레스의 손쳐내기식 안전장치의 성능기준은?

15. 프레스의 수인식 안전장치에서 수인끈의 기준과 절단하중은?

16. 프레스 수공구의 종류는?

17. 프레스작업의 자동화방법은?

18. 롤러기의 가드 개구부에서 위험점까지의 거리가 150 mm이다. 허용개구부는?

19. 직경이 120 mm인 롤러기가 180 rpm으로 회전한다. 이 롤러기의 급정지거리(mm)는 얼마로 해야 하는가 ?

20. 롤러기 급정지장치의 종류와 설치 위치를 쓰시오.

Chapter 4 용접 및 가스절단의 안전

21. 아크용접의 수하특성이란?

22. 자동전격방지기란 무엇인가?

23. 아크용접기에서의 재해 종류를 쓰시오.

24. 수봉식 안전기의 역화방지 원리와 요건을 쓰시오.

25. 건식안전기의 방호원리를 쓰시오.

26. 가스발생기와 가스발생기실에서 흡연이나 화기 사용을 금지하는 거리는?

Chapter 5 공작기계, 연삭기 및 목공기계의 안전

27. 선반에서 칩 브레이커는 무엇이고, 종류를 쓰시오.

28. 선반의 방진구는 어디에 사용하는가?

29. 드릴이 파손되는 원인을 쓰시오.

30. 밀링작업의 안전수칙을 쓰시오.

31. 연삭숫돌의 성능에 영향을 주는 인자들은?

32. 연삭숫돌의 속도가 숫돌의 결합강도를 초과할 때의 속도를 무엇이라고 하는가?

33. 연삭숫돌의 직경이 15 cm, 분당회전수가 1,800 rpm일 때 숫돌의 원주속도는 얼마이고, 허용원주속도인가?

34. 숫돌파괴의 원인을 쓰시오.

35. 원통연삭기 덮개의 개구부 각도를 그림을 그려 표시하시오.

36. 상부를 사용하는 연삭기 덮개의 개구부 각도를 그림을 그려 표시하시오.

37. 연삭숫돌의 시운전 시간은?

38. 탁상연삭기 덮개의 개구부를 그림을 그려 표시하시오.

39. 둥근톱의 방호장치 2가지를 쓰고, 방호장치의 원리를 설명하시오.

40. 둥근톱에서 분할날을 설치하는 기준을 그림을 그려 표시하시오.

41. 둥근톱에서 분할날을 톱날의 뒷부분에 설치하는 이유는?

Chapter 6 양중기 및 운반기계의 안전

42. 와이어로프의 꼬임과 스트랜드의 꼬임방법이 반대인 꼬임은?

43. 와이어로프의 안전율이란 무엇이고, 승객용 엘리베이터 와이어로프의 안전율은?

44. 와이어로프의 끝단을 고정하는 방법은?

45. 하중 5 ton을 인양하는 두 와이어로프간의 각도가 60도이다. 와이어로프 한 가닥에 걸리는 하중은 몇 kg인가?

46. 와이어로프의 사용금지 예를 5가지 이상 쓰시오.

47. 양중기의 권과방지장치란 무엇이고, 어떤 형식이 있는가?

48 엘리베이터의 조속기의 사용용도는?

49. 엘리베이터의 조속기는 규정속도의 몇 % 이상을 초과하면 작동해야 하는가?

50. 지게차의 안정도란 무엇이고, 3톤 지게차의 하역작업 시 안정도는?

51. 지게차에서 차량이 전도할 위험요소를 4가지 쓰시오.

52. 지게차에서 화물의 중량 1,500 kg, 차량의 중량 3,000 kg, 전차륜에서 물체의 중심까지의 거리 2.8 m, 전차륜에서 차량의 중심까지의 거리 1.2 m일 때 지게차는 안정한가?

53. 지게차의 최고속도가 시속 40 km일 경우 주행 시의 좌우 안정도는 얼마인가?

54. 10톤 지게차의 최고속도가 50 km/h이다. 하역작업 시 전후와 주행 시의 좌우에 안정하여야 할 각도는? (각도로 표시할 것)

55. 벨트 컨베이어에서 벨트 긴장장치의 용도와 사용되는 형식은?

56. 벨트 컨베이어의 운전 중 금지사항을 쓰시오.

Chapter 7 기계설비의 검사 및 유지관리

57. 사후보전과 예방보전에 대하여 설명하시오.

58. 예방보전에는 어떤 종류가 있는지 설명하시오.

59. 비파괴검사에는 어떤 종류가 있는지 설명하시오.

60. 갈바니 부식에 대하여 설명하시오.

61. 응력부식에 대하여 설명하시오.

62. 입계부식에 대하여 설명하시오.

63. 용접열화에 대하여 설명하시오.

64. 안전검사에 대하여 설명하시오.

65. 안전검사주기에 대하여 설명하시오.

66. 안전인증이란 무엇이고, 어떠한 기계들이 해당되는가?

67. 자율안전확인이란 무엇이고, 어떠한 기계들이 해당되는가?

68. 방호조치에 해당되는 기계에는 어떠한 것들이 있는가?

Part 6

건설안전

Chapter 1 건설공사 안전개요

1.1 건설업의 재해 경향성

건설 기술의 발전, 경제성의 원리, 경관적 요소의 강조 등에 의해 최근의 건설공사는 기계화, 고층화, 대형화 및 독창화되고 있으나, 근로자 사망사고와 같은 대형 중대재해의 발생은 줄어들지 않고 있으며, 최근에는 타 산업과 달리 건설업의 재해율은 증가하고 있는 추세이다. 타 산업을 기준으로 건설공사가 갖는 특징을 살펴보면, 먼저 건설공사 주요 공정의 대부분이 옥외 공사로 기후, 지형, 지질 등의 환경적 영향을 크게 받는다는 것이다. 작업환경의 수시적 변화는 재해 위험 예측을 타 산업에 비해 상대적으로 어렵게 만드는 중요한 원인이다. 또한, 가설 구조물의 조립과 해체 작업, 자체 운반과 인양 같은 중량물 취급 작업, 건설기계의 운영 등 대부분의 작업을 작업자가 고정된 위치에서 하는 것이 아니라 항시 이동하면서 작업해야 되고 공사기간 내에 작업자가 수행하는 작업의 변화가 다양하므로 작업의 이동성 및 가변성도 재해 방지를 상대적으로 어렵게 하는 원인 중 하나이다.

건설공사는 제한된 공간인 작업장 내에 다수의 전문 업체가 다양한 공정을 진행하므로 공정간 서로 선행 또는 후행 하는 작업이 간섭되며, 상호간의 원활한 협조가 되지 않는 경우 안전관리의 사각지대가 발생될 수 있다. 또한, 하나의 건설현장은 정해진 공사기간 안에만 한시적으로 운영되는 독자적인 사업장으로 관리자를 제외한 작업자들의 대부분은 한시적 계약직이므로 사업장에 대한 소속감과 업무 책임감이 약할 수밖에 없으며 이는 안전에 대한 자발적인 의식 개선을 기대할 수 없게 한다. 특히, 최근에는 건설업에 대한 기피현상으로 고령자와 외국인 노동자가 증가하여 재해에 취약한 작업자들이 증가하고 있다.

건설업에서 발생하는 재해의 형태를 살펴보면, 떨어짐(추락), 넘어짐(전도), 부딪힘(충돌)이 전체 재해의 60% 이상을 차지하고 있으며 떨어짐 재해가 해마다 가장 많이 발생되고 있다. 대부분의 재해 사례는 원인과 방지책이 명확히 밝혀져 있는 반복적인 재해가 발생되는 것으로 분석되며, 재해의 원인으로는 기술적인 부족 보다는 지시된 작업 방법과 순서, 정해진 안전규칙을 지키지 않아 발생되는 인적 원인이 대부분이다. 특히, 안전관리자가 선임되지 않는 소규모 사업장의 재해율이 높음에 주목해야 하며, 소규모 사업장의 건설재해를 예방하기 위한 노력이 필요하다.

1.2 건설공사 안전사고 예방대책

(1) 건설공사 안전계획

건설공사를 수행함에 있어 재해를 예방하기 위해 다양한 안전계획을 사전에 수립하고 실천하여야 하며, 안전계획에 포함되어야 하는 주요한 내용들은 다음과 같다.

① 주변의 교통, 통행인, 부지 상황, 매설물, 유해물, 지역특성 등의 입지 및 환경 조건
② 각 공정별로 구체적이고 실천가능하게 설정된 현장의 건설 안전관리 중점목표
③ 위험성 평가 등을 활용한 공정별 위험요소 예측 및 사고예방을 위한 구체적 대책 수립
④ 분야별 담당자의 안전업무 분담표
⑤ 안전행사 계획(일일, 주간, 월간, 수시)
⑥ 긴급연락망과 긴급시 업무 분담 등

(2) 건설공사 재해 예방대책

과거 건설공사의 안전은 안전관리자를 포함한 현장 시공관리자 위주의 안전이 중심이었으나, 최근에는 계획 및 설계단계에서부터 안전을 중요시하는 추세이며, 또한 시공자 이외에도 발주자 및 사업주의 안전의식을 강조하고 있다. 건설공사의 전반적인 재해 예방대책은 다음과 같다.

① 계획 및 설계단계에서부터 안전을 고려한 설계
② 안전을 고려한 공정계획 및 공사기간 산출
③ 안전보건경영시스템 수립과 같은 안전보건관리체계 확립
④ 작업지시 단계에서 안전사항 지시 철저

⑤ 작업절차 준수 및 관리감독자 지정
⑥ 교육을 통한 작업자의 안전의식 강화, 작업자의 안전대책 숙지여부 확인 및 작업자 실천 유도
⑦ 개인보호구 착용 철저
⑧ 악천후 작업 중지(기후 조건에 대한 작업 중지 기준 설정)
⑨ 떨어짐 방지 조치, 건설기계 부딪힘 및 끼임 방지 조치, 무너짐 방지 조치, 맞음 방지 조치, 건설기계 넘어짐 방지 조치, 감전 방지 조치 등 철저
⑩ 관련 작업자 이외의 출입금지 및 상・하 동시 작업 금지
⑪ 사업주, 시공자, 발주자, 감리자의 철저한 안전의식

(3) 건설공사 안전관리자 선임기준

건설공사 안전관리와 관련된 다양한 정부 부처의 법령이 강제적 또는 자발적으로 건설공사 안전관리를 규정하고 있다. 고용노동부의 산업안전보건법과 산업재해보상보험법, 환경부의 유해화학물질관리법, 국토교통부의 건설기술진흥법 등이 있으며, 건설공사 안전관리자의 역할에 대해 직접적으로 기술하고 있는 것은 산업안전보건법과 건설기술진흥법이다. 특히, 산업안전보건법 시행령에서는 다음과 같이 건설현장 안전관리자의 최소 인원을 규정하고 있다.

- 공사금액 120억원 이상(건설산업기본법 시행령 별표1에 따른 토목공사업에 속하는 공사의 경우에는 150억원 이상) 800억원 미만 또는 상시 근로자 300명 이상 600명 미만
  : 1명 이상
- 공사금액 800억원 이상 또는 상시 근로자 600명 이상
  : 2명 이상(공사금액 800억원을 기준으로 700억원이 증가할 때마다 또는 상시 근로자 600명을 기준으로 300명이 추가될 때마다 1명씩 추가)

안전관리자에 선임될 수 있는 자격 조건에 대해서도 법령에서 정하고 있다. 또한, 최근에는 공사금액 800억원 이상(건설산업기본법 시행령 별표 1에 따른 토목공사업에 속하는 공사의 경우에는 1천억 이상) 또는 상시 근로자 600명 이상의 사업장에는 1명 이상의 보건관리자를 두도록 하고 있으며, 공사금액 800억원(토목공사업은 1,000억원)을 기준으로 1,400억원이 증가할 때마다 또는 상시 근로자 600명을 기준으로 600명이 추가될 때마다 보건관리자를 1명씩 추가하도록 하고 있다.

(4) 산업안전보건관리비

건설업에서는 사업장과 본사 안전전담부서에서 산업재해의 예방을 위하여 법령에 규정된 사항의 이행에 필요한 최소한의 비용을 산업안전보건관리비로 정부에서 고시하고 있다. 현재 고용노동부에서 고시한 산업안전보건관리비의 대상과 적용범위 및 계상기준은 다음과 같다(제 2014-37호 고시(2014.10.22)).

- 대상액
  : 공사원가계산서 구성항목 중 직접재료비, 간접재료비와 직접노무비를 합한 금액(발주자가 재료를 제공할 경우에는 해당 재료비를 포함한 금액)
- 적용범위
  - 산업재해보상보험법의 적용을 받는 공사 중 총 공사금액 4천만원 이상인 공사
  - 전기공사업법 제2조에 따른 전기공사로서 저압・고압 또는 특별고압 작업으로 이루어지는 공사 및 정보통신공사업법 제2조에 따른 정보통신공사로서 지하맨홀, 관로 또는 통신주에서 작업이 이루어지는 정보통신 설비공사(단가계약에 의하여 행하는 공사에 대하여는 총계약금액을 기준으로 적용)
- 계상기준

공사종류 \ 대 상 액	5억원 미만	5억원 이상 50억원 미만		50억원 이상
		비율(X)	기초액(C)	
일반건설공사(갑) - 건축물 등 신설공사, 도로 신설공사, 기타 건설공사	2.93(%)	1.86(%)	5,349천원	1.97(%)
일반건설공사(을) - 각 종의 기계 및 기구장치 등을 설치하는 공사	3.09(%)	1.99(%)	5,499천원	2.10(%)
중건설공사 - 고제방(댐), 수력발전시설, 터널 등을 신설하는 공사	3.43(%)	2.35(%)	5,400천원	2.44(%)
철도・궤도신설공사	2.45(%)	1.57(%)	4,411천원	1.66(%)
특수 및 기타건설공사 - 준설공사, 조경공사, 택지조성공사, 포장공사 - 전기공사, 정보통신공사	1.85(%)	1.20(%)	3,250천원	1.27(%)

- 대상액이 5억원 미만 또는 50억원 이상일 경우
  : 대상액 × 계상기준표의 비율
- 대상액이 5억원 이상 50억원 미만일 경우
  : 대상액 × 계상기준표의 비율(X) + 기초액(C)

※ 1. 사용기준 및 항목별 사용내역은 고시에 정한 항목과 사용내역에 따라서만 집행이 가능하다.
2. 위 계상기준은 2014년에 고시된 기준이며, 계상기준은 지속적으로 변경되므로 계상시점의 가장 최근된 고시를 사용하여야 한다.

1.3 사전 안전성 검토

(1) 유해 · 위험 방지계획서

건설공사 시공 중에 나타날 수 있는 다양한 재해위험에 대해 근로자의 안전과 보건을 확보하기 위하여 공사 착공 전에 설계도, 안전조치계획 등을 검토하여 유해 · 위험요소에 대한 안전 및 보건상의 조치를 강구하여야 하며, 대표적인 방법으로 시공자는 공사 착공 전에 유해 · 위험 방지계획서를 작성하여야 한다. 유해 · 위험방지계획서 제출 대상 건설업 종류는 다음과 같으며, 공사착공 전일까지 한국산업안전보건공단 관할 지역본부 및 지도원에 유해·위험 방지계획서를 제출하여야 한다.

① 지상높이가 31미터 이상인 건축물 또는 인공구조물, 연면적 3만제곱미터 이상인 건축물 또는 연면적 5천제곱미터 이상의 문화 및 집회시설(전시장 및 동물원 · 식물원은 제외한다), 판매시설, 운수시설(고속철도의 역사 및 집배송시설은 제외한다), 종교시설, 의료시설 중 종합병원, 숙박시설 중 관광숙박시설, 지하도상가 또는 냉동 · 냉장창고시설의 건설 · 개조 또는 해체 공사
② 연면적 5천제곱미터 이상의 냉동 · 냉장창고시설의 설비공사 및 단열공사
③ 최대 지간길이가 50미터 이상인 교량 건설 등 공사
④ 터널 건설 등의 공사
⑤ 다목적댐, 발전용댐 및 저수용량 2천만톤 이상의 용수 전용 댐, 지방상수도 전용 댐 건설 등의 공사
⑥ 깊이 10미터 이상인 굴착공사

(2) 안전관리 계획서

건설기술진흥법 시행령에서는 안전관리계획서를 수립할 건설공사의 범위를 설정하고 있으며 해당 건설공사에서는 공종별 안전관리 계획을 수립하여 발주자에게 제출하여야 한다. 단, 산업안전보건법에 따른 유해위험방지 계획을 수립하여야 하는 경우는 통합하여 작성이 가능하다.

(3) 위험성 평가

재해율을 근본적으로 감소시키기 위한 방안으로 사업주의 자율적인 재해예방활동을 강화하기 위해 2013년부터 국내 전 사업장을 대상으로 위험성평가 제도가 본격 시행되고 있다.

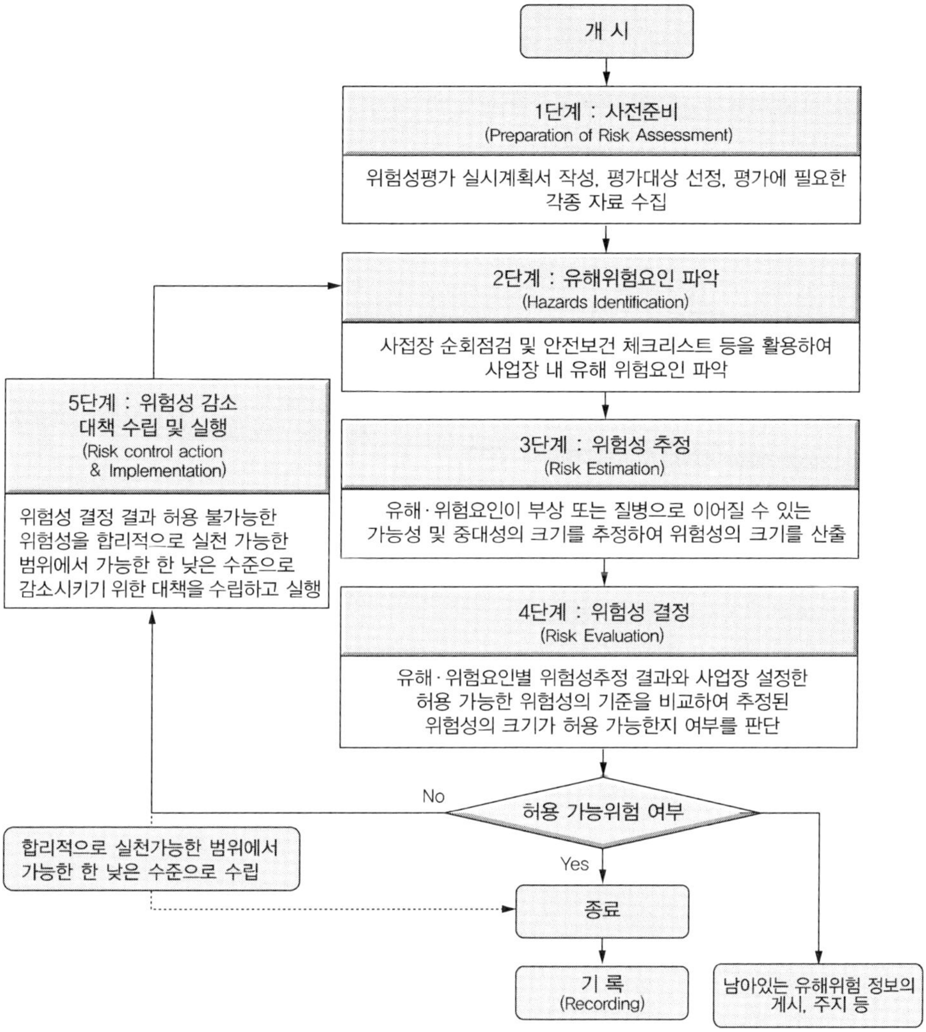

그림 6.1 위험성 평가 절차

위험성평가는 최초평가, 정기평가 및 수시평가로 구분하며 최초평가 및 정기평가는 전체 작업을 대상으로 실시하고 수시평가는 해당계획의 실행 착수 전에 실시하거나 계획의 실행이 완료된 후에는 해당 작업을 대상으로 작업을 개시하기 전에 실시한다. 다만 중대산업사고 또는 산업재해에 해당하는 재해가 발생한 경우에는 재해 발생작업을 대상으로 작업을 재개하기 전에 실시하여야 한다. 정기평가의 주기는 매회 최초평가 후 매 1년마다 실시하여야 하며, 다음의 경우는 수시평가를 실시한다.

- 사업장 건설물의 설치 · 이전 · 변경 또는 해체
- 기계 · 기구 및 설비, 원재료 등의 신규도입 또는 변경
- 건설물, 기계 · 기구 및 설비 등의 정비 또는 보수
- 작업방법 또는 작업절차의 신규 도입 또는 변경
- 중대산업사고 또는 산업재해(휴업이상의 요양을 요하는 경우에 한정)가 발생한 경우에는 재해발생 작업을 대상으로 작업을 재개하기 전에 실시
- 그 밖의 사업주가 필요하다고 판단하는 경우

위험성평가를 실시하는 절차는 1단계 사전준비, 2단계 유해위험요인 파악, 3단계 위험성 추정, 4단계 위험성 결정, 5단계 위험성 감소대책 수립 및 실행 순으로 진행된다. 사업장 위험성평가에 관한 세부절차는 그림 6.1과 같다.

Chapter 2

건설재해 및 대책

2.1 떨어짐

떨어짐(추락)은 사람이나 물체가 중간 단계의 접촉 없이 낙하하는 것을 의미하며, 떨어짐 재해의 형태는 고소에서의 떨어짐, 개구부 및 작업대 끝에서의 떨어짐, 비계로부터의 떨어짐, 사다리 및 작업대에서의 떨어짐, 철골 등의 조립작업 시 떨어짐, 해체작업 중의 떨어짐 등으로 구분할 수 있다.

(1) 떨어짐에 대한 안전대책

건설 현장에서 가장 많이 발생하는 재해의 떨어짐에 대해서는 끊임없이 관심을 두고 대책을 세워야 한다. 떨어짐에 대한 대책은 물적 측면의 대책과 인적 측면의 대책으로 나눌 수 있다.

1) 물적 측면의 안전대책

① 떨어짐이 발생하지 않도록 시설 설치(떨어짐 방지)

- 발판, 작업대 등을 견고하고 안정된 구조로 설치한다.
- 작업대와 통로에 작업자가 걸려 넘어지지 않게 평탄하고 미끄러지지 않는 구조로 설치한다.
- 작업대와 통로 주변에 안전난간과 보호대를 설치하고 개구부에서 떨어지지 않도록

개구부 보호를 실시한다.

② 만일 떨어져도 재해가 발생하지 않도록 시설 설치(떨어짐 방호)
- 안전대를 착용하도록 하고, 추락방지용 안전방망을 설치한다.

2) 인적 측면의 안전대책
- 작업의 방법과 순서를 명확히 하여 작업자에게 주지시키고 작업을 실시한다.
- 작업자의 능력과 체력을 감안하여 작업자를 적절히 배치한다.
- 교육을 통해 작업자에게 추락의 위험성을 인식시키며, 자율적으로 참여하도록 유도한다.
- 작업 지휘자를 지명하여 집단작업을 통제한다.

작업발판 및 통로의 끝이나 개구부로서 근로자가 떨어질 위험이 있는 장소에는 안전난간, 울타리, 수직형 추락방망 또는 덮개 등의 방호 조치를 충분한 강도를 가진 구조로 튼튼하게 설치하여야 한다. 덮개를 설치하는 경우에는 뒤집히거나 떨어지지 않도록 설치하여야 하고, 어두운 장소에서도 알아볼 수 있도록 개구부임을 표시하여야 한다. 난간 등을 설치하는 것이 매우 곤란하거나 작업의 필요상 임시로 난간 등을 해체하여야 하는 경우 안전방망을 설치하여야 하고, 안전방망을 설치하기 곤란한 경우에는 근로자에게 안전대를 착용하고 작업을 실시하도록 하는 등 떨어짐 위험을 방지하기 위하여 필요한 조치를 하여야 한다. 높이 2 m 이상의 고소작업을 하는 경우, 작업자에게 안전대를 착용시켜야 하며 안전대를 안전하게 걸어 사용할 수 있도록 지지로프 등의 설비를 설치하여야 한다.

(2) 안전난간

작업자의 떨어짐을 방지하기 위해 다음과 같은 구조 및 설치요건을 갖춘 안전난간을 설치해야 한다.

① 안전난간은 상부 난간대, 중간 난간대, 발끝막이판 및 난간기둥으로 구성된다. 중간 난간대, 발끝막이판 및 난간기둥은 비슷한 구조와 성능 가진 것으로 대체가능하다.

② 상부 난간대는 바닥면·발판 또는 경사로의 표면으로부터 90 cm 이상 지점에 설치하고, 상부 난간대를 120 cm 이하에 설치하는 경우에는 중간 난간대를 상부 난간대와 바닥면 등의 중간에 설치하여야 하며, 120 cm 이상 지점에 설치하는 경우에는 중간 난간대를 2단 이상으로 균등하게 설치하고 난간의 상하 간격은 60 cm 이하가 되도록 하여야 한다.

③ 발끝막이판은 바닥면 등으로부터 10 cm 이상의 높이를 유지하여야 한다. 다만, 물체가

떨어지거나 날아올 위험이 없거나 그 위험을 방지할 수 있는 망을 설치하는 등 필요한 예방 조치를 한 장소는 제외한다.

④ 난간기둥은 상부 난간대와 중간 난간대를 견고하게 떠받칠 수 있도록 적정한 간격을 유지하여야 한다.

⑤ 상부 난간대와 중간 난간대는 난간 길이 전체에 걸쳐 바닥면 등과 평행을 유지하여야 한다.

⑥ 난간대는 지름 2.7 cm 이상의 금속제 파이프나 그 이상의 강도가 있는 재료를 사용하여야 한다.

⑦ 안전난간은 구조적으로 가장 취약한 지점에서 가장 취약한 방향으로 작용하는 100 kgf 이상의 하중에 견딜 수 있는 튼튼한 구조여야 한다.

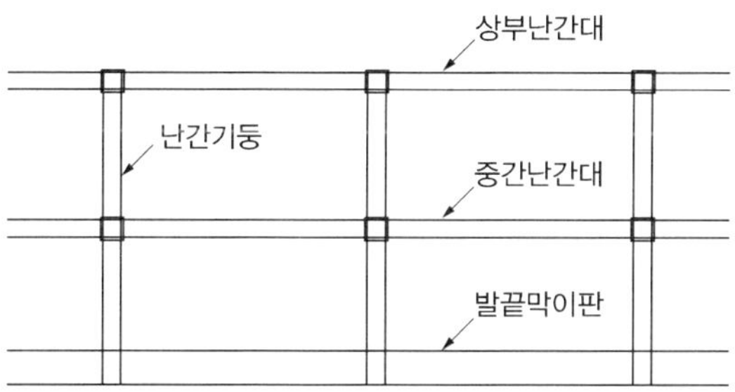

그림 6.2 안전난간의 구성

(3) 작업발판

작업발판은 작업자의 안전에 중요한 역할을 하므로 비계(달비계, 달대비계 및 말비계는 제외)의 높이가 2미터 이상인 작업장소에서는 다음과 같은 설치기준을 갖춘 작업발판을 설치하여야 한다.

① 발판재료는 작업할 때의 하중을 견딜 수 있도록 견고한 것으로 하여야 한다.

② 작업발판의 폭은 40 cm 이상으로 하고, 발판재료 간의 틈은 3 cm 이하로 한다. 다만, 외줄비계의 경우에는 고용노동부장관이 별도로 정하는 기준에 따른다.

③ 선박 및 보트 건조작업의 경우 선박블록 또는 엔진실 등의 좁은 작업공간에 작업발판을 설치하기 위하여 필요하면 작업발판의 폭을 30 cm 이상으로 할 수 있고, 걸침비계의 경우 강관기둥 때문에 발판재료 간의 틈을 3 cm 이하로 유지하기 곤란하면 5 cm 이하로 할 수 있다. 이 경우 그 틈 사이로 물체 등이 떨어질 우려가 있는 곳에는 출입금지 등의 조치를 하여야 한다.

④ 추락의 위험이 있는 장소에는 안전난간을 설치하여야 한다. 다만, 작업의 성질상 안전난간을 설치하는 것이 곤란한 경우, 작업의 필요상 임시로 안전난간을 해체할 때에 안전방망을 설치하거나 근로자로 하여금 안전대를 사용하도록 하는 등 추락위험 방지 조치를 한 경우에는 안전난간을 설치하지 않을 수 있다.
⑤ 작업발판의 지지물은 하중에 의하여 파괴될 우려가 없는 것을 사용하여야 한다.
⑥ 작업발판재료는 뒤집히거나 떨어지지 않도록 둘 이상의 지지물에 연결하거나 고정시켜야 한다.
⑦ 작업발판을 작업에 따라 이동시킬 경우에는 위험 방지에 필요한 조치를 하여야 한다.

작업발판의 최대적재하중은 비계의 구조 및 재료에 따라 결정되어야 한다.

(4) 떨어짐 방지용 안전방망

고소작업에서 떨어짐 위험이 있는 장소에 설치하는 안전방망은 낙하높이에 따른 충격을 견딜 수 있어야 한다. 안전방망의 설치위치는 가능하면 작업면으로부터 가까운 지점에 설치하여야 하며, 작업면으로부터 망의 설치지점까지의 수직거리는 10 m를 초과하지 않아야 한다. 안전방망은 수평으로 설치하고, 망의 처짐은 짧은 변 길이의 12% 이상이 되도록 하며, 건축물 등의 바깥쪽으로 설치하는 경우 망의 내민 길이는 벽면으로부터 3 m 이상 되도록 한다(단, 그물코가 20 mm 이하인 망을 사용한 경우에는 낙하물방지망을 설치한 것으로 볼 수 있다).

2.2 맞음

(1) 맞음에 대한 안전대책

물체의 떨어짐에 의한 맞음 재해를 분석하면, 다음과 같은 상황에서 맞음 재해가 발생한다.

① 자재 및 공구 등의 정리정돈이 불량한 현장
② 작업 바닥의 구조(폭 및 간격 등)가 불량한 현장
③ 전용 투하설비를 갖추지 않고 물체를 위에서 아래로 던지는 행위가 발생하는 현장
④ 위험장소에 작업자 출입금지 및 감시원 배치 등의 조치를 취하지 않은 현장

⑤ 작업자가 재료와 공구 등을 함부로 취급하는 현장
⑥ 안전모를 착용하지 않거나, 낙하물을 방지하기 위한 시설이 없는 현장
⑦ 상하 동시 작업을 수행하는 현장

맞음에 의한 재해를 방지하기 위해서는 현장에서는 우선적으로 작업 공간과 자재를 적치할 장소를 충분히 확보하고 낙하물에 대한 방호시설을 설치하는 등의 조치를 취해야 한다. 낙하물에 대한 방호시설을 설치하는 방법으로는 낙하물 방지망 설치, 수직보호망 또는 방호선반의 설치, 출입 금지구역의 설정, 보호구의 착용 등의 방법이 있다. 또한, 맞음 재해를 감소시키기 위해서는 무엇보다도 안전한 작업 방법과 자재의 취급 및 저장 취급방법 등에 대한 교육을 실시하여 작업자가 작업 방법 및 자재의 취급 방법에 대해 숙지하고 자발적으로 실천하여야 한다.

(2) 낙하물 방지망과 방호선반

낙하물 방지망에 설치되는 방망의 규격은 그물코 가로 및 세로가 각각 10 cm 이하여야 하며, 방망 설치는 지상에서 10 m 이내에 첫 번째 방망을 설치하고, 매 10 m 이내마다 반복적으로 설치하여야 한다. 낙하물 방지망의 설치각도는 20°∼30°를 유지하고, 방망의 내민 길이는 2 m 이상이 되도록 하여야 한다. 방망의 겹치는 부분과의 연결은 틈이 없도록 하며, 겹친 폭은 15 cm 이상으로 하여야한다. 또한, 건축물과 비계 사이의 공간을 방망으로 방호하여야 한다.

방호선반의 경우에도 높이 10 m 이내마다 방호선반을 설치하고, 내민 길이는 벽면으로부터 2 m 이상이 되도록 하여야 하며, 수평면과의 각도는 20°∼30°를 유지하도록 설치하여야 한다.

2.3 무너짐

지반이 무너지는 원인으로는 비탈면의 경사 증가, 흙깍기와 흙쌓기 높이의 증가, 공사 중 발생한 진동 및 반복하중의 영향, 지표수 및 지하수의 침투에 의한 토사 중량의 증가 등 다양한 원인이 존재한다. 일반적으로 지반의 무너짐 또는 토석의 떨어짐 등에 의하여 작업자가 위험해질 우려가 있는 경우 지반의 경사를 안전한 각도로 하여야 하며 낙하의 위험이 있는 토석을 제거하거나 옹벽, 흙막이 지보공 등을 설치하여야 한다. 또한, 지반의 무너짐

또는 토석의 떨어짐 현상의 원인이 되는 빗물이나 지하수 등은 제거하여야 한다. 터널 갱내의 낙반 및 측벽 무너짐의 위험이 있는 경우에는 지보공을 설치하고 부석을 제거하는 등 필요한 예방 조치를 취해야 한다.

지반의 무너짐 재해를 예방하기 위해 현장에서는 전 지표면의 답사, 경사면의 지층 변화부 확인, 부석의 상황 변화의 확인, 용수의 발생 또는 용수량의 변화 확인, 결빙과 해빙에 대한 상황의 확인, 각종 경사면 보호공의 변위 및 탈락 유・무 등을 점검하여야 한다. 점검은 작업 전, 작업 중, 작업 후, 비온 후, 인접 작업구역에서 발파가 실시된 경우 등에 실시되어야 한다. 또한, 굴착 작업 중 지반의 무너짐 또는 토석의 떨어짐 현상이 우려되는 경우, 사전에 흙막이 지보공의 설치, 방호망의 설치, 근로자의 출입 금지, 안전모 착용 등의 조치를 취하고 공사를 수행하여야 한다.

2.4 감전

가설공사 중 감전 재해의 원인은 전용 보호구 미착용, 전로차단 조치와 확인 미흡, 작업 순서의 잘못, 감시인 미배치 등이 있다. 전기를 사용하는 전동기기 및 기구 등에서는 다음과 같은 원인 등으로 감전재해가 발생하므로 현장 작업 전에 이를 확인하여야 한다.

① 접지불량
② 감전방지용 누전차단기의 미설치
③ 코드의 피복 및 취급 불량
④ 아크용접기에 자동전격방지장치 미설치
⑤ 용접봉 홀더의 피복불량

건설현장의 감전 재해를 방지하기 위해서는 먼저, 작업자가 작업이나 통행 등으로 전기기계, 기구 또는 전로 등의 충전부에 접촉하거나 접근하여 감전 위험이 발생될 수 있으므로 충전부에 대하여 다음과 같은 조치를 실시해야 한다.

① 충전부가 노출되지 않도록 폐쇄형 외함이 있는 구조로 할 것
② 충전부에 충분한 절연효과가 있는 방호망이나 절연덮개를 설치할 것
③ 충전부는 내구성이 있는 절연물로 완전히 덮어 감쌀 것
④ 발전소, 변전소, 개폐소 등 구획되어 있는 장소로서 관계 작업자가 아닌 사람의 출입이 금지되는 장소에 충전부를 설치하고, 위험표시 등의 방법으로 방호를 강화할 것

⑤ 전주 위 및 철탑 위 등 격리되어 있는 장소로서 관계 근로자가 아닌 사람이 접근할 우려가 없는 장소에 충전부를 설치할 것

감전 방지를 위해 누전차단기 설치가 필요한 전기기계 및 기구에는 누전차단기를 설치하여야 하며, 누전에 의한 위험을 방지하기 위해 반드시 접지를 실시하여야 한다.

2.5 끼임

건설기계 등에 작업자가 끼이는 재해는 작업자 사망사고로 이어지는 중대한 산업재해이다. 끼임 재해를 방지하기 위해서는 반드시 작업 지휘자를 지정하고, 작업절차를 준수하여 작업을 실시하며, 건설기계의 작업 반경내 작업자의 출입을 금지하여야 한다. 중량물을 취급하는 경우, 작업계획서를 작성하여야 하며, 건설기계의 주용도 이외로 건설기계를 사용하는 것은 금지하여야 한다.

Chapter 3

건설공구 및 장비

3.1 굴착기계

셔블(Shovel)계 굴착기계는 굴착기 앞 부속장치에 따라 용도가 달라지며, 파일 드라이버, 드래그라인, 크레인, 크램셀, 파워셔블, 드래그셔블 등으로 구분된다.

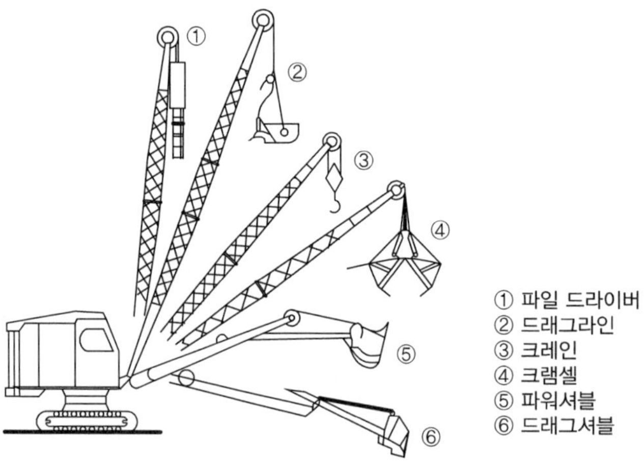

그림 6.3 굴착기계의 종류

(1) 파워셔블(Power Shovel, Dipper Shovel)

버킷을 앞으로 떠 올려서 흙을 굴착하는 기계로 기계가 위치한 지면보다 높은 곳을 파는 데 가장 적합하며, 붐이 단단하여 굳은 지반의 굴착도 가능한 굴착기이다.

(2) 드래그셔블(Drag Shovel, 백호; Back Hoe)

일반적으로 말하는 굴착기에 해당하는 것으로 토목공사나 수중공사에 많이 사용된다. 기계가 위치한 지면보다 낮은 장소의 굴착과 수중굴착이 가능하여 지하층이나 기초의 굴착 등에 사용된다. 파워셔블과 같이 굳은 지반의 토질에서도 정확한 굴착이 가능하여 가장 많이 사용되는 굴착기이다.

(3) 드래그라인(Drag Line)

굴착기가 위치한 지면보다 낮은 장소의 굴착에 적당하고 드래그셔블(백호)만큼 굳은 토질에서의 굴착은 되지 않지만 굴착반경이 큰 장점이 있다. 작업 범위가 광범위하여 수중굴착 및 연약한 지반의 굴착에 적합한 굴착기이다.

(4) 크램셀(Clamshell)

와이어로프의 끝에 연결된 그랩(Grab)을 상하로 작동시켜 그랩의 낙하자중으로 지반을 굴착하는 기계로 굴착기가 위치한 지면보다 낮은 곳을 굴착하는 데 사용된다. 연약지반이나 수중굴착 및 자갈 등을 싣는 데 적합하며, 또한 수조물의 기초바닥 등과 같이 협소하고 상당히 깊은 범위의 굴착에 적당하다.

(5) 항타기(Pile Driver) 및 어스 드릴(Earth Drill)

항타기는 붐에 항타용 부속장치를 부착하여 낙하해머 또는 디젤해머에 의해 파일 기초를 설치하는 기계이며, 어스 드릴은 붐에 어스 드릴용 장치를 부착하여 지중에 규모가 큰 구멍을 파는 기계로 기초공사에 사용된다.

(6) 셔블계 굴착기계 안전대책

셔블계 굴착기계의 안전장치로는 붐 전도 방지장치, 붐 기복 방지장치, 붐 권상 느림의 역회전 방지장치 등이 있으며, 운행 시 주의해야 할 안전대책은 다음과 같다.

① 버킷이나 다른 부수장치와 뒷부분에 사람을 태우지 말아야 한다.

② 유압계를 분리할 경우, 반드시 붐을 지면에 놓고 엔진을 정지시킨 다음 유압을 제거한 후 분리하여야 한다.

③ 장비를 주차할 경우, 경사지 또는 굴착 작업장으로부터 충분히 이격시켜 주차하여야 하며, 버킷은 반드시 지면에 놓아야 한다.

④ 운전 반경 내에 사람이 있을 때는 회전을 금지해야 한다(신호수 설치).

⑤ 전선(고압선) 밑에서는 주의하여 작업하여야 하며, 특히 전선과 장치의 안전 간격을 반드시 유지하여야 한다.

3.2 토공기계

(1) 불도저

불도저는 트랙터의 전면에 블레이드를 장착한 것으로 굴착, 운반, 절토, 집토, 정지작업이 가능하며, 주로 100 m 이내의 단거리 작업에 적합한 토공기계이다. 불도저는 무한궤도식의 크롤러형과 타이어형이 있으며, 크롤러형은 트랙이 지면과 접촉되어 넓은 접지면적을 가지므로 접지압이 낮은 비교적 연약한 지반에서 작업이 가능하고, 타이어형은 크롤러형에 비해 속도가 빠르며, 평탄한 지면이나 포장면 도로에서 효과적이나 견인력이 약한 단점이 있다.

(2) 스크레이퍼(Scraper)

스크레이퍼는 굴착, 싣기, 운반, 하역 등의 일관된 작업을 연속적으로 행할 수 있도록 굴착기와 운반기를 조합한 토공 만능기로 비행장이나 도로의 신설, 주택지의 조성, 공장용지의 조성 등과 같은 대규모 정지 작업에 적합하다. 또한, 얇게 깎으면서 흙을 싣고 주어진 거리에서 높은 속도로 중량물을 운반하거나 일정한 두께로 얇게 깔기도 가능한 토공기계이다.

(3) 모터 그레이더(Motar Grader)

지면을 절삭하여 평활하게 다듬는 것이 목적인 토공기계로 노면의 성형 및 정지용 토공기계이다. 굴착이나 흙을 운반하는 것이 주된 작업이지만, 하수구 파기, 경사면 다듬기, 제방작업, 제설 작업 등이 가능하다.

(4) 로더

흙을 담아 올리거나 이동에 사용되는 토공기계이다.

(5) 다짐기계

흙 등에 외력을 가하여 공극을 최소화하고 흙의 소요강도를 얻는 기계로 전압식, 충격식, 진동식으로 구분된다. 전압식으로는 로드롤러, 탬핑롤러, 타이어롤러 등이 있으며, 충격식으로는 래머, 탬퍼 등이 있으며, 진동식은 진동롤러 등이 있다.

(a) 불도저 (b) 스크레이퍼

(c) 모터 그레이드 (d) 로더

그림 6.4 토공기계

3.3 운반기계

운반기계로는 덤프트럭이 대표적이며, 콘크리트 운반용인 콘크리트 믹스트럭과 현장 내에서 하역작업 및 화물 운반 등에 사용되는 지게차 등이 있다. 지게차를 사용할 경우, 다음과 같은 내용을 준수하여야 한다.

① 주행 시 포크는 반드시 내리고 운전해야 하며, 지면 또는 상판 등 지반이 포크 중량에 견딜 수 있는가 확인한 후 운행해야 한다.
② 운전원 외의 어떤 자도 지게차에 승차시키지 말아야 하며, 오버헤드가드를 설치하여 운전원 자신을 보호해야 한다.
③ 경사진 위험한 곳에 장비를 주차시키지 말아야 한다.
④ 짐을 인양한 밑으로 사람이 들어가거나 통과시키는 것을 금하며, 포크 다리 위에 사람을 태워 올리거나 전·후진해서는 안 된다.
⑤ 철판 또는 각목을 다리 대용으로 해서 통과할 때는 반드시 강도를 확인해야 한다.
⑥ 주차 시 포크를 반드시 내려놓고 후진할 때는 반드시 정차 후 뒤를 확인해야 한다.
⑦ 마스트 이상 짐을 높이 실어 작업을 해서는 안 되며, 짐을 싣고 내리막길을 내려갈 때에는 후진으로 해야 한다. 과적운반은 절대로 피하고 짐을 높이든 채 앞으로 기울이지 말아야한다.
⑧ 작업은 서두르지 말고 안전을 확인한 후 정확하게 수행해야 하며, 작업장 부근에는 사람이 접근하지 않게 한다.

3.4 차량계 건설기계의 안전기준

(1) 차량계 하역운반기계 기본 안전사항

차량계 하역운반기계를 사용하여 화물을 적재할 때는 하중이 한쪽으로 치우치지 않도록 적재하여야 하며, 구내 운반차 또는 화물자동차를 사용할 경우 화물의 무너짐 또는 맞음에 의한 위험을 방지하기 위하여 화물에 로프를 거는 등 필요한 조치를 취해야 한다. 또한, 운전자의 시야를 가리지 않도록 화물을 적재하는 것도 중요하다. 운전자가 운전 위치 이탈 시에는 포크 및 셔블 등의 하역장치를 가장 낮은 위치에 두어야 하며, 원동기를 정지시키고 브레이크를 확실히 거는 등의 불시 주행을 방지하기 위한 조치를 취해야 한다. 100 kgf 이상의 화물을 싣거나 내리는 작업을 할 경우 작업 지휘자가 지정되어야 하며, 작업 지휘자가 해야 할 일은 다음과 같다.

① 작업순서 및 그 순서마다의 작업방법을 정하고 작업을 지휘하여야 한다.
② 기구와 공구를 점검하고 불량품을 제거하여야 한다.
③ 해당 작업을 하는 장소에 관련 작업자가 아닌 사람이 출입하는 것을 금지하여야 한다.
④ 로프 풀기 작업 또는 덮개 벗기기 작업은 적재함의 화물이 떨어질 위험이 없음을 확

인한 후에 실시하여야 한다.

(2) 차량계 건설기계 안전기준

차량계 건설기계는 동력원을 사용하여 특정되지 않은 장소로 스스로 이동할 수 있는 건설기계를 의미한다. 차량계 건설기계를 사용하여 작업할 경우, 차량계 건설기계가 넘어지거나 굴러 떨어짐으로써 근로자가 위험해질 우려가 있는 경우에는 유도자를 배치하고, 지반의 부등침하를 방지하여야 하며, 갓길의 무너짐 방지 및 도로 폭의 유지 등의 필요한 조치를 하여야 한다.

운전 중인 차량계 건설기계에 접촉되어 근로자가 부딪칠 위험이 있는 장소에는 근로자 출입을 금지하거나, 유도자를 배치하여야 하며, 미리 작업장소의 지형 및 지반상태 등에 적합한 건설기계 운행 제한속도를 설정하여 이를 준수하도록 하여야 한다.

항타기 및 항발기는 현장에서 조립하여 사용하는 경우가 일반적이며, 조립 작업 시 다음과 같은 내용을 점검하여야 한다.

① 본체 연결부의 풀림 또는 손상의 유무
② 권상용 와이어로프·드럼 및 도르래의 부착상태의 이상 유무
③ 권상장치의 브레이크 및 쐐기장치 기능의 이상 유무
④ 권상기의 설치상태의 이상 유부
⑤ 버팀의 방법 및 고정상태의 이상 유무

항타기 및 항발기는 작업 특성상 연약한 지반에서 사용되는 경우가 많으며, 높이에 비해 폭이 좁은 특징을 가지고 있어 넘어짐 재해가 발생할 확률이 높으므로 다음과 같은 사항을 준수하여 항타기 및 항발기 관련 재해를 방지하여야 한다.

① 연약한 지반에 설치하는 경우에는 각부나 가대 침하를 방지하기 위하여 깔판과 깔목 등을 사용할 것
② 시설 또는 가설물 등에 설치하는 경우에는 그 내력을 확인하고 내력이 부족하면 그 내력을 보강할 것
③ 각부나 가대가 미끄러질 우려가 있는 경우에는 말뚝 또는 쐐기 등을 사용하여 각부나 가대를 고정시킬 것
④ 궤도 또는 차로 이동하는 항타기 또는 항발기에 대해서는 불시에 이동하는 것을 방지하기 위하여 레일 클램프(Rail Clamp) 및 쐐기 등으로 고정시킬 것
⑤ 버팀대만으로 상단부분을 안정시키는 경우에는 버팀대는 3개 이상으로 하고 그 하단

부분은 견고한 버팀 · 말뚝 또는 철골 등으로 고정시킬 것

⑥ 버팀줄만으로 상단 부분을 안정시키는 경우에는 버팀줄을 3개 이상으로 하고 같은 간격으로 배치할 것

⑦ 평형추를 사용하여 안정시키는 경우에는 평형추의 이동을 방지하기 위하여 가대에 견고하게 부착시킬 것

Chapter 4

양중 및 해체공사

4.1 양중공사

양중기는 동력을 사용하여 화물, 사람 등을 운반하는 기계・설비이며, 양중기의 종류는 크레인(호이스트(Hoist) 포함), 이동식 크레인, 리프트(이삿짐운반용 리프트의 경우 적재하중이 0.1톤 이상인 것), 곤돌라, 승강기(최대하중이 0.25톤 이상인 것)가 있다.

(1) 크레인(고정식 크레인)

동력을 사용하여 중량물을 매달아 상하 및 좌우(수평 또는 선회)로 운반하는 것을 목적으로 하는 기계를 크레인이라고 하며, 훅이나 그 밖의 달기구 등을 사용하여 화물을 권상 및 횡행 또는 권상동작만을 하여 양중하는 기계를 호이스트라고 한다. 즉, 크레인은 상・하, 좌・우, 전・후로 운반(6방향)함에 비해 호이스트는 상・하, 좌・우로 운반(4방향)하는 기계이다.

1) 타워크레인

고정식 크레인의 대표적인 기계로는 타워크레인이 있으며, 타워크레인은 형태에 따라 T형 타워크레인과 Luffing Jib형 타워크레인으로 구별된다. T형 타워크레인은 타워크레인의 주종을 이루는 형식으로 지브가 수평이고 트롤리가 앞뒤로 움직여 작업반경을 조절하므로 주로 작업반경내 장애물이 없을 경우에 사용되며, 안전성이 좋고 높이 올라갈수록 소비전력이 적으며, 자립높이 이상이면 Wall Bracing 등으로 보강하여 사용한다. 반면, Luffing

Jib형 타워크레인은 Jib을 상・하 기복으로 움직여 작업하므로 고공권 침해 또는 타 건물에 간섭이 있을 경우 적합하여 복잡한 도심지 공사와 초고층 건물에 많이 사용된다.

타워크레인에서 발생하는 재해는 설치 및 해체 시 발생하는 재해와 사용 중 자재 낙하로 인한 재해가 주로 발생한다. 순간풍속이 초당 10 m를 초과하는 경우에는 타워크레인의 설치・수리・점검 또는 해체작업을 중지하며, 순간풍속이 초당 20 m를 초과하는 경우에는 타워크레인의 운전 작업을 중지하여야 한다. 타워크레인의 텔레스코핑 작업 시는 반드시 제조사가 제시한 작업절차를 준수하고, 작업 전에 작업방법 및 절차 등을 작업자 전원이 협의하고 숙지하여야 한다.

타워크레인이 자립높이 이상으로 설치되는 경우, 건축물 등의 벽체에 타워크레인이 지지되거나(Wall Bracing) 와이어로프에 의해 지지되어야 하나, 가능한 타워크레인을 벽체에 지지하는 방법을 적용하는 것이 좋다. 타워크레인을 벽체에 지지하는 경우 다음과 같은 사항을 준수하여야 한다.

① 서면심사에 관한 서류 또는 제조사의 설치 작업설명서 등에 따라 설치하여야 한다.
② 서면심사 서류 등이 없거나 명확하지 아니한 경우에는 공인기술자의 확인을 받아 설치하거나 기종별・모델별 공인된 표준방법으로 설치하여야 한다.
③ 콘크리트구조물에 고정시키는 경우에는 매립이나 관통 또는 이와 동등 이상의 방법으로 충분히 지지하여야 한다.
④ 건축 중인 시설물에 지지하는 경우 시설물의 구조적 안정성에 영향이 없도록 하여야 한다.

2) 크레인의 방호장치 및 안전사항

크레인의 방호장치로는 권과방지장치, 과부하방지장치, 비상정지장치, 제동장치, 훅해지장치가 있다.

① 권과방지장치
- 양중 작업 중 잘못해서 와이어로프를 드럼에 지나치게 감으면 양중물이 크레인과 충돌하고 낙하하여 중대한 재해가 발생되므로, 양중물이 일정 이상 권상되지 않도록 자동적으로 동력을 차단하고 작동을 제동하는 장치

② 과부하방지장치
- 정격하중 이상의 하중이 부하 되었을 때 자동적으로 상승이 정지되면서 경보음을 발생하는 장치

③ 비상정지장치
- 이동 중 이상상태 발생 시 급정지시킬 수 있는 장치

④ 제동장치
   - 운동체를 감속하거나 정지상태로 유지하는 기능을 가진 장치
⑤ 훅해지장치
   - 훅에서 와이어로프 등이 이탈하는 것을 방지하는 장치

크레인의 설치·조립·수리·점검·해체작업을 할 경우, 다음과 같은 내용을 준수하여 사고를 방지하여야 한다.

① 작업순서를 정하고 그 순서에 따라 작업을 할 것
② 작업을 할 구역에 관계 근로자가 아닌 사람의 출입을 금지하고 그 취지를 보기 쉬운 곳에 표시할 것
③ 비, 눈, 그 밖에 기상상태의 불안정으로 날씨가 몹시 나쁜 경우에는 그 작업을 중지시킬 것
④ 작업장소는 안전한 작업이 이루어질 수 있도록 충분한 공간을 확보하고 장애물이 없도록 할 것
⑤ 들어 올리거나 내리는 기자재는 균형을 유지하면서 작업을 하도록 할 것
⑥ 크레인의 성능, 사용조건 등에 따라 충분한 응력을 갖는 구조로 기초를 설치하고 침하 등이 일어나지 않도록 할 것
⑦ 규격품인 조립용 볼트를 사용하고 대칭되는 곳을 차례로 결합하고 분해할 것

(2) 이동식 크레인

이동식 크레인은 원동기를 내장하여 불특정 장소에 스스로 이동할 수 있는 크레인으로 동력을 사용하여 중량물을 매달아 상하 및 좌우(수평 또는 선회를 말한다)로 운반하는 설비이다. 이동식 크레인은 하부 주행체에 따라 크롤러 크레인, 트럭 크레인, 휠 크레인으로 구별된다.

이동식 크레인을 이용하여 작업할 경우 예상되는 유해·위험 요인은 훅해지장치 고장에 의한 인양물 낙하위험, 이동식 크레인의 작업반경 내 작업자 출입으로 인한 부딪힘 위험, 아웃트리거 설치 상태 미흡으로 인한 넘어짐 문제 등이 있다. 따라서 작업 전에 훅해지장치를 확인하고, 유도원 배치 및 작업구역 내 출입금지 조치를 실시하고, 아웃트리거 설치 상태 등을 확인하고 작업을 수행하여야 한다.

(3) 리프트

리프트는 동력을 사용하여 사람이나 화물을 운반하는 것을 목적으로 하는 기계설비로 건

설작업용 리프트는 동력을 사용하여 가이드레일을 따라 상하로 움직이는 운반구를 매달아 사람이나 화물을 운반할 수 있는 설비 또는 이와 유사한 구조 및 성능을 가진 것으로 건설 현장에서 사용하는 것을 의미한다. 리프트 방호문은 반드시 잠금 상태로 운행하여야 하며, 정전 등으로 리프트가 멈출 시 강제로 문을 열고 나오지 않도록 하여야 한다.

(4) 곤돌라

곤돌라는 달기발판 또는 운반구, 승강장치, 그 밖의 장치 및 이들에 부속된 부품 등으로 구성되고, 와이어로프 또는 달기강선에 의하여 달기발판 또는 운반구가 전용 승강장치에 의하여 오르내리는 설비이다. 곤돌라에서 발생되는 재해로는 과적에 의한 재해, 지지대 불안정으로 인한 재해, 별도의 생명선 미설치 및 케이지에 안전대 부착으로 인한 재해, 고정용 와이어로프 결속 미흡에 의한 재해 등이 있다.

(5) 양중 공사 안전대책

1) 안전검사

크레인, 리프트 및 곤돌라는 사업장에 설치가 끝난 날부터 3년 이내에 최초 안전검사를 실시하되, 그 이후부터 매 2년마다 검사하도록 되어있으나, 건설현장에서 사용하는 것은 최초 설치한 날부터 매 6개월마다 안전검사를 받도록 하고 있다. 안전검사 내용은 다음과 같다.

① 과부하방지장치, 권과방지장치, 그 밖의 안전장치의 이상유무
② 브레이크와 클러치의 이상 유무
③ 와이어로프와 달기체인의 이상 유무
④ 훅 등 달기구의 손상 유무
⑤ 배선, 집진장치, 배전반, 개폐기, 콘트롤러의 이상 유무

2) 작업시작 전 점검내용

① 크레인
- 권과방지장치, 브레이크, 클러치 및 운전 장치의 기능
- 주행로의 상측 및 트롤리가 횡행하는 레일의 상태
- 와이어로프가 통하고 있는 곳의 상태

② 이동식 크레인
- 권과방지장치나 그 밖의 경보장치의 기능
- 브레이크, 클러치 및 조정장치의 기능
- 와이어로프가 통하고 있는 곳의 상태

③ 리프트
- 방호장치, 브레이크 및 클러치의 기능
- 와이어로프가 통하고 있는 곳의 상태

④ 곤돌라
- 방호장치, 브레이크의 기능
- 와이어로프, 슬링와이어 등의 상태

⑤ 양중기의 와이어로프, 달기체인, 섬유로프, 섬유벨트 또는 훅, 샤클, 링 등의 철구를 사용하여 고리걸이 작업을 할 때
- 와이어로프 등의 이상 유무

3) 설치, 조립, 수리, 점검 또는 해체 작업 시 조치사항

리프트 및 승강기의 설치, 조립, 수리, 점검 또는 해체 작업을 할 경우, 작업 지휘자를 선임하여 작업 지휘자의 지휘에 따라 작업을 실시하여야 하며, 작업을 할 구역에 관계 작업자가 아닌 사람의 출입을 금지하고 그 취지를 보기 쉬운 장소에 표시하여야 하며, 기상상태의 불안정으로 날씨가 몹시 나쁜 경우에는 작업을 중지시켜야 한다.

4.2 와이어로프

(1) 와이어로프

와이어로프는 양질의 고탄소강에서 인발한 소선(Wire)을 집합하여 꼬아서 스트랜드를 만들고 스트랜드를 심(Core) 주위에 일정한 피치로 감아서 제작한 로프로 중량물의 운반과 관계되는 모든 부분에서 사용되고 있다. 와이어로프의 안전계수는 절단하중을 최대사용하중으로 나눈 것으로 다음과 같은 안전계수를 확보하여야 한다.

① 근로자가 탑승하는 운반구를 지지하는 달기 와이어로프 또는 달기 체인의 경우 : 10 이상
② 화물의 하중을 직접 지지하는 달기 와이어로프 또는 달기 체인의 경우 : 5 이상
③ 훅, 샤클, 클램프, 리프팅 빔의 경우 : 3 이상
④ 그 밖의 경우 : 4 이상

와이어로프는 반복 사용과 사용 방법에 따라 손상이 발생할 수 있으므로 다음과 같은 경

우 사용을 금지하고 폐기하여야 한다.

① 이음매가 있는 것
② 와이어로프의 한 꼬임(스트랜드를 말함)에서 끊어진 소선의 수가 10% 이상인 것(비자전로프의 경우에는 끊어진 소선의 수가 와이어로프 호칭지름의 6배 길이 이내에서 4개 이상이거나 호칭지름 30배 길이 이내에서 8개 이상인 것)
③ 지름의 감소가 공칭지름의 7%를 초과하는 것
④ 꼬인 것
⑤ 심하게 변형되거나 부식된 것
⑥ 열과 전기충격에 의해 손상된 것

(2) 체인슬링

체인은 와이어로프, 섬유로프와 비교할 때 내열, 내식성이 뛰어나며 또한 형태변경이 잘 되지 않는 이점이 있으므로 고온물질의 고리걸이와 고하중의 화물을 취급하는 경우, 체인 블럭용으로 사용되는 경우가 많다. 달기 체인의 사용금지 기준은 다음과 같다.

① 달기 체인의 길이가 달기 체인이 제조된 때의 길이의 5%를 초과한 것
② 링의 단면지름이 달기 체인이 제조된 때의 해당 링의 지름의 10%를 초과하여 감소한 것
③ 균열이 있거나 심하게 변형된 것

(3) 벨트슬링(슬링벨트)

벨트슬링은 폴리아미드, 폴리에스터, 폴리프로필렌 등의 합성 섬유 재질로 만들어진 것으로 와이어로프와 체인보다 가볍고 취급이 용이하며 또한 화물을 손상시키지 않으므로 각종 분야에서 옥내·외를 불문하고 널리 사용되고 있으나, 와이어로프에 비하여 강도가 매우 약해 취급에 주의가 필요한 단점이 있다. 꼬임이 끊어진 것과 심하게 손상되거나 부식된 것은 사용금지 하여야 한다.

(4) 줄걸이 작업 안전대책

줄걸이 작업 시 작업자들은 작업내용, 작업방법 등을 TBM(Tool Box Meeting) 등을 통해 점검하여야 하며, 정격하중 및 작업하중을 확인하고 작업을 실시해야 한다. 또한, 화물의 중심위치를 확인하여 2줄걸이 이상을 적용하고, 훅해지장치 기능도 확인하여야 한다. 줄걸이 와이어로프와 양중물은 미끄러지지 않도록 하며, 각 진 양중물은 보호대를 사용하여

와이어로프 등이 파손되지 않도록 하여야 한다.

줄걸이 후 지상에서 떨어지기 전에 일단 정지하여 줄걸이 상태와 작업자의 위치 등을 확인하여야 하며, 지상에서 10～20 cm 이내로 떨어진 후에도 일단 정지하여 매단 화물의 안전성 및 줄걸이 상태를 재확인한다. 이동 중에는 장애물 확인과 작업자 접근을 방지하고, 이동 중 회전하여 다른 곳에 부딪힐 위험이 있는 경우 유도로프를 설치하여 사용하여야 한다. 화물 착지 시에도 일단 정지하여 받침목의 상태 등을 확인하여야 한다.

4.3 해체공사

구조물 해체 작업용 기계로는 압쇄기, 대형 브레이커, 철제해머, 팽창제, 절단톱, 잭, 쐐기타입기, 화염방사기, 절단줄톱 등이 있다. 해체공사 전 대상 구조물과 부지 상황 등을 조사하여 적합한 해체 방법을 선정해야 한다. 해체 작업 시작 전 작성해야 할 작업 계획서에는 다음과 같은 항목이 포함되어야 한다.

① 해체의 방법 및 해체의 순서도
② 가설설비, 방호설비, 환기설비 및 살수, 방화설비 등의 방법
③ 사업장 내 연락방법
④ 해체물의 처분계획
⑤ 해체 작업용 기계, 기구 등의 작업계획서
⑥ 해체 작업용 화약류 등의 사용계획서
⑦ 그 외 안전보건에 관련된 사항

해체공사는 해체 대상물의 조건에 따라 다양한 공법을 병용하여 진행되므로 재해를 예방하기 위해 다음과 같은 사항을 준수하여 공사를 진행하여야 한다.

① 작업구역 내에는 관계자 이외의 자에 대하여 출입을 통제
② 강풍, 폭우, 폭설 등 악천후 시 작업을 중지
③ 사용 기계·기구 등을 인양하거나 내릴 때에는 그물망이나 그물포대 등을 사용
④ 외벽과 기둥 등을 넘어뜨리는 작업을 할 경우에는 넘어지는 위지 섬토 및 파편 비산거리 등을 예측하여 작업반경을 설정
⑤ 넘어뜨리는 작업을 수행할 때에는 작업자 이외의 다른 작업자는 대피시키도록 하고 완전 대피상태를 확인한 다음 작업

⑥ 해체건물 외곽에 방호용 비계를 설치하여야 하며 해체물의 무너짐(전도), 떨어짐(낙하), 비산의 안전거리를 유지

⑦ 파쇄공법의 특성에 따라 방진벽, 비산차단벽, 분진억제 살수시설을 설치

⑧ 작업자 상호간의 적정한 신호규정을 준수하고 신호방식 및 신호기기사용법은 사전교육에 의해 숙지

⑨ 적정한 위치에 대피소를 설치

Chapter 5
가설 구조물 설치기준

가설 구조물은 영구 구조물 건설에 필수적으로 사용되는 구조물로써 작업자를 지지하는 비계와 작업자의 이동통로, 콘크리트 타설 하중과 같은 구조물 하중을 받는 동바리 등 다양한 종류가 있다. 영구 구조물에 비해 가설 구조물은 설치에서 해체까지의 존치 기간이 짧고, 조립과 해체 작업에 편리해야 하므로 영구 구조물에 비해 구조물이라는 통상의 개념이 확고하지 않고 조립의 정밀도가 낮으며, 연결재가 부족하여 불안정해지기 쉬운 특징이 있다. 또한, 부재간의 결합이 간략하고 불완전 결합이 많이 존재하며, 사용 부재가 과소 단면이거나 결함이 있는 재료가 사용되기 쉬운 특성이 있다.

5.1 비계

비계(Scaffold)는 고소작업에서 작업자가 작업 장소에 접근하여 작업할 수 있도록 설치하는 작업대를 지지하는 구조물이며, 작업자의 안전성과 작업성을 보장함과 동시에 경제적으로 설치되어야 한다. 비계의 종류는 통나무비계, 강관비계, 강관틀비계, 달비계, 달대비계, 말비계, 이동식 비계, 시스템 비계 등이 있다. 비계는 다음 그림과 같이 기둥, 장선, 띠장, 기새 등으로 구성된다.

비계를 조립하고 해체할 때에는 떨어짐과 같은 재해를 방지하기 위해서는 작업 절차에 대한 교육과 설치 기준 준수 및 설치 상태 등을 확인하고 작업을 실시하여야 한다. 높이 5 m 이상의 비계 또는 달비계를 조립 및 해체하거나 변경할 때에는 다음과 같은 사항을 준수하여 작업을 실시해야 한다.

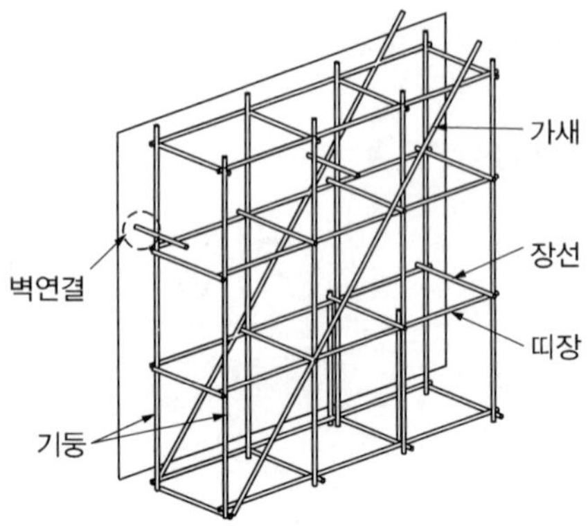

그림 6.5 비계의 구성

① 관리감독자의 지휘에 따라 작업하여야 한다.
② 조립·해체 또는 변경의 시기·범위 및 절차를 그 작업에 종사하는 작업자에게 주지시켜야 한다.
③ 조립·해체 또는 변경 작업구역에는 해당 작업에 종사하는 작업자가 아닌 사람의 출입을 금지하고 그 내용을 보기 쉬운 장소에 게시하여야 한다.
④ 비, 눈, 그 밖의 기상상태의 불안정으로 날씨가 몹시 나쁜 경우에는 그 작업을 중지시켜야 한다.
⑤ 비계재료의 연결 및 해체작업을 하는 경우에는 폭 20 cm 이상의 발판을 설치하고 작업자로 하여금 안전대를 사용하도록 하는 등 떨어짐을 방지하기 위한 조치를 취하여야 한다.
⑥ 재료·기구 또는 공구 등을 올리거나 내리는 경우에는 달줄 또는 달포대 등을 사용하여야 한다.

비계는 발판이 설치될 수 있는 구조로 설치되어야 하며, 비, 눈, 그 밖의 기상상태의 악화로 작업을 중지시킨 후 또는 비계를 조립·해체하거나 변경한 후 비계에서 작업을 하는 경우에는 해당 작업을 시작하기 전에 다음과 같은 사항을 점검하고 이상을 발견하면 즉시 보수하여야 한다.

① 발판 재료의 손상 여부 및 부착 또는 걸림 상태
② 해당 비계의 연결부 또는 접속부의 풀림 상태
③ 연결 재료 및 연결 철물의 손상 또는 부식 상태
④ 손잡이의 탈락 여부
⑤ 기둥의 침하, 변형, 변위 또는 흔들림 상태
⑥ 로프의 부착 상태 및 매단 장치의 흔들림 상태

(1) 강관비계 및 강관틀 비계

강관비계는 비계용 강관과 전용 부속철물을 이용하여 조립한 것으로 다음과 같은 구조를 가져야 한다.

① 비계기둥의 간격은 띠장 방향에서는 1.5 m 이상 1.8 m 이하, 장선방향에서 1.5 m 이하로 한다. 단, 선박 및 보트 건조작업의 경우 안전성에 대한 구조검토를 실시하고 조립도를 작성하면 띠장 방향 및 장선 방향으로 각각 2.7 m 이하로 할 수 있다.

② 띠장 간격은 1.5 m 이하로 설치하되, 첫 번째 띠장은 지상으로부터 2 m 이하의 위치에 설치한다. 단, 작업의 성질상 이를 준수하기가 곤란하여 쌍기둥틀 등에 의하여 해당 부분을 보강한 경우에는 변경할 수 있다.

③ 비계기둥의 제일 윗부분으로부터 31 m되는 지점 밑부분의 비계기둥은 2개의 강관으로 묶어 세워야 한다. 브라켓(Bracket) 등으로 보강하여 2개의 강관으로 묶을 경우 이상의 강도가 유지되는 경우에는 변경될 수 있다.

④ 비계기둥 간의 적재하중은 400 kgf을 초과하지 않아야 한다.

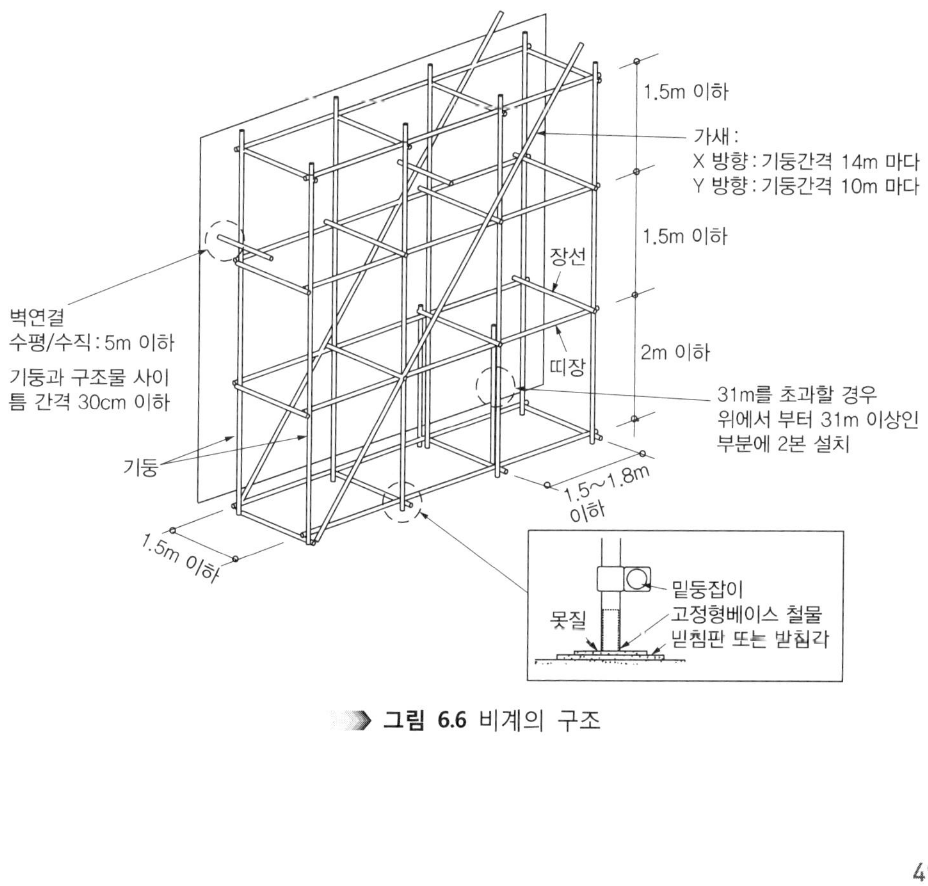

그림 6.6 비계의 구조

강관비계를 조립할 경우 다음과 같은 사항을 준수하여 재해를 예방하여야 한다.

① 비계기둥에는 미끄러지거나 침하하는 것을 방지하기 위하여 밑받침철물을 사용하거나 깔판・깔목 등을 사용하여 밑둥잡이를 설치하는 등의 조치를 하여야 한다.
② 강관의 접속부 또는 교차부는 적합한 부속철물을 사용하여 접속하거나 단단히 묶어야 한다.
③ 교차 가새로 보강하여야 한다.
④ 외줄비계・쌍줄비계 또는 돌출비계에 대해서는 벽이음 및 버팀을 설치할 것. 다만, 창틀의 부착 또는 벽면의 완성 등의 작업을 위하여 벽이음 또는 버팀을 제거하는 경우, 그 밖에 작업의 필요상 부득이한 경우로서 해당 벽이음 또는 버팀 대신 비계기둥 또는 띠장에 사재를 설치하는 등 비계가 넘어지는 것을 방지하기 위한 조치를 한 경우에는 그러하지 아니하다.
⑤ 가공전로에 근접하여 비계를 설치하는 경우에는 가공전로를 이설하거나 가공전로에 절연용 방호구를 장착하는 등 가공전로와의 접촉을 방지하기 위한 조치를 하여야 한다.

강관틀비계는 비계의 구성부재를 미리 생산하여 현장에서 조립하는 것으로 조립 작업 시 다음의 내용을 준수하여야 한다.

① 비계기둥의 밑둥에는 밑받침 철물을 사용하여야 하며 밑받침에 고저차가 있는 경우에는 조절형 밑받침철물을 사용하여 각각의 강관틀비계가 항상 수평 및 수직을 유지하도록 하여야 한다.
② 높이가 20 m를 초과하거나 중량물의 적재를 수반하는 작업을 할 경우에는 주틀 간의 간격을 1.8 m 이하로 하여야 한다.
③ 주틀 간에 교차 가새를 설치하고 최상층 및 5층 이내마다 수평재를 설치하여야 한다.
④ 수직방향으로 6 m, 수평방향으로 8 m 이내마다 벽 연결을 하여야 한다.
⑤ 길이가 띠장 방향으로 4 m 이하이고 높이가 10 m를 초과하는 경우에는 10 m 이내마다 띠장 방향으로 버팀기둥을 설치하여야 한다.

(2) 달비계와 달대비계

달비계는 고소 작업 시 작업발판을 와이어로프나 달기체인, 철선 등의 재료로 상부지점에 매다는 형식의 비계이며, 달비계를 사용할 경우, 와이어로프와 체인 사용기준을 준수하고 작업발판 폭은 40 cm 이상으로 하며 틈새가 없도록 하여야 한다. 달비계의 안전계수는 달기 와이어로프 및 달기 강선의 경우 10 이상이며, 달기 체인 및 달기 훅의 경우는 5 이상이다. 달비계를 조립, 해체, 변경할 경우, 관리감독자는 재료의 결함 유무를 점검하고 불량품을 제거하며, 기구, 공구, 안전대 및 안전모의 기능을 점검하고 불량품을 제거하여야 한다. 또한, 현장에서 작업 방법 및 근로자의 배치를 결정하고, 진행 상태와 안전대 및 안전모 등의 착용 상황을 감시하여야 한다.

달대비계는 철골에 달아매어 작업발판을 만드는 형태의 비계로 상하로 이동이 불가능하며, 철골공사에 많이 사용된다. 달대비계를 조립할 경우 하중에 충분히 견디는 구조로 하여야 하며, 달대비계(또는 달비계) 위에서 높은 디딤판, 사다리 등을 사용하는 작업은 절대 금지하여야 한다.

(3) 말비계와 이동식 비계

말비계는 비교적 천장높이가 낮은 실내에서 마무리 작업 등에 사용되는 것으로 각립비계와 안장비계가 있다. 이동이 편리한 장점이 있으나, 발판에서의 떨어짐 및 넘어짐 재해가 발생할 단점이 있으므로 말비계를 사용할 경우 다음과 같은 사항을 준수하여야 한다.

① 지주부재의 하단에는 미끄럼 방지장치를 하고, 근로자가 양측 끝부분에 올라서서 작업하지 않도록 하여야 한다.
② 지주부재와 수평면의 기울기를 75° 이하로 하고, 지주부재와 지주부재 사이를 고정시키는 보조부재를 설치할 것
③ 말비계의 높이가 2 m를 초과하는 경우에는 작업발판의 폭을 40 cm 이상으로 할 것

이동식 비계는 옥외의 낮은 장소 또는 실내의 부분적인 장소에서 작업할 때 이용하며, 탑 형식의 비계를 조립하여 기둥 밑에 바퀴를 부착하여 이동하면서 작업할 수 있는 비계를 말한다. 이동식 비계를 사용하여 작업을 할 경우에는 넘어짐(전도)방지 장치, 안전난간대 설치, 승강설비 등이 부착되도록 다음과 같은 사항을 준수하여 조립한 후 사용하여야 한다.

① 이동식비계의 바퀴에는 뜻밖의 갑작스러운 이동 또는 넘어짐(전도)를 방지하기 위하여 브레이크・쐐기 등으로 바퀴를 고정시킨 다음 비계의 일부를 견고한 시설물에 고정하거나 아웃트리거를 설치하는 등 필요한 조치를 하여야 한다.
② 승강용사다리는 견고하게 설치하여야 한다.
③ 비계의 최상부에서 작업을 하는 경우에는 안전난간을 설치하여야 한다.
④ 작업발판은 항상 수평을 유지하고 작업발판 위에서 안전난간을 딛고 작업을 하거나 받침대 또는 사다리를 사용하여 작업하지 않도록 하여야 한다.
⑤ 작업발판의 최대적재하중은 250 kgf를 초과하지 않도록 하여야 한다.

승강용 사다리는 사다리 설치 기준에 맞는 사다리를 사용하여야 한다.

(4) 시스템 비계

시스템 비계는 수직재, 수평재, 가새재 등 각각의 부재를 공장에서 제작하고 현장에서 조립하여 사용하는 조립형 비계로 고소구간 작업에 유리하며, 강관비계에 비해 조립 및 해체가 용이하고, 안전성이 좋아 최근 선호되는 비계 형식이다. 시스템 비계의 구조는 다음과 같은 사항을 만족하여야 한다.

① 수직재, 수평재, 가새재를 견고하게 연결하는 구조가 되도록 할 것
② 비계 밑단의 수직재와 받침철물은 밀착되도록 설치하고, 수직재와 받침철물의 연결부의 겹침 길이는 받침철물 전체길이의 3분의 1 이상이 되도록 할 것
③ 수평재는 수직재와 직각으로 설치하여야 하며, 체결 후 흔들림이 없도록 견고하게 설치할 것
④ 수직재와 수직재의 연결철물은 이탈되지 않도록 견고한 구조로 할 것
⑤ 벽 연결재의 설치간격은 제조사가 정한 기준에 따라 설치할 것

또한, 시스템 비계의 조립 작업에서 준수해야 할 안전사항은 다음과 같다.
① 비계기둥의 밑둥에는 밑받침 철물을 사용하여야 하며, 밑받침에 고저차가 있는 경우에는 조절형 밑받침 철물을 사용하여 시스템 비계가 항상 수평 및 수직을 유지하도록 하여야 한다.
② 경사진 바닥에 설치하는 경우에는 피벗형 받침 철물 또는 쐐기 등을 사용하여 밑받침 철물의 바닥면이 수평을 유지하도록 하여야 한다.
③ 가공전로에 근접하여 비계를 설치하는 경우에는 가공전로를 이설하거나 가공전로에 절연용 방호구를 설치하는 등 가공전로와의 접촉을 방지하기 위하여 필요한 조치를 하여야 한다.
④ 비계 내에서 근로자가 상하 또는 좌우로 이동하는 경우에는 반드시 지정된 통로를 이용하도록 주지시켜야 한다.
⑤ 비계 작업 근로자는 같은 수직면상의 위와 아래 동시 작업을 금지하여야 한다.
⑥ 작업발판에는 제조사가 정한 최대적재하중을 초과하여 적재해서는 아니 되며, 최대적재하중이 표기된 표지판을 부착하고 근로자에게 주지시켜야 한다.

5.2 가설통로

공사 기간 중 재료의 운반, 작업원의 통로를 확보하기 위해 가설통로를 설치하며, 가설통로는 작업하중과 같은 시공하중, 폭풍과 진동 등의 외력에 안전하도록 설치됨과 동시에 작업자가 오르내리기 편리하게 설치되어야 한다. 또한, 작업자 이동 시 떨어짐, 넘어짐, 미끄러짐에 대한 예방대책과 낙하물에 의한 위험요소가 제거될 수 있도록 방호설비를 갖추어야 한다. 가설통로의 종류는 경사로, 계단, 사다리 등이 있다.

가설통로에는 작업자 통행에 지장이 없도록 안전한 통로를 설치하고 장애물 등을 놓지 않고 항상 사용할 수 있는 상태로 유지하여야 한다. 통로면으로부터 높이 2미터 이내에는 장애물이 없도록 하여야 하며, 통로의 주요 부분에는 통로표시를 하고, 75럭스 이상의 채광을 확보하는 것이 좋다. 가설통로의 구조적인 설치 기준은 다음과 같다.

① 건고한 구조로 하여야 한다.
② 경사는 30° 이하로 하여야 한다. 단, 계단을 설치하거나 높이 2 m 미만의 가설통로로서 튼튼한 손잡이를 설치한 경우에는 그러하지 아니하다.
③ 경사가 15°를 초과하는 경우에는 미끄러지지 않는 구조로 하여야 한다.
④ 떨어질 위험이 있는 장소에는 안전난간을 설치하나, 작업상 부득이한 경우에는 필요한 부분만 임시로 해체할 수 있다.
⑤ 수직갱에 가설된 통로의 길이가 15 m 이상인 경우에는 10 m 이내마다 계단참을 설치하여야 한다.
⑥ 건설공사에 사용하는 높이 8 m 이상인 비계다리에는 7 m 이내마다 계단참을 설치하여야 한다.

(1) 경사로

경사가 30°이내일 때 사용하는 가설통로로 다음의 내용을 준수하여 설치하여야 한다.

① 시공하중 또는 폭풍, 진동 등 외력에 대하여 안전하도록 설계
② 경사로는 항상 정비하고 안전통로를 확보
③ 비탈면의 경사각은 30° 이내로 하고 미끄럼막이를 설치
④ 경사로의 폭은 최소 90 cm 이상
⑤ 높이 7 m 이내마다 계단참을 설치
⑥ 떨어짐 방지용 안전난간을 설치
⑦ 목재는 미송, 육송 또는 그 이상의 재질을 가진 것

⑧ 경사로 지지기둥은 3 m 이내마다 설치
⑨ 발판은 폭 40 cm 이상으로 하고, 틈은 3 cm 이내로 설치
⑩ 발판이 이탈하거나 한쪽 끝을 밟으면 다른 쪽이 들리지 않게 장선에 결속
⑪ 결속용 못이나 철선이 발에 걸리지 않아야 함

(2) 가설계단

가설계단은 설치각도 30°~65°의 가설통로(35°가 적당)이며, 계단 및 계단참의 강도는 500 kgf/m^2 이상이어야 한다(안전율 4 이상). 계단 및 승강구 바닥을 구멍이 있는 재료로 만드는 경우 렌치나 그 밖의 공구 등이 낙하할 위험이 없는 구조로 하여야 하며, 계단의 설치 폭은 급유용, 보수용, 비상용 계단 및 나선형 계단이거나 높이 1 m 미만의 이동식 계단인 경우를 제외하고는 1 m 이상으로 하여야 한다. 계단에 손잡이 외의 다른 물건 등을 설치하거나 쌓아 둘 수 없으며, 높이가 3 m를 초과하는 계단에 높이 3 m 이내마다 너비 1.2 m 이상의 계단참을 설치하여야 한다. 또한, 높이 1 m 이상인 계단의 개방된 측면에 안전난간을 설치하여야 한다.

(3) 사다리

사다리는 65° 이상의 가설통로이며, 다음과 같은 기준을 준수하여 설치되어야 한다.

① 견고한 구조로 하여야 한다.
② 심한 손상, 부식 등이 없는 재료를 사용하여야 한다.
③ 발판의 간격은 일정하게 하여야 한다.
④ 발판과 벽과의 사이는 15 cm 이상의 간격을 유지하여야 한다.
⑤ 폭은 30 cm 이상으로 하여야 한다.
⑥ 사다리가 넘어지거나 미끄러지는 것을 방지하기 위한 조치를 하여야 한다.
⑦ 사다리의 상단은 걸쳐놓은 지점으로부터 60 cm 이상 올라가도록 하여야 한다.
⑧ 사다리식 통로의 길이가 10 m 이상인 경우에는 5 m 이내마다 계단참을 설치하여야 한다.
⑨ 사다리식 통로의 기울기는 75° 이하로 한다. 단, 고정식 사다리식 통로의 기울기는 90° 이하로 하고, 그 높이가 7 m 이상인 경우에는 바닥으로부터 높이가 2.5 m 되는 지점부터 등받이울을 설치하여야 한다.
⑩ 접이식 사다리 기둥은 사용 시 접혀지거나 펼쳐지지 않도록 철물 등을 사용하여 견고하게 조치하여야 한다.

5.3 거푸집 동바리

거푸집 동바리는 콘크리트 공사 시 굳지 않은 콘크리트를 지탱하는 동바리와 콘크리트 경화 전까지 콘크리트의 형상을 유지하는 거푸집 판으로 구성된다. 동바리는 거푸집 판을 지탱하는 장선과 장선을 지탱하는 멍에, 멍에를 지지하여 하중을 지반으로 전달하는 주주(기둥)로 구성된다.

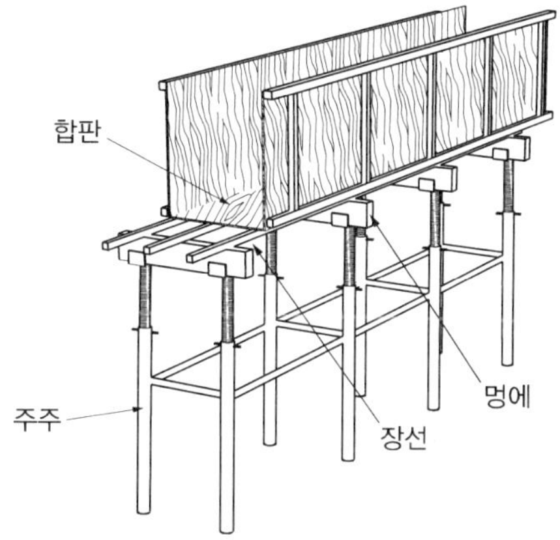

그림 6.7 거푸집 동바리의 구성

거푸집 동바리의 설치는 도면검토, 적용 위치 선정, 구조 계산 후 조립도 작성, 검토 및 승인, 조립 및 조립 상태 확인, 콘크리트 타설, 콘크리트 양생 후 해체·정리·반출의 과정을 거친다. 거푸집 동바리의 구조는 거푸집의 형상 및 콘크리트 타설 방법 등에 따라 견고한 구조로 하여야 하며, 구조검토를 실시한 후 조립도를 작성하고, 조립도에 따라 조립하여야 한다. 조립도에는 동바리·멍에 등 부재의 재질, 단면규격, 설치간격 및 이음방법 등을 명기하여야 한다.

동바리의 주주(기둥)의 종류에는 강관동바리, 파이프 서포트, 시스템 동바리, 강관틀 동바리, 조립강주식 동바리, 보 동바리 등이 있으며, 거푸집 동바리 조립 시 준수해야 할 구조적인 사항은 다음과 같다.

① 깔목의 사용, 콘크리트 타설, 발뚝박기 등 동바리의 침하를 방지하기 위한 조치를 하여야 한다.

② 개구부 상부에 동바리를 설치하는 경우에는 상부하중을 견딜 수 있는 견고한 받침대를 설치하여야 한다.

③ 동바리의 상하 고정 및 미끄러짐 방지 조치를 하고, 하중의 지지상태를 유지하여야 한다.
④ 동바리의 이음은 맞댄이음이나 장부이음으로 하고 같은 품질의 재료를 사용하여야 한다.
⑤ 강재와 강재의 접속부 및 교차부는 볼트, 클램프 등 전용철물을 사용하여 단단히 연결하여야 한다.
⑥ 거푸집이 곡면인 경우에는 버팀대의 부착 등 그 거푸집의 부상을 방지하기 위한 조치를 하여야 한다.

거푸집 동바리를 조립 및 해체하는 경우, 준수하여야 할 관리적인 사항은 다음과 같다.

① 해당 작업을 하는 구역에는 관계 근로자가 아닌 사람의 출입을 금지할 것
② 비, 눈, 그 밖의 기상상태의 불안정으로 날씨가 몹시 나쁜 경우에는 그 작업을 중지할 것
③ 재료, 기구 또는 공구 등을 올리거나 내리는 경우에는 근로자로 하여금 달줄・달포대 등을 사용하도록 할 것
④ 떨어짐(낙하)・충격에 의한 돌발적 재해를 방지하기 위하여 버팀목을 설치하고 거푸집 동바리 등을 인양장비에 매단 후에 작업을 하도록 하는 등 필요한 조치를 할 것

(1) 강관 동바리

강관 동바리를 설치할 경우(파이프 서포트 제외), 높이 2미터 이내마다 수평 연결재를 2개 방향으로 만들고 수평연결재의 변위를 방지하여야 하며, 멍에 등을 상단에 올릴 경우에는 해당 상단에 강재의 단판을 붙여 멍에 등을 고정시켜야 한다.

(2) 파이프 서포트(Pipe Support)

파이프 서포트는 지주재와 받이판, 조절형 받침철물로 구성된 동바리로 설치비용이 저렴하여 소규모 건축물 공사에 주로 이용된다. 파이프 서포트의 단점으로는 장선과 멍에와의 고정이 불편하며, 정확하게 수직으로 설치가 어려워 좌굴의 위험의 있으며, 설계에 의한 동바리 설치간격을 현장 여건상 정확히 준수하기 어려운 경우가 발생한다. 수평보강 연결재의 조립간격을 정확한 간격으로 설치하기 어렵고 조임 철물의 조임 토크가 일정치 않아 풀림의 위험도 있다. 또한, 설치 및 해체작업이 불편하고 높거나 반복되는 대형구조물에 적용할 경우 불리하다. 파이프 서포트 조립 시 준수해야 할 사항은 다음과 같다.

① 파이프 서포트를 3개 이상 이어서 사용하지 않아야 한다.
② 파이프 서포트를 이어서 사용하는 경우에는 4개 이상의 볼트 또는 전용철물을 사용하여 이어야 한다.

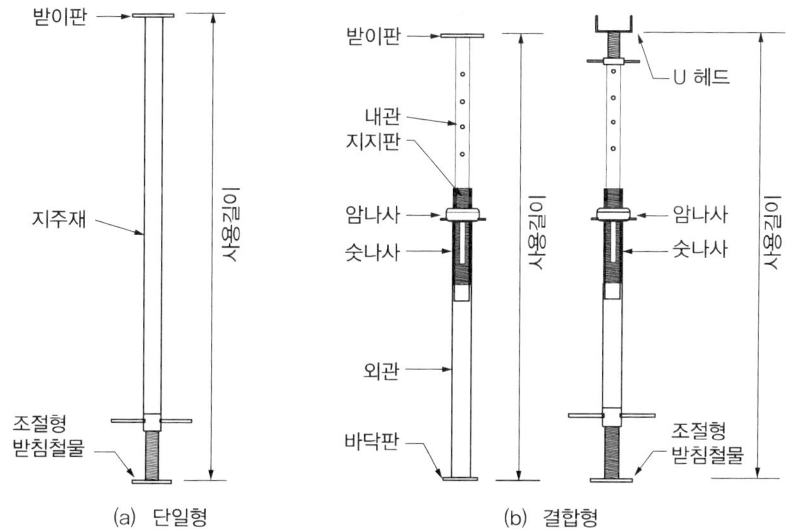

그림 6.8 파이프 서포트

③ 높이가 3.5 m를 초과하는 경우에는 높이 2 m 이내마다 수평 연결재를 2개 방향으로 만들고 수평연결재의 변위를 방지하여야 한다.

(3) 시스템 동바리(System Support)

규격화 및 부품화된 수직재, 수평재, 가새재 등을 현장에서 조립하여 거푸집으로 지지하는 동바리 형식으로 상·하부 스크류잭과 거푸집의 연결이 확실하며, 부재의 단순화로 시공이 용이하고, 수직, 수평재의 확실한 체결로 좌굴을 방지할 수 있는 장점이 있다. 또한, 수직재 간격을 설치계획에 따라 정확히 하여 자재의 과다 투입을 방지할 수 있으며, 대형 구조물의 동바리로 사용 시 수평재 간격을 쉽게 조절하여 수직재의 허용내력을 증가시킬 수 있다. 무엇보다도 동바리 설치 및 해체 작업의 안전성을 높일 수가 있다.

시스템동바리 설치 시 재해 예방을 위해 준수해야 할 사항은 다음과 같다.

① 수평재는 수직재와 직각으로 설치하여야 하며, 흔들리지 않도록 견고하게 설치하여야 한다.

② 연결철물을 사용하여 수직재를 견고하게 연결하고, 연결 부위가 탈락 또는 꺾어지지 않도록 하여야 한다.

③ 수직 및 수평하중에 의한 동바리 본제의 변위가 발생하지 않도록 각각의 단위 수직재 및 수평재에는 가새재를 견고하게 설치하여야 한다.

④ 동바리 최상단과 최하단의 수직재와 받침철물은 서로 밀착되도록 설치하고 수직재와 받침철물의 연결부의 겹침 길이는 받침철물 전체길이의 3분의 1 이상 되도록 한다.

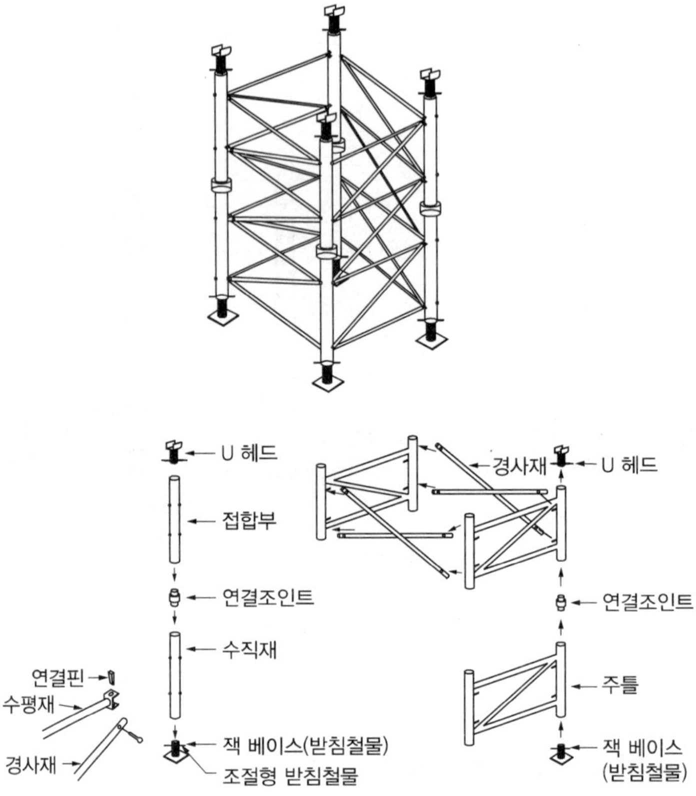

그림 6.9 시스템 동바리

(4) 강관틀 동바리

일명 BT(Build up Type Scaffolding)비계라고 하며, 높이의 조절범위가 크나 수평 연결재와 가새의 연결을 생략하면 무너지거나 좌굴하기 쉬운 결점이 있으며, 부재 간 긴결이 불편하므로 조립 시 주의가 필요하다. 강관틀 동바리 설치 시 강관틀과 강관틀 사이에 교차가새를 설치하여야 하며, 최상층 및 5층 이내마다 거푸집 동바리의 측면과 틀면의 방향 및 교차가새의 방향에서 5개 이내마다 수평연결재를 설치하고 수평연결재의 변위를 방지하여야 한다. 최상층 및 5층 이내마다 거푸집동바리의 틀면의 방향에서 양단 및 5개틀 이내마다 교차가새의 방향으로 띠장틀을 설치하고, 멍에 등을 상단에 올릴 경우에는 해당 상단에 강재의 단판을 붙여 멍에 등을 고정시켜야 한다.

Chapter 6
건설 구조물 공사 안전

6.1 굴착공사

(1) 지반조사

설계 시 지반에 대해 기존 자료조사, 현지답사, 지표조사, 지하조사 등을 통해 지반의 물성치와 지하수위 위치 등을 추정하고, 적절한 보강방법과 시공법을 결정하고는 있으나, 실제 굴착공사 등을 진행할 경우 추정값과 실제값이 틀리는 경우가 존재할 수밖에 없다. 공사 시작 전에 지하수위 및 토질 등을 파악하기 위해 현장에서 보편적으로 사용하는 방법은 시추조사(보링, Boring)로 시추조사를 통해 지반의 구성상태와 지하수위를 파악하고, 물성치 추정을 위한 토질시험용 불교란 시료의 채취 또는 시추공 내에서의 원위치 시험 등을 통해 지반의 강도를 자연 상태로 측정할 수 있다. 시추 조사 종류로는 오거 보링, 수세식 보링, 충격식 보링, 회전식 보링이 있다.

지층의 형상을 탐사하는 방법으로 표준관입시험이 널리 이용되는데 표준관입시험은 시추공 구멍을 이용하여 로드의 끝에 부착된 표준관입시험용 샘플러를 중량 63.5 kgf의 해머로 76 cm의 높이에서 자유 낙하시켜 샘플러가 30 cm 관입하는데 필요한 타격회수(N 값)를 측정하는 시험이다. N 값이 클수록 밀실한 토질로 추정된다. 현장의 지반이 상부의 하중을 지지하는 능력인 지지력과 허용 침하량을 만족시키는 지반의 내력을 지내력이라고 부르며, 현장에서 보편적으로 적용되는 지내력 시험은 평판재하시험과 말뚝재하시험이 있다.

(2) 굴착에 따른 지반의 이상거동 및 안전대책

지반을 굴착함에 따른 지반에 발생할 수 있는 이상 거동은 흙막이 벽의 변위에 따른 배면지반의 침하, 굴착 바닥면에서의 히빙, 보일링과 파이핑 현상, 흙막이 벽과 지반 사이에 지하수와 함께 유출되는 토사에 의한 지반손실이 있다. 굴착 중 이상현상들 때문에 지반 또는 흙막이 벽체가 무너져서 중대 산업재해가 발생되므로 공사 중 지반의 이상거동이 발견되면 공사를 중지하고 안전대책 및 보강을 실시한 후 공사를 진행하여야 한다.

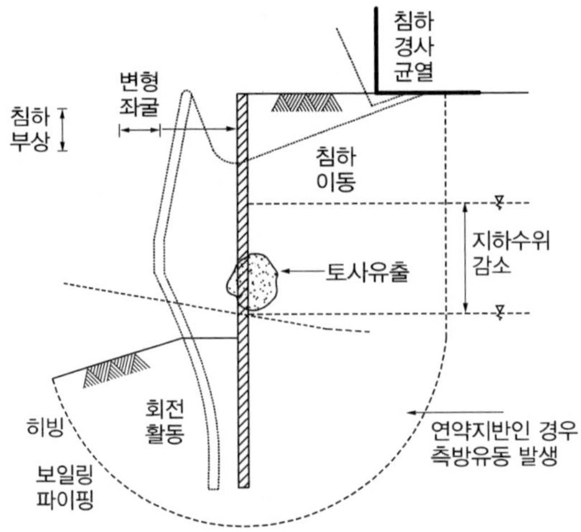

그림 6.10 지반의 이상현상

1) 히빙(Heaving) 현상

히빙 현상은 연약 점성토지반에서 굴착 작업을 할 경우 흙막이 벽체 내부와 외부의 흙의 중량(흙+적재하중) 차이로 인해 저면 흙이 지지력을 상실하고 붕괴되어 흙막이 벽 바깥에 있는 흙이 흙막이 벽체 선단을 들며 밀려들어와 굴착저면이 부풀어 오르는 현상이다.

히빙 현상에 대한 안전대책으로는 흙막이 벽체의 근입 깊이와 강성을 증가시키는 방법, 지반 개량 등으로 굴착 내측의 지반강도를 증가시키는 방법, 굴착 평면 규모를 축소하는 방법, 굴착 주변의 상재하중을 제거(배면 지반을 굴착)하는 방법 등이 있다.

2) 보일링(Boiling) 현상

보일링 현상은 투수성이 좋은 사질토 지반에서 굴착 공사를 하는 경우, 흙막이 벽체 배면의 지하수위가 굴착저면보다 높거나, 저면 부근에 피압수가 있을 때 굴착 저면에 상승하는 유수로 인해 굴착 저면 위로 모래와 지하수가 부풀어 오르는 현상으로 보일링 현상이 발생하면, 저면 지반의 지지력이 소실되게 된다.

보일링 현상을 방지하기 위한 안전대책으로는 주변 지하수위를 저하시키는 방법이 가장 좋으며, 흙막이 벽을 깊이 설치하여 지하수의 흐름을 막는 방법, 차수성이 높은 흙막이 벽체를 설치하는 방법, 굴착토를 즉시 원상 매립하는 방법 등이 있다.

3) 파이핑(Piping) 현상

사질토 지반에서 흙막이 배면의 토사가 누수로 인해 유실되는 현상으로 방지대책은 차수성이 높은 흙막이 벽체를 적용하는 것이다.

(3) 흙막이 공사 안전

흙막이 공사에서 발생하는 재해유형은 무너짐(60%)과 떨어짐(30%) 재해이며, 해체 작업보다는 굴착 및 설치 공사 중에 대부분의 재해가 발생한다. 굴착공사 시 지반의 무너짐을 방지하기 위해 흙막이 벽체를 보강하는 방법으로 가장 많이 사용되는 방법은 버팀대를 적용하는 방법과 어스앵커를 사용하는 방법이 있다. 버팀대 적용 방법에서 발생할 수 있는 문제점은 흙막이 벽체의 강성 부족, 버팀대 위치 부적절, 벽체의 근입 깊이 부족, 벽체 배면의 여굴, 배수시 토사 유출과 수위 저하 등이 있다. 어스앵커를 사용할 경우, 어스앵커 정착장이 흙의 활동 영역 밖에 정착되지 않은 경우 갑작스런 무너짐 사고가 발생되므로 유의하여야 한다.

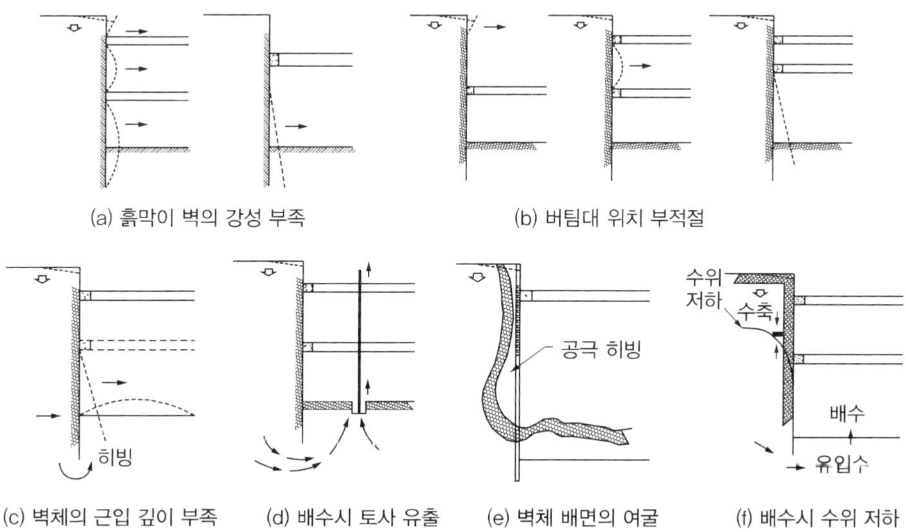

그림 6.11 버팀대 지지 흙막이 벽체에서 발생하는 문제점

흙막이 공사에서 주변 지반 또는 흙막이 벽체의 이상 변형으로 인한 무너짐 사고를 방지하기 위해서는 시공 중 계측을 통해 안전성을 주기적으로 확인하며, 설계 시 예측한 거동과 공사 중 계측한 거동의 차이가 관리 한계값을 넘어서는 경우 대책을 세운 후 공사를 진행하여야 한다. 흙막이 지보공 설치 시 정기적으로 다음과 같은 내용을 점검하여야 한다.

① 부재의 손상 · 변형 · 부식 · 변위 및 탈락의 유무와 상태
② 버팀대의 긴압의 정도
③ 부재의 접속부 · 부착부 및 교차부의 상태
④ 침하의 정도

6.2 철근 콘크리트 공사

철근 콘크리트 공사는 철근을 가공, 운반, 조립하는 철근 공사와 콘크리트 타설 후 콘크리트 강도를 발현하여 경화할 때까지 굳지 않은 콘크리트를 지지하는 거푸집을 설치하는 거푸집 동바리 및 거푸집 공사, 콘크리트를 타설하고 양생하는 콘크리트 타설 공사로 구별된다.

(1) 철근 공사 안전

철근 가공기는 전원을 사용하는 기구이므로 누전 등이 발생하지 않도록 하여야 하며, 풋스위치 오작동으로 인한 대책도 수립하여야 한다. 또한, 철근 가공장은 별도의 작업구획으로 설정되어 출입통제를 실시하고, 자재의 정리정돈이 실시되어야 한다.

철근 운반은 양중 작업에 해당하므로 양중과 관련된 안전대책을 수립하여야 하며, 소형의 철근을 운반하는 경우 전용 운반구를 사용하여 자재 떨어짐으로 인한 사고를 방지해야 한다. 또한, 양중기로 운반 시 두 군데 이상 묶어서 수평을 유지하여야 하며, 유도로프를 설치하여 철근과의 부딪힘과 끼임 사고를 방지해야 한다.

철근 조립 시 작업의 위치가 2 m 이상일 경우에는 작업발판을 설치하거나 안전대를 착용하게 하는 등의 안전조치를 실시한 후 작업을 실시해야 한다.

(2) 거푸집 동바리 설치 및 해체 공사 안전

굳지 않은 콘크리트 하중을 지지해야 하는 거푸집 동바리의 설치와 해체 시 거푸집 붕괴와 작업자 떨어짐 등의 재해를 방지하기 위해서는 5.3절에서 설명한 거푸집 동바리의 설치

및 해체 시 안전 수칙을 준수하여 공사를 진행하여야 한다.

최근 아파트 등의 건축물에는 거푸집의 설치·해체, 철근 조립, 콘크리트 타설, 콘크리트 면처리 작업 등을 위하여 거푸집을 작업발판과 일체로 제작하여 사용하는 작업발판 일체형 거푸집의 사용이 증가하고 있다. 작업발판 일체형 거푸집의 종류에는 갱 폼(Gang Form), 슬립 폼(Slip Form), 클라이밍 폼(Climbing Form), 터널 라이닝 폼(Tunnel Lining Form) 등이 있다.

갱 폼의 조립(조립, 이동, 양중, 해체)작업 시 준수할 사항은 다음과 같으며, 특히 갱 폼 해체 작업 중 인양 고리 체결 전 앵커볼트를 해체하여 떨어지는 사고가 없도록 하여야 한다.

① 조립 등의 범위 및 작업절차를 미리 그 작업에 종사하는 작업자에게 주지시켜야 한다.
② 작업자가 안전하게 구조물 내부에서 갱 폼의 작업발판으로 출입할 수 있는 이동통로를 설치하여야 한다.
③ 갱 폼의 지지 또는 고정철물의 이상 유무를 수시점검하고 이상이 발견된 경우에는 교체하여야 한다.
④ 갱 폼을 조립하거나 해체하는 경우에는 갱 폼을 인양장비에 매단 후에 작업을 실시하도록 하고, 인양장비에 매달기 전에 지지 또는 고정철물을 미리 해체하지 않도록 하여야 한다.
⑤ 갱 폼 인양 시 작업발판용 케이지에 근로자가 탑승한 상태에서 갱 폼의 인양작업을 금지하여야 한다.

갱 폼 외부에는 수직보호망 및 안전난간을 설치하며, 측면 단부에도 안선난간을 설치하여야 한다. 갱 폼을 제외한 작업발판 일체형 거푸집 조립(조립, 이동, 양중, 해체)작업 시 준수해야할 사항은 다음과 같다.

① 조립 등 작업 시 거푸집 부재의 변형 여부와 연결 및 지지재의 이상 유무를 확인하여야 한다.
② 조립 등 작업과 관련한 이동·양중·운반 장비의 고장·오조작 등으로 인해 근로자에게 위험을 미칠 우려가 있는 장소에는 근로자의 출입을 금지하는 등 위험 방지 조치를 하여야 한다.
③ 거푸집이 콘크리트면에 지지될 때에 콘크리트의 굳기정도와 거푸집의 무게, 풍압 등의 영향으로 거푸집의 갑작스런 이탈 또는 낙하로 인해 근로자가 위험해질 우려가 있는 경우에는 설계도서에서 정한 콘크리트의 양생기간을 준수하거나 콘크리트면에 견고하게 지지하는 등 필요한 소치를 하여야 한다.
④ 연결 또는 지지 형식으로 조립된 부재의 조립 등 작업을 하는 경우에는 거푸집을 인양장비에 매단 후에 작업을 하도록 하는 등 낙하·붕괴·전도의 위험 방지를 위하여 필요한 조치를 취해야 한다.

(3) 콘크리트 타설 공사 안전

콘크리트 타설 공사는 거푸집 동바리의 설치상태 확인한 후 펌프카 등의 타설 장비를 준비하고 콘크리트 배관을 통해 타설한 후 콘크리트 양생이 완료되면 거푸집 동바리를 해체하는 순서로 진행된다. 콘크리트 타설 중 거푸집 동바리의 무너짐 사고 외에 콘크리트 타설시 발생되는 재해는 펌프카와 레미콘 사이의 작업자 협착, 펌프카 넘어짐, 감전 재해 등이 있다.

콘크리트 타설 작업 시작 전에 해당 작업에 관한 거푸집 동바리 등의 변형, 변위 및 지반의 침하 유무 등을 점검하고 이상이 있으면 보수하여야 하며, 작업 중에는 거푸집동바리 등의 변형. 변위 및 침하 유무 등을 감시할 수 있는 감시자를 배치하여 이상이 있으면 작업을 중지하고 작업자를 대피시켜야 한다. 또한, 콘크리트 타설 작업 중 거푸집 동바리의 붕괴 우려가 있으면 충분한 보강조치를 취하여야 하며, 콘크리트를 타설 작업 중 편심이 발생하지 않도록 골고루 분산하여 콘크리트를 타설하여야 한다. 콘크리트의 양생은 안전과 함께 콘크리트의 품질에 큰 영향을 미치므로 설계도서 상의 콘크리트 양생기간을 준수한 후 거푸집 동바리를 해체하여야 한다. 콘크리트 펌프 또는 펌프카를 이용 타설 작업을 하는 경우 준수해야 할 사항은 다음과 같다.

① 작업을 시작하기 전에 콘크리트 펌프용 비계를 점검하고 이상을 발견하였으면 즉시 보수하여야 한다.

② 건축물의 난간 등에서 작업하는 근로자가 호스의 요동 및 선회로 인하여 떨어지는 위험을 방지하기 위하여 안전난간 설치 등의 필요한 조치를 취해야 한다.

③ 콘크리트 펌프카의 붐을 조정하는 경우에는 주변의 전선 등에 의한 감전 재해를 예방하기 위한 적절한 조치를 취해야 한다.

④ 작업 중에 지반의 침하, 아웃트리거의 손상 등에 의하여 콘크리트 펌프카가 넘어질 우려가 있는 경우에는 이를 방지하기 위한 적절한 조치를 하여야 한다.

겨울철 콘크리트 양생을 위해 갈탄 등을 활용하여 난로를 설치하는 경우 가스 중독에 의한 질식사고에 유의하여야 한다.

6.3 철골 공사

철골구조는 각종 형강과 강판을 볼트, 리벳, 고장력볼트, 용접 등의 접합방법으로 조립하여 건물의 뼈대를 구성하는 방식이며, 부재 가공은 주로 공장작업으로 이루어지며 부재의 조립은 현장작업으로 이루어진다. 공장에서 제작된 철골을 현장으로 운반하여 반입한 후 앵커볼트를 활용하여 기초에 연결한 후 철골 부재간 가조립 및 수정 작업 후 본조립을 실시하고 도장 및 내화피복을 도포하는 순으로 철골공사가 진행된다. 철골공사는 중량물의 양중과 고소작업으로 철골을 연결하는 작업이 주요 공종이자 위험공종이 되며, 떨어짐 재해가 전체 재해의 80% 이상이다. 따라서 철골 공사에서는 양중 및 줄걸이 작업의 안전 대책과 고소작업으로 인한 떨어짐 방지 대책을 우선적으로 세워야 한다.

철골을 조립하는 경우 위험을 방지하기 위해 철골의 접합부가 충분히 지지되도록 볼트를 체결하거나 이와 동등 이상의 견고한 구조가 되기 전에는 들어 올린 철골을 걸이로프 등으로부터 분리하지 말아야 한다. 작업자가 수직방향으로 이동하는 철골부재에는 답단 간격이 30 cm 이내인 고정된 승강로를 설치하고, 수평방향 철골과 수직방향 철골이 연결되는 부분에는 연결 작업을 위하여 작업발판 등을 설치하여야 한다. 또한, 근로자의 주요 이동통로에 고정된 가설통로를 설치하거나 생명줄 등의 안전대의 부착설비 등을 설치하여야 하며, 생명줄 등의 안전대 부착설비는 철골 인양 전 사전에 설치하도록 계획하여야 한다. 철골 공사의 재해 방지 시설을 정리하면 다음 표 6.1과 같다.

표 6.1 철골 공사 재해 방지 시설

재해 형태	작업 상황	재해 방지 기능	재해 방지 시설
떨어짐	높이 2 m 이상의 고소작업	떨어짐 방지	비계, 달비계, 달대비계, 안전난간 등
	개구부, 작업대 단부	떨어짐 방지	안전난간, 울타리 등
	작업대나 안전난간 등의 떨어짐 방지 기능의 시설을 설치하기 어려운 경우	떨어짐 방호	떨어짐 방지용 안전방망
	작업대나 안전난간, 안전방망을 설치할 수 없는 경우	떨어짐 방호	안전대, 안전대 부착설비, 생명줄
맞음 및 비산 방지	철골 조립 등의 상하부 동시 작업	떨어지는 물체를 막는 것	방호 철망, 방호 울타리 등
	용접 등을 수반하는 작업	불꽃 비산 방지	석면포 등

철골을 세운 후 재해 방지시설의 가설부재나 부품 부착은 추가적인 위험한 고소작업이므로 처음부터 다음과 같은 안전시설물을 공작도에 포함시켜 제작하여야 한다.

- 외부 비계받이 및 화물승강설비용 브라켓
- 기둥 승강용 트랩
- 구명줄 설치용 고리

- 철골 세우기에 필요한 와이어 걸이용 고리
- 난간 설치용 부재
- 기둥 및 보 중앙의 안전대 설치용 고리
- 방망 설치용 부재, 비계 연결용 부재, 방호선반 설치용 부재
- 양중기 설치용 보강재

철골 작업은 미끄러운 강재 위에서 수행하는 고소작업이므로 일반 작업에 비해 기후 조건에 영향을 많이 받는다. 풍속이 초당 10 m 이상인 경우나 강우량이 시간당 1 mm 이상인 경우 또는 강설량이 시간당 1 cm 이상인 경우는 철골작업을 중지하여야 하며, 비, 눈, 그 밖의 기상상태의 불안정으로 날씨가 몹시 나쁜 경우에는 해체작업을 중지시켜야 한다.

6.4 기타 공사

(1) 관로공사

관로 부설 등의 목적으로 폭이 좁고 연장을 길게 굴착하는 작업을 트렌치 굴착이라고 하며, open cut으로 할 경우 굴착면의 기울기 규정을 준수하여 하며, 굴착면 기울기 규정을 준수할 수 없는 경우에는 흙막이 벽체를 설치해야 한다. 트렌치 굴착 작업 시 바닥면의 굴착 깊이를 확인하면서 작업을 실시하고 굴착 저면에서 작업자가 휴식을 하여서는 안 된다. 수분을 많이 함유한 지반의 경우나 뒷채움 지반인 경우, 차량통행으로 붕괴되기 쉬우므로 흙막이 벽체의 설치 등과 같은 대책을 세워야 한다.

도로 등의 협소한 장소에서 관로 공사가 실시되는 경우, 굴착기 등의 장비와 작업자 끼임 재해와 교통사고 등이 발생할 수 있으므로 장비 신호수 배치, 장비 작업반경 내 작업자 출입 제한, 장비 후진 경보등 설치, 안전펜스 설치, 교통 신호수 배치 등의 대책을 세워야 한다.

배관 용접작업을 실시하는 경우, 승강설비를 설치하여 작업자가 안전통로로 이동할 수 있도록 하며, 굴착부에 상재토압을 증가시키지 않도록 굴착부 사면 주변에 자재 및 토사를 쌓지 말아야 하며, 용접 장비에 의한 감전 주의와 비산 불꽃에 대한 개인 보호구를 착용하도록 하여야 한다.

토사 되메우기 작업과 포장 작업 시에는 끼임 재해와 교통사고가 우려되므로 이에 대한 안전대책을 수립하여야 한다.

(2) 발파 및 터널공사

화약류의 취급은 전문가에 의해서 실시되어야 하며, 발파 작업 시 준수해야 하는 사항은 다음과 같은 내용들이 있다.

① 얼어붙은 다이나마이트는 화기에 접근시키거나 그 밖의 고열물에 직접 접촉시키는 등 위험한 방법으로 융해되지 않도록 하여야 한다.
② 화약이나 폭약을 장전하는 경우에는 그 부근에서 화기를 사용하거나 흡연을 하지 않도록 하여야 한다.
③ 장전구는 마찰・충격・정전기 등에 의한 폭발의 위험이 없는 안전한 것을 사용하여야 한다.
④ 발파공의 충진 재료는 점토・모래 등 발화성 또는 인화성의 위험이 없는 재료를 사용하여야 한다.
⑤ 점화 후 장전된 화약류가 폭발하지 아니한 경우 또는 장전된 화약류의 폭발 여부를 확인하기 곤란한 경우
- 전기뇌관에 의한 경우에는 발파모선을 점화기에서 떼어 그 끝을 단락시켜 놓는 등 재점화되지 않도록 조치하고 그 때부터 5분 이상 경과한 후가 아니면 화약류의 장전장소에 접근시키지 않도록 하여야 한다.
- 전기뇌관 외의 것에 의한 경우에는 점화한 때부터 15분 이상 경과한 후가 아니면 화약류의 장전장소에 접근시키지 않도록 하여야 한다.

⑥ 전기뇌관에 의한 발파의 경우 점화하기 전에 화약류를 장전한 장소로부터 30 m 이상 떨어진 안전한 장소에서 전선에 대하여 저항측정 및 도통시험을 하여야 한다.

터널공사 방법 중 가장 널리 쓰이는 방법은 NATM 터널 공법이며, 시공순서는 먼저 지반조사를 실시하는 단계, 굴착(천공, 장약, 발파, 버럭 처리) 후 지보공 설치를 반복하여 터널 굴착을 완료하는 단계, 방수 및 배수를 하는 단계, 라이닝 콘크리트를 설치하는 단계, 환기 및 방재시설을 설치하는 단계로 구성된다. 터널 지보공에 사용되는 지보재는 숏크리트, 록볼트, 강지보재가 있으며 이 중 가장 중요한 역할을 하는 것은 숏크리트로 굴착 후 가능한 빨리 숏크리트를 시공할 수 있도록 하여야 한다.

터널 지보공의 구조는 터널 지보공을 설치하는 장소의 지반과 관계되는 지질, 지층, 함수, 용수, 균열 및 부식의 상태와 굴착 방법에 상응하는 견고한 구조로 설치되어야 하며, 터널 지보공에 대해서는 구조 검토 후 조립도를 작성하고, 그 조립도에 따라 지보공을 설치하여야 한다. 조립도에는 재료의 재질, 단면규격, 설치간격 및 이음방법 등을 명시하여야 한다. 터널 지보공에 대해 수시로 점검해야 할 사항은 다음과 같다.

① 부재의 손상 · 변형 · 부식 · 변위 탈락의 유무 및 상태
② 부재의 긴압 정도
③ 부재의 접속부 및 교차부의 상태
④ 기둥침하의 유무 및 상태

터널에서 갱구부라 불리는 출입구 부근은 비탈면 등의 지반 무너짐에 위험한 부분으로 지반의 무너짐 위험에 예측되는 경우, 흙막이 지보공과 방호망 설치 등의 위험방지 시설을 설치해야 한다. 터널 작업 중 낙반 등에 의한 위험을 방지하기 위한 조치로는 지보공 설치, 부석 제거 등의 조치를 취해야 한다.

(3) 교량공사

교량의 종류는 재료 및 구조에 따라 다양한 형식이 존재하며, 형식에 따라 다양한 공법들이 존재한다. 강재를 활용할 경우, 공장에서 운반 가능 크기로 거더를 제작한 후 현장에서 조립하여 거치하는 방식이 주로 사용되며, 콘크리트를 활용할 경우, 거푸집 동바리를 설치하고 현장에서 콘크리트를 타설하는 방법과 작업장에서 미리 콘크리트 거더를 제작한 후 운반하여 현장에 거치하는 방식이 주로 사용된다. 거치된 거더에는 차량이 통과할 수 있도록 콘크리트 슬래브와 포장이 설치된다.

교량 공사 시 설치 · 해체 또는 변경작업을 하는 경우에는 다음의 사항을 준수해야 한다.
① 작업을 하는 구역에는 관계 근로자가 아닌 사람의 출입을 금지할 것
② 재료, 기구 또는 공구 등을 올리거나 내릴 경우에는 근로자로 하여금 달줄, 달포대 등을 사용하도록 할 것
③ 중량물 부재를 크레인 등으로 인양하는 경우에는 부재에 인양용 고리를 견고하게 설치하고, 인양용 로프는 부재에 두 군데 이상 결속하여 인양하여야 하며, 중량물이 안전하게 거치되기 전까지는 걸이로프를 해제시키지 아니할 것
④ 자재나 부재의 떨어짐 · 넘어짐 또는 무너짐 등에 의하여 근로자에게 위험을 미칠 우려가 있을 경우에는 출입금지구역의 설정, 자재 또는 가시설의 좌굴 또는 변형 방지를 위한 보강재 부착 등의 조치를 할 것

(4) 채석공사

채석작업을 하는 경우 지반의 무너짐 또는 토석의 떨어짐으로 인한 위험을 방지하기 위하여 점검자를 지명하고 당일 작업 시작 전에 작업장소 및 그 주변 지반의 부석과 균열의 유무와 상태, 함수 · 용수 및 동결상태의 변화를 점검하여야 한다. 점검자는 발파 후 그 발

파 장소와 그 주변의 부석 및 균열의 유무와 상태를 점검하여야 한다.

관리자는 굴착기계 등의 운행경로 및 토석의 적재장소에 대한 출입방법을 미리 정하여 작업자에게 주지시켜야 하며, 굴착기계 등이 작업자의 작업장소에 후진하여 접근하거나 전락할 우려가 있는 경우에는 유도자를 배치하여 굴착기 등을 유도하도록 하여야 한다.

(5) 잠함 내 작업

잠함, 우물통, 수직갱, 그 밖에 이와 유사한 건설물 또는 설비의 내부에서 굴착 작업을 하는 경우, 산소 부족으로 인한 재해 등을 방지하기 위하여 다음의 안전대책을 준수하여야 한다.

① 산소 결핍 우려가 있는 경우에는 산소의 농도를 측정하는 사람을 지명하여 측정하도록 하여야 한다.
② 근로자가 안전하게 오르내리기 위한 설비를 설치하여야 한다.
③ 굴착 깊이가 20 m를 초과하는 경우에는 해당 작업장소와 외부와의 연락을 위한 통신설비 등을 설치하여야 한다.
④ 산소 결핍이 인정되거나 굴착 깊이가 20 m를 초과하는 경우에는 송기를 위한 설비를 설치하여 필요한 양의 공기를 공급해야 한다.

(6) 준설공사

항로 및 정박지 등이 필요한 수심을 확보하기 위하여 해안이나 하천의 토사를 굴착하는 공사를 준설공사라고 한다. 준설은 매립용 토사를 얻기 위해 행해지기도 한다. 준설선은 작업 방식과 형태에 따라 그래브 준설선, 디퍼 준설선, 버킷 준설선, 펌프 준설선 등이 이용되며, 대규모 준설과 매립은 두 작업이 동시에 이루어지는 펌프 준설선이 많이 사용된다. 준설선 토사는 바다에 버리거나 인근 해안 매립에 사용하기도 한다.

준설공사 방법으로는 해저 토사를 직접 굴착하여 펌프, 버킷, 그래브, 디퍼 등으로 토사를 인양하여 운반 하는 일반준설, 해저 지반이 암반인 경우 충격 등을 통해 암반을 파쇄 하여 준설하는 쇄암준설, 암반을 발파한 후 일반준설 방법으로 준설하는 발파준설이 있다.

준설공사 작업별로 발생할 수 있는 재해 상황은 다음과 같다.

① 주변 현황조사
- 기상악화로 인한 준설선 등의 전복 또는 넘어짐 피해
- 준설토 누출에 의한 부유토 확산으로 인근 환경오염
- 조류, 해류, 하천류에 의한 준설선 등의 부딪힘

② 준설선 및 장비의 배치
- 준설선 및 장비의 이동시 전복 또는 넘어짐에 의한 재해
- 운항하는 타 선박 및 부속선과의 부딪힘
- 수중 지지물(앵커, 와이어로프)과 걸림
- 운반선의 적재 및 인양능력 초과로 인한 사고

③ 준설토의 굴착 및 운반
- 기상 악화로 인한 준설선 등의 전복, 침몰
- 타 선박에 의한 부딪힘
- 앵커 및 와이어로프에 의한 걸림 사고
- 토사 흡입장비 등 준설장비와 근로자 끼임 재해
- 이동식 크레인 등 준설기계의 넘어짐 위험
- 준설토의 누출로 인한 환경오염

④ 사토처리
- 수중 사토처리, 매립 시 부유토에 의한 환경오염
- 배사관에 의한 사토처리 시 배관점검 보수 중 익사 재해위험

(7) 가설도로

공사용 가설도로를 설치하는 경우 다음의 기준에 따라야 한다.

① 도로는 장비와 차량이 안전하게 운행될 수 있도록 견고하게 설치하여야 한다.
② 도로와 작업장이 접하여 있을 경우에는 방책 등을 설치하여야 한다.
③ 도로는 배수를 위하여 경사지게 설치하거나 배수시설을 설치하여야 한다.
④ 차량의 속도제한 표지를 부착하여야 한다.

Exercise

1. 건설업에서 주로 발생하는 재해 형태에 대해 설명하시오.

2. 건설공사 안전관리자 선임 기준에 대해 설명하시오.

3. 산업안전보건관리비를 산정하는 방법에 대해 설명하시오.

4. 유해・위험 방지계획서를 제출해야할 건설업 공사를 설명하시오.

5. 떨어짐 재해에 대한 대책을 물적 측면과 인적 측면으로 설명하시오.

6. 안전난간의 구조에 대해 설명하시오.

7. 작업발판의 설치기준에 대해 설명하시오.

8. 건설현장의 감전재해를 감소시키기 위한 대책에 대해 설명하시오.

9. 건설기계와 작업자의 끼임 재해 방지를 위한 관리적 대책을 설명하시오.

10. 셔블계 굴착기계의 종류를 설명하시오.

11. 항타기 및 항발기 조립 시 점검해야 할 사항에 대해 설명하시오.

12. 타워크레인에서 발생하는 주요 재해에 대해 설명하시오.

13. 크레인의 방호장치에 대해 설명하시오.

14. 크레인의 설치・조립・수리・점검・해체작업을 할 경우, 사고 방지를 위해 준수해야 할 사항에 대해 설명하시오.

15. 이동식 크레인 사용 시 예상되는 유해위험 요인에 대해 설명하시오.

16. 와이어로프와 체인슬링의 폐기기준에 대해 설명하시오.

17. 줄걸이 작업의 안전대책에 대해 설명하시오.

18. 높이 5 m 이상의 비계 또는 달비계를 조립 및 해체하거나 변경할 때에 준수해야 할 사항에 대해 설명하시오.

19. 강관비계의 구조 기준에 대해 설명하시오.

20. 이동식 비계를 사용할 경우 준수해야 할 사항에 대해 설명하시오.

21. 시스템비계의 장점에 대해 설명하시오.

22. 가설통로의 구조적인 설치 기준에 대해 설명하시오.

23. 파이프 서포트 조립 시와 시스템 동바리 조립 시 준수해야 할 사항에 대해 설명하시오.

24. 히빙과 보일링 현상의 안전대책에 대해 설명하시오.

25. 흙막이 지보공 설치 시 정기적으로 점검해야 할 사항에 대해 설명하시오.

26. 갱 폼 작업 시 유의해야 할 사항에 대해 설명하시오.

27. 콘크리트 타설 공사 중 발생할 수 있는 사고들에 대해 설명하시오.

28. 철골 공사에서 가장 주의해야 할 안전대책에 대해 설명하시오.

29. 교량 공사 시 설치·해체 또는 변경작업을 하는 경우에는 준수해야 할 사항에 대해 설명하시오.

30. 잠함, 우물통, 수직갱 등에서 산소 부족으로 인한 재해를 방지하기 위한 안전대책에 대해 설명하시오.

Index

ㄱ

ㅈ

ㅊ

ㅋ

신창섭(申昌燮) 연세대학교 공과대학 화학공학과 졸업
연세대학교 대학원 화학공학과 (공학박사)
충북대학교 공과대학 안전공학과 교수 (방폭/작업환경)

박재학(朴宰鶴) 서울대학교 공과대학 기계공학과 졸업
한국과학기술원 기계공학과 (공학박사)
충북대학교 공과대학 안전공학과 교수 (재료파괴)

임현교(林鉉敎) 서울대학교 공과대학 산업공학과 졸업
한국과학기술원 산업공학과 (공학박사 수료)
충북대학교 공과대학 안전공학과 교수 (인간공학)

김두현(金斗鉉) 부산대학교 공과대학 전기공학과 졸업
서울대학교 대학원 전기공학과 (공학박사)
충북대학교 공과대학 안전공학과 교수 (전기설비안전)

원정훈(元正勳) 연세대학교 공과대학 토목공학과 졸업
연세대학교 대학원 토목공학과 (공학박사)
충북대학교 공과대학 안전공학과 교수 (건설안전)

최영보(崔永寶) 서울대학교 공과대학 응용화학부 졸업
서울대학교 대학원 화학생물공학부 (공학박사)
충북대학교 공과대학 안전공학과 교수 (화공안전/방화공학)

정국삼(鄭國三) 연세대학교 이공대학 화학과 졸업
연세대학교 대학원 화학공학과 (공학박사)
충북대학교 공과대학 안전공학과 명예교수 (화학안전)

이병곤(李炳坤) 한양대학교 공과대학 기계공학과 졸업
고려대학교 대학원 기계공학과 (공학박사)
충북대학교 공과대학 안전공학과 명예교수 (기계공작안전)

안전공학개론 정가 30,000원

발 행 2025년 3월 10일 초판 5쇄
저 자 신창섭 · 박재학 · 임현교 · 김두현
원정훈 · 최영보 · 정국삼 · 이병곤
발행인 정우용
발행처 도서출판 동화기술
경기도 파주시 광인사길 201(문발동, 파주출판도시)
Tel (031)955-4211~6 donghwapub@nate.com
Fax (031)955-4217 www.donghwapub.co.kr
(등록) 1977년 12월 19일/9-16호

Copyright ⓒ 2015 by 신창섭 · 박재학 · 임현교 · 김두현
원정훈 · 최영보 · 정국삼 · 이병곤

Printed in Korea
ISBN 978-89-425-9022-3

불법복사는 지적재산을 훔치는 범죄행위입니다.
저작권자와 출판사의 허락 없이 내용의 일부를 발췌하거나 복사하는 것을 금합니다.